과학적 실천과 일상적 행위

민속방법론과 과학사회학

나남
nanam

한국연구재단 학술명저번역총서
서양편 355

과학적 실천과 일상적 행위

민속방법론과 과학사회학

2015년 9월 20일 발행
2015년 9월 20일 1쇄

지은이_ 마이클 린치
옮긴이_ 강윤재
발행자_ 趙相浩
발행처_ (주) 나남
주소_ 413-120 경기도 파주시 회동길 193
전화_ (031) 955-4601 (代)
FAX_ (031) 955-4555
등록_ 제 1-71호 (1979.5.12)
홈페이지_ http://www.nanam.net
전자우편_ post@nanam.net
인쇄인_ 유성근 (삼화인쇄주식회사)

ISBN 978-89-300-8675-2
ISBN 978-89-300-8215-0 (세트)

책값은 뒤표지에 있습니다.

'한국연구재단 학술명저번역총서'는 우리 시대 기초학문의 부흥을 위해
 한국연구재단과 (주)나남이 공동으로 펼치는 서양명저 번역간행사업입니다.

과학적 실천과 일상적 행위

민속방법론과 과학사회학

마이클 린치 지음 ㅣ 강윤재 옮김

나남
nanam

Scientific Practice and Ordinary Action
by Michael Lynch

이 글은 민속방법론과 과학사회학이라는 변방의 두 학문분야를 모두 관통하는 저자의 독특한 학문적 경력이 자아낸 성과로, 인식론 차원에서 과학을 보다 풍부하게 이해하기 위한 시도다. 현대사회에서 과학은 진리라는 이름으로, 사실이라는 이름으로 거의 모든 활동과 판단, 심지어 학문에도 토대로 작용한다. 달리 말해, 현대사회는 과학의 토대 위에 세워져 있다고 해도 과언이 아니다. 민속방법론과 과학사회학은 반토대주의 입장을 취한다는 점에서 지배적인 사회적 통념에 반기를 들고 있다. 즉, 이들은 언어와 실천행위가 이루어지는 '실제' 상황에 주목함으로써 통상적으로 보편화를 추구하거나 담론분석 연구를 통해 얻을 수 있는 것보다 언어, 과학, 기술 등에 대해 훨씬 정교한 이해를 가능하게 해준다.

불행하게도, 저자도 인정하듯, 이 글의 논지 전개과정을 온전히 따라잡기란 결코 쉬운 일이 아니다. 다만, 인류의 지혜가 농축된 고도의 철학적 사유를 불러들여서 소개하고 장점과 한계를 비평해야 하는 힘든 작업 속에서도 저자가 자신의 목표를 일관되게 추진해 나가고 있음을 곳곳에서 확인할 수 있다는 사실이 그나마 위안이라 하겠다. 이는 우리가 깊은

산을 등반할 때 경험하는 감정에 비유할 수 있다. 산봉우리에 선 채 우리는 가야 할 목표지점에 솟은 또 다른 봉우리를 건너다본다. 하지만 우거진 숲으로 들어가서 꼬불꼬불한 길을 가노라면 제대로 가고 있는지 불안하기만 하다. 이렇게 의심의 마음이 커질 때쯤, 목표 산봉우리가 우리의 눈앞에 펼쳐진다. 그곳에 올라 되돌아보면서, '아, 우리가 이리저리 왔구나!' 하고 복기해 본다.

이 글은 과학, 보다 정확하게는 과학의 활동 또는 방법을 둘러싼 인식론에 대한 이야기이다. 현대사회가 과학지식(사실)에 인식론적 특권을 부여한다는 사실은 잘 알려져 있다. 실증주의 과학철학자들은 과학지식의 특권이 과학적 방법에 기초해 있다고 추론하고, 이를 입증하기 위해 애썼다. 하지만 논리실증주의(경험주의)의 프로젝트는 성공을 거둘 수 없었고, 토마스 쿤(Thomas Kuhn)의 '패러다임'에 대한 논의를 기점으로 '사회학적 전회'가 본격화되기 시작했다. 그 핵심에는 반토대주의와 과학의 (사회적) 구성이 자리 잡고 있었다. 전자는 비트겐슈타인의 후기 철학에서 구체화되어 가펑클의 민속방법론으로 이어졌고, 후자는 지식사회학의 전통을 과학으로 확장하는 스트롱 프로그램(strong programme)으로 이어졌다. 그렇지만 민속방법론은 과학과 사회(인문)과학을 구분한다는 점에서, 스트롱 프로그램은 토대주의적 입장을 고수한다는 점에서 문제를 안고 있었다. 저자는 바로 이런 점에 주목하여 민속방법론과 과학사회학의 결합을 통한 상승작용을 기대한 것이다.

저자가 제안한 새로운 프로그램이 성공했는지 여부와 상관없이 이 책은 사회과학의 나아갈 방향에 대해 고민하는 사회과학도라면 한 번쯤 읽어볼 가치가 충분하다. 분과적 관점과 이해관계에 얽매이지 않고 세상과 대상(현상)을 포괄적이고 총체적으로 이해하고, 그를 바탕으로 실현 가능한 변화를 꾀하고자 한다면 인식론의 혼란을 정리할 필요가 있기 때문이다. 이런 필요성에 이 책은 적극 호응할 뿐 아니라 혼란의 원인을 진단하고, 치료의 가능성과 길을 보여 준다. 물론 인식론의 혼란은 근대적 산물로, 그 영향력의 깊이와 범위를 고려했을 때 우리가 그 지배를 벗어나기란 결코 쉽지 않다. 그렇지만 원리적으로 불가능한 것은 아니다.

이 책은 미셸 푸코의 에피스테메(episteme)의 한 징후로 읽을 수도 있다. 조금 거칠지만, 현 시대의 학술적 핵심어로는 '융합'을 꼽을 수 있다. 비단 학술 영역뿐만 아니라 전 사회의 모든 활동영역에서 융합은 확실히 핵심어로 자리 잡아 가고 있다. 이때 융합이란 분야마다 매우 다양한 양태와 용어로 그 모습을 드러내지만, 그 핵심에는 '(근대적) 이분법의 해소'가 놓여 있다고 할 수 있다. 이 책은 적어도 과학/사회, 분석자/분석대상, 전문가/일반인, 보편/특수, 사실/가치 등으로 대표되는 근대적 이분법의 해소를 추구한다. 이런 점에서 이 책은 아직 소수로서 단지 가능성에 그치고 있지만 변화하는 시대정신을 구현한다.

원문의 의미를 충실하게 전달하려는 노력 못지않게 가독성을 높이는 데 많은 신경을 썼다. 그럼에도 불구하고, 목표가 이루어졌는지는 의문이다. 이 책의 번역을 권해 주시고, 핵심적인 용어와 개념을 바로잡아 주신 국민대학교 김환석 교수님께 감사드린다.

과학적 실천과 일상적 행위

민속방법론과 과학사회학

차 례

서 론

현대사회에서 과학의 중요성을 의심하는 사람은 아무도 없다. 과학은 종종 현대적 풍경을 특징짓는 기술변화와 인구증가, 경제생산 및 불평등 원인의 변화 등에 박차를 가하는 주요 요인으로 꼽힌다. 그렇지만 정확히 과학이 무엇이며, 그것이 다른 양식의 지식과 어떻게 다른지를 제대로 밝혀낸 사람은 아무도 없는 것 같다. 과학이 상식적 차원의 추론 및 실천행위의 양식과 얼마나 다른가를 둘러싸고 과학의 철학, 역사, 사회학에서 아직도 논쟁이 계속되고 있다. 많은 논쟁 참여자들은 과학을 경제적 이해관계와 물질문화,* (생물학, 화학, 천문학, 물리학 등의 하부분야로 나뉘는) 전문화된 숙련 등과 구분되는 논리 정연한 지식체계로 이해하는 시각에 점점 더 회의적이다. 한때 과학은 '단순한' 정치적 견해, 검증을 거치지 않은 추론, 상식에 근거한 믿음 등과는 확연히 다르다는 것이 당연시되었다. 그러나 최근에 와서는 그런 확신이 흔들리고, 과학이 가부

- 〔옮긴이주〕 물질문화(material culture)란 E. B. Taylor가 *Primitive Culture* (1871)에서 처음 사용한 개념으로, 비물질문화나 정신문화와 대비되는 용어라고 할 수 있다.

장적이 아닌 이유를 해명하라거나 서구 식민주의의 확장이 아닌 근거를 대라는 요구가 거세지고 있다.

나는 이 책에서 이런 논쟁에 기름을 부을 생각은 전혀 없다. 다만, 과학들(sciences)과 과학방법들, 과학지식과 상식지식의 관계 등에 대한 세련된 개념들을 발전시킬 수 있는 길을 제시하고자 한다. 나는 '과학'을 정의하는 문제나 다른 양식의 추론 및 실천행위로부터 과학을 구분해 내는 문제에 대한 해답을 제시할 생각도 품고 있지 않다. 그보다 나는 과학들을 탐구하고, 과학에 대한 논쟁에서 종종 등장하는 논제들(가령 '관찰', '표상', '측정', '증명', '발견' 등)을 재상술하는[1] 방안을 제시하고자 한다. 이런 문제의식은 흔히 사회학의 하위분야로 여겨지는 두 개의 전문화된 탐구양식 — 민속방법론과 과학지식사회학 — 에 대한 내 관심에서 비롯되었다.

사회학의 '일부들'로 간주되는 민속방법론과 과학사회학은 비교적 작은 분야들이다. 통상적으로 민속방법론은 '미시적' 사회현상에 대한 연구 — 거리 모퉁이, 가정, 가게, 사무실 등에서 벌어지는 '작은' 면 대 면 상호작용의 연구 — 로, 과학사회학은 여러 개의 근대적 사회제도 중 하나인 과학을 탐구하는 것으로 알려져 있다. 둘 모두 표준 사회학 교과서에서는 많은 지면을 차지하지 못한다. 사회학의 중심부는 경제적 생산체계, 노동시장, 관료조직, 종교 및 정치 이데올로기, 사회계급 등을 생성

---

1) 이 용어(respecify, 재상술하다)는 가핑클의 다음 글에서 가져온 것이다. "Respecification: evidence for locally produced, naturally accountable phenomena of order, logic, reason, meaning, method, etc., in and as of the essential haecceity of immortal ordinary society(I) — an announcement of studies", pp. 10~19, in G. Button, ed., *Ethnomethodology and the Human Sciences*(Cambridge University Press, 1991). 간단히 말해, 나는 이런 논제들의 '재상술'(respecification)을 용어의 의미를 재정의하는 것으로서가 아니라 '질서', '논리', '의미' 등을 국지적이고 실천적으로 관련된 서로 다른 활동들을 탐구하는 방식으로 이해하고 있다.

하고 유지하는 '보다 큰' 사회역사적 힘들이 주로 차지하고 있다. 민속방법론과 과학사회학은 최첨단 사회과학방법론에 비춰봤을 때도 마찬가지로 주변적이다. 두 영역 모두 최근에 개발된 자료 분석의 양적 방법을 사용하는 데 별다른 관심을 두고 있지 않다.[2] 그들은 역사적 사례연구, 민속지(ethnography), 면접, 텍스트 비평 등과 같은 '부드러운' 연구 양식들을 더 자주 사용한다.

민속방법론과 과학사회학은 내가 몸담은 연구 분야들이기 때문에 자연스럽게 나는 두 분야 모두를 강조하는 경향을 띠게 되는데, 이 책에서도 마찬가지다. 사회학자들이 이 두 분야에 보다 많은 관심을 기울여 주었으면 좋겠지만, 나의 주목적이 사회학자들에게 두 분야에 대한 프로그램에 좀더 많은 공간을 할당해 달라고 설득하려는 것에 있지는 않다. 그보다 민속방법론과 과학사회학의 초(超) 분과적(transdisciplinary)* 적실성을 주장하는 일에 더 많은 관심을 기울이고 싶다. 두 분야가 흥미로운 것은 두 분야가 탐구대상으로 삼는 사회의 '일부들' 때문이 아니라 두 분야가 **인식론**에 주로 초점을 맞추고 있다는 사실 때문이다. 두 분야는 지식 생산의 탐구에서 독특한 경험적 접근법을 제공하고, 과학적·기술적 합리성의 성격과 영향에 대한 현재의 논의를 정교하게 만들어 준다.

---

2) 한때 과학사회학자들이 사회측정적(sociometric) 네트워크분석법을 위한 애플리케이션 개발을 도운 적이 있다. 뮬린(Nicholas Mullins), 크레인(Diana Crane), 솔라 프라이스(Derek De Solla Price) 등과 같은 사회학자들과 다른 분야의 학자들은 연구논문 상호 간의 인용패턴을 체계적으로 표상함으로써 다양한 과학 분야에서 '보이지 않는 대학'(invisible college)의 서지측정적(bibliometric) 맵을 개발했다. 이러한 예로 다음을 볼 것. Y. Elkana, J. Lederberg, R. K. Merton, A. Thackray, and H. Zuckerman, eds., *Toward a Metric of Science: The Advent of Science Indicators* (New York: Wiley, 1978).

• [옮긴이주] 여기서는 'interdisciplinary'는 '간학문적'으로, 'mutidisciplinary'는 '다분과적'으로, 'transdisciplinary'는 '초분과적'으로 번역하고 있다.

사회학과 초분과적 비판담론

사회학은 현재 흥미로운 환경을 마주하고 있다. 역사, 철학, 문학 등 몇몇 분야에서 초분과적 비판담론의 출현과 함께 많은 학자와 연구자가 사회적 실천이라는 주제의 중요성을 파악하기 시작했다. 더 좋은 용어가 없기 때문에 나는 철학, 법학, 문학, 사회과학 등에서의 다양한 반토대주의(antifoundationalism)와 '탈-주의'(post-ist) 운동 ─ 탈구조주의, 탈근대주의, 탈규약주의(postconventionalism) ─ 을 지칭하려고 초분과적 비판담론(transdisciplinary critical discourse)이라는 용어를 사용하였다. 이 담론은 푸코, 하버마스, 데리다, 가다머, 로티, 바르트, 들뢰즈, 리오타르, 그리고 그 이전 세대의 비트겐슈타인, 하이데거, 메를로퐁티, 벤야민, 듀이 등의 저작들에 대한 다양한 전유·비판과 관련되어 있다.

다양한 계통의 반토대주의 연구와 논쟁은 '인식론'에 대한 관심을 중심으로 하나로 묶인다. 비록 비트겐슈타인과 하이데거의 유산이 반(反)인식론 바로 그 자체라는 평가 자체는 공정하다고 볼 수밖에 없지만 말이다. 어쨌든 모든 인문학과 사회과학의 분과(그리고 생물학, 고고학, 자연과학 일부 분과)에서 페미니즘을 필두로 한 정치적 양상의 텍스트 비평(textual criticism)이 분출하면서,3) 텍스트 비평은 사회비평(social criti-

---

3) 다음을 볼 것. Sandra Harding, "Is there a feminist method?", *Hypatia 2* (1987) : 17~32; Donna Haraway, "Situated knowledges: the science question in feminism and the privilege of partial perspective", *Feminist Studies 14* (1988) : 575~599; Evelyn Fox Keller, *Reflections on Gender and Science* (New Haven, CT: Yale University Press, 1984) ; Alison Wylie, "The construction of archaeological evidence: gender politics and science", in P. Galison and D. Stump, eds., *Disunity and Contextualism: New Directions in the Philosophy of Science Studies* (Stanford, CA: Stanford University Press, 1996), p. 311~343; 마지막으로, Athena Beldecos, Sarah Bailey, Scott Gilbert, Karen Hicks, Lori Kenschaft, Nancy Niemczyk, Rebecca Rosenberg, Stephanie Schaertel, and Andrew Wedel

cism)과 융합하였고, 반(反)인식론은 텍스트적·사회적 성격을 강하게 띠게 되었다. 4) 사회학의 전통적인 관심 주제들 — 인종, 계급, 젠더, 권력, 이데올로기, 기술, 상징적 의사소통, 언어의 사회적 조건 등 — 은 인문학과 인간과학 전체에 걸쳐서 수없이 많은 토론과 논쟁을 통해 반복해서 다뤄져 왔다.

한편, 이런 논쟁의 참가자들은 〈미국사회학회지〉(American Sociological Review)와 관련 저널을 참고할 필요성을 굳이 느끼지 않는 것 같다. 충분히 이해할 수 있는 일인데, 최근 지위 획득의 사회학적 모형과 합리적 선택이론에서의 진전은 단지 현실적합성이 결여되었다는 문제를 넘어서는 것으로, 반토대주의 철학자와 문학이론가들이 비판하는 바로 그런 담론 유형의 징후들이기 때문이다. 더욱이 인종, 계급, 젠더 등과 같은 통속적 개념들은 대단히 논쟁적인 공적 담론에서 중요하게 다뤄지는 까닭에, 설명 모형의 변수로 다루려는 목적으로 그 개념들을 탈정치화하려는 전략은 일상적 정치 및 학술 논쟁의 참여자들에게 그다지 큰 호소력을 발휘하지 못한다.

물론 모든 사회학자가 미국 사회학을 지배하는 과학적 연구 스타일을 따르는 것은 아니다. 사회현상에 대한 정량적이고 합리적인 접근은 많은 사회학자에게는 일종의 저주와 같은 것으로, 현재 사회학은 만성적 위기

(The Biology and Gender Study Group), "The importance of feminist critique for contemporary cell biology", *Hypatia* 37(1988) : 172~187.

4) 내가 초(超)분과적 비판담론이라고 부르는 것은 일반적으로 '좌파'의 입장으로 간주되는데, 그 이유는 기존의 정치적·문화적 현상(現狀)에 대한 비판과 잘 맞아떨어진다고 여겨지기 때문이다. 하지만 과연 그런 것인지는 그 자체가 논란거리이고, 반토대주의의 일부 주창자는 '급진적' 인식론과 '급진적' 정치학이 공통 기획의 일부라는 가정은 잘못된 것이라고 주장한다. 이에 대해서는 다음을 볼 것. Stanley Fish, *Doing What Comes Naturally : Change, Rhetoric, and the Practice of Theory in Literary and Legal Studies*(Durham, NC : Duke Univerisity Press, 1989), p. 350.

를 더욱 키우고 있는 셈이다. 항상 그렇듯, 위기는 양자택일의 문제와 관련된다 — 사회학이 대기만성형의 '유아기적' 과학으로 계속 남을 것이냐, 아니면 더욱 급진화된 해석적·인문학적 접근으로 나갈 것이냐. 그러나 이런 논쟁조차 고전적 이율배반에 사로잡힌 나머지 더 이상 반토대론적 담론에서 자신의 위치를 찾을 수 없다. 분석적 척도에서 미시 대 거시 질서, 구조 대 행위능력, 과학 대 인문학, 양적 방법 대 질적 방법 등을 둘러싼 논쟁은 (현대의 많은 철학자와 인문학자가 옆으로 제쳐 놓으려 애쓰는) 익숙한 개념적 대립을 반복하는 경향을 띤다. 다소 늦은 감이 없지 않지만, 점차 많은 사회학자가 글쓰기의 탈규약주의적, 탈구조주의적, 해체주의적 양식을 이해하기 시작한 것은 다행이다. 그러나 그들의 노력은 다른 분야에서 행해졌던 장기 흥행의 시도를 그럭저럭 모방한 것에 불과하다. 다른 많은 분과에서 경험하고 있는 '사회학적 전환'(sociological turn)의 최전선에 있어야 할 분과인 사회학에게 있어서 이것은 매우 얄궂은 사태전개이다.

민속방법론과 과학사회학은 서로 다른 이유로 방금 전에 살펴본 전문적 사회학의 부적실성에서 벗어나 있다. 사회학이 유행을 좇기 오래전에, 민속방법론자들은 후설, 하이데거, 메를로퐁티, 비트겐슈타인 등의 저작을 집어 들었고 담론과 실천적 추론에 대한 독자적 접근법을 개발했다. 보다 최근에, 과학사회학자들은 '새로운 물결'의 과학사 및 과학철학과 관련된 논쟁에 휩쓸려 들어갔다. 쿤, 포퍼, 라카토스, 파이어아벤트, 폴라니, 핸슨, 툴민, (그리고 보다 최근에는) 해킹 등의 저작이 과학사회학의 현행 연구 프로그램에 커다란 영향을 미쳤고, 사회학자들은 과학학에서 기원한 과학적 수사(修辭)와 실행적 '숙련'에 대한 초분과적 관심에 크게 기여했다.

초분과적 비판담론의 많은 기여자들처럼, 민속방법론자와 과학지식사회학자들도 진리를 둘러싼 상반된 개념 사이의 긴장, 즉 "국지적이고 편파적 관점과는 동떨어진 것으로서의 진리의 개념, 그리고 국지적이고 편파적 관점을 배태하고 있는 관점들로부터 분명하고 명쾌하게 드러나는 것으로서의 진리의 개념, 이 둘 사이의 고전적 긴장"에 직면하게 된다. 5) 그들은 대체로 사회질서의 '성취'와 사회적·과학적 '사실들'의 '구성'을 서술하고자 노력함으로써 후자의 — 반토대주의적 — 입장을 택한다. 그들은 역사적 전개와 현재의 실천을 서술하고 설명하는 방법을 탐색함에 있어서 진리, 합리성, 자연적 실재 등의 초월적 기준을 사용하는 것에 분명한 반대의사를 표한다.

민속방법론자와 과학사회학자들은 현대 철학의 전개과정을 꽤 소상히 알고 있지만, 철학계나 인문학계의 전반적 상황에 비춰 볼 때 그들의 탐구는 '경험적'(이 용어가 뜻하는 바가 무엇이든) 성격이 강하다. 그들은 특정한 사회적 배경 속에서 벌어지는 행위의 사례를 연구하고, 세부 묘사에 관심을 기울이고, 관찰 가능한(또는 최소한 재구성이 가능한) 사건을 서술하거나 설명하려고 노력한다. 자주 사용하는 **경험적 관찰과 설명** 같은 용어들은 경험주의와 실증주의와의 연관성으로 말미암아 오해의 여지가 없지 않지만, 민속방법론자와 과학사회학자들은 언어가 사용되거나 실천적 행위가 이루어지는 '실제' 상황에 초점을 맞추고 있다. 그들의 연구는 근대성의 본질과 발전에 대한 포괄적 일반화를 추구하거나 과학자와 발명가들이 자신들의 출판물에서 기록해 놓은 내용을 조사함으로써 얻을 수 있는 것보다 더 나은 언어, 과학, 기술 등에 대한 정교한 이해를 가능케 해준다.

전후(戰後) 철학에서의 '언어적 전환'(linguistic turn)과 수사와 실천행위에 대한 관심의 부활과 더불어 철학자를 필두로 한 여러 분야의 학자들은 변화무쌍한 언어적·실천적 환경 — 이런 환경 속에서 이성은 행위에 복속되며, 규칙은 자원이 되고, 의미는 해석되며, 진리는 소환된다 — 에서 합리성, 실천적 이성, 의미, 진리, 지식 등의 인식론적 논제들을 분

---

5) *Ibid.*, p. 5.

리해 낼 수 없음을 이해하기 시작했다. 이전 세대의 실용주의 철학자와 일상언어 철학자들의 이념형적 탐구를 넘어서서, 현시대의 학자들은 '실제' 용법에 더 많은 관심을 기울인다. 예를 들면, 현시대 과학철학자들은 역사적·사회학적 탐구에 더 많이 의존하는데, 6) 분석적 성향이 강한 철학자들은 새로운 길을 모색하고자 인지과학과 인공지능으로 방향을 선회했다. 7)

리처드 로티(Richard Rorty)와 토마스 매카시(Thomas McCarthy) 같은 철학자들은 내 관심사와 관련성이 큰 논의 전개를 통해 철학적 탐구가 '언어게임'에 대한 민속지와 그와 관련된 경험연구에 기초해야 한다고 주장했다. 매카시는 로티의 '신실용주의'(new pragmatism)에 대한 논의에서 이 점을 압축적으로 보여 준다. 즉, "합리성과 인식적 권위를 설명하는 것은 초월적 논증을 발견하는 문제가 아니라 지식생산 활동에 대한 두터운 민속지적 설명을 제공하는 문제이다. 즉, '언어게임의 규칙을 이해하고 있다면, 우리는 그런 언어게임에서 조처가 이루어지는 이유를 거의 완벽하게 이해하고 있는 셈이다'". 8)

매카시가 말을 이어가듯, 민속방법론 연구는 실천적 행위와 위치 지워진 규칙의 사용이라는 반토대주의적 탐구에 매우 적절한 자원을 제공해 준다.

---

6) 몇 가지 예로 다음을 볼 것. Ian Hacking, *Representing and Intervening: Introductory Topics in the Philosophy of Science* (Cambridge University Press, 1983); Larry Laudan, *Progress and Its Problems: Towards a Theory of Scientific Growth* (Berkeley: University of California Press, 1977).

7) 다음을 볼 것. Paul Churchland, *Scientific Realism and the Plasticity of Mind* (Cambridge University Press, 1979).

8) Thomas McCarthy, "Private irony and public decency: Richard Rorty's new pragmatism", *Critical Inquiry 16* (1990): 355~379, 인용은 p. 359. 이것은 다음을 재인용한 것이다. Richard Rorty, *Philosophy and the Mirror of Nature* (Princeton, NJ: Princeton University Press, 1979), p. 174.

파편적 프로그램들과 복잡한 뒤섞임

민속방법론과 과학사회학 문헌에서 일치하는 교훈들을 명쾌하게 제시할 수 있다면, 이 책에서의 내 임무는 훨씬 쉬웠을 것이다. 안타깝게도, 그런 척할 수는 없는 노릇이기 때문에 설명적 목적에 맞게 두 분야의 접근을 재구성하는 과정에서 나는 두 분야 모두에 대해 내재적 비판을 가할 생각이다. 지금까지 나는 두 분야가 해당 주제들에 대해 통일된 접근을 지니고 있는 것처럼 서술했다. 사실은 그와 거리가 멀다. 두 분야에 속한 대부분의 학자들이 서로를 알고 지낼 정도로 규모가 작고, 전문저널과 대표저작을 공유하지만, 인식론적 입장에서 단일하게 통합되어 있지는 않다. 민속방법론과 과학사회학의 연구 프로그램들은 서로 난립되어 있고, 갖가지 인식적 토대들이 서로 할거(割據) 중이다. 탐구양식의 대립적 양상 ― 형식주의적 대 반토대주의적, 가치중립적 대 정치적, 실증적 대 성찰적 ― 이 민속방법론과 과학사회학의 논쟁을 다룬 대부분의 문헌에서 그 모습을 드러내고 있으며, 언어·과학·행위의 철학에서 자주 언급되는 거의 모든 입장도 시시때때로 설명되곤 한다.

　해석적 어려움이 가중됨에 따라 두 분야, 특히 민속방법론은 이해하기 어렵기로 악명이 높다. 두 분야에서 최고의 성과 중 일부가 특히 그렇다는 것은 부인하기 힘든 사실이다. 또한, 혁신적 방식으로 민속방법론과 과학사회학을 실행하는 것도 매우 어려운 일이다. 많은 연구는 두 분야의 근본적 문제의식을 받아 안기보다는 민속방법론과 '새로운' 과학사회학의 기치 아래 슬쩍 몸을 밀어 넣었다. 그 결과, 민속방법론과 과학사회학의 성격을 규명하고자 할 때 선택적 접근의 필요성이 커졌다. 그러나 그 이상으로 초분과적 공동체의 학자들에게 두 분야 모두 또는 어느 한 분야의 연구를 권하기에 앞서, 비판적 준비에 더욱 많은 힘을 쏟아야 할 필요성을 느낀다.

　나의 해석적 임무는 민속방법론과 과학사회학의 하부 프로그램들 사이의 복잡한 뒤섞임으로 곤경에 처해 있다. 제1장에서 설명하듯, 민속방법론은 1950년대 후반에 가핑클이 그 기반을 닦았는데, 그 후 짧은 기간에 현상학에 자극을 받은 일상적 담론과 실천추론의 연구를 위한 프로그램으로 알려지게 되었다. 가핑클과 그의 동료는 활동 초기부터 기존 사회학의 이론적·방법론적 접근에 비판을 가한 것으로 악명이 높았다. 민속방법론자들이 발전시킨 개념적 테마들을 동원한 이런 비판은 과학사회학의 연구와 입론(立論)에도 영향을 미쳤다.

1970년대, 영국의 학자들이 지식사회학의 영역을 더욱 확장하여 '정밀'(exact) 과학과 수학에서의 지식의 사회적 생산을 탐구하기 시작했다. 초기 과학지식사회학의 관심은 주로 프로그램을 확립하고 역사적 사실을 연구하는 데 있었지만 1970년대 중반에 이르면, 소수 연구자가 지식과 사실이 '구성되거나 제조되는' 현장인 실험실을 대상으로 **실험실 연구**(laboratory studies)를 수행하기에 이른다. 즉, 다른 분야의 실천활동에 대한 민속지적·민속방법론적 연구에서 이미 제기된 바 있는 논제들을 대상으로 조직적 관찰연구를 수행하기 시작했다.

대략 비슷한 시기에, 가핑클과 소수의 학생들은 독자적으로 실험실 과학자와 수학자의 담론과 실천행위에 깊은 관심을 보이기 시작했다. 이런 연구와 과학지식사회학의 학문공동체 사이에는 친화력이 존재했지만 (지금도 계속되고 있지만) 두 분야는 몇 가지 중요한 점에서 서로 차이를 보인다. 이런 차이를 살펴보는 것은 매우 복잡한 일이 될 수 있는데, 무엇보다도 가핑클과 그의 학파가 민속방법론의 다른 프로그램들과 실질적으로 다른 접근법을 발전시켰기 때문이다.

민속방법론(ethnomethodology)이라는 용어는 그 자체로 독자적 삶의 궤적을 그리고 있는데, 종종 부주의하게 위치 지워진 사회적 실천에 대한 민속지적·해석학적 접근의 변종쯤으로 취급당하곤 한다. 진실한 '민속방법론'을 갖가지 현학자들에게서 분리해 내기 위한 시도란 치열한 경쟁을 불러일으키는 상처받기 쉬운 쓸모없는 일에 불과할 수 있지만, 나는 이 접근[민속방법론]이 약속하는(약속할 수 있는) 바가 무엇인지를 명확히 할 필요는 있다고 본다. 이미 제시했듯, 민속방법론과 과학사회학은 독자적으로 인식론의 전통적 논제들에 경험적 — 반드시 경험주의적이거나 토대주의적일 필요는 없는 — 접근법을 제공하고 있지만, 그 급진적 잠재력은 최근 들어 약화되었다. 구성주의 과학사회학자들은 자신들의 연구를 과학학이라는 폭넓은 분야의 관점에서 이해하기 시작하자마자 그들 자신의 연구에 회의적 질문을 던지기 시작했다. **성찰성**(reflexivity)에 대한 뜨거운 관심은 한때 '실제적인' 과학적 실천 연구를 고무시켰던 순수한 에너지를 약화시키는 결과를 낳았다.

그 당시 특히 미국에서, 구성주의자들은 혁신적 기획이 처한 어려움을 해결하고자 기능주의와 제도주의 사회학의 옛 프로그램을 동원했다. 민속방법론도 그와 비슷한 운명에 빠졌다. 매카시 같은 철학자들과 스탠리 피시(Stanley Fish) 같은 문예비평가들이 담론과 사회적 실천에 대한 반토대주의적 접근의 대표적 사례로 민속방법론을 언급하던 바로 그때, 그 분야의 많은 연구는 토대주의적 전환(foundationalist turn)이라 할 만한 확연한 변화를 겪고 있었다. 대화분석(CA)의 스핀오프(spin-off) 프로그램은 사회학, 언어학, 커뮤니케이션 연구 등의 분야에서 가장 두드러진 민속방법론의 모범사례로 자리 잡았다. 대화분석가들은 점차 언어 사용의 조직화에 대한 형식주의적이고 토대주의적인 주장을 발전시켰고, 그들 중 다수는 가핑클을 자신들과는 거리가 먼 '창시자'쯤으로 취급했다. 그들에게 가핑클의 급진적 기획이란 역사적 유산에 불과했던 것이다. 그럼에도, 충분히 살펴보겠지만, 가핑클의 지속적인 연구 프로그램은 (영향력 면에서 그 수가 훨씬 더 큰 다수 대화분석가가 주창하는) 형식주의적이고 토대주의적인 접근을 극복할 수 있는 강력한 대안으로 남아 있다.

이런 혼란 속에서도 나는 민속방법론과 과학사회학의 서로 다른 연구 스타일을 종합하고 분류하는 식으로 두 분야를 개괄할 생각은 전혀 없다. 오히려 내 시도는 대단히 편파적이고 불안정한 것이 될 것이다. 나는 민속방법론과 과학사회학 연구들이 인식론과 사회이론의 논제들에 대한 핵심적 지렛대로 작용할 뿐 아니라 두 분야에서 채택하는 설명과 분석 양식에 대한 내재적 비판의 지렛대를 제공한다고 주장하고자 한다. 과학사회학은 민속방법론과 대화분석 연구에서 묻어나오는 과학적 경향성에 제동을 거는 비판적 지렛대로 작용한다. 동시에, 민속방법론 연구는 구성주의적 과학사회학을 능가하는 훨씬 정교한 언어사용과 실천행위에 대한 이해를 제공해 준다. 종합하면, 민속방법론과 과학사회학을 함께 추천하는 까닭은 두 분야가 인식론의 전통적 논제들에 대해 경험적 접근의 가능성을 열어 주기 때문일 뿐 아니라, 한 걸음 더 나아가 보다 효과적으로 해당 논제들을 다루는 방법을 둘러싼 문제에 비판적 관심을 기울이기 때문이다.

실천행위의 경험적 연구와 담론 및 실천추론에 대한 철학적 접근 사이의 관계가 일방적인 것이 아님은 분명해졌다. 나는 단순하게 민속방법론과 과학사회학이 인식론적 쟁점을 둘러싼 논쟁에 도움을 주는 경험적 토대를 제공할 뿐이라고 주장할 생각이 없다. 또한, 두 분야의 발전을 선험적으로 철학적 신봉에 따른 것으로 돌릴 수도 없다고 본다. 수많은 (종종 확신이 약한) 철학이 경험적 사회학의 깃발 아래서 전진했음이 분명한데도 불구하고, 철학자와 인문학자는 '근대적' 또는 '탈근대적' 지식을 다룰 때 사회, 언어, 기술, 과학 등에 대한 확신이 약한 주장을 전개하는 것을 달가워하지 않는다. 9) 민속방법론자와 과학사회학자가 인식론적 논제를

---

9) 예를 들어 다음 글을 볼 것. Heidegger, "The question concerning technology", pp. 3~25, in Martin Heidegger, *The Question Concerning Technology and Other Essays*, William Lovitt 역 (New York: Harper & Row, 1977). 하이데거는 훌륭한 개념들을 제시했지만 그의 견해는 과학과 기술의 역사에 대한 보다 정밀한 조사를 생각해야 할 정도로 추상의 극치에서 발원한 것이다. 리오타르(Lyotard)의 탈근대의 조건에 대한 기념비적인 '보고'도 또 다른 걸출한 사례이다. 리오타르가 사회적 과학학과 관련된 문헌들을 참고하고 있음에도, 그의 주장은 지나치게 포괄적이고 구체화되어 있지 않다. 다음

취하는 방식에서 서로 체계적 차이가 발생한다는 사실은 '경험적' 사회학 연구의 정체성에 대한 단일한 기준이 없음을 보여 준다. 그 결과, 민속방법론과 과학사회학에서 프로그램적 주장과 '경험적' 연구전략은 의미, 합리성, 객관성 등에 대한 친숙한 철학논쟁에 종지부를 찍기보다 그런 논쟁 속에 스스로 갇히고 말았다.

민속방법론자와 과학사회학자는 현상학과 비트겐슈타인의 후기 저작들을 끌어들이는 경향을 띠지만, 그들의 연구가 전통적으로 철학적인 것은 아니다 ― 물론, 그들의 철학적 신봉은 여전히 중요하지만. 두 연구 프로그램이 생산해 내는 경험적 주장들의 의미와 적절성을 철학자들이 생산해 내는 언어와 지식의 다양한 담론적 설명에서 분리해 낼 수 있는 선명한 기준은 없지만, 나는 두 연구 프로그램이 통상적 의미에서 철학적이지도 않고 사회학적이지도 않은 인식론의 논제들에 대한 취급방법을 제공하고 있다고 믿는다.

이 책의 설계

이 책은 향후 출간 예정인 경험적 연구와 실천의 결과물에 앞서 이론적 정책기조를 제공해 준다. 또한, 각 분야 내부와 그 사이에서 중요한 대화라인을 구축한 민속방법론과 과학사회학 연구에 대한 개관이다. 처음 세 장은 주로 사회학에서 각 분야의 발생과정에 초점을 맞춘다. 제 1장은 민속방법론의 '발명'(invention)을 다루고, 연구 프로그램과 관련된 테마와 발생과정을 개관한다. 제 2장은 만하임의 '이데올로기의 비평가적 종합 개념'(non-evaluative total conception of ideology)의 적용을 확대하고, 과

을 볼 것. Jean-François Lyotard, *The Post - Modern Condition*: *A Report on Knowledge*, G. Bennington and B. Massumi 역(Minneapolis: University of Minnesota Press, 1984).

학 규범과 제도의 연구에 중점을 둔 머튼의 기능주의 프로그램을 대체하려는 '새로운' 지시사회학의 발생과정을 뒤좇는다. 제 3장은 새로운 과학지식사회학의 대표적 프로그램들 — 과학사회학의 '스트롱 프로그램' (strong programme), '경험적 상대주의' 프로그램(empirical relativist programme), 민속지의 '실험실 연구'(laboratory studies) 등 — 을 본격적으로 다룬다.

그 다음 세 장은 앞선 장에서 살펴본 언어, 실천행위, 과학, 기술 등에 대한 경험적 접근들과 관련된 문제들을 검토함으로써 논의의 범위를 확장한다. 다수의 민속방법론자와 과학사회학자는 자신들의 연구가 경험적인 까닭에 연구와 관련해서 더 이상의 '철학적' 고려는 필요 없다고 주장하지만 회의주의, 과학주의, 언어적 표상 등과 관련된 만성적 골칫거리들을 옆으로 쉽게 제쳐 놓을 수는 없는 노릇이다. 이런 문제들은 종종 경험적 성과물의 축적이 '메타이론적'(metatheoretical) 논쟁에 종지부를 찍는 것을 정당화한다는 식의 프로그램적 주장을 통해 독단적으로 '해결된다'. 나는 이 문제들의 최종 해결책을 철학 문헌을 좀더 신중하게 연구함으로써 발견할 수 있다고 주장하는 것은 아니지만, 많은 민속방법론자와 과학지식사회학자들이 언어, 과학, 실천행위 등에 대한 확신이 약하고 자기모순적인 선입견에 빠져 있다는 사실을 감히 지적하고자 한다. 사회학자로서 나는 그런 '결핍들'(deficiencies)을 바로잡을 수 있는 과학철학을 전개할 위치에 서 있지는 않지만, 동시대의 과학적 실천을 탐구함으로써 흥미롭고 유익한 정보를 제공하는 방식으로 인식론의 많은 주제를 다룰 수 있기를 희망한다. 내 권고는 언어, 실천행위, 과학, 지식 등에 대한 '새롭고 개선된' 일련의 가정들을 도입하자는 것이 아니라 이런저런 인식론적 문제들이 경험적 탐구를 위해 **논제화**될 수 있는 방법을 제안하고자 하는 것이다. 물론, 이 권고는 방어할 수 없는 가정들을 만들거나 무한회귀를 불러온다는 이유로 비판받을 수 있지만, 나는 인식론적 문제들이 끝없이 회의적인 '성찰성'이라는 난제에 빠지지 않고 개관될 수 있다고 믿는다.

제 4장은 현상학과 실존철학에 대한 민속방법론(범위를 좁혀서, 과학지식사회학)의 부채를 다룬다. 후설의 자연의 수학화에 대한 현상학적 설명을 간단히 다루고 나서, 기술적(technical) 행위의 '국지적 생산'이라는 민속방법론적 개념을 개관한다. 이 장의 후반부에서는 현상학 연구〔특히, 알프레드 슈츠(Alfred Schutz)의 현상학〕가 '과학적' 분석과 '일상적' 지식을 구분했던 '원(原) 민속방법론' 연구에 통합되었던 방식을 비판한다.

제 5장은 비트겐슈타인의 언어와 수학에 대한 후기 탐구가 민속방법론과 과학지식사회학의 연구에서 갖는 중요성을 살펴본다. 이 장은 산술의 규칙에 대한 비트겐슈타인의 논증을 회의적으로 해석하는 것이 어떻게 과학사회학에서 확고한 교의로 확립되었는지를 논하는 것에서 출발한다. 비트겐슈타인의 저작이 토대주의 철학을 약화시키는 것만큼이나 설명적 지식사회학의 목적을 문제로 삼고 있다는 주장을 전개함과 동시에, 탈 비트겐슈타인(post-Wittgenstein) 철학에서 규칙 회의론에 대한 비판들 중 일부를 살펴본다. 민속방법론이 상대주의 또는 회의주의 지식사회학의 패러독스에서 빠져나올 수 있는 한 가지 길을 제시하면서 이 장을 마친다.

제 6장은 대화분석(CA) 분야에서 확립된 '분자사회학'(molecular sociology) 프로그램을 서술하면서 동시에 비판한다. 대화분석은 민속방법론과 한때 매우 가까운 사이였기 때문에 민속방법론에서 가장 성공을 거둔 경험 프로그램으로 간주된다. 그렇지만, 나는 대화분석의 서술적 프로그램이 민속방법론적 과학학(ethnomethodological studies of science)에서 취하고 있는 실천행위에 대한 지향과는 근본적으로 다른 형식주의적이고 토대주의적인 경로를 밟고 있다고 생각한다. 이 장은 이런 차이점들을 대화분석의 분석언어와 공유되는 연구전략을 참고하여 비판적으로 설명함으로써 제 7장에서 전개할 '탈분석적 민속방법론'의 제안을 예비한다.

제 7장은 내 생각에 민속방법론과 과학지식사회학이 공유하고 있는 문

제 — 즉, 구성원들이 분파적 주장과 논쟁에 사용하는 그런 용어들을 사용하지 않고 사회적 실천의 특정한 배경을 분석하는 방법 — 를 다룬다. 내 주장은 이 문제에서 탈출구란 존재하지 않지만, 이 문제가 오해에서 비롯되었다는 것이다. 먼저, 보편적 문제가 존재한다는 생각은 그런 탈출의 가능성을 암시하기 때문에 만약 우리가 탈출의 가능성이 환상이라는 것을 깨닫는다면, 그 문제는 사라지고 말 것이다. 나는 민속방법론적 과학학이 과학주의 또는 주관주의 사이의 이원론적 대립을 끌어들이지 않고 인식론적 활동을 검토할 수 있는 방법을 제공해 준다고 믿는다.

나는 후속 작업을 통해 이 책에서 개괄한 프로그램을 토대로 탈분석적 민속방법론이 과학철학 및 과학사에서 취해진 논제들을 재(再)상술할 수 있는지를 논증하는 일련의 연구와 실천을 보여 주도록 노력할 것이다. 이런 논제에는 관찰, 표상, 측정, 발견, 설명 등이 포함된다. 그런 논제를 재상술함으로써 나는 잘 알려진 이런 인식론적 논제가 사실은 변화무쌍한 실천적 현상을 가리고 있는 용어에 불과하다는 사실이 밝혀지기를 원한다. 10) 이런 재상술화의 목적은 인식적 언어게임의 국지적으로 조직

---

10) 이 점과 관련한 내 문제의식은 비공식적으로 가핑클의 '푸른 책'으로 알려진 미출판 자료에서 비롯되었다 — Harold Garfinkel, Eric Livingston, Michael Lynch, Douglas Macbeth, and Albert B. Robillard, "Respecifying the natural sciences as discovering sciences of practical action, I & II: doing so ethnographically by administering a schedule of contingencies in discussions with laboratory scientists and by hanging around their laboratories"(미출판된 원고, Department of Sociology, University of California at Los Angeles, 1989). '푸른 책'에서 발원한 논증의 일부를 담고 있는 출판된 자료에 대해서는 다음을 볼 것. Garfinkel, "Respecification: evidence for locally produced, naturally accountable phenomena"와 Harold Garfinkel and D. Lawrence Wieder, "Evidence for locally produced, naturally accountable phenomena of order*, logic, reason, meaning, method, etc, in and as of the essentially unavoidable and irremediable haecceity of immortal ordinary society: IV two incommensurable, asymmetrically alternate technologies of social analysis", pp. 175~206, in G. Watson and

화된 생산을 서술하고, 그래서 이른바 과학이라는 복합적 활동 분야에 대한 우리의 이해를 풍성하게 만들 수 있는 구체적이고 생생한 사례를 제공하는 것이다.

R. Seiler, eds., *Text in Context*: *Contributions to Ethnomethology* (London: Sage, 1992).

제1장

민속방법론

민속방법론은 간단하게 말해 **사회적 실천과 그런 실천에 대한 설명 사이의 계보학적 관련성을 탐구하는 방법**이다. 일반적으로 사회학의 하위분야로 분류되지만 커뮤니케이션 연구, 과학학, 인류학, 사회과학 철학 등에서도 그 모습을 드러낸다. 사회이론 및 사회학 방법론에서 민속방법론과 20세기 전통과의 연계성은 깊고 양가적이다. 연계성이 깊다는 것은 민속방법론이 사회구조와 사회적 행위에 대한 이론들에서 확실하게 영광의 자리를 차지하고 있는 테마들을 다루는 방식을 제공한다는 점에서 그렇다. 그런 테마에는 행위, 질서, 합리성, 의미, 구조 등이 포함된다. 그런 테마들은 상식적 추론과 과학적 분석 사이의 관계를 둘러싼 방법론적 논쟁에서 두드러진다. 연계성이 양가적이라는 것은 이런 기본적 테마들을 향한 민속방법론의 지향이 사회과학에서 확립된 대부분의 이론 및 방법론과 불편한 관계에 놓여 있다는 점에서 그렇다. [1]

---

1) 이런 쟁점들은 다음에서 길게 다뤄진다. Graham Button, ed., *Ethnomethod-ology and the Human Sciences*(Cambridge University Press, 1991).

민속방법론과 사회학의 관계는 서술은 말할 것도 없고 이해조차 쉽지 않다. 많은 민속방법론자들은 사회학과에서 일하기 때문에 사회학자들이라고 할 수 있지만, 그들의 핵심적인 연구 정책기조는 (사회구조의 지식을 생산하기 위한) '전문적' 사회학적 방법을 (사회학자들이 연구하는 사회의 실질적 부분인) '민간적' 노하우와 동일한 선상에 놓는 것이다. 연구 정책기조(개인적 수행은 아니라고 해도)의 문제로서, 민속방법론자들은 전문 사회학의 '가족관심사'(family concerns)●를 학술적 무관심으로 다룬다.2) 민간적 방법과 전문적 방법을 동일한 연구영역의 일부로 취급함으로써, 그들은 스스로 분과적 삶의 형식(form of life)과 일정한 거리를 둔다 — 이런 삶의 형식에서 그들은 사회학 동료이자 전문가로서 자신들의 일을 수행한다. 같은 학과 동료들의 격렬한 반응은 학생들이 자신의 집에서 이방인 행세를 통해 민속방법론적 '위반실험'(breaching experiment)을 수행했을 때 가족구성원들이 보인 격노만큼이나 잘 이해할 수 있고, 근거도 확실한 것이다 — 즉, "왜 너는 항상 우리 가족에 분란을 일으키는 것이냐?", "나는 더 이상 너 이외의 무엇이기를 원치 않아. 만약 네가 너의 엄마를 존중할 수 없다면, 집에서 나가 버려!", "네가 알다시

● 〔옮긴이주〕 'familiy concerns'를 '가족관심사'로 번역한 것은 'family resemblances'를 '가족유사성'으로 번역하는 것을 원용한 것이다. 이 개념은 전문 사회학의 관심사가 일정한 규칙을 따른다고 볼 수는 없지만 가족의 관심사처럼 비슷한 양상을 보인다는 점을 뜻한다고 할 수 있다.

2) 민속방법론적 무관심의 정책기조는 다음에서 논의된다. Harold Garfinkel and Harvey Sacks, "On formal structures of practical action", pp. 337~366, in J. C. McKinney and E. A. Tiryakian, eds., *Theoretical Sociology: Perspectives and Developments*(New York: Appleton Century-Crofts, 1970), 재인쇄, in H. Garfinkel, ed., *Ethnomethodological Studies of Work* (London: Routledge & Kegan Paul, 1986), pp. 160~193. 또한 다음도 볼 것. Benetta Jules-Rosette, "Conversation avec Harold Garfinkel", *Sociétés: Revue des Sciences Humaines et Sociales 1*(1985): 35~39. 나는 제4장에서 민속방법론적 무관심의 정책기조를 자세히 다루었다.

피, 우리는 쥐들이 아냐".[3]

　무엇이 동업자들을 향해 그토록 당황스럽고, 심하게 불손한 '태도'를 취하도록 동기부여 했을까?[4] 매우 다양한 답이 주어질 수 있지만, 우리 대부분에게 그 이유는 사회학자들이 다루는 논제들에 대한 집중적 관심과 그런 논제들이 전문 사회학의 분석 아래 놓였을 때 발생하는 크나큰 실망과 결부되어 있다. 이런 실망은 잘 알려진 사회학적 분석과정의 '느슨함'이나 그런 과정에 기초한 예측의 비결정성 때문만은 아니다. 그것은 사회학의 관점과 방법이 논제들의 전체 명부 ― 가족, 종교, 폭동, 성(gender) 관계, 인종 및 민족성, 계급체제 등 ― 를 일관되게 다룰 수 있도록 제공하는 취급법의 설계방식과 더 크게 관련되어 있다. 물론 이런 논제들의 경험적 연구를 위한 공간은 충분히 남아 있다. 그러나 20세기 후반 사회학을 주도하는 흐름은 사회를 전체론적 '차원'에서 검토할 수 있도록 분석 범주들을 정의해 주는 하나의 지배적 개념틀 밑으로 사회현상에 대한 목록 전체를 밀어 넣는 것이다.[5] 그 결과 가족생활, 종교적 경험, 경제활동, 일상생활의 친숙한 측면들은 (일탈의 원천을 결정하려고 사회학

---

3) Harold Garfinkel, *Studies in Ethnomethodology* (Englewood Cliffs, NJ: Prentice-Hall, 1967), pp. 48~49.

4) 수사적 목적으로, 나는 마치 모든 민속방법론자가 자기 동료를 향해 동일한 (극단적) 태도를 취하는 것처럼 이야기를 끌어나가고 있다. 실제로 민속방법론자들은 자신을 분과적 상황에 맞추기 위한 다양한 적용방식을 개발해 왔다. 이런 적용은 정신병원 수감자들이 병원과 직원들에게 보이는 서로 다른 '입장들' ― 공개적 반발, 순응, 최고의 상황 만들기 등 ― 과 유사하다고 할 수 있다. 다음을 볼 것. Erving Goffman, *Asylums* (Garden City, NY: Doubleday, 1961).

5) 이 접근은 탤컷 파슨스(Talcott Parsons)의 사회적 행위 및 사회체제의 이론에서 유래했다. 파슨스의 '구조기능주의' 프로그램의 지배력은 1960년대 후반에 쇠퇴하기 시작했고, 오늘날 많은 사회학자는 그것이 사멸했다고 여긴다. 하지만, 크게 보면 사회질서에 대한 과학 및 기본 경향의 파슨스주의적 개념은 현재에도 개념어 사전에, 그리고 현대 사회학 교과서의 이론과 방법 편에 생생히 살아 있다.

적 변수들을 참조하고, 통계적 절차를 사용함으로써 분석될 수 있는) 하나의 사례로 취급됨에 따라 그 존재가치가 희미해져 버린다. 사회학에는 질적·미시적 접근법이 포함되어 있기는 하지만, 종종 이런 접근법은 초보적이고 지위가 낮은 분석양식으로 취급된다. 또한 그런 연구의 서술적 지향성은 (연구대상인) 사례들의 관찰 가능한 세부사항들이 이면에서 작동하는 추상적인 사회적 '힘들'을 '반영하는' 방식에 대한 시도에 종속된다.[•]
사회학의 지배적 이론과 방법론에 대한 지향에는 나름대로 이해할 수 있는 측면이 있다 — 즉, 사회학은 논리실증주의 과학철학에서 기원한 통일과학(unified science)[••]의 이미지를 구현하고, 자연과학 탐구의 본질을 받아들인 진보적이고 권위적인 접근을 시도한다는 의미를 품고 있다.

사회학이 과학적이어야 하느냐를 둘러싼 논쟁은 최소한 한 세기 전에 사라졌다. 사회학에서의 과학주의를 반대했던 사람들은 소수 입장으로 자신들의 관점을 고수하고 있지만 오래전에 벌어졌던 전투에서 이미 패배했다. 그렇지만, 민속방법론자들은 사회학적 실천과 일상언어의 관련성을 밀착 연구함으로써 이 고전적 전투의 새로운 전선을 열어젖혔고, 그렇게 함으로써 더 이상 철학적 논증'만'으로 폐기처분당하지 않을 사회학에서의 과학주의에 대한 일종의 경험적 반증을 제시했다. 1970년대 초반 이래로 또 하나의 새로운 전선이 열렸는데, 여기서 구성주의 과학사

- [•] 〔옮긴이주〕 "추상적인 사회학적 '힘들'"의 대표적 예로는 '권력'을 들 수 있다. 사회학자들은 어떤 현상을 서술할 때, 그 이유를 권력과 같은 일반화된 개념어를 통해 규정하려는 경향이 강하다. 문제는 그런 규정이 경험적으로 입증되기는 매우 힘들다는 사실이다.
- [••] 〔옮긴이주〕 통일과학이란 논리실증주의를 표방한 '빈 학파'가 목표로 했던 운동으로, 모든 학문을 과학, 특히 물리학을 중심으로 통일시키고자 하는 시도라 할 수 있다. 현재 사회생물학의 창시자인 윌슨이 주창하고 있는 '통섭'(consilience)도 통일과학운동과 맥을 같이 한다. 이런 점에서 통섭을 인문과학과 자연과학의 대화 정도로 해석하는 것은 순진한 접근이라는 비판이 제기되고 있다.

회학자와 소수 민속방법론자는 자연과학의 '현재 행해지는' 실천으로 관심을 돌림으로써 논리실증주의 관점의 과학탐구가 이상화되고 오류투성이 판본의 과학적 실천임을 알아냈다(최소한 그렇게 주장했다). 이런 연구들은 개념적인 것과는 거리가 멀었고, 그 다수는 전통 사회학을 계속 존중했다. 그렇지만 분석적 사회학의 과학개념에는 새로운 종류의 어려움이 부가되었다. 첫째, 그 연구들은 사회학의 교육과정에서 원용되는 과학의 이론과 방법에 대한 많은 가정을 '문제 삼았다'. 둘째, 그 연구들은 (분석적 차원에서 '구체적'이고 '내적인' 실천의 세부사항들과는 확연히 구분되는) '사회적 측면들'을 다루는 사회학의 경향성을 문제 삼았다.

여기서는 과학지식사회학이 전통 사회학의 과학적 이론과 방법의 개념을 문제 삼았던 방식에 대해서는 더 이상 구체적으로 다루지 않겠다. 민속방법론의 역사만 간략하게 살펴보고자 한다. 이후 장에서의 논의와 관련하여 민속방법론의 독특한 연구 정책기조를 소개할 필요가 있기 때문이다. 서론에서 언급했듯, 나의 전체 목표는 민속방법론자와 과학사회학자가 개발한 과학적 실천과 일상언어의 취급법으로부터 핵심적인 내용을 수렴해 내는 것이다. 그것은 결국, 사회이론 및 인식론의 핵심 주제들을 '재상술하라'는 권고로 이어질 것이다.

가핑클의 민속방법론의 발명

사회학의 다른 분야와는 달리, 민속방법론의 출현은 단 하나의 기원을 추적할 수 있다. 해럴드 가핑클은 보편적으로 이 분야의 '건국의 아버지'로 인정받는다. 이따금씩 그는 자신이 '사생아의 일파'를 낳았다고 농담을 던지곤 했지만 말이다. 그는 1950년대 중반에 민속방법론이라는 용어를 창안했지만, 그와 그의 제자들의 연구결과가 출판되었던 1960년대 중반까지는 별로 알려져 있지 않았다. 가핑클은 1960년대 후반에 개최된 심포지엄에서 자신이 시카고대학교의 배심원 숙의(deliberations)에 대한 다분과적 연구를 위한 일련의 보고서를 준비하던 중에 민속방법론이라는 용어를 제안하게 된 사연을 자세하게 털어놓았다.

나는 조직화된 사회의 사건들이 작동하는 방식에 대한 일정한 지식 — 배심원들이 쉽게 끌어다 쓰고, 서로에게 요구하는 지식 — 을 배심원들이 사용하는 것과 같은 일에 관심이 있었다. 그들은 서로에게 그것을 요구하는 동시에 점검하는 태도를 취함으로써 서로에게 이런 지식을 요구하는 것처럼 보이지 않았다. 배심원들은 자신의 일을 처리하는 데 있어서 일반적 의미에서 과학자인 양 행동하지 않았다. 그렇지만 그들은 적절한 해석, 적절한 서술, 적절한 증거 등과 같은 것들에 관심을 보였다. 그들이 '상식성'(common sensicality)의 개념을 사용할 때 그들은 '상식적'이기를 바라지 않았다. 그들은 합법적이길 원했다. 그들은 합법적이 되는 것에 대해 말하곤 했다. 동시에, 그들은 공정해지길 원했다. 만약 여러분이 그들에게 압력을 행사해서 그들이 합법적인 것으로 이해하는 바를 털어놓으라고 한다면, 그들은 금방 공손해지면서 이렇게 말할 것이다. "오, 글쎄요, 나는 법조인이 아닙니다. 무엇이 합법적인지 알고, 당신에게 그 의미를 전달하기란 결코 쉽지 않습니다. 어쨌든 당신은 법조인이잖아요." 따라서 여러분은 (만약 나에게 그와 같은 방식으로 말하는 것을 허락한다면) '사실', '애호', '의견', '나의 의견', '너의 의견', '우리가 말할 권리가 있는 것', '증거가 보여 주는 것', '논증될 수 있는 것', '네 생각에 그가 말한 것' 또는 '그가 말했던 것처럼 보이는 것'과 대비되는 것으로써 '실제로 그가 말한 것' 등과 같은 엄청난 양의 방법론적 사항들을 흥미롭게 수용한다. 여러분은 증거와 논증, 타당성 문제, 진실과 거짓, 공적과 사적, 체계적 절차 등과 같은 개념들을 가지고 있다. 동시에 전체는 동일한 배경의 일부로 고려되는 모든 것들에 의해 다뤄진다. 이런 배경 속에서 구성원들, 즉 배심원들은 숙의라는 임무를 완수하려고 그 모든 것을 사용한다. 그들에게 이 모든 일은 정말로 진지한 것이다. 6)

가핑클이 자세히 표현한 것처럼, 배심원들은 증거 수집 및 평가, 체계적 논증, 사실과 의견에 대한 판단 등을 위한 전문 자격이나 기술적 전문성을 갖추지 못한 가운데서도 실천이성의 추구자로서 훌륭하게 행동했다. 그럼에도 그들은 그들 나름의 방식으로 숙의의 과정에서 익숙한 '방법론적' 관심사들을 다루었고, 그들이 그렇게 하는 방식은 그들이 내렸던 평결과 상당히 관련되어 있었다. 사회인류학의 다양한 '민속과학'(ethnoscience) 접근과의 유비를 통해, 가핑클은 '민속방법론'이 이와 같이 매우 소박한 실천추론의 방법을 연구하는 하나의 길이 될 수 있을 것이라고 제안했다.

1940년대 후반 하버드 사회관계학과(Department of Social Relations)에서 박사학위를 준비하면서 가핑클은 '민속과학' 접근을 발전시키는 인류학자들의 초기 시도를 접할 기회가 있었다. 몇 년 후, 시카고에서 배심원 프로젝트를 진행하는 과정에서 그는 관련 분야의 연구를 개괄하면서 '민속방법론'을 발전시켜야겠다고 생각했다. 민속과학 — 민속식물학, 민속의학, 민속물리학 등 — 은 식물, 동물, 약물, 색채 용어, 여타 의미론 영역의 문화적으로 특화된 분류법을 도출하고, 관련된 과학지식을 배경으로 분류법의 지도를 그리려는 목적으로 창안되었다.[7] 따라서 민속

---

6) Richard J. Hill and Kathleen Stones Crittenden, *Proceedings of the Purdue Symposium on Ethnomethodology*(Purdue, IN: Institute for the Study of Social Change, Department of Sociology, Purdue University, 1968), pp. 6~7. 이 발췌는 다음에 재수록되어 있다. Harold Garfinkel, "On the origins of the term 'ethnomethodology'", pp. 15~18, in Roy Turner, ed. , *Ethnomethodology*(Harmondsworth: Penguin Books, 1974). 또한, 다음도 볼 것. John Heritage, *Garfinkel and Ethnomethodology*(Oxford: Polity Press, 1984), p. 45.

7) 민속과학은 원주민 분류에서 뒤르켐과 모스의 관심의 일부를 보존하고 있다. Emile Durkheim and Marcel Mauss, *Primitive Classification*, J. W. Swain 역(London, 1915). 레비스트로스(Claude Lévi-Strauss)는 *The Savage Mind*(Chicago: University of Chicago Press, 1966) 제1장에서 '구체적인 것의

식물학은 '토착민'(native)의 식물 분류에 대한 연구, 즉 식물의 형태를 구분하기 위한 문화적으로 특화된 명명법으로, 여기에는 식물 범주들 사이의 체계적 축들과 위계적 관계들이 포함되어 있다. 토착민 정보원들로부터 이런 분류에 대한 정보를 이끌어낸 후, 민속식물학자는 그것을 현대 식물학자들이 개발한 분류법과 비교한다. 토착민의 분류법과 과학적 분류법 사이의 차이점은 토착민들의 관습, 의례적 관례, 친족 조직화 등의 특정한 패턴과 연관시켜 해석해 낼 수 있다. 유비를 통해, 민속방법론은 사람들이 실제로 실천에 사용하는 일상적 '방법들'(methods)에 대한 연구라고 할 수 있다. 그렇지만 민속방법론과 다른 민속과학의 관계는 약간 신중하게 다룰 필요가 있는데, 몇 가지 점에서 현격한 차이를 보이기 때문이다. 8)

1. 가핑클은 폭넓은 인식적 구분 짓기의 관점에서 배심원들의 방법론의 성격을 규정하고 있다. 9) 배심원들이 증언의 진상을 평가하고 증거를

과학'(sciences of the concrete)에 대한 일반적 논의를 위해 민속과학 연구를 끌어들인다. 후에 이런 접근 중 일부는 인지인류학(cognitive anthropology)에 통합되었다. 다음을 볼 것. Charles Frake, "The diagnosis of disease among the Subanum of Mindanao", *American Anthropologist 63*(1961) : 113 ~132; Harold Conklin, "Hanunóo color categories", *Southwestern Journal of Anthropology 11*(1955) : 339~344; William C. Sturtevant, "Studies in ethnoscience", *American Anthropologist 66*(1966) : 99~131; S. Taylor, ed., *Cognitive Anthropology*(New York : Holt, Rinehart and Winston, 1969).

8) 민속방법론과 민속과학의 차이에 대해서는 다음의 책에 실려 있는 하비 삭스의 논평을 볼 것. Hill and Crittenden, eds., *The Purdue Symposium on Ethnomethodology*, pp. 12~13.

9) 가핑클이 개발한 것은 '인식사회학'(epistemic sociology)으로 이름붙일 수 있을 것이다. 다음을 볼 것. Jeff Coulter, *Mind in Action*(Oxford : Polity Press, 1989), p. 9 ff. '인식사회학'의 아이디어는 배심원의 작업을 과도하게 지적 과정으로 그리는 위험을 노출하지만, 그것은 가핑클이 인식론의 핵심 논제들을 일상의 담론활동과 실천활동으로 성격 규정함으로써 그것들을 재상술

제대로 해석해 내고자 사용하는 방법들은 법학에서 전문적 연구과정이나 실험, 여타 과학적 방법의 표준설계와도 거리가 멀었다. '사실', '이유', '증거' 등에 대한 배심원들의 숙의는 전문 법률가와 과학자들과 함께 공유하는 자연언어를 통해 이루어지지만, 배심원들의 체계적 실천은 자연과학이나 인문과학의 방법론적 기법과 달랐다. 가핑클의 민속방법론은 과학적 방법론의 모형에 기초하지 않기 때문에, 엄격하게 말하면 민속과학이 아니다.[10] 실제로 그는 배심원들의 상식적 방법들을 그 자체로 별도의 고유한 현상으로 다루었다. 여기에서, 그는 사회세계의 현상학을 밝히기 위한 알프레드 슈츠(Alfred Schutz)의 시도에서 영향을 받았다.[11]

2. 가핑클은 일상적 방법들의 분류법을 개발하자는 제안을 하지 않았을 뿐만 아니라 특정 과학 분야와 토착민 문화에 공통으로 존재하는 의미론적 영역의 범위를 획정하려고 노력하지도 않았다. 민속방법론이 관심을 갖는 현상이란 배심원들이 방법론적 문제들을 지시하는 데 사용했던 **이름들**(names)의 체계가 아니라, 배심원들이 숙의과정을 거쳐 자신들의 '방법론적' 결정에 어떻게 도달했는가 하는 것이었다. 가핑클에게 그런 '방법들'은 사회질서가 생산되는 통로인 민간적 실천과 전문적 실천 모두를 포괄한다. 이런 방법들을 주제로 받아들임으로써, 가핑클은 토착민 분류법(식물, 동물, 색, 친족관계 등에 대한)의 특정 영역에 대한 연구가 아니라 사회적 행위의 연구라는 보다 포괄적 접근으로 나아갈 것을 제안한다.

하고 있음을 볼 수 있도록 해준다. 이 테마는 가핑클과 그의 제자들이 수행했던 과학에서의 업무 연구에서 추출된 것이다(제 7장을 볼 것).

10) 몇 가지 점에서, 토착민의 음악적 실천의 측정수단을 제공하는 근대음악의 단일한 장르란 존재하지 않는 까닭에 민속음악학은 비교 가능성이 좀더 높을 수 있다.

11) 다음을 볼 것. Alfred Schutz, *Collected Papers, vol. 1 and 2* (The Hague: Nijhoff, 1962, 1964). 가핑클이 현상학과 맺고 있는 관계에 대한 보다 자세한 설명은 제 4장에서 다루고 있다.

3. 배심원제의 '토착민들'은 외래문화의 구성원들이 아니다. 그들은 다양한 교육을 받았고, 영어를 사용하며, 가핑클과 동일한 사회의 구성원들이다. 가핑클은 배심원들이 숙의과정에서 기준으로 삼는 용어와 절차를 연구하고자 특수한 언어 교육을 받을 필요가 없었을 뿐만 아니라 민속식물학이나 민속의학의 연구에 대한 정보를 제공해 줄 수 있는 별도의 원예학이나 의학적 기법에 대한 일종의 민속지와 같은 것이 필요치 않았다. 배심원들의 실천추론은 직관적으로 투명했고, 너무 투명했기 때문에 실제로 시카고 배심원 프로젝트에서 다른 연구자들에 의해 쉽게 무시될 정도였다. 연구자들은 무엇보다도 배심원들을 실제로 움직였던 것을 찾기 위해 숙의 표면의 '이면'을 들여다보길 원했다. 가핑클은 배심원 프로젝트에 대한 일화를 다음과 같이 간략하게 소개한다.

> 1954년, 프레드 스트로드벡(Fred Strodtbeck)은 도청장치가 설치된 배심원실에서 얻은 배심원 숙의에 대한 녹음테이프의 분석자로 시카고 법과대학에 고용되었다. 에드워드 실스(Edward Shils)는 그의 고용을 심사하는 위원회에 있었다. 스트로드벡이 법과대학 교수들에게 바일 상호작용과정분석(Bales Interactional Process Analysis)의 범주들을 도입할 것을 제안했을 때, 실스가 불평했다. "바일 상호작용과정분석을 사용한다면, 배심원의 숙의에 대해 무엇이 그들을 소집단으로 만드는가는 확실히 배울 수 있을 것이다. 그러나 우리가 알고자 하는 것은 배심원의 숙의에 대해 무엇이 그들을 배심원으로 만드는가이다." … 스트로드벡은 응답했고 실스는 동의했다 — 즉, 실스는 잘못된 질문을 던졌던 것이다![12]

"실스가 잘못된 질문을 던졌다"는 스트로드벡의 대답은 우리에게 오늘날

---

[12] Harold Garfinkel, Micheal Lynch, and Eric Livingston, "The work of a discovering science construed with materials from the optically-discovered pulsar", *Philosophy of the Social Sciences 11*(1981) : 131~158, 인용은 p. 133에서.

까지 논쟁거리로 남아 있는 실천행위의 사회학 연구의 딜레마에 대해 경고한다. 바일 상호작용분석은 한때 사회심리학에서 폭넓게 사용된 적이 있는 '내용분석'(content analysis) 방법이다. 13) 이 분석을 사용할 때, 분석자는 상호작용 사건(직접적이든 테이프를 통해서든)을 관찰하고, 그 과정에서 관찰자는 범주들의 목록 중에서 선택된 발화들(utterances)을 '코드 처리한다'. 가령 대화에서 특정 화자의 말이 상대방에게 '도움을 주는지' 여부를 판단하는 것을 한 가지 사례로 들 수 있다. 스트로드벡은 테이프에 녹음된 몇 시간에 걸친 숙의과정을 관리 가능하고, 통계적으로 분석 가능한 데이터베이스로 환원하기 위한 방안으로 로버트 바일(Robert Bales)의 분석을 추천한 것이다. 실스가 불평을 터뜨린 이유는 바일의 코딩체계가 전통적 사회학 방법들을 '적용할' 수 있도록 고안되었지만, 배심원들이 사용했던 맥락 의존적 '방법들'을 다루는 데는 실패할 수밖에 없는 종류의 자료만 구축하는 결과를 낳았기 때문이다. 만약 실스와 스토로드벡이 자신들이 처한 상황을 심각하게 받아들였다면, 그들은 자신들의 상식 — 즉, 테이프에 녹음된 '원자료'(raw data)에 대한 전(前)과학적(prescientific) 이해 — 외에는 어떤 방법론적 토대도 남겨 두지 않았을 것이다. 그런 조건에서, 가펑클은 실스의 불평을 매우 진지하게 받아들였고, 그렇게 함으로써 그는 스트로드벡의 응답이 회피하고자 했던 어려움을 받아 안았다.

4. 어떤 발전된 자연과학이나 사회과학도 배심원의 방법들을 정의하거나 평가할 수 있는 비교론적 토대를 제공해 주지 못한다. 민속식물학자들은 종종 연구대상 지역의 식물들에 대해 비교적 완벽한 과학 목록(또는 그런 종류의 것)을 가정할 수 있는데, 그런 목록이 없는 경우에도 토착민 정보원들이 가져다준 표본을 가지고 실험실 분석을 통함으로써 그것

---

13) Robert Bales, *Interactional Process Analysis: A Method for the Study of Small Groups*(Reading, MA: Addison-Wesley, 1951).

을 만들 수 있다. 따라서 식물학자는 가용한 과학 분석방법을 가지고 토착민의 식물범주 목록에 대해 과학적으로 인정받은 품종들 각각의 이름과 비교하는 방식으로 상담해 줄 수 있다. 그렇게 함으로써, 식물학자는 토착민들이 동일한 품종이지만 형태학적으로 다른 수컷 및 암컷 식물들에게 서로 다른 이름을 붙이고 있는지, 그들의 분류법이 과학적 분류법에는 없는 구분이나 전체적 분류 축을 포함하는지 찾아낼 수 있다. 토착민들이 허브를 약용으로 사용하거나 식물의 섭취를 금지하는 경우, 실험실 분석은 '실제' 식물 성분의 생화학적 조성과 생리적 효과를 평가하는 용도로 사용될 수 있다. 이와는 대조적으로, 가핑클이 나중에 '민속방법론적 무관심'(ethnomethodological indifference) 이라 불렀던 연구의 정책 기조하에서, 그와 그의 학파는 특정한 방법론적 처방(사회학, 특정의 자연과학, 형식논리 어디에서 도입되었든 상관없이) 이 토착민의 방법들을 '이면에서' 작동하는 합리성을 규정할 수 있는 기준으로 작용한다는 가정을 전제하지 않았다. 이런 정책기조는 그 당시 사회학을 지배하던 기존의 베버주의나 파슨스주의 행위이론과 분명하게 선을 그었다. 베버의 행위이론이 꽤 복잡하고, 서로 다른 형태의 합리적 행위는 물론 비합리적 행위를 위한 합법적인 사회적 지위를 규정하지만,[14] 그 이론은 전능한 과학적 관찰자의 이상화된 '입장'에 기초한 서술적 방법을 제안한다.

전형들의 구성과 관련된 일종의 과학적 절차를 받아들일 때, 우리는 행동에 영향을 미치는 감정에 기초한 비합리적인 모든 의미 패턴을 탐구하고, 완벽하게 이해할 수 있다. 그것은 그런 패턴을 (만약 합리적으로 목적에 부합하는 방식으로 전개되었을 때 그랬을 것으로) 순수한 행위의 전형으로부터의 '일탈'로 표현함으로써 가능하다. 예를 들면, 주식거래의 패닉을

---

14) 다음을 볼 것. Stephen Kalberg, "Max Weber's types of rationality: cornerstones for the analysis of rationalization processes in history", *American Journal of Sociology* 85(1980): 1145~1179.

설명할 때, 만약 해당 개인들이 비합리적인 감정적 충동에 영향받지 않는다면 그들은 어떻게 행동할까를 우선적으로 판단하는 것이 편리하다. 그런 다음 비합리적 요소를 '교란 요소'로 설명에 끌어들일 수 있다. 이와 비슷하게, 정치적이거나 군사적 활동을 다룰 때, 타당해 보이는 경험적 증거에 기초해서 모든 환경과 관련 당사자들의 의도가 알려져 있고, 채택된 수단들이 충분히 합리적으로 목적에 부합하는 방식으로 선택되었다면, 행위가 어떻게 전개될 것인가를 미리 판단하는 것이 편리하다. 오직 그런 후에야 이 과정에서 비합리적 요인들에 의한 일탈을 인과적으로 설명할 수 있다. 15)

앞의 인용문에서 일인칭 복수대명사는 내레이터의 목소리를 가설적 과학 관찰자의 관점과 동일시하는 효과를 갖는다. 복잡한 역사적 현장에서의 행위를 '충분히 이해할 수 있도록 만들기' 위해서, '우리의' 서술은 예외적 범위와 한정성(specificity)을 지니고 있어야만 할 것이다. 이런 계통을 따라 구축된 사회학은 셀 수 없이 많은 환경 속에서 단일한 사건들에 대한 완벽한 판단을 내릴 수 있는 모든 과학의 과학이 되고자 열망하곤 한다. "만약 모든 환경과 관련 대상자들의 모든 의도가 알려졌다면", 워털루 전투에서 "행위가 어떻게 전개되었을지 판단하려면" 어떻게 해야 할지 상상해 보자. 16) 베버의 '우리'는 좀더 명시적인 신학적 담론에서 전능한

---

15) Max Weber, "The nature of social action", pp. 7~32, in W. G. Runciman, ed., *Weber: Selections in Translation* (Cambridge University Press, 1978), 인용은 p. 9에서. 또한, 다음도 볼 것. *Weber, Economy and Society*, G. Roth and C. Wittich 편역(Berkeley and Los Angles: University of California Press, 1978), p. 6; Jürgen Habermas, *The Theory of Communicative Action, vol. 1*, Thomas McCarthy 역(Boston: Beacon Press, 1981), pp. 102~103.
16) 이런 복잡성은 다음 글을 읽음으로써 이해될 수 있었다. John Keegan, *The Face of Battle: A Study of Agincourt, Waterloo and the Somme* (New York: Viking, 1976).

신이 차지하는 문법적 위치에 삽입된 셈이다. 17) •

파슨스가 자신의 자발적 행위이론을 합리성의 실증주의적이고 공리주의적인 판본에서 구별해 내고 있음에도, 그의 사회행위이론은 이상화된 과학적 관찰자의 판단적 위치와 비슷한 관점을 유지한다. 파슨스도 베버처럼, 행위가 경험과학에 의해 검증된 기준들과는 다른 것으로 사회적으로 수용된 합리적 기준들에 의해 통제될 수 있음을 인식하고 있었다. 그가 정의하듯, '내재적으로 합리적인' 행위는 과학적으로 검증 가능한 기준들에 부합하지만, 그런 형태의 행위란 규범적으로 도출된 사회적 행위라는 훨씬 넓은 영역의 하위부류에 불과하다. 과학적 관찰자가 실제 상황과 관련된 조건들과 선택사항들을 지식을 통해 판단할 수 있다는 **이상화**를 통해 얻어진 이론적 지렛대를, 파슨스는 결코 손에서 내려놓지 못했다. 파슨스는 행위의 개념틀을 구성하는 다양한 주관적 요소와 규범적 기준을 분류하고 정의할 수 있는 기준으로, 상황에 대한 검증 가능한 경험 지식을 얻을 수 있다는 **상상 가능한 가능성**(imaginable possibility)을 사용했다. 18)

가핑클은 파슨스의 지도 아래 박사논문을 끝마쳤기 때문에, 19) 그의

---

17) James Edwards, *The Authority of Language*: *Heidegger, Wittgenstein, and the Treat of Philosophical Nihilism*(Tampa: University of South Florida Press, 1990).

• 〔옮긴이주〕 여기에 더해, 이 논의는 객관성에 대한 것으로 이어질 수 있다. Thomas Nagel, *The View From Nowhere*(Oxford University Press, 1986)를 참조할 것. 전지적 작가의 시점(신의 관점)처럼 실제로 존재할 수 없는 것에 기초하여 객관성을 고수하려는 시도는 실패할 수밖에 없고, 베버의 논의에 대한 비판도 같은 맥락에 있다고 할 수 있다.

18) 다음을 볼 것. Talcott Parsons, *The Structure of Social Action*, *vol.1*(New York: McGraw-Hill, 1937). 파슨스의 행위이론과 그 이론에 대한 현상학적 비판에 대한 유용한 글로는 다음을 참조할 것. Heritage, *Garfinkel and Ethnomethodology*, pp. 7~36.

19) Harold Garfinkel, "The perception of the other: a study in social order"

초기 연구는 파슨스의 행위이론에서 큰 영향을 받았다. 그러나 배심원들의 추론에 대한 그의 설명은 분석대상인 사회적 행위와 과학적 관찰자의 관계를 다시 생각하게 만들었다. 사회학, 경제학, 심리학의 오랜 전통과는 대조적으로, 가핑클은 사람-과학자 합리적 행위모형[20]이나 어떤 실천의 합리성을 평가하는 데 사용되는 가상의 '과학적' 입장 모두를 옹호하지 않았다. 그의 문제의식이 지닌 독특함은 그가 실천적 추론의 일상적 방법을 연구하고자 했다는 점이 아니라, 학술적이거나 행정적인 과학의 특권을 인정하지 않았다는 점에 있었다. 전통적 사회연구에서 정형화된 모형과 사전 주문된 분석기법을 주로 이용하여 상식과 실천추론을 탐구했던 것과는 달리, 가핑클은 상식적 지식에 대한 과학적 대척점을 미리 세우지 않은 채 사회구조의 상식적 지식을 논제로 삼기로 마음먹었다.

4, 6, 7장에서 자세히 다루고 있는 것처럼 행위, 추론, 사회구조 등의 고전적 연구에 대한 민속방법론의 거부는 커다란 혼란을 불러올 수 있다. 가핑클의 제안은 민속방법론이 스스로 자신의 연구대상인 실천에 대한 지식의 전문가라고 주장할 수 없게 만드는 것처럼 보일 수 있고, 연구성과에 대한 민속방법론적 교육이나 민속방법론적 논증이 어떤 모습을 띨 것인가를 고려하는 것조차 어렵게 만들 수 있다. 한 연구분야에서 증거에 입각한 주장과 결론을 확립하고자 방법론적 개념들과 예비적 논증들을 총체적으로 연계시키려는 시도는 상식적 방법들로 이루어진 장(場)과의 복잡한 관계 속에서 해체되는 것처럼 보일 수 있다. 만약 방법들이 서술하는 대상에 유리하도록 위치 지워져 있다면, 무엇이 서술의 진실, 타

(Ph. D. diss. Harvard University, 1952).

20) 행위와 추론의 '사람-과학자'(man-the-scientist) 모형의 몇 가지 사례는 심리학 및 인지과학 연구들에 잘 나타나 있다. 이에 대해서는 다음을 볼 것. Denis J. Hilton, ed., *Contemporary Science and Natural Explanation: Commonsense Conceptions of Causality*(New York: New York University Press, 1988).

당성, 적합성 등을 확신시켜줄 수 있을까? 민속방법론을 둘러싸고 이런 우려가 표출되었는데, 앞으로 나는 이 문제를 비교적 길게 다루고자 한다. 그러나 당분간 나는 그런 우려를 가핑클의 발명이 미친 영향에 따른 만성적 당혹감 및 불평으로 치부해두고자 한다.

초기 기획

가핑클이 1950년대 중반에 민속방법론이라는 용어를 만들었고, 그 후 연구 분야 및 연구 정책기조를 이루게 될 내용의 일부가 박사논문 이전에 그 모습을 드러냈지만, 21) 민속방법론이 사회학에 잘 알려지게 된 것은 1960년대 중반 이후였다. 22) 가핑클의 민속방법론 연구 중 작은 일부가 1950년대 후반과 1960년대 초반에 학술대회에서 발표된 후 출판되었다. 23) 초기의 논문 중에서 가장 중요한 것은 1963년에 출판된 것으로,

---

21) Garfinkel, "The perception of the other". 파슨스가 가핑클의 논문지도교수였기 때문에 그의 논문은 주로 파슨스의 행위이론에 슈츠의 저작들에서 이끌어낸 현상학적 통찰력을 불어넣어 자신의 이론을 발전시키는 데 주력했다. 하버드에 있는 동안, 가핑클은 아론 거비취(Aron Gurwitsch)의 현상학을 배울 기회가 있었고, 후설의 원작 일부를 읽을 수 있었다. 그 당시, 그는 파슨스의 프로그램에서 결정적으로 돌아서지는 않은 상태였는데, 그 파열은 가핑클의 *Studies in Ethnomethodology*가 출판될 때까지는 본격화되지 않았다고 말할 수 있다. 하지만, 파슨스 체계에 대한 가핑클의 '깊은 동요'(deep disquietude)의 증거는 그의 박사논문과 1950년대 후반에서 1960년대 초반에 회람되었던, 파슨스와 슈츠의 이론적 입장을 비교하는, 여러 편의 미출판 원고에 확실하게 드러나고 있었다.

22) 1950년대와 1960년대의 초기 세미나들에 대한 설명은 민속방법론의 역사에서 다소 이상한 설명으로 제시되어 있다. 다음을 볼 것. Pierce Flynn, *The Ethnomethodological Movement*(Berlin: Mouton de Gruyter, 1991), p. 33 ff.

23) 가핑클의 초기 논문들 중 일부는 다음과 같다. "Aspects of common-sense knowledge of social structure", *Transactions of the Fourth World Congress*

제목은 "안정적으로 조율된 행위의 조건으로서 '신뢰'의 개념, 그리고 실험"(A conception of, and experiments with 'trust' as a condition of stable concerted actions)[24]이다. 1년 후, 그의 학생이자 동료인 아론 시쿠렐 (Aaron Cicourel)이 영향력 있는 연구 결과, 《사회학의 방법 및 측정》 (*Method and Measurement in Sociology*)[25]을 출판했다. 가핑클과 시쿠렐의 연구는 갈등의 소지가 없지 않았지만 서로가 서로를 인용하였다. 시쿠렐은 자신의 책 서문에서 슈츠의 연구에 대한 가핑클의 해석에 빚지고 있음을 인정하면서 동시에 이렇게 덧붙인다 — 즉, 자신의 책은 "같거나 비슷한 논제들에 대한 〔가핑클〕 자신의 생각에서 상당히 벗어나 있다. 나는 그로부터 우호적인 비평을 받지 못했지만, 직접 인용을 허락받지 못한 조건 속에서 출판되거나 출판되지 않은 저작 속에 포함된 그의 견해에 주석을 달고자 했다".[26] 시쿠렐의 책은 민속방법론의 사례로 여전히 폭넓게 인정받고 있지만, 그의 프로그램과 민속방법론의 양가적 관계는 출발에서부터 이미 드러나 있었다. 제4장에서 설명하듯, 시쿠렐의 책은 사회학에서 방법론 문제에 대한 '원(原)민속방법론적' 처방으로 간주하

of Sociology 4(1959): 51~65; "The rational properties of scientific and commonsense activities", *Behavioral Science* 5(1960): 72~83; "Studies of the routine ground of everyday activities", *Social Problems* 11(1964): 225 ~250. 두 번째와 세 번째 논문은 *Studies in Ethnomethodology*에 재수록되어 있다. 처음 논문이 말해 주듯, 가핑클은 1950년대 후반에 학술대회에서 그의 논문 원고를 발표했다. 그보다 조금 앞서서 그는 '민속방법론'이 언급되지 않은 논문을 발표했다. 차후에 보면 그 논문에도 언급된 것이나 다름없지만 말이다. 다음을 볼 것. Garfinkel, "Conditions of successful degradation ceremonies", *American Journal of Sociology* 61(1956): 240~244.

24) 다음에 수록되어 있다. O. J. Harvey, ed., *Motivation and Social Inter-action*(New York: Ronald Press, 1963), pp. 187~238.

25) Aron Cicourel, *Method and Measurement in Sociology*(New York: Free Press, 1964).

26) *Ibid.*, pp. 4~5.

는 편이 나을 것이다. 시쿠렐은 민속방법론 연구를 수행하고 있다고 주
장하지 않았으며 사회언어학, 심리학, 철학 등을 지적 원천으로 삼고 있
다.[27] 되돌아보면, 가핑클의 "신뢰" 논문도 게임 및 사회적 관행의 체계
적 혼란을 통해 식별될 수 있는 다양한 규칙의 질서에 대한 '원(原) 민속
방법론적' 처방이었다고 말할 수 있을 것이다. •

　가핑클의 "신뢰" 논문과 시쿠렐의 책을 통해 민속방법론은 다음과 같은
것으로 그 성격이 규정되었다 — ① 참여자들이 일상적 사회 장면들과 관
행적 상호작용을 구성하는 수단들인 당연시되는 배경 가정, 암묵지(tacit
knowledge), 행동규범, 표준적 기대 등을 식별해 내는 데 사용하는 '방
법', ② '상투적' 사회과학에서 사용되는 암묵적 연구 실천에 대한 매우 엄
격한 탐구에 착수하려는 의도에서 비롯된 관점. 이런 민속방법론적 탐구
는 비판으로 읽기기 쉽다. 시쿠렐 등이 자세히 밝혔듯, 이런 비판들은 설
문조사, 사회심리실험, 민속지, 인터뷰 등을 비롯한 대표적인 연구조사
기법들이 필연적으로 상식적 추론과 일상적 상호작용의 실천에 의존할
수밖에 없다는 관찰에 기초한다. 이런 관찰은 자료의 수집, 부호화, 해
석 등의 연구조사 전 과정에도 그대로 적용될 수 있다. 그런 연구기법들
은 조사원들을 필요로 하고 세속적 담론의 이해와 해석에 종속됨에도,
사회과학 연구자들은 일상적 추론과 사회적 상호작용이라는 이런 선(先)
과학적 절차를 구체적으로 검토하지 않는다.[28]

---

27) 후기 연구에서, 시쿠렐은 점차 인지과학을 많이 언급했으며, 그의 접근을 '인
　　지사회학'이라고 부르는 것을 좋아했다. 다음을 볼 것. Aaron Cicourel,
　　Cognitive Sociology(Harmondsworth: Penguin Books, 1973).
• 〔옮긴이주〕 게임과 사회적 관행의 있는 그대로의 모습을 연구하는 것이 아니
　　라 베버나 파슨스의 방법을 따라, 그런 것들의 규범(규칙) 질서라는 이념형을
　　설정하고 그 일탈 상태를 인식하는 방식으로 연구를 진행하고 있다는 점에서
　　원(原) 민속방법론의 수준에 머물고 있다고 볼 수 있다는 것이다.
28) 사회심리학자들이 이런 선과학적 절차들〔과학방법을 적용하기 이전 단계의 절
　　차들 - 옮긴이〕을 사실상 검토하는 것이나 다름없다는 주장이 제기될 수 있다.

예를 들면, 설문조사자는 응답자들에게 설문지의 표준화된 항목의 뜻이 그대로 전달될 수 있다고 전제하고, 각 항목마다 응답자들의 서로 다른 반응을 담아낼 수 있도록 설문지를 설계하려고 애쓴다. 마찬가지로, 인터뷰 계획에서도 견실하고 의미심장한 속성과 태도를 이끌어낼 수 있도록 질문을 배치한다. 시쿠렐은 그런 방법에 문제가 있으며, 만약 사회적 상호작용의 논리, 위치 지워진 의미 판단, 기억의 작용 등을 비롯한 관련 문제들을 보다 정교하게 이해하지 못한다면 미심쩍은 상태에 빠질 것이라고 주장했다. 가핑클을 따라 시쿠렐은 사회학의 표준적 방법들이 더 많은 사회학 연구를 필요로 하는, 바로 그 사회현상들을 더 이상 문제 삼을 필요 없는 성취로 전제하고 있다고 지적했다. 예상할 수 있는 것처럼, 이 비판은 사회학 전문가 집단에게 혼란스럽고 적개심이 가득한, 격렬한 반응을 불러일으켰다.

중심 텍스트와 그 정책기조들

1967년에 출판된 가핑클의 책, 《민속방법론 연구》(*Studies in Ethnomethodology*)에는 민속방법론의 기본 정책기조와 목적이 소개되어 있고, 출판하기 몇 해 전부터 가핑클이 쓴 여러 편의 논문이 수록되어 있다. 몇 개의 장은 책이 출판되기 오래전에 쓰인 까닭에, 나중에 쓰인 장에 비해 그 책의 프로그램 및 정책기조가 선명하게 드러나 있지 않다. 일부 장,

---

예를 들어 다음을 볼 것. Solomon Asch, *Social Psychology* (Englewood Cliffs, NJ: Prentice-Hall, 1952). 이런 실험연구들이 종종 영감을 주는 것은 사실이지만, 그 연구들은 실험자의 과학지식과 연구대상의 인식 및 인지 사이의 비대칭을 밝히기 위해 둘을 서로 대비했다. 그런 점에서, 사회심리학자들의 실험연구는 민속방법론의 상식에 대한 비(非) 풍자적 관심과는 차이를 보이는데, 상식에 대한 **절차적** 강조라는 점에서 특히 그렇다.

특히 "과학 및 상식 활동의 합리적 속성"(The Rational Properties of Scien-tific and Common Sense Activities)[29]은 슈츠 및 펠릭스 코프먼(Felix Kaufmann)의 방법론 저작들에 크게 빚을 지고 있다.[30] 제4장에서 살펴보듯, 가핑클의 초기 연구들은 슈츠의 이론중심적 과학관(觀)을 거의 충실하게 받아들이고, 과학적 합리성과 상식적 합리성에 대한 슈츠의 구분도 그대로 수용한다. 《민속방법론 연구》의 다른 장들도 '상투적' 사회학 방법들이 실천적이고 조직적으로 어떻게 생성되는가를 둘러싼 가핑클의 탐구 과정을 잘 보여 준다.[31] 책의 들쑥날쑥함과 뜻이 모호한 전문용어와 불투명한 논박에 대한 많은 독자의 불평에도 불구하고, 이 책은 민속방법론의 중심 텍스트로 굳건히 자리 잡았다. 이 책에는 사회학 및 사회과학의 철학에 대한 민속방법론의 독자적 기여로 간주되는 개념적 테마들과 논증적 실천, 주장의 핵심계통 등이 소개되어 있다.

가핑클의 서문은 이론적 독트린의 진술이라기보다는 실용적 문서에 가깝다.[32] 서문에 명시된 목적은 연구 프로그램의 출범을 알리고, 진행 중

---

29) *Studies in Ethnomethodology*, pp. 262~283. 이 논문이 처음 실린 곳은 *Be-havioral Sciences* 5(1960) : 72~83이었다.

30) 다음을 볼 것. Alfred Schutz, "The problem of rationality in the social world", *Economica* 10(1943) : 130~149(이 글은 Schutz, *Collected Papers*, *vol. 2*, p. 64~90에 재수록되어 있다) ; Felix Kaufmann, *Methodology of the Social Sciences*(New York : Oxford University Press, 1941).

31) 예를 들면, 《민속방법론 연구》의 제6장과 7장을 비교해 볼 것. 제6장〔"Good organizational reasons for 'bad' clinic records"(pp. 186~207)〕은 연구의 개입에 따른 암묵적인 조직적 저항에 대한 날카로운 해석을 담고 있고, 제7장〔"Methodological adequacy in the quantitative study of selection criteria and selection practices in psychiatric outpatient clinics"(pp. 208~261)〕은 의료 활동을 둘러싼 연구에서 제기되는 몇 가지 절차 및 문제점에 대한 개괄이다.

32) 1970년대와 1980년대 초반에 가핑클은 자신과 그의 제자들의 미출판 논문과 원고의 다양한 모음집에 *A Manual for the Study of Naturally Organized Ordinary Activities*라는 이름을 붙였다.

인 연구의 일부를 소개하는 것이었다. 가핑클은 방법론의 원리를 의도적으로 회피하고, 그 대신 민속방법론 탐구를 위한 몇 가지 '공리'(maxims)와 '정책기조'(policies)를 개관했다. 그는 이런 정책기조를 총론적 개념을 위한 명명법이 아니라 쓰고 버리는 항목으로 소개했을 뿐 사회의 조성을 설명하기 위한 조직 원리와 분석 요인이라는 추상적 체계를 정의하려는 목적으로 이 정책기조를 사용하고 있지 않다. 이런 모든 용어학적 및 수사적 사전예방에도, 가핑클의 텍스트는 예나 지금이나 이론적, 심지어 형이상학적 진술로 취급되고 있다. 더욱이 민속방법론자들은 종종 그 텍스트의 정책기조에 대한 교조적 읽기와 비평을 이유로 해명을 요구받는다. 33) 그런 오독을 한탄할 수만은 없는 노릇인데, 가핑클과 민속방법론이 사회학에서 행세할 수 있었던 것은 바로 오독이라는 애매모호한 돌출 때문이라는 주장이 제기될 수 있기 때문이다. 민속방법론은 교과서, 커리큘럼, 정치논쟁, 이론적 계보, 학술 정책기조 등의 피조물로서 그 중심 텍스트에 대한 공유적 오독(communal misreadings) — 즉 공동의 슬로건에 대한 깊은 오해로부터 조성된 일종의 가상적 합의 — 를 통해 유지되었다. 34) 어쨌든 그 실천자들이 사회세계의 조성에 대해 말한다는 관점에서 민속방법론의 운명이 특별히 놀라운 것은 아니다. *

---

33) 최근의 한 예로 다음을 볼 것. David Bloor, "Left- and right- Wittengen-steinians", in Andrew Pickering, ed., *Science as Practice and Culture* (Chicago: University of Chicago Press, 1991), pp. 266~282. 블루어는 가핑클의 텍스트를 두 개의 기본적 '교의'로 번역하고 나서 그것들이 서로 모순적이라고 주장한다.

34) '지식공동체'(knowledge community)의 이런 그림에 대한 시사적 정교화에 대해서는 다음을 볼 것. Peter Galison, "The trading zone: coordination between experiment and theory in the modern laboratory", International Workshop on the Place of Knowledge에서 발표된 논문, Tel Aviv and Jerusalem, 1989년 5월 15~18일. 이것은 학술적 의사소통이 상호오해의 지대를 체계적으로 창출함으로써 어떻게 유지될 수 있는가에 대한 보편적 논의이다.

다음 절에서 나는 민속방법론에 대한 해석에서 가장 자주 언급되는 몇 가지 테마를 간략하게 소개하고자 한다. 선택 가능한 많은 옵션 중에서 나는 세 가지 테마만 다루고자 한다. 해명가능성(accountability), 성찰성(reflexivity), 지표성(indexicality)이 그것이다. 각 테마는 서로 연결되어 있고, 관련된 전체 쟁점들에 대한 색인을 제공한다. 가핑클은 이 세 용어를 쓸 때 '~ity'의 어미형을 일부러 피했지만, 해석자들은 이 용어를 '핵심개념'으로 전환하려는 욕심에서 계속 그렇게 사용한다.

해명가능성

가핑클은 서문(p. 7)에서 자신의 독자적 구호들 중 하나를 소개하고, 그것을 연결어구(句)로 정의한다.** "민속방법론 연구는 일상적 활동을 모든-실천적-목적들을-위한-가시적-합리적이며-보고가능한 것으로 만들기 위해 그런 활동을 구성원들이 사용하는 방법들을 통해 분석한다. 예를 들면, 통상적 일상활동의 조직화로서 '해명 가능한'(accountable)을 들 수 있다." 해명 가능한이라는 용어는 민속방법론의 특수한 어휘의 일부로 자리 잡았고, 그것은 종종 보다 실속 있는 구절인 '관찰가능하고-보고가능한'(observable-and-reportable 또는 좀더 간단하게 observable-repor-

---

- 〔옮긴이주〕이해를 돕기 위해 부연하면, 가핑클의 의도와는 다르게 가핑클의 텍스트가 해석(오독)된 것은 문제점이라 할 수 있지만, 민속방법론 자체가 그런 오독의 가능성을 인정한다는 점에서 자신만 오독의 문제를 부정할 수는 없는 것이다. 여기에는 객관성 및 보편성(즉, 신의 관점)의 부정에 따른 상대주의 문제가 관련되어 있다. 오히려, 오독을 예외적 현상으로서가 아니라 일반적 현상으로서 볼 필요가 있으며, 이런 관점에 서면 가핑클의 텍스트에 대한 오독이 가져온 민속방법론의 운명을 특별하게 놀라운 것으로 여길 필요도 없어진다.
- ** 〔옮긴이주〕본문을 보면, 6개의 항목 모두가 두운체식 표현은 아니고, 1~4까지 orderly, observable, ordinary, oriented가 모두 'o'로 시작되고 있기 때문에 이를 두고 두운체식으로 표현했다고 볼 수 있다.

table) 으로 번역된다. 적절한 접미사가 붙고 안정된 이론적 개념으로 (잘못) 이해되었을 때, 해명가능성은 민속방법론의 연구 정책기조와 연구대상인 현상을 동시에 함축하게 된다. 이 개념을 이해하기 위해서는 그것을 일련의 제안들로 해체하는 것이 필요할 것이다. 35)

1. 사회활동은 질서정연하다(orderly). 중요한 측면에서 사회활동은 임의적이지 않으며, 정기적으로 되풀이되며, 반복되며, 익명적이며, 유의미하며, 정합적이다.

2. 이런 질서정연함(orderliness)은 관찰 가능하다(observable). 사회활동의 질서정연함은 공적(公的)이다. 그것의 생산은 배타적인 사적 영역에 속한다기보다 목격할 수 있고, 쉽게 이해할 수 있다.

3. 이런 관찰 가능한 질서정연함은 일상적(ordinary)이다. 즉, 사회적 실천의 체계화된 특징들은 평범하고, 그런 실천에 충실한 모든 참여자에 의해 쉽게, 그리고 반드시 목격된다.

4. 이런 일상적으로 관찰 가능한 질서정연함은 정향성을 띤다(oriented). 36) 질서정연한 사회활동의 참여자들은 다른 사람의 활동의 의미에 지향점을 둔다. 그리고 그렇게 함으로써 참여자들은 그런 활동의 시간적 전개에 기여한다. 도보자의 단순한 응시는 '길 건너기'에 대한 자신의 투사 가능한 정향성을 드러낼 수 있고, 접근하

---

35) 이 목록은 《민속방법론 연구》와 최근의 강의, 그리고 대중강연에서 가핑클의 민속방법론의 정책기조가 다양한 암송을 통해 증류되고, 단순화된 두운체식 표현이다.

36) '정향적' 또는 '정향'(orientation)이 정확히 무슨 뜻인가는 쉽게 오해되고, 서로 다른 기술적 명세서에 종속된다. 나는 제6장에서 이 문제를 보다 구체적으로 다루고 있지만, 당분간은 '정향'이 심리적 기질이나 의도가 아니라 이인칭이나 삼인칭의 문법격(格)〔가령 이인칭이나 삼인칭 주어처럼 - 옮긴이〕을 사용하여 묘사되는 제스처적이고 음성적인 표현을 함축한다고 말하는 것으로 충분하다고 생각한다.

는 운전자에게는 이 표현(display)을 이용할 수 있기 때문에 결과적으로 공적인 도로의 한 장면이라는, 사회적으로 조직된 교통질서의 구성 성분으로 자리 잡게 되는 셈이다.[37]

5. 이런 정향적이고 일상적으로 관찰 가능한 질서정연함은 합리적이다(rational). 질서정연한 사회적 활동이란 그것을 생산하고 이해하는 법을 아는 사람들에게만 사리에 맞는 것이다. 그런 활동은 분석 가능하고 예측 가능하다. 종종 해돋이 못지않게 정확하게 예측해 낼 수 있는데, 실제로 그 활동을 해돋이에, 또는 그 활동에 해돋이를 끼워 맞출 수 있다.[38]

6. 이런 합리 지향적이고 일상적으로 관찰 가능한 질서정연함은 서술 가능하다(describable). 자연언어의 숙련자들은 자기 활동의 질서에 대해 말할 수 있고, 그 활동의 질서 **속에서** 그리고 **으로서**(in and as) 말할 수 있다. 그 결과, 사회학적 서술이란 전문 사회학자들의 탐구가 이루어지는 행위의 장(場)• 속의 내재적 특징이다.[39]

'해명 가능한' 사회활동이란 자연언어로 그 활동을 서술할 수 있는 가능성

---

37) 다음을 볼 것. David Sudnow, "Temporal parameters of interpersonal observation", pp. 259~279, in D. Sundow, ed., *Studies in Social Interaction*(New York: Free Press, 1972).

38) 질서정연한 사회적 행동이 '태양을 떠오르게 만들 수'(이 표현이 프톨레마이오스의 전통으로 돌릴 수 있는 모든 문자적 빚은 옆으로 제쳐두더라도) 있다는 것이 아니라, 예를 들면, 작업 계획표나 기념식이 해돋이의 예측의 중요성, 위상구조(phase structure), 활동 질서에서의 순차적 위치 등을 맥락적으로 상술화할 수 있다고 제안하는 것이다.

• 〔옮긴이주〕 당연한 이야기이지만, 사회학자는 자신이 전지적 작가의 시점에서 연구대상의 행동을 관찰할 수 있는 것처럼 행동하지만, 그 자체도 행위의 장(場) 속에서 이루어질 수밖에 없는 것이다.

39) Harvey Sacks의 초기 논문을 볼 것. "Sociological description", *Berkeley Journal of Sociology 8*(1963): 1~16.

과의 연관성 속에서 생성된다. 구성원들은 다양한 방식으로 자신들이 하고 있는 일을 계속해서 해명하도록 요구받을 수 있다. 그들은 기록을 유지하고, 자신들이 지침을 따랐다는 것을 보여 주고, 자신들의 행동을 규칙이나 지침의 관점에서 정당화하고, 다른 사람들에게 무엇을 하며 지향점이 어디인지 알려 달라는 요구를 받을 수 있다. 그런 해명가능성은 사회적 행위의 **교육적 재생산가능성**(instructable reproducibility) ─ 즉, 다른 상황에서도 '같은' 행동을 재생산하고 재인식하기 위한 수단들에 대해 구성원들을 교육하거나 정보를 제공해 주기 위한 실제적 노력들 ─ 에 수반한다. 더욱이 사회질서의 해명 가능한 **표현**은 인지적 스키마(schema), 신념, 마음속의 사회 등에 의해 생산되는 것이 아니다. 표현은 교통체계에서 운전의 조율된 질서, 게임에서 움직임의 인지 가능하고 관행화된 질서, 줄을 섬으로써 형성되는 서비스의 가시적 질서 등과 같은 것이다. 40)

성찰성

가핑클의 텍스트에서 보다 당혹스런 테마는 "실천과 해명을 해명하는 '성찰적' 또는 '구현적'(incarnate) 성격"의 문제이다(p. 1). 성찰성에 관한 가핑클의 제안과 다른 사회학자들의 제안은 현저하게 다른 함의를 결과할 수 있다. 당분간 나는 예비적 차원에서 성격 규정을 시도할 것이다. **성찰성**은 해명가능성의 현상 속에 함축되어 있다. 앞서 말했듯, 사회학적 서술이 전문 사회학자들이 탐구하는 행위의 장(場) 속에 내재한다면, 그런 서술은 자신들이 기원한 배경에 대해 **성찰적**(reflexive)이다. 사회학적 서술이 '사회' 또는 '사회'의 일부를 부적절하게 표상하고 있음에도 불구하고 그런 해명은 특정한 사회적 장면에서 담론과 행위에 일정하게 기여한

---

40) 이런 보기들과 그 보기들이 해명가능성의 쟁점을 설명하는 방식은 《민속방법론 연구》의 출판 이후에 이루어진 가핑클의 강의 및 미출판 저작물에서 제공된 바 있다.

다. 예를 들면, 가핑클은 배심원들이 고유한 방식으로 다양한 증거문서와 증언을 조사한다는 것을 발견했다. 배심원들은 증거에 대해 언급했으며, 진행 중인 재판에서 그 증거가 갖는 의미에 대해 곰곰이 생각했다. 그들은 법정 외부의 사회가 논쟁 중인 사건들을 어떻게 연출해 낼 것인지에 대해서도 추론했다. 그들의 판단은 이를 판단하는 그들의 방식을 반영하고 있었기 때문에, 그들의 서술 및 증거 주장은 그들의 심의에 성찰적으로 배태되어 있었다. 더욱이 배심원들 스스로 소송인들이 제시한 보고서와 증언을 그들의 목적, 목표, 동기, 명칭, 의무, 사회적 지위 등을 표현하거나 반영하는, 있음직한 다양한 서술로 취급했다.

일상적인 사회학 추론의 성찰적 성격을 말한다는 것이 곧바로 배심원들과 여타 사회의 일반 구성원들이 사회학이라 불리는 학문 분과의 숙련자들이라고 말하는 것과 동일한 것은 아니다. 또한, 사회학은 유사과학적(psudoscientific) 전문용어로 무장한 '단순한' 상식에 불과하다는 진부한 불평과도 아무런 관련이 없다. 전문 사회학의 관점에서, 일상적 사회학 서술은 흥미가 없거나 잘못된 것이거나 최소한 과학적 검증을 결여하고 있다. 한편, 상식은 사소한 것으로 치부되고 마는데, 보다 높은 (심지어 더 낮은) 교육을 추구하지 않고도 상식적 행위 및 사회적 사건을 서술하는 법을 '모든 이가 알고 있기' 때문이다. 다른 한편, 사회학자들은 종종 상식적 믿음이 문화적 이데올로기와 관점의 한계로 말미암아 왜곡될 수 있음을 강조한다. 다양한 사회학 연구 프로그램은 상식을 역사적이고 문화적인 변동의 원천에 대한 종합적 이해 및/또는 귀납적 통계의 엄격한 적용으로 전환하려 한다.[41] 가핑클은 사회학적 지식과 상식적 믿음

---

41) 이런 상식관(觀)이 얼마나 편재(遍在)하고 호소력이 강할 수 있는지 이해하고자 한다면 다음의 인기 있는 기초 교과서를 볼 것. Ian Robertson, *Sociology*, *2nd ed.* (New York: Worth, 1983). 이 책의 서문에서 로버트슨은 참/거짓 질문목록을 제시하여 학생들에게 사회학의 가치를 심어 주고자 한다. 질문들은 복지혜택을 누리는 사람들의 범주, 젠더 범주를 가로지르는 살인의

사이의 대비가 지닌 수사적·실천적·정보적 가치를 부정하지 않은 채, '단순한' 상식을 압살해 버리거나 교정하려는 배타적 선입견은 사회질서의 국지적이고 해명 가능한 생산이라는 민속방법론의 모습을 흐릴 뿐이라고 주장한다.

성찰적 현상들에 대한 가핑클의 제안은 민속방법론의 일상적인 사회적 행위에 대한 높은 관심과 사회학을 향한 비판적 입장을 한데 묶는다. 하지만, 성찰성에 대한 관심이 필연적으로 민속방법론적 회의주의를 뜻하는지는 분명치 않다. 민속방법론자들은 '상투적' 사회학과의 연관성을 주장하면서도 동시에 부정할 수 있었다. 한편, 그들은 사회학의 다른 프로그램들이 간과하고 있는 사회의 성찰적 측면을 연구한다고 주장하고, 따라서 사회학의 영역을 확장할 것을 제안한다. 가장 진부한 대화조차 엄청나게 풍부한 사회적 성취라는 것이 밝혀진다면, 그것은 사회학에 매우 유익할 것이다. 다른 한편, 민속방법론자들은 사회과학 연구자들이 과학적 방법의 보편법칙을 준거점으로 정당화될 수 없는 상식적 방법들에 체계적으로 의존한 채, 인터뷰를 진행하거나 피험자를 대상으로 실험을 실시하고, 자기보고식 조사(self-reported survey)에서 피험자의 응답을 해석하고 있다는, 논란의 여지가 많은 주장을 내놓기도 한다.

실세계 사회구조의 보편적 모형이나 여타 표상들을 구축하려는 사회학자들이 그런 비판을 수용한다면, 그들은 진퇴양난에 빠질 것이다. 그들은 연구자들과 연구대상자들의 일상언어와 상식적 판단에서 발생하는 편향 및 왜곡에 대한 민속방법론의 성과를 설명함으로써 자신들의 방법에 대한 타당성 및 신뢰성을 높일 수 있을 것이다. 그러나 이것은 그들에게

통계적 분포, 공통된 견해 및 정치적 판단의 여타 문제들에 대한 '상식적' 선입견을 환기시키려는 목적을 지니고 있다. 상식적 견해들은 사회학 조사(또는 많은 경우, 정부통계 보고서)에서 도출된 '과학적' 지식들과 대비된다. 로버트슨 교과서의 개정판을 위한 출판사의 광고는 이런 잘 알려진 목록의 항목수가 15에서 20으로 늘어났다는 사실을 강조한다.

끝없이 실망스런 임무를 안겨줄 텐데, 민속방법론은 편향들을 탐지하고 제거하는 데 거의 아무런 도움을 줄 수 없기 때문이다. 반대로, 사회학자들은 사회학이 과학을 실천한다는 것이 뜻하는 바에 대한 자신들의 시각을 교정할 수 있다. 만약 그렇게 한다면, 그들은 과학사회학이 커다란 도움을 줄 수 있음을 알게 될 텐데, 과학적 방법의 정형화된 해명이, 과학자들이 실제로 하고 있는 일을 서술하고 있지 않음을 실제로 보여 주기 때문이다. 그 결과, 사회학의 많은 방법론적 비판이 과학적 지위를 의심받지 않는 다른 분과들에도 적용될 수 있음이 드러났다. 하지만, 정형화된 과학적 방법의 효율성과 보편성에 대한 가정이 합법적 사회학을 위한 주요한 토대를 제공하는 현실에서 그런 가정을 옆으로 제쳐두기란 결코 쉬운 일이 아니다. '상투적' 사회학 주변뿐만 아니라 민속방법론과 과학사회학의 연구 프로그램 주변에 이런 가능성이 배회하기는 마찬가지다.

지표성

지표성은 가핑클의 텍스트에서 임시변통의 성격이 가장 두드러진 용어이다. 그것은 독립적 개념이 아닌데, 가핑클이 '성찰성', '해명가능성', 사회질서의 '국지적 생산' 등과 같은 항목들에서 표현하는 사회질서의 전체상을 말하는 또 다른 방식에 불과하기 때문이다. 지표성은 '민속방법론의 관점'의 보증서가 되었지만, 가핑클은 결국 이 개념을 포기했다. 이것은 그에게 이 용어가 분석 어휘의 선택적 세목에 불과했음을 뜻한다. 더욱이 자신의 주장을 위해 쓰고 버리는 용도로 이 용어를 끌어들였을 가능성이 크다. 이것은 《민속방법론 연구》의 제1장과 가핑클과 하비 삭스(Harvey Sacks)의 논문 "실천행위의 정형화된 구조에 대하여"(On formal structures of practical actions)[42]에서 지표적 표현(indexical expres-

---

42) Harold Garfinkel and Harvey Sacks, "On formal structures of practical

sions)에 대한 논의를 통해 그 가능성을 엿볼 수 있다. 두 글 모두에서 '지표적 표현'의 범주는 처음에는 특수한 형태의 단어들이나 관용어구를 포괄하는 것처럼 보였지만, 결국에는 민속방법론자들이 탐구하는 언어 사용의 전체 장(場)을 포괄하는 방식이 되어 버렸다. 지표성은 민속방법론이라는 극장의 입장표에 불과하기 때문에 문지방을 지나자마자 곧바로 찢겨질 운명을 타고났다.

가핑클은 **지표적 표현**이라는 용어를 바힐렐(Y. Bar-Hillel)에게서 빌려왔다. 43) 1950년대 초반, 바힐렐은 초기 기계번역 프로젝트에 참여해서

---

actions". 논문의 공동저자들이 말해 주듯, 지표적 표현에 대한 가핑클의 설명은 하비 삭스의 (민속방법론에서 기원한) 테이프 녹음(*tape-recorded*) 대화의 탐구와 공동작업 속에서 발전했다. 녹취된 많은 그의 강의에서, 삭스는 지표적 표현의 현상을 예시하고 정교화했다. 특히, 다음을 볼 것. Harvey Sacks, "Omnirelevant devices: settinged activities: indicator terms", 녹음 방송된 강의(1967. 2. 16), pp. 515~522, in G. Jefferson, ed., *Lectures on Conversation*, *vol. 1*(Oxford: Blackwell, 1992). 나는 제 6장에서 삭스의 대화분석 프로그램을 다루고 있다. 가핑클과 삭스의 논문의 주장에 대한 흥미로운 분석에 대해서는 다음을 볼 것. Paul Filmer, "Garfinkel's gloss: a diahronically dialectical, essential reflexivity of accounts", *Writing Sociology 1*(1976): 69~84.

43) Y. Bar-Hillel, "Indexical expressions", *Mind 63*(1954): 359~379. 가핑클이 '지표성'에 대해 흥미를 느끼게 된 잘 알려지지 않은 계기가 있는데, 그가 캘빈 무어스(Calvin Mooers)의 '자토코딩'(zatocoding) 체계를 접할 기회를 가졌다는 사실이다. 이 체계는 보스턴-케임브리지 지역에 위치한 소규모 엔지니어링 기업들이 자료실용으로 개발한 문헌정보의 분류체계이다. 다음을 볼 것. Calvin N. Mooers, "Zatocoding applied to mechanical organization of knowledge", *Aslib Proceedings 8*(1956): 2~32. 가핑클은 무어스식의 카탈로그가 색인에 포함된 핵심 항목들을 상술함으로써 '맥락적이고 실천적인 행위의 큰 논제들'에 대한 실제적 해법을 제공해 줄 수 있는 방식에 관심을 가졌다. 이때, 색인 속의 핵심 항목들은 기계적 장치를 사용함으로써, 즉시 이용 가능한 공학 프로젝트에 관련된 많은 원천이 카드 분류표에서 벗어날 수 있는 조건을 만들어준다. 따라서 원천들의 끝없는 조합을 통해 '지표적' 세목들을 유동적으로 조직화해 낼 수 있다(가핑클, 개인적 대화). 또한, 다음을 볼 것.

컴퓨터를 이용하여 서로 다른 언어로 텍스트를 번역하기 위한 방법을 개발하려고 노력하던 와중에 다른 사람들처럼 지속적으로 나타나는 예상하지 못한 문제에 직면했다. 그는 입력과 산출 텍스트 모두 특정 언어를 능숙하게 구사할 수 있는 화자들에 의해 계속된 손질이 요구되었던 까닭에 사전과 동일한 용어들과 구문론적 변형을 위한 규칙들을 부호화하는 것만으로는 충분하지 않음을 알게 되었다. 입력 텍스트는 컴퓨터의 작업을 위해서 별도의 준비과정을 거쳐야 했고, 산출 텍스트는 수정과정을 거친 후에야 많은 오류와 문법적 기이함을 바로잡을 수 있었다. 바힐렐이 파악했던 지속적으로 나타나는 문제의 원인은 그가 지표적 표현이라고 불렀던 폭넓은 용어군(群)에 있었다. 여기에는 영어에서 가장 공통적으로 많이 사용되는 용어가 포함된다 — 즉, he, she, it 등과 같은 대명사, 대상지시적 표현들(here, this, over there), 보조동사(have, be, can), 대용용법(그 뜻이 다른 구절에 놓일 때 변하는 용어들)*, 기타 덜 완벽하게 정의된 표태(tokens)**와 관용어 표현 등. 지표적 표현은 바힐렐의 기획에 문제를 야기하는데, 사전과 동일한 의미로 그런 표현들이 미리 특정될 수 없고, 사용할 때마다 그 의미가 변하기 때문이다. 더욱이 그런 용어들에 연루된 '문맥'은 그 자체가 변수이다. 왜냐하면, 문맥은 구(句)의 구조 속에서 특정 단어들의 배치, 발화에 의해 연루된 시간과 위치의 서로 다른 측면들, 지표적 표현이 실제적이거나 상상적으로 언급되는 장면의 전형적이고 고유한 특징들을 둘러싼 넓은 범주의 선입견 등을 포괄하기 때문이다. 그 결과, '문맥' 속에서 지표적 표현의 단어들에 의미를 할당해

Garfinkel et al., "Respecifying the natural sciences as discovering sciences of practical action", p. 138, n. 23.

• 〔옮긴이주〕 대용용법은 'anaphoric usages'를 번역한 것으로, 앞에 나오는 어구를 가리키는 용법을 말한다.

•• 〔옮긴이주〕 언어학에서 'token'은 'type'에 대비되는 개념으로서 후자가 '유형' 또는 '유형의 원형'을 의미한다면 전자는 '표태'(表態) 또는 '유형의 개체'를 의미한다고 할 수 있다. 즉, 'token'은 'type'에 대한 개별적 사례이다.

줄 수 있는 규칙의 집합을 적시하는 것은 불가능하지는 않지만 어려운 일이다. 모든 지표적 표현에 의해 영향을 받는 특정한 '문맥적' 질서란 그 자체로 불안정하기 때문이다.

가핑클은 지표적 표현에 동반된 바힐렐의 문제가 유일함과는 거리가 멀며, 오히려 보편적 현상의 확실한 사례라는 것을 알아차렸다. 실제로, 문맥의존지시어(indexicals)에 동반된 문제는 철학의 역사만큼이나 오래된 것이다.[44] 논리학자와 철학자들은 정형화된 특정 진술에 진릿값을 부여하거나 용어를 안정적으로 정의하려고 시도할 때마다 진술에 지표적 표현이 포함된 경우, 그 진술의 타당성, 지시적 의미(referential sense), 적합성, 정확성 등이 화자, 상황, 텍스트가 달라짐에 따라 변한다는 변함없는 사실에 난감할 수밖에 없었다.[45] 철학자들은 이런 문제를 개선코자 문맥의존지시어를 시공간적 지시, 적절한 명명, 기술적 용어 및 표기, '객관적 표현' 등으로 바꾸기 위한 다양한 시도에 돌입했다.[46] 하나의 예

---

44) 가핑클과 삭스("On formal structures of practical actions", pp. 347~348)는 약 기원전 300년의 미완성 원고 *Dissoi logoi*를 고대 연구의 사례로 언급하고 있다. 즉, "나는 초보자이다"라는 표현의 진리가 화자와 발화의 시간에 따라 변할 수 있다는 것을 관찰한 고대 연구로 꼽고 있는 것이다. 가핑클과 삭스는 지표적 표현(또는 '지시어', '직시'(deixis), '우연적 표현'(occasional expression) 등과 같은 다양한 친족들)의 주제를 제기했던 많은 철학자와 논리학자를 열거한다. 이런 철학자들로는 후설, 러셀, 굿맨, 비트겐슈타인 등이 있다. 이에 대한 좀더 자세한 논의는 다음을 참조할 것. J. Coulter, "Logic: ethnomethodology and the logic of language", pp. 20~49, in Button, ed., *Ethnomethodology and the Human Sciences*; Heritage, *Garfinkel and Ethnomethodology*, p. 142.

45) 세속적 언어의 이런 특징들 — 자연언어를 구축하기 위한 노력을 좌절시키는 — 은 종종 인간의 불완전성과 연관된 '결함'으로 비춰진다. 이런 한계를 초월하는 표기체계를 발명하는 논리학자의 임무는 세속적 인간 존재의 지평 위에서 보다 완벽한 합리성으로의 승천에 견줄 수 있다.

46) 적절한 명명은 그 스스로 지표성을 '개선하지' 못한다. 실제로 많은 경우에 그 명명이 지표적으로 사용되고 있다. 예를 들어 전화통화를 하는 동안 사용된

로서 "물은 현재, 충분히 뜨겁다"와 같은 발화의 진릿값을 평가하고자 분석가는 그것을 "동부 표준시간으로 16시 53분에 H_2O의 온도가 섭씨 100도(℃)를 가리키고 있다"와 같은 '객관적인' 또는 문맥에서 자유로운 진술로 번역하려고 노력할 것이다.[47] 가핑클은 이와 같은 문맥의존지시어를

적절한 명명의 사례를 따라가 보도록 하자. ML이 저녁 늦게 MS의 집에서 열릴 예정인 신년기념행사에 대해 MS와 통화를 하고 있다. MS는 결혼했고, '제프'라는 사람과 살고 있다.

　　ML: "제프가 오냐?"
　　MS: "음, 글쎄?"

MS가 대화 속의 '제프'가 둘 모두의 친구이지만 그녀의 남편은 아니라는 사실을 곧바로 고백하지 못함에 따라 둘 사이에 혼란의 순간이 찾아왔다. 오해가 발생했다는 사실이 곧바로 ML이 지칭하고 있는 인물을 식별하기 위해선 MS가 그의 '의도'를 알아야 한다는 것을 의미하지 않는다. 또한, 이 문제가 단순히 언어문법으로 말미암은 지시관계의 문제만도 아니다. 그보다 지시관계는 언급되지 않은 ML과 MS의 쌍방의 친구들과 지인들, 생활용품, 축제 용무 등에 대한 구체적 이해 및 가정을 이용하고 있다. ML은 배우자 제프가 당연히 '참석할' 것이기 때문에 파티에 '온다고' 할 필요가 없고, 따라서 '제프'라는 이름은 성이나 사회보장번호를 부르지 않고서도 충분히 정확히 지시될 수 있다고 가정(그리고 MS가 그것을 알고 있다고 가정)하고 있다.

47) 객관적 표현(objective expressions)과 지표적 표현의 대비를 곧이곧대로 받아들인다면 문제가 있다. 그것은 논증에서 중요성을 지니고 있지만 '자기 지시적'(self-referential) 진술과 '목적' 진술 사이의 차이와 연관되어 있지는 않다. 이 이유에 대해서는 다음을 참고할 수 있다. Gerad Genette, *Narrative Discourse: An Essay in Method*(Ithaca, NY: Cornell University Press, 1980), p. 212. 제네트는 "물은 … 끓는다"는 예제를 사용하여 "오랫동안 나는 일찍 잠자리에 들었다"로 예시된 다른 진술 형태와 대비시켰다. 후자의 표현은 "그것을 말한 사람, 그리고 그가 그것을 말한 상황과 관련해서만 해석될 수 있다. 나(I)는 그 사람에 근거해서만 정체성이 파악될 수 있고, 말해진 '행동'의 완결은 발화의 운동과의 관련성 속에서만 완수된다". 그러나 제네트가 계속해서 말하고 있듯, "'물이 100도(℃)에서 끓는다'(반복적 서사)의 현재시제가 그렇게 보이는 것처럼 비(非)시간적인지는 확신할 수 없다". 왜냐하면, 그것이 알맞은 때를 두고 특정 화자들에 의해 꽤나 분별 있게 말해질 수 있기 때문이다. 그는 그럼에도 대비가 '작용적 가치'(operative value)를 지닌다고 주장한다.

위한 객관적 표현의 '프로그램적' 대체는 잘해봐야 일시적이고, '실용적 차원의 사회 관리'의 문제로 만족될 수 있을 뿐이라는 점을 강조한다. 48) 이런 말을 통해 볼 때, 그가 고전적 언어철학에 대한 비트겐슈타인의 비판에 영향을 받고 있음은 분명해 보인다. 49) 다만 그는 그런 비판을 확장했고, 그 비판을 자연과학 및 사회과학에서 실천의 예비적 서술로 전환하는 한계를 보였다.

민속방법론에 따르면, 지표적 표현과 지표적 행위가 탐구대상인 현상의 전체 장(場)을 구성한다. 그 이유를 이해하기 위해 "당신은 여기서 무엇을 하고 있느냐?"(What are you doing here?) 라는 질문에서 지시어로 사용되는 대상지시어 '여기'(here) 의 단순한 사례를 살펴보도록 하자. 50) '여기'라는 지시어의 사용은 화자가 의도하는 장소에 대한 적절한 명명으로 번역된다고 생각할 수 있지만, 그런 생각은 명명이 그 용어의 특정한 사용에 대응해야만 하는지 여부를 판단하는 문제에서 난관에 봉착한다. 모든 특정한 경우에 있어서 '여기'란 지리적 위치, 주소, 만남이나 축제와 같은 사회적 행사, 또는 그 모든 것 중 무엇을 가리키는 것인가? 하비 삭스가 강조하듯, 목록에서 적절한 지시대상을 뽑는 일보다 훨씬 더 복잡하다는 점에 문제의 소지가 있다. 그는 녹음된 집단치료 모임을 예로 들어 지시어가 단순히 이름을 대표하는 것이 아님을 실제로 보여 준다. "왜냐하면, '여기'를 둘러싼 각각의 정형화가 조리에 닿기 때문인데, 가령, 만약 '여기'가 '집단치료 모임'이라면, 예를 들어 … '당신은 집단치료에서 무엇을 하고 있느냐'(What are you doing in group therapy) 라고 말하는

48) Garfinkel, *Studies in Ethnomethodology*, p. 6.

49) Ludwig Wittgenstein, *Philosophical Investigations*, G. E. M. Anscombe 역 (Oxford: Blackwell Publisher, 1958).

50) '지시어'의 이 사례는 Sacks, "Omnirelevant devices: settinged activities; indicator terms"에서 논의되고 있다. 또한, '여기'(this) 와 '저기'(there) 라는 표현이 기표나 지시용어(referential terms) 로 다뤄질 때 왜 문제가 되는지에 대한 논의는 다음을 볼 것. Wittgenstein, *Philosophical Investigations*, sec. 8 ff.

대신에 '당신은 여기서 무엇을 하고 있느냐'라는 식으로 '여기'를 말하고자 하는 이유가 충분할 수 있기 때문이다."[51] 따라서 이 용어는 객관적 표현에 속하지 않고 그 자체로 고유하게 사용된다. 더욱이 삭스는 항상 애매모호하고 문제의 소지가 있는 것과는 거리가 멀게 지시어가 대화에서 '안정적으로' 사용되고 있음을 강조한다. 화자들은 일반적으로 그것이 무엇을 상징하는지를 (명목상이나 다른 방식으로) 굳이 확인할 필요 없이 지시어를 효율적이고 지혜롭게 사용한다. 달리 말해, 지표적 표현은 논리적 탐구의 방식에 단순히 위치하기보다 그 자체로 '합리적' 속성을 띤다. 그리고 가핑클이 주장하듯, "지표적 표현과 지표적 행위의 논증 가능한 합리적 속성은 일상생활의 조직된 활동의 지속적 성취이다".[52]

바힐렐과 달리, 가핑클과 삭스는 특정한 단어군(群)의 분석을 넘어서서 '지표성'의 관련성을 획기적으로 연장한다. 그들은 객관적 표현과 지표적 표현 사이의 문법적 구분을 수반하지 않은 채 두 부류의 표현 사이의 현저한 차이를 자신들 주장의 대리객체(placeholder)로 이용한다.• 만약 '지표적' 표현을 '객관적' 표현으로 대체하는 것이 프로그램적으로 불만족스럽고 '실용적 사회관리'의 문제로서만 달성된다면, 두 부류의 표현을 구분하기 위한 문맥-중립적(context-free) 방식이란 존재할 수 없다.

예를 들면, 내가 앞에서 들었던 예 —"동부 표준시간으로 16시 53분에 H_2O의 온도가 섭씨 100도($°C$)를 가리키고 있다" — 는 목적하는 바에 따라서는 객관적(또는 대략 객관적) 표현으로 간주될 수 있고, 그렇지 않다면 틀린 이유를 지역이나 시간을 좀더 정확하게 특정하지 않았거나 기압을 언급하지 않은 데서 찾을 수 있을 것이다. 그와는 반대로, 이 구절은

---

51) Sacks, "Omnirelevant devices", pp. 518~519.

52) Garfinkel, *Studies in Ethnomethodology*, p. 34.

• 〔옮긴이주〕주로 목적어의 위치를 차지하고 있지만 그 뜻은 문맥에 따라 정해지는 경우를 뜻한다. 지시어 같은 경우가 이런 역할을 할 수 있다는 의미로 이해할 수 있을 것이다.

"물이 아직 충분히 뜨겁지 않은가?"(Is the water hot enough yet?) 라는 질문에 답하는 데 별다른 도움을 주지 않고, 과장되었다는 사실에서 틀린 이유를 찾을 수 있을 것이다. 따라서 후보인 '객관적 표현'은 공통적으로 더 많이 언급되는 지표적 표현의 전형들 주변을 어슬렁거리는 많은 불평을 기본 조건으로 안을 수밖에 없다. 이로부터 도출되는 결론은 지표적 표현은 궁극적으로 '수정이 불가능하다'(irreparable) 는 것이다. 이런 주장이 철학적 논쟁에 무게를 실어 주는 것은 사실이지만, 민속방법론의 지표성에 대한 관심을 일반적 회의론을 관철하기 위한 토대로 삼는 것은 곤란하다. 일단 모든 발화와 활동이 지표적이라는 것에 동의한다면, 더 이상 비(非) 문맥적이고 표준화된 의미체계를 자연언어 사용의 모든 경우에 적용할 수 있다고 가정하는 것은 설득력이 없다. 53) 하지만, 덜 분명하게, 문맥-중립적 체계의 비(非) 실현적 가능성(unrealizable possibility) 을 위치 지워진 실천을 분석하기 위한 보편적 배경막으로 다루는 것은 더 이상 의미가 없다.

가능한 모든 발화, 진술, 표상이 지표적이라고 말하는 것은 더 이상 사태를 분명하게 만들어 주지 못한다. 예를 들어, 에밀 뒤르켐의 방법의 기본규칙 —"사회적 사실의 객관적 실재는 사회학의 근본원리이다"— 은 미국사회학회(American Sociological Association) 회원들을 위한 '지표적 표현'의 한 사례라고 가핑클과 삭스가 말했을 때, 그것은 사회학의 성우(聖牛) 에 대한 도전 중 하나로 비칠 뿐이었다. 가핑클과 삭스는 뒤르켐의 표현이 또 다른 경우에는 "그들의 슬로건, 임무, 목적, 성취, 자랑, 판매 상담, 정당화, 발견, 사회적 현상, 연구의 제약으로서" 전문 사회학자들의 활동에 대한 정의로 사용될 수 있다고 덧붙였다. 54) 물리학회를 위한

---

53) 가핑클과 삭스가 이상언어를 정형화하려는 라이프니츠의 목표를 실천하는 러셀의 프로젝트를 비판적으로 전환한 방법에 대한 논의는 다음을 볼 것. Jeff Coulter, "Logic: ethnomethodology and the logic of language".

54) Garfinkel and Sacks, "On formal structures of practical actions", p. 339.

물리학 법칙의 진술에 대해서도 이와 유사하게 말할 수 있기 때문에, 뒤르켐의 공리가 지표적임을 강조하는 것을 사회학의 과학적 야망에 반하는 것으로 간주하기는 쉽지 않다.[*] 또한, 지표적 표현의 '실용적 사회관리'에 대한 가핑클의 언급이 그것을 대체하는 '객관적 표현'의 국지적 타당성과 적합성을 평가절하하지도 않는다. 연구 주제가 '지표적 표현의 증명 가능한 합리적 속성'으로 이동할 때 원리상의 목적적 표현과 지표적 표현의 구별이 더 이상 대단한 가치를 지니지 못하기 때문이다. 이 지점에서 두드러지는 것은 모든 표현들이 지표적이라는 것이 아니라 구성원들이 즉시 쓸 수 있는 언어 등의 도구를 가지고 그럭저럭 적합한 의미나 적합한 지시대상을 만들 수 있다는 점이다. 민속방법론에 던지는 질문은 이렇다. 그들은 그것을 어떻게 하는가?

민속방법론 연구의 두 프로그램

지표적 표현에 대한 주장이 민속방법론의 목적에 가치로운 것은 그런 주장이 사회학, 분석철학, 언어학 등에서의 지배적 관점과는 현저히 다른 언어 사용에 대한 연구를 가능케 해주기 때문이다. 되돌아보면, 가핑클과 삭스의 제안은 서로 관련이 있지만 독자적인 두 분야의 민속방법론 연구를 낳았다고 말할 수 있다.

- [옮긴이주] 과학의 진수가 물리학이라는 통념하에서 물리학에도 적용될 수 있는 진술을 사회학에 적용했다고 해서, 사회학의 과학적 측면을 무시했다는 식으로 반응하는 것은 문제라는 지적이다.

민속방법론적 업무 연구

이런 발전들 중 첫 번째는 《민속방법론 연구》에서 제시된 민속지적 탐구들을 그 출발점으로 삼고 있다. 이 연구는 다양한 배경의 실행자들이 (자신들에게 '부여된' 특성에 따라) 모든 실용적 목적에 맞는, 객관적으로 해명 가능한 것으로 자신들의 활동을 수행해 내는 방법을 서술한다. 병원의 의사들이 진료파일과 여타 기록을 관리하고 조작하는 방법, 검시관이 실용적인 개별처리 방식으로 자신의 검시행위를 적절하고 방어 가능하게 해명해 내는 방법, 성전환자(혹은 양성애자, intersexed person)가 자신을 명명백백하게 객관적이고 사실적인 '여성'이라는 범주 속에 포함되는 구성원으로 만들기 위해 투쟁하는 방법, 다양한 일상적 의사소통 과정에서 참여자들이 자신들의 활동에 대해 명료하고 오해가 없도록 의미를 성취해 내는 방법 등에 대한 가핑클의 서술이 이 연구에 포함된다. 이 연구는 '지표적 표현들 사이와 지표적 표현의 객관적 표현으로서의 대체가능성(substitutability)의 불만족스런 프로그램적 구분'의 실용적 관리를 본질적 현상으로 취급한다 — 즉, 구분의 실용적 관리를 분석철학과 사회과학을 들어 올릴 수 있는 비판의 작용점을 넘어서는 본질적 현상으로 본다.

가핑클의 핵심 텍스트 출판 이후 십 년 동안, 그와 여러 명의 제자 및 동료의 관심은 자연과 수학으로 향했다. 그것은 완전히 새로운 민속방법론의 전개는 아니었는데, 사회과학방법을 둘러싼 초기의 많은 토론과 비판을 자연과학에 적용했기 때문이다. 그러나 1970년 중반에 이르러, 프로그램은 한 바퀴를 돌아 제자리로 돌아왔다 — 즉, '민속방법론'이 초기에는 과학적 방법론의 교훈과는 거의 관계없는 일상적 방법들을 지칭했던 반면, 가핑클과 그의 동료는 과학적 방법들의 보통의, 일상적 생산으로 관심을 돌렸다. 부분적으로, 이런 새로운 연구는 지표적 표현과 객관적 표현의 불만족스런 체계적 구분의 실용적 관리를 탐구하는 총체적 프로젝트의 연장이다. 가핑클이 자신의 책에서 말하듯, "연구 실행자들의 과학적 실천활동에 대한 연구는 어떤 과학 분야이든 그들에게 지표적 표현을 견고하고, 엄격하게 다룰 수 있는 끝없는 기회를 제공한다".55) 그 결과, 지표적 표현을 객관적 표현으로 체계적으로 대체하는 연구에서 수학과 자연과학의 가장 '견고한' 분야들을 예외적으로 둘 이유는 완전히 없어졌다. 실제로, 지표적 표현이 기계번역 프로그래머, 사회과학 자료 분석가, 논리학자 등보다 수학자와 자연과학자에게 더 완고한 뉘앙스를 풍기지 않는다는 조건 속에서, 수학과 자연과학에 대한 연구는 '견고함'이 의미할 수 있는 바에 대한 재상술화를 약속해 주었다.56) 민속방법론적 과학 연구는 단순히 초기 기획을 발전시키는 것 이상이다. 다음에 보다 자세하게 살펴보겠지만, 이 연구는 민속방법론의 후속 프로그램에 대한 중요한 관점을 제공해 준다.

대화분석

대화적 분석(conversational analysis) 또는 최근 용법으로는 대화분석 (conversation analysis)이라고 불리는 두 번째 발생이 점차 자율적 연구 프로그램으로 자리를 잡아나가고 있다.57) 이 분야에서 현재 진행되는 연구는 민속방법론과 크게 관련되었을 수도 그렇지 않을 수도 있지만 두 프로그램이 한때 친밀한 관계에 있었던 것만은 분명하다. 1960년대 초반, 그 당시 캘리포니아대학교(버클리)에서 박사과정을 밟던 하비 삭스는 '자연적으로 발생하는' 또는 '자동적으로 생산되는' 사회활동을 연구하려고 녹음기록의 가능성을 탐색하기 시작했다. 통화, 집단치료모임, 저녁식사

---

55) Garfinkel, *Studies in Ethnomethodology*, p. 6.
56) 수학적 "견고함"의 전형적 취급에 대해서는 다음을 볼 것. Eric Livingston, The *Ethnomethodological Foundations of Mathematics*(London: Routledge & Kegan Paul, 1986).
57) 제6장에서 대화분석과 민속방법론의 차이를 좀더 자세히 살펴보고 있다.

대화, 여타의 일상적 교류 등에 대한 테이프 기록은 삭스와 그의 동료가 풍부하고 구체화된 민속방법론적 현상들을 탐구할 수 있도록 유용한 '자료'를 제공해 주었다. 삭스는 가핑클의 민속방법론적 문제의식, 어빙 고프만(Erving Goffman)의 면 대 면 상호작용 연구, 58) 그리고 특별하게 엠마누엘 쉬글로프(Emanuel Shegloff), 게일 제퍼슨(Gail Jefferson), 데이비드 서드노우(David Sudnow) 59) 등과의 확대된 토론 및 공동 프로젝트 등에 영향을 받았다. 이미 언급했듯, 가핑클과 삭스는 지표적 표현의 현상을 다룬 논문을 함께 썼다. 60) 여기에 덧붙여, 1960년대 후반과 1970년대 초반 캘리포니아대학교(어바인)에서 녹취된 삭스의 강의(transcribed lectures) 중 다수가 가핑클이 지표적 표현의 '증명 가능한 합리적 속성'으로 성격 규정한 것을 구체적으로 밝히고 있다. 앞에서 살펴본 대상지시적 표현인 '여기'에 대한 그의 분석 사례처럼, 많은 경우에 삭스는 언어를 생득적으로 유의미한 표태나 진술로 구성된 것으로 취급하는 분석철학자와 언어학자들이 다음 사실을 일정하게 놓치고 있음을 보여 줄 수 있었다 ― 즉, 화자들은 뜻이 매우 모호한 어휘적 특수자(lexical particulars)를 국지적으로 조율된 활동의 연쇄 속에 위치시킴으로써 유의미하고 정확한 의

---

58) 다음을 볼 것. Emanuel Shegloff, "An Introduction/memoir for Harvey Sacks ―Lectures 1964~1965", in G. Jefferson, ed., *Harvey Sacks ― Lectures 1964~1965, Human Studies 12* (1989, 특집호) : 185~209. 삭스와 쉬글로프는 버클리에서 고프만과 함께 공부했지만, 쉬글로프는 삭스에 대한 고프만의 영향을 평가절하했고, 또 다른 논문에서 ― "Goffman and the analysis of conversation", pp. 89~135, in P. Drew and A. Wootton, eds., *Erving Goffman: Perspectives on the Interaction Order* (Oxford : Polity Press, 1988) ― 고프만이 그 사실을 적절하게 알리지 않거나 고마움을 표시하지 않은 채 삭스와 동료의 대화분석 연구를 사용했다고 주장했다.

59) 삭스, 쉬글로프, 서드노우는 1960년대 중반에 버클리의 대학원생이었다. 게일 제퍼슨은 UCLA와 캘리포니아대학교(Irvine)에서 삭스의 최초 학생이었고, 몇 가지 중요한 프로젝트에서 그와 함께 공동연구를 수행했다.

60) Garfinkel and Sacks, "On formal structures of practical actions".

사소통을 달성한다.•

　제6장에서 살펴보듯, 삭스와 그의 동료는 실천적인 사회적 행위의 과
학을 개발하고자 '상호작용-속의-대화'(talk-in-interaction)에 대한 정형
화된 접근법을 개발했다. 그 접근법의 현재적 모습은 여러 면에서 가핑
클의 프로젝트와 차이를 보인다. 대화분석가들은 대화에서 반복해서 나
타나는 연쇄적 행동을 묘사하고 표현의 조직적 특성을 산출하기 위한 정
형화된 규칙들을 상술함으로써 지표적 표현의 증명 가능한 합리적 속성
을 탐구하고자 한다. 그들의 목표는 어떻게 화자들이 양자 또는 삼자 대
화의 정합적 연쇄를 산출하려고 자신들의 행동을 조율하는지를 서술할
수 있는 대화용 문법을 개발하는 것이다. 가핑클의 후속 연구 프로그램
은 문법의 사용을 탐구한다. 이것이〔문법의 개발과 문법의 사용 - 옮긴이〕
곧 가핑클과 대화분석의 양립불가능성을 의미하는 것은 아니지만, 가핑
클과 그의 제자들이 추구하는 과학학 프로그램에서 둘 사이의 차이점은
더욱 두드러진다. 프로그램의 원래 목적은 실천행위에 대한 정형화된 과
학을 구축하는 것이 아니라 어떻게 정형화가 진행되며 실천행위의 국지
적 과정 '속에서 그리고 으로서'(in and as) 사용되는가를 조사하는 데 있
기 때문이다. 제7장에서 주장하듯, 민속방법론적 과학학은 그들 자신의
과학적 지위에 대해 어쩔 수 없이 과묵할 수밖에 없다. 민속방법론자들
은 '메타과학'(metascience)의 실천을 열망하지 않으며, '반(反)과학'을
지향하지도 않지만, 과학적 프로그램에 의해 제공되는 환상적 방호 조치
와 예비적 정당성에도 무관심할 수밖에 없다.

• 〔옮긴이주〕 우리의 의사소통이 형식에 맞는 엄격한 문장을 구사함으로써 이루
　어지지 않을 뿐만 아니라, 특정한 상황에서 일정한 순서에 따라 말과 행동을
　동시에 동반하면서 이루어진다는 점에 주목할 필요가 있다. 따라서 용어 자체
　는 그 뜻이 매우 모호하지만, 국지적으로 조율된 상황에서는 일정한 패턴에
　따라 그 뜻이 고정되면서 의사소통이 성공적으로 이루어진다. 이에 대한 자세
　한 내용은 제6장을 참고할 것.

민속방법론에 대한 비판

사회학이 민속방법론의 도전을 얼마나 심각하게 느끼느냐는, 민속방법론이 북미와 영국의 저명한 사회학자들로부터 강력한 비난을 받고 있다는 사실에서 어느 정도 눈치 챌 수 있다. 가장 신랄한 비판은 《민속방법론 연구》가 출판된 후 10년 동안에 집중되었다. 최근 들어서 민속방법론과 사회학 사이의 적개심은 많이 누그러졌는데, 아마도 사회학 분야의 파편화가 진척된 관계로 단속이 더욱 어려워졌기 때문이 아닌가 싶다. 보다 중요한 이유로는 많은 민속방법론자들이 의도적으로 자신들의 연구를 사회학의 확립된 테마, 이론적 관점, 방법론적 전략 등에 연결시키려 노력했다는 점을 들 수 있다. 특히, 가장 전도유망한 학생들 중 다수가 1970년대와 1980년대의 직업시장 축소로 해당 분야를 떠나게 됨에 따라 한때 그랬던 것처럼 당당한 민속방법론자는 소수에 불과한 실정이다.

이런 비판들에 대한 재평가가 필요한데, 많은 독자가 그 비판들 중 일부에 찬성을 표할 것이라고 예상할 수 있을 뿐만 아니라 민속방법론이 고전사회학과 과학학의 접근에 대해 제공했던 문제의식을 명확히 하는 데도 도움을 줄 것이기 때문이다. 나는 가장 적대적인 비판에서 출발하여 가장 동조적인 비판으로 끝마치려 한다.

스타일과 전문가적 처신의 문제

아마도 가장 잘 알려진 비판으로는 1975년, 루이스 코저(Lewis Coser)가 미국 사회학회에서 행한 회장 연설을 들 수 있다. [61] 코저의 비판은 고압적이고, 대단히 무자비하고, 민속방법론의 철학적 배경과 연구의 문제의

---

61) Lewis Coser, "ASA presidential address: two methods in search of a substance", *American Sociological Review 40*(1975): 691~700.

식을 철저히 무시하고 있었다. 그럼에도, 그는 우발적으로 이루어진 사회학자들의 불평을 반복하고 있는데, 그의 판본이 중요한 것은 그런 불평이 공식적으로 발표되었기 때문이다. 코저는 민속방법론과 정량분석을 수행하는 동료를 이상한 존재로 만들었는데, 두 접근 모두가 지나치게 방법론에 빠진 나머지 전체 사회의 본질적 역사와 정체성을 시야에서 놓치고 있다고 봤기 때문이다. [62] 그는 민속방법론을 명백히 사소한 것으로 치부하면서, 길을 횡단하거나 대화를 시작하는 '방법들'과 같이 모든 사람이 이미 알고 있는 것을 대상으로 정교한 연구를 수행하거나 장황설을 늘어놓는 식으로 그들 자신과 독자들의 시간을 낭비하고 있다고 가핑클과 그의 동료를 비난했다. 더욱이 그는 민속방법론자들이 '사이비집단'(cult)을 형성함으로써 전통적인 학술적 기준들을 위반하고 있다고 불평하면서, 이 '사이비집단'의 구성원들이 동료에게 미출판 논문들을 먼저 제출하지 않은 채 자신들만 그것을 돌려본다는 사실에 애도를 표했다. 코저가 보기에 민속방법론은 가핑클의 난해한 저작 속에 뭔가 심오한 것이 들어 있다고 굳게 믿는 집단 망상에 의해 유지되고 있는 까닭에, 명민한 사람이라면 누구나 흥미가 없고 사소한 것임을 금방 알아차릴 수밖에 없는 것을 연구하는 방식으로, 민속방법론자들이 학술적 진전을 이루고 있을 뿐이라고 비판했다.

이와 유사한 공격이 정통 인류학자이자 사회사상가인 에른스트 겔너(Earnest Gellner)에 의해서도 이루어졌는데, 그는 자신의 독자들에게 '에스노들'(ethnos)*이 별스런 캘리포니아식 비합리성으로부터 영향을

---

62) 코저의 언급은 설득력이 부족했지만 '추상적 경험주의'(abstracted empiricism)를 공격하는 밀의 방침을 빌리고 있다. Wright Mill, *The Sociological Imagination*(New York: Oxford University Press, 1959), pp. 50~75.

• 〔옮긴이주〕 민속방법론자(ethnomethodologist)들이 '민족 또는 인종'(ethno-)에 기반하고 있다는 점을 포착하여, 비난하는 투로 이들을 'ethnos'이라는 복수형으로 부르고 있는 것이다.

받았으며, 무엇보다 이들은 환호하는 청중들 앞에서 록스타(rock stars)처럼 퍼포먼스를 펼쳐 보이는 '에스노-햇병아리들'(ethno-chicks)에 불과하다는 사실을 들추어내었다. 63) 코저처럼, 그는 민속방법론자들이 비전문가적인 생활 스타일은 물론 산만한 문체를 지녔다고 비난하고, 이런 변절자 집단의 비이성적 호소력을 설명하고자 임기응변식(ad hoc) 설명을 끌어들인다. 그가 보기에 민속방법론의 주관성에 대한 과도한 강조가 1960년대 청년문화의 대중적 테마들의 출현을 촉진했다. 그는 자신의 글에서 "어쨌든 《민속방법론 연구》로부터 두 가지 사실이 도출된다. 첫째, 이 책은 행위자들에 대한, 그들 행위의 내적 의미에 경도되어 있다. 둘째로, 이 책은 그런 내적 의미에 대한 연구를 사회학의 전통 속에 위치시키고, 그렇게 함으로써 스스로를 사회학의 연장으로 본다"고 서술했다. 64) 민속방법론에 덧씌운 문화적 기원에 대한 그의 혐오를 옆으로 제쳐두고, 겔너는 이론적으로 "이런저런 행동을 설명하기 위한 기성(旣成)의 물질적 잠재력을 제공해 주는 것은 문화나 언어이며, 개인적 차원에서 사람들은 이런 가용(可用)의 풍부한 특성들을 단순히 끌어다 쓸 뿐이다 … 개

---

63) Earnst Gellner, "Ethnomethodology: the re-enchantment industry or the California way of subjectivity", *Philosophy of the Social Sciences* 5 (1975): 431~450. 겔너는 민속방법론 모임에 참석했던 자신의 경험에 비추어 이렇게 말한다. "그것은 두드러지고, 나는 에스노 햇병아리들의 질과 양이 현재까지 내가 관찰한 바 있는 다른 모든 운동의 햇병아리들 — 일반적인 인류학 햇병아리들(enthropo-chicks), 사회학 햇병아리들(socio-chicks)이나 (끔직한 사조의) 철학 햇병아리들(philosophy chicks)은 말할 것도 없고 심지어 극단적 좌파 햇병아리들 — 을 능가한다는 점이 중요하다고 생각한다." 이런 간결하고 견고한 관찰은 다음과 같은 불평과 함께 같은 페이지에 언급되어 있다. "현실을 직시해 보자. 그들은 잘 쓰지 못하고, 그들의 스타일적인 실패들은 다음과 같은 특성들로부터 예견된 것이다 — 신중하지 못한 신조어, 설명에서 간결함과 견고함에 대한 경박한 무관심, 이미 언급한 것을 정교하게 다듬기보다 그것을 반복해서 말하려는 뜨거운 자발성 등." (p. 435)

64) *Ibid.*, p. 432.

인들은 사태를 해명 가능하도록 만들고자 모든 수단을 동원하지 않는다 … 그들은 별다른 야단법석 없이 쓸모 있는 설명에 의존할 뿐이다"[65]는 관점을 포기해야 할 이유가 없다고 본다.

겔너는 가핑클이 자신이 숭배하는 관점 — 실천행위를 비성찰적이고, 규칙의 지배를 받는 '문화적 바보'[66]의 행위로 전환하려는 목적으로 사회과학적 '인간 모형'(models of man)을 사용하는 것 — 을 공격하고 있다고 제대로 인식하였다. 그러나 '설명'(accounts)과 '방법'(methods)을 '내적 의미' 및 '주관적' 판단과 동일시함으로써 그는 가핑클의 입장을 완전히 잘못 이해했다. 이 비판은 현재까지 진지하게 고려될 필요가 없다는 식으로 잘못 다루어져 왔는데, 겔너와 코저의 공격이 지닌 문제점은 민속방법론을 비합리적인 것으로 규정함으로써, 이 방법론을 '설명에서 제외하고자' 하는 그들의 오만함에서 비롯되었을 뿐이다. 민속방법론에 대한 그들의 이해가 충분치 않지만, 그것은 비판의 대표적 장르이다 — 즉, 그들의 설명은 부족의 생활 속에서 제기될 수 있는 가능한 모든 반대를 통제하는 인식론적 특권이 존재한다고 가정하는 동시에 '부족' 생활에서 다양하게 발현되는 사회적 또는 문화 기능들을 구체적으로 보여 준다.[67] 따라서 민속방법론의 '전문용어'는 외부인들이 집단의 신봉에 대한 비판에 나서는 것을 가로막는 역할을 하고, 그것의 '의례적' 법령은 참여자들이 공통의 사명감을 달성하는 데 도움을 주며, 그것의 '일탈적 가치'는 하위문화의 연대를 강화하는 데 기여한다. 민속방법론에 헌신적인 사람들은 다른 누군가의 '문화적 바보'가 되는 것이 어떤 것인지를 직접적으로

---

65) *Ibid.*, p. 433.

66) 가핑클(Garfinkel, *Studies in Ethnomethodolog*, p. 68)은 '문화적 바보'를 "공통 문화가 제공하는 선(先)확립되고 합법적인 행동의 대안들에 순응적으로 행동함으로써 사회의 안정적 특성을 생산하는 사회학자의-사회에-있는-사람"으로 정의하고 있다.

67) 다음을 볼 것. W. W. Sharrock and R. J. Anderson, "Magic, witchcraft, and the materialist mentality", *Human Studies 8*(1985) : 357~375.

경험할 수 있고, 그런 경험은 코저와 겔너의 설명 활동에 혐오만 키울 뿐이다. 68) 나는 코저와 겔너가 이런 나의 해석을 세뇌된 부족의 구성원들의 반발로 치부할 것이라 예측하면서도, 그들의 피상적이고 부정확한 민속방법론에 대한 '관찰들'이 다른 부족들 — 학술계의 울타리 너머에 살고 있는 종교적 집단, 직업군, 범죄집단, 공동체 — 에 대한 그들의 분석적 설명에도 그대로 연장되지 않을까 걱정스럽다.

척도와 맥락의 문제

보다 합리적 유형의 비판은 연구의 척도와 관련되어 있다. 일반적으로, 이 비판은 다음과 같은 반대에서 출발한다. "세일즈 조우(遭遇), 가족 저녁모임에서의 대화, 사무실에서 공동 작업자들 사이의 현장대화, 배심원 숙의, 여타 관행적이고 복잡한 사회적 상호작용의 질서들에 대한 근접 연구 등을 수행하는 것은 전혀 문제될 것이 없지만, 만약 그 사건이 일어나는 보다 광의의 사회적, 경제적, 역사적 맥락을 설명하지 않는다면 당신은 어떻게 이런 현상을 이해할 수 있겠는가?" 과학사회학에서, 실험실에서 일하는 과학자와 기술자들의 관찰 연구에 대해서도 비슷한 질문이 종종 제기된다. "만약 연구비 및 지원의 원천, 과학을 뒷받침하는 공공적 가치, 전체 분과의 수준에서 작동하는 경쟁적 동학(動學) 등을 설명하려고 실험실의 벽 너머를 보지 않는다면, 어떻게 과학적 실천을 이해할 수 있을 것인가?" 이것은 일리 있는 문제제기이고 대체로 우호적 방식으로 제기되지만, 민속방법론과 사회학 사이의 다소 심오한 차이점을 드러내

---

68) 코저에 대한 공식적 답변들은 공손함과는 거리가 멀다. 다음을 볼 것. Don Zimmerman, "A reply to Professor Coser", *American Sociologist 11*(1976) : 413; H. Mehan and H. Wood, "De-secting ethnomethodology : a reply to Lewis A. Coser's presidential address to the American Sociological Association", *American Sociologist 11*(1976) : 13~21.

고 있다.

맥락이란 사회학적 담론에서 막중한 의무를 지닌 용어이다. 가장 단순하게 말하면, 맥락이란 관련된 특정한 행위나 사건에 영향을 미치는 '환경' 요소들의 전체집합을 뜻한다. 사회학 논쟁의 참여자들은 종종 자신들에게 유리한 맥락의 관점을 앞세운다. "선생은 역사적 맥락을 설명하지 않았어요!" "그러나 계급은 어때요?" "그리고 젠더, 그리고 인종은 어때요?" "그러나 이런 사건들은 법정에서 일어나고 있어요, 법률적 맥락은 어때요?" "선생은 권력의 차원을 잊고 있어요." "선생은 현재의 환경에 충분히 집중하지 못하고 있어요." 완벽하게 (최소한 적합하게) 만들기 위해, 사건에 대한 사회학적 서술은 끝이 없는 임무에 말려든 것처럼 보일 수 있다. 69) 실제로, 이것은 '기타 등의 문제'(etcetera problem)로 알려진 것이다. 초기 논문에서, 삭스는 이 문제를 다음과 같이 정리한다.

제시된 서술을 비교하는 문제를 생각해 보자. 불완전할 뿐만 아니라 ⓐ 무한히 연장될 수 있고, ⓑ 그 연장을 외삽을 위한 공식으로 다룰 수 없다는 서술의 특징은 모든 서술이 (다른 것들처럼) 완전함에서 거리가 먼 (또는 완전함에 가까운) 것으로 읽힐 수 있음을 함축한다. 서로 다른 길이, 스타일 등의 두 서술을 단순히 읽는 것으로부터 우리는 한 서술이 보다 더 정교하고, 다른 것은 좀더 간결한 반면, 한 서술은 좀더 확장적이고, 다른 것은 좀더 집약적이라는 등의 결론을 내릴 수 있다.

그렇다면 우리는 다양한 서술을 그저 읽는 것만으로 어떻게 어떤 것이 더 나은 대응(일치)인지, 예를 들면 무엇이 '더 사회학적'인지 판단할 수 있을까? 저자들의 신임장이 이성적 해답을 제공해 주지 않을 것은 분명하다. 방법론 항목의 추가도 해답을 제공해 주지 못하기는 마찬가지일 텐

---

69) 어떤 대상을 지적인 방식으로 서술하는 것과 서술 대상이란 그 서술이 그것에 대해 말하고 있는 것에 '불과하다'(nothing but)고 주장하는 것 사이에 별 차이가 없다는 사회학적 주장을 접할 때면 우리는 가끔씩 이런 인상을 접할 수 있다.

데, 기타 등의 문제의 인정 속에 항목이 추가되기 때문이다. 즉, 만약 '동일한 방법'의 적용이 '동일한 서술'을 생산하지 않는다면, 이것은 ⓐ 사용된 실제 방법, 또는 ⓑ 방법의 보고, 둘 중 하나를 반영하지 못하는 셈이다. 서술의 정확성을 판단하려고 논문을 읽는데, '저자의 목적', 또는 독자의 목적을 사용하는 것은 확실한 해답을 제시해 주지 못한다. 그것은 적절성을 확립하고자 대응을 이용하는 질문을 다음으로, 즉 ⓐ 서술과 의도된 대상 사이의 대응으로, ⓑ 목적, 서술, 의도된 대상 사이의 대응으로 옮기는 것에 불과하다. 우리는 여전히 조정의 문제에 직면해 있다.[70]

앞서 지표성에 대한 논의에서 언급하듯, 민속방법론자들 또한 '맥락적' 주장을 펼치지만, 여기에는 중요한 차이점이 가로놓여 있다. 즉, 맥락을 어떤 주어진 사건을 둘러싸고 그 사건의 의미와 중요성을 결정하는 다양한 '요소들'의 배열로 보는 대신, 민속방법론자들은 맥락과 사건을 함께 다룬다. 우리의 탐구가 맥락에서 단일 사건들에 대한(예: 실험 과정의 전문적 진행을 담당하는 실험실 기술자에 대한, 또는 친구끼리의 대화에서 사용된 특정한 농담에 대한) 관찰에서 시작될 때, 진행되고 있는 상황을 규정하고자 사용하는 바로 그 용어들 — 즉, 우리가 사건, 참여자, 행동을 특징짓는 방식 — 은 이미 맥락의 관련성을 담고 있다. 민속방법론은 바로 이 지점에서 도약하는데, 첫째, '구성원들'이 공통적으로 자신들과 타인들의 행동이 이루어지는 상황 속에서 '무슨 일이 벌어지는가'를 파악하는 데(그리고 한눈에 알아보는 데) 아무런 문제가 없음에 주목한다. 구성원들을 기타 등의 문제에 의해 표현된 회의주의로 재갈을 물릴 수 없다. 이 사실에 주목함으로써 민속방법론자들은 구성원들이 맥락적으로 타당한 사회적 행위의 구조를 생성하고 인지하는 방법을 서술하고자 노력한다. 그런 탐구가 "실험실의 발견에서 공을 인정받지 못한다는 사실이 기술자에게 어떤 영향을 미치는가"와 같은 질문에 대한 직접적인 답을 제시해 주

---

70) Sacks, "Sociological description", pp. 12~13.

진 않지만, 우리의 관심을 성찰적 방식으로 향하게 한다 — 이런 방식 속에서 개인, 행위, 사물, '맥락' 등의 정체성은 실용적 세부사항을 담고 있는 '텍스트'〔또는 보다 나은 표현은 '글의 짜임새'(contexture)〕의 타당하고 인지 가능한 일부가 된다. 그런 식으로 탐구는 더 이상 그런 세부사항을 맥락적 '요소들'의 대응집합에 '연결함'으로써 그것을 설명하고자 애쓰지 않는다. 그 대신, 탐구는 언어적이고 체화된 행위의 원초적 감수성을 서술하고자 한다.

민속방법론의 주요 관심사의 척도에 대한 비판들은 종종 '사회'의 이미지를 우리가 일상생활에서 목격하는 행위와 사건을 포함하는 거대한 것 (a big thing)으로 그리고 있다. 거대한 것은 그 속에서 일어나는 작은 사건들보다 육중하고 안정적인 것으로 간주되는 까닭에 사회에 설명적 우선권이 주어진다. 따라서 사회학자의 임무는 국지적 사건들을 위치시키고 파악하기 위한 좌표들을 제공해 주는 사회의 지도를 구축하는 것이다. 기타 등의 문제에서 제기되는 곤란함은 '전체로서의 사회'를 선명하게 포착할 수 있도록 해주는 장면적 조망이나 인공위성이 없다는 것이다. 또한, 일상적 생활세계(life-world)도 우리가 그 객관적 형태를 보다 편리한 좌표로 옮겨 놓음으로써 이해를 시작할 수 있는 그런 종류의 문제가 아니라는 점이다.[71] 사회적 공간을 나타내는 적실한 축, 좌표, 차원의 수는 한정되어 있지 않은 것 같고, 그런 것들은 지도학자, 지질학자, 천문학자가 지도를 구축하려고 사용하는 규약을 변화시키는 것보다 훨씬 더 자유롭고 급진적으로 변신한다. 사회학에서 제시되는 공통 해법은 일정한

---

71) 데이비드 보겐(David Bogen)은 사회 '세계'를 행성과 같은 것에 비유하는 것이 문법을 흥미롭게 사용하는 예라는 것을 발견했다. 다음을 볼 것. David Bogen, "Beyond the limits of Mundane Reason", *Human Studies 13*(1990): 405~416. 이 글은 다음 글을 비판한 것이다. M. Pollner, *Mundane Reason: Reality in Everyday and Sociological Discourse*(Cambridge University Press, 1987).

개념틀을 수용하고 경험적 작업에 올라탐으로써 '메타이론적' 문제를 둘러싼 논쟁에 종지부를 찍는 식이다. 이런 전략은 가공의 합의(fictive consensus)에 기초한다고 할 수 있다. 문제는 이렇다. 우리는 누구의 틀을 선택해야 할까? 설상가상으로, 왜 우리는 어떤 특정한 '틀'을 가장 적합하다고 생각해야만 하는 것일까?

권력과 해방의 문제

민속방법론의 과도하게 제한적인 접근에 대한 비판들은 역사유물론의 전통(들)에서 비롯되었다. 이런 비판들이 보다 흥미를 자아내는 이유는, 일면적으로, 근래의 기능주의 신봉자들에 의해 그런 비판들이 제기되고 있기 때문이다. 어쩌면 역사유물론에 실존주의 철학의 선택적 측면을 주입하기 위한 그들의 노력 덕분에 비판이론, 마르크스주의적 해석학, 좌파 구조주의 — 하버마스(J. Habermas), 기든스(A. Giddens), 부르디외(P. Bourdieu) 등과 같은 — 의 절충주의 옹호자들은 민속방법론의 언어와 관심사를 더 잘 이해할 수 있는 기회를 가질 수 있었는지 모른다. [72] 민속방법론은 손쉽게 사회적 실천의 연구로 해석되는 까닭에 후기자본주의 사회에서 마르크스주의 이론과 일상적 경험의 간극을 메우는 방법을 둘러싼 고전적 문제와 관련된 것처럼 보이기도 한다. 민속방법론이 그런 희망을 충족시켜 주지 못한 것은 당연한 일이지만, 흥미를 던져 주지 못한 것은 아니었다.

　문제의 핵심은 민속방법론이 '해방적' 정치학(또는 그런 이유로 투명한

---

72) 가령, 다음을 볼 것. Anthony Giddens, *New Rules of Sociological Method: A Positive Critique of Interpretative Sociologies*(London: Hutchinson, 1978), pp. 33~44; Jürgen Habermas, *The Theory of Communicative Action, vol. 1*, pp. 102~141; Pierre Bourdieu, *Outline of a Theory of Practice*, Richard Nice 역(Cambridge University Press, 1977), pp. 1~29.

정치적 의제설정)과 확실하게 동맹을 맺지 않았다는 점이다. 한편, 민속방법론자들이 권력이나 압제에 대해 거의 말하지 않고, 피상적 이해 속에서 주도적인 행위자들이 자신들의 활동무대인 세계를 자유롭게 창조한다고 제시하는 것처럼 보이는 까닭에, 민속방법론의 접근이 '보수적'이라는 주장이 가끔씩 제기된다. 다른 한편, 민속방법론은 '인식론적' 다양성에도, 공공연하게 '급진적' 의제설정의 수립을 촉진하며, 민속방법론자와 정치적 급진 사회학자들이 모두 '전통적' 접근에 반대하는 공격에 착수하고 있다. 하버마스, 기든스, 부르디외 등이 민속방법론에서 찾고 있는 가장 심각한 문제는 그것이 구조적 결정론을 거부한다는 점이다. 민속방법론 연구가 의사소통의 체계적 '왜곡'과 역사적으로 구조화된 관계적 비대칭의 관행화된 '재생산'을 보고할 수 있을 것이라는 희망에도, 가장 잘 알려진 민속방법론자들은 상황적 상대성을 논증하는 데, 그리고 그 추정적 적용의 바로 그 지점에서 지위와 권력의 선험적 배치를 뒤죽박죽으로 만드는 국지적 우연성을 서술하는 데 가장 열심인 것처럼 보인다.[73]

하버마스, 기든스, 부르디외 등은 민속방법론을 진지하게 받아들이지만, 각각 합리주의, 객관주의, 토대주의의 요소들을 유지한 채 그 한계를 뛰어넘고자 했다. 마찬가지로, 각자는 민속방법론을 행위자와 구조, 이해(Verstehende)와 인과결정, 구성주의와 객관주의 사이의 낡아빠진 대립의 한쪽을 차지하고 있는 '이론적 입장'으로 해석한다. 예를 들면, 부르디외는 민속방법론을 마치 어떤 문화에 내재적인 '원주민의 경험과 경험에 대한 원주민의 이론'을 밝히기 위해 노력하는 현상학적 인류학의 일종으로 본다. 부르디외는 레비스트로스(Claude Lévi-Strauss)의 선물교

---

73) 이 점에 대한 가장 뛰어난 사례는 다음을 볼 것. E. A. Schegloff, "Between micro and macro: contexts and other connections", pp. 204～234, in J. Alexander, B. Giesen, R. Munch, and N. Smelser, eds., *The Micro-Macro Link*(Berkeley and Los Angeles: University of California Press, 1987).

환의 '객관적 분석' — 여기에서는 '관찰자의 종합적 이해'가 원주민이 부정하고 '잘못 인지하고 있는' 물질적 섭리를 규정한다 — 과 이 입장을 대립적 구도 속에 위치시킨다. 부르디외는 어느 한쪽을 편들기보다는 변증법적 조정을 제안하는데, 이런 조정을 통해 선물교환이라는 양식화된 실천은 분석적으로 식별되는 선물과 답례의 경제적 등가성을 억누른다. 선물을 차별화하고 '적절한' 기회가 생길 때까지 선물주기를 유예하기 위한 원주민의 전략은 교환의 경제적 관련성을 체계적으로 감춘다(의례적 스크린 이면에 있는 교환의 경제적 성격을 '숨기지' 않은 채 같은 선물이나 동일한 가치를 지닌 선물로 답례하는 것은 모욕이나 실수가 될 것이다). 부르디외에게 있어, 교환의 객관적 '메커니즘'이 의례 과정의 위를 계속 선회하고 있지만, 모든 개별적 선물에서의 그것의 돌출은 선물 증정의 명백하게 자발적(무의식적)이거나 의례적 상황에 의해 가려진다. 다소 미묘한 차이점이 덧붙여졌지만, 이런 해결은 구조적 결정성을 구원하기 위한 초기의 시도와 크게 다르지 않다. 관찰자가 최종결정을 내리고, 관찰자는 분석적 설명을 알거나 인지하지 못하는 원주민들에게 자신의 착각을 적용한다.[74]

기든스는 민속방법론의 연구 정책기조를 이해하려는 관점을 견지하고 있음에도, 마찬가지로 민속방법론을 거시적 구조를 다룰 수 있는 강력한 토대를 제공하는 데 실패한 이론적 입장으로 다룬다. 그의 **구조화**(structuration, 부르디외도 이 개념을 사용하고 있다) 이론은 민속방법론의 '행위능력'(agency)에 대한 설명을 안정적이고 제도적으로 구조화되어 있을 뿐만 아니라 역사적으로 확립된 지배체계에 대한 변증법적 관계로 포괄하려 한다. 이 이론은 제도화된 사회적 상호작용이 어떻게 구조적으로 패턴화된 불평등과 권력의 위계를 '재생산하는가'를 다룬다 — 마치 '바닥'에서 위로 올라간 것처럼. 기든스의 테마들은 교육적 의사결정, 교실운

---

74) Bourdieu, *Outline of a Theory of Practice*, p. 46.

영, 약물검사, 법률적 심문 등에 걸친 상호작용 연구 속에 통합되었고, 따라서 어떤 면에서 그의 판본은 민속방법론에 대한 비판보다는 민속방법론자들이 어떻게 자신들의 연구를 이론적으로 유의미하게 만드는가에 대한 강력한 제안이라 할 수 있다. 이 경우, 문제는 적절한 배경 연구를 통해 이론을 너무 쉽게 입증할 수 있고, '구조화'라는 테마가 문서화된 실례들에 의해 담보될 때 나머지 '잉여 세목들'(surplus details)이 그냥 적실성에서 떨어져 나오는 것처럼 보인다는 점이다. 그리고 제 6장에서 자세히 다루고 있는 것처럼, 이 계통을 따르는 민속방법론 연구들은 대화분석적 연구를 토대주의적으로 읽음으로써 종종 그렇게 한다. 즉, '제도화된 대화'(institutional talk)를 조사할 수 있는 중요한 지렛대를 얻기 위해 대화 행위의 규칙에 기반한 대화행위의 판본을 사용함으로써 그렇게 한다. 75)

하버마스 또한 민속방법론을 의사소통행위의 생산 속에 포함된 내재적 이해를 초월하는 모든 시도를 반대하는 **이론**으로 본다. 하버마스는 부르디외와 달리 변증법 차원의 객관주의적 분석을 이유로 이런 입장을 반대하지 않는다. 그보다, 그는 의사소통행위에 필연적으로 내재적 타당성 주장이 포함된다고 주장한다. 하버마스에게 "**이해에 도달하려는 경향을 띤 행위의 합리적 하부구조**"는 경험적 연구를 통해 발견되는 구조가 아니다. 그 구조는 사회활동을 해석하고 서술하기 위한 바로 그 시도 자체와 관련되어 있다. 76) 진리의 기준, 정직성, 명료성 등은 실체적 발화와 발화에 대한 전문적 서술에 선험적으로 적용될 수 있고, 그 추상성과 내적 타당성의 조합 덕분에 그런 기준으로부터의 경험적 이탈을 비판하는 데 이용될 수 있다. 하버마스가 보는 민속방법론의 문제는 타당성 주장들에 별

---

75) 대화분석 연구의 그와 같은 사용에 대한 내재적 비판에 대해서는 다음을 볼 것. Schegloff, "Between micro and macro, contexts and other connections".

76) Habermas, *The Theory of Communicative Action*, p. 106. 강조는 원저자.

다른 분석적 관심을 두지 않는다는 것이다.

가핑클은 타당성 주장을 **현상으로만** 다룰 뿐인데, 의사소통을 통해 달성된 모든 합의는 사실상 타당성 주장의 상호주관적 인정에 기초한다 — 그렇지만, 간헐적이고, 연약하고, 파편적인 합의의 형성에 불과할 것이다. 그는 참여자들이 필요하다면 이유를 제시할 수 있는 타당한 합의와 타당성이 없는 의견일치 — 즉 제재의 위협, 수사적 공격, 계산, 자포자기, 체념 등에 기초하여 사실로 굳어진 것 — 를 서로 구분하지 않는다. 77)

하버마스의 추정대로, 민속방법론은 연구대상인 발화를 해석할 때 관찰자가 채택해야만 하는 '타당성의 기준'을 인정하지 않는다 — 즉, "만약 그가 자신을 현세를 벗어난 위치*에 귀속시키지 않는다면, 그는 자신의 진술을 위한 이론적 지위를 요구할 수 없을 것이다."78) 이 '딜레마'에 대한 해법은 다음과 같다.

최소한 가상적 참여자의 역할에서 사회적-과학적 해석자는 원리적으로 스스로 **같은** 타당성 주장 — 이 주장은 또한 곧바로 그 스스로를 향한다 — 을 지향해야만 한다. 이런 이유로, 그리고 그 정도로, 그는 항상 암묵적으로 공유된 화술의 내재적 합리성에서 출발할 수 있고, 자신의 발화를 위해 참여자들이 주장한 합리성을 심각하게 받아들일 수 있고, 동시에 그것을 비판적으로 검토할 수 있다. 참여자들이 단순히 가정하는 것을 주제로 삼음에 있어, 그리고 그 해석에 대한 성찰적 태도를 가정함에 있어, 혹자는 탐

---

77) *Ibid.*, pp. 128~129.

● 〔옮긴이주〕 여기서는 'extramundane position'을 '현세를 벗어난 위치'라고 번역했는데, 인공위성이나 외계에서 우리 지구를 바라보는 것과 같은 위치라는 뜻이다. '타당성의 기준'은 여전히 객관적 관점을 요구하는 문제인데, 민속방법론에서는 객관적 관점(신의 관점)을 인정하지 않기 때문에 '타당성의 기준'도 인정하지 않고 있다.

78) *Ibid.*, p. 130.

구 대상인 의사소통 맥락의 외부에 그 자신을 위치시킬 수 없다. 혹자는
원리적으로 모든 참여자에게 열려 있는 방식으로 그것을 심화하고 급진화
한다. 79)

이런 관점은 매우 큰 영감을 줌에도, 의사소통 실천을 이론적 의지를 실
천할 수 있는 다루기 쉬운 주형(鑄型)처럼 보이게 만든다. 이런 이론적
의지는 (우리가 확신할 수 있는 바대로) 실제 담론을 주형에 '꿰맞출' 수 있
는 길 — 하지만, '파편적이고', '간헐적이고', '연약한' 그런 길 — 을 항상
찾을 수 있는 범주적 차이들의 집합과 논리적 틀로 무장한다. 하버마스
의 분석전략에 따르면, 우리는 발화를 선험적 타당성 주장들의 관점에서
예/아니오의 입장을 취하는 '진술'로 번역할 필요가 있다. 80) 따라서 '현
상으로만'에서의 가핑클의 관심은 '합리적' 담론이라는 이상화된 시뮬라
크럼(simulacrum)을 복권시키기 위해 우회 통과한다.

　민속방법론자들은 정치에 관심이 없지 않으며, 다른 사람들처럼 그날
의 논쟁 주제들을 논의하고 강력한 입장을 취할 수 있다. 그렇지만 대체
로 그들은 자신의 탐구를 이런저런 대의, 치료 프로그램, 규범 정책을 발
전시키는 도구로 사용하려 들지 않는다. 또한, 그들은 '과학적' 권위를 빌
려 자신의 정치적 신념에 맞도록 자신들의 연구를 이용하려 애쓰지 않는
다. 81) 이것은 그런 문제들에 대한 개인적 무관심과는 아무런 관련이 없

---

79) *Ibid.*

80) 하버마스의 이론에 대한 보다 폭넓은 비판에 대해서는 다음을 참조할 것.
David Bogen, "A Reappraisal of Habermas' *Theory of Communicative
Action* in light of detailed investigations of social praxis", *Journal for the
Theory of Social Behaviour 19*(1989)：47～77.

81) 예상할 수 있는 것처럼, 이것에 대해서는 의견의 차이가 있다. 예를 들면, 다
음을 볼 것. Alec McHoul, "Language and the sociology of mind：a critic-
al introduction to the work of Jeff Coulter", *Journal of Pragmatics 12*
(1988)：229～286; M. Lynch and D. Bogen, "Social critique and the
logic of description：a response to McHoul", *Journal of Progmatics 14*

다. 권력에 대한 권위 있는 비판이라는 욕구는 압도적이고 이해할 만한 일이지만, 너무나도 자주, 그런 욕구는 초월적 분석이라는 실현될 수 없는 꿈을 추구하려는 원론적 (이따금씩 비원론적) 시도에 빠져들게 한다. 일단 게임에 판돈이 걸리면 다른 대안은 받아들여질 여지가 없어진다. 그 결과, 좀더 종합적이고, 객관적으로 뒷받침되고, 규범적으로 근거 있는 위치 — 이 위치로부터 압제의 강력한 힘에 맞서는 — 로 상승하려는 압도적 필요성은 연구 분야를 이론적 의지 (theoretical will) 의 다루기 쉬운 투사(投射) 로 전환함으로써 현실화되는 경향이 있다.

의미와 자기성찰의 문제

최근에 제기된 몇 가지 비판들은 민속방법론의 '급진적' 인식론의 정책기조에 동감을 표하고 있지만 , 이 분야의 발전 방향에 대해 실망한 사람들이 주도하고 있다. 최근 들어 해체주의 문학이론으로 고무된 '탈근대적' 접근에 대한 사회학자들의 관심의 폭주는 민속방법론을 '과도하게 급진화하려는'(outradicalize) 시도에 추진력을 제공했다. 불평의 일부는 지표성에 대한 초기의 지향성과 대화의 순차분석 (sequential analysis) 의 후기적 발전이 민속방법론에게 지시적 '의미'라는 뚜렷하지 않은 이론을 제공했다는 점에 있었다. 폴 앳킨슨(Paul Atkinson) 이 리뷰 논문에서 주장하듯, 민속방법론 연구는 의미의 문제를 순차적 질서에 대한 건조한 해설로 환원하는 경향이 있다. 82) 그와 다른 사람들은 민속방법론에서 한때

(1990) : 505~521; A. McHoul, "Critique and description: an analysis of Bogen and Lynch", *Journal of Pragmatics 14*(1990) : 523~532; Lena Jayyusi, "Values and moral judgement: communicative praxis as a moral order", in Button, ed., *Ethnomethodology and the Human Sciences*, pp. 227~251.

82) Paul Atkinson, "Ethnomethodology, a critical review", *Annual Review of Sociology 14*(1988) : 441~465.

두드러졌던 '해석적 실천'에 대한 '성찰적' 지향성을 마치 잊어버리기나 한 것처럼 객관주의의 경로를 따르고 있다고 민속방법론을 공격한다.

그런 불평들에는 나름의 이유가 있지만, 제시된 해결책은 지시의 대응이론 및 의미의 심리적 설명과 관련이 깊은 익숙한 유령적 실체들—의미, 의도, 목표, 의식 등—을 불러내는 경향이 있다. 우리가 의도, 생각, 의미, 앎 등에 대해 말할 때 우리가 말하고 행동하는 것과 타협을 도출해 내려는 우리의 목표는 다시 한 번 실천행위의 설명에서 이런 용어들에 근본적 역할을 부여하는 순간 사라져 버린다. 민속방법론자들은 의사소통행위를 탐구할 때 '심리'와 '해석'에 대한 모든 언급을 추방하고자 하는 것이 아니라 언어/세계, 기호/지시대상, 기표/기의, 사고/사물 등의 데카르트적 이분법을 피하고자 노력하고 있을 뿐이다. 고전적 의미론은 이런 이분법을 불러내고 종종 정신적 실체와 힘의 '신화론적' 설명을 강화한다.[83]

비록 텍스트 분석에 대한 공인된 반(反) 토대주의적 접근으로 고무되었지만, 다수의 비판은 자기성찰적 의식이라는 계몽주의 개념에 빚지고 있다. 이것은 '급진적으로 성찰적인'(radically reflexive) 민속방법론의 부활을 시도한 멜빈 폴너(Melvin Pollner)의 청원에서 두드러진다.[84] 폴너는 민속방법론자들에게 성찰성이라는 용어는 질문이나 지시적 제스처, 대화 속 침묵의 의미 등이 어떻게 그 발생의 배경의 일부로 '성취되는가'를

---

83) '신화학'(mythology)은 우리가 생각, 정신, 의도 등에 대해 말할 자격이 없다는 것이 아니라 그런 것들에 대한 우리의 학술적 설명이 부적절한 그림을 가정하는 경향을 띠고 있음을 함축한다. "물론, 신화는 우화가 아니다. 그것은 다른 범주에 적합한 관용어구의 한 범주에 속하는 사실들의 표상이다. 따라서 신화를 파괴하는 것은 사실들을 부정하는 것이 아니라 그것들을 재배치하는 것이다."〔Gilbert Ryle, *The Concept of Mind*(Chicago: University of Chicago Press, Chicago, 1949), p. 8〕

84) Melvin Pollner, "'Left' of ethnomethodology", *American Sociological Review 56*(1991): 370~380.

서술하고 있다고 제대로 지적한다. 이런 식으로 인식된 '구현적'(incar-
nate) 또는 '성찰적' 의미의 성취는 민속방법론자들이 연구하는 사회적 행
위의 장(場)의 내재적 성격이다. 폴너는 이런 성찰성의 판본은 그 개념에
대한 자기성찰적 이해를 가능하게 (종종 불가능하게) 만든다고 덧붙인다.

> 지시적 성찰성(referential reflexivity)은 모든 분석 — 민속방법론을 포함
> 하는 — 을 구성적 과정의 실례로 인식한다 … 해명 가능한 배경의 내재적
> 구성에 연루되어 있다고 간주되는 것은 구성원들이 물론 분석가라고 해서
> 예외는 아니다. 따라서 민속방법론은 자체 분석을 내재적 성취의 구성요
> 소로 이해한다는 점에서 지시적으로 성찰적이다. 구성에 대한 지시적으로
> 성찰적인 이해는 이해당사자가 성찰성의 범주 내부에 포함될 때, 즉 성찰
> 성 — 다른 모든 분석의 특징은 물론 — 의 정형화가 내재적 성취로 이해되
> 었을 때, 급진화된다. 85)

정리하면, 이런 급진화는 바로 그 관계를 서술하는 행위를 포함하고자
맥락-속의-행위(acts-in-context)를 총망라하는 해석학적 원을 확장한
다. 따라서 **급진적 성찰성**(radical reflexivity)이란 탐구대상인 사회장(場)
에서의 특수한 '성찰적' 운용에 대한 연구자의 관계를 '반영하는' 일종의
시험이다. 이것의 장점은 모임이나 대화, 삼인칭 시점의 텍스트 등의 서
술에서 도출되는 것보다 성찰성에 대한 더욱 완벽한 이해를 보장하는 것
으로 보일 수 있다는 점이다. 반대로, 다음과 같은 주장이 제기될 수도
있다. 일인칭의 성찰적 설명(또는 서술된 장면에 대한 관찰자, 해설자, 내
레이터와의 관계를 언급하거나 '지시적으로' 강조하는 약간 다르게 양식화된
방식)은 삼인칭 설명에 대해 보편적 장점을 제공하지 못하며, 더 나아가
그것은 이전의 '반영들'에 대한 더 많은 '반영'이라는 회귀를 불러온다. 86)

---

85) *Ibid.*, p. 372.
86) 폴너는 울가(S. Woolgar), 멀케이(M. Mulkay), 애쉬모어(M. Ashmore) 등

문제는 폴너가 민속방법론의 성찰성의 판본을 전통적인 자기성찰의 개념에 연결시키고 있다는 점이다.[87] 나는 둘은 서로 분리될 수 있고, 분리되어야 한다고 주장하는 바다. 가핑클이 도입한 설명의 '구현적' 성찰성은 피할 수 없는 것이다. 그것은 반의어가 없고, 맥락적 위치설정 및 배경적 이해와 관계를 맺고 있다.[88] 만약, 예를 들어 초대에 따른 응대 과정에서 어색한 순간이 빚어지면서 대화에서의 침묵이 분석가에 의해, 그리고 아마도 참여자들에 의해 '포착'된다면 이 침묵의 분석적 '의미'는 초대 후의 연속적 과정 속에서 (그리고 그런 과정을 통해) 성찰적으로 구성될 것이다. 이때 그런 침묵에 따르는 주저함이나 의심의 체화된 표현이 동반한다. 대조적으로, 폴너가 주창한 '지시적 성찰성'은 피할 수 있는 것이다. 그의 용어를 따르면, 행위자와 분석가는 "실천활동의 과정에서 근본적 성찰을 얼버무리고, 피하고, 교묘하게 처리할 수 있다".[89] 따라서 서술 대상인 장(場)에 대한 '자기 자신의' 구성적 관계를 언급하거나 언급하지 않음으로써 더 혹은 덜 '성찰적'이 되는 것이 가능하다. 이런 종

이 서사적 보고서의 한계를 드러내어 관심을 집중시켰던 '새로운 문예적 전형들'을 고안함으로써 실험적으로 탐구한 것과 같은 종류의 '성찰적' 지향을 권고한다(" 'Left' of methodology", p. 374, n. 3). 다음을 볼 것. Steve Woolgar, ed. , *Knowledge and Reflexivity: New Frontiers in the Sociology of Knowledge* (London: Sage, 1988).

87) 다음을 볼 것. Marek Czyzewski, "Reflexivity of actors and reflexivity of accounts", in *Theory, Culture, and Society 11* (1994): 161~168.

88) 자기 자신의 분석을 해명 가능한 사태나 장면에 위치 지움으로써 문화적으로 특수한 실천이나 지향을 회복하려고 '성찰성'이 방법론적 프로그램의 일부로 다뤄질 때 성찰성의 일부를 취할 수 있다. 하지만, 그런 성찰성에서는 해석자의 자기반영의 깊이나 구체성이 문제가 되지 않는다. 왜냐하면, 그런 성찰성은 색다른 방법들의 체계적 특징들을 통합하고자 탐구자의 초기 관찰, 자료, 발견 등의 개념을 수정하는 방식으로 이루어지기 때문이다. 다음을 볼 것. Benetta Jules-Rosette, "The veil of objectivity: prophecy, divination and social inquiry", *American Anthropologist 80* (1978): 549~570.

89) Pollner, " 'Left' of ethnomethodology", p. 374.

류의 성찰성은 혹자가 행하는 바를 정형화하는 — '메타언어'를 '반영하고' 사용하는 — 문제이고, 진술과 그 진술이 서술하는 것 사이의 지시적 대응에 대한 회의적 우려와 관련이 있다. 그것은 또한 거꾸로 추상화된 개별적이고 인지적인 '원천'에 자신을 비춰본다. 공적 영역에서 목격되고 보통 언어로 서술되는 행위의 성찰적 조율과는 대조적으로, 지시적 성찰성은 명시적으로 해석하기, 반영하기, 소리 내어 말하기의 문제이다. 객관적 사회구조의 의미를 구성하는 해석적 행위와 그 구성적 역할을 '이해하려고' 시도하는 반영은 모두 분석적 의식에 토대를 두고 있다.

나는 '자기성찰' — 즉, 방금 말한 것에 대한 생각을 잠시 멈추는 것, 소리 내어 생각하기, 자기상실을 용인하기, 다른 사람들이 자신과 동일하게 사물을 보는지 의심하기, 편향을 고백하기 등 — 의 장점과 간헐적인 적절성을 폐기하기를 원치 않는다. 하지만, 그런 전통적인 '자기성찰적' 행위가 자동적으로 구성적 활동을 지칭하는 것은 아니다. 그것들은 그 자체로 고유한 활동이다 — 즉, 고백하는, 서두를 꺼내는, 망설이는, 인정하는, 의심하는, 제한하는 … 활동이다. 그런 활동의 의미는 특정한 연속적 환경 속에서 '성취'되는데, 종종 독특한 포즈, 표현, 반응 등을 동반한다. 다른 담론적 활동처럼, 그것의 의미, 적실성, 적합성은 그것이 언급되고/되거나 쓰이는 실용적이고 관계론적인 환경에 성찰적으로 결합된다.

성찰성에 대한 폴너의 판본은 객관주의에 대항하는 급진 구성주의의 투쟁에 깊숙하고 분명한 호소력을 지녔다. 민속방법론의 많은 연구가 경험주의적이고 과학주의적 경향을 보인다는 그의 불만은 옳다. 간혹 연구가 마치 자신들이 '분석적'이기 때문에 성과물이 중요해질 것이라는 어느 정도의 자신감에 의해 고무된 것처럼 보일 수 있기 때문이다. 폴너의 주장처럼, 최근 몇 년 동안 민속방법론과 '전통적' 사회학 사이의 누그러진 적대감은 일부 사람에게는 편안함을 안겨 주지만, 전문 사회학을 지배하는 이론 및 방법론의 토대주의적 관점에 도전하지 않는 '민속방법론'이란 가망이 없음을 알고 있는 우리에게는 혼란스러움을 안겨준다. 그러나 반토대주의적 접근을 제안하는 것과 그것을 철저하게 따르는 것은 서로 다른 문제이다. 반(反)토대주의는 반(反)객관주의와 동의어가 아니고, 객관주의에 반대하는 많은 사람들처럼 폴너는 결국 하나의 추상적 토대를 다른 것으로 바꾸고 있다. 그는 독자적인 '세속적 세계'(mundane world)의 자리에 '세계화의 작업'(work of worlding) — 즉, 세계를 생산하는 주체에게서 나오는 활동, 그런 후에 그 세계의 독자성을 가정함으로써 주체가 '잊어버리는' 활동 — 을 대신 앉혔다. 90)

　여타의 많은 구성주의적이고 민속방법론적으로 고지(告知)된 치료법들도 '해석적 작업', '민속방법들'(ethnomethods), '표상들', '설득', '수사' 등으로 안정적이고, 합의되고, 객관적인 '실재'의 모습을 설명할 때 비슷한 성격의 주장을 펼치기는 마찬가지다. 91) 오래된 반(反)객관주의적 전통의 사고 및 이념을 대신하여, 이런 연구들은 사회적·텍스트적·상호작용적·수사적 실천 및 장치들을 장착하고 있다. 그들의 공통점은 언어의 지시적 또는 표상적 그림에 대한 선입견이다 — 즉, 그들은 언어에서 분리된 '실재'를 부여잡은 다음, 실재와 비슷한 것을 획득하는 데 있어서 언어적 행위의 토대적 역할을 강조한다. 92) 이런 연구를 비판한다고 해서 내가 곧 실재론이나 객관주의를 옹호한다고 오해하지 말기 바란다. 다

---

90) 폴너의 접근에 대한 보다 폭넓은 비판적 설명에 대해서는 다음을 볼 것. Bogen, "Beyond the limits of *Mundane Reason*".

91) 그런 설명들에 대한 비판은 다음을 볼 것. Graham Button and Wes Sharrock, "A disagreement over agreement and consensus in constructionist sociology", *Journal for the Theory of Social Behavior* 23: 1~25; David Bogen and Michael Lynch, "Do we need a general theory of social problems?", pp. 213~237, in G. Miller and J. Holstein, eds., *Reconsidering Social Constructionism*(Hawthorne, NY: Aldine de Gruyter, 1993).

92) Button and Sharrock, "A disagreement over agreement and consensus in constructionist sociology", p. 12.

만, 나는 고전적 주장을 일정한 틀에 가두는 언어의 표상적 그림에 의문을 표하고 있을 뿐이다.

결론

가핑클은 한때 사회학자들이 종합적 사회이론을 고수하고자 하는 한 민속방법론으로는 할 일이 '아무것도' 없다고 말한 적이 있다. 이것은 민속방법론이 학술적 지위나 주장을 갖추고 있지 않다(즉 비논리적이다)거나 이 탐구양식이 기업이나 CIA(정보기관)에 더 잘 들어맞을 것이라고 말한 것이 아니다. 민속방법론의 프로그램이 실천행위와 자연언어의 사용에 대한 전통적인 분석적 탐구에 철저히 비판적이기 때문에 그것이 학술계에서 분리된 채 자생력을 유지할 수 있을지는 의문이다. 나는 민속방법론이 '분석적' 분과로 여겨질 필요는 없지만 일반적이고 전문적인 분석 행위가 민속방법론에 주제의식을 제공해 준다고 생각한다. 어쨌든 민속방법론은 숙주인 사회학 분과에 기생하고 있지만, 숙주를 생기 없는 껍데기로 만드는 기생충과는 달리 그들이 기원한 '생명'을 서술함으로써 정형화된 분석을 통해 생산된 생기에 다시금 활력을 불어넣고자 애쓰고 있다.

제2장

'낡은' 과학사회학의 몰락

1970년대 초, 배리 번스(Barry Barnes), 데이비드 블루어(David Bloor), 마이클 멀케이(Michael Mulkay), 데이비드 엣지(David Edge), 해리 콜린스(Harry Collins) 등을 비롯한 영국 사회학자들은 로버트 머튼(Robert Merton)과 그의 학파가 개발한 구조기능주의 과학사회학에 맞서서 구성주의적·상대주의적·담론분석적 프로그램의 느슨한 연합체를 결성했다. 그 후부터, '새로운' 과학사회학의 변종들이 유럽 대륙, 호주, 북아메리카 등에 번창했다. 머튼의 프로그램은 미국 사회학에서 그 영향력이 여전하다. 그의 차세대 제자들이 영국과 유럽 대륙에서 건너온 문제의식들 중 일부를 선택적으로 동화시키는 방식으로 새로운 과학사회학의 도전을 견뎌냈기 때문이다.

새로운 과학사회학의 주창자들은 다양한 원천을 끌어들이고 있지만, 사회과학에서 '구성적 분석'에 대한 민속방법론의 비판적 접근에도 영향을 받았다. 그들은 민속방법론자들처럼 비공식적인 일상적 실천에 초점을 맞추고 있지만, 그들의 구성주의적 해석은 사회과학자들이 아니라 주로 자연과학자들의 활동을 대상으로 삼고 있다. 많은 경우, 과학지식사회학자들이 제출한 주장과 설명은 민속방법론자들이 이미 비판한 바 있는 사회학적 방법의 과학적 판본에 근거하고 있었다. 자연과학의 이론, 방법, 성과 등에 대한 회의적 시각과 사회학적 분석에 대한 실증주의적 시각 사이에 존재하는 명백한 불일치는 새로운 과학사회학의 비판자와 주창자 모두에게 주목받지 못한 채 잠복해 있다가 최근 들어 새롭게 부각되면서 당황스러움과 논란을 자아내고 있다. 나는 이 장과 다음 장에서 과학사회학의 전개과정을 개관하고, 비판함으로써 이런 논란을 초래했던 이유를 명백히 밝히도록 하겠다. 내가 이런 시도를 하는 까닭은 민속방법론과 과학지식사회학의 공통 기원적 쟁점과 경쟁적 주장들의 인식적 '교역지대'(trading zone)를 규명하고 싶기 때문이다. 1) 바라건대, 이런 노력이 과학사회학, 과학사, 과학철학 등에서 지속 중인 쟁점과 만성적인 논란의 일부를 밝혀줄 것이다.

'낡은' 과학사회학 비판

1970년대에 과학지식사회학이 어떻게 출현했는가에 대한 이야기는 많은 기회를 통해 반복적으로 회고되었다. 2) 실제로 이야기의 반복과 회자는

---

1) '교역지대'라는 은유는 다음에서 가져온 것이다. Peter Galison, "The trading zone: coordination between experiment and theory in the modern laboratory". 이 논문은 1989년 5월 15~18일에 텔아비브와 예루살렘에서 열린 "지식의 위치에 대한 국제 워크숍"(International Workshop on the Place of Knowledge)에서 제출된 것이다. '변경'(margin) 및 '지대'와 같은 영토의 은유는 이산적(離散的)으로 경계가 정해진 계(界)들 — 예를 들면, 독자적 의사소통 통로에 의해 연결된 두 개의 고립된 공동체 — 을 잘못 암시할 수 있다. 이 경우에 보다 정확한 그림은 도시에서 서로 붙어 있는 이웃지역들이 될 것이다. 도시에서 이웃지역들 사이의 경계는 어쩔 수 없이 서로의 이익에 따라 임의적으로 그려진다. 그럼에도 추정된 경계들은 이웃지역 모두에 있는 다양한 갱과 분파 사이에서 불붙는 논란과 대단히 밀접하게 관련되어 있다.

그런 출현에 대해 도구적이었다. 지난 20여 년 동안 영국과 그 외 지역에서 전개된 과학사회학 프로그램의 새로운 점이라면 "과학지식의 내용 및 성격"[3]을 탐구하고자(때때로 설명하고자) 한 그들의 목적이다. 토마스 쿤(Thomas Kuhn)의 획기적 연구인《과학혁명의 구조》(*The Structure of Scientific Revolutions*)[4]는 과학사 및 과학철학에서 '사회학적 전회'(sociological turn)의 가장 중요한 원천으로 널리 알려져 있지만,[5] 과학사회학

---

2) 예를 들어 다음을 볼 것. Barry Barnes, *Scientific Knowledge and Sociological Theory* (London: Routledge & Kegan Paul, 1974)와 *Interests and the Growth of Knowledge* (London: Routledge & Kegan Paul, 1977); David Bloor, *Knowledge and Social Imagery* (London: Routledge & Kegan Paul, 1976; *2nd ed.*, Chicago: University of Chicago Press, 1991); Michael Mulkay, *Science and the Sociology of Knowledge* (London: Allen & Unwin, 1979); H. M. Collins, "The seven sexes: a study in the sociology of a phenomenon, or the replication of experiments in physics", *Sociology* 9(1975): 205~224; Steven Shapin, "History of science and its sociological reconstructions", *History of Science 20*(1982): 157~211; Karin Knorr-Cetina and Michael Mulkay, "Introduction: emerging principles in social studies of science", in K. Knorr-Cetina and M. Mulkay, eds., *Science Observed: Perspectives on the Social Study of Science* (London: Sage, 1983); Bruno Latour, *Science in Action* (Cambridge, MA: Harvard University Press, 1987); Steve Woolgar, *Science: The Very Idea* (Chichester: Ellis Horwood; and London: Tavistock, 1988).

3) Bloor, *Knowledge and Social Imagery*, p. 1.

4) (Chicago: University of Chicago Press, 1962); *2nd ed.*, with "Postscript" (Chicago: University of Chicago Press, 1970).

5) 플렉(Ludwik Fleck, *Genesis and Development of a Scientific Fact* (Chicago: University of Chicago Press, 1979)]은 바서만 테스트(Wasserman test: 1906년 바서만이 개발한 매독 진단법 - 옮긴이]의 개발을 '내부자의' 설명으로 전개한다. 이 책은 1935년에 최초로 출간되었고, 이따금씩 쿤의《과학혁명의 구조》에 대한, 그리고 과학지식사회학의 최근 발전을 위한 중요한 선구자로 간주된다. 플렉의 연구는 1979년에 재출간되기 전까지 과학사회학 공동체에 회람되지 않고 있었다. 쿤의 다른 선구자들 중 일부가 마찬가지로 인용될 수 있지만, 가장 중요한 사람으로는 비트겐슈타인을 들 수 있다.

의 주창자들이 스스로 인정하듯 과학사회학은 쿤의 연구를 뒷받침하고 이용하는 방법에 대한 쿤의 명시적 입장을 크게 지나쳐서 앞으로 나아갔다. 6) 또한, 그들은 확립된 사회과학의 철학7)과 비트겐슈타인의 후기 저작을 끌어들인 과학사회학8)의 몇 가지 핵심적 개편을 기반으로 삼았다. 여기에 더해, 그들은 가핑클의 민속방법론 연구와 시쿠렐의 사회과학방법에 대한 비판의 구성주의적 해석을 발전시켰고, 그것을 자연과학에서 관례화된 '구성적' 활동에 대한 자신들의 탐구에 적용시켰다. 9)

또한, 과학지식사회학은 지식사회학과 과학사회학을 위한 머튼의 잘 확립된 '패러다임'(paradigms)을 기반으로 수립된 부정적 선례에 대항하여 발전했다. 10) 머튼은 칼 만하임(Karl Mannheim)의 지식사회학을 변

---

6) *The Structure of Scientific Revolutions*의 1970년 판 'Postscript'(후기)에서 (p. 176, n. 5) 쿤은 니콜라스 뮬린(Nicholas Mullins)과 다이애나 크레인 (Diana Crane), 워런 핵스트롬(Warren Hagstrom), 드렉 데 솔라 프라이스 (Derek de Solla Price), 도날드 드 비버(Donald de B. Beaver) 등에 의한 '보이지 않은 대학'(invisible colleges)에 대한 다수 정량적 연구를 인용한다. 이런 연구들은 인용 네트워크 및 관련된 문헌정보적 색인(bibliometric index)을 이용하여 과학자 사회의 '지도 작성'(mapping)을 주목적으로 한다. 그런데 이런 접근은 주로 연구대상 분야들의 '내용'에 대한 모든 참고문헌은 빠뜨렸다. 과학지식사회학의 관점에서 본 쿤의 연구에 대한 해석은 다음을 볼 것. Barry Barnes, *T. S. Kuhn and Social Science*(London: Macmillan, 1982).

7) 다음을 볼 것. Peter Winch, *The Idea of a Social Science*(London: Routledge & Kegan Paul, 1958).

8) Peter Berger and Thomas Luckmann, *The Social Construction of Reality* (New York: Doubleday, 1966).

9) 두 가지 핵심 텍스트로는 다음을 들 수 있다. Harold Garfinkel, *Studies in Ethnomethodology*(Englewood Cliffs, NJ: Prentice-Hall, 1967); Aaron Cicourel, *Method and Measurement in Sociology*(New York: Free Press, 1964).

10) 다음을 볼 것. Robert K. Merton, "Science and technology in a democratic order", *Journal of Legal and Political Science 1*(1942): 115~126; "A paradigm for the sociology of knowledge", pp. 7~40, in Merton, *The*

94

형된 구조기능주의 틀로 통합시키고, 이 틀을 자신의 학파가 주요 연구 대상으로 삼았던 과학제도 및 과학적 변화에 적용했다. 11) 머튼의 프로그 램에 대한 새로운 과학사회학 주창자들의 비판은 때때로 과장되곤 했지 만, 미국보다는 영국에 중심을 둔 경쟁관계에 놓인 프로그램의 발생을 널리 알리는 데 일정하게 기여했다. 12)

지식사회학에 대한 만하임의 접근 또한 곧이어 비판을 받지만, 그것은 보다 제한된 방식으로 이루어진다. 13) 만하임과 머튼에 대한 비판들은 서

Sociology of Science: Theoretical and Empirical Investigations, ed. with introduction by Norman W. Storer(Chicago: University of Chicago Press, 1973). 머튼은 쿤의 의미대로 패러다임이라는 용어를 사용하지 않았 다. 그에게, 패러다임이란 사회학자들이 따라야 할 보편적 개요 및 모형을 의 미했다.

11) 오래된 기능주의 패러다임에 대한 머튼의 수정과 '중범위' 이론 프로그램, '발 현된' 기능과 '잠재된' 기능의 구분 등에 대해서는 다음을 볼 것. Robert K. Merton, *Social Theory and Social Structure*, 확대개정판(enlarged ed.) (New York: Free Press, 1968; 최초 출간은 1949), 제2장, 3장.

12) 머튼 프로그램에 대한 비판의 일부는 다음과 같다. M. J. Mulkay, "Some aspects of cultural growth in the natural sciences", *Social Research 36* (1969): 22~52; "Norms and ideology in science", *Social Science Information 15*(1976): 637~656; B. Barnes and R. G. A. Dolby, "The scientific ethos: a deviant viewpoint", *European Journal of Sociology 11* (1970): 3~25; Ian Mitroff, *The Subjective Side of Science*(New York: Elsevier, 1974). 마지막 자료는 미국 작가가 쓴 것인데, 그의 연구는 영국-미국 분열에서 초기의 예외적 사례이다. 쿤은 자신의 논문집 *The Essential Tension: Selected Studies in Scientific Tradition and Change*(Chicago: University of Chicago Press, 1977)의 서문(pp. 21~22)에서 영국의 비판가 들로부터 머튼을 방어하고 있다.

13) Karl Mannheim, *Ideology and Utopia*, Louis Wirth and Edward Shils 역 (New York: Harvest Books, 1936); *Essays on the Sociology of Knowledge*, Paul Kecskemeti 편역(New York: Oxford University Press, 1952). 만하임 의 접근에 대한 비판적 수정은 블루어에 의해 제시되었다. David Bloor, "Wittgenstein and Mannheim on the sociology of mathematics", *Studies in*

로 연결되어 있는데, 머튼의 만하임 읽기가 미국 사회학에 매우 큰 영향을 미쳤기 때문이다. 14) 그러나 비판들은 몇 가지 중요한 측면에서 차이가 나기 때문에, 나는 그것들을 분리해서 다루고 있다.

만하임 '바로잡기'

블루어, 번스 등에 의한 만하임 비판은 지식사회학에 대한 공격이라기보다는 만하임의 지식사회학 프로그램의 **바로잡기**이자 **확장**이었다. 만하임은 지식사회학(Wissensoziologie)의 창시자는 아니지만, 통상 가장 중요한 선구자로 간주된다. 15) 1930년대 초반, 독일에서 탈출하기 전에 만하임은 지식의 생산에 대한 독보적인 사회학적 접근을 개발하고 적용한 일련의 논문을 썼다. 그는 지식사회학이 더 오래되고 특수한 이데올로기라는 개념의 역사적 변환에서 출발했다고 주장했다. 이 주장에 따르면, 이데올로기 개념의 출현은 정치적 대립자의 주장을 협소하고 개인적이며 당파적 이해관계로 규정짓는 방식으로, 그 주장을 '폭로하는' 수사적(修辭的) 무기로 오랫동안 사용되었던 정치담론의 전통에서 비롯되었다.

만하임은 이런 수사적 형태의 뿌리를 비실용적 '관념론자들'(ideolo-

---

the History and Philosophy of Science 4(1973) : 173~191.

14) 다음을 볼 것. Robert K. Merton, "Karl Mannheim and the Sociology of Knowledge", 제15장, in *Social Theory and Social Structure*; Merton, "A paradigm for the sociology of knowledge".

15) 만하임의 동시대인인 막스 셸러(Max Scheler)는 그에 앞서서 Wissensoziologie에 대한 접근법을 제시했다. 셸러는 사회적 조건들이 어떻게 '세계에 대한 상대적 자연관'을 발생시켰는지를 설명하려고 이데올로기에 대한 마르크스주의 분석을 보다 추상적이고 덜 정치화된 입장으로 변환시켰다. 다음을 볼 것. Max Scheler, *Problems in the Sociology of Knowledge*(London: Routledge & Kegan Paul, 1980). 일반 독자들을 위한 지식사회학에 대해서는 다음을 볼 것. J. E. Curtis and J. W. Petras, eds., *The Sociology of Knowledge* (New York: Praeger, 1970).

gists) 을 육성하는 철학에 대한 나폴레옹의 탄핵에서 찾고 있다. 16) 이 탄핵은 '사상의 이론'으로서 '이데올로기'(ideology) 라는 오래된 의미를 단순한 사상의 실용적 타당성이라는 보다 현대적인 비난과 결부시키고 있다. '사상'으로 다른 '사상'에 맞서 싸우려는 젊은 헤겔주의자들의 노력에 반대하는 마르크스의 논쟁술은 마찬가지로 실천 행동에 가치를 부여했음에도, 마르크스와 엥겔스는 '이데올로기'를 계급적 입장에서 설명함으로써 이런 형태의 주장을 훨씬 넘어섰다. 만하임이 이데올로기를 다루는 방식은 마르크스의 설명의 정형성을 확장하며, '자유' 지식인에 대한 나폴레옹의 탄핵을 역전시킨 것이다. 나폴레옹은 학술적 철학이 경제적이고 정치적인 행동에서 크게 이탈하는 것이 불만이었지만, 만하임은 그런 이탈을 가치중립을 위한 실용적 조건으로 보았다. 비록 그가 이데올로기 비판을 '허위의식'을 떠받치는 계급조건에 대한 사회학적 분석으로 전환한 것을 마르크스의 공으로 돌리고 있지만, 그는 반(反) 마르크스주의 접근으로 쉽게 간주될 수 있는 것을 발전시켰다고 말할 수 있을 정도로 마르크스의 접근법을 상당히 확대하고 변형시켰다. 17)

마르크스는 국가와 지배이데올로기를 포괄하려고 헤겔 좌파의 종교 비판을 확장했지만, 역사유물론이 지배 엘리트와 그들의 인텔리겐치아가 선전하는 이데올로기 왜곡을 폭로할 수 있는 올바른 과학적 토대를 제공해 준다는 가정은 결코 포기하지 않았다. 마르크스는 역사유물론적 관점의 뿌리를 특정한 계급의 기원 — 프롤레타리아트의 대의를 부여잡은 부르주아지 지식인들의 분파 — 에서 찾고 있음에도 불구하고 무계급사회에서 프롤레타리아트의 (비)입장은 협소한 계급적 이해관계에 의해 왜곡되지 않는 보편적 '이데올로기'를 위한 사회적 조건을 창출할 것이라고 주

---

16) Mannheim, *Ideology and Utopia*, p. 71 ff.
17) *Ibid.*, p. 75 ff. 이데올로기에 대한 마르크스주의적 개념에 대해서는 다음을 볼 것. Karl Marx and Friedrich Engels, *The German Ideology*, *Parts I and II*(New York: International Publishers, 1947).

장했다. 물론 마르크스의 주된 관심이 급속하게 산업화하는 19세기 중반 영국과 서유럽의 자본주의 사회의 혁명적 변화를 촉진하는 데 주어져 있었던 관계로, 자본주의에 대한 그의 비판과 제안의 근거들은 모두 그런 사회적 조건들 속에 위치 지워져 있었다. 그와 대조적으로, 만하임은 사회 조건들과 이데올로기의 관계에 대한 보편이론을 개발하고자 했다. 그는 '사상'을 사회역사적 토대 위에 놓으려는 마르크스주의자들의 노력에 상당 정도 동의했지만, 역사유물론의 과학적 지위에 의문을 표했고, 관련된 존재 조건의 분석을 일반화하고 탈(脫)정치화하려 애썼다. 18)

마르크스와는 달리, 만하임은 후견예측(hindsight)의 유리함을 지녔다. 많은 동시대인처럼, 그는 전후 독일사회의 조건들에 대한 보편적으로 '옳은' 분석을 토대로 마르크스주의자의 주장이나 여타 주장에 대해 질문을 던질 수 있는 위치에 있었다. 더욱이 그는 인간과학을 둘러싼 자연과학적 접근의 주창자들과 해석학적 접근의 주창자들 사이에 벌어졌던 분파적 학술 논쟁의 근처에 머무는 나름의 특권을 누리고 있었다. 19) 이 방법논쟁(Methodenstreit)에는 만하임의 동시대인과 선배들 중 다수가 포함되어 있었다ー즉, 빌헬름 딜타이(Wilhelm Dilthey), 하인리히 리카르트(Heinrich Rickert), 막스 셸러, 막스 베버, 게오르그 짐멜(Georg Simmel) 등이 포함되어 있었는데, 그들은 이 논쟁에서 모두 다른 입장을 취했다. 독일의 학술 및 정치 투쟁에서 제기된 문제에 대한 만하임의 해결책은 당파적 언쟁의 존재와 구조를 비당파적 이데올로기 개념의 개발

---

18) '실존적 조건들'(existential conditions)에 대한 만하임의 확장된 개념은 루카치(Lukacs)의 *History of Class Consciousness*(London: Merlin Press, 1971)와 하이데거(Heidegger)의 *Being and Time*(John Macquarrie and Edward Robinson 역, New York: Harper & Row, 1962)에서 영향을 받았다고 할 수 있다.

19) 이런 논쟁들이 만하임의 지식사회학에 미친 영향에 미친 논의는 다음을 볼 것. Susan J. Hekman, *Hermeneutics and the Sociology of Knowledge*(Notre Dame, IN: University of Notre Dame Press, 1986).

을 위한 역사적 조건으로 삼는 것이었다. 그는 끝낼 수 없는 그런 논쟁의 참여자들은 자신의 주장이 상대편 주장보다 이데올로기적 성격이 크지 않다고 생각한 것이고, 따라서 그들은 사상의 존재적 결정이 전면적으로 부각되는 양상을 볼 수 있다는 입장을 취했다. 물론 이런 입장은 정치와 인식론의 상대주의적이거나 허무주의적인 관점을 뒷받침할 수 있지만, 만하임이 추천하려던 종류의 것은 아니다. 그는 특정한 지식주장을 특유의 편견과 특정한 사회적 소속에 연관 지음으로써 그런 주장을 '발뺌하거나' 폭로하는 데 공통적으로 사용되는 인신 공격적 주장의 형태로부터 이데올로기 분석을 분리해 내고자 했다.

만하임은 "모든 지식은 인식주체(knower)의 상황에 따라 달라진다"는 통찰력이 "모든 지식-주장은 의심 받을 수밖에 없다"는 결론과 혼동될 때 상대주의라는 평가의 절대적 기준이 존속된다는 것을 분명히 함으로써 지식사회학을 '상대주의적' 입장에서 분리해 냈다. 모든 지식을 의심해야 한다고 가정하는 것은 모든 참된 지식을 위한 근거가 있어야 한다고 가정하는 것만큼이나 절대주의적이다. 따라서 상대주의를 옹호하는 대신, 만하임은 '관계적' 지식 개념을 내세웠다. 급진적으로 개별적 지식 개념을 선택하는 대신, 그는 특정한 사상들이 역사적이고 사회적인 상황 속에 위치 지워져 있다고 주장했다. 이런 맥락에서 서구의 목적합리성 기준들은 문제제기될 수 있지만, 관계적 지식 개념이 이런 기준들의 적합성을 평가절하하지 않는다. 물론 여기에는 범주적 판단과 타당성 주장을 둘러싼 관련 인식 공동체의 '권역'이라는 제한 조건이 뒤따른다. 따라서 '관계적' 지식 — 이해의 생활공동체에서 배양되는 지식 — 은 반드시 임의성을 동반할 필요 없이 역동적일 수 있다. 베버처럼, 만하임도 사상을 사회질서의 정체(政體) 속에 위치 지울 수 있는 통합이론을 세우고자 했다.[20]

---

[20] 만하임은 이것을 다음과 같이 표현한다. "실제로 인식론이 우리 사고의 총체성인 것만큼이나 사회적 과정에 깊숙이 엮여 있다."(*Ideology and Utopia*, p. 79)

그는 사상을 경제적 이해관계로 환원하려고도, 역사적으로 특정한 실존적 조건으로부터 분리해 내려고도 하지 않았다. 더욱이 베버처럼, 그는 지식의 존재적 결정을 설명하고자 이상화된 '과학적' 관점을 유지하고자 했다.

> 이데올로기의 비(非)평가적 보편종합 개념은 우선적으로 역사적 탐구에서 발견될 수 있어야 하는데, 이런 탐구에서는 잠정적으로 문제의 단순화를 위해, 어떤 판단도 취급대상인 사상의 수정으로 선언되지 않는다 … 가치판단의 중립을 위해 노력하는 이데올로기 연구의 임무는 개인들 각자가 지닌 개별적 관점의 협소성과 총체적 사회과정에서 이런 구분된 태도들의 상호작용을 이해하는 것이다.

만하임은 이런 입장을 확립하고자 노력하는 한편, 자신의 비판자들을 만족시킬 정도로는 결코 해소될 수 없었던 딜레마와 싸웠다.[21] 그가 주창했던 보편적 지식사회학에 비춰 볼 때, 그가 초월적 위치 — 이런 위치에서 다른 모든 사상체계와 각각의 실존적 조건의 관련성에 대한 비평가적 종합 개념을 상술(詳述)한다 — 를 가정하는 것은 모순처럼 보였을 것이다. 그런 위치는 자신의 실체적 설명 프로그램에서 지식사회학을 예외로 설정했을 때에만 그 안전을 보장받을 수 있다. 만하임은 지식사회학이 스스로에게 가한 제한적 상황을 이유로 얼버무리지 않고 다른 지식체계들의 사회적 조건을 설명할 수 있다고 보증해 줄 필요가 있었다.

그는 한 번 더 지식사회학의 특이한 실존적 조건들을 확고한 방법론적 장점으로 바꿔 놓았다. 그는 독일 학술공동체의 이데올로기적 파편화와 상대적 자율성이 이데올로기를 둘러싼 공평하고 세련된 이해를 촉진했다고 주장했다.[22] 만하임에게 인텔리겐치아(intelligentsia)의 "부유하는,

---

21) A. Von Schelting의 *Ideology and Utopia* 논평을 볼 것. 이 글은 *American Sociological Review I*(1936) : 664~674에 실려 있다.

비교적 계급성이 약한 계층"23) 이란 일종의 전위이지만, 이 전위는 프롤레타리아트의 이익을 대변하기보다는 당파적 정치에서 벗어난 이해초월적(disinterested) 위치로 상승할 수 있었다.24) 그 결과, 지식사회학은 이데올로기 개념의 역사적 진전에서 한 단계 더 나아간 상태를 보여 줄 수 있고, 그 속에서 이데올로기의 비평가적 개념은 지식의 절대주의적 개념화를 비판할 수 있는 토대를 제공해 줄 것이다. 만하임은 지식사회학의 '객관성'에 대한 실용적 뒷받침이 그 분석의 진리를 보증해 준다고 주장하고 있지 않다. 그의 주장은 역사적으로 위치 지워진 지식의 궁극적 진리를 평가하고자 수학과 '정밀'(exact) 과학의 기준을 사용하는 것은

---

22) Mannheim, *Ideology and Utopia*, p. 85. 이런 주장에 대한 논평에 대해서는 다음을 볼 것. Hekman, *Hermeneutics and the Sociology of Knowledge*, p. 52 ff. 근대성의 조건 자체가 다양한 인식 문화들(epistemic cultures)을 이해하고 종합할 수 있는 분석적 장점을 제공하는 방법에 대한 만하임의 입장은 *The Division of Labor in Society*(Glencoe, IL: Free Press, 1964)에 실려 있는 사회적 분화의 인식적 장점들에 대한 뒤르켐의 논의를 떠올리게 한다.

23) Mannheim, *Ideology and Utopia*, p. 155.

24) 이해초월적 위치는 베버가 "Science as a vocation"(pp. 129~156, in H. Gerth and C. Wright Mills 편역, *From Max Weber*, New York: Oxford University Press, 1946)에서 학술생활이 비교적 가치중립적 분석태도를 위한 존재적 토대를 제공하는(그리고 해야만 하는) 방식에 대해 언급한 것과 비슷하다. 베버가 명확히 했던 것처럼, 이 위치의 '특권'은 매우 드문 것이지만, 어떤 고양된 인식론적 토대 때문이 아니다. 오히려 그것은 사회적 장점에 대한 성실한 탐색과 학술생활의 여가에 의존하고 있다. 베버는 학술계가 경제적 밀어붙임과 지위경쟁에서 면역된 것과는 거리가 멀다는 것을 인식하고 있었지만, 밀즈(C. Wright Mills, *The Sociological Imagination*(New York: Oxford University Press, 1959))는 1950년대 미국 사회학계를 대상으로 연구를 수행하여 동료들이 이론적으로 젠체하는 태도와 과학적 편취(騙取)에 사로잡혀 있음을 발견하고, 편견에 사로잡힌 학계라는 관점을 제시했다. 하지만, 밀즈는 베버-만하임의 입장을 완전히 폐기하지 않았다. 그는 학계의 합법적 무책임성이라는 보다 개인주의적 입장을 권고했고, 확산된 대중적 대의에 우호적 태도를 취하는 학술계의 저속한 삶으로부터 유리(遊離)를 주창했다.

불합리하다는 것이다. 그리고 지식사회학의 실용적 타당성도 역사적 상황 속에 근거하고 있기 때문에 지식사회학 또한 정밀과학의 기준들에 갇혀서는 안 된다는 것이다.

이처럼 명백하게 중도적인 제안은 지식의 과학적·사회과학적·일상적 체계 사이의 삼분할적 구도를 함축한다.

1. 최소한 수학과 정밀과학에서 생산되는 지식의 일부는 비(非) 관계적인 것처럼 보인다. 이들 분과에서 생산된 지식은 특정한 역사적 기원으로 거슬러 올라갈 수 있지만, 그 지식의 내용(또는 최소한 그것의 일부)은 더 이상 역사의 흔적을 품고 있지 않다.
2. 학계의 인텔리겐치아들은 관계적 지식을 생산하지만, 그들의 제도적이고 역사적인 상황은 일정하게 가치중립적이다. 지식사회학의 '관점'은 이런 상황에서 발전되어 나왔다. 그것은 자신의 역사적이고 사회적인 기원을 초월하지 않지만, 정책기조와 실용적 상황의 문제로 자신이 설명하고자 하는 지식체계들보다는 실용적이고, 오류가능성에서 더 포괄적이고 비(非) 당파적이다.
3. 종교적·도덕적·정치적 이데올로기들은 신념과 실천의 공유주의적 배경에 실용적으로 근거한다. 그런 체계들에서 지식의 내용과 그 지식의 타당성을 평가하기 위한 기준들은 본질적으로 위치 지워져 있다.

여기서 만하임이 인식론적이거나 존재론적인 신봉보다는 방법론적 필요에 따라 세 가지로 구분하고 있음에 주목할 필요가 있다. 25) 그에게 문제

---

25) 인식론적 기준으로부터 지식사회학의 사회학적 기반을 구별하기 위한 만하임의 노력에 대해서는 다음을 볼 것. Nico Stehr, "The magic triangle: in defense of a general sociology of knowledge", *Philosophy of the Social Sciences* 11(1981) : 225~229.

는 역사적이고 사회적인 조건들이 어떻게 사상의 타당성과 내용에 영향을 미쳤는가를 경험적으로 드러내 보이는 것이었다.

> 사회적 과정에서 존재적 요소들은 주변적 중요성에 불과한가, 그것들은 단순히 사상의 기원이나 실제적 발생을 조건 짓는 것으로 간주될 뿐인가(가령 그것들은 유전적 관련성을 띨 뿐인가), 아니면 그것들은 특정한 구체적 주장의 '관점'을 관통하는가? … 만약 어떤 사상의 창발(emergence)의 시간적이고 사회적인 조건들이 사상의 내용과 형식에 아무런 영향도 미치지 않는다면, 그 사상의 역사적이고 사회적인 탄생은 그것의 궁극적 타당성과 무관할 수밖에 없을 것이다. 만약 이것이 사실이라면, 인간 지식의 역사에서 어떤 두 시기의 구분은 앞선 시기에는 어떤 것들이 알려지지 않았고 일정한 오류들이 존재했는데 후대의 지식에 의해서 완벽하게 교정될 수 있었다는 사실을 통해서만 가능할 뿐이다. 지식의 앞선 불완전한 시기와 이후의 완전한 시기라는 이 단순한 관계는 대체로 정밀과학에는 적합할 것이다(비록 오늘날 정밀과학의 절대적 구조의 안전성이라는 개념은 고전물리학의 논리와 비교했을 때 상당히 흔들리고 있지만). 26)

위 문장의 끝 부분에서 상대성이론에 대한 만하임의 암시는 그가 수학과 정밀과학에서의 발전과 결과를 본질적이거나 영구적으로 지식사회학의 범주 너머에 있는 것으로 보고 있지 않음을 보여 준다. 그는 역사적 안정성 및 "2 곱하기 2는 4"와 같은 합의에 기초한 진술의 이용이 그 문장의 내용이 이용자들의 사회적 입장을 어떻게 반영하는지 보여 줄 수 없게 만든다고 주장했다. 27) 진술의 형태는 "그것이 언제, 어디서, 누구에 의해 정

---

26) Mannheim, *Ideology and Utopia*, p. 271.
27) *Ibid.*, p. 272. 또한, p. 79도 볼 것. 스티브 터너(Stephen Turner)는 많은 비판이 가정하는 것과는 반대로 만하임이 산술적 진리를 사회학적 설명에서 예외로 보는 것은 "'합리성'의 기준에 근거하여" 이루어진 것이 아니라고 주장했다. 다음을 볼 것. Stephen Turner, "Interpretive charity, Durkheim, and the 'strong programme' in the sociology of science", *Philosophy of the*

형화되었는지에 대한 아무런 단서도 제공해 주지 않는다". 이는 그 구성에 있어서 예술작품과는 다르다. 예술작품의 경우, 미술사학자는 작품을 특정한 미술가나 미술장르에 할당하고, 그것을 역사적으로 서로 다른 양식적 전통과 연결시키고, 미술 대상의 성격에 대한 관련 미술공동체의 전제들을 설명하기 위한 많은 단서를 포착할 수 있다. 마찬가지로, 사회과학 텍스트나 주장은 급진적 행동주의, 융의 심리분석, 프랑스 구조주의, 고전경제학 등과 같은 '학파'나 '관점'에서 그 뿌리를 추적할 수 있는 많은 단서를 제공한다.

만하임이 수학과 정밀과학을 지식사회학의 시계(視界)에서 별다른 근거 없이 제외시킨 것은 과학지식사회학의 '스트롱 프로그램'(strong programme)이 공격 지점으로 삼기에 좋은 기회를 제공해 주었다.[28] 일부 작가는 이런 예외를 만하임의 프로그램에서의 "실수"[29]로 딱지를 붙이고 말았지만, 이 딱지는 그런 예외의 중요성을 간과하고 있다. 만하임이 대비를 통해 확립하고자 한 것은 자연과학에 부여하는 예외성이라기보다는 실제적이고 역사적으로 위치 지워진 지식의 합법성이었다. 그는 지식사회학에 주어진 가능성이란 관계적 지식에 대한 강력한 열망뿐이라는 것을 인정할 수밖에 없었던 까닭에 자신의 탐구양식을 합법화하려 했던 것이다.[30]

만하임이 수학과 정밀과학에 귀속시켰던 엄격한 인식론적 기준으로부

    Social Sciences 11(1981) : 231, n. 3.

28) David Bloor, "Wittgenstein and Mannheim on the sociology of mathematics", *Studies in History and Philosophy of Science 4*(1973) : 173~191 ; Barnes, *Scientific Knowledge and Sociological Theory*, pp. 147~148.

29) Steve Woolgar, *Science : The Very Idea*, p. 23.

30) 다음을 볼 것. Hekman, *Hermeneutics and the Sociology of Knowledge*, p. 58. 헥만은 만하임이 과학적 지식과 관계적 지식의 관계에 대해 모순적 진술을 했지만, 많은 해설자가 그에게 덧씌우듯 그가 명확하게 토대주의적 입장을 취하고 있지는 않다고 주장한다.

터 지식사회학의 타당성 주장을 예외로 돌린 것은 그의 관심이 지식사회
학에 있었기 때문이다. 그는 수학과 자연과학의 일부 분야에 그런 기준
을 적용할 수 있는지의 여부를 깊게 검토하지 않았는데, 그것은 그가 지
식사회학의 정당성을 상대적으로 약한 주장으로 위치시키고자 했기 때문
이다. 그가 정형화했듯, 주된 문제는 논증의 문제였다.

사유의 존재적 결정은 사유의 영역에서 논증된 사실로 간주될 수 있을 것
이다. 이런 영역에서 우리는 ⓐ 앎의 과정이 내재적 법칙에 따라 역사적으
로 발전해오지 않았으며, 그것은 '물(物)의 본성'이나 '순수한 논리적 가
능성'에만 기원하지 않으며, '내적 변증법'에 의해 추동되지 않음을 알 수
있다. 반대로, 실제적 사유의 창발과 결정화(結晶化)는 가장 다양한 종류
의 이론 외(外)적 요소들에 의해 많은 판단지점에서 영향을 받는다. 이런
요소들은 순수하게 이론적인 요소들과 대비되는 것으로, 존재적 요소들이
라고 이름 붙일 수 있다. ⓑ 만약 지식의 구체적 내용에 대한 이런 존재적
요소들의 영향이 단순한 주변적 중요성 그 이상이고, 만약 그 요소들이 사
상의 탄생과 관련되어 있을 뿐만 아니라 그들의 형식과 내용을 관통하고
있다면, 더 나아가 만약 그 요소들이 그 범위와 우리의 경험과 관찰의 강
도(예를 들면, 우리가 이전에 주체의 '관점'으로 언급했던 것)를 확실하게
결정한다면, 이런 사유의 존재적 결정은 하나의 사실로 간주되어야 할 것
이다. 31)

만하임의 수학사회학에 대한 영향력 있는 논의에서, 블루어는 앞의 문장
을 인용한 다음 만하임의 '이론 외적 요소들'과 '사회적 원인'들의 결합에
문제를 제기하고 있다. 블루어는 묻는다. "그렇다면 이론의 내적 논리와
의 일치 속에서 실행되는 행동은 어디에 남겨 두는가?"32) 그는 계속해서

---

31) Mannheim, *Ideology and Utopia*, p. 267, Bloor, "Wittgenstein and
   Mannheim on the sociology of mathematics", p. 179에서 재인용.
32) Bloor, "Wittgenstein and Mannheim", p. 179.

지식사회학에서의 스트롱 프로그램이 이 질문에 답할 수 있다고 주장하고, 수학적이고 과학적인 지식을 포괄하려고 만하임의 프로그램을 확장하기 위한 혁신적 제안을 선보인다. 그러나 동시에 블루어의 만하임 읽기는 약간의 혼란을 초래하는데, 그것은 그가 만하임을 '실제론적' 또는 '플라톤주의적' 수학의 존재론을 발전시키고 있다고 해석하는 방식에서 비롯된 것이다.[33]

앞의 인용문에 대한 내 생각은 만하임이 사상의 '내적 변증법'이라는 헤겔주의적 개념을 승인하는 정도로 수학적 대상의 고유한 성격에 절대주의적 입장을 취하고 있다는 것이다. 그는 절대주의적이고 초월주의적인 철학의 다양한 주장에 반대하여 '사고의 존재적 결정'을 펼쳐 보일 수 있는 필요조건들에 대해 논한다. '물(物)의 본질', '순수한 논리적 가능성', '내적 변증법'에 인용부호가 표시되어 있다는 점은 그가 이 구절들을 친숙한 관용어구로 취급하고 있음을 말해 준다. 이런 관용어구들은 지식사회학이 지식의 사회적 결정을 입증하고자 노력할 때 대면하는 논증으로부터 도출된다. 예를 들면, 만하임은 철학적 실재론이나 논리적 결정론, 변증법적 이성 등을 승인하기보다 지식사회학이 설명하려고 애쓰는 지식체계들 내부에서(또는 대표하여) 생성되는 완고한 주장을 마주할 수밖에 없음을 인식하고 있다. 그런 주장은 쉽게 제거되지 않기 때문에 만하임은 구체적 사례들을 통해 완전히 제거할 수 있는 방법론적 절차를 권고한다. 그 절차는 기본적으로 두 단계를 거친다.

1. '내재적 이론'이 자신이 위치한 지식체계의 내용과 역사적 전개를 완전하게 설명할 수 없음을 보여 주기 위한 역사적 비교의 사용. 이 과정은 그런 이론이 그 지식의 현재 상태를 '물(物)의 본질', '순수한 논리적 가능성', '내적 변증법' 등의 탓으로 논란의 여지 없이 완

---

33) *Ibid.*, p. 176.

벽하게 돌릴 수 없음을 논증하는 데 사용된다.

2. 주어진 지식 상태의 전개와 내용에 영향을 미치는 사회적 조건들
〔국지적인 역사적 환경, 계급적 이해관계 및 집단의 '심적 상태'(men-
talities), 수사적 전략 등〕의 상술화(詳述化).

만하임이 초월적이고 절대주의적인 철학을 강력하게 반대했던 관계로 그
가 지식이 '내재적 법칙에 따라 역사적으로 발전'할 수 있다는 가능성을
배제한 것으로 비춰질 수도 있다. 그럼에도, 그는 $2 \times 2 = 4$와 같은 표현
이 이론 외적인 '존재적' 요소들에 의해 설명될 수 있음을 증명할 방법을
찾을 수 없었다. 만하임은 자신의 방법을 다윈의 진화론과 같은 사례들
에 확실하게 적용할 수 있었던 관계로 자신의 설명 프로그램에서 과학의
철저한 배제를 명기하지 않았다. 다음을 보여 주는 것이 가능하다 — ①
진화론이 어느 정도까지 '화석 기록'을 제대로 해석할 수 있는지 여부는
처음부터 (그리고 현재에도) 논란거리였고,[34] ② 진화론은 특정한 시간
과 공간에서 출현했고, 특정한 사회적 이해관계에 기여했으며, 과학과

---

[34] 필요한 다큐멘터리적 기반의 부재(不在)를 지적한다고 해서 그 이론이 해석학
적으로 '근거하고' 있는 '해석의 다큐멘터리 방법'을 배제한다는 뜻은 아니다.
다음을 볼 것. K. Mannheim, "On the interpretation of Weltanschauung",
pp. 33~83, in *Essays on the Sociology of Knowledge*. 가핑클은 '상담자'가 임
의적 방식으로 예-아니오 질문에 답하는 가짜 심리치료 상담모임을 고안함으
로써 '해석의 다큐멘터리 방법'을 탐구한다(*Studies in Ethnomethodology*, pp.
76~103). 그 사실을 모르는 실험대상자들은 질문이 적힌 텍스트에 자신들의
대답을 맞추려고 애썼다. 그들은 예와 아니오 대답에 맞춰 자신들이 마주한
질문의 의미를 연속적으로 바꿔나감으로써 그런 일을 가능케 한다. 이런 실천
이 만하임의 역사적 논증법을 채택하고 있지는 않지만, 실험대상자들 해석의
'내재적' 기초와 시간적으로 발생 중인 의미 — 실험대상자들은 이런 의미로
〔마찬가지로 발생 중인〕 그런 '기초'를 만든다 — 사이의 논증 가능한 차이에
의존한다. 다윈 이론의 경우, 화석 기록의 권위와 그것을 읽는 방법의 권위를
둘러싼 논쟁은 이론과 그것의 다큐멘터리적 기반의 일치성을 감소시키지 않기
때문에 관계주의적 분석을 위한 지렛대를 제공해 준다.

더 나아가 공공 장(場)에서 폭넓게 경합을 벌였고, 여전히 이데올로기 논쟁의 대상으로 남아 있다.

진화론의 신봉자들이 그들의 입장을 문제 삼는 다양한 공략을 성공적으로 막아내고 있음에도, 진화론은 여전히 논쟁 중이며 그 의미를 둘러싸고 이해와 적용이 전문화된 과학 분야의 경계 안에서조차 변화될 수 있다는 사실은 만하임의 관계주의적 설명 프로그램을 들어 올릴 수 있는 충분한 지렛대로 작용한다. 35) 당파적 전투는 진화적 문제를 둘러싸고 꽤 격렬해질 수 있고, 따라서 '자유 인텔리겐치아'의 구성원들은 종교적·정치적·지역적·계급적 요소들을 그런 논쟁에서의 다양한 입장들에 정교하게 연결하려는 시도를 시작할 만큼 충분히 유리(遊離)된 상태를 유지할 수 있다. 36) 그러나 2 × 2 = 4는 어떻게 그 공식을 이해한 사람으로부터 도전을 받을 수 있단 말인가?

---

35) 블루어와 다른 스트롱 프로그램의 주창자들은 수학과 정밀과학에 대한 만하임의 접근을 '오류의 사회학'(sociology of error)으로 규정한다. 이것이 뜻하는 바는, 만하임의 설명 프로그램은 특정한 '사상'이 그것을 설명할 수 있는 관련 분야의 내재적 능력에서 벗어났음이 증명된 후에야 개입해 들어갈 수 있다는 것이다. 이런 성격 규정은 인과이론에서 '오류'의 의미를 설명되지 않은 나머지(잔여)로서 특정할 때에만 정확하게 맞아떨어진다. 만하임은 지식사회학이 오직 '틀린' 신념들만 설명할 수 있다고 말하는 것이 아니라 '내재적' 이론이 충분히 설명할 수 없는 것을 설명해 준다고 말하는 것처럼 보이기 때문이다.

36) 그런 유리는 그렇게 쉽게 달성되지 않는데, 특히 과학과 세속적 교육에 대한 그들의 신봉이 인텔리겐치아의 구성원들을 논쟁의 어느 한쪽과 연결 짓게 하는 경향이 있을 때 더욱 그렇다. 예를 들면, 도로시 넬킨(Dorothy Nelkin)은 진화 교육을 둘러싸고 벌어진 최근의 법적 논쟁에 대한 사회학 연구에서 진화론자들의 편을 확실하게 들었는데, 실제로 그녀는 1982년 아칸소 주 연방지방법원에 앞서 진행된 맥린 대 아칸소 교육국(MacLean vs Arkansas Board of Education) 사건에서 원고를 위해 전문가 증언에 나섰다. 넬킨이 논쟁의 비당파적 연구에 몸 바쳐야만 했던 것은 아니지만, 그런 신봉은 충분히 상상할 수 있는 것이다. 다음을 볼 것. D. Nelkin, *The Creation Controversy: Science or Scripture in the Schools*(New York: Norton, 1982), p. 146, n. 5.

블루어는 비트겐슈타인의 수학에 대한 다양한 저작에 호소하는 방식으로 이 문제를 다루고 있다.[37] 그는 수학적 명제의 진리를 둘러싼 논쟁의 증거를 찾는 대신 명제의 타당성의 역사적 조건에 대한 만하임의 관심을 진술 자체의 의미와 명료성을 뒷받침하는 조건들에 대한 보다 근본적인 질문으로 돌려놓았다. 블루어는 비트겐슈타인이 '틀린' 것은 물론 '옳은' 수학적 표현과 연산을 설명할 수 있는 '지식의 사회적 이론'의 출발점을 제공했다고 본다.[38] 비트겐슈타인이 설명적 이론을 제공하지 않았고 매우 제한적으로 경험적 사회과학을 사용하고 있을 뿐임에도, 블루어는 확장된 지식사회학의 개념을 뒷받침하는 데 그의 저작을 이용한다. 만하임과 비트겐슈타인은 서로의 연구성과를 가시적으로 이용하고 있지 않지만, 블루어의 주장에 따르면, 만하임과 비트겐슈타인의 가상대화를 설정하는 것은 그리 어려운 일이 아니다.

> 만하임 신조차도 $2 \times 2 = 4$와 같은 역사적 주제에 대한 명제를 정형화할 수 없을 텐데, 그 이유는 역사에서 명료한 것이란 역사적 경험의 흐름 속에서 스스로 생겨나는 문제와 개념적 구성에 준거해서만 정형화될 수 있기 때문이다.[39]

---

37) 특히 다음을 볼 것. Ludwig Wittgenstein, *Remarks on the Foundations of Mathematics*, rev. ed., G. E. M. Anscombe 편역(Cambridge, MA: MIT Press, 1983).

38) 제3장과 제5장을 볼 것. 또한, 블루어와 내가 세 편의 논문을 통해 벌인 논쟁을 볼 것. M. Lynch, "Extending Wittgenstein: the pivotal move from epistemology to the sociology of science", pp. 215~265; D. Bloor, "Left- and right-Wittgensteins", pp. 266~282; M. Lynch, "From the 'will to theory' to the discursive collage: a reply to Bloor's Left- and right-Wittgensteins", pp. 283~300, in Andrew Pickering, ed., *Science as Practice and Culture*(Chicago: University of Chicago Press, 1992).

39) Mannheim, *Ideology and Utopia*, p. 79.

비트겐슈타인 "2 × 2 = 4"는 산술의 참된 명제이지만 — '특수한 경우들에 대하여'나 '항상'이 아니라 — 중국어로 구술되거나 문서화된 문장 "2 × 2 = 4"는 다른 의미를 지니거나 철저하게 무의미할 수 있고, 이로부터 그 명제가 의미를 가지는 것은 오직 그것이 사용될 때뿐임을 알 수 있다. 40)

비트겐슈타인의 언급은 2 × 2 = 4가 지표적 표현과 같은 것을 나타내 준다고 이해할 수 있는데, 그런 표현에서 진술의 의미는 그것이 사용되는 상황에 좌우된다. 외래문화의 가설적 사례를 이용하여 비트겐슈타인이 말하고자 하는 바는 중국의 화자가 2 × 2 = 4라는 표현을 이해하고 있는 경우에도 자신의 고유한 수 이용체계에 따라 그 표현을 다르게 적용할 수 있다는 것이다. 비트겐슈타인은 역사적 논증을 사용하고 있지 않지만, 그가 사용하는 사례의 계통을 따라 그런 논증으로 발전시키는 것은 어려운 일이 아니다. 숫자 2 또는 곱하기의 개념을 자신들과 동일하게 사용하지 않았던 역사적 사회들의 사례를 인용함으로써 2 × 2 = 4가 보편적으로 타당하거나 명료한 표현이 아니라고 주장할 수 있는 것이다. 41)
　　블루어는 바빌론의 수학이 영의 개념을 포함하지 않고 있음을 알게 되었을 때 관련된 사례를 인용한다. 그는 이것이 "수학의 개념은 문화적 산물이라는 견해를 뒷받침하는 증거"라고 주장한다. 42) 블루어에 따르면,

---

40) Wittgenstein, *On Certainty* (G. E. M. Anscombe and G. H. von Wright, eds., Oxford: Blackwell Publisher, 1969), sec. 10.

41) 비트겐슈타인으로부터 인용은 항상 다음을 제시하는 것으로 읽힐 수 있다. 만약 어떤 집단이 숫자 2 또는 기호 x를 우리와 같게 사용하지 않는다면, 우리는 그들이 산술에 비견할 수 있는 무엇인가를 하고 있다는 것에 커다란 의문을 표할 수 있을 것이다. 나는 이 계통의 논증을 제5장에서 추구한다.

42) Bloor, "Wittgenstein and Mannheim on the sociology of knowledge", p. 187. 그는 다음을 인용하고 있다. O. Neugebaure, *The Exact Sciences in Antiquity* (Princeton, NJ: Princeton University Press, 1952).

비트겐슈타인은 운명적 존재에 불과한 자들이 (만하임이 말한) '신조차' 할 수 없다던 것을 역사적 대상에 귀속시킬 수 있는 길을 펼쳐 보이고 있다. 비트겐슈타인은 우리의 산술체계의 명제로서 $2 \times 2 = 4$의 타당성을 문제 삼고 있지 않지만, 그것의 명료성이 어떻게 그것의 언어-문화적 사용과 분리될 수 없는지를 보여 준다. 블루어는 비트겐슈타인의 '상상의 민속지'(imaginary ethnography)를 실제적인 역사 및 인류학적 사례들로 대체하는 방식으로, 가장 기초적인 수학 명제까지 포괄할 수 있도록 만하임의 지식사회학 프로그램을 강화할 수 있는 방법을 제시하고 있다. [43]

만하임의 프로그램에 대한 비트겐슈타인의 관련성은 실험과학으로 확장될 수도 있다. 비트겐슈타인은 라부아지에(Lavoisier)의 화학실험에 연루된 '세계상'(Weltbild, 만하임의 Weltanschauung와 매우 비슷한 기원을 지닌 용어)을 말할 때 만하임의 관심과 매우 근접한 뭔가를 건드렸다.

> 라부아지에는 자신의 실험실에서 물질을 가지고 실험을 했고, 그때 그는 연소가 일어나면 이런저런 일이 발생한다고 결론 내렸다. 그는 그것이 다른 시간에 일어났을 수 있다고 말하지 않았다. 그는 뚜렷한 세계상(像)을 붙잡고 있었다 — 물론 그가 발명한 것은 아니었고, 그는 그것을 어린 시절에 배웠다. 나는 가설이 아니라 세계상을 말하고 있는데, 왜냐하면, 그것은 그의 연구를 위한 [당연히 거쳐야 하는 - 옮긴이] 예비과정의 문제이고 그런 점에서 굳이 말할 필요가 없는 문제이기 때문이다. [44]

다시 한 번 비트겐슈타인은 정밀과학의 과정을 포괄하려고 만하임의 개념틀을 확장하는 방법을 제공하는 것처럼 보인다. 만약 라부아지에의 실험이 그가 어릴 때 배웠던 세계상 속에 놓여 있다면 그의 '사회화'가 (당연

---

43) 이 쟁점에 대한 더 자세한 내용은 다음을 볼 것. D. Bloor, *Wittgenstein: A Social Theory of Knowledge*(New York: Columbia University Press, 1983).
44) Wittgenstein, *On Certainty*, sec. 167.

시되는) 그의 '암묵지'를 위한 존재적 조건을 구성했다고 말하는 것이 설득력을 지니기 때문이다. 45)

이 사례는 18세기 후반 라부아지에의 산소 '발견'에 대한 쿤의 논의와 대체로 비슷하다. 46) 쿤은 조지프 프리스틀리(Joseph Priestley)와 라부아지에 두 사람 모두 발견에 대한 '합법적' 주장을 견지했다고 언급하는데, 둘 모두 붉은 산화수은을 가열하여 우리가 나중에 '산소'라고 부르게 된 것을 분리해 내는 데 성공했기 때문이다. 47) 쿤은 프리스틀리의 견본이 '순수하지' 않았으며, 보다 중요하게, 프리스틀리는 그가 별도의 공기 원소를 분리해 냈다는 사실을 알아채지 못했다고 주장한다. 따라서 그는 산소의 발견에 대해 합리적으로 그 권리를 주장할 수 없었던 것이다. 즉, "만약 불순한 산소가 손에 잡혔다고 해서 그것을 발견한 것으로 인정한다

---

45) 다음을 볼 것. Michael Polanyi, *The Tacit Dimension*(New York: Doubleday, 1966).

46) Kuhn, *The Structure of Scientific Revolutions*, p. 53 ff. , 그리고 다른 곳. Kuhn(p. 45)은 비록 라부아지에와 프리스틀리의 실험에 대한 그의 논의를 끌어들이고 있지 않지만, 비트겐슈타인의 *Philosophical Investigations*를 알고 있었다. 그렇지만, 나는 쿤이 *On Certainty*에서 인용한 본문의 인용문을 읽었는지에 대해서는 잘 모르겠다.

47) Kuhn(*Ibid.* , p. 53)은 그 '발견'에 대한 제3의 권리주장자인 스킬(C. W. Scheele)을 언급하지만, 그 주장을 역사적 기록으로 집어넣기에는 대중적으로 너무 늦게 알려졌다는 이유로 기각했다. 브래니건(Augustine Brannigan, *The Social Basis of Scientific Discoveries*(Cambridge University Press, 1981), p. 20 ff.)은 발견의 몫을 라부아지에에게 할당하고 나서, 그 결과를 근거로 다시 발견에 대한 논쟁을 판결하려는 쿤의 방법을 비판했다. 쿤의 사례에 대한 완전히 다른 계통의 공격은 키처(Philip Kitcher, "Theories, theorists and theoretical change", *Philosophical Review 87*(1978): 519~547]에 의해 이루어졌다. 키처는 쿤의 사례의 상대주의적 함축성을 쟁점으로 삼고, '산소'라는 개념이 결국에는 '플로지스톤이 없는 공기'(dephlogisticated air)를 대체하게 된 방식에 대한 역사적 이해는 반드시 각각의 용어들의 지시적 적합성을 고려해야만 한다고 주장했다. 즉, '산소'는 이 세상의 뭔가를 지칭하지만, '플로지스톤'(phlogiston)은 그렇지 않다는 것이다.

면, 그것은 대기의 공기를 병 속에 담아본 모든 사람들에 의해 수행되었던 일인 셈이다".[48] 프리스틀리가 1775년에 실험을 실시할 때, 그는 자신이 분리해 낸 연소성이 뛰어난 기체를 '통상적인 플로지스톤의 양보다 적은 보통 공기'로 간주했다.[49]

몇 년 후, 라부아지에는 일련의 유사한 실험을 실시한 끝에 자신이 공기의 주요한 두 성분 중 하나를 분리해 냈다고 결론 내렸다. 그의 해석은 프리스틀리의 것과 완전히 다른 이론적 상(像)을 함축했는데, 그가 실험의 가연성 결과물을 플로지스톤이 제거된 '공기'가 아니라 공기의 순수한 구성요소로 취급했기 때문이다. 더욱이 쿤의 주장처럼, 플로지스톤 이론의 폐기는 연소의 원인을 설명하고 물질의 화학구조를 탐구하기 위한 정의와 설명적 개념에서의 복잡성을 초래했다. 쿤의 용어에 따르면, 하나의 패러다임(지금은 근대화학과 좀더 잘 어울리는 것처럼 보이는)이 오래된 세계상을 교체했다. 라부아지에의 산소 발견을 따라 화학자들은 개념틀, 명시적 정의들, 일정하게 배치된 실험 장치와 실천 등을 공유한 '정상과학' 공동체의 일원이 될 수 있도록 사회화되었다고 말할 수 있는 까닭에 쿤의 논의는 우리에게 비트겐슈타인의 언급을 좀더 간단한 방식으로 설명할 수 있도록 해준다. 후속 세대의 화학자들에게 공기의 구조와 연소에 대한 설명은 더 이상 가설이 아닌데, (앞에 든 비트겐슈타인의 인용을 변용하면) '그것들은 그들의 연구를 위한 당연한(matter-of-course) 토대로 받아들여지고, 그런 까닭은 그것들은 언급되지 않기' 때문이다. 그런 안정된 분과 공동체에서 배양된 지식은 만하임이 지식사회학으로 설명하려고 애썼던 정치적이고 종교적인 신념보다 덜 '관계적'이라 할 수 없을 것이다.

쿤의 역사서술적(historiographic) 방법은 스트롱 프로그램의 주창자들

---

48) Kuhn, *The Structure of Scientific Revolutions*, p. 54.
49) *Ibid.*, p. 53.

로 하여금 정밀과학의 발전이 만하임이 주장했던 '이전의 불확실한 지식의 시대와 이후의 확실한 시대의 단순한 관계'를 보여 주지 않는다고 주장할 수 있도록 해주었다. 코페르니쿠스 혁명이나 양자이론의 출현과 같이 하나의 패러다임이 다른 것으로 바뀌는 경우에 있어서, 변화는 수용된 지식의 안정적 체계 내부의 특정한 이론적 수정에 관련되어 있을 뿐만 아니라 사실을 검증하고, 무엇을 관련된 시험이나 논증으로 볼 것인가를 규정하는 절차도 함께 수반한다.

라부아지에의 산소 발견의 경우처럼, 역사학자들이 하나의 세계상을 다른 것 대신 받아들이기 위한 객관적 토대를 구체화할 수 있는 것은 오로지 회고적 판단을 통해서이다. 프리스틀리는 라부아지에와 그의 추종자들이 다른 종류의 개념적이고 실천적인 게슈탈트(gestalt)의 조직틀에 위치시킨 실험적 사실을 설명하고자 플로지스톤 이론을 사용했다. 50) 논쟁의 결과를 현재 물리화학에서 받아들여지는 '내재적 법칙'에 입각해서 회고적으로 설명하는 것은 가능하지만, 이런 법칙은 논쟁 당시만 해도 확실하게 구체화되어 있지 않았다. 근대 물리화학의 법칙은 플로지스톤 이론을 대체했던 그 체계에 대한 신봉에서 분리될 수 없고, 바로 그런 이유로 법칙은 논쟁의 결과를 설명하기 위한 공평한 토대를 제공할 수 없다. 그 결과, 내재적 법칙은 '휘그'(Whig) 역사서술의 회고적 환상을 통해서 그것을 발생시켰던 사건들만을 설명할 수 있기 때문에 과학사가 "앎의 과정은 내재적 법칙을 따라 역사적으로 전개되지 않는다"는 만하임의 주장을 뒷받침할 수 있다는 사실은 설득력을 지닌다. 51)

---

50) 더 자세한 주장 및 사례에 대해서는 다음을 참조할 것. Paul Feyerabend, *Against Method*(London: New Left Books, 1975).

51) 이런 종류의 과학의 역사서술에 대한 초기의 비판에 대해서는 다음을 볼 것. Joseph Agassi, *Towards an Historiography of Science*(The Hague: Mouton, 1963).

머튼의 자기예시적 과학사회학에 대한 공격

1930년대 머튼은 하버드대학교에서 탤컷 파슨스(Talcott Parsons)에게 배웠고, 후에 사회학 이론에서 구조기능주의적 접근의 변종을 개발했다. 52) 머튼의 이론적 접근은 사회학적 연구들을 가능한 넓게 포괄하기 위해 파슨스의 틀을 확장하려 한 까닭에 절충적이고 패권적이라 할 수 있다. 머튼의 '중범위' 이론은 파슨스의 고도의 추상적 이론과 사회제도 및 사회적 태도에 대한 구체적인 경험적 연구 사이에서 간극을 잇기 위한 노력이다. 53) 머튼은 '잠재적'(latent)은 물론 '현시적'(manifest) 기능들과 제도의 '기능적' 측면은 물론 '역기능적'(dysfunctional) 측면을 설명해 주는 해석적 도식을 정교하게 다듬었다. 54) 머튼학파는 미국 사회학의 제도

---

52) 제1장에서 언급했듯, 가핑클은 1940년대에 파슨스에게 배웠다. 파슨스와의 공통 연결에도, 또한 둘 모두 사회학 이론과 과학사회학에 대한 현대적 접근에서 핵심적 기여자로 간주되고 있음에도, 머튼과 가핑클은 서로 관련성이 거의 없다. 내가 알고 있는 한, 머튼은 사회학 이론과 과학사회학에 대한 자신의 엄청난 저작들에서 가핑클이나 민속방법론을 언급한 적이 단 한 차례도 없다. 그리고 가핑클이 파슨스의 구조기능주의에 대한 부분적 반작용으로 민속방법론을 개발했지만, 그 또한 머튼의 파슨스 접근의 정교화와 전환을 무시했다. 그들의 경로는 일찍부터 갈렸다. 즉, 머튼은 미국 사회학 '센터'를 위한 핵심 대변인이 되었고, 가핑클은 그 분과의 주변에서 급진적 캠페인을 벌였다. 머튼은 기존 사회학에 가능하면 광범위한 토대를 세우려고 노력한 반면, 가핑클은 고전적 전통에서 '별난 부조리'를 공격했고, 착상을 위해 현상학과 비트겐슈타인으로 돌아섰다.

53) 머튼과 그의 동료들이 20세기 중반의 미국 사회학에서 지배적인 이론적-경험적 프로그램의 도입을 도왔던 방식에 대한 설명으로는 다음을 참조할 것. Stephen Turner and Jonathan Turner, *The Impossible Science: An Institutional Analysis of American Sociology* (London: Sage, 1990).

54) 기능주의는 '기능적' 측면에 초점을 맞춤으로써 사회제도를 암묵적으로 정당화하는 본질적으로 보수적인 관점을 지닌다고 종종 비판받아왔다. 머튼은 '역기능'의 개념(사회질서를 훼손하는 제도와 실천)을 발전시킴으로써 이런 주장을 약화시키려 했을 뿐만 아니라 다음과 같은 주장을 펼치기도 했다 — 즉, 기능

적 센터를 손에 넣었고, 얇고 유연한 이론적 광택으로 사회학 전체를 뒤 덮었다. 그 결과, 다음과 같은 공격을 자초하지 않은 채 머튼의 접근을 비판하는 것은 불가능하게 되었다 — 즉, 혹자는 ① '머튼주의'에 대한 인 위적 한계를 규정하고 있으며(있거나), ② 학술적 전문 사회학에서 좋은 지위를 보장해 주는 일부 조건을 위반하고 있다. 55) 두 가지 비난과 결부 된 위협 속에서, 머튼에 대한 좀더 성공적인 비판이 대서양 너머 영국에 그 근거지를 두고 있었던 점은 충분히 이해할 수 있는 일이다. 56)

주의자들은 추정된 기능이나 역기능이 사회 속의 어떤 집단에 이익 또는 불이 익을 주는지를 분명히 함으로써 그런 기능이나 역기능의 준거점을 상술(詳述) 한다. 머튼은 마르크스의 문장들을 기능주의적 관용어구로 번역하는 능력을 과시했다. (참고. "Paradigm for sociology of knowledge", p. 35, 그리고 *Social Theory and Social Structure*, 확대개정판, pp. 99~100.)

55) 머튼이 자신의 비판가들에 응수했던 수사적 힘은 다음의 그의 논문을 읽으면 이해할 수 있을 것이다. "The ambivalence of scientists: a postscript", pp. 56~64, in Merton, *Sociological Ambivalence and Other Essays* (New York: Free Press, 1976), 특히, pp. 59~60. 아마도 미국 사회학에서 기능주의의 지배를 가장 잘 보여 주는 증거로는 킹슬리 데이비스(Kingsley Davis)의 미국 사회학회 회장 연설을 들 수 있을 것이다. 그 연설에서, 그는 기능주의 분석 은 '신화'라고 주장했다. 데이비스는 이것을 기능주의 비판에 대한 기능주의 방어라고 언급하면서, 기능주의는 명백한 이론적 틀이 아니라 모든 사회학자 들이 사용하는 논증의 양식이라고 주장했다. 그 결과, 관점이나 학파, 논증 스타일, 학술적 파벌 등 무엇으로 비추든, 기능주의는 명확하게 규정하기 어 렵다는 것이 밝혀졌고, 마찬가지로 비판에 직면했을 때 탄력적임을 증명했다. 다음을 볼 것. Kinsley Davis, "The myth of functional analysis as a social method in sociology and anthropology", *American Sociological Review 24* (1959): 757~772.

56) 왜 비판이 영국에서 본격화되었는지에 대한 좀더 친절하고 신사적인 판본은 아 놀드 새커리(Arnold Thackray)에 의해 주어졌다. Arnold Thackray, "Mea- surement in the historiography of science", pp. 11~31, in Y. Elkana, J. Lederberg, R. K. Merton, A. Thackray, and H. Zuckerman, *Toward a Metric of Science: The Advent of Science Indicators* (New York: Wiley, 1978). 새커리(p. 21)는 머튼주의 과학사회학의 성공과 빠른 발전의 연대기를

과학지식사회학에 대한 머튼의 기여는 그의 박사학위논문 "17세기 영국에서의 과학과 기술, 사회"(Science, technology and society in seventeenth-century England)와 함께 시작되었다. 57) 그 후 반세기 동안, 이 내구력 있는 다작의 학자는 다수의 사회학 영역에 기여했다. 특별히 1950년대 컬럼비아대학교로 옮겨간 후, 머튼과 그의 제자들은 1970년대까지 다수의 하위분야는 물론 과학사회학을 지배하는 가상의 카르텔을 형성했다. 58) 머튼주의 사회학자들이 수행한 연구로는 과학발전의 역사적 연구, 과학의 에토스에 대한 거시 개념적 유형학, 과학조직과 의사소통망(communication networks)에 대한 '미시적' 접근 등이 포함된다. 머튼주의 프로그램은 기능주의를 지향하고 있었지만, 1950년대와 1960년대 초반에는 주류 사회학의 일부였다. 뒤돌아볼 때, 그 프로그램이 한계를 띤 것처럼 보였던 것은 사회적 요소들을 과학적으로 다루는 방식을 둘러싼 개념 때문이었다.

영국에서의 공격은 머튼의 접근에 대해 서로 관련된 두 가지 측면에 초

기록한 후, 이렇게 쓰고 있다. "놀라기만 한 것은 아니지만, 이와 같은 과학의 '내적 사회학'에 대한 지속적 관심은 아무런 언급 없이 지나칠 수 없다. 비판자들은 유럽의 거주자들이었고 ─ 대다수는 영국 ─ 따라서 공통의 패러다임을 즐기는 참여자 집단에 의해 공유된 장점과 한계로부터 멀리 떨어져 있었다."

57) 박사학위논문을 마친 후 곧바로 이 논문은 *Osiris*: *Studies on the History and Philosophy of Science* (Bruges: St. Catherine' Press, 1938; new ed., New York: Harper & Row, 1970)에 실렸다. 머튼 명제를 다루고 있는 일련의 논문에 대해서는 *Isis 79* (1988) : 571~623의 특집호를 참고할 것.

58) 머튼의 탁월한 학생과 동료로는 버나드 바버(Bernard Barber), 조나단과 스티브 콜(Jonathan and Stephen Cole), 노먼 스토러(Norman Storer), 니콜라스 뮬린, 다이애나 크레인, 로웰 하겐스(Lowell Hargens), 해리엇 주커먼(Harriet Zuckerman) 등을 꼽을 수 있다. 그들의 연구는 솔라 프라이스와 요셉 벤다비드(Joseph Ben-David)의 과학제도 및 출판패턴 연구와 연결되어 있었다. 보다 최근의 제자인 토마스 기어린(Thomas Gieryn)과 수잔 코젠(Susan Cozzens)은 머튼주의적 접근을 과학지식사회학의 최근 접근들과 결합시키고 있다.

점이 맞춰져 있었다 ─ ① 과학 발전의 '외적' 설명과 '내적' 설명에 대한 머튼의 구별, ② 과학의 자율성과 진실성에 대한 머튼의 설명.

내적 및 외적 설명 "17세기 영국에서의 과학과 기술, 사회"에서 머튼의 주장은 베버의 《프로테스탄트 윤리와 자본주의 정신》(*The Protestant Ethic and the Spirit of Capitalism*)을 거의 그대로 따른다.[59] 칼뱅주의 교리와 기업가적 활동의 관계에 대한 베버의 테제와 평행하게, 머튼은 북유럽 프로테스탄티즘과 연결된 세속적 가치가 왕립학회(the Royal Society)의 많은 창립자 및 후원자에게 동기를 부여했다고 주장했다. 비록 프로테스탄트 성직자들은 종종 과학에 적의를 품고 있었지만, 머튼은 청교도적 가치가 세속적 성취에 대한 존중을 촉진했고, 특히 그런 성취들이 이익과 쾌락이라는 개인적 동기와 무관해 보일 때 더욱 그랬다고 주장했다. 그 결과, 과학적 혁신은 (신의 계획의 복잡성을 입증하는) 인류에 대한 이해관계를 초월한 기여로 정당화되었기 때문에 그런 혁신에 큰 가치가 부여되었다.[60] 비록 일부 역사가는 종교적 요소들이 뉴턴이나 보일이 발견한 내용을 설명한다는 식의 '외적'(externalist) 주장을 제공한다고 머튼을 이해하지만,[61] 머튼은 베버의 유명한 '전철수'(switchman) 비유의 계통을 따라 자신의 주장을 가다듬는다.

---

59) Max Weber, *The Protestant Ethic and the Spirit of Capitalism*, Talcott Parsons 역(London: Allen & Unwin, 1930). 파슨스(Parsons, *The Structure of Social Action*, *vol. 1*(New York: McGraw-Hill, 1937) p. 511)는 머튼의 연구를 혁신적 직업과 밀접하게 관련된 프로테스탄티즘의 경향성에 대한 '베버의 입장을 입증하는 사실들'의 원천으로 인용하고 있다.

60) 머튼의 주장은 이탈리아 과학의 반증 사례를 충분히 극복할 수 있을 정도로 설득력을 갖췄다. 머튼에게 과학의 역사적 발전은 종교에서 '비롯된' 것이 아니라 오로지 종교적 요소들에 의해 촉진되거나 저해되었기 때문에, 그의 설명은 교회의 잦은 간섭에도, 이탈리아 과학의 발전을 설명할 수 있었다.

61) 다음을 볼 것. A. R. Hall, "Merton revisited", *History of Science 2*(1963): 1~16.

베버는 프로테스탄트 윤리가 어떻게 자본주의 산업의 발전을 위한 촉매 — 비록 결정적 요인은 아니지만 — 로 작용했는지를 설명하려고 조차장에 있는 '전철수'의 이미지를 빌려왔다. 전철수는 선로의 배치나 기차의 운동량을 결정하지 않는데, 그것은 마치 '세속적 금욕주의'에 대한 칼뱅주의의 강조가 자본주의 등장이나 (이후 산업의 진보적 합리화를 촉진했던) 경쟁력의 역사적 전제조건을 결정하지 않은 것과 동일하다. 그보다 청교도주의는 기업가적 활동에 동기를 부여하고, 편승하지 않았을 수도 있을 역사적 궤적을 따라 경제발전에 박차를 가하도록 해준 일종의 촉매였다. 머튼은 실제적 노력의 관련 분야, 즉, 과학적 혁신에 대한 청교도 교리의 영향에 대해 비슷한 주장을 펼쳤다. 베버처럼 그는 "특정한 통로로 행위를 몰아넣는 사상의 역할"이라는 취지의 주장을 폈다. 62)

최근 논문에서 스티븐 셰이핀(Steven Shapin)은 '내적 과학사'에 미친 종교적 영향의 부재(不在)에 대한 머튼의 단서들을 인용함으로써 역사가들의 다양한 비판에 맞서 머튼의 테제를 옹호했다. 63) 셰이핀은 머튼이 프로테스탄티즘의 가치가 왕립학회의 활동에 동기를 부여한다는 점에서 수사적으로 중요했다고 주장함에도 불구하고, 특정한 발견이나 방법론적 혁신이 종교적 가치에서 비롯된 것은 아니라고 말하는 신중함을 보였음에 주목한다. 셰이핀은 머튼 테제를 옹호하려고 이런 말을 했지만, 여기에는 역설적 의도가 있었다. 스트롱 프로그램에 대한 셰이핀의 신봉이 잘 알려진 것을 고려하면, 머튼이 "과학지식이나 과학방법의 형식이나 내용을 설명하려고 사회적 요소들을 상정하려는" 어떤 의도도 표현하지 않았다는 사실은 과학사회학을 위한 머튼 프로그램의 불명예에 대한 해

---

62) Merton, "The Puritan spur to science", *The Sociology of Science*, p. 237. 이것은 다음을 다시 출판한 것이다. "Motive forces of the new science", chap. 5. pp. 80~111, in Merton, *Science, Technology and Society in Seventeenth-Century England* (New York: Howard Fertig, 1970).

63) Steven Shapin, "Understanding the Merton thesis", *Isis 299* (1988): 594.

명으로 이해되어야만 한다. 64)

앞에서 살펴봤듯, 블루어와 번스는 과학의 '내적' 발전이 '사회적 요소들'에 의해 어떻게 설명될 수 있는지를 보여 주는 방법을 고안했다. 그 과정에서 그들은 맨 처음에 '인과적 설명'이 의미하는 바를 재정의했다. 그들은 '원인'의 개념을 머튼이 그의 테제에서 한 것과 같은 종류의 주장에 맞도록 확장했다. 번스는 인과적 결정성에 대한 논의에서 얼음조각이 사고 원인으로 알려진 도로 사고를 설명의 예로 삼았다. 그는 이것이 "'얼음조각이 있을 때마다 항상 사고가 난다'거나, '얼음조각이 없으면 사고가 나지 않는다'는 것을 의미하지 않는다"고 지적한다. 65) 관심사의 인과 요소는 정상 조건을 배경으로 하여 구체화되기 때문에 이 설명은 만약 이런 요소가 없거나 달랐다면 사고는 일어나지 않았을 것(또는 다르게 발생했을 것)임을 뜻한다.

인과성을 개념화하는 번스의 방식은 보다 친숙한 형태의 기계론적 설명만큼이나 베버주의의 '전철수' 설명에도 적용된다. 66) 예를 들어 만약 전철수가 실수로 기차를 잘못된 노선으로 보냈다면, 그의 '인적 오류'는 충돌을 초래한 원인으로 언급될 수 있다. 설명은 전철수의 술 취한 상태나 부적합한 훈련, 그가 처한 상황에서 몇 가지 정보의 오판 등에 초점을 맞출 수 있을 것이다. 번스와 블루어의 경우에 있어서 인과적 설명이란

---

64) 셰이핀은 이후의 논문에서 이 점을 분명히 했다. "Discipline and bounding: the history and sociology of science as seen through the externalism-internalism debate", pp. 203~237, in *Proceedings of Conference on Critical Problems and Research in the History of Science and History of Technology*, Madison, WI, October 30~November 3, 1991.

65) Barnes, *Scientific Knowledge and Social Theory*, p. 71. 그는 다음에서 사례를 끌어오고 있다. A. MacIntyre, "The antecedents of action", in B. Williams and A. Montefiore, eds., *British Analytical Philosophy*(London: Routledge & Kegan Paul, 1963).

66) 번스(Barnes, *Scientific Knowledge and Social Theory*, pp. 73~74)는 이런 점에서 MacIntyre의("The antecedents of action") 권고를 넘어서고 있다.

재앙의 빌미로 여겨지는 전철수의 '오류'뿐만 아니라 그의 관행화된 행위에도 적용될 수 있다. 따라서 기차의 일상적인 조차장 통과는 전철수의 예상된 올바른 행동으로 '이루어졌다' 또는 '결과했다'고 말할 수 있는데, 그 반대는 사고를 뜻하기 때문이다. 이 경우, 사회적 설명은 상황을 이해하고 적절히 행동할 수 있는 이유로 전철수의 숙련된 역량을 언급하게 될 것이다.

이런 판본의 인과성을 머튼 테제에 적용하는 것은 처음에는 단순히 인과적 설명에 대한 정의를 확장하는 것처럼 보일 것이다. 번스의 인과성 설명과 마찬가지로 머튼 테제도 과학지식의 사회적 결정을 말하지만, 그런 '외적' 설명은 결코 과학지식의 지위를 훼손하지 않는다. 번스가 관행화된 채 당연시되는 과학적 실천을 사회적으로 설명할 수 있다고 주장했을 때, 머튼이 종교적 요소들을 통해 보이고자 했던 것 이상을 설명해 주리라 기대한 것은 아니다. 그보다 번스는 과학 분야의 '하위문화'에 고유한 다른 요소들을 인용하여 내재적으로 진행되는 일상적 혁신을 설명한다.[67] 그는 다른 요소로 하위문화적 사회화, 과학자들의 (더 넓은 담론 분야들에서 유래하는) 유비와 의미론적 범주의 사용 및 확장과 같은 요소들을 언급함으로써 성숙한(또는, 정상 상태의) 과학 분과의 자율적 발전을 그린다. 머튼과 그의 추종자들은 이런 요소에 관심을 크게 기울이지 않았지만, 그것이 필연적으로 그들의 전체적 접근과 양립 불가능한 것은 아니다.

스트롱 프로그램의 경우, 과학 분과의 내적 측면과 외적 측면의 구별은 어떤 종류의 사회적 설명이 과학 발전의 설명으로 적절한가를 결정하는 데 중요할 뿐, 과학과 비과학 사이의 영속적인 인식론적 경계설정 때문에 그런 것은 아니라고 본다.[68] 스트롱 프로그램의 주창자들은 내적-

---

67) Barnes, *Scientific Knowledge and Social Theory*, p. 86 ff.
68) 셰이핀은 머튼에 대한 자신의 풍자적 옹호("Understanding the Merton thesis", p. 594)에서 머튼은 구별을 확고히 하는 데 전혀 개입하지 않았을 수

외적 이분법을 완전히 폐기하지 않은 채, 과학과 비과학의 경계가 역사적으로 우연히 이루어진 수사적 성취라고 믿는다. 69)

이런 움직임은 두 가지 결과로 나타났다. 첫째, 과학은 더 이상 영국과 네덜란드에서 종교 발전에 의해 본궤도에 오른 자율적 힘으로 비춰지지 않기 때문에 과학의 기원에 대한 머튼의 설명은 이제 인과적 설명으로 재정의되었다. 전철수 설명은 이제 정상과학 분야에서 내적 발전을 설명해주는 것으로 강력한 힘을 갖는다. 앞에서 살펴봤듯, 과학지식사회학자들은 관찰 증거가 그 자체로 관련 이론적 설명들의 장(場)을 단일한 가능성으로 제한할 수 없다는 것을 주장하고자 종종 뒤앙-콰인(Duhem-Quine)의 '과소결정성 테제'(underdetermination thesis)를 끌어들인다. 따라서 합의된 설명들을 특정한 이론적 궤도로 '옮겨가도록'(switching) 한 것을 증거나 순수한 논리적 가능성 외의 뭔가에서 찾아야 한다. 번스에 따르면, 특정한 사회적 이해관계나 요소들이 이런저런 가능한 이론적 해석의 승인, 거부, 폐기 등을 수용하도록 만드는 것을 역사적 증거를 통해 확인할 때마다 인과적 설명은 구성될 수 있다. ˙

있다고 주장한다. 즉, "지배적 과학사상의 '내적' 역사서술의 타당성은 물론 '내적' 및 '외적' 요소들에 대한 우리의 현대적 언어가 사실상 머튼과 1930년대에 그와 함께 공부하고 연구했던 학파에서 기원한다는 것은 그럴싸한 가정이다". 셰이핀("Discipline and bounding")은 후에 그런 구별의 확립을 버나드 바버의 공으로 돌렸다.

69) 이런 주장은 토마스 기어린에 의해 발전되었다. 머튼의 예전 제자였던 그의 연구는 과학사회학의 옛 프로그램과 새로운 프로그램 사이에 가교를 놓았다. 다음을 볼 것. Thomas Gieryn, "Boundary-work and the demarcation of science from non-science", *American Sociological Review 48*(1983) : 781~795.

˙ 〔옮긴이주〕 앞에서 번스는 이렇게 말했다. "관심사의 인과요소는 정상 조건을 배경으로 하여 구체화되기 때문에 이 설명은 만약 이런 요소가 없거나 달랐다면 사고는 일어나지 않았을 것(또는 다르게 발생했을 것)임을 뜻한다." 따라서 특정한 사회적 이해관계가 가능한 이론적 해석 중에서 뭔가를 더 선호한다는 사실을 밝힐 수 있다면, 그것을 원인으로 한 인과적 설명이 가능하다는 것

둘째, 과학과 비과학 사이 경계의 분화 및 안정은 그 자체가 상시적으로 사회적 구성의 과정이다. 이때 사회적 구성이란 사회적 합의, 과학자들의 사회화 과정, 핵심 엘리트와 일반대중에게 확실한 믿음을 위한 기초로서 과학의 권위를 받아들이도록 설득할 수 있는 과학자의 능력 등과 같은 요소들을 통해 설명될 수 있다. 그 결과, 과학지식사회학의 임무는 더 이상 '사회'에서 '과학'으로 경계를 가로질러 작동하는 사회적 영향을 살펴보는 것이 아니라 어떻게 과학적 활동의 사회적 조직화에 따른 결과물로서 경계가 생겨나는가를 조사하는 것이다.

만하임에 대한 영국의 도전에서처럼, 머튼의 사회학에 대한 스트롱 프로그램의 접근법은 프로그램을 근본적으로 바꾸지 않은 채 지식사회학의 논제와 설명방법을 확장했다.[70] 그렇지만, 이런 방향 재설정의 실제적 효과는 그것이 과학의 자율성을 떠받드는 수사(修辭)에 대한 도전을 촉진하는 한 급진적이다. 이런 도전에는 과학사회학이 주장하는 제도적 토대들도 연루되어 있다.

이다.

70) 앤더슨(R. J. Anderson)과 휴스(J. A. Hughes), 섀록(W. W. Sharrock) 등은 스트롱 프로그램의 설명방식이 '낡은 기능주의'와 거의 다르지 않으며, 그와 동일한 많은 비판에 직면해 있다고 주장한다. 앤더슨과 그의 동료는 인과성의 논증은 전형적으로 특정한 과학이론과 그것이 기원한 사회적 환경에서 살아남은 다른 믿음 사이의 상동관계를 보임으로써 이루어진다고 강조한다. 기능주의적 설명에서, 추상적 상동관계(예: 청교도적 신앙의 기초 차원들과 과학의 에토스의 관계)는 그 환경이 이론의 공포(公布)와 승인을 뒷받침하거나 촉진한다는 것을 논증하는 데 사용된다. 스트롱 프로그램은 기능주의의 일치 주장을 보다 강한 인과적 관용어구로 고쳐 쓰고 있지만, '믿음'과 '지식'의 특정한 추상적 공식화들 사이의 연결을 입증하고 옹호하는 임무는 [기능주의와 마찬가지로 - 옮긴이] 다루기 힘든 많은 문제에 직면해 있다. 다음을 볼 것. R. J. Anderson, J. A. Hughes, and W. W. Sharrock, "Some initial difficulties with the sociology of knowledge: a preliminary examination of 'the strong programme'", *Manchester Polytechnic Occasional Papers*, n. 1, 1987.

과학의 자율성 머튼은 만하임처럼 과학 혁신을 불러일으킨 사회적이고 역사적인 조건들을 전문화된 분과 내부의 혁신과정에서 분리해 내는 데 신중을 기했다. 그러나 이따금씩 주장하는 것과는 대조적으로, 머튼과 그의 추종자들은 과학활동의 '내밀한 내용'을 무시하지 않았을 뿐더러 자연과학을 사회적 활동으로 정의하지도 않았다.[71] 그 대신 그들은 근대과학을 독자적 제도로 규정했는데, 이 제도의 규범적 '에토스'와 보상체제는 내밀한 지식에 대한 자유로운 추구에 기여한다. 문제는 '어떤 사회적 조건들이 정당한 참된 신념을 낳는가?'가 아니라 '종교적이고 정치적인 권위와 갈등을 빚는 지식주장들을 생산하고 확증하는 데 어떤 제도적 조건들이 필요한가?'이다. 머튼은 과학이 종종 정치적·경제적·종교적 이익에 봉사하도록 압력을 받는다는 것을 알고 있지만, 그런 조건 아래서 발생하는 갈등 및 윤리적 딜레마가 오히려 과학이 자유로운 지식 추구여야 한다는 규범적 기대를 증명하는 것이라고 주장했다. 머튼은 다른 제도들로부터 과학을 구분 짓게 만드는 것이 무엇인지에 대한 존재론적이거나 인식론적인 주장을 드러내놓고 펼치지 않는다. 그 대신, 그는 어떻게 '과학에 대한 표준화된 사회적 정서'가 역사적으로 구분되는 과학의 에토스를 발생하고 떠받드는지와 관련하여 기능적 차원의 주장을 펼쳤다.[72] 그럼에도, '순수한' 과학발전을 북돋을 수 있는 최적의 제도적 조

---

71) 다음을 볼 것. Merton, "Paradigm for the sociology of knowledge", p. 37. 여기서 그는 "문화적이고 사회적인 맥락이 과학 문제들의 개념적 문구 속으로 들어가는 방식들"에 대한 연구를 간략하게 언급한다. 그는 "과학과 기술의 발전을 사회 구조와 무관하게 완전히 자율적인 전개로 간주하는 경향의 흔적은 역사적 사건들의 실제적 과정으로 옅어지고 있다"고 덧붙였다(p. 39). 과학의 '내용'을 다루는 — 그 자신의 방식으로 — '머튼주의적' 연구의 사례에 대해서는 다음을 볼 것. Bernard Barber and Renée Fox, "The case of the floppy-eared rabbits: an instance of serendipity gained and serendipity lost", *American Journal of Sociology 64*(1958): 128~136.

72) Robert K. Merton, "The normative structure of science", chap. 13 of Merton, *The Sociology of Science*(인용은 p. 268). 최초 출판은 다음의 제목

건들에 대한 그의 설명은 번스와 블루어가 공격했던 과학적 합리성이라는 관점을 함축하고 있었다.

과학의 에토스에 대한 머튼의 논문은 1930년대 후반과 1940년대 초반에 출판되었다.[73] 이 논문들은 17세기 영국 과학 발전에 이바지한 윤리적 가치들에 대한 그의 테제를 확장한 것이었다. 앞에서 언급했듯, 머튼은 베버의 계통을 따라 자신의 주장을 발전시켰다. 청교도 윤리가 과학을 발생시켰지만, 근대의 과학활동은 비교적 자율적으로 성장했으며, 그 자체가 '목적'이 되었다. 그러나 산업사회의 '강철 우리'(steel-hard cage)라는 베버의 이미지와는 대조적으로 머튼의 자율적 과학에는 불길한 징조가 덜 가미되어 있다.

3세기 전, 과학제도가 사회적 지원을 위한 독자적 권능을 거의 주장하지 못하고 있을 때, 자연철학자들은 과학을 경제적 유용성과 신의 영광이라는 문화적으로 인정된 목적의 수단으로 그 정당화를 이끌어내려는 경향이 있었다. 그 당시, 과학의 추구는 자명한 가치가 아니었다. 그렇지만 끝없는 성취의 연속을 통해 도구적인 것은 최종적인 것으로, 수단은 목적으로 변했다. 따라서 강력해진 과학자는 그 자신을 사회에서 독립된 것으로 여기게 되었으며, 과학을 사회 속에 존재하지만, 사회적 성격은 띠지 않는 자기정당화의 활동으로 간주하게 되었다.[74]

머튼은 나치 독일이 목전에 도달한 상황에 대해서도 우려를 보였다.[75]

으로 이루어졌다. "Science and technology in a democratic order", *Journal of Legal and Political Science 1*(1942) : 115~126.

73) *Ibid.* 다음도 볼 것. Robert K. Merton, "Science and the social order", *Philosophy of Science 5*(1938) : 321~337.

74) Merton, "The normative structure of science", p. 268.

75) 버나드 바버는 이와 관련된 또 다른 상황을 언급하는데, 그것은 1930년대에 보리스 헤센(Boris Hessen)과 그에게 영감을 받은 '과학적 인본주의자' 집단에 의해 시작된 '순수과학' 이데올로기의 '대량 비판'에 대한 반작용이었다. 헤

'낡은' 과학사회학의 몰락 125

머튼은 민주주의의 사회구조는 '순수'(예: 기초) 과학의 추구를 보장해 준
다고 주장함으로써 독일의 유태인 과학자들의 탈출과 과학 및 학술 활동
의 나치 지배에 경계심을 나타냈다. 그의 설명은 가치중립의 지적 담론
(대학에서 '부유하는, 계급성이 약한 계층')에 기여하는 사회적 조건과 관련
하여 만하임의 제안보다 더 추상적인 판본을 제공했다. 머튼은 근대과학
을 위한 네 가지 '제도적 정명'(institutional imperatives)을 정의하려고 파
슨스의 개념틀을 사용함으로써 만하임의 제안과 결부된 구체적 어려움의
일부를 회피했다. 많은 일반적 분류학에서 그런 것처럼, 범주들은 서로
중첩되고 서로를 강화하며, 함께 정합적인 과학상(像)을 그리고 있다.

보편주의(universalism) 이것은 "그 원천이 무엇이든 진리-주장들은 미
리 확립된 비인격적 기준 ─ 즉, 관찰 및 이미 확증된 지식에 일치하는 ─
에 종속되어야 한다는 규범"이다. 76) 이 규범이 객관성을 보장하는 것은
아니다. 오히려 이 규범은 연구 결과를 공유하고 평가하기 위한 업적 위
주의 제도적 절차에 대한 선(先) 객관적 신봉을 촉진한다.

공유주의(communism) 머튼은 나중에 이 용어를 공유주의(communal-
ism)로 바꿨는데, 아마도 명백한 정치적 내포를 피하고자 했기 때문일

센은 1931년 런던에서 열린 '제 2차 국제과학사대회'(the Second Internation-
al Congress on the History of Science)에 참여한 러시아 대표단의 일원이었
다. 그 회의에서 발표한 논문인 "The social roots of Newton's 'Principia'"에
서 그는 '순수한' 과학조차 사회적 기원을 지니고 사회로부터 영향을 받으며,
과학 연구의 의제는 사회 진보라는 넓은 개념화와 보다 밀접하게 관련 맺어야
한다고 주장했다. 비교적 자율적인 과학제도의 규범적 틀 및 사회제도의 분화
에 대한 파슨스주의-머튼주의의 강조는 사회주의 프로그램의 방향으로 '그렇
게 멀리 가지' 않고도 과학의 '사회적 측면들'을 고려할 수 있는 방식이었다.
다음을 볼 것. B. Barber, *Social Studies of Science*(New Brunswick, NJ:
Transaction Publishers, 1990), p. 3 ff.

76) Merton, *The Sociology of Science*, p. 270.

것이다. 두 용어는 다음을 뜻했다. "과학의 중요한 성과는 사회적 협동작업의 결과이기 때문에 공동체에 그 권리가 양도된다. 그 성과는 개별 생산자의 지분이 심하게 제약된 공동유산의 일부가 된다."[77] 이 규범은 '시조에서 파생된 이름'(eponymy)이라는 제도적 규약 속에 함축된다. 이 규약에 따르면, 과학자들의 지적재산권은 현상, 이론, 증명, 측정단위 등의 보유에 따르는 명예와 존경으로, 그리고 그것들에 붙여지는 이름 같은 것(예: 바드의 별, 하이젠베르크 원리, 괴델의 증명, 볼트, 퀴리, 뢴트겐, 투렛 증후군 등)으로 제한된다. 이름이 붙여진 후 그런 '생산물들'은 공개적으로 확산되며 자유롭게 사용되기 때문에 과학의 보상체계는 생산물에 대한 비밀과 사재기가 아니라 신속한 발표를 촉진한다.

이해관계 초월(disinterestedness) 머튼은 이 규범이 "과학자들의 행동을 특징짓는 광범위한 동기들의 독특한 제도적 통제의 패턴"을 통해 강화된다는 점을 강조한다.[78] 그는 제도적으로 승인된 과학자들의 행위를 생득적(生得的)인 개인의 도덕과 구분한다. 과학자들은 자신들이 뛰어나서가 아니라 사기, 분파주의, 비공식적 파벌, 하찮고 거짓된 주장 등을 피하는 것이 자신들에게 이익을 가져다주기 때문에 엄격한 행위규범을 따른다. 이 경우 규제 메커니즘은 "과학의 공개적이고 검증 가능한 성격인데 … 예상할 수 있듯, 이런 특징이 과학자들의 진실성에 이바지했다".[79]

조직된 회의주의(organized skepticism) 이것은 가끔씩 과학적 신념체계와 여타 제도의 신념체계 사이의 갈등을 유발하는 "경험적이고 논리적인 기준이라는 관점에서 판단의 일시적 유보와 신념의 공평한 정밀조사〔를 위한〕 … 방법론적이고 제도적인 위임"이다. "과학 탐구자는 신성한 것과

---

77) *Ibid.*, p. 271.

78) *Ibid.*, p. 276.

79) *Ibid.*

세속적인 것 사이의 분열, 무비판적 존경을 요구하는 것과 객관적으로 분석될 수 있는 것 사이의 분열을 인정하지 않는다."80)

이런 규범들은 일정하게 관료제에 대한 베버의 이념형적 설명의 파슨스 읽기를 따라 모형화한 것이다 — 이때 베버의 설명에는 보편주의, 전문화된 역량, 사무실의 비인격성 및 공유자산, 경쟁을 평가하기 위한 성과주의적 기준의 제도화 등이 강조된다.81) 주된 차이점은 실험적 성과를 검토하고, 비금전적 명예로 업적을 보상하고, 전문화된 연구를 소통하고 검증하기 위한 실제적 제도와 실천에 대한 머튼의 강조이다. 베버의 설명처럼, 머튼의 설명은 '실제' 조직에서의 개별적이고 분파적인 책동을 간과한 이상화된 판본으로 쉽게 비판받는다. 머튼은 실제 행위의 서술로서가 아니라 이념적 기준으로서 규범을 규정하고자 신중을 기하고 있었음에도, 배리 번스와 돌비(R. G. A. Dolby)가 쓴 중요한 논문에서 다음과 같은 비판을 피할 수 없었다.

이런 규범들은 과학자들로부터 시시때때로 공언되고 있다. 사회학자라면 공언된 규범을 기능적으로 승인된 행위의 패턴에서 구분해 내야만 한다. 이런 공언된 규범은 그 자체로 행동을 위한 실제적 지침을 제공해 줄 수 없다. 머튼은 규범들의 사례를 과학자들이 말하는 바에서 찾아낼 수 있지만, 이런 규범들로 인해 교정된 어떤 행위의 증거도 산출하지 못했다.82)

---

80) *Ibid.*, p. 277.

81) Max Weber, *Economy and Society*, *vol. 2*(Berkeley: University of California Press, 1978) ; Talcott Parsons, *The Structure of Social Action*, *vol. 2*(New York: Free Press, 1937), p. 506 ff. 머튼은 자신의 관료제 모형에서 베버의 이념형을 발전시켰다. "Bureaucratic structure and personality", 8장, *Social Theory and Social Structure*, 증보판, pp. 249~261. 또한, 머튼-베버 모형에 대한 논의와 비판에 대해서는 다음을 볼 것. James March and Herbert Simon, *Organizations*(New York: Wiley, 1958), 제 3장.

이와 비슷한 비판들은 머튼의 기능주의 접근과 관련하여 다음의 세 가지 측면으로 크게 나뉠 수 있다.

1. 규범이 너무 추상적으로 진술되어서 어떻게 그것이 과학자들의 구체적 행동 사례와 관계된 것인지 불분명하다. 머튼은 과학자들의 전기(傳記)와 회고록에서 규범들을 추출해 내는데, 그런 문헌들에서 과학자들은 자신들의 행위를 합리적이고 명예로운 것으로 수사적으로 과장하는 경향이 있다.
2. 규범에 대한 머튼의 정의는 20세기 초반 과학철학에 기초한 정합적 과학방법론의 상(像)을 반영하고 있다. 그는 적합한 제도적 환경 아래서, 발견을 행하고 검증하는 과정을 통해 이론 및 기술적 응용이 진리를 향해 쌓일 것이라고 가정했다. 혁명적 불연속이라는 쿤의 그림은, 머튼주의자들에 의해 승인되었음에도,[83] 독립적인 검증 기준과 초월적 합리성 규범으로부터 도출되는 통일적 과학방법이라는 그들의 판본을 복잡하게 만든다. 그 결과, 과학자 사회가 공약 불가능한(incommensurable) 이론을 구분해 내는 방법과 새로운 패러다임을 신봉할 가능성이 존재하는 가운데 정상과학을 안정적으로 유지하는 방법을 둘러싼 질문이 과학사회학의 의제로 등장했다. 사회적 요소들은 더 이상 내재적으로 합리적인 과학적 혁신에 대한 촉진, 간섭, 저항의 원천으로만 머물지 않는다. •

---

82) Barnes and Dolby, "The scientific ethos", pp. 12~13.
83) Barber(*Social Studies of Science*, p. 246)는 다음과 같은 일화를 소개하면서 자신과 머튼이 쿤을 승인했음을 강조하고 있다. "1960년 초반, 우리들의 오랜 친구인 톰 쿤(Tom Kuhn)이 자신의 《과학혁명의 구조》를 출판하려고 시카고 대학교 출판사에 접촉을 시도하고 있을 때 … 그는 우리에게 추천서를 써달라고 요청했다."
• 〔옮긴이주〕과학철학자 임레 라카토스(Imre Lakatos)는 '합리적 재구성'이라는 개념을 사용하여 '정당화의 맥락'을 보강했다. 이에 따르면, 과학이론의 발

3. 머튼과 그의 동료는 과학사회학이 "자기예시적"(*self-exemplifying*) 이라고 주장하고 싶어 한다. 84) 그들의 관점에서 전문저널, 동료심사과정, 학문자유 정책, 업적에 기초한 승진 등은 현대적 과학제도의 필수적 특징이다. 그런 제도적 장치들은 비과학적 이해관계로부터의 간섭을 최소화한 가운데 효과적인 회람과 결과에 대한 검토를 보장받을 수 있도록 기능한다고 추정된다. 전문 사회학(좀더 구체적으로, 과학사회학)이 전문저널, 동료심사, 학회 등을 거느리고 있는 까닭에, 머튼주의자들은 사회학 속에 과학 진보를 위한 제도적 필수요건들이 갖추어져 있다고 가정하는 것은 그만한 이유가 있다고 주장했다. 이런 주제를 다룬 예로서, 바버는 앞을 내다보는(*forward -looking*) 역사를 이야기한다.

점진적으로, 매우 점진적으로, 과학사회학은 갈구하던 일종의 과학적 지위를 획득했다. 콜과 주커먼은 최근에 인용 자료를 사용하여 1950~1954년의 시기에서 1970~1973년의 시기까지 이 분야의 인지적 일치(cognitive consensus)에서 엄청난 증가가 있었음을 보인 바 있다. 그리고 남부럽지 않은 인지적 일치의 양 외에도, 과학사회학은 제도화된 과학 분야의 모든 본질적 특성 ― 즉, 정규대학 교육과정, 전문저널, 전문 연구지원기관, 전문 학회, 전문화된 학술대회 등 ― 을 성취했다. 85)

전은 자신의 고유한 내적 논리에 따라 합리적으로 재구성될 수 있고, 따라서 과학 이외의 요소들은 과학이론 자체의 정상적 발전과정이 아니라 그것이 왜 곡될 때(예를 들면, 본문의 경우처럼, 촉진, 간섭, 저항 등) 그 이유를 설명하려고 도입될 뿐이다. 이런 라카토스의 주장은 과학철학과 과학사회학의 분업을 정당화하는 것이기도 하다.

84) 예를 들면, 머튼은 *The Sociology of Science* '저자서문'에서 이렇게 말한다. "과학사회학은 강력하게 자기-예시적 특징을 선보인다. 즉, 하나의 분과로서 그것의 행위는 과학적 전문성의 창발에 대한 현재의 사상 및 성과들을 예시한다."(p. 16)

과학사회학을 위한 제도적 토대를 정교화하려는 이런 방식은 실천적이고 개념적인 일치에 대한 쿤-이후(post-Kuhn)의 강조라는 관점에서 보면 문제가 있다. 쿤의 설명에 따르면, 일치는 분과 특화적 이론, 실험과정, 실험장치 등이 복합적으로 작용한 결과로서 방법의 보편적 규칙에 따르는 이성의 자유 실천에서 '자연적으로' 창출되지 않는다. 전문 사회학의 학술적 미사여구와 방법의 규칙들에 대한 명시적 지적에도 불구하고, 쿤의 용어에 따르면, 전문 사회학은 '원시패러다임'(preparadigm) 분과에 불과하다. 실행자들 사이에서 이론, 사실, 적절한 실천 등의 근본적 문제들을 둘러싸고 가까운 시일 내에 내적 일치를 이룰 전망은 전혀 없다고 해도 과언이 아니기 때문이다. 바버가 과학사회학에서의 '인지적 일치'를 주장했음에도, 미국 사회학에서 기능주의적 패러다임이 장악력을 상실한 이후, 과학사회학의 후손이 안정적 과학 분야라고 주장하기는 점점 더 어려워졌다. 스티브 터너가 관찰한 것처럼,

  머튼주의 과학사회학 등장의 자기예시화는 그 프로젝트가 붕괴하고 있을 시기에 공표되었다. 그 시간 이후, 프로젝트는 이론이 가정했던 것처럼 '업적' 못지않게 연줄, 권력, 후원 그리고 과학의 내용에 대한 어려운 질문

---

85) Barber, *Social Studies of Science*, p. 247. 바버는 다음을 인용하고 있다. Jonathan Cole and Harriet Zuckerman, "The emergence of a scientific specialty: the self-examplifying case of the sociology of science", p. 139 ~174, in Lewis A. Coser, ed., *The Idea of Social Structure: Papers in Honor of Robert K. Merton* (New York: Harcourt Brace Jovanvich, 1975). 이런 낙관적 스타일의 '성찰적' 평가는 새커리에 의해서도 표현된 바 있는데, 그는 과학사회학이 '여행한 거리'는 다음과 같은 측정을 통해 알 수 있다고 주장한다. "정량적 과학학에 대한 신봉, 그리고 연구에서의 성과를 좌우할 수 있는 기준들은 물리학 공동체에서의 계층화 및 경쟁에 대한 최근의 책 두 권에서 찾아볼 수 있을 것이다. 하나는 p. 174의 텍스트에서 44개의 표를 제공하고, 나머지는 p. 261에서 42개의 표를 제공한다. 이런 사례들은 급증할 수 있다." (A. Thackray, "Measurement in the historiography of science", p. 21)

들은 보류하려는 의지 등에 의해 유지되었다. 86)

머튼의 틀에 반대하는 주장들이 그 표적을 완벽하게 파괴하지는 못했다. 이는 번스, 블루어, 멀케이 등의 추론에 어떤 결함이 있기 때문이 아니라 머튼과 그의 옹호자들이 가펑클이 '구체적으로 모호한'(specifically vague) 이론적 해명 — 비판의 핵심을 회피하거나 흡수할 수 있는 — 이라 부른 것을 고안해 냈기 때문이다. 머튼에 대한 공격은 '규범들'을 다룬 그의 초기 논문들에 집중되었을 때 가장 효과적이지만, 머튼은 후에 자신은 결코 규범들이 모든 과학적 행위를 이끄는 명료한 기준으로 작용한다고 주장한 적이 없다고 했다. 그 대신 그는 주장하길, 과학자들 사이의 우선권 경합과 그와 관련된 경쟁은 규범적으로 적합한 행위의 실행을 둘러싼 딜레마를 낳는다. 87) 예를 들면, 공유주의 규범은 과학자들에게 정확히 언제 자신들의 실험결과를 발표해야 할지 '말해 주지' 않기 때문에 과학자들은 과학자 사회에서 비판적 평가를 준비라는 판결을 받기 전까지 '불완전'하거나 사기성이 농후한 성과들을 합법적으로 붙잡아둘 수 있다.

머튼은 '반(反)규범들'이 네 개의 규범들 각각에 대한 변증법적 대립을 통해 공식화될 수 있는 가능성에도 굴복하지 않았다. 그는 틀을 수정하여 갈등관계에 놓이는 규범적 신봉들이 기능적 체계 속에서 쉽게 공존할 수 있도록 만들었다. 머튼의 해명(특히, 이해관계 초월에 대한)이 과학 및 과학자들에게 강력한 힘을 불어넣고 '순수' 지식의 신사적 추구라는 고풍스런 관점을 함축하고 있음에도, 머튼이 과학적 서술이 아니라 과학적 이데올로기나 수사를 잘 다듬었을 뿐이라고 폭로한다고 해서 그의 기능주의적 주장을 완전히 폐기할 수는 없다. 88) 과학의 자율성에 입각한 머

---

86) Stephen Turner, "Social constructionism and social theory", *Sociological Theory 9*(1991) : 22~33, 인용은 pp. 27~28.

87) Merton, "The ambivalence of scientists", pp. 383~412, 그리고 "Behavior patterns of scientists", pp. 325~343, in *The Sociology of Science*.

튼의 주장을 '괄호로 묶어 놓음'으로써 그의 설명은 쉽게 교정될 수 있고, 따라서 그의 주장은 사회 속 과학의 위치에 대한 초월적 서술보다는 과학의 자율성을 뒷받침하는 내재적 '설명'이 된다. 일단 이것이 달성되면, 규범들은 과학과 그 외의 사회 사이에서 유동적 경계의 창출 및 유지에 기여하는 수사적 테마가 된다. 이런 수사가 과학자 사회 내부의 특정한 이해관계를 반영한다고 말하는 것은 머튼의 기능주의 개념 속에 쉽게 흡수되고 마는데, 그의 틀에서 '기능'은 거시적 사회단위 내부의 특정한 집단이나 계급들을 준거로 삼아 정의될 수 있기 때문이다. 89)

'기능'의 수동적 양태를 수사적 '전략'의 보다 능동적 목소리로 번역하는 것이 머튼주의의 개념 구도에 적지 않은 변화를 초래하지만, 그런 시도가 구도를 완전히 훼손하는 것은 아니다. 머튼의 예전 학생들 중 일부는 머튼의 주장을 담론과 행위능력(agency)에 대한 명시적 강조 속에 유지시킴으로써 구성주의-기능주의 잡종(hybrid)과 같은 것을 발전시켰다. 90) 그런 좌파-머튼주의의 장점은 검증, 결정적 시험 등과 같은 실증주의적 신봉 없이도 기능주의적 주장의 형태를 보존할 수 있다는 점을 들 수 있다. 수사적 전략을 위한 테마로서 재규정된 평가기준들은 이제 과학 및 과학자들이라는 특정집단의 한시적이고 상대적인 자율성과 명예로운 지위를 보장해 준다. 이런 변화 속에서 규범들을 둘러싼 경쟁이 벌어지지만 규범이 실제 행위를 서술하고 있지 않다는 취지의 번스와 돌비의 비판은 이제 보다 유연하고 세련된 기능적 틀 속으로 편입될 수 있게 되

---

88) 다음을 볼 것. Michael Mulkay, "Norms and ideology in science", *Social Science Information* 5(1976) : 637~656.

89) Merton, "Manifest and latent functions".

90) 다음을 볼 것. Thomas Gieryn, "Boundary-work and the demarcation of science from nonscience"; "Distancing science from religion in seventeenth-century England", *Isis* 79(1988) : 582~593; Susan Cozzens and Thomas Gieryn, eds., *Theories of Science in Society*(Bloomington: Indiana University Press, 1990).

었다.

　머튼이 1970년대 이래로 영국과 여타 지역에서 나타났던 그의 프로그램에 반대하는 모든 비판과 경험적 대안을 사실상 미리 예상했다는 주장은 꽤 그럴듯하다(물론 이렇게 말하는 것은 '머튼'을 그의 추종자들과 해석가들 — 그들의 끊임없는 노력에 의해 학술 현장에서 머튼주의 사회학은 계속해서 중심을 차지할 수 있었다 — 의 충실한 연구와 동일시하는 것이다). 앞에서 살펴봤듯, 지식사회학을 위한 머튼의 패러다임은 과학의 사회적 맥락이 과학지식의 '개념적 어법'(conceptual phrasing)에 영향을 미치는 방법에 대한 연구를 포함하고 있으며, 또 다른 논문에서 그는 과학적 실천의 민속지 연구를 요청한다. 91) 그와 그의 추종자들이 과학의 '내용'을 무시했다는 비판에 맞서 머튼을 옹호하면서, 노먼 스토러(Norman Storer)는 과학 연구의 내밀한 내용에 대한 강조가 없는 것은 연구 프로그램의 시간 지체*에 불과하며 과학의 머튼주의 개념에서의 본질적 허점은 아니라고 말했다. 92) 스토러는 규범적 틀은 패러다임의 혁명적 난입시기보다는 정상과학적 발전의 안정된 시기에 적용된다고 말함으로써 쿤의 '혁명'의 관점을 받아들여 규범적 틀을 한 차원 더 개선한다.

　이처럼 머튼 프로그램의 방어와 개정(改訂)을 열거하는 것은 스트롱 프로그램의 비판이 부적절하거나 비효과적임을 말하고자 함이 아니다. 모든 것을 포괄하는 머튼의 이론적 제안이 새로운 발전을 미리 예상한 것으로 회고조로 읽을 수도 있지만, 머튼주의자들은 스트롱 프로그램의 주창자들이 주목한 계통의 연구성과에 크게 신경 쓰지 않았을 수 있다. 과

---

91) Merton, "Paradigm for the sociology of knowledge", p. 37 ff. ; Merton, "Forward" in Bernard Barber, *Science and the Social Order*(Glencoe, IL: Free Press, 1952).

- 〔옮긴이주〕시간 지체는 'temporary lag'을 번역한 것으로, 'cultural lag'을 '문화 지체'로 번역한 것을 원용했다.

92) Norman W. Storer, "Introduction", pp. 11~31, in Merton, *The Sociology of Science*.

학사회학의 자기예시적 성격에 대한 머튼의 다양한 견해들이 함축하듯,
그와 그의 추종자들은 자신들이 올바른 궤도를 달리고 있다는 확고한 자
신감으로 연구에 매진했다. 그런 맥락에서, 머튼의 프로그램에 반대하는
보다 효과적인 주장은 머튼주의 연구 전체를 그냥 무시하거나 그들이 과
학의 내용보다는 과학자와 제도에만 매달린다고 말함으로써 머튼주의 연
구를 즉결처분해 버리는 것이다. 실용적으로 말해 이런 주장이 머튼의
업적을 얕잡아봤다거나 과학 '내용'이 의미할 수 있는 바를 지나치다 싶을
정도로 강조했다는 점은 그리 큰 문제가 아니었다. 그 결과로 일련의 독
자적 문제의식과 신선한 접근이 출현하였고, 그로 인해 사회학의 한 영
역(또는 그 이상의 영역)에 활기를 불어넣었기 때문이다.

지식사회학에서 스트롱 프로그램의 공고화

블루어, 번스 등 영국 지식사회학자들은 지식사회학의 초기 프로그램들
을 보충하고 확장하려고 다양한 원천들을 끌어들였다. 지식사회학에서
그들의 스트롱 프로그램은 만하임의 기본적 2단계 논증의 형태를 유지하
면서 과학과 수학을 포괄하도록 개정했다. 만하임 용어의 적절한 수정과
함께 스트롱 프로그램의 옹호자들은 다음을 보여 주기 위해 노력했다. 93)

  1. 과학자들과 수학자들이 이론의 고유한 논리에 따라 행동할 수 있음
     에도, 그들의 행동은 '물(物)의 본성'이나 '순수한 논리적 가능성'에
     의해 명료하게 결정되지 않는다. 94) 그와는 반대로, 과학적 패러다

---

93) 앞에서 인용한 바 있는 Mannheim, *Ideology and Utopia*, p. 267에서 가져온
    문장을 볼 것.
94) 만하임에 대한 이런 부연이 '순수한 논리적 가능성'과 '물의 본성'이라는 표현
    이 더 이상 '사회적' 설명과 대립적이지 않다는 것을 고려하고 있지는 않다.

임의 창발과 결정화(結晶化)는 많은 판단 지점에서 매우 다양한 종류의 이론 내적 및 외적인 '사회적' 요소로부터 영향을 받는다.

2. 과학적이고 수학적인 지식의 구체적 내용에 대한 사회적 요소들의 영향은 부차적 중요성에 머물지 않는다. 사회적 이해관계는 '과학 외적' 유인 및 동맹은 물론 과학장(場)의 이런저런 파벌의 '과학 내적' 회원자격과도 연관된다. 이런 갖가지 이해관계는 과학지식의 내용과 발전에 영향을 미치는 강력한 전술, 기회주의적 전략, 문화적으로 전파된 기질 등을 낳는다.

스트롱 프로그램을 옹호하는 과학지식사회학자들은 '사실에 의한 이론의 과소결정성'이나 '관찰의 이론의존성'(theory-ladenness of observation)과 관련한 과학철학에서 온 논증의 도움을 받아서 1단계(Step 1)를 달성하며, 기호와 의미 사이의 관계에 대한 보다 보편적인 회의론적 주장을•이용하기도 한다. 95) 그들은 쿤을 따라 역사적 논쟁을 특히 많은 정보를

그것들은 사회과학은 물론 자연과학의 해명에 사용되는 설명적 수사의 일부로 파악되어야만 한다.

• 〔옮긴이주〕'의미와 기호 사이의 보다 보편적인 회의론적 주장'이란 논리실증주의를 비롯한 전통적 과학철학이 전제하고 있던 비트겐슈타인의 초기 입장을 반영하는 《논리-철학 수고》가 언어를 통한 세계의 이해 가능성에 주목한다는 점에 기초한다. 정리하면, 의미와 기호 사이의 정합성을 전제하지 않으면 '물(物)의 본성'에 기초한 자연관은 가능하지 않을 것이고, 따라서 증거를 통한 이론의 검증은 가능하지 않을 것이다.

95) 이론의존적 인식은 N. R. Hanson의 *Patterns of Discovery*(Cambridge University Press, 1958)에서 논의되었다. '과소결정성' 테제는 뒤앙과 콰인에게 그 명예가 돌아간다. Pierre Duhem, *The Aim and Structure of Physical Theory*(Princeton, NJ: Princeton University Press, 1954) ; W. V. O. Quine, "Two dogmas of empiricism", in W. V. O. Quine, *From a Logical Point of View, 2nd ed.* (Cambridge, MA: Harvard University Press, 1964). 과학적 논증의 수사적 사용에 대한 강조는 다음을 볼 것. Feyerabend, *Against Method*. 예측의 결정성에 대해 인용되는 회의론적 논증은 다음을 볼

포함하는 현상으로 보려는 경향이 있다. 96) 논쟁 연구를 통해, 그들은 일치란 본질적으로 취약하며, 논쟁의 종결이 전적으로 사실들에만 의존하지 않으며, 안정화된 과학 분야에서조차 일부 구성원이 일치가 '단순한' 순응에 불과할 뿐이라는 불만을 품고 있음을 보여 주었다. 그런 문제들에 대한 역사적이고 민속지적인 문헌 작업은 '물의 본성'이나 '순수한 논리적 가능성'의 명확한 결정성과 겨룰 수 있는, 그리고 특정 분과에서 일치의 상황 의존적 성격을 논증할 수 있는 지렛대를 제공한다.

2단계(Step 2)는 사회학, 인류학, 언어철학 등의 다양한 원천을 사용함으로써 정교해진다. 예를 들면, 블루어는 종교적 의식의 상징적 내용과 마술적 믿음을 부족 내부의 구조적 분화와 연결한 뒤르켐(Durkheim)의 기초 방법을 종종 사용한다. 97) 그와 번스는 메리 더글라스(Mary Douglas)의 인지적 인류학과 특히 그녀의 '격자-집단' 모형* ― 이 모형

것. Nelson Goodman, *Fact, Fiction and Forecast*(Indianapolis: Bobbs-Merrill, 1973). 과학지식사회학에서의 과소결정성과 이론의존성 명제의 사용에 대한 간략한 설명에 대해서는 다음을 볼 것. Karin Knorr-Cetina and Michael Mulkay, "Introduction: emerging principles in social studies of science", pp. 1~18, in Karin Knorr-Cetina and Michael Mulkay, eds., *Science Observed: Perspectives on the Social Study of Science*(London: Sage, 1983).

96) 이런 목적하에 논쟁들을 가장 지속적으로, 명시적으로 사용한 경우로는 배스 (Bath)대학교의 해리 콜린스(Harry Collins)와 다수 동료(현재 그리고 이전의)의 '경험적 상대주의 프로그램'을 들 수 있다.

97) David Bloor, "Durkheim and Mauss revisited: classification and the sociology of knowledge", *Studies in the History and Philosophy of Science 13* (1982): 267~297.

● 〔옮긴이주〕'격자-집단 모형'(grid-group model)은 첫째, 집단변수는 한 사회 단위에서 개인의 사회적 통합 정도를 나타내는 것으로 구성원이 자신과 외부 세계 사이에 세운 외부 경계의 높낮이를 그 지표로 한다. 둘째, 격자변수는 모든 사회구성원에게 영향을 미치는 강제적 분류의 정도를 나타내는 것으로 집단에서 일어나는 사회적 상호작용의 성격, 즉 개인행위에 미치는 사회구속의 정도를 그 지표로 한다. 이렇게 해서 이념형에 가까운 위험에 대한 네 개의 조직

'낡은' 과학사회학의 몰락   137

은 한 집단의 속성을 그 구성원의 신념과 주장의 인지적 스타일에 연결시키기 위해서 구상된 것이다 — 을 사용함으로써 뒤르켐의 간접적 인류학을 한 차원 끌어올렸다. 번스, 블루어, 콜린스 등은 메리 헤세(Mary Hesse)의 문화적으로 특화된 분류체계의 조직화와 견고화에 대한 '네트워크' 접근을 사용하기도 한다. 98) 이 접근은 서로 다른 지식공동체에 존재하는 유사한 의미론적 영역들의 구성들 가운데 비(非)임의적(예: 관계적) 편차의 논증을 가능하게 해준다.

블루어와 번스는 그들의 프로그램이 특정한 과학적 '신념들'의 내용에 대한 **인과적 설명**을 전개할 수 있다고 주장하는 데 거리낌이 없다. 제5장에서 자세히 살펴보겠지만, 이 주장은 의미 분석을 인과적 설명과 혼동한다는 이유로 비판받았다. 99) 그렇지만 스트롱 프로그램의 주창자들이 만하임의 논증법을 확장했을 때 머튼과 만하임이 인과적 설명으로 간주했던 것을 재정의한 것은 분명하다. 지식사회학을 가장 정밀한 형태의 추론과 실천에 적용하려고 강화하려는 노력은 과학적·사회과학적·일상적 지식체계라는 만하임의 삼중 구별 짓기를 붕괴시키는 결과를 낳았다.

적 유형을 설정할 수 있다. ① 위계주의자들(고도집단, 고도격자), ② 평등주의자들(고도집단, 저도격자), ③ 개인주의자들(저도집단, 저도격자), ④ 운명주의자들(저도집단, 고도격자).

98) 다음을 볼 것. Mary Hesse, *The Structure of Scientific Inference* (Lodnon: Macmillan, 1974). 이 책의 해석에 대해서는 다음을 볼 것. Barry Barnes, "On the conventional character of knowledge and cognition", in Knorr-Cetina and Mulkay, eds., *Science Observed*, pp. 19~51.

99) 펠릭스 코프먼(Felix Kaufmann)은 블루어와 번스보다 몇십 년 앞선 저작〔*Methodology of the Social Sciences* (New York: Humanities, 1944), p. 16〕에서 '발생학적 오류'(the genetic fallacy)를 "의미 분석을 사실의 인과적 설명과 혼동"하는 문제라고 정의한다. 이것은 길버트 라일(Gilbert Ryle)이 '범주착오'(category mistakes)라고 했던 것과 관련이 있다. 다음을 볼 것. Ryle, *The Concept of Mind* (Chicago: University of Chicago Press, 1949), p. 16 ff. 스트롱 프로그램의 주창자들이 이런 '오류'와 그것이 근거하는 구분에 강력한 권위를 부여할 것인지는 의문이다.

지식사회학에서 스트롱 프로그램을 수용한 사람들의 경우, 유일하게 남은 대립이란 과학에서 관계적으로 특권화된 신념과 여타 다양한 대중적이고 내밀한 신념 사이의 실용주의적이거나 '사회적인' 것이다. 이데올로기의 갈등을 서술하려고 사용되는 용어들이 과학 분야의 논쟁들에 적용되면서 이런 구분조차 약화되었다. 과학의 인식적 특권이 전적으로 사회적인 문제로 정의되자마자, 과학의 높은 지위와 그런 지위의 구성원들에게 귀속되었던 특별한 이해관계라는 협소한 사회적 조성을 비판적으로 분석할 수 있는 길이 열렸다. 그럼에도, 블루어와 번스, 그리고 다른 방식으로 콜린스는 과학지식사회학을 경험과학의 영역 속에 반듯하게 위치시키는 문제에 단호했다. 다음 장에서 서술하듯, 그들의 지식주장은 '새로운' 과학지식사회학으로부터 비판을 자초했고, 과학의 내용에 대한 사회적 설명의 인식론적·비판적·성찰적 함축과 관련해서 커다란 혼란을 초래했다.

제3장

새로운 과학지식사회학의 출현

1970년대 초반에 출현한 '새로운' 과학지식사회학의 다양한 프로그램들을 하나로 묶는 무엇이 있다면, 그것은 그 프로그램들이 모두 과학지식에 대한 '급진적' 관점에 헌신하고 있다는 점일 것이다. 그렇지만 현재 이 분야에서 벌어지는 많은 논쟁이 말해 주듯, 급진적 관점이 의미하는 바가 무엇인지에 대해서는 거의 어떤 의견일치도 보지 못하고 있다. 급진주의(radicalism)는 주로 인식론적 범주에 속하는가, 아니면 명백히 정치적이며 이데올로기 비판의 오랜 전통과 동일한 선상에 놓여 있는가? 급진적 비판의 대상에는 자연과학은 물론 사회과학의 전통적 이론과 방법도 포함되는가? 스트롱 프로그램이 급진주의로 인정받는 것은 확실하지만, 지식사회학의 앞선 전통과 근본적 단절을 달성했는지에 대해서는 의문이 제기되고 있다. 이 장에서, 나는 새로운 과학사회학이 그럴 거라고 가정된 급진적 헌신에도 불구하고 익숙한 사회과학의 관용구와 설명 전략을 그대로 사용하고 있는 까닭에 철학적, 사회학적 탐구에서 일상적 언어의 역할과 결부된 몇 가지 익숙한 함정에 빠져 있음을 주장하고자 한다. 그리고 이어지는 장에서는 지식사회학에서 계속 발전하고 있는 언어와 사회과학적 실천에 대한 전통적 관점의 보다 완벽한 단절을 주창하기 위해 비트겐슈타인의 후기 언어철학과 가펑클의 민속방법론의 힘을 빌릴 것이다.

앤더슨과 휴스, 새록 등이 스트롱 프로그램에 대한 민속방법론적 비판에서 주장하듯, 고전적 지식사회학의 낯익은 수수께끼와 불평은 거의 같은 강도로 '새로운' 프로그램에도 그대로 적용된다.1) 스트롱 프로그램의 야망 앞에서, 그것을 둘러싼 논쟁이 귀에 거슬리기 십상인 까닭에 초기부터 지식사회학을 감쌌던 치열한 논쟁과 스트롱 프로그램에 대한 논쟁 사이의 연속성은 쉽게 간과될 수 있었다. 언제나처럼 논쟁은 익숙한 철학적 계보를 따르는데, 지식사회학의 비판자들은 합리주의적 및/또는 실재론적 계통의 주장을 전개하고, 옹호론자들은 문화상대주의 및 사회구성주의 입장을 취한다.2)

---

1) R. J. Anderson, J. A. Hughes, and W. W. Sharrock, "Some initial problems with the strong programme in the sociology of knowledge", *Manchester Polytechnic Occasional Papers* (1987), n. 1. 그들이 다루고 있는 더 오래된 비판에 대해서는 다음을 볼 것. A. Child, "The problem of imputation resolved", *Ethics 55* (1944). 이와 관련해서, 알렉산더 쉘팅 (Alexander von Schelting)의 만하임 책 (*Ideology and Utopia*, 2nd ed.)에 대한 논평 [in *American Sociological Review 1* (1936) : 664~674]을 추가할 수 있을 것이다.

2) 지식사회학에 대한 철학자들의 비판에 대해서는 다음을 참조할 것. Larry Laudan, *Progress and Its Problems*: *Towards a Theory of Scientific Growth* (Berkeley and Los Angels: University of California Press, 1977), 7장; Allan Franklin, *The Neglect of Experiment* (Cambridge University Press, 1986); Franklin, *Experiment Right or Wrong* (Cambridge University Press, 1990). 그리고 논문으로는 다음을 참조할 것. Mario Bunge, "A critical emamination of the new sociology of science, Part 2", *Philosophy of the Social Sciences 22* (1992) : 46~76; Robert Nola, "The strong programme for the sociology of science, reflexivity and relativism", *Inquiry 33* (1990) : 273~296. 스트롱 프로그램에 대한 방어를 간단하게 살펴볼 수 있는 글로는 다음을 참조할 것. Barry Barnes and David Bloor, "Relativism, rationalism

많은 철학자는 스트롱 프로그램을 일종의 '허수아비' 입장 — 마치 연구의 몸체 전체가 확실하게 상대주의 인식론을 반영하고 있기라도 한 것처럼 — 으로 다루려는 경향이 있다. 마찬가지로 지식사회학자들은 차별성이 없는 동일한 '철학자들'의 초상화를 그리는 것을 선호한다. 이런 수사적 단순화는 종종 지식사회학에서 매우 극단적인 설명적 주장의 개념화를 결과하기 때문에 '새로운' 지식사회학자들이 과학이론의 구체적 '내용'은 임의적이고 근거가 없는 것이며, 그 내용은 단순하게 당파적 이데올로기의 이해관계를 '반영하는' 것에 불과하다고 주장하는 것처럼 비춰질 수 있다. 3) 블루어와 번스의 결정(determination) 이라는 개념은 비환원적

---

and the sociology of knowledge", pp. 21~47, in M. Hollis and S. Lukes, eds., *Rationality and Relativism* (Oxford: Blackwell Publisher, 1982). 그리고 블루어의 "Afterward: attacks on the strong programme", pp. 163~185, in *Knowledge and Social Imagery 2nd ed.* (Chicago: University of Chicago Press, 1991) 도 함께 볼 것. 모든 철학자가 스트롱 프로그램과 그로부터 파생된 과학사회학에 적대적인 것은 아니다. 특히, 조지프 라우스(Joseph Rouse), 스티브 풀러(Steve Fuller), 에드워드 마니어(Edward Manier), 토머스 니클스(Thomas Nickles), 이안 해킹(Ian Hacking) 등은 새로운 과학사회학에 비교적 우호적 입장을 취하고 있다.

3) 로스와 바렛(Paul Roth and Robert Barrett, "Deconstructing quarks", *Social Studies of Science 20* (1990): 579~632)은 '자의성' 문제를 다루고 있지만, 그 주제와 관련하여 기존의 혼란을 가중시키는 방식이다. 피커링(Andrew Pickering, *Constructing Quarks* (Chicago: University of Chicago Press, 1985)〕에 대한 비판에서 로스와 바렛은 자의적인 '사회적' 규약과 물리학자들이 공유하는 규약적 이해를 구분하고자 했는데, 그들이 보기에 후자는 "'진리'의 모사(模寫) 라고 할 충분한 이유"(p. 597)가 있기 때문이다. 그들은 '자의적' 규약의 예로는 거리의 한 방향 또는 그 반대방향으로 차를 통행시키는 교통신호 규칙을 들고 있다. 칼레(Calais)에서 도버(Dover)까지는 짧은 거리이고 그 사이에 교통신호 규칙이 바뀌지만, 관점을 달리하면 그 규칙이 그렇게 자의적이지는 않다. 지역 교통체계(한 방향 또는 그 반대방향으로 운전하라는 규칙은 그 속에 배태되어 있다) 속에서 움직이는 운전자들에게 규칙은 전혀 자의적이지 않기 때문에 위반은 즉각적으로 물질적 영향력의 행사로 이어질 수 있는데, 그 영향력은 화학을 배우는 학생들이 실험하는 동

인 것으로, 설명의 대상인 지식체계의 진실성에 어떤 명시적 위협을 뜻하지 않음에도, 논쟁이 가열되자 양편의 옹호론자들 모두가 마치 지식사회학이 과학지식의 타당성을 공격하기라도 한 것처럼 주장하는 것은 어렵지 않은 일이 되어 버렸다.

'과학자들'(men of science)의 고결함에 대한 지나치게 열정적인 머튼의 선언에 대한 스트롱 프로그램의 비판을 '주류' 과학, 기술적 이성, 객관적 담론 등을 둘러싼 현시대에 풍미하는 혐의두기를 뒷받침하기 위한 자원으로 활용하기 시작하자 정치적 색채가 강한 급진주의가 그 모습을 드러냈다. 그런 혐의두기에는 나름의 이유가 있었다고 해도, 스트롱 프로그램이 만하임의 상관주의(relationism)나 머튼의 기능주의보다 그것을 더 잘 뒷받침하는지는 분명치 않다. 반(反) 과학적 경향을 옹호하는 것과는 거리가 멀게, 번스와 블루어는 사회학적 실재론과 과학주의를 깊숙이 믿고 있다. 예를 들어, 블루어는 다음과 같이 내용을 요약한다.

주장 전체에서, 나는 내가 생각한 것이 대다수 현대과학의 입장이라는 것을 당연한 것으로 인정했다. 대체로 과학은 상식처럼 인과적, 이론적, 가치중립적, 종종 환원적, 어느 정도 경험적이며, 궁극적으로 물질적이다. 이것은 과학이 목적론, 인격화, 초월자를 반대한다는 것을 뜻한다. 종합전략은 가능하면 사회과학을 다른 경험과학의 방법과 근접하게 만드는 것이었다. 나는 매우 정통적인 방식으로 말했다. 다른 과학들이 전진할 땐 함께 전진해야만 만사가 형통할 것이다. 4)

안 화학 '법칙'을 무시했을 때 받게 되는 영향에 비해 결코 약하지 않다. 로스와 바렛은 기술적 보증도 없이 반복적으로 물리학자들이 무엇을 알고 받아들이는지를 논의할 때 우리라는 대명사를 사용하여 마치 자신들이 물리학자인 것처럼 말한다. 이렇게 함으로써 그들은 수사적으로 특정한 교통신호의 자의적 규칙(비교적 관점에서)과 물리학자의 비자의적 신봉[비(非) 비교론적 관점에서]이 현저히 다르다는 사실을 확고히 했다. '우리의' 신봉(이 속에서 '우리'는 통일된 공동체의 일원이다)이라는 표현으로 바라본다면, 규칙은 자의적인 것과는 거리가 멀다.

스트롱 프로그램을 일면적인 과학의 비판철학으로 취급하는 경향성에 대한 한 걸음 더 나아간 야유가 스트롱 프로그램의 열성분자들에 의해 반복적으로 이루어진다. 그들의 주장은 스트롱 프로그램의 지식주장은 논증이 아니라 경험연구의 축적에 기반을 둔다는 것이다. [5]

지식사회학에 대한 자신들의 접근을 철학적 상대주의 또는 이상주의와 구분하려는 구성주의 사회학자들의 노력에도 불구하고, 그들은 계속해서 실재론-구성론 논쟁에 붙잡혀 있다. 그 논쟁에서 기원한 익숙한 테마들이 지식사회학자와 철학자들 사이의 논쟁에서, 지식사회학 내부에 존재하는 서로 다른 분파의 옹호자들 사이의 논쟁에서 반복해서 등장하고 있다. [6] 이런 논쟁들은 학계의 청중들로부터 논증에 인용된 특정 연구가 받는 것보다 더 많은 관심을 끌고 있다.

---

4) Bloor, *Knowledge and Social Imagery*, p. 156.

5) 이런 종류의 논증 중 가장 유명한 것으로는 다음을 들 수 있다. Steven Shapin, "History of science and its sociological reconstructions", *History of Science 20* (1982) : 157. 셰이핀은 과학지식사회학에서 경험연구의 축적량이 성공적으로 그런 연구를 성취할 수 있는지 여부에 대한 더 이상의 논쟁을 저지할 수 있어야 한다고 주장한다. 또한 다음을 볼 것. H. M. Collins, "An empirical relativist programme in the sociology of scientific knowledge", pp. 85~114, in K. Knorr-Cetina and M. Mulkay, eds., *Science Observed: Perspectives on the Social Study of Science* (London: Sage, 1983). 특히 p. 86을 볼 것. 여기서 콜린스는 연구 프로그램이 "실천과 사례로부터 가장 잘 생성되고, 최소한 어느 정도는 사후적 관점에서 가장 잘 주장되고 체계화된다"고 주장했다. 콜린스는 블루어의 제안이 이 분야의 대다수 경험연구보다 앞서 제시되었지만, 그럼에도 매우 큰 영향력을 발휘하고 있다고 말한다.

6) 이런 논쟁의 대표적인 예로는 Hollis and Lukes, eds., *Rationality and Relativism*을 들 수 있다. 과학사회학 내부의 논쟁에 대해서는 다음을 볼 것. A. Pickering, ed., *Science as Practice and Culture* (Chicago: University of Chicago Press, 1992).

스트롱 프로그램의 정책기조

1970년대 초반에 출현한 과학사회학의 다양한 '프로그램'과 '학파'는 결코 하나로 통일되지 않은 채 그 당파적 색채가 더욱 두드러진다. 그럼에도 설명적 장치로서, 지식사회학의 '스트롱 프로그램'을 위해 블루어가 제시한 안내 원칙들을 인용하는 것은 여전히 유용하다. 나는 이 원칙이 이 프로그램과 제휴를 맺고 있는 다양한 역사 연구와 민속지 연구를 실제로 안내했는지에 대한 문제는 잠시 옆으로 제쳐 놓을 것이다. [7)

1. 스트롱 프로그램은 신념이나 지식의 상태를 낳는 조건들에 대해 **인과적이어야** 한다. 당연히 신념의 생성에 기여하는 원인들 중에는 사회적인 것과는 꽤 다른 형태의 것이 있을 수 있다.
2. 스트롱 프로그램은 진실과 거짓, 합리성과 비합리성, 성공과 실패와 관련하여 **공평해야** 한다. 이런 이분법의 두 측면 모두 설명을 필요로 한다.
3. 스트롱 프로그램은 설명의 스타일에서 **대칭적이어야** 한다. 예를 들면, 같은 형태의 원인이 참된 신념과 거짓된 신념을 설명해야 한다.
4. 스트롱 프로그램은 **성찰적이어야** 한다. 원리적으로 이 프로그램의 설명방식은 사회학 그 자체에도 적용 가능해야 한다. 대칭성의 요구조건과 마찬가지로, 이것은 보편적 설명을 추구할 필요성에서 비롯된다. 그렇지 않으면 사회학은 그 자신의 이론들을 상시적으로 논박할 수밖에 없기 때문에 이 원리는 명백한 요구조건이다(강조는 옮긴이). [8)

---

7) 라우던은 몇 가지 점에서 원칙과 연구의 관계가 매우 의심스럽다고 주장한다. 이에 대해서는 다음을 볼 것. Larry Laudan, "The pseudo-science of science?", *Philosophy of the Social Sciences 11*(1981): 173~198. 블루어는 원칙이 프로그램의 '강력함'을 위한 토대를 제공하려는 의도에서 만들어진 것이 아니라는 점을 일정하게 인정한다. 이에 대해서는 다음을 볼 것. David Bloor, "The strengths of the strong programme in the sociology of knowledge", *Philosophy of the Social Sciences 11*(1981): 206.

이런 정책기조들은 많은 과학사회학과 과학의 사회적 역사학에 채택되었으며, 그 연구들 또한 수많은 비판의 표적이 되었다.[8] 블루어의 인과적 제안이 과학지식사회학에 완전하게 수용되지는 않았지만,[10] 공평성과 대칭성(원리 2와 3)에 관한 그의 권고는 구성주의와 담론분석 연구의 모든 주요 계통에서 계속해서 중요하게 다뤄지고 있다. 블루어의 성찰성 요구는 초월적 과잉에 대한 경고로 받아들이기 충분하지만, 과학사회학의 기존 연구에 그 요구를 그대로 적용함으로써 패러독스까지는 아니라 해도 혼란이 연출되었다. 다음에는 네 가지 정책기조를 검토하려고 하는데, 명료성과 적용에서 제기되는 몇 가지 어려움을 살펴볼 것이다. 이후 장에서, 나는 정책기조들과 '새로운' 과학지식사회학에 결부된 어려움을 정교화한다.

인과성

제2장에서 살펴봤듯, 블루어와 번스의 인과성 개념은 지식사회학의 좀더 전통적인 설명적 접근과 근본적으로 단절 관계에 놓여 있지 않다. 확대된 인과성의 개념에는 다양한 사회학적 설명의 고전적 양식이 포함되어 있다. 그런 설명의 고전적 형태로는 '성스러운' 영역의 범주적 분화가

---

8) Bloor, *Knowledge and Social Imagery*, pp. 4~5.

9) 이런 비판들로는 다음을 포함시킬 수 있다. Laudan, "The pseudo-science of science?"; Stephen Turner, "Interpretive charity, Durkheim, and the 'strong programme' in the sociology of science", *Philosophy of the Social Sciences 11* (1981) : 231~244; Steve Woolgar, "Interests and explanation in the social study of science", *Social Studies of Science 11* (1981) : 365~394; Anderson, Hughes, and Sharrock, "Some initial problems with the strong programme in the sociology of knowledge"; Jeff Coulter, *Mind in Action* (Oxford : Polity Press, 1989), chap. 2.

10) 이런 쟁점에 대한 체계적 언급과 논쟁에 대해서는 크노르-세티나와 멀케이가 편집한 모음집 (*Science Observed*) 을 참조할 것.

부족 '사람들'(men)의 분할을 반영한다는 뒤르켐의 주장, 11) 베버의 '전철수' 설명, 지식의 사회적 결정을 펼쳐 보이기 위한 만하임의 2단계 접근법 등이 포함된다.

스트롱 프로그램은 이런 설명 양식을 현대 과학과 수학의 이론과 실천에 적용했다는 점에서 독창적이며, 그 프로그램에 속한 일부 연구는 보다 최근에 발전한 의미론, 기호학, 민속지 분석법을 통해 이론과 실천을 보충하고 있다. 통계적 조합의 방법을 둘러싼 피어슨(Pearson)과 율(Yule)의 논쟁을 촉발했던 사회적 신봉에 대한 도널드 맥킨지(Donald MacKenzie)의 설명과 같이, 12) 특정 연구들은 지식과 사회구조의 관계에 대한 구세대 기능주의자의 설명보다 개별과학자와 인식적 공동체와 결부된 특정한 사회적 이해관계에 관심을 집중시키고 있다. 그러나 내가 이미 주장했듯, 이것은 머튼주의식 기능주의를 행위 중심으로 수정한 것과 크게 다르지 않다. 새로운 과학사회학의 일부 주창자는 현상학, 민속방법론, 비트겐슈타인의 개념적 테마를 채택하고 있다. 하지만, 제5장에서 다루는 것처럼, 그들은 비트겐슈타인과 가핑클의 저작을 관통하는 반(反)인과적, 반(反)인식론적 함의를 거의 파악하지 못한 채 기존의 사회학 설명방식으로 그들의 저작을 흡수하려는 경향이 강하다.

번스와 블루어의 인과적인 사회학적 설명 프로그램의 폭 때문에, 과학지식이 사회적 맥락에 의해 '결정된다'고 말하는 것은 그 의미가 아주 선명하지는 못하다. 더욱이 사회학자가 어떻게 집단의 집합적 이해에 대한 비당파적 설명을 제공할 수 있는지, 그리고 그런 이해가 어떻게 역사적 과정에 기여할 것인지는 불분명하게 남아 있다. 무엇보다도, 지식이라는

---

11) 다음을 볼 것. David Bloor, "Durkheim and Mauss revisited: classification and the sociology of knowledge", *Studies in the History and Philosophy of Science 13*(1982): 267~297.

12) Donald MacKenzie, *Statistics in Britain 1865~1930*(Edinburgh: Edinburgh University Press, 1981).

용어가 너무 폭넓게 사용되는 까닭에 지식사회학에 의해 무엇이 설명되어야 하는지를 특정하기도 어렵다. 지식에는 모든 종류의 행위적 표현, 증언, 집단 활동에서 생산된 텍스트 등이 포함될 수 있고, 집단의 인식적 신봉을 표현하려고 이런 것들 중에서 한정된 무리만을 선별하기란 결코 쉬운 일이 아니다. 심지어 대표적 표현이나 문서를 판별해 낼 수 있는 경우조차, 그와 관련된 내용의 앞선 지식(antecedents), 상관된 것(correlates), 영향을 받는 것(consequences)을 구분하기 위한 노력은 더 큰 어려움에 휩싸이고 만다. 유사한 방법론적 문제가 실제로 모든 영역의 실험적 사회학 연구에 나타나지만, 그 문제는 일상적인 지식 개념의 독특한 내포에 의해 악화된다. 뭔가를 '안다'고 주장하는 것은 그것이 더 이상 협상이 가능하지 않거나, 최소한 '신념'이나 '의견'의 문제보다 협상가능성이 더 열려 있지 않음을 주장하는 것과 같다. 특정 집단의 '집합적 지식'을 '공론'이나 '공유된 믿음'과 크게 다르지 않은 것으로 취급함으로써 그것을 정의하는 연구 프로그램은 그 집단의 구성원들에 의해 주장된 비대칭적 타당성을 무시하거나 평가절하해야만 한다.13) 그 결과, 지식에 대한 인과적 설명은 연구대상으로부터의 저항에 노출되기 쉽다(만약 그들에게 말할 수 있는 기회가 주어진다면). 연구대상이 자신의 타당성 주장이 충분히 신중하게 받아들여지지 않았다고 결론 내릴 수 있기 때문이다. 그에 따라, 지식사회학의 설명과 결부된 기술적 어려움이 연구대상인 인식적 공동체에 수반하는 처치 곤란한 갈등에 의해 더욱 가중될 수 있다. 이 장과 다음 장에서 계속 주장하듯, 현재 과학지식사회학의 어떤 프로그램도 지식사회학적 설명의 오랜 변종들에 의해 야기된 낯익은 혼란과 갈등에서 크게 벗어나지 못하고 있다.

---

13) 다음을 볼 것. Coulter, *Mind in Action*, p. 36 ff.

대칭성과 공평성

대칭성과 공평성을 함께 묶은 것은 두 원칙이 모든 이론, 증명, 사실 등은 사회적으로 설명되어야 할 '신념'으로 다뤄져야 한다고 제안하는 점에서 공통점을 띠고 있기 때문이다. 이런 두 가지 방법론적 정책기조 모두 "어떤 판단도 취급대상인 사상의 단정으로 선언될 수 없다"는 만하임의 비(非) 평가적 보편종합(nonevaluative general total) 이데올로기 개념에 연루되어 있다. 이를 따르면, 이 정책기조의 핵심은 '합리적' 또는 '진실한' 믿음의 내재적 발전에 대한 선험적 가정을 폐기함으로써 사회학적 또는 규약주의적 설명을 확립하려는 것이다(앞 장의 말미에 그 개요를 밝힌 만하임의 2단계 설명 프로그램의 변형을 생각해 보라. ① 과학장(場)이 실제로는 내재적 법칙 또는 '사물의 본성'에 일치하여 발전하지 않는다는 논증, 그리고 ② '과학 외적' 유인 및 관계와 과학장의 이런저런 분과에 속하는 '과학 내' 회원 모두와 연관된 사회적 이해관계의 정교화).

대칭성 공준은 사회학자에게 뢴트겐(Roentgen)의 X-선 '발견'과 블론로(Blondlot)의 N-선 '환상'과 같이 (상반되는 역사적 사건)의 역사적 후유증을 동일한 방식으로 설명하라고 요구하지는 않는다. 그보다, 우연적인 역사적 결과를 가지고 발견의 형성방식이나 환상의 폭로방식을 설명하는 목적론적 설명을 금지한다. N-선은 '병적 과학'의 위조된 생산물이지만, X-선이 '발견되었다'는 최종 판단은 총체적인 협상과 논쟁의 장(場)에서 형성된 역사적 판단에 불과하다.[14] 그런 판단이 (그런 판단이

---

14) 폐기된 과학에 대한 비대칭적 해명이지만, 매우 흥미로운 관점에 대해서는 다음을 볼 것. Ivar Langmuir, "Pathological science", *General Electric R&D Center Report*, no. 68-C-035, Schenectady, NY. N-선 사건에 대한 간략한 해명에서, 블루어(Bloor, *Knowledge and Social Imagery*, pp. 29~30)는 그 선의 '위조적' 성격을 말하고, 랭뮤어처럼 블론로의 실험적 절차에서 문제점을 인용하고 있다. 따라서 많은 정도, 블루어의 해명은 블론로의 실험을 서술하려고 그와 그의 조교가 자신들이 자연 방사선종(種)을 발견했

적용되는) 역사적 사건을 설명한다고 말하는 것은 범죄 재판의 판결에 도달하게 된 과정을 설명하려고 그 재판의 판결을 사용하는 것과 같은 것이다 ("피고가 유죄이기 때문에 피고가 유죄인 것이 밝혀졌다!"). •

　대칭성과 공평성 공준은 블루어와 번스가 목적론적 설명이라고 부른 것을 효과적으로 우회하도록 해줄 수 있겠지만, 구체적 사례에 그 공준을 적용할 때 몇 가지 골치 아픈 문제가 발생할 수 있다. 이 문제는 어떻게 하면 사회학자와 과학자가 자기 전문 분야에서 특정한 주장의 지지 또는 폐지를 위해 채택하는 내부적 어휘, 논거, 판단 등을 끌어 쓰지 않은 채 논쟁 에피소드를 서술할 수 있을까 하는 물음과 관련되어 있다. 물론, 이것은 처음부터 지식사회학의 주변을 배회하는 익숙한 문제이다. 하버마스는 이 문제를 다음과 같이 설명한다.

　찬성과 반대가 단순히 외부 요인에 기인한 것이 아니라 상호 제기된 타당

다고 잘못 '믿고' 있었다고 가정하는 어휘를 끌어들이고 있다. 스트롱 프로그램의 가르침과 좀더 잘 들어맞을 수 있는 발견 주장들의 협상에 대한 접근으로는 다음을 볼 것. Augustine Brannigan, *The Social Basis of Scientific Discoveries*(Cambridge University Press, 1981). 또한, 다음도 참조할 것. Malcolm Ashmore, "The theatre of the blind: starring a Promethean prankster, a phoney phenomenon, a pocket and a piece of wood", *Social Studies of Science* 23(1993): 63~106.

• 〔옮긴이주〕 스트롱 프로그램의 네 가지 원리 중 하나인 대칭성 원리가 목적론적 설명의 문제를 어떻게 보느냐에 대한 설명이다. 과학사에서는 X-선 '발견'은 '건전한 과학'(sound science) 으로, N-선 '사기'는 '병적 과학'으로 취급한다. 여기서 제기될 수 있는 문제는 다음과 같다. '발견'과 '사기'가 사실은 협상과 논쟁 과정을 거쳐 나온 역사적 판단에 불과한데, 현재에는 이런 판단을 근거로 왜 X-선은 발견될 수밖에 없었고, N-선은 사기로 귀착될 수밖에 없었는지를 설명하는 것을 당연시하는 경향이 있다. 이것은 본말이 뒤바뀐 것이 아닌가? 처음부터 X-선은 발견이었고, N-선은 사기라고 볼 수는 없지 않은가? 따라서 X-선과 N-선을 대칭적으로 설명하고자 한다면, 결론이나 목적을 먼저 내세우지 말고 동일한 방식으로 왜 X-선은 '발견'이 되었고, N-선은 '사기'로 결론 났는지를 봐야 하지 않을까?

성 주장들의 관점에서 판단된 것인 한 찬성과 반대는 참여자들(가정적이든 실제적이든)의 재량권하에 놓인 이유들에 기초한다. 이런 (대부분 암묵적인) 이유들은 축을 형성하는데, 그 주위로 이해에 도달하는 과정들이 회전한다. 그러나 만약 어떤 표현을 이해하고자 해설자가 (발화자가 필요하고 적절한 환경 속에서라면 그 타당성을 방어할 수단으로 삼았을) **이유를 상기시켜야만** 한다면, 그는 타당성 주장의 평가과정 속으로 **자신을** 밀어 넣고 있는 셈이다. 15)

짧게 요약하면, 문제는 지식사회학에서 사용된 방법론적 전략과 연구대상 분야에서 제기되는 내재적 비판양식 사이에서 독립성을 유지하기 어렵다는 점과 관련되어 있다. 이 어려움으로 몇 가지 관련 상황과 결과가 나타난다.

1. 뒤앙-콰인과 관련된 인식론적 테제를 특정한 사례에 적용할 때, 다음과 같은 종류의 혼란이 발생될 수 있다 — 즉, 특정한 이론이 실험 증거에 의한 '명료한' 지지 없이 수용되었다는 명백한 역사적 사실은 실험가가 미숙한 결과를 받아들였거나, 관련된 대안을 설명하지 못했거나, 엄격한 시험도 거치지 않고 반대편 주장을 부당하게 기각했던 결과에 따른 구체적 비판과 뒤섞여 혼란을 불러올 수 있다. 한정된 실험 증거에 의한 이론의 과소결정성(underdetermination)의 필연성에 대한 보편적 철학 테제가 특수한 설명적 해명에 사용될 때, 그 테제는 부적절한 뭔가가 사례 — 즉, 특정한 논쟁이 엄격한 시험을 통해서가 아니라 선고를 내리는 공동체에서 발원하는 다양한 '사회적' 압력과 '기득권'에 의해 종결되는 것으로 비춰질 수 있는 그런 사례 — 속에서 계속되고 있음을 암시할 수 있다. 16)

---

15) Jürgen Habermas, *The Theory of Communicative Action*, *vol. 1*: *Reason and the Rationalization of Society*, Thomas McCarthy 역(Boston: Beacon Press, 1984), p. 115.

2. 논쟁 중인 다양한 이론과 실험적 실천을 설명하기에 앞서 기반을 평평하게 고르기 위해 대칭성과 공평성 테제를 사용하는 것은 이미 승리하거나 확립된 프로그램을 희생시켜 정복되거나 주변화된 이론을 부흥시킬 여지가 있어 보인다.17) 예를 들면, 콜린스와 핀치(Trevor Pinch)는 염력이라는 '초자연적' 현상의 시범(示範)을 둘러싼 논쟁을 대칭적으로 다루려 했다. 그들의 연구는 회의적인 과학자들이 얼마나 격렬한 공격에 착수했는지 서술한다. 그들은 유리 겔러와 같은 '수저 구부리는 자'(spoon bender)의 속임수를 폭로하려고 전문 마술가의 도움을 얻는다. 콜린스와 핀치는 회의론자들이 공평무사함과 거리가 멀다고 주장한다. 그들은 실험적 '검사법'을 수립하고 그 결과를 해석할 때 이미 염력이 사기라고 가

---

16) 새록과 앤더슨〔Wes Sharrock & Bob Anderson, "Epistemology: professional scepticism", pp. 51~76, in G. Button, ed., *Ethnomethodology and the Human Sciences*(Cambridge University Press, 1991)〕은 사회학적 주장들의 공통적 경향성을 규명한다. 그것은 분석되는 공유적 판단(과학적이든 비과학적이든)을 일종의 엄격한 인식적 기준(회의적 철학자들이 대화상대에게 요구하는 기준)과 비교하는 것이다. 위치 지워진(situated) 판단이 그런 기준에 못 미치는 것으로 비춰질 때, 이것은 설명을 요청하는 것처럼 보인다. 그러나 새록과 앤더슨에게는 관련된 환경 속에서 어느 누구도 요구하지 않을 때 그런 설명은 요청되지 않는다.

17) 이에 대한 사례로는 다음을 볼 것. Evelleen Richards, "The politics of therapeutic evaluation: the vitamin C and cancer controversy", *Social Studies of Science 18*(1988): 654. 리처드(Richards)는 대칭성 정책기조를 채택했지만, 그녀 스스로 '주류' 생의학 연구기관이라 부르는 것과 비타민 C를 이용한 암치료 주창자들 사이의 논쟁을 다루자 전자의 주장을 기각하는 상황에 직면하여 암묵적으로 후자의 주장을 강화하는 결과를 낳았다. 리처드와 두 동료는 후에 연구대상인 논쟁에 중립적 입장을 취할 수 있다는 가능성에 반대하고, '지배 이데올로기'에 대항하는 가치-개입적(value-committed) 입장을 취했다. 이에 대해서는 다음을 볼 것. Pam Scott, Evelleen Richards, and Brian Martin, "Captives of Controversy: the myth of the neutral social researcher in contemporary scientific controversies", *Science, Technology, and Human Values 15*(1990): 475~494.

정하고 있었기 때문이다. 과소결정성 테제를 따르면, 한정된 양의 시험은 이론에 대한 절대적 증명을 제공할 수 없기 때문에 콜린스와 핀치의 논증의 특별한 힘은 논쟁 중에 비정상적으로 당파적이고 윤리적으로 의문시되는 행동을 구체적으로 드러낸다는 사실에서 나온다. [18] 그들은 논쟁 양 진영의 주창자들이 사용하는 이상하고 부정직한 실천들을 언급한다. 콜린스와 핀치는 초자연적 현상에 대한 주장을 옹호하려 들지 않는다. 하지만, 염력은 이미 크게 의심받고 있기 때문에 대칭적으로 논쟁을 다룬다는 사실 그 자체가 초심리학자들의 의심스런 주장에는 추가적으로 어떤 손상도 끼치지 않으면서, '주류' 과학자 주장의 지위를 상대적으로 깎아 내리는 수사적 효과를 초래한다. [19]

3. 과학자 사회의 구성원들은 자신들의 과정과 이론적 신봉에 적대적인 실질적이거나 가능성을 띤 주장에 대해 '완벽한' 고려 없이 자의적 태도를 취하는 것처럼 보일 수 있다. 그러나 비트겐슈타인이 지적하듯, 초월적 기준의 결여를 반드시 자의성으로 귀착시킬 필요는 없다.

가설에 대한 모든 시험, 모든 입증과 반증은 시스템 내부에서 이미 일어난다. 그리고 이 시스템은 우리의 모든 주장을 위한 다소 자의적이고 의심스런 출발점이 아니다. 그렇지 않다. 시스템은 우리가 주장이라고 부르는 것의 본질에 속한다. 시스템은 출발점이라기보다는 오히려 주장들이 그 속에서 자신의 삶을 향유하는 요소이다. [20]

---

18) H. M. Collins and T. J. Pinch, *Frames of Meaning: The Social Construction of Extraordinary Science*(London: Routledge & Kegan Paul, 1982).

19) 콜린스는 초심리학자들이 자신들의 주장을 뒷받침하려는 목적으로 자신과 핀치의 책을 읽었다는 사실을 인정했다(개인적 의견교환). 반면에, 책에서 소개된 다양한 초심리학 비판자들의 경우에는 상황이 확실히 다르다.

20) Ludwig Wittgenstein, *On Certainty*, ed. G. E. M. Anscombe and G. H. von Wright(Oxford: Blackwell Publisher, 1969), sec. 105.

그런 시스템에 대한 '공평성' 검사는 구성원들이 대안적 사고와 행동방식의 진입을 제한하는 자의적 경계를 설정해 놓았다는 인상을 심어 줄 수 있다. 따라서 '주장들이 자신들의 삶을 향유하도록' 보장하는 매개는 정치적 색채를 띠게 된다 — 마치, 그 매개가 명시적 판단과 계획적 음모에 의해 뽑히기라도 한 것처럼.

4. 과학, 그 산물, 그것과 관련된 실수와 오용 등을 서술하기 위한 일반적 어휘들(예를 들면 **발견**, **발명**, **증거**, **해석**, **인공물**, **사기** 등과 같은 단어들)은 자연과학과 사회과학에서 익숙하게 당파적이고 비대칭적으로 사용되고 있다. 과학사회학자들이 이따금씩 특별한 사례들을 기술하거나 설명할 때 비평가적 어휘들을 사용하려고 노력하고 있지만, 그들이 그렇게 해도 좋은지의 여부는 결코 명확하지 않다. 21)

5. 특수한 실험, 시뮬레이션, 이론모형 등의 서술을 위해서는 과정, 결과, 판단기준 등에 대한 구성원들의 설명을 사용하는 것이 필수적이다. 구성원들의 설명은 이해하기 매우 어려울 수 있고, 역사학자와 사회과학자의 서사(narratives)로 그것을 소화하는 데는 훨씬 더 큰 어려움이 뒤따를 수 있다. 당파적 용어와 (무엇이 시험되었고, 무엇이 무시되었을 수 있으며, 무엇이 적절히 해결되었는지 등에 대한) 국지적으로 고지된 평가(informed evaluations)에 의존하지 않고 어떻게 과학사회학에서 실험적 실천을 올바르게 해석할 수 있을 것인지에 대해서는 과제로 남아 있다. 사회학자들은 서술 대상인 기법에 주입된 당파적 신봉에서 거리를 유지하면서 기술적으로 적절한 서술을 전달해야 한다고 주장할 때 엄청난 부담을 느낀다.

---

21) 심지어 칼롱과 라투르도 기호학적 정교화를 위해 '대칭적 어휘'의 확립이라는 전망에 도취된 것처럼 보인다. 이에 대해서는 다음을 볼 것. M. Callon and B. Latour, "Don't throw the baby out with the Bath school! A reply to Collins and Yearley", pp. 343~368 in A. Pickering, ed., *Science as Practice and Culture*(Chicago: University of Chicago Press, 1992).

성찰성

제 1장에서 다뤘던 민속방법론적 판본의 성찰성과는 달리, 블루어의 판본은 자기 프로그램의 '과학적' 지위 확립을 위한 기준이라는 성격이 강하다. 그의 성찰성 요구는 지식사회학을 그 자신의 프로그램에 적용하려고 했던 만하임과 머튼의 그것과 어느 정도 비슷하다. 앞 장에서 설명했듯, 만하임은 그것의 유일한 역사적, 제도적 상황이 다양한 지식형(型)에 대해 비교적 가치중립적인 평가를 가능하게 해준다고 주장함으로써 지식사회학의 실용주의적 권위를 지키려 했다. 머튼은 전문화된 과학사회학의 하위분과는 성숙한 과학 전공분야의 속성을 '본보기로 삼는다'는 식으로 다소 과감한 주장을 펼쳤다. 그러나 블루어와는 달리, 만하임과 머튼은 모두 적절한 제도적 환경이 확립되면 합리적 양식의 의사소통이 출현한다는 관점에 동의했다. 결론적으로, 자신의 분과 프로그램에 대한 그들의 '성찰적' 분석은 프로그램의 내재적 발전에 대한 과학적 주장을 뒷받침하는 것으로 작동한다. 그런 성찰적 주장은 이기적이고 회귀적이지만, 내적 일관성을 띤다.[22] 성찰성을 위한 블루어의 조항은 더 어려운 문제

---

22) 나는 이것을 매우 약화된 의미로 사용하고 있다. 폰 쉘팅(Alexander von Schelting)의 주장처럼, '초(超)특수적' 입장에서 특별한 이데올로기를 평가적으로 비교하려는 만하임의 제안은 만하임이 만족할 수 없는 특별한 타당성 기준을 가정한다. 그가 할 수 있는 최선은 사회적으로 부표(浮漂)하는 지식 계급이라는 위치에 호소하는 것인데, 폰 쉘팅이 지적하듯, 이것은 "**개념이 사회에서 해방된 지성의 두뇌에서 나온다는 사실이 곧 그 타당성을 보증한다**"는 것을 가정한다. 이에 대해서는 다음을 볼 것. von Schelting, "Review of Ideologie and Utopie", *American Sociological Review 1*(1936): 664~674. 인용은 이 책 p. 673에서 했고, 강조는 원문 그대로다. 그러나 만약 만하임의 해명이 아무런 타당성의 보증을 제공하지 않고 오직 담론을 위한 실용주의적 의사소통의 기반(이런 기반 속에서 다양한 사상들이 이전 이데올로기적 신봉이라는 토대 위에서 질서를 유지하게 될 것이다)만을 제공하고 있다는 점에서 '약화'된 것이라면, 그리고 만하임이 이런 환경이 지식사회학을 지지

를 초래하는데, 더 이상 과학적 합리성의 내재적 발전을 위한 적절한 조건이 제자리를 잡고 있다는 식의 주장을 통해 지식사회학을 반석 위에 올려놓을 수 없게 되었기 때문이다. 더욱이, 스트롱 프로그램의 주창자들이 자신들의 진실과 오류, 합리성과 비합리성, 성공과 실패에 대해 공평성을 유지하면서 자신들의 기여를 성찰적으로 평가하는 것이 어떻게 가능할 수 있는지를 상상하기란 쉽지 않은 일이다. 그리고 만약 그들이 그런 성찰적 초월성에 도달할 수 있다면, 그런 영웅적 성취가 과학에서 흔히 실천되는 것처럼 '과학'을 예시(例示)로 삼고 있는지도 의문이다. [23]

블루어는 원리의 중요성을 덜 강조하는 방식으로 성찰성의 난제를 회피하고 있다. 블루어는 스트롱 프로그램의 원리들이 과학적 실천을 인지 가능한 양식으로 규정하지 못하고 있다는 라우던의 비판에 대한 반론에서 심리학의 예를 들어 지식사회학자가 어떻게 과학을 모방하는지를 설명한다.

〔라우던은〕 내가 귀납주의자라는 사실을 보지 못하고 있다. 그는 일관되게 연역주의적 가정이라는 아지랑이 속에서 내 위치를 파악하고자 노력할

한다는 점을 보여 줄 수 있다면, 그의 성찰적 제안은 최소한 일관적일 수 있다. 이와 유사하게, '자기예시하는' 과학사회학을 위한 머튼의 조항은 피상적일 수 있고, 확실하게 타당성을 보증해 주지 않는다. 그러나 그 전망은 그가 다른 과학자 사회를 분석하는 방식에도 일관되어 있다.

23) 예를 들면, 길버트(Gilbert)와 멀케이(Mulkay)는 생화학 논쟁의 참여자들이 논쟁 중인 이론의 참과 거짓을 평가할 때 어떻게 공평성에서 멀어지는지를 생생하게 기록한다. 다음을 볼 것. G. Nigel Gilbert and Michael Mulkay, *Opening the Pandora's Box: A Sociological Analysis of Scientist's Discourse* (Cambridge University Press, 1984). 폰 쉘팅이 지적하듯("Review", p. 674), "문제에서, 심지어 한정된 종류의 해결에서, 고도의 '사활적 이해관계'(vital interestedness)도 마찬가지로 일부 경우에 비교적 높은 확률의 인지적 성공을 제공해 줄 수 있다. '사회적 소속감'과 '사활적 이해관계'는 질투처럼 시야를 트이게 할 수도 가려버릴 수도 있다."

뿐이다 … 나의 비판가에게는 행위가 명백히 규정된 원리를 따르는 경우에만 그것을 이해할 수 있는 것처럼 보이나보다. 나에게는 그런 편견이 없다. 피아노를 배우는 학생은 선생의 연주에서 그 고유한 특징이 무엇인지 말할 수 없을지라도, 선생을 흉내 내려 시도하는 것이 어려운 일만은 아닐 것이다. 같은 원리로, 우리는 과학적 실천의 사례에서 노출된 것을 통해 사고의 습관을 획득하고 그것을 다른 영역에 전파한다. 실제로 쿤(Kuhn)과 헤세(Hesse)와 같은 일부 사상가는 이것이야말로 과학 그 자체가 성장하는 방식이라고 믿는다. 사고는 귀납적으로 사례에서 사례로 옮겨간다. 내 제안을 정리하면, 우리는 실험실에서 획득한 본능을 지식 그 자체의 연구로 이전한다. 24)

아마도 이런 주장은 블루어가 라우던과의 논쟁에서 난처해진 입장을 벗어나는 데는 어느 정도 기여했겠지만, 몇 가지 추가적인 문제를 낳았다. '우리'는 어떻게 실험실의 '본능'을 획득하는가? 블루어가 수학을 이해한 것은 확실하지만, 그의 수학사회학은 '수학적'이지 않다. 25) 그리고 실험실 민속지(民俗誌) 연구를 수행하는 과학사회학자는 신참이 실험실에서 전문기술을 뽑아내기 위해 노력하는 방식으로 그가 관찰한 실천을 모방하려 들지 않는다. 과학사회학자와 과학사학자는 일반적으로 그들이 관찰하는 실험실 구성원들이 '비(非)성찰적' 관행에 빠지지 않도록 자신을

---

24) Bloor, "The strengths of the strong programme in the sociology of knowledge", p. 206. 이 글은 라우던의 다음 글에 대한 응답이다. Laudan, "The pseudoscience of science?", pp. 180~181. 또한, "감각 경험, 물질주의, 진리"에 대한 그의 사회심리학의 정교화에 대해서는, Bloor의 *Knowledge and Social Imagery* 제2장을 볼 것.

25) 제5장에서 나는 '수학적'인 사회학적 연구의 사례를 본격적으로 다룬다 — 즉, Eric Livingston, *The Ethnomethodological Foundations of Mathematics* (London: Routledge & Kegan Paul, 1986). 이 책에 대한 서평에서 블루어는 리빙스턴(Livingston)이 설명의 사회적 형태에 충분히 주목하지 못했다고 불평했는데, 이는 시사하는 바가 크다. Bloor, "The living foundations of mathematics", *Social Studies of Science* 17(1987): 337~358.

통제하는 데 상당한 곤란함을 겪는다. 26) 그들은 기록된 문서와 텍스트를 가지고 일하고, 담론적 주장을 펼치기 때문에 그들이 어떻게 실험실의 '본능'을 자신들의 문자적 실천으로 귀납적으로 옮길 수 있는지는 불분명하다.

블루어는 이런 본능이 도구, 배태된 기법, 실험실의 세속적 담론 등의 고유한 총체(unique ensembles)에서 추출될 수 있는 개인적 사유의 습관이라고 가정하는 것 같다. 어쩌면 실험실 과학에서 '문자적 기입'(literary inscription)의 만연에 대한 라투르와 울가의 발견을 따라, 적절한 본능은 '과학적으로' 쓰기의 실천 속에 배태되어 있을 수 있다. 27) 과학사회학자

---

26) 이런 어려움을 가장 잘 보여 주는 사례는 라우르와 울가의 정책기조이다. 그 들은 솔크연구소(Salk Institute)의 실험실을 대상으로 행한 민속지에서 '외부인'의 태도를 가정하고 있다 — *Laboratory Life*: *The Social Construction of Scientific Facts* (London: Sage, 1979; 2nd ed., Princeton, NJ: Princeton University Press, 1986). 자연철학에서의 실험의 적실성에 대한 보일과 홉스의 논쟁에 대한 역사적 연구에서, 셰이핀과 샤퍼는 그들이 서술하는 사건의 '자명한' 성격에 대한 '구성원들'의 관점을 채택하는 것에 대한 예방으로서 라투르와 울가의 '외부인' 전략을 채용한다. Steven Shapin and Simon Schaffer, *Leviathan and the Air Pump*: *Hobbes, Boyle, and the Experimental Life* (Princeton, NJ: Princeton University Press, 1985), p. 6. 콜린스(Harry Collins, *Changing Order*: *Replication and Induction in Scientific Practice* (London: Sage, 1985), 제3장)는 레이저를 건조(建造)하기 위한 자신과 동료의 노력을 풍부하게 그려내고, 핀치와 함께 쓴 그의 책(*Frames of Meaning*: *The Social Construction of Extraordinary Science* (London: Routledge & Kegan Paul, 1982))에서는 저자들이 참여한 초심리학 실험을 서술한다. 그럼에도, 주제를 비판적으로 검토하는 것 외에 콜린스의 상대적 사회학이 실험실의 관행을 반영하고 있다는 분명한 느낌은 없다.

27) 라투르와 울가(*Laboratory Life*)는 '기입' 속의 이해관계로부터 과학자들의 실천과 그들이 연구하는 과학자들을 동일시할 수 있다고 주장하지만, 1986년 판 후기를 쓸 때, 그들은 성찰성에 대한 초기의 과학주의적 판본에서 크게 벗어나 있었다. 크노르-세티나와 아만(Karin Knorr-Cetina and Klaus Amann, "Image dissection in natural scientific inquiry", *Science, Technology & Human Values* 15 (1990): 260)은 실험실에서 문자적 기입의 중심성에 문제를

가 자신이 분석하는 실천을 습관적으로 모방한다고 말하는 것은 과학자들의 문자적 실천에 대한 비판적이고 분석적인 접근에 유리하지 않을 것이다. 이런저런 이유로, '성찰성'은 최근 몇 년 사이에 다양한 영국의 과학사회학자들 사이에서 논쟁을 불러일으키는 요소의 일부가 되었다. 나중에 설명하겠지만, 스트롱 프로그램을 위한 이런 요구는 지식사회학에서 독특한 연구 프로그램으로 변모되었다.

스트롱 프로그램의 자손, 형제자매, 친족들

스트롱 프로그램과 관계를 맺고 있는 가족적 연구들(family of studies)은 느슨하고 파생적이고, 그 계보도 '순수'와는 거리가 멀다. 성숙한 하위 프로그램의 일부가 사춘기에 도달함에 따라 형제자매 간 경쟁이 치열해지는 한편, 동시에 머튼주의 족벌에 대한 이전의 적개심은 테마와 연구 기획의 부분적 족외혼을 통해 줄어들었다(그리고 여기에는 두 족벌이 처음부터 그렇게 크게 떨어져 있지 않았다는 상호 인정도 중요한 요인으로 작용했다). 또한, 프로그램은 객관적 과학의 명시적으로 정치화되고 고도로 비판적인 논법과 뒤섞이기도 했다. 번스, 블루어, 멀케이 등은 자신들의 제안에 명백한 정치적 색채를 입히고 있지 않지만, 최근 몇 년 사이에 그들의 주장은 과학적, 의료적 주류체제에 대한 정치화된 비판에 도입되고 있다. 28)

제기하고, 시각적 이미지화가 더욱 중요하다고 주장했다.

28) 다음을 볼 것. Donna Haraway, *Primate Visions: Gender, Race and Nature in the World of Modern Science*(New York: Routledge & Kegan Paul, 1989); Haraway, *Simians, Cyborgs, and Women*(New York: Routledge & Kegan Paul, 1991); Evelyn Fox Keller, *Reflections on Gender in Science*(New Haven, CT: Yale University Press, 1985).

과학사회학(social studies of science)은 아직도 작은 분야에 불과하지만, 나는 이 분야의 문헌 전체를 포괄하려 한다고 말할 생각은 추호도 없다. 다른 학문 분야의 경우와 마찬가지로, 쓰기의 산물은 그것의 실체적 부분을 읽어 내는 모든 사람의 능력을 훨씬 상회한다. 다행스럽게도, 최소한 프로그램의 차원에서 독자가 꽤 믿을 만한 수준으로 문헌에 대한 정보를 제공해 주고, 그 모든 것을 읽지 않고도 각 분과들을 충분히 파악할 수 있도록 해주는 책들이 있다. 이런 접근의 바람직하지 못한 효과는 특정한 연구가 하나의 이정표와 (이질적 영역의 연구들이 인용하는) '인용 자석'(citation magnets)으로 기능하는 경향이 있다는 점이다. 이런 점을 미리 언급해두면서, 나는 이제 학문적 유형학의 윤곽을 그려냄으로써 폭력의 통상적 움직임을 시작하고자 한다. •

계속되는 스트롱 프로그램

스트롱 프로그램의 여행은 에든버러(Edinburgh)를 넘어 순항하면서 다양한 관점을 지닌 연구들에 영향을 미쳤다. 이 프로그램과 가장 가까운 제휴 연구들로는 특정한 역사적 전개들을 대상으로 한 사례연구를 들 수 있다. 가장 잘 알려진 최근의 연구로는 피커링(Andrew Pickering)의 《쿼크 구성하기: 입자물리학의 사회학사》(Constructing Quarks: A Sociological History of Particle Physics)가 있다. [29] 제목이 암시하듯, 이 연구는 피커링이 '쿼크/게이지 이론 세계관'(quark/gauge theory worldview)이라 부른 것의 확립과정에서 절정을 이룬 1960년대 이래 일련의 이론적 및 실험적 전개과정을 재평가하고 있다. 이 세계관은 양성자와 중성자의 근본

• 〔옮긴이주〕 분석자가 어떤 대상을 유형에 따라 분류한다는 것은 어쩔 수 없이 분석자의 판단을 동반할 수밖에 없기 때문에, 여기서처럼 '폭력의 통상적 움직임'을 초래할 수밖에 없다.

29) Andrew Pickering, *Constructing Quarks*.

적 구성요소라 불리는 쿼크를 포함한 새로운 이론적 실체에 의해 자리 잡게 되었다. 게이지 이론은 새로운 실체와 힘의 정합적 연결 관계를 설명하려고 '매력'(charm)이라는 개념을 사용하는데, 그 개념은 입자물리학자들로 하여금 물질의 내부구조를 더 깊숙이 '관통하는 데' 필요한 매우 거대하고 강력한 장비를 확보하기 위한 연구비에 목을 매도록 하는 촉진제 역할을 한다.

피커링은 스트롱 프로그램의 2단계 논증방법의 계통을 따라, 물질의 조성에 대해 새로운 이론을 지지하는 내재적인 일련의 실험 전개과정의 '과학자 판본'이라고 스스로 명명한 것에 문제를 제기한다. 그는 실험적 사실에 의한 이론의 과소결정성이라는 익숙한 철학적 논증을 인용하여 "사실" 자체가 "심히 미심쩍다"고 진술한다.[30] 그에 따르면, 그 이유는 실험 자료의 사실적 지위가 적절한 장비가 제대로 기능했는지, 효과적인 통제가 이루어졌는지, 적절한 신호가 잡음배경에서 올바르게 식별되었는지 등에 대한 틀리기 쉬운 판단에 의존하기 때문이다. 더욱이, 실험 자료의 '사실적' 느낌과 의미는 자료를 이론적 선입견에 적절히 꿰맞추도록 조정하는 모형, 유비, 시뮬레이션 등의 사용을 통해 드러난다. 피커링은 이론과 실험 자료의 관계는 사실이라는 수단을 통한 독립적 이론의 검증이 아니라 '공조'(tuning)나 '공생'(symbiosis)의 관계라고 주장한다. 그의 역사적 설명은 실험 과정과 자료의 이론적 해석을 둘러싼 의문에 대한 '합법적 반대를 위한 가능성'을 드러낸다. 그는 서로 다른 연구집단 사이의 논쟁을 서술하면서 관련된 실험적 사건과 그 실험의 함의를 둘러싼 다중적 해석의 가능성을 드러내 주는 지표로서 각 집단의 불일치된 해명을 제시한다. 그는 과학자들이 실험에 대한 해석과 이론 선택을 관리하는 방법을 설명하고자 '맥락 속의 편의주의'라는 개념을 끌어들인다 ― 이 개념은 과학자들이 어떻게 특수한 실험-해석적 경로를 뒤좇는가를 서술한

---

30) *Ibid.*, p. 6.

다. 이때, 해석적 경로란 과학자들로 하여금 전문기술을 발휘하여 가장 '관심이 큰' 실현 가능한 이론적 전개를 따를 수 있도록 해주는 것이다.

피커링의 연구는 실험적 실천과 도구에 주된 관심을 둔다는 점에서 독특하다. 그는 실현 가능한 거품상자 장치용 설계, 아(亞) 원자 입자의 추적을 해석하는 방법, '약한 중성자 전류'에 대한 실험에서 사용된 컴퓨터 시뮬레이션 과정 등을 대상으로 삼는다. 피커링이 물리학자로 훈련을 받은 것도 이 과정에서 필수불가결한 요소라고 할 수 있는데, 그런 훈련 덕분에 그는 자신이 개관한 실험이 논증해 줄 수 있었던 것에 대한 '합법적인' 반(反)사실적 평가를 실시할 수 있었다. 이런 역량 덕택에, 그는 탁상공론식 상대주의에 빠지지 않을 수 있었다 — 이런 상대주의에서, 특정한 순간에 이루어진 판단의 합리성은 선택 가능한 논증에 의해 뒷받침된다. 바로 이런 점에서, 피커링의 설명은 '과학자의 판본'이기도 하다 — 물론 조사 대상인 연구집단의 구성원들에 의해 만들어진 것들과는 다른 이론적, 방법론적 신봉을 표현하는 판본이라는 점에서 차이는 있다. 피커링의 판본은 이런 종류로서 유일한 것은 아니다. 물리학의 역사와 '물리학의 물리학'을 모두 아우르는 그의 관점은 피터 갤리슨(Peter Galison)과 프랭클린(Allan Franklin)으로부터 도전 받고 있다. 31)

피커링의 실용주의적 초점은 실험 도구, 기법, 분석 등의 서술을 향한 과학사회학의 경향과 일치한다. 32) 초기의 사회역사적 연구에서 잘 알려진 보다 추상적이며 이론 기반의 지식 개념은 '지식 생산'의 물리적 현장,

---

31) Peter Galison, *How Experiments End*(Chicago: University of Chicago Press, 1987); Allan Franklin, "Do mutants have to be slain, or do they die of natural causes? The case of atomic parity-violation experiments", chap. 8 of his *Experiment Right or Wrong*.

32) 예를 들어 다음을 볼 것. Shapin and Schaffer, *Leviathan and the Air Pump*; David Gooding, "How do scientists reach agreement about novel observations?", Studies in *History and Philosophy of Science 17*(1986): 205~230.

새로운 과학지식사회학의 출현   163

인공물, 기법 등이라는 보다 구체적인 개념으로 점차 바뀌고 있다. 33) 초점은 보다 집약적이고 '내부적'(비합리주의적 관점에서) 이다. 그 목적이 연구자들이 자료의 '혼잡한' 배열 속에서 분류를 실시하고 장비가 적절히 작용하고 있는지 여부를 판단할 때, 작업현장에서 이루어지는 실용주의적 전략과 비공식적 판단을 판별해 내는 것이기 때문이다. 이런 점에서, 스트롱 프로그램과 '경험적 상대주의 프로그램', 실험실 연구, 과학 행위의 민속방법론 연구 등을 포함하는 여타 프로그램들은 서로 수렴한다.

경험적 상대주의 프로그램

구성주의 프로그램인 경험적 상대주의 프로그램(empirical relativist program)•은 스트롱 프로그램과 매우 가까운 관계이다. 이 프로그램은 배스학파(Bath school) 의 프로그램으로 알려져 있는데, 배스대학교에 있는 콜린스와 그의 현·전 제자들이 주요한 기여자들이기 때문이다. 34) 그들의 연구는 현재 진행되고 있는 과학 논쟁에 집중하는 경향이 있고, 공약 불가능한 입장(incommensurable positions), 이론의존적(theory-laden)

---

33) Andrew Pickering이 편집한 선집 *Science as Practice and Culture*(Chicago: University of Chicago Press, 1992) 의 서문을 볼 것. 또한, 인공물과 실험에 대한 특집호인 *Isis 79*(1988) : 369~476을 볼 것.

• [옮긴이주] EPOR(empirical programme of relativism) 을 문자 그대로 번역하면 '상대주의의 경험적 프로그램'이 된다. 다만, 여기서는 저자가 'empirical relativist program'이라 사용하는 점을 감안하여 '경험적 상대주의 프로그램'으로 번역한다.

34) 배스 학파의 대표적 관점으로는 다음을 참조할 것. Collins, *Changing Order*; Trevor Pinch, *Confronting Nature: The Sociology of Solar Neutrino Detection*(Dordrecht: Reidei, 1986) ; D. L. Travis, "Replicating replication? Aspects of the social construction of learning in planarian worms", in H. M. Collins, ed., *Knowledge and Controversy: Studies of Modern Natural Science, Social Studies of Science 11*(1981) 특별호: 11~32.

실험 실천, 논쟁이 종결에 이르기까지의 비합리적(또는 합리성을 벗어난) 방법 등에 대한 대칭적 서술을 제공하고자 한다. 다수의 배스 학파 연구는 실험과학에서 재현(또는 결정적 시험)의 역할에 대한 전통적인 철학의 개념화를 비판하기 위한 토대로 경험적 사례를 끌어들인다. 그들의 관점에 따르면, 재현이 생각보다 훨씬 덜 시도되고 있고, 과학자가 다른 연구자의 결과를 재현하고자 할 때도 그 자신의 프로그램상의 이익에 부합하도록 원래의 장비와 과정에 종종 수정을 가하기 때문에 재현의 개념은 문제에 직면할 수밖에 없다. 더욱이, 실행자(practitioner)가 해당 테크닉과 장비에 충분히 숙달되지 않는 한, 관찰 과정을 담은 문서화된 보고서는 그 관찰을 재생산하기 위한 자족적 지침으로서 거의 아무런 소용이 없다. 방법의 해명(methods accounts)은 과학 보고양식의 교범에 맞춰서 쓰이는 까닭에 과학자들이 실제로 행하는 일은 묘사되어 있지 않다. 실험에서 계속해서 '좋은' 결과를 얻는 과학자들은 종종 그들이 어떻게 그런 결과를 얻었는지 설명하지 못한다. 연구자들은 문서화된 지침에서 기법을 재현하려 애쓰는 대신에 종종 그런 기법이 확립된 다른 연구소로부터 연구원들을 모집하는 것을 더 선호하고, 처음 실험에 성공한 연구자는 일반적으로 다른 과학자들이 발견의 결과를 재현하는 데 실패할 때〔그 결과를 받아들이는 것이 아니라 - 옮긴이〕 그들이 주어진 과정을 충실히 따르지 않아서 실패했다는 식의 불평을 터뜨리곤 한다.35) 그 결과, 콜린스에 따르면, 과학자들은 실험의 재현 성공 여부로부터 실험결과의 진위 여부를 판단할 수 없다.• 실험가의 역량과 신뢰, 실험 설계의 적절성, 실험

---

35) 콜린스는 이런 목록을 끌어 모아 '실험자의 회귀'(experimenters' regress)로 개념화했는데, 여기에는 실험적 실천의 국지적 조직화에 대한 배스 학파와 여타 연구에서 기원한 특징들도 함께 포함되어 있다.

• 〔옮긴이주〕 배스 학파의 태두인 해리 콜린스가 2005년 말 한국을 뜨겁게 달궜던 이른바 '황우석 사태' 때 〈한겨레〉에 바로 이 재현이라는 주제로 기고를 한 것은 흥미로운 사실이다. 이 기고문에서 그는 여기에 정리된 내용대로 인간배아복제를 이용한 줄기세포 수립에 대한 재현 유무를 통해 황우석의 과학

증거의 강도와 의미 등에 대한 실험되지 않은 가정들, 이 모든 것이 결합하여 특정한 실험적 실연(實演)을 수용 또는 기각하는 힘으로 작용한다.

'경험적 상대주의자들'은 번스와 블루어에 비해 인과성을 덜 강조하지만, 비슷한 논증 전략을 사용한다. [36] 그들은 관련 실험에 대한 서술을 정리하고 나서 논쟁의 양쪽 당사자들에게서 인터뷰를 끌어냄으로써 다음과 같은 내용을 증명하고자 했다. ① 실험 자료 그 자체만으로는 실험이 해당 이론을 지지할 것인지 기각할 것인지를 결정할 수 없다, ② 논쟁을 유발하는 현상을 탐구하는 연구자들의 '핵심집단'(core set)에서의 협상이 그 문제가 언제 '종결된' 것으로 간주될지 결정한다. '핵심집단'은 과학 논쟁을 불러일으키고 해결하는 데 주도적 역할을 맡는 비교적 소수 연구자 집단(또는 연구소)을 일컫는다. 경험적 상대주의 접근은 이론적 위임과 실험적 실천의 관계구조를 문서화하고자 핵심집단 구성원들의 발표 및 미발표 증언들을 사용한다는 점에서 '경험적'이다.

예를 들면, 중력파에 대한 조지프 웨버(Joseph Weber)의 실험을 둘러싼 논쟁 연구에서 콜린스는 실험에 대한 웨버의 평가와 그의 비판가들의 평가가 극적으로 갈리는 것을 보여 줄 수 있었다. [37]

웨버는 진공방 안에 육중한 알루미늄 막대로 이루어진 비교적 간단하

사기가 결정될 수 있었던 것은 아니었다는 취지의 주장을 펼쳤다. 이에 대해서는 〈한겨레〉(2006. 2. 2)를 참조할 것.

36) 피커링이 *Constructing Quarks*에서 사용한 논증 전략은 스트롱 프로그램보다는 경험적 상대주의 프로그램에서 훨씬 쉽게 목록화된다. 주된 차이는 피커링이 현장에서 관찰하고 실천자를 인터뷰하기보다 최근의 현대 물리학에 대한 역사적 접근에 배타적으로 의존한다는 점이다.

37) 이 논쟁은 Collins, *Changing Order*, 제4장에 수록되어 있다. 이어지는 인용은 이 자료에서 이루어진 것이다. 콜린스는 다음과 같은 자신의 논문들에서 보다 정교한 설명을 시도하고 있다. "The seven sexes: a study in the sociology of phenomenon, or the replication of experiments in physics", *Sociology 9*(1975); "Son of the seven sexes: the social destruction of a physical phenomenon", *Social Studies of Science 11*(1981): 33~62.

면서도 민감한 중력파 검출기를 설계했다. 그는 알루미늄 원기둥을 통해 공명하는 진동을 증폭시킨 다음 측정하고자 이 '안테나'〔알루미늄 원기둥〕를 전기 조절장치에 연결했다. 웨버는 예측할 수 있는 모든 진동의 원인 — 전기, 자기, 열, 음파, 지진 등 — 으로부터 안테나를 철저히 차단하고자 했다. 그는 열에 의한 '잡음'을 없앨 수는 없었지만, 적소(適所)에 적절한 통제를 가하면 그런 잡음을 비교적 임의적인 배경 요동으로 등록시킬 수 있을 것으로 생각했다. 웨버는 그런 잡음의 발현되는 특징을 포착하여 고려해 줌으로써 검출기의 차트 기록상 특별히 높은 몇 개의 피크들을 탐지할 수 있었다고 주장했다. 그리고 그는 이런 피크의 존재가 중력파의 증거라고 주장했다. 그런데 그의 주장은 '핵심집단'의 다른 구성원들에게는 회의적으로 받아들여졌는데, 콜린스를 따르면, 부분적으로 그런 정도로 강한 강도의 진동은 중력에 의해 '우주에서 발생할 수 있는 에너지 양'에 대한 이론적 계산 값과 너무도 큰 차이를 보였기 때문이다. 그런 비판에 직면한 웨버는 두 개의 검출기를 서로 1천 마일 떨어진 곳에 설치하는 방식으로 실험을 재차 시도했다. 이것은 두 검출기에서 발생하는 피크들이 같은지를 시험해 보기 위해서였다. 그 후, 그는 피크들이 주기성을 띤다고 주장함으로써 자신의 관찰을 정교화하고, 자료가 말해 주는 바에 따르면 중력파가 일관되게 은하 외부에서 온 것으로 볼 수 있다고 주장했다. 이 발표로 다른 과학자들은 실험결과를 '재현해야' 할 필요성을 느꼈다. 하지만, 재현은 웨버를 지지해 주지 않았고, 몇 년이 지나지 않아 그의 연구성과는 '거의 보편적으로 믿지 못할 것'으로 전락하고 말았다.[38]

콜린스는 웨버의 실험을 둘러싼 논쟁에 관여했던 많은 과학자를 대상으로 인터뷰를 실시한 후, 몇 가지 근본적 불일치를 밝혀낼 수 있었다. 이런 불일치에는 웨버의 실험이 실제로 재현되었는가를 둘러싼 문제가

---

38) Collins, *Changing Order*, p. 81.

포함되어 있었다. 콜린스는 "다른 모든 사람의 장비는" 웨버의 장비의 "복제품에 불과하다"고 말한 한 과학자를 인용하는 동시에 웨버가 "〔최초의〕 감도로 실험을 반복한 사람이 한 명도 없다는 것은 국제적 망신이다"라고 불평한 사실을 보고한다. 콜린스가 쟁점을 재구성하듯, 무엇을 재현이라 여길 것인가란 질문은 탐지대상인 현상을 둘러싸고 벌어지는 복잡한 평가로 그 성격이 변한다. 장치의 구성요소, 측정장비의 감도, 배경을 통제하기 위한 절차 등은 현상에 대한 선입견과 (현상을 측정하는 데 사용되는) 재료들에 대한 현상의 관계를 뒤엉키게 한다. 이런 선입견은 장비의 측정값을 본질적으로 변경하지 않은 채 재료들이 서로 교체될 수 있는지, 탐지기가 관련 증거를 분석해 내기 위해서는 얼마나 민감해야 하는지, 이런저런 외부적 원천을 고려하려면 필요한 사전예방은 어느 정도로 이루어져야 하는지 등에 대한 판단 속을 파고 들어온다. 콜린스에 따르면, 이 모든 문제에 대한 웨버의 판단과 비판자들의 판단의 결정적 차이는 "과학적" 이성이라는 토대로만 환원될 수 없는데, 적실한 주장에는 개인의 정직함, 기술적 능력, 제도적 협력, 표현 스타일, 민족성 등의 문제를 둘러싼 판단이 혼재되어 있기 때문이다. 그럼에도, 논쟁은 오래 지속되지 않았다. 중력파 실험을 시도했던 여러 실험실의 연구자들은 (서로 다른 이유에서였지만) 최종적으로 웨버가 틀렸다고 결론 내렸다. 웨버는 자신의 초기 실험의 정당성을 입증하려고 노력했지만, 더 이상 연구비를 지원받을 수 없었고, 현실적 관점에서 보자면 중력파에 대한 그의 주장은 죽은 쟁점이 되었다.

콜린스는 "실험실마다 거의 균일한 부정적 결과를 도출하는 것은 중요하다"는 점을 거론하면서, 웨버의 실험을 검토한 어떤 실험도 웨버의 실험을 명확하게 반증해 내지 못했다고 강조한다. 그는 웨버가 비판자의 증거에 오류가 있음을 발견했을 뿐만 아니라 비판자끼리도 다른 비판자의 과정과 결과에 오류를 발견하기도 했음을 목격한다. 따라서 "설령 완벽하게 부정적인 증거를 쉽게 다룰 수 있는 상황이 주어진다고 해도 그렇게 열성적으로 추가할 필요는 없다". 더욱이, 콜린스의 주장에 따르면, 웨버는 그의 비판자의 권고에 따라 장비를 조정하는 선택을 취함으로써 결과적으로 자신의 위치를 약화시키고 말았다. 그렇게 함으로써 그는 중력파가 무엇과 같아야 하는가에 대한 비판가들의 가정에 굴복한 것이다. 이것은 그의 결과를 약화시키는 사태로 이어졌고, 그런 결과가 무엇을 기록할 수 있는지에 대한 그의 초기 감각을 무디게 만들었다. "웨버로 하여금 그의 장비를 정전기 펄스로 보정(calibration) 하도록 만드는 것은 중력파가 현재 물리학의 영역 내부에서 이해될 수 있는 힘으로 남는다고 그의 비판자들이 확신했던 한 가지 방식이었다. 그들은 물리학의 연속성 ─ 과거와 미래의 연계관계 유지 ─ 을 확신했다."[39]

1970년대 초반의 중력파 논쟁과 1989~90년에 있었던 훨씬 더 잘 알려진 '상온핵융합'(cold fusion) 사건 사이에는 놀라울 정도로 유사성이 많다.[40] 웨버와 마찬가지로 스탠리 폰스(Stanley Pons)와 마틴 플라이슈만(Martin Fleischmann)은 기존의 이론과 맞지 않는 결과를 보고했다. 그럼에도, 많은 수의 이론가는 곧바로 기존 이론에 맞게 그들의 결과를 설명할 수 있는 방법을 추론하기 시작했다. 폰스와 플라이슈만도 〔웨버처럼 - 옮긴이〕 비교적 단순한 장치를 사용했지만, 이 장치는 모든 특수한 재현 시도가 (긍정적 '효과'를 낳은) 초기 조건을 다시 재생산할 수 있느냐의 여부를 둘러싸고 벌어진 치열한 논쟁을 지속시킬 수 있을 정도로 충분히 복잡해졌다. 논쟁 또한 매우 치열했고, 인적ㆍ제도적ㆍ기술적 평가를 아우르는 전 영역이 다양한 관련 파벌들에 의해 공표되었다(이런 상황에서 엄청난 양의 출판이 뒤따른 것은 불에 기름을 부은 격이었다). 그리고 일부 사람들이 주장했듯, (몇 번에 걸친 초기의 재현 보고서 이후) 부정적 결과

---

39) *Ibid*, pp. 105~106.
40) Bart Simon, "Voices of cold(con) fusion: pluralism, belief and the rhetoric of replication in the cold fusion controversy"(M. A. thesis, University of Edinburgh, 1991).

가 빠르게 쌓여나갔음에도 불구하고, 유일하거나 결정적인 반증은 없었다. 41) 주장된 모든 시험은 방법론적 토대 위에서 비판되었고(또는 비판될 수 있었고), 많은 경우에 실험가들은 상온핵융합의 이론적 가능성, 핵물리학과 비교된 전기화학의 지위, (덜 공개적으로) 유타대학교의 지위 등에 대한 자신들의 평가에서 확연히 당파적이었다. 42)

콜린스는 중력파 논쟁의 '종결'이 단 하나의 '결정적 시험'에 의한 것이 아니었다고 설득력 있게 주장하면서, 포퍼주의적 반증주의(falsification-ism)란 과학자의 핵심집단이 파생적이고 비교적 제한이 없는 논쟁을 통해 문제를 해결하는 것에 대한 이상적 설명을 제공하는 것에 불과하다는 사실을 보여 주었다. 하지만, 콜린스의 설명이 물리학의 내용이 사회적으로 결정된다는 사실을 보여 주는 것인지에 대해서는 여전히 의심이 든다. 만하임의 지식사회학의 논증을 위한 기준을 떠올려보자.

---

41) 특정한 '결정적 시험'의 논쟁적 성격을 잘 보여 주는 것은 폰스와 플라이슈만을 대변하는 변호사에 의한 소송협박이다. 신문기사에 따르면(David Stipp, "Cold-fusion scientists' lawyer tells skeptic to retract report or face siut", *Wall Street Journal*, June 6, 1990, p. B4), 소송협박은 물리학자 살라몬(Michael J. Salamon)이 〈네이처〉(*Nature*) 3월 29일 호에 실은 논문과 관련되어 있다. 여기서는 "많은 과학자가 상온핵융합이 존재한다는 주장에 최종적으로 치명타를 날린 것으로 간주되는 발견"을 보고하였다. 살라몬은 폰즈-플라이슈만 실험을 재현하기 위한 자신의 노력을 서술하면서, 자신의 중성자 방출에 대한 측정이 상온핵융합에 대한 어떤 증거도 제시해 주지 않는다고 주장했다. 살라몬에게 보낸 편지에서 폰스와 플라이슈만의 변호사는 "살라몬 씨가 현상에 대한 '부당한 조롱론'을 야기하는 핵융합에 대한 '사실적으로 부정확한' 보고서를 출판했다고 확신했다". 이 편지는 상온핵융합에 대한 논쟁을 재가열시켰을 뿐만 아니라 그 자체가 논쟁의 주제가 되었다. 신문기사는 '자유로운 학술탐구 정신'의 통탄할 위반으로서 법적 해결에 대한 의존을 비난하는 다수 물리학자의 말을 인용하고 있다.
42) '상온핵융합' 사건에 대한 내 설명의 많은 것은 Guido Sandri(Boston University, College of Engineering)과의 토론에 기초한다.

만약 어떤 사상의 탄생의 시간적이고 사회적인 조건들이 사상의 내용과 형식에 아무런 영향도 미치지 않는다면, 그 사상의 역사적이고 사회적인 창발은 그것의 궁극적 타당성과 무관할 수밖에 없을 것이다. 만약 이것이 사실이라면, 인간 지식의 역사에서 어떤 두 시기의 구분은 앞선 시기에는 어떤 것들이 알려지지 않았고 일정한 오류들이 존재했는데, 후대의 지식에 의해서 완벽하게 교정될 수 있었다는 사실을 통해서만 가능할 뿐이다. [43]

중력파 논쟁의 여파로, 웨버의 실험은 물리학의 연속성에 지속적인 영향을 미치는 데 실패했다. 실제로 콜린스가 주장했듯, 웨버의 어긋난 주장은 그 후 역사에 의해 다소 박정하게 다뤄졌다. 웨버의 비판자들은 그의 주장을 짓밟는 원천으로 '물리학의 연속성'을 이용했다. 에피소드가 다른 식으로 전개될 수 있었겠지만, 전체적으로 볼 때 물리학의 관련 내용들은 웨버의 실험결과가 함축하고 있던 전환의 가능성을 견뎌냈다. 더욱이, 설사 오류 여부를 어떤 단일한 시험이나 주장을 통해 결정적으로 판단할 수 없는 경우에도 웨버의 주장이 틀렸다는 주장은 여전히 가능할 것이다. 콜린스는 물리학이 변할 수 있을 것이라고 상상하고 있는지 모르지만, 그가 주장할 수 있는 최대치는 기존의 물리학이론이 웨버의 실험에 의해 변하지 않았다는 점이다.

하지만, 또 다른 측면에서 콜린스의 연구는 기존 물리학의 '궁극적 타당성'과 관련이 있을 수 있거나, 있을 수 없는 것을 둘러싼 모든 평가를 문제시한다. 그의 연구는 웨버의 실험결과의 타당성이 결코 궁극적 검사에 종속되지 않으며, 검사 상황의 우연성을 고려할 때 애당초 그런 검사는 가능하지 않았음을 보여 준다. '사상의 궁극적 타당성'의 문제는 간단히 책상 위에서 치워지고, 따라서 사상의 사회적 결정을 확립하기 위한 만하임의 기준은 그 의미를 상실하고 만다. 그 결론은, 만하임의 말을 빌리자면, 만약 지식사회학의 반대론자가 물리학의 연속성을 뒷받침하는

---

43) Mannheim, *Ideology and Utopia*, p. 271.

'시간적, 사회적 환경'이 '그 내용과 형태에 아무런 영향을 미치지 않는다' 는 것을 보여 주어야 한다면 그들은 감당할 수 없는 짐을 지고 있는 셈이 다. 가능성은 선험적으로 제거될 뿐, 과학사회학에서 나온 축적된 증거 에 의해서 그런 것은 아니다.

실험실 연구

1970년대 후반, 여러 사회학자와 인류학자들은 실험실 실천에 대한 민속 지 탐구를 실행했다. 44) 실험실 활동에 대한 이전 시기의 탐구와 대조적

---

44) 과학실험실을 대상으로 한 1세대 민속지 연구에 대한 개관으로는 다음을 참 조할 것. Karin Knorr-Cetina, "The ethnographic study of scientific work: towards a constructivist interpretation of science", in Knorr-Cetina and Mulkay, eds., *Science Observed*, pp. 115~140. 크노르-세티나 는 가장 초창기 실험실 민족지와 관련된 출간 및 미출간 원고 여섯 편을 논의 의 대상으로 삼는다. 여기에는 그녀의 연구를 포함하여 다음과 같은 연구가 포함된다. Knorr-Cetina, *The Manufacture of Knowledge: An Essay on the Constructivist and Contextual Nature of Science* (Oxford: Pergamon Press, 1981); Latour and Woolgar, *Laboratory Life*; Michael Lynch, "Art and artifact in laboratory science: a study of shop work and shop talk in a research laboratory" (Ph. D. 논문, University of California at Irvine, 1979), 후에 같은 제목으로 출판되었다 (London: Routledge & Kegan Paul, 1985); Sharon Traweek, "Culture and the organization of the particle physics communities in Japan and the United States", 1981년, 사 이몬프레이저 (Simon Fraser) 대학교에서 열린 학술대회 "과학연구에서의 커 뮤니케이션" (Communications in Scientific Research) 에서 발표된 논문 〔Traweek의 연구는 후에 *Beam Times and Life Times: The World of Particle Physics* (Cambridge, MA: Harvard University Press, 1988) 로 출간되었 다〕; John Law and Rob Williams, "Putting facts together: a study of scientific persuasion", *Social Studies of Science* 12 (1982): 535~558; Michael Zenzen and Sal Restivo, "The mysterious morphology of im-miscible liquids: a study of scientific practice", *Social Science Information* 21 (1982): 447~473; Doug McKegney, "The research process in animal

으로, 이런 민속지들은 특정 실험실에서 관행적으로 이루어지는 일상활동에 대한 지속적 관찰에 기반한다. 45) 탐구 영역으로는 특정한 연구소에서의 일상적인 현장대화와 조직적 실천은 물론 다양한 연구집단과 외부

---

ecology", 1979년, 몬트리올에 위치한 맥길(McGill) 대학교에서 열린 학술대회 "과학적 탐구의 사회적 과정"(The Social Process of Scientific Investigation)에서 발표된 논문이다. 콜린스와 핀치의 *Frames of Meaning*도 이 모음집에 더할 수 있을 텐데, 그 책도 참여관찰 연구를 포함하고 있기 때문이다. 많은 비평가는 이런 모음집에서 최초로 출간된 책이라는 이유로 라투르와 울가의 민속지를 최초의 '실험실 연구'로 취급한다. 크노르-세티나의 개관은 어떤 연구가 가장 처음 시작되었는지에 대한 추론을 피한 채, 여러 연구가 서로 독립적으로 시작되었음을 강조한다. 안타깝게도, 라투르와 울가는 자신들의 '두 번째 판(Princeton, NJ: Princeton University Press, 1986) 후기'에서 회고조로 자신들이 최초라는 널리 퍼진 잘못된 인상을 인정한다(p. 275) — 즉, "1979년 《실험실 생활》(*Laboratory Life*) 초판이 출간되었을 때, 이 책이 과학자들의 일상적 활동과 그들의 자연스런 습성에 대한 최초로 행해진 구체적 연구였다는 사실을 깨닫는 것은 놀라운 일이었다. 실험실의 과학자들은 이것이 그런 종류로는 유일한 연구라는 것에 대해 어느 누구보다 놀랐을 것이다". 이 주장은 실제로 놀라움의 원천이 되어야 했을 것이다. 라투르가 다른 곳에서 인정했듯["Will the last person to leave the social studies of science please turn on the tape-recorder?", *Social Studies of Science 16* (1986): 541~548], 그와 울가의 연구는 1970년대 후반에 구체적으로 실험실 실천을 연구하고자 한 유일한 시도가 결코 아니었다.

45) 루드비히 플렉(Ludwik Fleck)의 바서만(Wasserman) 검사법의 개발과정에서 자신의 연루에 대한 자서전적 설명은 이런 종류로는 최초의 설명일 것이다[*The Genesis and Development of a Scientific Fact*(Chicago: University of Chicago Press, 1979), 최초 발행은 1935]. 또한 다음도 참조할 것. James Senior, "The vernacular of the laboratory", *Philosophy of Science 25* (1958): 163~168; Bernard Barber and Renée Fox, "The case of the floppy-eared rabbits: an instance of serendipity gained and serendipity lost", *American Journal of Sociology 64*(1958): 128~136; W. D. Garvey and Belver C. Griffith, "Scientific communication: its role in the conduct of research and creation of knowledge", *American Psychologist 26* (1971): 349~362; Jerry Gaston, *Originality and Competition in Science* (Chicago: University of Chicago Press, 1973).

행위자들 간의 문서를 포함한 여러 종류의 의사소통이 포함된다. 대체로 초창기 연구들은 사회학자와 인류학자들에 의해 각각 독립적으로 이루어졌는데, 최소한 5개 국가에서 생물학, 생화학, 신경생물학, 야생생태학, 화학, 고에너지 물리학 등의 하위분과에서 벌어지는 활동을 관찰했다. 예상할 수 있듯, 연구들은 전적으로 똑같은 이야기를 들려주지 않았고, 그것들 중 가장 두드러진 연구는 과학활동의 사회구성주의적 관점을 지지했다. 이런 연구들은 "과학활동의 실제 현장(주로 과학실험실)에 대한 직접적 관찰"이 과학의 가장 전문적 "내용"조차도 사회적으로 결정된다는 사실을 분명하게 보여 준다고 주장했다. 46) '실제적' 실천의 '직접적' 관찰에 대한 지식주장은 보다 최근의 논의에서는 거의 주목받지 못하고 있지만, 초창기 연구들이 그 연구결과를 발표할 때 지녔던 뜨거운 열망은 그 결과에 관심을 불러일으켰다는 점에서 중요했다.

자신들의 집약적 사례연구식 접근에 걸맞게 실험실 민속지들은 인과적 설명을 전개하는 대신에 '사실들의 구성'에 대한 훨씬 더 행위 중심의 서술적 접근을 구체화하고 있다. 그들의 서술은 '두서없이'(messy) 실용적이고 상호작용적인 환경에서의 상황적이고 즉흥적인 측면을 한 축으로, 교과서와 연구보고서에 나와 있는 합리적으로 재구성된 실험적 추론을 또 다른 축으로 삼고, 이 두 축 간의 현격한 차이를 강조한다. 실험실 민속지들은 그런 차이에 주목한 최초의 과학학은 결코 아니지만, 그들의 서술적 설명은 기존 논의에 생생한 구체성을 불어넣는다. 47)

---

46) Knorr-Cetina, "The ethnographic study of scientific work", p. 117. 라투르, 울가, 크노르-세티나 등에 의해 전개된 구성주의의 변종이 민속방법론의 측면들에 편입되었지만, 제5장에서 살펴보듯, 가핑클, 리빙스턴과 내 자신에 의해 실행된 연구는 구성주의 계보를 따르지 않고 있다.

47) 과학자들이 하는 일과 그들이 실험에 대해 보고하는 방식 사이의 현격한 차이에 대해서는 다음을 참조할 것. Barber and Fox, "The Case of the floppy-eared rabbits"; Gerald Holton, *The Scientific Imagination*: *Case Studies*(Cambridge University Press, 1978); Peter Medawar, "Is the

민속지는 어느 정도 지식사회학에서 기원한 익숙한 테마들을 대상으로 삼는데, 항상 그런 것처럼, 의제설정의 첫 번째 항목은 "앎의 과정은 실제로는 내재적 법칙에 따라 역사적으로 전개되지 않고, 그 과정이 '물의 본성'이나 '순수한 논리적 가능성'만을 뒤따르지 않는다"는 사실을 논증해 보이라는 만하임의 훈령이다. 다만, 이번에는 논증에 대한 비중을 훨씬 더 강화시킨 집중적 실험실 프로젝트와 의사소통적 교환의 역사를 포함하고 있을 뿐이다. 과학활동을 '구성'이나 '제조'(fabrication)로, 과학적 실재를 '인공물'로 묘사하려는 목적에 맞춰 연구는 그에 걸맞은 어휘를 사용했고, 내재적 '물의 본성'과 물적 자원 및 실험실 작업의 생산물 간의 차이를 강조했다. 크노르-세티나는 이런 관점을 다음과 같이 표현한다.

구성주의적 해석은 서술적인 것으로 과학적 탐구의 개념화, 즉 사실성 (facticity)의 문제를 과학의 생산물과 외부 자연의 관계 속에 위치시키려는 개념화에 반대한다. 반대로, 구성주의적 해석은 과학의 생산물이 (성찰적) 제조의 과정을 거쳐 나온 결과로 본다. 따라서 과학지식의 연구는 사실이 자연에 대한 과학적 진술 속에 보존되는 방식에 대한 연구라기보다 주로 과학 대상이 실험실에서 생산되는 방식의 탐구와 관련된 것으로 볼 수 있다. 48)

많은 연구가 표본재료의 인공성(artificiality, 예를 들면, 특수하게 교배되거나 유전자가 조작된 실험실 동물과 미생물, 상업적 공급자에게 구입한 원료 등)은 물론, 과학자의 설명과 그런 설명에서 서술된 '자연적' 대상 및 사실 사이에 존재하는 많은 층위의 해석적·상호작용적·도구적 매개로 구성되어 있다.

---

scientific paper fraudulent? Yes; it mispresents scientific thought", *Saturday Review*, August 1, 1964, pp. 42~43.

48) Knorr-Cetina, "The ethnographic study of scientific work", pp. 118~119.

예를 들면, 라투르와 울가는 솔크 연구소에서 민속지를 하는 동안 관찰대상의 실험실 연구자들이 사물 그 자체를 탐구대상으로 삼지 않았다고 주장한다. 그보다, 실험실 과학자들은 기록 장치를 작동시키는 기술자들이 산출한 '문자적 기입'을 검토했다 — 즉, "과학자와 혼돈 사이에는 수집자료, 분류표시, 실험계획서, 도표, 논문 등의 벽 외에는 아무 것도 없다". 그들은 자신들의 주장을 이렇게 요약했다.

> 따라서 내용이 **구성되는** 과정을 강조하는 데 있어서 우리는 기호와 기호화된 사물 사이의 관계를 문제 삼지 않는 생물검정법의 서술을 피하고자 했다. 우리의 과학자들이 기입은 '저 밖에'(out there) 독자적으로 존재하는 실체의 표상이나 지표일 수 있다는 신념을 보유하고 있음에도, 우리는 그런 실체가 그런 기입을 이용할 수 있게 됨으로써 비로소 구성된 것이라고 주장했다. 49)

라투르와 울가는 "일단 최종 산물, 즉, 기입을 활용할 수 있게 되면, 그 산물의 생산을 가능하게 해주었던 모든 중간 단계는 잊힌다. 도표와 표는 참여자들 사이에서 논점으로 자리 잡고, 그것을 낳았던 물질적 과정은 단순히 기술적 문제로 잊히거나 당연시된다"50)는 다소 놀라운 주장을 펼치기도 한다. 그들은 이런 단계와 매개가 비가역적으로 잊히는 것은 아니라고 덧붙였는데, 연구자와 연구집단 사이의 논쟁이 문자적 자취와 문서를 선택적으로 '해체하여' 그것들을 자신들의 실천적 기원에 재결합시킬 수 있는 기회를 제공해 주기 때문이다.

이 주장의 중요한 두 가지 특징은, ① 과학활동이 주로 **문자적**이고 해

---

49) Latour and Woolgar, *Laboratory Life*, p. 245, 128.

50) *Ibid.*, p. 63. 이 주장에 숨어 있는 복잡성에 대해서는 M. Lynch, *Art and Artifact in Laboratory Science* 제4장과 제7장을 읽으면 이해에 도움을 받을 수 있을 것이다.

석적 활동이라는 것과, ② 과학적 사실은 문자화된 **진술**의 형태로 구성되고, 회람되고, 평가된다는 것이다. 라투르와 울가는 심지어 이렇게 진술하는 단계로 접어들었다(강조는 원문에서). "**사실이란 양태—M—가 없고, 저자표시의 자취가 없는 진술일 뿐이다.**"〔지금 인용한 강조체 문장에는 오직 지시(reference)의 대상으로 '양태'(modality)가 포함되고, 이 진술의 저자표시(authorship)의 유일한 자취가 《실험실 생활》(*Laboratory Life*) 82쪽에 나타나 있기 때문에, 나는 이 인용문이 모든 '사실'에 대한 훌륭한 본보기가 될 수 있다고 생각한다.〕

라투르와 울가가 정의하는 것처럼, 양태는 수식 구절이거나 일시적, 국지적 언급의 다른 표식이다(예를 들면, "이 자료는 … 을 가리킬 수 있다", "나는 이 실험이 … 을 보여 준다고 믿는다"). 양태는 '지표적' 표현을 잘 보여 주는 사례이다. '사실'(facts)은 연구 공동체가 제한 없이 진술을 사용하거나 받아들이게 될 때 구성되는 반면 '인공물'(artifacts)은 양태가 포함된 진술이다. 라투르와 울가는 사실을 향해 나아가는 진술의 변천 과정을 그려내는 이념형적 도식을 제시했고, 스스로 재구성한 사례를 통해 광범한 사회기술적 장(場)에서 벌어지는 다양한 책략이라는 맥락 속에서 행해지는 실험실 실천의 결과 탈(脫)양태화된 진술 — 즉, "TRF는 Pyro-Glu-His-Pro-NH₂이다."[51] — 이 탄생하는 사실을 관찰했다.

라투르가 솔크 연구소를 찾아갔던 1970년대 후반, 이 진술은 사실로서 당연시되었고, 전체 연구 프로그램을 위한 발판을 제공했다. 그와 울가는 일련의 출판물, 인용 네트워크, 경쟁하는 실험실 사이의 논쟁, 연구팀의 공동연구자들 사이의 협상 등을 재구성했다. 그들은 제한적이고 논쟁의 여지가 있던 호르몬 인자 TRF에 대한 진술에서 양태가 벗겨져 나가

---

51) Latour and Woolgar, *Laboratory Life*, p. 147. TRF란 '티로트로핀(Thyrothropin) 호르몬 방출인자'를 나타내는 화학식이다. 라투르와 울가는 이 호르몬이 1962년과 1969년 사이에 서술되는 방식의 연속적 변화과정을 재구성하였다.

는 조밀한 실존적 조건을 그리고자 이런 이질적 의사소통을 대상으로 다양한 도식적 설명을 시도했다. 따라서 라투르와 울가는 지식의 실존적 조건화와 자연적 사실의 '궁극적 타당성'에 대한 만하임의 구별을 '한 진술이 사실로 전환되어 생산과정의 환경에서 자유롭게 되는' 방식에 대한 설명 속에 위치 지웠다.[52] 그들이 보기에, 일단 사실이 '암흑상자'(black box)에 갇히면 그와 동시에 그런 진술은 사실로서 작용하고, 생성의 사회적 기원에서 느슨하게 떨어져 나오면서 그 기원인 **사회적 구성**은 '잊힌다'. 따라서 그들은 그 자체로서의 사실의 안정성과 명백한 독자성을 '구성적' 성과로 해석했다.[53]

라투르와 울가는 자신들의 연구에서 사회과학을 위해 매우 즐거운 몇 가지 함축을 도출해 낸다. 그들은 이야기의 전면에 '진술'과 '문자적 기입'

---

52) 가핑클, 린치, 리빙스턴("The work of a discovering science")은 스스로 '밤의 업무'(night's work)라 부르는 것과 '독립적 갈릴레오 펄서'(Independent Galilean Pulsar) 사이에 존재하는 유사한 관계를 다룬다. 다만, 그들은 그것들 중 어느 것도 '해설'로 서술될 수 없음을 분명히 한다.

53) 때때로, 라투르와 울가의 주장은 가장 형편없는 수준의 기능주의적 설명을 선보인다. 이런 설명에서, 문화의 조직화에서 무엇이 핵심인지를 결정해야 하는 분석자는 그 중요성과 적합성의 모든 반증사례나 명백한 부정을 과소평가하려 한다. 예를 들면, 참여자들의 사실에 대한 '믿음'은 텍스트의 설득력에서 비롯된다는 인류학 '관찰자의' 주장에 과학자들이 거부하는 모습을 보이자 라투르와 울가는 이렇게 주장한다(p. 76). "문자적 기입의 기능은 독자를 성공적으로 설득하는 것이지만, 독자들은 모든 설득력의 원천이 사라진 것처럼 보일 때에만 완벽하게 신뢰를 보낸다. 달리 말해, 하나의 주장을 지속시켜 주는 다양한 쓰기와 읽기의 작용은 참여자들에게 거의 '사실'과 관련이 없는 것으로 보이게 한다. 물론, 사실은 그와 같은 동일한 작용에 의해서만 출현한다." 이안 해킹("The participant irrealist at large in the laboratory", *British Journal for the Philosophy of Science* 39(1988): 277~294)은 자신의 수준 높은 논평에서 라투르와 울가가 1969년에 TRH가 사실로 '창조되었다'고 주장할 때 그들이 실제로 주장한 것에 대해 보다 나은 이해를 제공하고 있다. 동시에, 해킹은 독자들로 하여금 이 이야기가 TRH에 관한 일종의 실재론을 어렵지 않게 뒷받침하고 있음을 파악할 수 있도록 한다.

을 배치함으로써 비밀스런 실험실 활동이 훌륭한 문자적 의미를 지닌 익숙한 종류의 영토라는 사실을 파악하도록 해준다. 거대한 장비와 "문자적 기입을 떠받치는 숨겨진 숙련"[54]을 언급하고 있음에도, 그들의 텍스트 분석은 자연과학 연구를 사회과학자들이 익숙하게 수행할 수 있는 종류의 문자적이고 해석적인 활동과 '성찰적으로' 동일한 것으로 만든다. 더욱이, 그들은 자연과학의 가정된 특권이란 의심할 수 없는 발견의 중요성에서가 아니라 자연주의적 진술을 현실적으로 공격이 불가능한 텍스트로 변화시키는 값비싼 장비와 제도적 책략에 기인한다고 주장할 수 있었다.

또한, 라투르와 울가는 실험실에 대한 자신들의 주장이 취약하고 그들의 작업에 대한 실험실 참여자들의 이해와 비교했을 때 크게 믿을 만한 것은 아니라는 조롱 섞인 주장에 대해 재치 있는 답변을 내놓는다.

이런 [신뢰성의] 불균형을 시정하려면, 우리는 이 하나의 시설에 대해 약 백 명의 관찰자를 필요로 할 것이고, 그 각각은 여러분[실험실 과학자들]이 여러분의 동물을 능가하는 힘을 지닌 것처럼 실험대상들을 능가하는 힘을 가지고 있어야 할 것이다. 달리 말해, 우리는 각 사무실에 TV 모니터링을 설치할 수 있어야 하고, 전화와 데스크를 도청할 수 있어야 하고, EEGs를 취할 수 있는 완벽한 자유를 구가해야 하고, 내부조사가 필요할 때 참여자의 머리를 바로 잘라낼 수 있는 권리를 보유하고 있어야 할 것이다. 이런 종류의 자유를 가진다면, 우리는 견실한 자료(hard data)를 생산할 수 있을 것이다. [55]

라투르와 울가는 생화학적 '사실들'이 왜 연구 공동체에서 쓰이고, 읽히고, 인용되고, 회람되는 진술에 '불과한지'를 강조함으로써 현재 이루어

---

54) Latour and Woolgar, *Laboratory Life*, p. 245.
55) *Ibid.*, pp. 256~257.

지는 텍스트적이고 해석학적인 접근의 적용을 확대하려는 인문학과 사회과학의 노력에 이바지했다. '단단한 과학'(hard sciences)은 그 스스로 해석적이고 문자적인 기획 — 이 속에서 '저자', '이론', '본성', '대중' 등은 모두 텍스트의 효과이다 — 임을 논증하는 것보다 더 좋을 수 있을까?[56]

그렇지만, 라투르와 울가는 이상한 방식으로 논리실증주의 과학철학에서 제시한 언어와 실제 행위의 그림관계를 서투르게 변형한 변종을 보여 준다. 물론 그들을 논리실증주의자와 연결함으로써 그들이 탁상 실증주의자라고 비난하려는 것은 아니다. 그보다 명시적인 그들의 반실증주의적 접근이 논리실증주의의 언어와 실제 행위의 '그림관계'에 포함된 많은 요소들의 거울상을 제공한다고 주장하는 것이다. 논리실증주의자들처럼, 그들은 ① 과학적 사실의 발생을 재구성할 때 '외부적 실재'에 대한 선입관을 사용하지 않으려 했고, ② 과학적 활동을 진술의 운용으로 취급했고, ③ 과학적 사실을 다른 진술들의 운용 결과 생산된 진술로 정의했고, ④ 진술 형태를 인식적 관계와 동일시했다.[57]

주된 차이(그리고 이것은 중요한 것이었다)는 라투르와 울가가 자신들이 서술했던 운용이 어떤 형식논리 체계를 통해서도 완전히 포괄될 수 없다고 주장했다는 점이다. 또한, 그들은 사실의 발생과 수용이 어떻게 협상과 책략의 외연적이고 우연적인 네트워크에 의해 좌우되는지를 둘러싼

---

56) *Ibid.*, p. 150, n. 8. 문자적 기입이라는 아이디어는 특히 매력적인데, 그것이 실천의 민속지(ethnography of praxis)를 통해 인문학자와 사회과학자에게 익숙한 문자적 작업에 면허장을 발부해 주기 때문이다. 예를 들면, 도나 해러웨이(Donna Haraway)는 영장류의 페미니스트 문자적 (재)해석 이야기를 주창할 때 라투르와 울가를 자주 인용한다. 다음을 볼 것. Donna Haraway, *Cyborg, Simians, and Women*(London: Routledge & Kegan Paul, 1991).

57) 실증주의와 관련된 '직관'에 대한 설명, 빈 학파(Vienna circle) 및 그 추종세력과 관련된 논리실증주의의 서로 다른 분파에 대한 정교화에 대해서는 Ian Hacking, *Representation and Intervening*(Cambridge University Press, 1983), p. 41 ff. 를 참조할 것.

경험적 논증을 통해 자신들의 주장을 뒷받침했다. 그러나 라투르와 울가는 논리실증주의자들처럼 비트겐슈타인이 자신의 후기 저작에서 밝힌 문법적 '덫'에 빠졌다. 세속적 선입견을 없앤 분석 언어를 구축하려는 오래된 시도들의 궤적에서 그런 덫에 빠져 죽은 많은 사상자의 탈색된 뼈 조각들을 발견할 수 있다. 라투르와 울가가 연구대상에 대한 과학자의 선입견을 끌어들이지 않고 과학자의 활동을 서술하려고 노력했을 때 그들이 수행했던 연구는 다소 완화된 변종에 불과했다.

우리는 논의 중인 쟁점의 성격을 바꿀 수 있는 용어의 사용을 피하고자 했다. 따라서 내용이 **구성되는** 과정을 강조하는 데 있어서 우리는 기호와 기호화된 사물 사이의 관계를 문제 삼지 않는 생물검정법의 서술을 피하고자 했다. 우리의 과학자들이 기입은 '저 밖에'(out there) 독자적으로 존재하는 실체의 표상이나 지표일 수 있다는 신념을 보유하고 있음에도, 우리는 그런 실체가 그런 기입을 이용할 수 있게 됨으로써 비로소 구성된 것이라고 주장했다. … 흥미롭게도, 이후에 과학자들에 의해 밝혀지는 대상의 선재(先在)를 함축하는 용어의 사용을 피하기 위한 노력은 우리를 일정한 문맥상의 난관에 빠져들게 한다. 우리가 제시하고자 하는 바는, 이것이 바로 과학적 과정에 대한 서술에서 일정 형태의 담론의 지배성 때문이라는 것이다. 따라서 우리는 과학이 (창조와 구성이라기보다) 발견에 대한 것이라는 잘못된 인상에 굴복하지 않는 과학활동의 서술을 정형화하는 것이 엄청나게 어려운 사실이라는 점을 인정하지 않을 수 없다. 강조점의 변화를 요구하는 수준의 문제가 아니다. 과학적 실천에 대한 역사적 서술을 잘 드러내 주는 정형화를 위해서는 이런 실천의 성격을 잘 파악하기에 앞서 액막이(행사)가 필요할 정도이다. (p. 128) •

• 〔옮긴이주〕 이 문장에서 라투르와 울가가 말하고자 한 바는 설령 과학적 활동에 대한 성격을 우리가 인식론적으로 제대로 파악했다고 해도, 그것을 진술로 옮기기는 결코 쉽지 않다는 것이다. 기존 서술의 정형화가 강하게 저항하기 때문이다. 이를 위해서는 우리가 전제로 하는 바에 대한 근본적 사고전환이 요구된다는 것이고, 그것을 일종의 액막이(귀신 쫓기) 행사로 묘사한다.

라투르와 울가는 그런 액막이를 성취하고자, 비(非) 가시적인 생화학적 사물의 질서 속에서 과학자들의 신념에 흡수되지 않은 채 실험실에서 진행되는 일을 들여다보는 허구적 '관찰자'의 관점에서 자신들의 민속지를 선보인다. 관찰자는 자신이 실험실에서 인지할 수 있는 것 — 자동장치의 기록, 텍스트, 대화, 의례적 활동, 이상한 장치 등 — 만을 서술한다. 이런 종류의 서술에 대한 실례는 이후에 행해진 울가의 논의에서 주어졌는데, 그때 울가는 간단한 항목 — 즉, 장치 — 에 대한 '원주민의' 서술을 제공한다. 이것을 바탕으로 '민속지학자의' 재(再)서술이 제공된다.

피펫은 일정량의 액체를 옮길 수 있도록 도움을 주는 유리관이다. 액체 속에 밑 부분의 끝을 대고 그 액체를 빨아 튜브를 통해 특정한 수위에 이르도록 한다. 그런 다음, 진공을 유지하려고 반대편 끝을 엄지나 검지로 막은 후에 그 튜브를 들어 올림으로써 그 안에 든 액체의 양을 측정할 수 있다. 진공을 푸는 방식으로 그 액체를 다른 비커에 담을 수 있다.

실험실 주변 여기저기에서 우리는 양쪽 끝이 뚫린 유리 용기를 볼 수 있는데, 과학자들은 그것을 사용하여 '액체'로 알려진 종류의 물질의 '양'이라 부르는 것을 취할 수 있다고 믿는다. 액체는 자신을 담은 용기의 형태에 따라 모양이 정해지며, 거의 압축되지 않는 것으로 판단된다. '피펫'이라 불리는 유리 대상물은 취해진 '양'을 유지하고, 실험실의 한 지점에서 다른 지점으로 그것의 이동을 가능하게 해주는 것으로 여겨진다. 58)

울가는 액체, 유리 등의 속성에 대한 실험실 구성원들의 '신념'에 동조하는 것을 피하고자 수고를 거듭하고 있음에도, 이차적 해명에는 재(再)서술에 종속될 수 있는 검사를 거치지 않은 용어들('유리'와 '용기' 같은) 이

---

58) Steve Woolgar, *Science: The Very Idea* (Chichester: Ellis Horwood: and London: Tavistock, 1988), p. 85.

계속해서 포함된다고 말한다. 민속지학자가 모든 원주민의 선입견을 괄호 속에 묶는데 — 특히 '원주민의 선입견'에 전문적인 인류학자와 사회학자가 공유하는 과학방법에 대한 고전적 가정이 뒤섞일 때 — 완벽한 성공을 거둘 수 있는지에 대한 질문은 공란으로 남겨둔다. 울가는 이런 '성찰적' 고려에도 연구대상 시설로부터 '뒤로 물러서려는' 충동을 문제 삼지 않는다. 그와 라투르는 계속해서 "그 종족의 어떤 용어에도 의존하지 않은 채 … 그 과학을 설명하고자" 한다. 59)

문제는 그 부족의 용어 대부분이 마찬가지로 우리의 용어이기도 하다는 점이다. 그 용어는 ① 담론적 문법의 필수적 일부로서, 이를 통해 과학자들의 활동이 이루어지고 현장에서 그 활동을 인지할 수 있도록 해주고, ② 다양한 종류의 부족적 활동에 대한 정합적 서술과 설명을 할 수 있을 사회과학 어휘에도 배태되어 있다. 60) 공평한 민속지적 '메타언어'(metalanguage)를 위한 라투르와 울가의 탐색은 비(非)가시적 실체에 대한 추론, 시간적 관련성, 개념적 정체성 등이 기원할 수 있는 '원'(raw) 감각자료를 서술하기 위한 빈 학파(Vienna Circle)의 중립적 관찰언어 탐구를 떠올리게 한다. 비트겐슈타인이 지적했듯, 그런 언어로 변죽을 울린 서술이 매우 정확할 수 있다고 해도, 그런 서술은 몇 가지 별난 속성들을 선보일 수 있다.

전동기와 전기설비(발전기, 라디오방송국 등)를 바라보는 방식이 있는데, 이 방식은 어떤 일차적 이해도 없이 이런 대상을 공간에서 구리, 철, 고무 등의 배열로 본다. 그리고 그것들을 보는 이런 방식은 몇 가지 흥미

---

59) Latour, *The Pasteurization of France*, pp. 8~9. 또한 다음도 볼 것. Latour, *Science in Action*(Cambridge, MA: Harvard University Press, 1987), p. 13. 여기서, '방법 제1규칙'에는 "우리는 무엇이 지식을 구성하는지에 대한 어떤 선입견도 거부할 것이다"는 조항이 포함되어 있다.

60) W. W. Sharrock and R. J. Anderson, "Magic, witchcraft, and the materialist mentality", *Human Studies 8*(1985): 357~375를 볼 것.

로운 결과를 불러올 수 있다. 그것은 수학 명제를 장식으로 보는 것과 꽤 비슷하다. — 그것은 물론 절대적으로 엄격하고 옳은 개념이다. 그리고 그 것에 대해 특징적이고 어려운 일은 그것이 아무런 선입견 없이 (마치 화성 인의 관점인 것처럼) 대상을 본다는 것이거나, 아니면 훨씬 더 정확하게, 그것이 일상의 선입견을 전복한다(그것을 가로질러 뛴다) 는 것이다. 61)

라투르와 울가의 화성인 '관찰자'는 연구대상인 과학자들의 선입견을 가 로질러 뛰는 것에 대해 어떤 불안도 표현하지 않는다. 그렇지만 과학사 회학과 민속방법론의 많은 '급진적' 기획처럼, 《실험실 생활》은 20세기 초반의 과학철학에 미처 인지하지 못한 빚을 지고 있다. 이런 나의 언급 은 라투르와 울가가 그들의 주장 중 상당히 많은 양을 다양한 형태의 실 재론적이고 합리주의적인 철학, 역사, 과학사회학과의 전투에 할애하고 있다는 점을 고려했을 때 많은 독자에게 매우 불공정한 규정으로 다가와 충격을 줄지 모르겠다. 62) 하지만, 내가 주장하는 것은 그들이 과학에 대

<hr>

61) Ludwig Wittgenstein, *Zettel*, G. E. M. Anscombe 역 (Berkeley and Los Angeles: University of California Press, 1970), sec. 711.

62) 실제로, 그들의 '재판(再版) 후기'(1986), p. 279에서 라투르와 울가는 내가 그들의 화성인 '관찰자'를 통해 지적한 비판을 부정함으로써 자신들의 반실재 론적 보초서기를 지속한다. 다음을 볼 것. M. Lynch, "Technical work and critical inquiry: investigations in a scientific laboratory", *Social Studies of Science 12* (1982): 499~534. 그들은 내가 "연구의 기술적 실천과 진짜 세속 적 대상들의 (실제) 객관적 성격에 대한 신봉"을 표현한다고 주장한다. 나는 실험실 실천을 '실재'(real) — 즉, 목격할 수 있고, 서술할 수 있으며, 상상한 것이 아닌 것으로, 일상적 언어감각으로 실재 — 로 다루는 것을 부정할 생각 은 없지만, 이것이 곧 내가 '실재론자'와 '구성론자'의 극단화된 논쟁에서 '실 재론자'의 편에 서 있음을 뜻한다는 그들의 주장은 결코 받아들일 수 없다. 어쨌든 이것은 논점을 벗어난 것인데, 내 비판은 라투르와 울가의 민속지가 현실 속 실험실 활동의 '사회적 구성'을 밝힌다는 그들 자신의 신봉에는 부합 할 수 없다는 것이기 때문이다. 나는 보다 '객관적' 판본을 구체화할 수 있다 고 말하고자 했던 것이 아니다. 실제로 라투르는 내 책에 대한 서평에서 내 접근의 한계를 너무 쉽게 인정한다고 나를 비난한 바 있다. 라투르와 울가의

해 불충분하게 회의적이라거나 그들의 민속지가 사회실재론에 대해 보증되지 않은 신봉을 표현하고 있다는 것이 아니라 사회실재론에 대한 그들의 **역전된 상(像)**이 역전된 체계의 문법적 틀을 그대로 유지하고 있다는 점이다. 그들은 자신들이 반대하는 과학, 언어, 표상 등의 전체 그림관계에 대한 강력한 공격을 가하기보다 기본적 윤곽의 많은 것을 그대로 유지하고 있는 사진음화 또는 거울상을 선보인다. 이런 역전에 대한 분명한 느낌은 라투르와 울가의 요약문을 살펴보면 잘 알 수 있다.

객관과 주관의 차이 또는 사실과 인공물의 차이를 과학활동에 대한 연구의 출발점으로 삼을 필요는 없다. 오히려 진술이 객관으로 전환되거나 사실이 인공물로 전환될 수 있는 것은 실천적 작용을 통해서다 … 우리는 인공적 구성을 관찰함으로써 실재(reality)가 논쟁 해결의 원인이 아니라 **결과**라는 것을 보인 바 있다.

… [만약] 실재가 이 구성의 원인이 아니라 결과라면, 이것은 과학자의 활동이 '실재'를 향하는 것이 아니라 진술에 대한 실천적 작용을 향한다는 것을 뜻한다. 63)

'후기'가 그들의 민속지에서 최초로 이루어진 보다 순진한 주장의 일부를 뒤로 물렀다는 사실("과학적 사실의 사회적 구성"이라는 초판의 제목을 재판에서 '사회적'을 빼고 "과학적 사실의 구성"으로 바꾼 것 - 옮긴이)은 나에게는 그들이 내가 제기한 비판의 핵심을 받아들인 것으로 읽힌다.

63) Latour and Woolgar, *Laboratory Life*, pp. 236~237. 논쟁적이고 현학적인 '도치'의 사용은 라투르의 유명한 책 *Science in Action*(Cambridge, MA: Harvard University Press, 1987)에도 만연해 있다. 이 책의 주장에 대한 설명에서, Jon Guice("A tiny breathing space: methodological localism, social studies of science and Bruno Latour", 미출판 논문, Department of Sociology, University of California at San Diego, 1991)는 '도치'를 라투르의 주요 텍스트 도구(textual device)로 규정했다. 라투르는 야누스 얼굴을 한 인물을 통해 자신의 주장을 펼쳐 보이는데, 좀더 나이를 먹은 얼굴은 '기성품 과학'(ready-made science)의 목소리를 내고, 젊은 얼굴은 '실행 중인 과학'(science in action)을 대변한다. 수염이 난 사람은 "과학은 집합적 행

라투르와 울가가 가지적(可知的)이거나 인식 가능한 것을 결정하는 데 있어서 '사상'의 우선성을 말하는 형이상학적 관점에 동의하지 않은 것은 분명하지만, 그들의 설명은 일종의 '텍스트주의'(textism) ─ 즉, 기호와 지시물의 관계에 대한 이원론적 설명에서 '진술'과 '기술장치의 기록'의 중심성에 대한 원리적 강조 ─ 를 암시한다. 그것들이 서술되어감에 따라, 과학장(場)에서의 협력 프로젝트, 텍스트 및 물적 자원, 상징적 '신망'을 얻기 위한 경쟁 등 모든 것이 '진술'을 당연시되는(taken-for-granted) 사실로 전환하는 일에 집중하는 결과를 낳았다. 그것은 마치 실험실 작업이 주로 '진술'을 만들고 변형하는 일에 치중하고, 진술의 실체란 진술의 형태에 대한 직접적 운용의 파생물에 불과하다는 식이다. 64)

이런 반(反) 실재론적 언어의 그림관계는 진술의 형태와 그것의 실용주의적 사용 간의 본질적 분리를 함축한다. 그들의 주장만을 고려한다면,

---

동의 원인이다", "자연은 종결의 원인이다", "과학은 프로젝트의 원인이다" 등과 같이 원리에 충실한 주장을 반복하고, 깨끗하게 면도한 상대방은 과학과 자연은 집합적 행동, 종결, 프로젝트의 결과라고 이야기함으로써 앞선 표현들을 뒤집는다. 이런 전시용 장치는 완벽하게 대칭적으로, 두 목소리에 동일한 역할을 주는 것처럼 보이지만, 오직 '실행 중인 과학'의 목소리만 라투르가 새롭게 가치를 두는 것으로 보고 있음을 말해 줄 뿐이다. '기성품 과학'의 목소리는 확립된 철학적이고 사회학적인 태도를 보이는데, 이런 입장을 라투르는 그가 추구하는 과학사회학이 직면하고 있고, 문제시하는 학술적 상식으로 취급한다. 라투르의 책은 엄청나게 성공적인 교습 장치라는 사실이 증명되었음에도 여전히 그가 폐기하고자 했던 데카르트의 틀을 고수한다.

64) 라투르와 울가(*Laboratory Life*, p. 80)는 자신들이 진술의 형식적 요소에 집중함으로써 사태를 지나치게 단순화시켰을 수 있다는 것을 인정한다. "물론, 문맥과 진술의 특정한 해석 사이에는 이와 같은 종류의 명확한 관계가 존재하지 않는다고 주장하는 사람들이 있다. 그렇지만 우리의 목적상 진술 양식의 변화가 진술의 사실과 동일한 지위상의 변화를 제공할 수 있다고 밝히는 것으로 충분하다." 설령 그들이 '진술' 그 자체의 생산과 안정화에 몰두하고 있다고 해도, 이처럼 약화된 주장으로 사실을 진술로 다루고 복잡한 활동을 정의하는 것과 관련된 문제들을 완전히 피할 수 있는지는 미지수다.

라투르와 울가는 '저 밖의 실재' — 이것에 대해 과학자들은 직접 경험하지 않는다 — 와 직접적으로 관찰 가능한 의사소통, 쓰기, 기입, 장치, 사회장(場) 에서의 책략 — 이를 통해 과학자들은 '사실'을 확립한다 — 등을 서로 대비시키는 방식으로 자신들의 주장을 펼치는 셈이다. 그들은 진술과 실재의 관계가 선형적 인과성의 문제인 것처럼 말한다 — 즉, 실재는 진술에 대한 구성적 작용의 원인인가, 아니면 그런 구성의 결과인가? 이런 인과성과 일방향성의 언어는 아마도 문자 그대로 받아들여지지 않을 것이다. 울가는 '도치'에 대한 이후 논의에서 정책기조에 대한 다음의 진술을 통해 쟁점을 명확히 하려 한다.

우리의 첫 번째 정책기조는 표상적 짝의 두 요소가 일방향적 관계로 해석되는 점에 대해 비판적 입장을 견지해야 한다는 것이다. 우리는 한 쌍의 두 요소가 명확히 구분되어 있다는 생각과 사물이 표상에 앞선다는 개념 모두에 이의를 제기할 필요가 있다. 도치는 우리가 표상을 표상된 대상에 앞서는 것으로 간주해야 하는지 묻고 있다. 65)

제 5장에서 다시 다루겠지만, '표상적 짝의 두 요소'의 관계에 대한 이 비판은 아직 충분하지 않다. 표상이 표상된 대상에 앞선다고 말하는 것은 비트겐슈타인과 가핑클이 공격했던 단어와 의미의 이원론적 그림관계를 그대로 유지하고 있기 때문이다. 라투르와 울가의 주장은 더 이상 직접적으로 인과적인 것이 아님에도, 그것은 여전히 일정 종류의 실천적 결정에 따라 매개되는 '표상'과 '표상된 대상'이라는 최초의 분리를 암시한다. 이것은 라투르와 울가에 의해 장려된 '지표성'의 관점에서도 그대로 유지된다. 그들은 가핑클의 개념을 확장하여 자연과학 담론에 적용할 것을 제안하면서도 지표성을 편재하는 표상의 '문제'로 가정한다.

---

65) Woolgar, *Science: The Very Idea*, p. 36.

함의하는 바란 과학적 표현이 '비과학적' 또는 상식의 맥락에서 채택된 어떤 것보다 의미의 결정성을 더 잘 생산할 수 없다는 것이다. 가핑클(1967)의 논의도 이 결론을 뒷받침하는 것으로 읽을 수 있다. 관련된 방식으로, 유럽의 많은 기호학자는 최근에 수사 연구에서 문자적 분석의 도구 사용을 폭넓게 확장하기 시작했다 … 기호학자들에게 과학은 다른 것들처럼 허구나 담론의 형태를 띤다. 이것이 가지는 효과는 '진리 효과'(truth effect)로 (다른 모든 문자적 효과처럼) 동사의 시제, 발음의 구조, 양태 등과 같은 텍스트의 특징에서 발생한다. 지표성이 수정되는 방식에서 앵글로 색슨의 연구와 대륙의 기호학은 서로 큰 차이를 보임에도 불구하고, 기호학자들은 과학 담론이 특권화된 지위를 지니지 않았다는 공통된 태도를 보인다. 과학의 특징은 지표성을 피할 수 있는 능력에 의해서도, 수사적 또는 설득적 장치의 부재에 의해서도 설명될 수 없다.[66]

제1장에서, 나는 '지표성'에 대한 매우 다른 설명을 소개했고, "모든 표현이 지표적이다"라고 말하는 것이 곧 언어적 소통의 확실성이나 불확실성에 대한 명확한 함축을 전달하는 것은 아니라는 점을 강조한 바 있다. 지표성은 특정한 언설의 의미나 명료성이 '문제가 된다'는 것을 필연적으로 의미하지 않는다. 그보다 단어나 분리된 문장은 명시적 의미를 '담아내지' 못하며, 이해와 결정적 언급은 지표적 표현의 상황적 사용을 통해 성취된다는 것을 뜻한다. "과학은 픽션의 한 형식이다"라고 말하는 것은 과학 명제들이 논리적 문법의 '전문적' 형식을 일정하게 포함하고 있다는 취지의 철학적 주장을 효과적으로 반박할 수 있을 것이다. 그러나 일단 명제의 형식에 대한 조사를 통해 소설적 진술과 과학적 진술을 구분할 수 없다는 사실을 우리가 인정한다면, 과학이 소설의 한 형식이라고 말하는 것은 더 이상 우리에게 과학이나 소설에 대해 어떤 것도 말해 주지 않는다. 더욱이, 인용문 말미의 '진실성 효과'에 대한 논의에서, 라투르와 울

---

66) Latour and Woolgar, *Laboratory Life*, p. 184, n. 2.

가는 마치 확실한 '효과'의 원천인 것처럼 '텍스트의 특징'을 말하고 있다. 내가 이해하기로 가핑클과 삭스의 지표적 표현에 대한 논의가 강조한 지점은 완전히 다르다, 즉, 분별력·타당성·의미의 안정성 등은 명제의 형식에서가 아니라 그것의 사용 환경에서 발생한다. 67)

구성주의 연구들을 평가할 때 발생하는 부분적 어려움은 그 연구들의 용어가 그 주장을 뒷받침할 수 있는 것보다 훨씬 단호한 형이상학적 입장의 제시로 나아간다는 점에 주로 기인한다. 예를 들면, 앞서 인용된 많은 문장에서 진술이 얼마간 진실성 효과를 불러오거나 구성적 활동이 실재를 '창출한다'는 것을 보여 주고 있음에도, 연구에서 구체적 사례와 주장은 현상학적 '구성'에 좀더 가까운 뭔가를 그리고 있다. 실천행위에 대한 서술을 익숙한 설명적 관용어구로 수놓음으로써 구성주의자들은 과학의 '내용'은 사회적 활동에 기인하거나 기호학적 '행위소들'(actants) 은 보다 전통적 종(種)인 사회학적 '행위자들'(actors) 과 동등하다는 취지의 오독에 편승한다. 그런 오독은 이 연구를 접한 사회과학의 청중들에게 실질적으로 승인 받았기 때문에, 광범위하게 읽히는 연구들에서 발생한 흥분과 논쟁에 기여했음이 분명하다. 적실한 철학적·문자-이론적 자원에 접근이 제한된 독자들에게는 쓰기란 '분명하게' 다가오기 때문에, 유사-인과적(quasi-causal) 언어는 놀랍고 직관에 반하는 것으로 보인다. 그 결과, 노출도가 큰 구성주의 연구는 커다란 관심과 논쟁을 불러오지만, 과학적 사실이 구성된다는 핵심적 지식주장은 여전히 모호한 채 남아 있다.

앞에서 제시했듯, 구성주의 연구는 지식사회학 설명의 기본 형태를 유지하고 있음에도 만하임의 질문 ― 혁신의 사회적 과정은 "사상들의 기원이나 사실적 발생을 조건 짓는 것으로 단순히 간주되어야 하는가(예: 그

---

67) Garfinkel and Sacks, "On formal structures of practical actions". 가핑클과 삭스의 지표성 판본을 '앵글로-색슨' 전통에 연결시키는 것은 다소 기묘한데, 그들은 분석철학을 비판하면서 비트겐슈타인의 후기 저작은 물론 현상학과 실존주의에서 기원하는 철학적 기획에 기초한다고 자신을 위치시키고 있다.

것들은 단순히 발생학적 타당성일 뿐인가), 아니면 그 과정이 구체적으로 특정한 주장의 '관점' 속으로 파고들어 오는가?" — 에 명확한 답을 하지 못하고 있다. 구성적 활동(또는 표상)이 객관적 사실의 확립에 선행한다는 주장은 그런 활동이 '단순한 발생학적 타당성'을 지닌다고 말하는 것과 반드시 모순되는 것은 아니다. 사실을 사회역사적 관점의 모든 자취가 제거된 문장으로 정의하는 것은 만하임이 말한 것과 뚜렷하게 갈등을 불러일으키지 않는다. 유일한 차이는 구성주의자들이 사실의 안정성과 사실적 진술에서의 특정한 양태의 부재를 구성의 결과로 정의한다는 점이다. 그러나 우리가 '구성되지 않은 실재'라는 대비되는 가능성을 언급하지 않는 한, 특정한 과학적 사실들의 발생을 구성적 활동의 결과로 돌릴 수 있다는 주장은 지식사회학의 전통적 프로그램들에는 거의 아무런 중요성을 지니지 못한다. 하나의 사실이 한 분과에서 추후 추론과 행위를 위한 안정적이고 확실한 토대로 계속해서 사용되는 한, 그 사실의 구성을 둘러싼 사회적 역사에 대한 설명은 사실을 객관적 실재로 수용하여 사용하는 것과 직접적 관련성이 없다. 이런 조건 속에서, 안정적으로 수용된 사실이 '안정화된 구성'이라고 말하든, 아니면 '실재에 대한 올바른 진술'이라고 말하든, 사실은 별 차이가 없다. 콜린스, 라투르, 울가 모두가 알고 있듯, 상대주의나 구성주의의 강조점은 방법론적 정책기조의 문제이다. 그들의 연구는 '과학적 사실이 구성되었다'는 것을 경험적으로 보여 주지 못했는데, 처음부터 그런 사실이 가정되었기 때문이다. 그들이 보여 준 것은 과학활동을 구체적으로 서술하는 데 구성주의 어휘가 사용될 수 있다는 점이라고 말하는 것이 더 정확할 수 있다. 그럼에도, 서술적 언어는 종종 보다 강력한 경험적 논증의 형식을 암시하는 까닭에 독자들은, 이런 연구들이 자연과학은 우리의 생각만큼이나 순수한 활동이 아니고 폭넓게 수용된 과학이론과 경험법칙의 타당성은 재검토되어야 한다는 것을 보여 주기라도 하는 것처럼, 이런 연구들을 대한다.

상대주의 및 구성주의 연구의 위기

과학의 민속지 및 경험적 상대주의 연구의 성공에도(또는 그런 이유로),
이런 접근들의 많은 창시자는 다른 양식의 연구로 이동했다. 68) '실험실
연구'는 재빨리 실험실을 초월했고, 과학기술학(STS)에서 많은 파생 프
로그램을 발생시켰다. 라투르, 울가, 멀케이, 콜린스, 핀치 등을 비롯한
민속지 및 '경험적 상대주의' 연구의 주창자들은 새로운 관심거리를 발견
했고, 자신들의 초기 연구를 보다 추상적 주장으로 통합시켰다. 멀케이
와 울가는 '담론'과 '성찰성'에 점점 더 몰두했고, 라투르는 과학과 기술의
혁신을 대상으로 한 역사 연구에 기초한 '실행 중인 과학'(science in ac-
tion)에 대한 일반적 접근법을 고안해 냈다. 69) 다수의 과학지식사회학자
는 기술, 보건경제, 사회문제 연구의 사회학 및 사회역사학을 '이식하기'
위해 과학사회학에서 테마를 빌려왔다. 70) 소수 사회학자가 계속해서 초

---

68) 실험실 연구는 계속해서 출판되고 있다. 보다 최근에 출판된 연구로는 다음
    이 있다. Sharon Traweek, *Beamtimes and Lifetimes*: *The World of High
    Energy Physics*(Cambridge, MA: Harvard University Press, 1988);
    KLAUS Amann and Karin Knorr-Cetina, "The fixation of (visual) evi-
    dence", pp. 85~121, in M. Lynch and S. Woolgar, eds., *Representation
    in Scientific Practice*(Cambridge, MA: MIT Press, 1990); Kathleen
    Jordan and Michael Lynch, "The sociology of genetic engineering tech-
    nique: ritual and rationality in the performance of the plasmid prep",
    pp. 77~114, in A. Clarke and J. Fujimura, eds., *The Right Tools for the
    Job*: *At Work in 20th Century Life Sciences*(Princeton, NJ: Princeton
    University Press, 1992); Joan Fujimura, "Constructing 'do-able' prob-
    lems in cancer research: articulating alignment", *Social Studies of Science*
    17(1987): 257~293; Alberto Cambrosio and Peter Keating, "'Going
    monoclonal': art, science and magic in the day-to-day use of hybridoma
    technology", *Social Problems 35*(1988): 244~260.
69) Bruno Latour, *Science in Action*(Cambridge, MA: Harvard University
    Press, 1987).

기의 민속지 연구에 매달리고 있지만, 구성주의 연구에서 나온 테마와 연구전략은 기록보관소의 자료들을 해석하고 논증의 역사적 양식을 구성하는 데 더욱 자주 사용되고 있다.[71)

이런 전개는 실험실 연구가 과학의 '내용'에 대한 의심스럽고 모호한 설명을 제공했다는 내 주장에 비춰보면 이상하게 보일 수 있다. 그렇지만, 많은 사회과학자들이 수행한 이런 연구들에 귀속되는 성공과 비확정성(inconclusiveness)의 조합에 주목한다면 그것은 말이 된다. *

1. 초기 구성론 연구들은 재빠르게 다루기 힘든 과학의 '내용'에 대한 승리를 선언했다. 하지만, 그 연구들은 그런 '내용'이 정확히 무엇을 뜻하는지에 대한 의구심을 일부 남겨 놓고 있었다. 그 당시 사회과학자들은 과학 탐구의 거시적 네트워크나 장(場)을 좀더 포괄적으로 다루는 방법을 찾고자 자유롭게 민속지 연구에서 얻은 교훈을 공고화할 수 있었다.[72)

---

70) John Law, ed., *Power Action, and Belief: A New Sociology of Knowledge?* (London: Routledge & Kegan Paul, 1986); Wiebe Bijker, Thomas Hughes, and Trevor Pinch, eds., *The Social Construction of Technological Systems* (Cambridge, MA: MIT Press, 1987); Steve Woolgar and Dorothy Pawluch, "Ontological gerrymandering: the anatomy of social problems explanations", *Social Problems 32* (1985): 214~227; Malcolm Ashmore, Michael Mulkay, and Trevor Pinch, *Health and Efficiency: A Sociology of Health Economics* (Milton Keynes: Open University Press, 1989).

71) 예를 들어 다음을 볼 것. Shapin and Shaffer, *Leviathan and the Air Pump*; Susan Leigh Star, *Regions of the Mind: British Brain Research 1870~1906* (Standford, CA: Standford University Press, 1989).

* 〔옮긴이주〕설명의 우수성과 이론적 성공의 상관관계를 확정할 수 있느냐는 문제의 관점에서 문제를 제기하고 있다. 만약 설명의 우수성이 이론의 성공을 확정할 수 없다면, 성공했다고 해서 설명이 우수했다고 볼 수는 없을 것이다.

2. 동시에, 지속적으로 나타나는 실천적이고 해석적인 어려움으로 단일 실험실의 실천에만 과도하게 몰두하는 관행은 유지될 수 없었다. 자주 인용되는 다음의 두 가지 주장들은 사회학자들이 굳이 그런 연구를 수행할 필요가 없는 이유를 제공해 주었다.

a. 초기의 실험실 연구는 '성찰적' 정밀검사를 견딜 수 없었던 경험주의적 지식주장을 사용했다. 이런 연구들이 실천행위에 대한 직접 관찰에 기초했다는 주장의 수사적 힘은 동일한 연구들이 주도한 회의적 성격의 정밀검사 아래서는 안정적으로 발휘될 수 없었다.

b. 실험실 연구는 사회학자들의 '광범위한' 현상에 대한 관심을 무시했다. '거시' 수준의 분석에 매진하는 사회학자들은 종종 이 문제를 거론했고, 그 비판에 민감한 과학사회학자들은 다양한 방식으로 실험실 밖의 공동체와 제도를 '설명할' 수 있는 방법의 모색에 나섰다. 이런 시도가 실험실 내부의 단일 실천으로 쏠리는 관심을 분산시키는 효과를 낳았다.

이런 주장은 실험실 민속지의 비판가들만이 아니라 주창자들에 의해서도 이루어지고 있기 때문에 연구의 전체 장르에 대한 혐오가 실린 것으로 볼 필요는 없다. [73] 비판을 옆으로 제쳐둔다고 해도, 민속지 연구는 수행하

---

72) 라투르와 크노르-세티나는 이런 원심력 운동에서 선두를 차지하고 있다. Latour, "Give me a laboratory and I will raise the world", pp. 141~170, in Knorr-Cetina and Mulkay, eds., *Science Observed*; Knorr-Cetina, "The ethnographic study of scientific work", 특히, pp. 132~133, "the transepistemic of research".

73) 다음을 볼 것. M. Lynch, "Technical work and critical inquiry: investigations in a scientific laboratory", *Social Studies of Science 12*(1982): 499~534; Latour and Woolgar, "Postscript to second edition"(1986), pp. 277~278; Bruno Latour, "Postmodern? no. Simply amodern! Steps to-

기 매우 어려운 상태에 빠져 있는데, 역사학적이고 사회학적인 학문의
친숙한 양식을 촉진하는 전문 기록보관소, 확립된 문헌, 분과 공동체 등
에 의해 뒷받침되지 못하기 때문이다. 실험실 민속지의 연구지망생이 마
주하게 될 몇 가지 실제적 어려움으로는 다음을 꼽을 수 있다.

1. 최첨단 연구에 대한 접근이 어렵다. 실험실에서 '묵으라는' 허락을
   얻기 어려울 뿐만 아니라 연구가 지나치게 전문적이어서 사회학자
   들이 통상 회피하고 싶어 하는 다양한 숙련 및 주제들에서 폭넓은
   교육이 필요하다. 이 문제는 이 분야와 특히 관련이 깊은 것으로,
   과학의 민족지 연구에만 국한된 것은 아니다.
2. '사회적' 현상들은 '두터운' 기술적 대화와 행위에서 헤어날 수 없게
   속박되어 있다. 이런 현상들을 펼쳐 보이기 위해서는 행위를 배태
   하고 있는 역량체계에서 자신의 청중을 교습할 필요가 있다. 그런
   조건에서도, 독자들은 '두터운' 서술을 '모호한' 서술이나 '지루한 현
   장보고'로 다루기 십상이다. 74)
3. 전문 사회과학에서의 경력사항 — 대학 학부 교과과정, 학과 동료
   와의 관계, 사회학에서 문헌을 계속해서 생산할 책무 등을 포함하
   는 — 으로 우수한 학생(학자)들은 사회학보다 요구하는 것이 더 많
   은 분과 연구에 참여할 필요를 크게 느끼지 못한다. 집중적인 민속
   지 연구는 박사학위논문을 위한 연구에 보다 적합하고, 1980년대
   초반 이후에 이 분야에는 극소수 대학원생만 남게 되었다.

---

wards an anthropology of science", *Studies in the History and Philosophy
of Science 21*(1990) : 145~171.
74) 일부 역사가가 과학적 실천에 대한 두터운 민속지 설명에 어떻게 반응하는지
를 잘 보여 주는 좋은 사례로는 크리스토퍼 로렌스(Christopher Lawrence)
가 *Isis 79*(1988) : 473에서 M. Lynch의 *Art and Artifact in Laboratory
Work*를 논평한 글을 들 수 있다.

많은 과학사회학자는 어렵고, 많은 시간이 요구되고, 인식론적으로 의심받는 민속지 작업을 수행하기보다 사무실과 도서관을 피난처로 삼는 것을 선호한다. 그곳에서 그들은 더 존경받을 수 있는 학문적 추구에 참여하는 한편 '실행 중인 과학'을 관찰하는 것처럼 행동할 수 있다 — 즉, 역사적 사료 및 2차 문헌을 체로 치고, 과학사회학 및 관련 분야의 다양한 문헌들에 대한 학자적 종합을 시도하고, 닫힌 텍스트 분석을 수행한다.[75] 과학사, 기술 연구, '담론' 연구 등으로의 이동은 더 많은 독자를 끌어들였고, 인문학과 사회과학에서의 문자적 전회(literary turn)는 익숙한 학술적 선호 및 습관을 안정시키는 데 도움을 주었다. 현재의 학술적 명예가 텍스트 접근에서 주어진다는 사실은 '오직 경험적'이고 인식론적으로 순진한 '실제 행위를 관찰하는' 작업의 수행에 별다른 유인책이 제공되고 있지 못함을 뜻한다.

'실험실 벽을 넘어' 나아가라는 반복되는 후렴구는 실험실 내부에서 할 일이 거의 남아 있지 않다는 가정을 전제하는데, 많은 경우 머튼 프로그램에 의해 장려되는 포괄적 과학사회학을 촉진한다. 현재의 관점에서 보면, 이것은 좌파 머튼주의(left-Mertonianism)라고 부를 만하다. 매우 강력한 주장일수록 자금지원, 국가의 명령, 여타 '폭넓은 사회적' 의제들이 과학적 실천의 국지적 현장에 영향을 미치는 방식에 관심을 두는 반면, 행위-중심의 접근은 그런 초(超)인식적 영향을 분절화(分節化)하기 위한 적소(適所)를 제공해 주기 때문이다.[76]

---

75) 만약 내가 여기서 말하는 것이 비판이라면, 독자들은 그것이 내 자신의 연구를 제외한 그런 것이 아니라는 것에 주목해야만 한다. 이 책이 그것을 증언한다.

76) 이런 접근을 잘 보여 주는 사례로는 다음을 볼 것. Chandra Mukerji, *A Fragile Power*: *Scientists and the State*(Princeton, NJ: Princeton University Press, 1989).

성찰적 전회

인간과학에서 문자적이고 해석적인 접근이 대중성을 확보해 나감에 따라, 다수의 과학사회학자는 성찰성의 차원에서 과학지식사회학을 위한 기초공사를 튼튼히 하려는 노력에서 벗어나서 성찰성을 그 자체로 하나의 현상으로 탐구하기 시작했다. 과학의 판본을 흉내 내거나 타당성을 위한 실용적 기준을 고안하려는 노력 대신, 울가와 애쉬모어, 멀케이 등은 '표상을 통해 객관성을 구성하는 우리 자신의 능력'을 탐구하기 시작했다. "이런 표상적 활동에는 증거를 제시하고, 해석을 수행하고, 타당성을 판단하며, 동기의 출처를 파악하고, 범주화하고, 설명하고, 이해하는 등의 능력이 포함된다."77) 이런 주제들은 보편적 인식 활동과 동일한 것이지만, '성찰적' 사회학자들은 그것들을 타당성의 토대로 삼지 않을 뿐 아니라 자연과학자들이 증거를 제시하며 해석하는 방법을 흉내 내려고도 하지 않았다. 사실은 그와 정반대다. 이런 활동들을 분석 가능한 것으로 만들기 위해, 울가와 그의 동료는 사회학자들이 과학적 실천을 서술하고 설명하려는 '비(非)성찰적' 노력에서 한 발 뒤로 물러서야 한다고 주장했다. 그들의 관점에 따르면, 연구대상은 (과학에서든 과학사회학에서든) '객관적' 해설을 생산해 내는 담론적이고 해석적인 실천이어야만 한다. 78)

---

77) Steve Woolgar, *Science: The Very Idea* (Chichester: Ellis Horwood; Lodnon: Tavistock, 1988), p. 93.

78) 하워드 호로위츠(Howard Horwitz)는 "'새로운' 역사주의" 주창자들에게 존재하는 것과 비슷한 '자기-반영적' 경향성을 논하고 있다("'I can't remember': sketpticism, synthetic histories, critical action", *South Atlantic Quarterly 87*(1988): 787~820). 호로위츠(p. 799)는 다음과 같이 주장한다. "비판적 자기-반영성이라고 해서 다른 어떤 검사보다 더 큰 인지적 권위를 누릴 수는 없다 … 자아를 인식할 수 있다는 사실은 주체가 '분열되어' 있다는 명확한 징표다. 즉, 그 자체로서의 전체를 결코 알 수 없으며, 다만 그 자체의 이미지를 통해서 그리고 이미지로서, 그 자체와는 다른 형태 속에서만 알 수 있는 것이다. 따라서 주체는 오직 담론적으로만 그리고 역사 속에

이것은 어쩌면 블루어가 마음에 두고 있던 것보다 더 일관되게 블루어의 공평성 원리를 적용한 것일 수 있는데, 사회학자들은 자기 자신의 타당성 주장에 대해 연구대상인 과학 분야의 실행자들이 만든 주장보다 더 공평하게 대해야 한다는 것을 제안하고 있기 때문이다. 사실상, 성찰성 원리는 '이해관계 초월'이라는 머튼의 규범에 맞게 행동하라는 매우 강력한 권고가 되지만, 과학적 권위를 보장하는 것이 아니라 모든 객관적 서술 및 설명 프로그램에서 성찰적 사회학자를 소외시키는 경향성을 띤다.

실증주의 과학을 흉내 내려는 회귀적 시도에서 벗어나는 방식으로, 울가와 멀케이, 애쉬모어, 핀치 등은 간헐적으로 전통적 사회과학의 쓰기 관행에 대한 (온순한) 데리다식 파괴에 호소했다. 그들은 자신들의 텍스트에 비판적 대담자를 끼워놓음으로써, 과학사회학자들을 출연배우로 내세우는 연극을 씀으로써, 권위 있는 과학적 '목소리'가 훼손되고 패러디되는 텍스트를 씀으로써 그렇게 했다.[79] 일부 독자는 그런 실천이 과학지식사회학의 효과적인 귀류법(reductio ad adsurdum)을 제공한다고 결론 내릴지 모르지만, 진짜 목적은 사회학자들이 설명의 자원으로 사용

서만 구성되고 감지될 수 있다." 달리 말해, '비판적 자아의식'을 종류가 다른 경험적 비판탐구라고 할 수 없다. 그것은 단순히 주체를 이동시킨 것일 뿐이다. 여기에 울가와 애쉬모어가 '그들 자신의' 주장을 검토하지 않았다는 것이 더해져야 한다. 오히려 그들은 자신들의 과학사회학 동료와 친한 경쟁자들이 만든 주장들을 비판적으로 '비추고' 있다. 간헐적으로 나타나는 기묘한 언어 운용을 옆으로 제쳐두면, 그들은 존경받는 (그리고 때때로 가치 있는) 형태의 강단비판에 참여하고 있다.

79) Steve Woolgar, ed., *Knowledge and Reflexivity: New Frontiers in the Sociology of Knowledge* (Lodnon: Sage, 1988)의 다양한 논문들을 볼 것. 그리고 다음도 참고할 것. Malcolm Ashmore, *A Question of Reflexivity: Wrighting the Sociology of Scientific Knowledge* (Chicago: University of Chicago Press, 1989); Michael Mulkay, *The Word and The World: Explorations in the Form of Sociological Analysis* (Lodnon: Allen & Unwin, 1985); Mulkay, "Looking backward", *Science, Technology, and Human Values* 14 (1989): 441~459.

할 때 여전히 숨겨진 것으로 추정되는 담론적 실천을 폭로하기 위한 것이었다. 멀케이는 그런 담론적 실천에 대해 다음과 같은 이론적 설명을 제공한다.

'새로운 문자적 형식들'이라는 구절은 이를테면, '새로운 분석 언어'보다 더 나은데, 필요한 것은 … 사회적 삶에 대해 쓸 수 있는 새로운 어휘가 아니라 사회과학의 주류적 텍스트의 형식 속에 구축된 전통적 인식론의 암묵적 신봉을 피할 수 있는 우리만의 언어를 조직하는 새로운 방식이기 때문이다. SSK의 핵심주장들의 자기준거적 성격을 다루고, 분석가들의 주장이 특정한 텍스트 형식의 사용에 의해 주형화되는 방식을 선보이려는 시도 속에서, 나는 분석적 주장들과 텍스트 형식 모두가 자연스럽게 비판적 토론의 논제가 될 수 있는 다중 목소리(multi-voice) 텍스트를 채택하기 시작했다. 내가 발견한 바로는 이런 종류의 텍스트들은 전통사회학에서 단일적 · 익명적 · 사회적으로 제거된 저자의 목소리를 텍스트 속에서의 해석적 상호작용으로 대체하는 것을 가능하게 해준다 — 그 결과, 포함된 목소리들은 사회적으로 위치 지워지며, 그들의 구성적 언어의 사용은 텍스트 내부와 그 너머 모두의 논평 자료로 활용될 수 있다. 80)

그 결과, 역사서술 및 민속지 탐구는 '우리'가 어떻게 '그들'에 대한 '우리의' 탐구를 수행하는지를 시험할 수 있는 기회를 제공해 주었다. 이런 판본의 '성찰성'은 미쳤다는 비난에 직면할 수도 있지만, 만하임의 비(非)평가적 보편종합적 지식 개념에서 완전히 벗어난 것은 아니다. 그 대신 그것은 만하임의 '종합적 개념'을 극한으로 밀어붙이려는 시도였다.

---

80) Michael Mulkay, "Preface: the author as a sociological pilgrim", pp. 13 ~19 in Mulkay, *Sociology of Science*: *A Sociological Pilgrimage* (Bloomington: Indiana University Press, 1991), 인용은 p. 27.

탈(脫)구성주의적 추세

라투르의 광범위하게 인용된 텍스트 《실행 중인 과학》[81]의 출판 이후, 과학지식사회학을 둘러싼 논의는 독특한 프랑스의 악센트를 체화했다. 부분적으로, 그것은 '해체주의' 및 '담론분석' 접근의 사회학에 대한 뒤늦은 영향에 따른 것이다. 덧붙여, 대륙의 철학 및 문학이론에 익숙지 않았던 미국 사회학자들이 라투르와 그의 동료의 '행위자연결망' 이론 (actor-network theory)[82]을 사회학의 상징적 상호작용론(그리고 그 정도에서 덜하지만, 기능주의적 접근)의 새롭고 혁신적인 보충으로 여겼다. 미국 사회학자들은 전형적으로 사회학에 대한 비판적 함의가 제거된 라투르식 접근의 탈(脫) 급진화된 판본을 채택하였으며, '라투르'에 대한 그들의 언급에서는 북미 경험적 사회과학의 지배적 전통에는 생소한 기호학, 해석학, 실존철학 등에서 기원한 주제 및 어휘와의 강력한 연계가 종종 무시된다.[83]

라투르는 거대한 과학·기술 혁신의 역사적 연구체(體)는 물론 자신과

---

81) Latour, *Science in Action*.

82) 라투르는 파리 광산대학교(l'Ecole nationale supérieure des mines, Paris)의 동료인 미셸 칼롱(Michel Callon)에게 학파의 창시자로서 동등한 지위를 부여하는 문제에서 신중을 기하고 있다. 칼롱도 영어로 여러 편의 영향력 있는 논문을 출판했는데, 그 일부는 라투르와 같이 썼다. 그렇지만 라투르의 책들이 영어권에 훨씬 더 잘 알려져 있는 까닭에 라투르의 이름이 협력작업을 통해 발전한 접근, 그리고 사실상 '새로운' 과학지식사회학 전 분야의 상징으로 자리 잡았다. 이 접근의 기술적 측면에 대한 개관에 대해서는 다음을 볼 것. Michel Callon, John Law, and Arie Rip, eds., *Mapping the Dynamics of Science and Technology* (London: Macmillan, 1986).

83) 예를 들면, 다음을 볼 것. Kay Oehler, William Snizek, and Nicholas Mullins, "Words and sentences over time: how facts are built and sustained in a specialty ares", *Science, Technology, and Human Values 14* (1989): 258~274.

울가의 민속지 연구에 의거하여 실험실 실천과 기술적-정치적 협상의 보다 넓은 장(場)을 연결시키려는 행위 이론을 구축한다. 아마도 라투르의 접근을 가장 잘 보여 주는 사례로는 파스퇴르에 대한 역사적 텍스트 연구를 꼽을 수 있을 것이다. 84) 이 연구는 최소한 두 가지 방식에서 지식사회학의 이전 전통과의 급진적 단절을 선언한다. 첫째, 라투르는 사회학에 대한 분과적 신봉을 명시적으로 거부하면서 파스퇴르와 파스퇴르주의(Pasteurism)의 사회-역사적 서술도 아니고 과학의 토대에 관한 철학적 주장도 아닌 (제3의) 연구를 제시한다. 즉, 라투르는 자신이 철학적 탐구와 경험적 현장연구를 '한 지붕 아래서' 수행하려 한다고 말한다. 85)

더욱이, 라투르는 '사회적 맥락'과 과학의 '내용'이 미처 분화되지 않은 현장을 탐구하려 한다고 말한다. 여기에 더해, 그는 '인지적 내용'이나 '사회적 맥락'을 정합적인 설명적 요소로 사용함으로써 과학적 혁신을 설명하려는 모든 노력을 경멸한다. 그는 더 나아가 사회적 요소와 기술적

---

84) Latour, *The Pasteurization of France.* 자주 인용되는 또 다른 사례로는 다음을 꼽을 수 있다. Michel Callon, "Some elements of a sociology of translation: domestication of the scallops and of the fishermen of St. Brieuc Bay", in J. Law, ed., *Power, Action, Belief: A New Sociology of Knowledge?* (London: Routledge & Kegan Paul, 1986), pp. 196~229. 기술 연구에 대한 이런 접근의 적용에 대해서는 다음을 볼 것. John Law, "On the methods of long-distance control: vessels, navigation, and the Portuguese route to India", pp. 234~263, in Law, ed., *Power, Action, and Belief.* 라투르와 칼롱의 입장에 대한 프로그램적 진술들에는 다음이 포함된다. M. Callon and B. Latour, "Unscrewing the big Leviathan: how actors macrostructure reality and how sociologists help them to do so", pp. 277~303, in K. Knorr and A. Cicourel, eds., *Advances in Social Theory and Methodology: Toward an Integration of Micro and Macro Sociologies* (London: Routledge & Kegan Paul, 1981); B. Latour, "Give me a laboratory and I will raise the world", pp. 141~170, in K. Knorr-Cetina and M. Mulkay, eds., *Science Observed.*

85) Latour, *The Pasteurization of France,* p. 252, n. 8.

요소, 맥락과 내용, 과학과 비과학 등의 관계적 구분은 '과학적' 또는 '기술적' 혁신을 효과적으로 창출하는 협상의 장(場)에서 생성된다고 주장한다. 따라서 그는 머튼주의 또는 에든버러 학파식의 설명을 자신이 탐구하고자 하는 장(場)으로 이동시켰다. 라투르와 칼롱이 인식하듯, 이런 점에서 그들의 학문적 정책기조는 부분적으로 민속방법론적 방침 및 다양한 '성찰주의적' 또는 담론분석 방법과 부분적으로 일치한다. 86) 동시에, 그들은 실험실 연구에서 그려진 실험실 실천과 담론적 현상보다는 광범위한 행동 및 행위능력의 장(場)을 파악하고자 한다.

사회학 이론과 방법을 거부한 라투르는 기호학, 특히 그레마스(A. J. Greimas)가 발전시킨 서사(narrative)에 대한 형식적 접근으로 돌아섰다. 87) 라투르의 접근은 그레마스 기호학의 전문적 수행과는 거리가 멀지만 기호학적 접근의 보편적 개요를 따르고 있으며, 전문 어휘에서 가져온 선택된 용어들을 사용한다. 그는 '파스퇴르'와 '파스퇴르주의'에 대한 참고문헌의 토대가 된 19세기의 텍스트와 주석들을 선택함으로써 자신의 연구를 본궤도에 올렸다. 그의 설명에서, '파스퇴르'는 텍스트의 기표이기 때문에 라투르는 이 기표가 (실체와 행위능력의 정합적이지만, 이질적인 네트워크가 함께 엮여 있는) 이야기의 전개과정 속에 어떻게 삽입되는지를 추적하려 한다. 이런 실체와 행위능력은 농장에서의 일상적 삶, 성(姓)적 관습, 개인위생, 진료소의 구조 및 치료체제, 도시의 위생조건, 파스퇴르 실험실에서 밝혀지는 미생물 실체와의 인과적 관계 등과 같은 영역들과 연관되어 있다. 일련의 복잡한 개입 및 간계(奸計)를 통해, 파

---

86) 칼롱("Some elements of a sociology of translation", p. 225, n. 3)은 민속방법론자들 또한 '과학적 사실과 사회적 맥락의 동시적 구성'을 설명해 왔다고 언급하고 있다. 다음도 함께 볼 것. Latour, *The Pasteurization of France*, p. 253, n. 15.

87) A. J. Greimas and A. Courtes, *Semiotics and Language: Analytical Dictionary*(Bloomington: Indiana University Press, 1983).

스퇴르의 실험실과 (실험실의 규율체제를 통해 밝혀진) 미생물의 '행위능력'은 미생물 행위자들의 이산적(離散的) 효과에 대한 특권화된 설명을 죽은 농장 동물들, 매춘과 관련 병들, 전염병, 도시위생 등과 관련된 문제의 해결책으로 번역하기 위한 의무통과점(obligatory point of passage)으로 자리 잡았다. •

때때로 신중한 작전으로, 라투르는 기호적 '행위소'인 '파스퇴르'에 대한 텍스트 분석을 파스퇴르의 역사적 행동에 대한 실제적 서사로 업그레이드한다. 기호학적 어휘를 가지고 잔꾀를 부린다는 비판이 없지 않지만, 텍스트 분석과 역사서술의 융합이라는 라투르의 시도는 현대의 기호학 이론과 일치한다. 그렇지 않다는 그들의 거듭된 부정에도 불구하고, 라투르와 칼롱의 해설은 전통적인 사회-역사적 개념들인 권력, 사회적 영향, 마키아벨리식 전략 등의 관점에서 더 잘 이해할 수 있다. 88) 그런 오독은 그들에게 어느 정도 장점으로 작용하는데, 그런 오독으로 라투르와 칼롱은 형식적 기호학의 편에서 사회학적 실재론을 거부하는 동시에

• 〔옮긴이주〕라투르에 따르면, 파스퇴르는 두 번에 걸친 '이동'을 하는데, 첫 번째는 현장의 미생물(병원균)을 실험실로 끌어들이는 것이고, 두 번째는 실험실의 성과를 다시 현장에 적용하여 문제를 해결하는 것이다. 첫 번째는 미생물보다 자신의 힘이 강한 실험실로 미생물을 끌어들여 다룸으로써 미생물의 통제법을 개발하는 과정과 관련이 깊다. 두 번째는 실험실(의 조건)을 현장으로 확장하여 현장의 조건을 실험실과 동일하게 만듦으로써 (즉, 미생물에 대한 힘의 우위를 계속 유지함으로써) 미생물의 통제가능성을 실연(實演)해 보인 것과 관련이 크다. 이런 과정을 거치면서 그동안 서로 무관해 보였던 많은 사회 및 의료 관련 현상이 사실은 동일한 원인(미생물)에 의한 것이며, 따라서 그 문제의 해결을 위해서는 기존과는 다른 접근과 해결책이 요구된다는 인식에 도달한 것이다. 이것은 파스퇴르의 실험실과 미생물의 '행위능력'이 이런 해결책의 핵심, 즉 의무통과점으로 자리 잡게 되었음을 뜻한다.

88) 라투르는 반복해서 자신의 개념적 어휘가 사회학의 개념으로 읽히는 것을 거부하지만, 그의 역사적 서사를 (예를 들어) 파스퇴르라는 이름의 한 개인이 동맹을 형성하여 특정한 연구 프로그램을 개종시켜나갔던 방법에 대한 실재론적 설명이라고 읽지 않으려는 시도는 성공하기 힘들다.

공간적·역사적으로 확장된 사건 및 활동의 분포와 배치에 대한 역사적 서사를 제공해 줄 수 있었기 때문이다(따라서 실험실 활동의 '미시적' 연구에서 잘 알려져 있는 한계를 초월할 수 있었다).

이전 전통으로부터의 두 번째 획기적 단절로, 라투르와 칼롱은 과학과 기술의 발전에서 인간과 비인간 행위자의 모든 선험적(a priori) 구분을 거부한다. 이런 계책은 대단히 큰 관심과 비판을 동시에 불러왔는데, 논쟁의 많은 부분은 기호학 이론을 성숙한 존재론으로 발전시키고자 한 그들의 야심찬 시도 때문에 발생한 것이라 할 수 있다. 89)

라투르와 칼롱은 '행위자'를 비인간과 인간의 실체와 힘 모두를 의미하는 것으로 쓰고 있다. 라투르가 밝히듯, "나는 그것이 무엇인지 그리고 그것에 어떤 성격을 부여할 수 있는지에 대한 아무런 가정도 하지 않은 채 '행위자' 또는 '행위소'(actor, agent, actant)라는 용어를 쓰고 있다 … 그것은 모든 것이 될 수 있다 ─ 개인('피터')이나 집단('군중'), 유형적(인간의 형태를 띠었거나 동물의 형태를 띠었거나), 무형적('운명')."90) 칼롱은 세인트 브리외 만(St. Brieuc Bay)에서 가리비 양식을 성공적으로 수행하기 위한 방법을 찾는 과학자 집단의 노력에 대한 연구에서 이야기를 구성하는 다양한 행위소로 가리비, 갈매기, 바람, 해류, 어부, 과학자 등을 포함시켰다. 91) 라투르는 자신의 설명에서 '행위자'의 이질적 집합에 파스퇴르, 농부, 임상의(醫), 소, 미생물 등을 포함시켰다. 그의 무차별적 '행위자' 사용은 사회학적 행위이론에서 '행위자'에게 전형적으로 부과

---

89) 사이먼 샤퍼(Simon Schaffer)는 라투르의 존재론을 19세기 개념인 물활론에 견주고 있다. 다음을 볼 것. S. Schaffer, "The eighteenth Brumaire of Bruno Latour", *Studies in History and Philosophy of Science 22*(1991): 174 ~192.

90) Latour, *The Pasteurization of France*, p. 252, n. 11.

91) Callon, "Some elements of a sociology of translation". 또한, 다음을 볼 것. Law, "On the methods of long-distance control". 여기에서 이야기 속의 관련 '행위자'로는 선박 디자인, 무역풍, 해류, 선원 등이 포함된다.

하는 술어들에도 마찬가지로 적용된다. 즉, "만약 내가 '힘', '권력', '전략', '이해관계' 등과 같은 단어들을 사용한다면, 그 사용은 파스퇴르와 파스퇴르에게 힘을 가하는 인간 또는 비인간 행위자들 사이에서 균등하게 분배되어야만 한다."[92] 따라서 라투르는 그런 용어들의 모든 배타적인 '사회학적' 내포로부터 한 발 뒤로 물러서는 동시에 사회학적 서술과 분석의 친숙한 용어들은 그대로 유지한다. 형식적 기호학과는 대조적으로— 형식적 기호학에서는 '행위소'의 문법적 개념과 '행위자'라는 친숙한 사회학적 개념 사이에 혼동이 덜하다 — 라투르의 기호학적 역사학은 전문 기호학적 어휘를 사회역사적 서술자들(descriptors)로 번역함으로써 의도적으로 모호성과 명백한 불합리성을 조장한다. 그의 서사는 결과적으로 그가 프로그램을 통해 거부하고 있는 사회학적 오독과 전유 바로 그것을 끌어들이고 있는 것이다.

라투르의 해설은 파스퇴르 이야기의 독창적이고 명민한 다시쓰기이다. 그러나 그와 울가가 실험실 연구과정에서 '진술'의 전환에 초점을 맞춘 것처럼, 라투르의 해설은 언어적 지시대상(linguistic reference)에 대한 고도로 정형화된 이해에 많은 빚을 지고 있다. 미생물, 가리비, 해류, 과학자들 모두가 기호학 체제에서는 행위소의 문법적 역할을 만족시켜줄 수 있을 테지만, [현실에서 사실로 받아들이려면 - 옮긴이] 자신이 이런 행위소들에 동등한 존재론적 지위를 부여한다는 문법의 '마술'에 완벽하게 '빠져들어야' 할 것이다. 라투르와 칼롱은 모든 행위자가 동등하다고 드러내놓고 주장하지 않지만, 자신들이 일종의 선입견을 제거한 작업을 통해 언어장(場)을 관통하여 움직일 수 있다고 가정한다. 라투르는 "나는 과학의 내용과 그것의 맥락을 동시에 이해할 수 있는 메커니즘을 뒤좇기 위해서 뇌과학자가 쥐를 사용하여 뇌를 자르듯 역사를 사용하고 있다"[93]

---

92) Latour, *The Pasteurization of France*, p. 252, n. 10.

93) Latour, *The Pasteurization of France*, p. 12.

고 주장했다. 그는 이 역사를 사회학적 설명으로 환원하려고도, 파스퇴르주의 부족의 용어를 채택하려고도 하지 않았다. 라투르의 기호학이 분석대상인 역사적 텍스트들을 재(再) 상술할 수 있는 중립적 출발점을 제공하고 있음에도, 그의 사회과학 독자들이 그가 다소 괴상한 사회학적 이야기를 말하고 있다고 믿는 것을 막기는 힘들어 보인다. 94)

라투르와 칼롱의 '행위자연결망' 접근은 현재 가장 급진적이고 흥미로운 탈구성주의적 과학지식사회학이다. 앞서 내가 강조했듯, 다수의 구성주의 주창자들은 텍스트적이고 담론분석적인 접근을 시도하고 있다. 언어 사용 및 실천행위에 대한 민속방법론과 여타 접근들에 영향을 받은 울가, 멀케이, 스티브 이얼리, 존 로, 크노르-세티나 등은 텍스트, 시각적 표상, 대화, 상호작용의 생성 및 이용 등에 걸친 광범위한 연구를 수행해왔다. 95) 여기에 더해, 구성주의 접근들은 보다 명시적으로 정치화된 과학 비판들, 특히 페미니즘 사회학 및 인식론과 결부된 비판들과 연결되어 있다. 페미니즘 비판이 구성주의 연구에서 문제로 제기되었던 과학적이고 기술적인 이데올로기의 결정론적 그림을 유지한다는 주장이 있을

---

94) 콜린스와 이얼리(Yearley) 는 라투르와 칼롱에 대한 비판에서, 비인간 '행위자'에 대한 언급을 연구대상인 과학자들이 만든 존재론적 식별을 인정하는 것으로 이해하고, 그들의 프랑스 동료에게 좀더 일관된 사회학적 이야기를 들려줄 것을 요구한다. 콜린스와 이얼리는 라투르와 칼롱의 기호학적 어휘를 존재론적인 빈사(ontological predications) 와 혼동하는 것처럼 보이지만, 내가 앞서 언급한 라투르의 융합이 주어진 조건에서, 이 혼란은 이해할 수 있는 것이다. 다음을 볼 것. H. M. Collins and S. Yearley, "Epistemological chicken", pp. 301~326, in A. Pickering, ed., *Science as Practice and Culture* (Chicago: University of Chicago Press, 1992).

95) 다음을 볼 것. M. Mulkay, J. Potter, and S. Yearley, "Why an analysis of scientific discourse is needed", pp. 171~204, in Knorr-Cetina and Mulkay, eds., *Science Observed*. 또한, 다음 편집본에 들어 있는 논문들도 함께 볼 것. Lynch and Woolgar, eds., *Representation in Scientific Practice* (Cambridge, MA: MIT Press, 1990); Pickering, *Science as Practice and Culture*.

수 있기 때문에 과학지식사회학이 '객관적 과학'에 대한 페미니스트 비판을 선명하게 지지하고 있는지가 계속해서 관심의 대상이다. 96) 그러나 최소한 추상적 차원에서 살펴볼 때, 자연과학이 (가장 구체적 내용에서조차) '사회적인' 것으로 비쳐진다는 가정은 과학적 사실들의 '성적'(gendered) 본성과 관련하여 전문적 주장과 논증을 위한 문을 열어젖혔다.

다양한 '새로운' 과학사회학들은 파편화된 장(場)을 형성하였고, 과학의 내용을 사회학적으로 설명하려는 스트롱 프로그램의 의제는 핵심 쟁점들을 둘러싼 논쟁으로 조각이 났다. 이런 논쟁에는 다음과 같은 주제가 포함된다 ― ① '사회적' 요소를 '인지적' 또는 '기술적' 요소에서 분리할 수 있는 가능성, ② 사회적 맥락이 과학 발전에 영향을 미치는 방법을 인과적으로 설명할 수 있는 능력, ③ 과학의 적실한 '내용'의 정체 파악, ④ '과학'과 비(非)과학의 구분 짓기, ⑤ ①에서 ④까지의 항목을 사회학자의 분석적 임무보다는 담론의 장(場)에서 구성원들의 성취로 다뤄져야 할 것인지의 여부 등. 새로운 과학사회학은 그 방향이 내부를 향하면서 다중의 경쟁자들과 논쟁에 휩싸여 있는 동시에, 그 성취는 사회인식론을 위한 토대로 계속 광고되고 있다. 97)

특히 북미 사회학에서, 현재 많은 참여자는 연구에 대한 상호 논평에서 전통적 역사98)를 암송하고 있다. 그런 구성원들의 역사에서, 새로운

---

96) 이 쟁점에서 분란이 되는 이슈들 중 일부는 *Social Studies of Science* 19 (1989)에서 이루어진 정치적 논쟁에서 제기된 바 있다. Evelleen Richards and John Schuster, "The feminine method as myth and accounting resource: a challenge to gender studies and social studies of science", pp. 697~720; Evelyn Fox Keller, "Just what is so difficult about the concept of gender as a social category?", pp. 721~724; Richards and Schuster, "So what's not a social category? Or you can't have it both ways", pp. 725~730.

97) 스티브 풀러[Steve Fuller, *Social Epistemology* (Bloomington: Indiana University Press, 1988)]는 새로운 과학사회학 프로그램의 목적을 재설정함으로써 규범적 과학철학의 문제를 해결하고자 한다.

과학사회학의 대표적 기여로는 실험실의 후미진 곳까지 파고들어가서 과학지식은 발견되는 것이 아니라 창조된다는 것을 구체적으로 밝힌 점을 꼽을 수 있다. 동시에, 이야기는 계속되어, 이런 연구들은 실험실 벽 내부에서 발견될 수 있는 것으로 관심을 제한한 까닭에 과학이 구성되는 '보다 큰' 맥락을 설명하지 못한다. 필요한 것은 제도적 권력, 이데올로기, 자금지원 등의 구조적 출처를 기준으로 삼아 과학자들의 국지적 실천을 설명하기 위한 노력이다. 오직 그럴 때에만 새로운 과학사회학이 좀더 평등주의적인 과학을 재구축할 수 있는 포괄적인 규범적 토대를 제공해 줄 수 있기 때문이다. [99]

이 서사는 이 분야에서 많은 참여자의 마음을 사로잡았고, 과학을 신성한 자리에서 끌어내려 사람들에게 전해 주려는 종교적 임무나 다름없는 사명감을 고취시켰다. 신기하게도 이 과정에서 좌파-머튼주의가 부활했는데, 여기서 머튼이 한때 비판했던 보편적 기능주의(universal functionalism)[100]는 국지적 행위가 특정 가치, 이해집단, 수사적 용법 등과 기능적으로 관련을 맺고 있는 체계적 행위라는 개념으로 대체되었다. 이를 통해, 사회학자들은 좀더 포괄적인 신봉들(아마도 독자들과 공유하고 있는)을 끌어들이는 방식으로 규범적 비판을 시도하고자 한다.

그렇지만 앞에서 살펴봤듯, 이야기는 실험실 연구에 너무 많은 성공을

---

98) '전통적 역사'(conventional history)란 관련 참여자들에 의해 생성된 공동 역사에 대한 설명을 뜻한다. 다음을 볼 것. David Bogen and Michael Lynch, "Taking account of the hostile native: plausible deniability and the production of conventional history in the Iran-contra hearings", *Social Problems* 36(1989): 197~224.

99) 그런 주장은 다음에 간결하게 제시되어 있다. William Lynch and Ellsworth Fuhrman, "Recovering and expanding the normative: Max and the new sociology of scientific knowledge", *Science, Technology, and Human Values* 16(1991): 233~248.

100) Merton, "Manifest and latent functions", chap. 3 of *Social Theory and Social Structure*, 증보판, 특히 p. 84 ff.

할애하는 반면 이런 연구가 처음에 왜 수행되었는지에 대해서는 잊도록 권유한다. '새로운' 과학사회학의 동기부여는 규범적 과학철학과 구조기능주의 사회학에 대한 반작용으로 이루어졌고, 일부의 경우에는 여전히 그렇다. 그것은 과학적 방법의 단일 모형을 따르지 않는 과학의 '실제적' 실천에 대한 세련된 개념화를 촉진할 수 있다. 그 목적이 '과학' 그 자체를 공격하는 데 두어져 있던 것은 아닌데, 왜냐하면 원리적으로, 과학사회학 연구는 과학이 무엇인지에 대한 선험적 판단을 보류한 채 관찰, 실험, 이론 논쟁 등의 구체적 사례들을 조사하고 있기 때문이다. 놀랄 것 없이 이 일은 실현이 쉽지 않은 것으로, 현존하는 실험실 연구들 중 어떤 것도 실재론-구성론 논쟁을 해결할 수 있을 만큼의 '두터운 서술'(thick description)에 성공하지 못했다. 실제로, 경험적 연구들이 이 문제를 해결해 줄 것이라고 판단하는 것은 논쟁의 성격을 잘못 짚은 것이다. 101) 그런고로, 정책학과 정치화된 비판을 위한 경험적 공격무기의 제공이 아니라 현장에서 '실제적' 과학 실천을 관찰하고, 서술하고, 설명하려는 노력만이 우리에게 처음부터 다시 시작할 수 있는 계기를 제공해 준다. 그 자리에서 우리는 '실제적인' 무엇인가에 대한 관찰, 서술, 설명 등을 산출하는 것이 뜻하는 바를 다시 생각해봐야 한다. 내가 이해하기로, 그것은 민속방법론의 의제다.

---

101) 웨스 새록과 그래엄 버튼[Wes Sharrock & Graham Button, "The social actor: social action in real time", pp. 137~175, in G. Button, ed., *Ethnomethodology and the Human Sciences*(Cambridge University Press, 1991)]이 지적하듯, '두터운 서술'의 개념은 Gilbert Ryle["The thinking of thoughts", in *Collected Papers*, *vol. 2*(London: Hutchinson, 1971)]에서 유래한다 — 대개의 경우, 클리포드 기어츠(Clifford Geertz)에게 그 공이 돌려지지만. '두터운' 서술은 '얇은'(thin) 서술보다 더 구체적이고, 일부에서 직접 목격할 수 있는 것에 관심을 가진다는 것뿐만 아니라 서술된 행위들 — 예를 들면 게임 속의 이동, 움직임보다는 제스처, 진행 중인 콜로키엄에서의 행동 등과 같은 — 에 대한 '구성원들의' 국지화된 인정을 구체화한다.

민속방법론적 업무 연구

나는 제1장에서 민속방법론적 업무 연구에 대해서 언급한 바 있고, 앞으로 그것을 더욱 정교화하고자 한다. 따라서 여기서는 간략하게 다룬다. 과학지식사회학자들이 민속방법론으로부터 체계적 기획과 테마를 받아들이고 두 영역은 다수의 공통 관심사와 쟁점들을 공유하고 있지만, 민속방법론적 과학업무 연구(ethnometholodogical studies of scientific work)는 독자적으로 탄생했다.

1970년대 초반, 가핑클은 자신이 직업 및 전문직업의 분석적 연구에서 '잃어버린 무엇'(missing what)이라 불렀던 것을 탐구할 목적으로 민속방법론적 업무 연구에 대한 프로그램을 제안했다. 간략하게, 그는 다양한 예술과 과학의 실천행위를 연구하는 사회학자들이 대체로, 예를 들면, 음악가들의 공동연주 방법은 다루지 않은 채 음악의 '사회적' 측면을 탐구한다고 주장했다. 비슷하게, 사회학자들은 전문적 법률가의 활동을 탐구할 때 법률제도의 성장과 발전에 미치는 다양한 '사회적' 영향을 서술하는 데는 열심인 반면, 법률가들이 소송사건 적요서(摘要書)를 쓰고, 판례를 제시하고, 증인들을 신문하고, 법률적 논구(論究)에 참여하는 것은 당연시해 버린다. 이와 반대로, 가핑클에 따르면, 민속방법론은 직업-특화적 역량을 탐구한다. 이런 역량을 기반으로, 협력적으로 생산되고 조율된 행동 '속에서/으로서'(in and as) 음악가들은 함께 연주하고, 법률가들은 법률적 논증을 수행한다. 102)

---

102) 민속방법론적 업무 연구의 모음집은 1986년에 출판되었다(H. Garfinkel, ed., *Ethnomethodological Studies of Work*(London: Routledge & Kegan Paul)]. 한편, 이 모음집의 많은 논문은 여러 해 전에 이미 쓰여 있었다. 가핑클의 프로그램은 맨체스터대학교의 웨스 새록과 그의 동료 및 학생들에 의해 수행된 (비트겐슈타인으로부터 영감을 받은) 민속방법론 탐구와 관련되어 있었다(이 접근과 가핑클 프로그램과의 수렴에 대해서는 다음을 볼 것. Button, ed., *Ethnomethodology and the Human Sciences*). 또 다른 계통의

가핑클의 프로그램은 과학적이고 수학적인 실천의 '내용'을 탐구할 수 있는 유인책을 제공해 주었다 — 그러나 이 경우 문제의식은 만하임의 지식사회학을 확장하거나 강화하기 위한 욕구에서 비롯된 것은 아니었다. 처음부터 가핑클과 그의 동료는 '사회적 맥락'의 관점에서 과학적 사실의 생산을 설명하려는 관심을 표명하지 않았을 뿐만 아니라 어떤 특정한 혁신의 맥락을 구성하는 다양한 분야의 활동 및 제도적 조건의 종합적 모형을 구축하려 들지도 않았다. 그들의 목적은 과학적 발견과 수학적 증명이 어떻게 생산되며, 실험실 프로젝트나 수학 수업의 분과-특화적 생활세계(Lebenswelt)로부터 어떻게 '추출되는지'를 조사하는 것이었다.

다시, 그들의 목적은 '사회적 구성'의 문제로서의 '발견'을 설명하는 것이 아니라, 과학자들의 자서전 읽기나 실험과 증명을 재구성하기로부터 도출될 수 있는 것을 능가하는 과학 업무에 대한 더 나은 이해를 얻고자 노력하는 것이었다. 주로, 실험실 실천의 민속방법론 연구는 우연의 일치로 라투르와 울가, 크노르-세티나를 비롯한 여타 구성주의자들이 수행한 '실험실 생활'의 연구와 관계를 맺게 되었고, 지난 10년 동안의 협력으로부터 논제와 문제 영역들에 대한 부분적 수렴이 이루어졌다. 이런 수렴은 공통의 쟁점과 논쟁점을 꽤 정밀하게 구체화할 수 있도록 해주었다. 나는 이미 많은 쟁점을 제기했고 이후의 장에서 더 자세히 다루겠지만, 개관하면, 쟁점으로는 다음과 같은 것들이 있다.

1. 성찰성의 '문제'. 여기에는 사회학자들이 (사회적이 아닌) 다른 실천을 탐구하고, 서술하고, 설명하는 수단으로 삼는 언어와 실천이 '구성원'들이 그들의 업무를 수행하고, 주장을 펼치고, 서로의 행동을 '분석하는' 수단인 언어와 뒤섞이게 되는 다양한 방식들이 포함된다.

발전은 실천적이고 위치 지워진 기술의 생산 및 사용과 관련된 것으로, 대표적인 것으로는 다음을 들 수 있다. Lucy Suchman, *Plans and Situated Actions*(Cambridge University Press, 1987).

2. 인식론적 질문과 방법론적 쟁점의 '융합'. 이것은 이데올로기-비판과 지식-사회학 설명 사이에 가로놓인 만하임의 체계 구분의 붕괴와 관련이 있다. 이 붕괴는 사회학적 서술이 (비판, 회의론, 서술된 '방법'이나 '신념'의 수용 등을 뜻하는) 일상적 언어표현들을 사용할 때마다 발생한다.

3. '중립적' 또는 '비평가적' 관찰언어를 위한 연구. 이 연구는 만하임의 비(非)평가적 보편종합 이데올로기 개념의 유산을 그대로 잇고, 스트롱 프로그램의 대칭성과 공평성의 원리들로 구체화되어 있다. 제5장에서 서술되는 '무관심'이라는 민속방법론적 정책기조는 탐구대상인 연구 분야에서 '한 걸음 뒤로 물러서'라는 과학-사회학의 제안들을 대신할 수 있는 대안을 제시해 준다.

4. 사회적 '요소'와 기술적 '요소', 과학과 비과학, 사실과 구성 사이 구분 짓기의 궁극적으로 '판단 불가능한'(undecidable) 성격. 앞에서 강조했듯, 과학사회학자들은 최근 들어 이런 구분이 '과학적' 혁신을 낳는 행위장(場)에서 '협상된다'는 입장을 취한다. '협상'이나 '경계설정작업'(boundary-work)을 통해 무엇을 뜻하는지가 항상 명확한 것은 아니기 때문에 과학사회학의 설명적 프로그램들에 대한 함의는 계속해서 조정작업을 거치고 있다. 이런 점에서, 실천행위와 언어 사용에 대한 민속방법론적 연구는 현재까지의 이해를 한층 더 깊게 해줄 수 있다.

나는 이 모든 문제가 새로운 과학지식사회학에 보다 정교한 언어 사용과 실천행위라는 개념을 도입할 필요성을 말해 준다고 생각한다. 현상학, 비트겐슈타인, 민속방법론 등의 기획에 많은 핵심적 내용을 빚지고 있음에도, 과학지식사회학자들은 객관주의적 탐구의 신봉에 대한 익숙한 부가혼합(附加混合)의 기조를 계속 유지하고 있다. 이런 신봉에는 다음과 같은 생각이 포함된다 — 즉, 과학사회학자들은 연구현장에서 신봉과 언어 사용에서 한 걸음 뒤로 물러나 있어야 하며, 서술적 '메타언어'(meta-language)는 서술된 담론에서 독립적이어야 하며, 지표성과 성찰성은 일반적으로 표상과 의사소통을 촉진하기보다는 저해하며, 사회학(또는 형식 기호학)의 안정적인 개념장치는 다른 분야의 내용을 설명하는 임무에 적합해야 한다. 과학사회학자들이 미처 깨닫지 못한 것은 그런 신봉이 민속방법론, 비트겐슈타인의 후기철학, 현상학의 입장으로부터 비판받고 있다(또는 최소한 비판받을 수 있다)는 사실이다.

나는 여기서 그런 비판을 제안했지만, 과학지식사회학의 이해관계 문제에 대한 민속방법론, 비트겐슈타인, 현상학의 단일한 '입장'이라고 할 수 있는 것이 없기 때문에 내 비판은 그런 입장이 어떠해야 하는지에 대한 내 생각을 드러내 주는 셈이다. 내 의도는, 이를테면 지식사회학을 제물로 민속방법론을 증진하려는 것이 아니라 탈(脫) 분석적 민속방법론을 주장하는 것이다. 어쨌든 내 비판은 일종의 '인식사회학'(epistemic soci-ology)[103]을 구축하기 위한 민속방법론과 과학사회학의 수렴에 그 목적이 있다. 현재 상황은 두 분야의 모든 연구를(또는 심지어 주요한 부분들조차) 포괄해 내지 못하고 있는데, 이는 많은 민속방법론자와 과학사회학자가 이 의제에 공헌하기 힘든 과학적 사회학의 프로그램에 여전히 몰두해 있기 때문이다. 그러나 만약 내가 상황을 정확하게 진단한다면, 현재 구성주의 과학사회학에서의 많은 논쟁과 혼란은 사회의 과학에 대한 확립된 신봉과의 깊고 양면적인 투쟁의 징후들이다. 과학에 결부된 미덕들, 그리고 사회과학 내부에서 신망 받는 대안의 부재라는 조건 속에서, '과학적' 과학지식사회학의 고질적인 허영과 모순을 그냥 옆으로 제쳐두기란 쉽지 않은 일이다. 그럼에도, 인식론(또는 좀더 일반적으로 사상사)에서 나온 익숙한 테마들을 다루는 탐구의 고유한 양식 — 즉, 강단철학

---

103) '인식사회학'에 대한 일반적 논의는 다음을 볼 것. Coulter, *Mind in Action*, 제1장.

이나 방법론에 주력하는 사회학이 아닌 탐구양식으로, 경험적 증거를 가설의 증명이 아니라 상상에 대한 자극으로 검토하고, 관찰, 표상, 측정, 입론(立論) 등의 실천을 추상적인 방법론적 보증이 아니라 탐구되어야 할 사회적 현상으로 다루는 탐구의 양식 — 에 대한 상상은 점차 현실화되고 있다. 물론, 내가 이런 가능성을 처음으로 상상한 것은 아니다. 제1장에서 언급했듯, 이것은 가핑클이 민속방법론을 개발할 때 지녔던 비전으로, '새로운' 과학지식사회학의 활성화에 적지 않은 기여를 하기도 했다. 체계적 지식주장과 판촉에 힘을 쏟았음에도, 그 비전은 여전히 사회학의 주요 의제 설정에 크게 영향을 미치지 못하고 있다. 사회학의 운명은 계속해서 과학으로서의 자신의 지위에 기대고 있고, 학술적 직업으로 합법적 토대를 갖췄는지 여부가 계속해서 문제로 제기되는 까닭에, 사회학적 과학주의를 내다 버리려는 시도는 불경스럽고 심지어 반역 행위로 비쳐질 수도 있다. 그럼에도, 우리가 아직도 도래하지 않은 과학적 사회학의 '진보'에 희망을 거는 짓을 계속하지 않으려면, 과학주의와의 완전한 단절은 필수적이다.

제4장

현상학과 원(原)민속방법론

에드먼드 후설(Edmund Husserl)의 야망은 자연주의적 토대에 기대지 않고 수리적 자연과학의 성취를 설명하는 것이었다. 그의 이런 노력은 유산을 낳았고, 민속방법론과 새로운 과학사회학은 그 유산을 흡수하여 자신을 경험적 연구 프로그램으로 전환시켰다. 오늘날 후설에 대해 언급하는 민속방법론자와 과학사회학자들은 거의 없는 실정인데, 아마도 초월적 토대에 기초하여 생활세계(life-world)의 '과학'을 발전시키려는 그의 노력이 오래전에 대륙철학과 영미철학 모두로부터 거부되었기 때문일 것이다. 그렇지만 후설에 대한 무시는 이중적 불행을 초래한다. 첫째, 후설이 현재의 민속방법론 연구와 무관하다는 가정은 가핑클이 제자들에게 민속방법론의 관점에서 후설을 '오독할' 것을 부추긴 결과라고 잘못 알려진 것에 불과하다. 1) 흔히 알프레드 슈츠(Alfred Schutz)를 현재의 사회

---

1) 1980년대 초반의 UCLA 강연과 보다 최근의 보스턴대학교 발표에서 가핑클은 후설, 하이데거, 메를로퐁티의 '오독'을 권고했다("전문 사회학의 신기한 진지함"은 1989년 12월, 보스턴대학교에서 열린 사회과학철학 콜로키엄에서 발표되었다). 가핑클은 후설의 저작의 깊이와 설득력을 계속해서 칭찬했고, 민속

학 연구와 가장 관련이 깊은 현상학자로 생각하지만, 그는 자연과학에 대한 후설의 비판 중 약한 판본만을 전해줬을 뿐이다. 둘째, 후설로 하여금 생활세계를 분석하기 위한 초월적 토대를 세우도록 동기를 부여했던 문제들이 아직도 경험적 사회학의 주변을 배회하고 있다. 실제로, 초월적 분석을 향한 경향성은 사회과학자들(민속방법론자들을 포함하여)이 사회적 실천의 '상식적' 이해와 '분석적' 이해 사이의 구분이라는 이런저런 변종을 채택할 때마다 암묵적으로 남아 있다.

이 장에서 나는 후설의 자연과학의 계보학을 미셸 푸코와 가핑클의 탈현상학적 탐구의 선구자로 취급하는 것에서 출발하고자 한다. 이런 시도는 후설과 현상학적 전통의 매우 편파적이고 색다른 읽기로, 민속방법론과 과학사회학의 보다 최근에 이루어진 발전의 관점에서 회고조를 띤다. 그런 다음, 나는 슈츠가 어떻게 후설의 자연과학 비판을 덜 급진적인 과학적 방법론에 입각한 펠릭스 코프먼(Felix Kaufman)의 관점과 통합시켰는지 살펴볼 것이다.

자연과학과 인문과학의 합리성에 대한 슈츠의 저작과 일상적 생활세계에 대한 그의 범례적 상설(詳說)은 상식적 지식에 대한 가핑클과 아론 시쿠렐의 '원(原)민속방법론적' 취급에 상당한 영향을 미쳤다. 슈츠는 과학을 주로 인지적이거나 이론적인 활동으로 취급하면서 실험실의 벽 내부와 너머의 '일상생활의 세계'를 구분했다. 원민속방법론은 일상적 활동의 '자연적 태도'와 분리된 것으로서 분석적 입장을 전제하는 슈츠의 관점과 함께 그의 인지주의를 보존하고 있다. 내 관점에서 원민속방법론은 단순히 민속방법론의 역사적 선조에 불과한 것이 아니다. 그것은 민속방법론자들이 '상식적 지식'의 안티테제(antithesis)로서 '과학'의 신화를 불러들일 때마다 재생된다. 더욱이 원민속방법론은 탈분석적 민속방법론의 전개를 억제하는 전문적으로 수용 가능한 '분과'의 형태를 취하고 있다.

방법론의 연구 의제설정을 후설의 생활세계의 계보학과 동일시했다.

자연과학의 현상학적 계보학

《유럽 학문의 위기와 선험적 현상학》(*The Crisis of European Sciences and Transcendental Phenomenology*)에서, 후설은 수리적 자연과학의 실천학적 (praxiological) 토대에 대한 폭로를 통해 갈릴레오의 보편수학(mathesis universalis)의 '발명'을 설명한다.[2] 그는 "실제로 감각을 통해 주어지는 것으로 지금껏 경험되고 경험할 수 있는 유일한 실세계(real world) ─ 우리의 일상적 생활세계 ─ 를 수학에 기초한 이상세계(world of idealities) 로 은밀하게 대체"한 책임을 갈릴레오에게 묻는다.[3]

후설이 재구성한 이 계보학에 따르면, 갈릴레오는 기하학적 형식을 외관의 세계 너머에 자리하는 이상적이고 영원한 본질로 여기는 플라톤의 관점에 충실하게 고대의 기하학적 유산을 승계했다. 후설은 관측하고 측량하는 원(原)기하학적 행위로 돌아가서 수학적 원형들 ─ 완벽한 직선, 차원이 없는 점, 각도, 정칙곡선 등 ─ 을 추적한다. 관측자의 측정도구들은 비교적 '순수한' 선, 척도, 곡선, 각 등을 체화하는데, 이런 것들은 표면을 형성하거나 매만지거나 물질의 배열과 길이를 인식하기 위한 형판(型板)으로 작용한다. 유클리드 기하학에서 나타나는 순수화된 형태들은 서술적이거나 사상적(寫像的)인 기능을 가능하게 해줄 뿐 아니라 아직 현실화되지 않은 건축물을 외삽하고, 예측하고, 설계할 수 있도록 해주는 생산적 모형을 제공해 준다. 따라서 구성된 대상, 구축된 환경, 행위의 투사의 정교화는 순수화된 형태와 확립된 기하학의 정리와의 근

---

2) Edmund Husserl, *The Crisis of European Sciences and Transcendental Phenomenology*, David Carr 역(Evanston, IL: Northwestern University Press, 1970).

3) *Ibid.*, pp. 48~49. '갈릴레오의 발명'에 대한 후설의 설명은 역사적 서술이라 기보다는 철학적 비유에 가깝다. 갈릴레오가 후설이 그에게 부과한 '성과'에 책임이 있는지의 여부는 그가 제안한 과학적 실천의 현상학과는 그다지 관련 이 크지 않다.

〈그림 4-1〉 투사체의 운동을 나타내는 갈릴레오의 도식

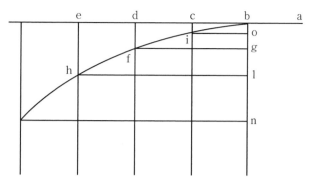

H. Crew and A. de Salvio 역, 《두 개의 신과학에 대한 대화》
(1665) (New York: Dover, 1954).

사적 일치 속에서, 그리고 근사적인 공리적 토대 위에서 그 모습을 드러
낸다.

후설에게 있어서, 갈릴레오가 행한 자연의 수학화는 유클리드 형식과
일치하도록 환경을 구축하는 작업을 출발점으로 삼고 있었다. 예를 들
면, 갈릴레오에게 〈그림 4-1〉에 있는 투사체의 곡선 궤적은 수학적 자연
법칙을 그래프에 나타낸 것이다. 후설은 고전 물리학 법칙을 따르는 관
계의 사실성 자체는 묻지 않은 채, 관계의 자연화된 계보학만 문제 삼는
다. 후설의 분석에 따르면, 〈그림 4-1〉에 있는 것과 같이 매끄럽고 비교
적 '완벽한' 곡선은 '망각된' 계보학을 표현한다. 그는 그런 곡선을 반복적
'매만지기'의 결과물로 본다. 이를 통해 실험적 행위, 장비, 측정도구,
수학적 분석 등이 함께 엮인다. 실험 현장의 현상적 요소들이 규율되고
반복적인 실천을 통해 안정화된 이후에만 수학적 법칙이 투사체와 유사
한 물질적 현상에 항상 참이라는 사실이 명백해진다.

후설은 수학적 형상과 물질적 관계의 실천학적 연계(coupling)는 결국
인간의 역사성이나 목적과는 무관한 것으로 '과학적' 자연으로 실체화되
었다고 주장한다. 그 이후부터, 갈릴레오 과학의 목적은 우주의 내재적

218

구조 — 항상 그리고 이미 측정된 것에 맞아 떨어지는 구조 — 를 발견하는 것이었다. 후설에게 장인의 기교와 그 기교를 통해 구성된 현상적 장(場)에서 '발견된' 수학적 관계 사이의 본질적 경계설정이란 있을 수 없다. 당연하게 〈그림 4-1〉에 있는 기하학적 연출은 실천의 생활세계에서 시간의 흐름에 따라 수립된 구성물이다.

후설에 따르면 수학적 형식과 자연적 속성 간의 명백한 대응이란 합리적 확실성을 보장해 주는 근거라기보다 갈릴레오 과학의 핵심에 놓여 있는 불가사이이다. 이것은 (과학사업 과정에서 단 한 번의 성취로서 확립된) 그런 모든 대응이란 직관적으로 주어진 주변세계의 상술되지 않은 토대에 의존하는 한에서만 그 자신의 자명성을 보장받을 수 있기 때문이다. 복잡한 세속적[이데아의 세계인 천상이 아니라는 점에서 - 옮긴이] 간섭으로서의 물리과학의 측정과 계산 행위는 생활세계(Lebenswelt)의 안정성과 유의미성을 전제한다. 모든 과학의 계산 기법은 그 과학의 독자적 주제에 대한 직관적 장악에 종속된다.

> 우리는 연결용 및 관계용 문자와 기호(=, ×, +등)를 운영하는데, 이것은 카드 게임이나 장기 게임과 본질적으로 다르지 않은 방식으로, 그것들을 함께 배열하기 위한 **게임의 법칙**을 따른다. 여기서는 이런 기술적 과정에 의미를, 옳은 결론에 진리(심지어 형식적 보편우주에 고유한 '정형화된 진리')를 진짜로 부여해 주는 **원형적 사고**가 배제된다. 4)

후설은 계산적 '게임'과 과학의 주제 사이의 가정된 동형이질(同形異質)을 발생시킨 '원형적 사고'를 설명해 내기 전까지 자연과학의 토대를 보증할 수 있다고 믿지 않았다. 그는 생활세계의 현상적 장(場)을 자세히 설명함으로써 자연과학의 '잃어버린' 실천학적 토대를 복구하고자 했다. 그의 생활세계의 현상학적 과학은 그런 상설(詳說)의 예비적 결과에 기초

---

4) *Ibid.*, p. 46.

한다. 후설의 개념적 장치 속으로 깊숙이 들어가진 않겠지만, 우리의 목적상 과학적 진실이 단일한 경험적 토대로 역추적될 수 있다는 관념을 완전히 포기하지 않았다는 점을 강조하는 것으로 충분하다. 후설은 직관적으로 주어진 생활세계의 구조의 보편화된 장악을 위한 토대로서 전문과학에서 게임의 기술적 규칙을 다루기보다, 이런 '게임들'을 선험적 의식의 행위에 종속시켰다. 5)

후설의 지각의식(perceptual consciousness) 철학을 지각을 발생시키는 상호주관적 장(場)을 조직하는 표상적 기교와 규약에 대한 설명으로 대체함으로써 (테마적으로는 일관되지만) 수리적 물리과학에 대한 또 다른 역사관을 얻을 수 있다. 예를 들면, 새뮤얼 에저튼(Samuel Edgerton)은 15세기 피렌체에서 브루넬레스키(Brunelleschi)와 알베르티(Alberti)가 재발견한 투시화법이 과학혁명의 형성에 미친 영향을 설득력 있게 보여 준 바 있다. 6) 에저튼은 새로운 표상적 규약의 집합을 구체화해 내려고

---

5) 갈릴레오의 자연주의적 계보학에 비판적이었지만, 후설의 초월적 자아는 갈릴레오의 수학(mathesis)과 상보적 관계를 맺고 있다. 스티븐 셰이핀이 그리듯 ("Robert Boyle and mathematics: reality, representation, and experimental practice", *Science in Context 2*(1988) : 23~58], 보일의 실험 프로그램은 다른 실천행위의 '현상학'과 상보성을 띨 수 있다. 보일의 임무는 수학적 원형들을 자연의 본질로 만드는 거대 이론적 조작을 재(再)상술하는 것이 아니라 기술적이고 문자적 과정을 통해 만들어 낸 '사실'(matters of fact)을 재(再)상술하는 것이 되어야 한다. 이 경우에 '게임'은 후설적이라기보다는 비트겐슈타인적이 되어야 할 것이다. 게임은 선험적 인식의 토대적 '기둥'으로부터 출현하기보다 가족유사성을 통해 관련 맺어지기 때문이다.

6) Samuel Y. Edgerton, *The Renaissance Rediscovery of Linear Perspective* (New York: Harper & Row, 1975). 이 절에서 에저튼의 연구에 대한 나의 설명은 그와 여타 예술사가들이 투시화법을 '마음의 눈'의 작용 탓으로 돌리고 있다는 사실을 반영하지 않고 있다. 나의 읽기가 에저튼의 역사적 서술에 부합하지 않는다는 비판은 사실과 거리가 먼데, 그것은 천문학에서 현재의 '이미지 처리과정'(image processing)을 둘러싼 그와의 공동연구가 잘 보여 준다. 다음을 볼 것. M. Lynch and S. Y. Edgerton, "Aesthetics and digital

'예술가-엔지니어' 브루넬레스키의 숙련이 어떻게 알베르티의 광학이론과 결합했는지 검토한다. 피렌체의 예술가-엔지니어들에게는 '두 가지 재능이 필요했다 — 즉, 수학적 숙련과 그리는 능력'. 인공물의 표면을 기하학의 제한적 형태로 배열하려고 그것을 '매만지는' '초기 기하학자의' 기교에 대한 후설의 설명과 대체적으로 비슷한 전개과정을 통해7) 예술가-엔지니어들은 그들의 건축적 실천의 과정에서 '순수한' 기하학적 형식에 자신들을 끼워 맞췄다. 브루넬레스키는 원근화법을 위해 거울장치를 발명했고, 알베르티는 후에 장치의 설계와 작동에 의해 드러나는 시선들이 실제 상황으로부터 추상화되어 다양한 수학적 운용에서 사용될 수 있는 원리를 구현해 냈다.

에저튼은 예술사가들이 더 이상 르네상스 이전 예술을 표상의 '소박한' 전형으로 취급하지 않고 있음을 목도한다. 그것은 예술사가들이 부분적으로 어떻게 중세적 표현(연출)이 현상학적 경험에 충실할 수 있었는지를 알아내려는 비(非) 원근법적 근대주의 예술로부터 자극을 받았기 때문이다. 피렌체를 그린 두 그림 — 첫 번째 것은 중세시대의 것이고, 두 번째 것은 르네상스 시대의 것이다 — 을 비교하면서, 에저튼은 이렇게 쓰고 있다.

초기의 화가들은 공간적 균일성이라는 관점에서 대상을 인식하지 않았다. 그보다 그들은 자신들이 본 것을 눈앞에 충실하게 표현할 수 있다고 믿었다. 이것은 단일하고 총체적인 지점에서가 아니라 매우 다른 측면으로부터 거의 촉감적으로 구조를 경험하고, 걷는 것과 같은 느낌을 표상함으로써 가능했다. 〈사슬이 있는 지도〉(*Map with a Chain*, 르네상스/투시화법

---

image processing representational craft in contemporary astronomy", pp. 184~220, in G. Fyfe and J. Law, eds., *Picturing Power: Visual Depiction and Social Relations* (London: Routledge & Kegan Paul, 1988).

7) Husserl, *The Crisis*, p. 376.

그림)에서, 고정된 시선은 높고 멀리 떨어져 있는데, 묘사된 도시를 변형하거나 감각적으로 닿을 수 있는 범위를 완전히 벗어나 있다. 반면에〔중세의〕프레스코화에서는 돌출부의 건물 귀퉁이, 발코니, 지붕이 그림의 양쪽 측면에서 보는 사람을 향해 밀려나온 채 뒤죽박죽 뒤섞여 있다.[8]

중세의 그림은 그 자체로 충실한 연출인데, 그 이유는 찰나를 가장한 관점에서 속사적〔또는 카메라 옵스큐라(camera obscura)〕시선을 주기보다는 실천적 적실성이라는 익숙한 장(場)을 상기시키기 때문이다. 보는 사람의 운동성(motility)은 '조각난 표상'(split representation) — 에저튼(p. 14)이 "마치 조각낸 다음 납작하게 눌러 놓은 것 같이 삼차원의 대상을 나타내기 위한 경향으로, 그렇게 함으로써 그림은 단일한 관점에서 보여 줄 수 있는 것보다 더 많은 사물의 측면이나 부분을 보여 준다"고 서술한 것 — 의 중세적 장치와 관련이 있다. 원근법 그림은 중세적 연출보다 더 또는 덜 '객관적'이지 않다. 그보다 그것은 서로 다른 분야의 '객관적' 및 '주관적' 관계를 조직하는데, 여기에는 찰나적 장면의 구체적 요소들이 투사되어 나오는 중심점으로 작용하는 고정된 '관점'과 '시선'이 동반한다.

알베르티의 광학 논문은 화가를 위한 평면 기하학을 구체화한다. 이 논문에서 장(場)의 각 '점'은 동시적으로 '기호'인데, 이 기호는 "표면에 존재하는 것이어서 눈으로 볼 수 있는 어떤 것"이다.[9] 알베르티의 시그넘(signum) — 텍스트의 '도안'이나 '부호' — 은 "종이 위의 점과 같이 만질 수 있는 어떤 것"이다.[10] 상(像)의 특징들은 외부에서 캔버스 위로 옮겨 놓은 것처럼 보인다. 기호-지시적(sign-referent) 관계가 시각 이미지와 대상 사이의 일대일 대응을 대신한다. 더욱이 화가에 의한 기호 평면의 구성은 실재하는 기하학적 장(場)에서 일어나는 것으로 보인다. 따라

---

8) Edgerton, *The Renaissance Rediscovery of Linear Perspective*, p. 9.

9) *Ibid.*, p. 80.

10) *Ibid.*

서 그림은 일종의 체화된 수학이 되는데, 이때 그림은 기하학적 제한 형식을 구체적으로 모사한 혼성의 사물들(예: 점과 부호)을 사용한다. 화가가 구성하는 평면은 선들의 격자가 '옷의 실들'처럼 연결된 경험적 그래프로 조직된다.[11]

원근법이라는 장치는 문자적 공간과 체화된 실천을 통합한다. 또한, 그 장치는 역사적으로 특화된 광학 장비, 표상 기술, 광학 이론, 지도 제작법, 〔에저튼(p. 37)이 말하는 것처럼〕 시장에서 채택된 실용적 측정 기법 등의 분야들을 융합한다.[12] 고정된 점과 광선의 수렴, 초현실주의(hyperrealism), 대상과 이미지 사이의 일대일 대응 등은 참된 인식론을 만든다 — 즉, 시각의 메커니즘에 대한 설명과 그것의 진리에 대한 설명, 그것의 한계를 확립하고 오류를 수정하기 위한 일련의 예방책과 개선책 등.[13] 갈릴레오의 과학은 이런 실용적-기호적 체계를 한 걸음 더 전진시켰는데, 이때 기호의 평면과 (이런 체계가 새겨진) 격자는 그 저작권이 자연으로 귀속된다. *

후설은 갈릴레오의 후계자들이 보편수학에 기대는 정도를 과대평가했

---

11) *Ibid.*

12) 이와 같은 객관화된 관계들의 장(場)의 실천적 구성을 돕고, 부추기는 텍스트를 인쇄하고 순환시키는 방법에 대한 방대한 참고문헌의 요약에 대해서는 다음을 볼 것. Bruno Latour, "Visualisation and cognition", *Knowledge and Society 6*(1986): 1~40.

13) 베이컨의 원(原)실험 프로그램에는 이런 종류의 수많은 개선책이 포함되어 있다. 다음을 볼 것. Francis Bacon, "The new organon", pp. 39~248, in J. Spedding, R. L. Ellis, and D. D. Heath, eds., *The Philosophical Works of Francis Bacon*〔London, 1858(1623)〕, vol. 4.

* 〔옮긴이주〕 원근법이란 자연의 산물이 아니라 역사적으로 인간의 실천을 통해 점차 확립한 일종의 장치이다. 하지만 시행착오를 거치면서 '기호의 평면과 … 격자'를 원활하게 사용할 수 있게 되자 원근법은 인간의 발명품이 아니라 원래 자연에서 기원한 것처럼, 따라서 발명이 아니라 발견된 것처럼 새롭게 규정되었다.

을 수 있다. 스티븐 셰이핀에 따르면, 로버트 보일은 비(非) 수리적 경험 집합체와 그가 압력, 부피, 비중을 수집하고, 틀 짓고, 표상하려고 사용했던 실험 장치를 명확하게 구분했다. 14) 또한, 수학은 보일이 널리 선전했던 존재신학적(ontotheological) 관점에서 본질적인 것은 아니었다. 보일에게 실험가가 운용하는 현상계의 계산 불가능한 다양성이야말로 인간 조건으로부터 신의 거리를 증명하는 것이고, 수학자의 이상화는 신의 계획에 대한 증거라기보다 인간적 구성물이다.

스베틀라나 알퍼스(Svetlana Alpers)는 17세기 네덜란드의 예술과 과학에 관한 주장을 펼치면서, 네덜란드인들은 가시(可視) 세계를 향한 서술적 태도를 가정했는데, 그런 세계란 르네상스 이후 이탈리아인들의 '수학적' 경향성과 대조되는 것이라고 말했다. 15) 그럼에도 수학은 네덜란드 예술가들이 풍경의 이미지를 표면으로 투사하는 데 사용했던 카메라 옵스큐라와 같은 장치 속에서 수립되었다 — 투사한 후에 그들은 매우 꼼꼼하게 이미지를 추적했다. 만약 사정이 그렇다면, 원근법의 기하학은 기계의 사용에 배태되어 있었다. 비록 그런 기하학이 많은 자연적 사본의 본질적 '실재'와 동일시될 수 없지만 말이다.

심리학자 깁슨(J. J. Gibson)은 기하학적 장치와 자연주의적 탐구의 관계에 대해 비슷한 관점을 구체화한다. 그의 주장에 따르면, 최소한 요하네스 케플러(Johannes Kepler)의 광학으로 거슬러 올라가는 '지각의 정통이론'은 외부 세계와 지각된 이미지 — 현대의 인식론적 논의와 심리학 연구를 틀 짓는 — 사이의 연관을 가정한다.

그가 언급한 것처럼 그 이론의 기원은 가시적인 모든 것은 방사한다는 데 있다. 보다 구체적으로, 신체의 모든 점은 모든 방향으로 광선을 방출할

---

14) Shapin, "Robert Boyle and mathematics".

15) Svetlana Alpers, *The Art of Describing*: *Dutch Art in the 17th Century* (Chicago: University of Chicago Press, 1983).

수 있다는 것이다. 불투명하게 반사하는 표면은 … 방사하는 점원(点原)의 집합이 된다. 만약 눈이 존재한다면 발산하는 광선의 작은 원뿔이 모든 점원에서 학생들에게 들어가고, 렌즈를 통해 망막상의 또 다른 점에 집중될 것이다. 발산하고 수렴하는 광선은 광선의 **집중된 묶음**(focused pencil)이라 할 만한 것을 형성한다. 망막상의 조밀한 초점들의 집합은 망막 상(像)을 구성한다. 방사하는 점들과 초점들 사이에는 일대일 투사적 대응이 존재한다. 16)

이 시각 이론의 핵심적 특징은 특수한 표상적 스키마(일종의 수학적 분석)와 특정한 기술적 설계의 통합에 있다.

사물과 그 이미지 사이의 일대일 대응이라는 이 이론은 수학적 분석에 적합하다. 그것은 투사적 기하학의 개념으로 추상화될 수 있고, 카메라와 영사기의 설계 — 빛으로 영상, 즉 사진을 만드는 데 — 에 대단히 성공적으로 응용될 수 있다 … 이런 성공으로 망막에 맺힌 이미지가 스크린 위에 떨어졌으며, 그 이미지가 쳐다보려 의도된 어떤 것, 즉 그림이라는 사실을 믿도록 부추긴다. 17)

---

16) James J. Gibson, *The Ecological Approach to Visual Perception* (Hillsdale, NJ: Erlbaum, 1986), pp. 58~59. 케플러의 광학은 에저튼(*The Renaissance Rediscovery of Linear Perspective*, 제5장)이 초기 그리스로 거슬러 올라갈 수 있음을 보인 바 있는 오래된 계통의 유일한 광학 이론들 중 하나였다. 발산하는 광선의 원뿔 이미지는 스토아학파로 거슬러 올라가고, 유클리드는 빛의 '광선'과 기하학적 선 사이의 결합을 발전시켰다. 광선의 방향(예를 들면, 광선이 눈에서 외부로 투사된 것인지, 아니면 눈이 물체의 표면에서 반사된 빛에서 광선을 수동적으로 받아들이는지에 대한), 광선이 전달하는 것의 본질, 시각적 내용이 눈에서부터 정신까지 소통되는 수단 등에 대해서는 종종 논쟁이 있어 왔지만, '정통이론'의 많은 기초적 요소는 케플러 이전에 자리를 잡고 있었다.

17) Gibson, *The Ecological Approach to Visual Perception*, pp. 59~60.

깁슨은 이것을 '뇌 속의 작은 인간' 지각이론이라 부르고, 이 이론이 "심리학의 역사에서 가장 빠지기 쉬운 오류"에 속한다고 주장한다(p. 60). 깁슨은 자신의 심리학적 지각이론을 발전시켰고, 완숙한 시각의 현상학을 제시하진 않았지만, 그의 주장은 후설의 자연주의적 인식론에 대한 비판을 실험적 개입과 물질적 버팀목 — 이를 통해 특수한 자연관이 확립되고 지지된다 — 으로 전환할 수 있도록 해준다. 후설처럼 깁슨은 '자연적' 관계들의 실천학적 기원을 강조하지만, 물질적 실례와 실험 도구 — 이를 통해 전통적 의식철학(philosophy of consciousness)이 확립되고 지속된다 — 를 제공하는 지각 기술을 좀더 강조한다. 르네상스 이탈리아의 장인 엔지니어, 인쇄술의 발명, 갈릴레오의 물리학, 케플러의 광학, 지각장(perceptual field)에서 시각적 관계를 안정화하고 수정하려고 사용되는 도구들 중 어느 하나로 거슬러 올라가든 고전물리학의 두드러진 업적은 이상화된 형태를 이용해야만 했고, 더불어 감각 관계를 재부호화하고, 강도를 드러내고, 많은 관찰 가능한 것에서 '이차적' 성질로부터 '일차적' 성질을 구분하기 위해 기하학의 자원을 계산해야만 했다.[18]

실존적 현상학과 현상학적 사회과학의 전통 내부에서, 후설의 의식철학은 지각 주체의 정합적 성격의 규명을 위해 비환원적 차원의 역사적이고 상호주관적인 토대를 가정하는 행위철학(philosophies of action)에 대한 선호 속에서 기각되었다. 사르트르, 하이데거, 메를로퐁티, 아롱 거비치(Aron Gurwitsch), 슈츠 — 이들 모두는 후설의 철학 기획에 여러모로 빚을 지고 있다 — 등은 자아(self)의 지각적 움직임에 따른 모든 명확한 성격 규정은 반드시 역사적이고 사회적인 적실성이 두터운 세계를 가

18) 일차 성질과 이차 성질 사이의 구분에 대한 명확한 설명에 대해서는 다음을 볼 것. P. M. S. Hacker, *Appearance and Reality*(Oxford: Blackwell Publisher, 1987). 구분은 뉴턴식의 색 개념에서 가장 두드러지게 나타나는데, 뉴턴은 색을 서로 다른 속도로 움직이고 수학법칙을 따르는 무색의 '광선'이 감각을 자극할 때 나타나는 이차적 효과로 정의한다.

정해야 한다고 주장하면서 초월적 자아를 내던져 버렸다.

이런 비판들은 방법의 규칙과 계산 기법들이 체화되고 사회적으로 조직된 분과의 실천 속에서 구체적으로 설명되지 않은 토대에 기초하여 효과성과 적합성을 획득한다는 후설의 아이디어는 존속시키고 있지만, 후설과는 대조적으로, 더 이상 통일적인 직관과 실천적 확실성의 출처인 이런 '토대'는 다루지 않는다. 그 대신, 후설의 중앙집중화된 의식은 위치 지워진 사회적 실천의 담론적이고 체화된 활동으로 분해되었고, 더 이상 세상에 의미를 부여하려고 세상 밖에서 쉬고 있는 초월적 자아란 없다. 초월적 자아는, 항상 그리고 이미 의미를 지닌 채 투사된, 세계의 담론적이고 체화된 분절 속에 위치 지워진 작용들의 결합체에 그 역할을 이양했다. 민속방법론자와 후설적 문제의식을 지닌 여러 후계자에게, 후설의 생활세계는 더 이상 초월적 자아의 작동과 결부되어 있지 않다. 그것은 경험적 작용이라는 통일된 영역에 토대를 둔 것이 아니라 사회적 활동의 국지적으로 조직화된 질서로 다뤄진다.

국지적으로 조직화된 활동

국지적 조직(국지적 생산)이란 용어는 사회과학 및 철학 관련 분야에서뿐만 아니라 민속방법론에서도 애용된다. 불행하게도, 국지적 조직이나 국지적 생산을 말하는 것은 종종 일종의 유명론(唯名論)으로, 더 나쁘게는 일종의 공간적 특수주의로 오해된다. 민속방법론에서 **국지적**이란 형용사는 주관성, 투시적 관점, 특수한 이해관계, 제한된 위치에서의 작은 움직임 등과는 거의 관련이 없다. 그보다 익숙한 사회적 대상을 구성하는 데 수단으로 사용되는 활동의 이질적 문법을 말한다. 민속방법론자들은 이론적으로 동질한 영역〔예: 범(凡)언어적 경향, 인지 구조, 독사(doxa), 역사적 담론 등〕을 가정함으로써 이질성을 극복하려는 노력 대신에 하나의 질서정연한 배열이 조직 법칙, 역사적 단계들, 규범, 의미의 패러다임적 질서 등의 결정성을 반영하거나 예시한다는 가정 없이 '질서정연함'의 잡동사니를 탐구하려 한다. 그들은 사회적 행위와 상호작용의 배경인 역사적이고 사회적인 '맥락들'을 부정하지 않는다. 오히려 그들은 그런 맥락들의 상술화란 국지적 관계의 연결망에 항상 결속되어 있다고 주장한다.

의식철학에 기초한 현상학적 설명에서 사회적 활동의 국지적 조직이라는 민속방법론적 취급으로의 전환은 후설 이후 현상학의 발전을 개관함으로써 재구성될 수 있다. 설명의 원활함을 위해, 나는 민속방법론의 프로그램을 미셸 푸코의 기획 중 일부로 보완하는 방법을 제시하기에 앞서 이론적 전개과정이 거비치에서 메를로퐁티로 이어지는 가상의 선상에서 이루어진다고 가정할 것이다. 나는 후설의 '경험'의 현상학이 어떻게 이질적인 실천의 장에 대한 학습으로 발전적으로 전환될 수 있는지를 보이기 위해 노력할 것이다. 이런 전개과정에 대한 재구성의 시도가 곧 실존적 현상학에서 민속방법론으로 이어지는 실제적인 역사적 계통을 추적함을 뜻하는 것은 아니다. 가핑클이 박사논문을 쓰고 민속방법론 연구를 수행하는 동안 아롱 거비치의 가르침과 알프레드 슈츠의 저작들에 크게 영향을 받은 것은 분명한 사실이지만, 그가 하이데거와 메를로퐁티, 그리고 다른 방식으로 비트겐슈타인의 영향의 탓으로 돌릴 수 있는 반(反) 토대주의적인 과학적 실천의 관점을 구체화한 것은 나중의 일이다. 나는 다음 장에서 비트겐슈타인을 다루고, 이 장의 후반부에서는 민속방법론 발전을 위한 슈츠의 현상학적 연구와 그 연구의 중요성을 다룰 것이다.

활동의 연결망

거비치의 **게스탈트 연결망**(Gestalt contextures) 논의는 민속방법론 연구의 탐구대상인 현상적 관계의 장(場)을 보여 줄 수 있는 우아하지만, 대단히 단순한 방법을 제시해 준다. 19) 그는 균일한 배경에 자리 잡은 두 개의 점이 있는 그림으로 논증을 시작한다.

거비치는 점들이 서로 너무 근접할 때 우리가 습관적으로 그것들을 '한 짝'의 구성원으로 본다는 것을 관찰한다 — 즉, "이런 지각의 유형에서 우리는 하나의 점이 짧은 거리에 떨어져 있는 또 다른 점에 **더해진** 것으로 보지 않는다. 그보다 하나의 점은 짝의 **오른쪽 구성원**, 또 다른 점은 **왼쪽 구성원**처럼 보인다"(p. 106, 강조는 원저자).

〈그림 4-2〉

• •

거비치는 이렇게 덧붙인다. "두 점 사이의 간격은 두 점을 넘어서는 장(場)의 일부에서는 전혀 드러나지 않는 일정한 현상적 특징을 선보인다"(p. 106). 점들 사이의 간격은 '닫혀' 있고 '최종' 점들에 의해 범위가 제한되지만, 그 장(場)의 외연은 '무한히 연장된다'. 빈사(賓辭) •의 완전히 다른 질서는 거비치가 '짝들의 행렬'이라 부른 것의 탓으로 돌릴 수 있다.

---

19) 다음을 볼 것. Aron Gurwitsch, *The Field of Consciousness*(Pittsburgh: Duquesne University Press, 1964), p. 106 ff. 가핑클과 위더(Wieder)는 거비치가 민속방법론 연구에 '본질적이고 생산적인' 기여를 했다고 인정한다. 그들은 지각의 흐름 속에서 기능적 의미작용의 연결망에 대한 거비치의 논증이야말로 '민속방법론이 초기에 현상학 연구로부터 전취한 것들 중 하나'라고 덧붙인다. 다음을 볼 것. Harold Garfinkel and D. Lawrence Wieder, "Evidence for locally produced, naturally accountable phenomena of order*, logic, reason, meaning, method, etc., in and as of the essentially unavoidable and irremediable haecceity of immortal ordinary society: IV two incommensurable, asymmetrically alterante technologies of social analysis", pp. 175~206, in G. Watson and R. Seiler, eds., *Text in Context: Contributions to Ethnomethodlogy*(London: Sage, 1992).

• 〔옮긴이주〕 빈사(賓辭)란 명제에서 주사(主辭)와 결합하여 그것을 규정하는

〈그림 4-3〉

• •   • •   • •   • •

이제는 짝들 사이의 간격이 중요해진다 — 즉, "결과적으로, 만약 이 경우에 외적 간격들이 유의미하다면, 그 간격들은 그것의 '자연적' 일부로서 집단을 구성하는 전체 행렬의 현상적 구조에서 중요성을 띤다. 외적 간격은 오로지 그 집단의 내적 구조에 대해 기능할 뿐이다"(p. 109).

이 단순한 장치는 '옆에', '행렬', '왼쪽/오른쪽 구성원' 등과 같은 공간적 빈사들이 서로 다른 집단화 작업에 맞춰 활동하도록 요청받고 있음을 보여 주지만, 그런 빈사들은 공간 속의 고립된 점에서 찾으려는 순간 사라져 버린다. 그림에서 요소들의 병치(竝置)는 점들의 짝에 의해 닫힌 간격과 그 간격 외부의 열린 공간처럼 공간적 빈사들의 질서를 구성한다. 더욱이 점들이 연속해서 나타난다면, 그것들의 현상적 속성은 시각적 특성들 — 리듬의 패턴, 간극, 중단 등과 같은 — 에 올라탈 수 있다. 이런 논증을 통해 분명해지는 공간적 빈사들은 서로 간에 그리고 그림 속의 요소들과 조응하며, 상호 지원적 세목들의 연결망에서 출현한다. 거비치는 그런 빈사들을 위한 통일적 기초가 본질은 말할 것도 없고 객관적 속성도 아니라고 주장한다. 빈사란 외현(外現)의 '배후'나 물질적 점들 '속에' 있는 불변적 형태나 정체성을 반영하지 않기 때문이다 — 즉, "서로를 함축하고, 수정하고, 한정함으로써, 지각된 것의 여러 가지 외현들은 서로에 대한 상호내재적 지시관계를 통해 조율된 것으로 주어진다"(p. 296).

거비치의 논증은 대단히 제한적이다. 논증에 의해 밝혀진 공간적 빈사들은 존재론적 향취를 품고 있지만, 논증은 텍스트와 그것의 체화된 독자 사이의 관계를 지속적으로 유지함으로써 우리로 하여금 너무 쉽게 유리된 공간에서 관계들의 집합을 내려다보고 있다고 가정할 수 있도록 만

개념이다.

든다.

메를로퐁티의 체화된 공간성에 대한 논의는 공간의 지능화와 같은 것에 해독제를 제공한다. 20) 뇌 손상 및 신체장애자들에 대한 임상관찰의 이상한 목록과 인지심리학 실험들에 대한 개관은 모두 지각의 현상학에서 몸의 '위치'를 설명하기 위한 비교 기반을 제공한다. 예를 들면, 그는 손발 절단수술을 받은 사람이 경험하는 '환지'(幻指)와 실험대상자의 기울어진 시야의 포착을 둘러싼 설명에 대한 읽기를 통해, 지각적이고 운동적인 능력을 지닌 체험된 몸(lived body)이 어떻게 '그것'의 전유를 가능케 하는 용어를 확립하고자 시공간에 도달하는지를 상술할 수 있었다 — 즉, "우리가 옮기는 것은 우리의 객관적인 몸이 아니라 우리의 현상적인 몸이다. 그 속에 신비란 전혀 없는데, 이런저런 세계 일부분의 잠재성으로 존재하는 우리 몸이 포착된 대상을 향해 쇄도하면서 (그때에 비로소 - 옮긴이 추가) 대상을 지각하기 때문이다". 21)

메를로퐁티에게 체화된 공간성이란 초월적 공간이나 지표적 기술어 (記述語)들을 특수한 지각적 '관점'을 넘어서는 일반화에 의해 부정되는 것으로 그리는 단순한 '주관적' 견강부회가 아니다. 또한, 그것은 심오한 지식의 저수지에서 흘러나와 무형의 혼돈에 각인되는 '이데아적' 공간도 아니다.

칸트도 인정했듯, 우리의 수동적 몸과 사물의 운동인 '공간에서의 운동'과는 구분되는 것으로서 우리의 의도적 운동인 '공간을 창출하는 운동'은 반드시 존재해야만 한다. 그러나 또 다른 언급이 필요하다. 즉, 만약 운동이 공간을 창출하는 것이라면 우리는 몸의 운동성이 단순히 의식을 구성하기 위한 '도구'에 불과할지 모른다는 가능성을 배제해야만 한다 … '공간을 창

---

20) Maurice Merleau-Ponty, *Phenomenology of Perception*, Colin Smith 역 (London: Routledge & Kegan Paul, 1962).

21) *Ibid.*, p. 106.

출하는 운동'은 현실 세계에서 위치가 없는 어떤 형이상학적 점으로부터가 아니라 (반드시 상호교환이 가능한) 여기 어디에서 저쪽 어딘가로 궤적을 형성한다. 운동을 향한 계획이란 하나의 움직임인데, 이 사실은 실제적으로 움직임을 포괄하는 방식으로 계획이 공간-시간적 거리를 추적함을 뜻한다.[22]

운동은 사물이 공간 속에서 형태를 취하는 것을 가능케 해주는 빈사들을 확립한다. 여기에는 방향설정의 표준적 양식들, 전형적 옆면과 앞면, 식별 가능한 입구의 표면과 점, 경계들, 인지 가능한 사물이나 공간적 환경을 식별해 내는 공감각적 총체(synesthetic emsembles) 등이 포함된다. 메를로퐁티에게 '객관적' 현상은 대상이 우리의 실천적 활동과의 일치 속에서 자신을 선보이는 많은 방식과 뒤얽혀 있다. "만약 몸의 공간과 외부 공간이 실천 체계를 형성한다면, ― 처음에는 대상(우리 행위의 목적)을 두드러지게 해주는 배경이거나 조명을 밝게 해주는 빈 공간으로 존재한다 ― 그 체계는 존재하게 되고, 자신의 운동에 대한 분석을 통해 우리는 그 체계를 보다 잘 이해할 수 있게 된다."

거비치의 논증에서 우리는 공간적 관계란 시야에 들어온 요소들의 연결망 속에 논제적으로 속박됨을 배웠다. 점들의 짝은 국지적 공간성을 확립하는데, 이때 '옆의', '왼쪽-오른쪽', '간격'의 그 측면적 관계를 수반한다. 메를로퐁티는 우리로 하여금 공간적 관계의 '장'(場)이 우리의 신체적 역량과 실제적 행위에 준거하여 구성되었음을 볼 수 있도록 해준다. 그는 상황의 공간성과 위치의 공간성을 서로 대비시킨다. 전자는 우리가 선반영적으로(prereflectively) 운용하는 수단인 체험된 공간이고, 후자는 흔히 물리적 공간이라 불리는 것으로, 그 공간 좌표가 위치 지워진 지각(situated perception)으로부터 추출된 공간이다.

메를로퐁티의 체화된 행위에 대한 정의는 '발가벗겨진 지각'(naked

---

22) *Ibid.*, p. 387.

perception) 에 내재하는 원초적 가능성에 의해 제약을 받는다. 그는 몸의 지향적 양태를 통해 접근이 가능한 장면적 '상황의 공간성'에서 몸을 분리해 내지 않지만, 그런 양태를 발가벗겨진 주체의 영토에 동행하는 '도구적' 관계로 다룬다. 그 결과, 후설의 숭고한 '자아'(Ego)를 철저하게 체화된 역사적 주체로 대체하려는 그의 투쟁에도 불구하고 그의 철학은 선험적 현상학의 전통 속에 머무르고 말았다. 메를로퐁티의 발가벗겨진 주체의 철학은 지각 가능한 세계가 어떻게 그 자체로 역사적 건축물 — 즉, 현재의 주체들과 그들의 선조들이 사용하려고 구축한 — 이 되는지에 대해서는 여전히 얼버무리고 있다. 자신의 지각 현상학을 개발하는 동안 그가 인용한 심리학 실험들은 '지각적' 주체를 드러낼 목적으로 구축된 건축학적 배치였다. 이런 배치란 일단 주체의 신체적 능력이 안정적 구도에 돌입하면 망각된 부속품의 항목으로 전락한다. [23] 깁슨이 주장하듯, 시각적 심리학 실험의 전형적 설계는 몸의 자동적 가동을 에둘러 돌아간다.

교과서와 편람(便覽)들은 시각이란 눈이 카메라처럼 열린 상태로 있을 때 가장 단순하다고 가정한다. 따라서 상이 형성되어 뇌로 전달될 수 있는 것이다. 먼저 실험대상에 시선을 고정하도록 요구한 다음, 고정 점 주변에서 자극이나 자극의 패턴을 순간적으로 노출하는 방식으로 시각이 연구된다. 나는 이것을 **속사 시각**(snapshot vision)이라 부른다. 만약 노출 기간

---

23) 메를로퐁티는 자신의 유명한 글에서 다음과 같이 말할 때 체화된 행위의 비환원적인 역사적 토대를 인식하고 있었다. "우리는 세계 속에 있고, 의미에 **운명 지워져** 있기 때문에 역사 속에서 어떤 이름을 획득하지 않고서는 어떤 것도 행하거나 말할 수 없다"(*Ibid.*, p. 19). 그는 한 걸음 더 나아가서 몸이란 변치 않는 심리학적 메커니즘 — 그것의 작용 및 반작용 능력은 그것의 역사적 상황에 따라 형성되고 정의된다 — 이 아니라는 것을 인정한다. 그럼에도 그가 다루는 적절한 관계란 역사적 주체의 체험된 몸속에 고유한 '정신적'이고 '심리학적인' 잠재력과 분리될 수 없게 연결되어 있다. 그리고 그는 그런 몸들이 위치 지워진 건축적이고 기술적인 복합체들에 의해 제공되는 건축술에 대해서는 설명하지 않았다.

이 길어지면, 눈은 실험대상에 제한을 가하지 않는 한 노출된 패턴을 훑으면서 연속적으로 부분들을 고정시킬 것이다. 나는 이것을 **구경 시각** (aperture vision)이라 부르는데, 담장에 있는 옹이구멍을 통해 주변 환경을 보는 것과 어느 정도 비슷하기 때문이다. 탐구자는 눈이 고정할 때마다 카메라에 있는 필름의 노출과 유사하기 때문에 뇌가 얻는 것이 속사들의 연쇄와 비슷한 것이라고 가정한다. (p. 1)

실험실 장치가 머리와 몸의 움직임을 금지하는 까닭에 실험대상자는 깁슨이 '주변을 돌아보는'(ambient) 그리고 '이동하는'(ambulatory) 시각이라 부른 것을 이용하는 것에서 배제된다. 이런 후자의 개념들에는 그 장(場)에 있는 대상들의 시간적이고 관계적인 속성들을 드러내기 위해 자신의 손 주위로 사물을 돌리고 장(場) 주변을 걷는 체화된 실천이 포함된다. 달리 말해, '지각'이란 '주체'가 구성되는 규율적 장(場)의 산물이다.

푸코의 다면적 연구가 잘 보여 주듯, 상황의 공간성은 담론과 기술의 공적 질서 속에서 다양한 역사적-물질적 전환에 종속된다. 기술적으로 (그리고 텍스트적으로) 매개된 행위에서 발생하는 체화된 공간성의 전환을 설명하려고 우리는 발가벗겨진 주체의 지각적 '기술' 너머로 나아갈 필요가 있다. [24]

'판독기술'[25]이 체화된 지각을 확장한다는 개념은 물론 친숙한 것으로, 최소한 프란시스 베이컨으로 거슬러 올라간다. 이 개념은 마이클 폴

---

24) 다음을 볼 것. Dorothy E. Smith, "Textually mediated social organization", *International Social Sciences Journal 34*(1984): 59~75.

25) 판독기술(readable technologies)이란 용어는 다음에서 가져왔다. Patrick Heelan, *Space Perception and the Philosophy of Science*(Berkeley and Los Angeles: University of California Press, 1983). 과학적 실천을 설명하려고 현상학과 푸코가 사용하는 또 다른 설명을 위해서는 다음을 볼 것. Jeseph Rouse, *Knowledge and Power: Toward a Political Philosophy of Science* (Ithaca, NY: Cornell University Press, 1987).

라니 (Michael Polanyi) 의 '탐침'(probe) 의 원시적 사례에 대한 논의에서
특별히 잘 전개되어 있다. 26) 이 논의 속에서, 폴라니는 맹인의 막대기가
어떻게 그에게 투명한 '주거'를 제공하는지를 그리고 있는데, 이때 맹인
은 자신의 탐침의 끝에서 '느끼는' 것에 대한 접근권을 확보함으로써 그렇
게 한다. 이것은 도구란 신체의 지각적 감각을 연장한 것이라고 말하는
것 이상을 뜻하는데, 맹인의 탐침 사용에 의해 그가 움직이는 시공간적
관계의 연쇄 전체가 뒤바뀌기 때문이다. 그의 체험된 몸은 장비와 장비
의 적절한 사용에 조응하는 '인간공학적'(ergonomic) 양식을 획득한다.
파악된 사물의 질서는 장비 속에 거주하는 형이상학적 유령에 다시 귀 기
울이지 않는데, 탐측을 이용하는 관계들의 연결망은 그것이 처리하는 탐
지된 표면에서(의 차원에서) 조우하기 때문이다. 조격 술어 (instrumental
predications) 의 이런 복잡성 — 탐지된 표면의 '여기'와 '바로 이곳' — 이
환경, 관련 정체성과 행위, 관련 지식의 용어들의 성격을 규정한다.

　메를로퐁티의 연구에 빚을 지고 있지만, 푸코의 지역 분석 (regional
analysis) 은 실존적-현상학적 전통과 명확하게 갈라서고 있다. 27) 역사적
으로 특정한 담론의 정형화에서 이용되었던 공간들 사이의 불연속성을
강조하고, 행위나 지각의 발가벗겨진 실존적 토대라는 모든 개념을 문제
로 삼았다. 그는 담론의 정형화란 사유의 조직화, 개념들의 연결망, 경
험의 구조화라는 (거비치의 사례로부터 도출될 수 있는 것과 같은) 모든 추
론에 강력하게 반대했다.

　'파놉티콘주의'(panopticism) — 중앙의 감시탑이 교도소의 죄수들을 감

---

26) Michael Polanyi, *Personal Knowledge* (London: Routledge & Kegan Paul,
　　1958), p. 59.
27) 다음을 볼 것. Michael Faucault, *The Archeology of Knowledge*, A. M.
　　Sheridan Smith 역 (New York: Pantheon Books, 1972), 그리고 *Discipline
　　and Punish: The Birth of the Prison*, Alan Sheridan 역 (New York: Random
　　House, 1979).

시할 수 있는 역전된 원형극장을 위한 제레미 벤담의 계획으로 요약되는 — 는 단어, 개념, 체화된 경험의 연결망을 능가한다. 그것은 구체화된 위치와 시선들, 인지적 비대칭의 질서, 분류상의 활인화(tableaux vivantes), 위계적 관계 등에 일치하는 활동체계를 위한 건축물이다.

고전 시대를 거치는 동안 천천히, 우리는 과학의 역사가 썩 잘 말해 줄 수 없는 그런 인간적 다중성의 '관측소들'의 건설을 본다. 새로운 물리학과 우주론의 핵심 요소들인 망원경과 렌즈, 광선이라는 주축 기술과 나란히 다중적이고 교차적인 관찰의 부차적 기법들, 즉 눈에 띠지 않은 채 볼 수 있는 눈의 기법이 존재했다. 복종의 기법과 착취의 방법을 이용하여, 불명료한 빛의 기교와 가시적인 것이 비밀스럽게 새로운 인간의 지식을 준비하고 있었다. 28)

푸코의 역사적 연구는 제한적이고 '문자적'인 방식에 불과하지만 민속방법론의 탐구와 관련 있다. 민속방법론은 푸코의 연구와 별도로 발전했고, 현상학 이후 연구의 두 계통 사이에는 왕래가 거의 없었다. 29) 민속방법론자들은 기술적 복합체들을 역사적 에피스테메(épistème)의 특징인 '지배담론'을 위한 은유로 다루지 않는다. 그 대신, 그들은 다양한 기술과

---

28) Foucault, *Discipline and Punish*, p. 171.
29) 소수의 민속방법론자들은 푸코를 이용해 왔다. Alec McHoul, "The getting of sexuality: Foucault, Garfinkel and the analysis of sexual discourse", *Theory, Culture and Society 3*(1986): 65~79, 그리고 "Why there are no guarantees for interrogators", *Journal of Pragmatics 11*(1987): 455~471; Michael Lynch, "Discipline and the material form of images: an analysis of scientific visibility", *Social Studies of Science 15*(1985): 37~66; David Bogen and Michael Lynch, "Taking account of the hostile native: plausible deniability and the production of conventional history at the Iran-contra hearings", *Social Problems 36*(1989): 197~224; Lucy Suchman, "Speech act: a counter-revolutionary category", 미국인류학회(Chicago, 1991년 11월) 모임에 제출된 논문.

인간 행위의 동시대적 복합체를 전체론적 지배 계획에 연동시키지 않은 채 탐구한다. 푸코가 다뤘던 다양한 표상적 양태들, 건축물들, 체제들 사이의 거대한 일치성은 민속방법론자들의 국지성 — 실천행위의 역사적 생산 — 에 대한 탐구를 통해 곧바로 정당화되지 않는다. '보통의', '전문화된' 활동들의 동시대적 질서에 대한 민속방법론적 탐구가 '근대적'(또는 '탈근대적') 시기 동안에 전반적으로 일어난다고 말하는 것은 가능하지만, 이런 연구들이 그리는 행위의 질서, 명칭 부여, 관계적 대칭성과 비대칭성 등을 하나의 정합적 언어게임에서 다른 게임으로 옮기는 것은 가능하지 않다. '게임'이 벌어지는 곳이 가족만찬의 대화, 진단을 위한 만남, 법정의 재판 등 어디냐에 상관없이 각 세계로 옮기는 순간 모든 것이 달라진다.

그럼에도 푸코의 묘사를 민속방법론적 탐구를 위한 범례(凡例)로 삼을 수 있는데, 물질적 건축물, 기계류, 신체를 다루는 기법, 규율적 관행 등이 정합적인 현상적 장(場)을 어떻게 구성하는지를 매우 분명하게 보여주기 때문이다. 푸코는 역사적 담론의 통시적 연속성을 문제로 삼은 반면, 민속방법론은 언어게임의 공시적 조망을 실천의 독특한 질서로 내파시킨다. 이런 질서들은 서로로부터 은밀하게 감춰진 것이 아닐뿐더러 단일한 역사적 서사(敍事)로 나타낼 수도 없다.[30]

사회기술적 장(sociotechnical fields)을 명확하게 보여 주는 사례로는 고속도로 교통을 들 수 있다(이 장의 부록을 볼 것). 고속도로 교통의 '세계'는 과학적 실천의 논의와 거의 관련성이 없어 보일지 모른다.[31] 그렇

---

30) 비록 리오타르(Jean-Francois Lyotard) 〔*The Postmodern Condition*: *A Report on Knowledge*(Minneapolis: University of Minnesota Press, 1984)〕가 매우 느슨한 방식으로 '언어게임'을 말하고 있음에도, 그가 공시적 언어게임의 이질성에 대해 말하고 있는 것은 인상적이다. 하지만, 리오타르가 탈근대의 조건 탓으로 돌리는 파편화란 탐구대상인 모든 역사적 시기에서 충분히 구체적으로 발견해 낼 수 있다.

31) 세계(사회세계)라는 용어는 미국 사회학의 실용주의적 전통 속에서 조직과 직

지만, 이 사례는 행위, 개조된 공간, 장비, 기법, '도로의 규칙' 등의 조직된 결합체들이 의도, 권리, 의무, 예절, 규약, 위반, 정체성 등의 생산 및 인정을 위한 확고한 모체(母體)를 제공해 줄 수 있음을 보여 준다. 과학 실험실, 관측소, 선형 가속기, 메인프레임 컴퓨터(mainframe computer) 등을 비롯한 장비의 복합체들은 인간 행위를 위한 모체와 비슷한 것으로 취급될 수 있다. 이때 모체는 단순히 인간들이 일하는 공간이 아니라 '업무'의 조직화가 확립되고 그 모습을 드러내는 독특한 현상적 장(場)을 제공한다. 32)

과학에서 '관찰'이라는 현상은 특별히 이런 고려에 대해 민감하다. 비록 관찰은 인간의 지각 능력의 체계적 적용으로 다뤄지지만, 교통의 실례가 보여 주는 것은 교통 속에서 (교통에 대한) '관찰'이란 단순하게 장치적으로 매개된 지각 및 인지의 형태가 아니라 원-텍스트(archi-textual)의 환경 속에서 신호, 디스플레이, 조율된 움직임 등의 정교한 체계의 일

업, 과학 작업 등에 대한 접근과 동일시되어 왔다. 실용주의와 현상학적 연구 사이의 수렴점(點)은 알프레드 슈츠가 윌리엄 제임스의 '의미의 유한 분권'(finite provinces of meaning)의 개념을 전유하여 '다중적 실재들'(multiple realities)이라는 그의 유명한 분석을 개발했을 때 확립되었다. 현재의 사회학적 연구에서 제임스-슈츠의 의식 속에서 '세계들'에 대한 강조는 활동의 장들 ─독특한 장치, 숙련, 명칭 부여, 정체성 등과 같은 것을 포함하는─ 의 조직적 생산과 재생산에 대한 강조로 변했다. 예를 들어 다음을 볼 것. Anselm Strauss, "A social worlds perspective", *Studies of Symbolic Interaction 1* (1978): 119~128; Elihu Gerson, "Scientific work and social worlds", *Knowledge 4*(1983): 357~377; Adele Clarke, "A social worlds research adventure", pp. 15~42, in S. Cozzens and T. Gieryn, eds. , *Theories of Science in Society*(Bloomington: Indiana University Press, 1990).

32) 다음을 참조할 것. Sharon Traweek, *Beam Times and Life Times: The World of High Energy Physics*(Cambridge, MA: Harvard University Press, 1988); Steven Shapin and Simon Schaffer, *Leviathan and the Air Pump: Hobbes, Boyle, and the Experimental Life*(Princeton, NJ: Princeton University Press, 1985).

부라는 점이다. 33) 만약 운전자들처럼 실험실의 기술자들이 기계류의 결합체와 규율된 노동과정에 놓여 있다면, 그들의 행위는 지각 및 인지의 일반적 구조에 대한 지시관계에 의해 정확하게 그 성격이 규명되지 않는다.• '발가벗겨진' 개념적 장치들에 기초한 개인주의적 현상학이나 인지사회학은 서술 작업에 적합하지 않을 뿐 아니라 권력, 특권, 젠더 등의 일반화된 개념은 제대로 작동하지 않을 것이다 ─ 비록, 일반화된 이런 개념들이 국지적으로 관련되어 있음은 분명하지만 말이다. 이런 이유로, 내가 추천하는 민속방법론의 이형(異形)은 알프레드 슈츠의 저작들 속에 잘 드러나 있는 사회세계의 현상에 대한 지배적인 인지적 접근으로부터의 단절을 요구한다.

코프먼, 슈츠, 원(原)민속방법론

수많은 실패가 후설의 현상학적 탐구에서 비롯되었다고 해서 그가 과학의 실천론적 토대라는 논제를 제기했다는 사실의 중요성을 축소해서는 곤란하다. 앞서 살펴봤듯, 후속적 전개는 일인칭 경험의 선(先) 단정적 양식들에 대한 후설의 강조를 제거하면서 개인적 의식구조 속에 가둘 수 없는 소통적 행위와 판독기술의 장(場)에 초점을 맞춰 왔다. 그럼에도, 후설에서 기원한 두 가지 기획은 민속방법론적 과학학에서 중요한 위치

---

33) 교통 내부로부터의 '관찰'과 대비되는 것으로 교통을 관찰하는 엔지니어와 과학자의 양식을 고려해 보라. 교통 혼잡이 벌어진 현장 위를 제한된 방식으로 맴돌고 있는 헬리콥터는 고착된 교통의 흐름 속에 '갇힌' 운전자들의 체험된 상황의 실용적 '초월성'을 체화한다.

• 〔옮긴이주〕 교착 상태에 '갇힌' 운전자들은 바로 헬리콥터에서의 관찰을 통해 자신들의 상황을 '초월적'으로 '볼' 수 있다. 만약 헬리콥터가 없었다면 운전자들은 그런 '시선'을 가지지 못했을 것이다. 이런 점에서 헬리콥터는 운전자들의 실용적(제한적인 방식으로 보기 때문에) '초월성'을 체화하고 있는 셈이다.

를 차지한다 — 즉, ① 과학적 객관성의 역사적-실천학적 계보학이 셈하기의 '일상적' 양식에서 시작되었다는 그의 주장, ② 법칙과 같은(law-like) 표현들이 어떻게 객관적 속성들과 조응하는가 라는 질문은 관찰 가능한 현상들의 실천적이고 맥락적인 생산을 탐구함으로써 다뤄질 수 있다는 그의 제안.

비록 회고조이지만, 민속방법론이 본격적으로 모습을 드러내기 이전까지 잘 활용되고 있었음에도, 우리는 이런 후설의 기획이 최근까지 민속방법론적 연구에 채택되지 않고 있음을 알 수 있다. 초기 민속방법론의 현상학적 기획이 부분적으로 알프레드 슈츠의 저작에서 기원했기 때문이다. 오스트리아의 은행가이자 학자로서 제2차 세계대전 이전에 미국으로 이민 온 슈츠는 후설의 생활세계의 현상학을 사회학적 접근으로 확실하게 전환시켰다. 그의 연구는 민속방법론의 초기 발전에서, 그리고 피터 버거(Peter Burger)와 토머스 루커만(Thomas Luckmann)에 의해 발전된 지식사회학의 혁신적 접근에서 커다란 중요성을 띠었다. 34)

슈츠에 대한 가핑클의 빛은 그의 박사학위논문에서 분명하게 드러나는데, 그 논문에서 가핑클은 슈츠의 사회세계의 현상학을 탤컷 파슨스의 사회행위론의 비판적 정교화를 위한 토대로 삼았다. 1950년대 후반과 1960년대 초반의 가핑클의 저작들 역시 슈츠에 크게 기대고 있다. 슈츠의 영향력은 특별히 가핑클의 잘 알려진 '신뢰'에 대한 탐구에서, 35) 그리고 "과학 및 상식적 활동에서의 합리적 속성들"(the rational properties of scientific and common sense activities)에 대한 논문(후에, 《민속방법론 연구》에 수록되었다) 36)에서 현저하게 드러난다.

---

34) P. Berger and T. Luckmann, *The Social Construction of Reality* (Garden City, NY: Doubleday, 1966).

35) H. Garfinkel, "A conception of, and experiments with 'trust' as a condition of stable concerted actions", pp. 187~238, in O. J. Harvey, ed., *Motivation and Social Interaction* (New York: Ronald Press, 1963).

사회학의 방법들을 꿰뚫은 아론 시쿠렐의 비판37)과 보다 최근의 그의 인지사회학 프로그램38)도 마찬가지로 슈츠의 테마에 의존한다. 슈츠의 연구가 초기 민속방법론에 커다란 영향력을 행사했지만, 어떤 측면에서 보면 슈츠는 후설의 과학의 실천학을 탈(脫) 급진화했고, 결과적으로 민속방법론에서 슈츠식의 유산은 현재 '과학적' 실천행위와 '일상적' 실천행위 사이의 관계를 둘러싼 특별히 '약한'(weak) 일련의 제안들로 남아 있을 뿐이다. 과학지식사회학자들은 슈츠식의 문제화에 덜 빚지고 있고, 슈츠와 민속방법론에 대한 그들의 비판은 대부분 민속방법론의 연구에 유력하게 남아 있는 과학에 대한 가정의 일부를 재검토하기 위한 일정한 지렛대를 제공한다. 39)

후설과 달리 슈츠는 자연과학을 대상으로 폭넓게 글을 쓰지 않았다. 대부분의 경우 자연과학에 대한 그의 언급은 인간과학에서 이루어지는 실제적 연구를 탐구하기 위한 배경막을 제공하는 데 그 목적이 있었다. 슈츠는 과학이 특수한 사회적 환경 속에서 수행되는 실천적 활동이라는 사실을 인식하고 있었음에도 불구하고 과학이론과 과학 실천 사이에, 그리고 과학적 합리성과 상식적 합리성 사이에 분명한 경계선을 그었다. 유사한 경계설정작업은 쿤 이후의 과학철학자, 과학사학자, 과학사회학

36) Harold Garfinkel, *Studies in Ethnomethodology*(Englewood Cliffs, NJ: Prentice-Hall, 1967), chap. 8, pp. 262~283.

37) Aron Cicourel, *Method and Measurement in Sociology*(New York: Free Press, 1964).

38) Aron Cicourel, *Cognitive Sociology: Language and Meaning in Social Inter-action*(New York: Free Press, 1974).

39) 이와 같은 슈츠에 대한 비판들의 보다 정교한 논의를 위해서는 다음의 나의 논문을 볼 것, "Alfred Schutz and the sociology of science", pp. 71~100, in L. Embree, ed., *Worldly Phenomenology: The Continuing Influence of Alfred Schutz on North American Human Science*(Washington, DC: Center for Advanced Research in Phenomenology and University Press of America, 1988).

자들에 의해 공격을 받은 바 있다. 슈츠의 독자들은 이 점을 인지하면서도 그의 저작이 지닌 역사적 맥락을 간과하지 말아야 한다. 만하임처럼, 슈츠도 추정적으로 '느슨한' 또는 불확실한 실천적 이해 양식의 상황적 적합성을 위한 토대를 정의하고자 했다. 그의 시도는 사회학자들의 연구대상인 일상적 지식의 '실천적' 양식과 인간과학에서 사용된 해석적 방법 모두의 적합성과 관련되어 있었다. 제2장에서 주장했듯, '정밀' 과학과 '존재적으로 결정된' 사고양식 사이를 구분하는 만하임의 접근은 과학을 안정시키기 위한 시도라기보다는 실천적 정당화의 두드러진 양식을 상술하기 위한 것이었다. 이 양식은 과학적 및 수학적 증명의 고상한 기준들과 일치하지 않는 것이다. 만하임처럼, 슈츠는 자연과학의 내적 합리성을 묻지 않았다. 주로 다른 실천적 및 해석적 추론 양식을 위한 뚜렷한 토대의 확립에 관심을 두었기 때문이다. 그러나 만하임이 지식사회학의 설명적 프로그램에서 정밀과학과 수학의 '예외화'를 이유로 비판받았던 것처럼, 슈츠도 실천적 행위와 실천적 관계들의 철저한 민속지로부터 자연과학 연구를 예외화하고 있다는 이유로 비난받았다.

자연 및 사회 과학의 탐구에 대한 슈츠의 관점 중 많은 부분은 그의 친한 동료인 펠릭스 코프먼(Felix Kaufmann)이 전개한 사회과학의 철학으로부터 영향을 받았다.[40] 슈츠와 코프먼은 모두 후설의 현상학 프로그램에 대한 지지자들이었지만, 통일과학(unified science)이라는 빈 학파의 철학적 판본의 여러 측면을 받아들였다. 코프먼은 빈 학파의 토론에 시때때로 주변인물로 참여했고, 화이트헤드와 러셀의 추종자들에 의해 널리 보급된 철학에 대해 비판적 태도를 보였음에도 과학의 통일을 위한 논리적 토대를 구체화한다는 총론적 목적의 정당성에 대해서는 문제 삼지 않았다. 언어와 규칙 지배적 행위에 대한 코프먼의 개념이 제시된 것

---

40) Felix Kaufmann, *Methodology of the Social Sciences* (New York: Humanities Press, 1944). 슈츠는 사회적 행위와 합리성에 대한 베버의 이론적 저작들은 물론 미국 실용주의자들의 저작을 비판적으로 이용했다.

은 언어와 의미, 행위 등의 논리실증주의적 개념에 대한 비트겐슈타인의 통렬한 비판이 있기 이전이었다. 41) 코프먼은 러셀에서 기원한다고 본 진리의 '대응설'은 받아들이지 않았지만, 빈 학파의 통일과학(*unity-of-science*) 운동의 토대가 되었던 언어적 표상과 규칙 지배적 행위라는 전체 그림은 받아들였다.

코프먼에게 과학은 '기초적' 과정 규칙들로 정의되는데, 이때 과정 규칙이란 장기와 같은 게임에서 말 조각들, 합법적 이동, 목표 등을 규정하는 규칙과 유사한 것이다. 그는 이런 규칙을 '선호 규칙'(preference rules)과 구분했다. 선호 규칙이란 게임의 과정에서 좀더 효과적인 이동과 전략이 무엇인지를 말해 준다. 코프먼은 "경험적 과정의 기초적 요소들은 전(前) 과학적 및 과학적 사유에서 공통적이며, 그들 사이의 분명한 경계선은 존재하지 않는다"(p. 39)고 주장한다. 이런 규칙은 명제를 수용하거나 거부하고, 논리적 주장에서 명제를 결합시키기 위한 방법과 관련이 있다. 명제란 그 참 또는 거짓에 대한 판단에 따르는 문장으로 표현된 '의미'이다. 또는 보다 실용적인 관점에서, 명제는 경험적으로 증명되거나 반증될 수 있는 '진술'이다. 코프먼은 이를 다음과 같이 요약한다.

논리학자의 관점에서, 경험 과학의 과정은 주어진 규칙과의 일치 속에서 명제의 수용 또는 제거로 이루어진다. 과학자가 어떤 일을 하든, 그가 현미경이나 망원경을 보거나, 기니아피그에 백신을 맞추거나, 상형문자를 해독하거나, 시장 보고서를 연구하든지 간에 그의 활동은 이전에는 과학에 속하지 않았던 명제를 통합하거나 이전에는 과학에 속했던 명제를 제거함으로써 그의 과학의 본체(corpus of science)를 변화시키는 결과를

---

41) 나는 여기서 비트겐슈타인의 《논리철학논고》(*Tractatus logico-philosophicus*)가 아니라 그의 후기 저작을 말한다. 비트겐슈타인이 후에 인정했듯, 《논리철학논고》는 러셀, 프레게(Frege), 화이트헤드, 그리고 라이헨바흐, 포퍼, 카르납 등과 같은 빈 학파의 주요 참여자들에 의해 제출된 고전적 논리학의 전통에 토대를 둔 언어의 '그림이론'을 채택했다.

낳을 것이다. 과학의 본체에서의 그런 변화는 **과학적 판단**(scientific deci-sion)이라 불릴 수 있을 것이다. (p. 48)

코프먼에게 과학의 '본체'란 분과의 과정 규칙을 따르는 과학 분야의 구성원들로부터 인정받는 위계적으로 조직된 명제체제이다. 이것은 동학적 체계인데, 구성요소가 되는 명제들이 연역으로부터 간단하게 도출되는 것이 아니라 관찰과 시험(이것들 자체가 기초적 방법의 규칙에 일치하도록 정의된다)에 종속되기 때문이다. 이런 체계는 통일되어 있지만, 법질서와 유사한 방식으로 역동적이다(p. 45) — 즉, 법질서 속에서 실체적 법률과 과정 규칙은 상대적으로 안정된 체계의 틀 내부에서 변할 수 있다. 본체 속의 명제들은 분과의 역사적 전개과정에서 더해지거나, 수정되거나, 제거될 수 있다. 그런 '과학적 판단'은 아무렇게나 발생하지 않는데, 모든 제안된 변화란 기존 논리의 본체 및 규칙과의 일치 속에서 분과의 공동체가 받아들일 만한 이유를 통해 정당화되어야만 하기 때문이다.

과정 규칙과 지식 본체 축적에 대한 코프먼의 강조는 좀더 보편적인 그의 사회행위이론과 동일 선상에 놓여 있다. 보다 복잡한 하버마스의 의사소통행위이론과 대체로 비슷한 방식으로,[42] 코프먼은 규칙과의 일치 속에서 이루어진 행위는 실행의 조직화된 체계를 위한 토대라고 주장했다.

규범이란 그 규범에 순응하려는 개인의 행동을 지배하는 격률(格率)이다. 그렇지만 인간의 행동을 규범의 관점에서 평가하는 사람의 경우, 규범은 행동을 바로잡기 위한 기준이다. 달리 말해, 그것은 그런 사람에게 '특별한 형태의 방정한 행동'으로 정의된다(또는 정의의 일부가 된다). 올바른 생각은 논리 규칙과의 일치라는 관점에서 정의된다. 마찬가지로 올

---

42) Jürgen Habermas, *The Theory of Communicative Action*, *vol. 1: Reason and the Relationalization of Society*, Thomas McCarthy 역(Boston: Beacon Press, 1984).

바른 화법은 문법 규칙과의 일치라는 관점에서, 합법적 행동은 주어진 실정법 규범과의 일치 속에서 정의된다. (p. 49)

코프먼의 과학적 과정에 대한 설명은 후에 슈츠와 민속방법론에 의해 받아들여졌다. 코프먼은 과학의 절차적 합리성을 분명히 하려고 노력한 반면, 슈츠와 가핑클은 과학뿐만 아니라 모든 영역의 사회적 행위를 위한 '게임의 법칙'을 분명히 하고자 했다. 코프먼에 따르면, 그런 명료함은 명백하지 않은(nonobvious) 지식을 생산할 수 있는데, 왜냐하면 박학한 무지(Docta ignorantia)의 기조에 따라(p. 15) "혹자는 자신이 무엇을 알고 있는지 '진짜로' — 즉, 아주 분명하게 — 알지 못하기" 때문이다. 당연시되는 가정들이 드러날 수 있고, 모호함과 뒤섞인 용법들은 그런 노력을 통해 명료하게 솎아낼 수 있다.

슈츠(후에는 가핑클, 시쿠렐, 삭스)는 코프먼의 저작에 기대고 있는데, 특히 과학 분과에서 지식의 '본체'의 구조와 발전이라는 그의 개념에 대해서 그렇다. 사회세계의 합리성 문제에 대한 슈츠의 저작들에는 코프먼의 그림이 던져 주는 몇 가지 중요한 특징들이 포함되어 있다. 43) 슈츠도 코프먼처럼 사회생활을 자연적 실체와 힘이 작용하는 영역으로 취급해서는 인간과학의 발전은 없다고 주장하면서도, 자연과학과 사회과학의 방법들이 함께 공유하는 질서정연한 과정 규칙이 존재한다고 가정했다. 44) 더

---

43) 다음을 볼 것. A. Schutz, "Common-sense and scientific interpretation of human action", p. 347; "Concept and theory formation in the social sciences", pp. 48~66; "On multiple realities", pp. 207~259, 이상은 그의 선집, *Collected Papers I: The Problem of Social Reality* (The Hague: Nijhoff, 1962)에 수록되어 있음; "The problem of rationality in the social world", pp. 64~88, 그의 선집 *Collected Papers II: Studies in Social Reality* (The Hague: Nijhoff, 1964)에 실려 있음.

44) 다음을 볼 것. Schutz, "Common-sense and scientific interpretation of human action", p. 6.

욱이 그는 과학 통일의 성격은 지식의 본체와 과정 규칙을 준거로 삼아 규명할 수 있고, 일상적 '전체' 사회세계의 성격은 실천행위와 사회적 상호작용이 벌어지는 상황 속에서 사태를 파악할 수 있는 '손에 잡히는 지식 체계'와 인지적 규범을 통해 밝혀질 수 있다고 봤다. 따라서 코프먼의 과학상(像)은 일상적 추론을 서술하기 위한 상(像)으로 전환되었는데, 그것은 마치 지식의 본체와 과정 규칙들에 대한 그의 개념이 나중에 상식적 '방법들'을 다루려 했던 민속방법론의 초기 탐구에서 '방법론'의 지배적 모델이 되었던 것과 같다(그리고 제6장에서 다루듯, 그것은 대화분석 프로그램의 초석이다). 45)

  과학과 일상생활의 '세계들'에 대한 슈츠의 개념은 인지적 용어 속에서 주조되었고, 마찬가지로 '사유'의 영역은 개별적 의식 속에 위치 지워졌다. 46) 그 결과, 현상학적 사회학과 원(原)민속방법론은 메를로퐁티, 푸코 등 대륙철학에서 역사적-유물론적 전통의 상속자들에 의해 발전된 방식에 따라 국지적 행위의 구체화를 강조하지 않았다. 물론, 슈츠는 행위 체계에서 사회적 상호작용과 실천적 참여에 관심을 기울였지만, 그 기원을 찾고자 광범위한 연합과 제휴의 장(場)에 위치 지워진 '자아'에 의해 제공되는 구성력의 중심(constitutive center)으로 거슬러 올라갔다. 47) 이것

---

45) 돈 짐머만(Don Zimmerman)과 멜빈 폴너(Melvin Pollner)는 슈츠의 손에 잡히는 지식 체계와 동의어로 '계기로 작용하는 본체'(occasioned corpus)라는 표현을 사용한다["The everyday world as a phenomenon", pp. 80~103, in Jack Douglas, ed., *Understanding Everyday Life: Toward the Reconstruction of Sociological Knowledge*(Chicago: Aldine, 1970)].

46) 슈츠는 '적합성의 공준(公準)'("The problem of rationality in the social world", p. 85)이라는 자신의 개념을 베버로부터 빌려왔고, 방법론적 개인주의에 준거한다는 점을 분명하게 밝히고 있다. 그는 자신의 공준을 다음과 같이 공식화하였다. "인간의 행위를 지칭하는 것으로 과학적 체계에서 사용되는 각 용어는 (전형적 구성에 의해 지시된 방식으로 개별적 행위자에 의해) 생활세계 속에서 수행되는 인간의 행위가 행위자 자신은 물론 그의 동료가 쉽게 납득하고 이해할 수 있는 방식으로 구성되어야만 한다."

은 실천행위와 사회과학자의 명상적 '태도' 사이의 그의 구분에서 명확히 드러난다.

이 세계란 그가 활동하는 극장이 아니라 편견 없이 침착하게 조망하는 명상의 대상이다. 과학자로서(과학을 다루고 있는 인간으로서가 아니라), 관찰자는 본질적으로 외롭다. 그에게는 동료가 없다. 우리는 그가 수많은 관계와 이해관계를 동반하는 사회세계의 외부에 그 자신을 놓았다고 말할 수 있다. 사회과학자가 되려는 모든 사람은 세계의 중심에 자신 대신에 누군가(즉, 관찰 대상자)를 세울 마음의 준비를 해야만 한다. 그러나 중심점의 이동과 함께, 모든 체계는 전환되어야만 하고, 만약(내가 이런 은유를 사용한다면), 이전 체계에서 타당한 것으로 증명된 모든 수식은 이제는 새로운 수식의 관점으로 표현되어야만 한다. 만약 관심의 대상인 사회체계가 이상적 완벽함에 도달했다면, 아인슈타인이 뉴턴의 역학체계에서 상대성이론의 체계로 명제를 전환하는 데 성공했듯이 보편적 변환 공식들을 확립하는 것이 가능해질 것이다.
　이런 관점의 전환이 가져올 가장 크고 중요한 결과는 과학자가 사회적 무대 위에서 행위자로 관찰하는 인간들을 그 자신이 창조하거나 조작하는 허수아비로 교체한다는 것이다. 내가 '허수아비'라 부르는 것은 베버가 사회과학에 끌어들였던 기술적 용어인 '이념형'에 해당한다. 48)

따라서 '과학자'는 행위자의 실천적 지향성을 지닌 모조품을 만들어 내고자 일상적인 실천적 태도의 초월적 환원을 실행한다. 하버마스가 관찰했듯, 전문적 '해설가'는 사회장(場)에 있는 행위자들과는 '다른 평면'에서 행위하고, '주어진 맥락이 아니라 또 다른 행위 체계에 관련된 목적들을 추구하는' '가상적 참여자'가 된다. 49) 같은 이유로, 행위자는 가상적 대

---

47) *Ibid.*, p. 80.
48) *Ibid.*, p. 81.
49) Harbamas, *The Theory of Communicative Action*, *vol.1*, p. 113. 마지막 장

리인이 되는데, 그의 동기는 전문 해설가에 의해 '사회적 맥락'의 보편화된 표상에 연결된다.

고전적 사회이론의 '문화적 얼간이'(cultural dope)에 대해 가핑클의 후기 논의와는 대조적으로, 슈츠의 이념형적 허수아비라는 개념은 그것의 구성이 합법적 토대 위에 있음을 분명하게 인정한다. 허수아비는 사회이론가들이 집어넣은 것만을 전적으로 통합해 내고 있지만, 슈츠는 '개인적 이념형'을 구축하는 프로젝트를 거부하지 않은 채 그런 모든 이념형을 '개별 행위자의 마음'(이념형으로 서술된)을 배경으로 검토해야 한다고 주장한다.[50)

가핑클이 슈츠의 인식적 접근을 획기적으로 바꿔 놓았음에도, 민속방법론은 그것의 일부 측면을 완전히 폐기하지 못했다. 코프먼, 슈츠, 가핑클, 삭스, 시쿠렐 등과 이들의 추종자들이 (과학적 방법론을 '구성원들의 방법들'과 비교한다는 점에서) 코프먼의 과학적 방법론 개념을 존속시킨 보편적 지식사회학을 발전시켰다는 점을 명심할 필요가 있다. 과학적이고 상식적인 행위들의 '합리성들'에 대한 초기 논문에서, 가핑클은 합리성의 규범 목록을 편집함으로써 슈츠의 상식적이고 과학적인 합리성에 대한 논의를 확장했다. 이때 목록은 상식적이고 과학적인 행위가 공유하고 있는 것과 과학에만 고유한 것으로 분리되어 작성되었다. 전자에는 범주화와 비교하기, 오류의 정도 평가하기, 적합한 수단 찾기, 효과적

에서 논의되는 라투르와 울가의 '낯선 사람'은 실험실의 생활세계에 속하지 않지만, 그 속에 있는 '가상적 참여자'와 같은 계보에 놓여 있다고 볼 수 있다.

50) 슈츠("The problem of rationality", p. 84)는 "그러나 도대체 개인적 이념형을 형성하는 이유는 무엇인가?"라는 질문을 던진다. 그런 구성을 피하기보다 그는 계속해서(p. 85) 주관적 해석의 공준을 체계화한다. 이때 공준은 '행위로부터 해당 현상이 발생하는 개별적 행위자의 마음속에 일어난 일'을 준거로 삼아 그런 이념형의 분석적 구성을 조절한다. 슈츠가 고려하는 유일한 대안이란 경험적 사실들을 그냥 모집하는 것뿐이기 때문에 주관적 범주들을 고려하지 않고서는 그 일은 불가능해질 것이라고 주장한다.

전략 고안하기, 과정 규칙 따르기, 예측하기 등과 같은 것을 위한 표준과 과정이 포함되었다. 배타적인 '과학적' 합리성에는 탐구 안내 용도의 형식논리 원리 사용, '고유한' 의미론적 명료함과 명확함의 지향성, 판단을 위한 배경으로서 특수한 '과학적' 지식의 사용 등이 포함되었다.[51] 가핑클의 '합리성'의 다원화, 그리고 과학의 원리와 실천에도 '상식적' 합리성이 포함되어 있다는 그의 주장은 상식이란 '전(前) 과학적' 개념의 영역에 속할 뿐이라는 생각에 강력한 해독제를 제공해 주었다.

과학지식사회학자들은 가핑클이 '과학적' 합리성을 동어반복적으로 정의하며(무엇보다도 그는 과학지식의 총체가 '과학자들'이 설명하는 지식 체계를 제공한다는 코프먼의 개념을 도입하고 있지 않은가), 과학자들이 실험을 수행할 때 논리의 규칙을 따른다고 가정한다고 비판했다.[52] 그런 비판은 "〔과학적 합리성의〕 모형은 만약 어떤 사람이 이상적 과학자로 행동한다면 그 사람이 움직이는 방식들을 진술하는 방식을 제공해 준다"는 가핑클의 강조점을 놓치는 경향이 있다.[53] 이것은 과학자들이 실제로 그런 이상 상태에서 살고 있다고 말하는 것과는 다르다. 그럼에도, 가핑클은 '과학적 이론화의 태도'가 '일상생활의 세계'와 거리가 먼 인식적 '세계'를 규정한다는 슈츠의 제안을 명시적으로 평가절하하지 않는다(일상적 생활세계 속에 실험실에서의 일상적 행위가 포함된다). 그리고 그는 일상적 '합리성'이란 그 자체로 고유한 현상으로서 과학적 합리성의 비조직적 전조(前兆)가 아님을 분명히 하고 있음에도, 과학적 이론화의 제한된 세계 속에서 "추가적 추론과 행위의 토대로서 명제의 쓰임을 지배하는 규칙들"의

---

51) 후자는 슈츠의 과학적 합리성의 공준으로부터 직접 도출된다(*Ibid.*, p. 86).

52) Karin Knorr-Centina, *The Manufacture of Knowledge: An Essay on the Constructivist and Contextual Nature of Science*(Oxford: Pergamon Press, 1981), p. 21; Bruno Latour and Steve Woolgar, *Laboratory Life: The Social Construction of Scientific Facts*(London: Sage, 1979; *2nd ed.*, Princeton, NJ: Princeton University Press, 1986), pp. 152~153.

53) *Studies in Ethnomethodology*, p. 280.

적절성을 문제 삼지 않았다. 54)

가핑클의 초기 연구는 전통적 과학철학이 정의하는 올바른 판단의 과정 규칙 및 규범의 법제화라는 슈츠와 코프먼의 과학적 과정의 관점은 물론 그들의 명제적 및 전체적인 것으로서 지식 개념을 존속시키고 있다. 나중에서야 가핑클과 민속방법론자들은 뚜렷이 구분되는 규범들에 의해 규정되는 인지적 영역으로서 과학과 그렇지 못한 여타 실천적 활동으로 양분하는 관점으로부터 거리를 두기 시작했다. 55)

다수의 초기 탐구에서, 가핑클은 특정한 사회적 활동 및 사회적 장면의 확연한 적절성과 명확한 객관성을 뒤흔들기 위해 자기발견법(heuristic method)을 사용했다. 이런 개입에는 유명한 '위반하기'(breaching) 실험이 포함되어 있었는데, 그 목적은 일상적 장면을 뒤흔듦으로써 그 배경에 무엇이 있는지를 살펴보는 것이다. 예를 들자면, 학생들은 자신들의 집에서 낯선 사람인 척한다. 또 다른 실행에서, 그들은 소비자를 판매원으로, 경찰을 웨이터로 대하기도 하고, 상대방에게 일상적으로 쓰는 표현을 물고 늘어짐으로써 친밀한 대화를 혼란에 빠뜨렸다. 이런 '실험들'은 가설의 검증으로서가 아니라 "게으른 상상에 대한 지원"56)으로서 설계되었기 때문에 친숙한 사회심리학적 실험의 변종이라기보다는 짓궂은 장난에 가까웠다. 이 실험의 핵심은 일상적 상황에서 작동하는 '눈에 보이지만 인식하지 못하는' 배경적 기대(background expectancies)를 드

---

54) *Ibid.*, p. 281. 가핑클은 코프먼의 *Methodology of the Social Sciences*, pp. 48 ~66을 인용한다.

55) 마렉 키제브스키(Marek Czyzewski)가 강조하듯, 헤리티지(Heritage)의 *Garfinkel and Ethnomethodology*에서 영향력 있는 설명은 '인지적 규범들'에 대한 초기 민속방법론적 강조가 존속되고 있음을 보여 준다. 다음을 볼 것. Marek Czyzewski, "Reflexivity of actors vs. reflexivity of accounts", in *Theory, Culture, and Society. vol. 11* (1994) : 161~168.

56) Garfinkel, *Studies in Ethnomethodology*, p. 38. 인용구는 허버트 스피겔버그 (Herbert Spiegelberg)에서 가져왔다.

러내는 것이었다. 그와 함께 실험대상자들이 훼손된 장면을 회복하지 못하거나 그로부터 탈출할 수 없을 때 발생하는 '어리둥절함'을 드러내기 위한 것이다. 분석적 목적을 위해 의도적으로 문제를 일으키는 것에 더해, 가핑클은 당연시되는 사회적 정체성들의 실용적 생산과 관리를 밝히기 위해 '양성적 인간'(intersexed person)인 '아그네스'(Agnes)와 같은 사람들의 힘든 삶의 상황을 이용했다. 이런 실험들이 일상적 장면에서 작동하는 암묵적인 규칙이나 인식적 규범을 드러내고 있음은 대체로 인정받고 있다. 가핑클은 자신의 "신뢰" 논문에서 (그리고 그의 책에서 보다 선택적으로) 이런 점을 제시하면서 '배경적 기대', '공통의 이해', '사회구조의 상식적 지식' 등과 같은 분석적 표현에 의해 함축되는 일면(또는 '이원제적') 인지주의를 평가절하했다. 57) 《민속방법론 연구》의 첫 장과 삭스와 함께 쓴 후속 논문["실천행위의 형식적 구조에 대하여"(On Formal Structures of Practical Action)]에서 이루어진 지표성과 성찰성에 대한 가핑클의 논의는 규범을 강조한 초기의 논의에서 멀리 떨어져 있음을 증명해준다. 58) 제5장에서 논의하듯, 후기 연구는 규칙과 여타의 형식적 표현이 체화된 행위의 과정에서 어떤 역할을 하는지에 대한 보다 급진적으로 위치 지워진 판본을 개발하기 시작했다.

---

57) 가핑클의 연구는 결코 현재 인식되고 있는 것처럼 '인지과학'과 일치하지 않는다. 비록 "Studies of the routine grounds of everyday activities"(pp. 35~75, in *Studies in Ethnomethodology*)의 논의에서 '배경적 기대'와 '공통의 이해'를 언급하고 있지만, 그는 이런 것들이 규범적이거나 인지적 공간 속에 구축되는 것이 아니라 일상적 배경들의 '장면적' 특징들과 어떻게 뒤섞이는가를 보여 준다. 다음을 볼 것. Jeff Coulter, "Cognition in the ethnomethodological made", pp. 176~195, in G. Button, ed., *Ethnomethodology and the Human Sciences*(Cambridge University Press, 1991).

58) 《민속방법론 연구》에는 서로 다른 시간대에 쓰인 논문들이 포함되어 있는데, 이런 점이 혼란스런 인상을 심어 줄 수 있다. 즉, 각 장들은 민속방법론이 무엇에 대한 것일 수 있느냐에 대한 타협을 이루려는 일련의 노력이라기보다는 일관된 연구 프로그램을 표현한다는 혼란스런 인상을 줄 수 있다.

지난 20년 동안, 민속방법론자와 대화분석가들은 슈츠의 저작을 확장적으로 사용하지 않았다. 가핑클과 시쿠렐의 슈츠에 대한 의존은 현재의 연구에 자리를 내준 '원(原)민속방법론적' 발전의 일부였다고 말하는 것이 공정할 것이다. 그렇지만 역사에서 슈츠를 파묻는 것은 그의 성취를 기억했을 때 불명예스러운 일이 될 것이다. 또한, 대부분의 민속방법론적 연구에서 계속해서 가정되는 슈츠식의 과학에 대한 정의가 가지는 측면들을 개관할 수 없게 됨을 뜻하게 될 것이다. 이런 사실은 특히 여전히 만연한 개념, 즉, 민속방법론이란 일상적 행위와 사회적 상호작용의 '규칙들'을 서술하기 위한 연구 프로그램일 뿐이라는 관념에서도 마찬가지이다. 더불어, 많은 민속방법론자가 슈츠로부터 물려받은 함의, 즉 학문적 '분석'을 민속방법론자들이 연구하는 사회적 연루, 국지적 판단, 체화된 행위 등에서 어느 정도 분리시킬 수 있다는 함의에서도 마찬가지이다. 민속방법론적 무관심과 그와 관련된 '논제와 자원' 사이의 구별이라는 가핑클의 정책기조는 민속방법론이 '오로지 실천에만'(merely practical) 관심을 둔 채 초연한 상태로 머물러 있음을 함축하는 것으로 너무 자주 받아들여지곤 한다.

민속방법론적 무관심

가핑클은 민속방법론의 접근을 분석적 사회학의 프로젝트와 구분하고자 **민속방법론적 무관심**(ethnomethodological indifference)이라는 표현을 고안해 냈다.

형식적 구조에 대한 민속방법론적 연구는 … 구성원들이 어디에서든, 누구에 대해서든 간에 그런 구조에 대한 구성원들의 설명을 서술하고자 한다. 그 과정에서 그 설명의 정확성, 가치, 중요성, 필연성, 실용성(practicality), 성공, 영향력 등에 대한 일체의 판단을 억제한다. 우리는 이런 절차상의 정책기조를 '민속방법론적 무관심'이라 지칭하는데 … 우리의 '무관심'은 실천적인 사회적 추론 전체에 대한 것으로서 그런 추론은 우리와 필연적으로 연루될 수밖에 없다. 발전의 어떤 형태에서든 갖가지 종류의 오류 또는 적절성이 동반되며, 분리할 수 없고 피할 수 없는 자연 언어의 지배가 형성하는 모든 경우에 그렇다. 전문 사회학적 추론이 우리 연구의 관심을 끌 수 있는 현상으로 발탁될 여지는 전혀 없다. 민속방법론적 연구를 수행하는 사람들은 전문 사회학적 추론에 신경 쓰기보다 합법적 추론, 대화적 추론, 예언적 추론, 정신병 치료적 추론 등의 실천에 '관심을 쏟아야' 한다. [59)]

사회학자들이 연구대상인 현상들에 대한 충분하거나 수용 가능한 설명을 성취하는 것이 가능한지의 여부를 묻는 대신, 무관심의 정책기조는 구성원들이 무엇을 적절성, 정확성, 적합성 등으로 설명하는지를 실제적으로 확립함으로써 어떻게 자신들이 '민속방법론적' 활동을 수행하는지를 살펴보는 대안적 논제의 문을 열었다. 따라서 사회학자들의 방법론적 문제와 그 치료법은 방법들이 만들어지고 사용되는 실천적 활동이라는 거대한 장(場) 속에 놓이게 된다.

무관심의 정책기조는 사회학자들의 서술, 설명, 측정에 대한 '궁극적' 타당성과 신뢰성에 대한 질문에 적용될 뿐만 아니라 과학적 인지의 '특수한' 성격과 관련된 슈츠의 규범적 제안들(여기에는 자연과학과 사회과학을 분리한 그의 이론적 대비도 포함된다)도 포괄한다. 무관심은 부정이나 반대와 동일하지 않기 때문에 이 정책기조가 곧 사회과학자들의 방법들이 '단순히' 상식에 기초한다는 것을 함축하지 않는다. 그들은 어떤 다른 종류의 토대를 가질 수 있었을까? 또한, 이것은 사회학자들, 길모퉁이의

---

59) Garfinkel and Sacks, "On formal structures of practical action", pp. 345~ 346. 보다 최근의 설명에 대해서는 다음을 볼 것. Benetta Jules-Rosette, "Conversation avec Harold Garfinkel", *Sociétés : revue des sciences humaines et sociales 1*(1985) : 35~39.

사람들, 물리학자들, 또는 다른 일반시민이나 전문가들의 방법 사이에서 아무런 차이점도 도출할 수 없음을 뜻하지도 않는다. 오히려 무관심은 그런 구분이 우연적이며, 국지적으로 조직되고, 고유한 방식으로 발견될 수 있을 뿐이라고 선언한다.

가핑클의 '입력지침 따르기' 연구는 적절한 예를 제공해 준다. 60) 입력 (coding) 은 사회과학 자료의 정량화를 위한 예비단계이다. 외래환자를 주로 상대하는 정신병원의 선택기준에 대한 가핑클의 연구에서, 두 명의 사회학과 대학원 학생들은 거대한 분량의 서류 상자에서 표준화된 정보를 입력하는 임무를 부여받았다. 각 서류철에는 병원의 의사들이 환자들과의 최초 접촉에서 얻은 정보를 기록하고, 자신들이 실시한 검사와 권고한 조치를 상술화하고, 언제 그 진료가 '종료되었는지'를 적을 수 있도록 마련된 '병력 기록표'(clinic career form) 가 포함되어 있었다. 두 명의 연구보조원에게는 서류철로부터 표준 처리된 정보를 추출하여 '입력지'에 기록할 수 있도록 일련의 지침이 제공되었고, 입력자들의 판단이 일치하는 정도를 평가하기 위해 신뢰도 분석 수행절차가 이용되었다. 가핑클(p. 20) 은 적절한 연구용 자료의 생산을 단순히 입력자들의 훈련과 숙련에 기대어 설명하는 대신에 입력자들이 이런 통상적 연구 임무를 성취해 내는 과정을 탐구 주제로 삼았다.

규약에 따른 신뢰할 만한 정보를 생산함으로써 연구의 최초 관심을 지속할 수 있도록 절차가 설계되었다. 동시에 그 절차는 두 명의 입력자가 서류철의 내용물을 입력지의 형식적 질문에 적절하게 답으로 채워나간 실제적 방식들을 통해 일치량 또는 불일치량이 어떻게 발생하는지를 연구할 수 있도록 해준다. 그러나 주어진 절차를 따르는 입력자들이 일정하게 오류를 경험한다고 가정하는 대신, 그들이 했던 모든 것이 어떤 입력 '게임'에서는 올바른 절차로 여겨질 수 있다는 가정이 만들어져 있었다. 질문은 이

---

60) Garfinkel, *Studies in Ethnomethodology*, p. 18 ff.

랬다. 이런 '게임들'이란 무엇인가?

이 질문에 답하려고 가핑클은 입력자들이 "병원의 서류철로부터 읽을 수 있는 것과 입력지에 기록했던 것 사이의 들어맞음"(p. 21) 을 판단하려고 사용했던 '임시변통의 저울질'(ad hoc considerations) 의 목록을 정형화했다. 그는 이것들에 짧은 목록의 수사적 용어들을 부과했는데, '기타 등등'(et cetera), '그렇지 않다면'(unless), '그냥 두기'(let it pass), '사후 승인'(factum valet: 금지되었을 수도 있는 행동이 일단 이루어졌을 때 그 행위는 옳은 것으로 여겨진다) 등이 그것이다. 입력자들은 서류철의 내용과 입력지 범주들 사이에서 실질적이고 '사리에 맞는' 들어맞음을 평가하려고 이런 실천들을 사용하는데, 이때 서류철에 무엇이 있고 없는지에 대한 '문자상의' 평가에 곤란을 겪지 않는다. 즉, 입력자들은 각 서류철이 '말하는' 바를 식별해 내려고 환자가 표현하는 다급한 사정과 병원기록 보존을 포함하여 병원과 스태프에 대해 그들이 '알고 있는' 것에 의존했다. 따라서 그들의 역량은 입력지의 범주에서 사태를 둘러싼 이해를 전제했다. 실제로 그들이 입력지에 기록했던 것은 병원의 서류철에 그 문자적 내용물에 '더해/에도'(in addition to and despite) 반드시 포함되어야 하는 것으로 그들이 '알고 있었던' 것과 본질적으로 관련을 맺고 있었다.

가핑클이 강조하듯(pp. 21~22), 임시변통식 실천에 대한 의존이란 사회학적 방법들이 탈이해관계적이고 객관적으로 방어할 수 있는 견해로 바꾸고자 애쓰는 것과 정확히 같은 종류의 '상식적' 실천이다. 그는 임시변통적 실천을 약화시키거나 제거하고자 입력 절차를 업그레이드(up-grade) 하기 위한 모든 시도 자체가 그런 실천에 의존하는 동시에 그것을 재생산한다고 덧붙였다.

이어지는 논의에서(p. 66 ff.), 가핑클은 '상식적 이해'와 사회과학의 '인간 모형들' 사이의 관계에 대해 보다 보편적인 주장을 펼친다. 그는 평가 연구자들이나 설문지 분석가들을 위해 방법론적 조언을 전혀 제공할 생각이 없었는데, 임시변통의 저울질은 실천적인 사회학적 추론의 보다 '일상적인' 양식일 뿐만 아니라 관행적 사회과학 연구 실천의 고칠 수 없는 일부라는 명시적 주장에서 확인할 수 있다. 그는 대신에 입력지침 — 여기에는 그런 지침을 따르는 데 사용되는 임시변통식 실천이 함께한다 — 이 "병원의 조직화된 일상활동이라는 실제적 환경 속에서 합의와 행위를 재촉하려는 목적성을 띤 '사회과학'의 대화법, 즉 구성원들이 당연히 지닐 것으로 기대되는 장악력을 제공한다"(p. 24)고 주장한다. 이것은 사회과학의 담론이란 상식을 멋있게 꾸민 판본에 불과하다는 것이 아니라 사회학적 방법들과 연구대상인 사회적 활동들 사이의 관계에 대한 서술적 성격 묘사보다는 **구성적**(constitutive) 성격 묘사를 권고한다는 것을 함축한다.

입력 실천에 대한 가핑클의 논의가 병원의 서류철과 입력지 사이의 관계에 대한 타당성과 신뢰성에 대해 문제를 제기할 수도 있지만, 이 논의의 주된 목적은 바로 그런 관계 — 관계에 수반하는 방법론적 저울질에 따르는 — 가 어떻게 병원의 '원자료'(raw data)라는 단일한 내용을 다루기 위한 입력자들의 임시변통식 절차들의 집합적 산물인지를 서술하는 것이다. *

얼핏 보면 민속방법론의 무관심 정책기조는 실천행위의 사회학 및 여타 분야에서 방법들을 채택하게 만든 상세한 실천에 대한 새로운 방향설정을 암시할 뿐이다. 어쩌면 민속방법론 연구 프로그램은 사회학과 공존

---

* 〔옮긴이주〕 가핑클의 관심은 입력자들이 지침에 따라 옳게 기록했느냐, 그렇지 않느냐가 아니라 일종의 '입력' 게임에서 입력자들이 어떻게 자신들의 임무를 완수해 내느냐에 대한 것이다. 단 하나밖에 없는 '원자료'를 가지고 입력자들은 지침과 자신들의 '임시변통의 저울질'을 통해 문제없이 입력 작업을 완수한다. 여기에서 입력지침은 보편적 규칙의 성격을 띠지만, 입력자들이 입력지침을 그대로 따르는 것은 아니다. 따라서 법칙과 같은(law-like) 일반화를 시도하는 전문 사회학의 분석적 접근은 입력자들의 일상적 실천과는 별도로 조망적 관점을 전제한다는 점에서 우리의 생활세계를 넘어선다.

할 수 있고, 사회학자들의 방법론 향상에도 약간의 기술적 도움을 줄 수 있을 것 같다. 그렇지만 그렇게 내버려두는 것은 이 정책기조의 전복적 함의를 놓치는 꼴이 될 것이다. 타당성과 신뢰성에 대한 내재적 관심이라는 관점에서 사회학적 방법들과 대립하기보다, 민속방법론의 무관심은 타당성, 신뢰성, 증거규칙, 판단기준 등의 원리화된 논의를 불러일으키는 방법론에 대한 **근본주의적** 접근에서 벗어나고자 한다. 이런 움직임은 사회학자들에게 근본적 위협으로 다가올 수 있고, 심지어 이해조차 불가능할 수 있다.

민속방법론에서 '방법'을 둘러싼 질문들에 대한 사회학자들의 당혹감을 보여 주는 생생한 증거는 《민속방법론에 대한 퍼듀 심포지엄 자료집》(*Proceedings of the Perdue Symposium on Ethnomethodology*)에 실린 민속방법론자와 사회학자들 사이의 대화에서 발견할 수 있다. 61) '방법'에 대한 사회학자들의 질문과 불평은 계속해서 대화를 중단시켰다. 가핑클, 삭스 등은 일련의 사례들과 민속방법론적 연구들을 논증해 보였지만 선험적 증거, 판단규칙, 정확함의 기준, 적실성, 수용 가능성 등을 이유로 판단이 유보되었다.

힐(Hill): 할〔가핑클〕, 당신은 우리에게 당신이 인정하거나 채택하고 있는 증거의 규칙들이 무엇인지 아직 말하지 않았어요. (p. 27)

힐: 당신은 판단규칙의 관점에서 그런 구분들을 어떻게 하는지 우리에게 말할 수 있어야 합니다. 나는 이것이 판단에 도달하려고 우리가 사용하는 증거를 위한 근거를 어떻게 표현하는지에 관해 우리들 대다수가 가진 그런 종류의 질문이라고 믿어요. (p. 28)

---

61) Richard J. Hill and Kathleen Stones Crittenden, eds., *Proceedings of the Purdue Symposium on Ethnomethodolgy*(Purdue, IN: Institute for the Study of Social Change, Department of Sociology, Purdue University, 1968).

드플뢰르(DeFleur): … 누가 옳다는 것을 밝힐 수 있는 규칙은 어디에 있습니까? 우리는 방법론적 정보를 요청하고 있습니다. 그러니 당신은 우리에게 논제에 대한 답을 주셔야 합니다. 조금 전에 할이 말씀하시길, "글쎄요, 우리는 몰래 준비하는 어떤 새로운 과학도 없습니다"라고 했습니다. 조금 오래된 과학은 어떻습니까? (p. 39)

드플뢰르: 기각의 기준은 무엇입니까? 당신이 어떤 설명을 거부하거나 받아들이는 증거규칙은 무엇입니까? (p. 40)

이와 같은 질문들이 심포지엄 내내 계속되었고, 결코 그 자체로 만족스럽게 해결되지 않았다. 질문들은 탐구 중에 어떤 일이 일어나는가와 무관하게 방법론적 기준을 전제했다. 그리고 서술이나 논증이 그런 기준과 비교되기 전까지는 감각되거나 그럴듯하게 받아들여질 수 없음을 함축했다. 실제로 사회학자들은 보편적 방법론이라는 확신이 주어지기 전까지 민속방법론자들의 서술의 의미와 명료성에 대한 인정을 유보함으로써 대화를 막아섰다. 그들은 민속방법론자들이 그들에게 말하는 것을 받아들이기(심지어 '듣기') 전에 진리와 명료성의 외생적 기준을 요구한다. 그들의 질문과 불평은 캘빈 경(Lord Kelvin)의 기념비적인 격언을 체화하고 있다. "만약 당신이 측정할 수 없다면, 당신의 지식은 빈약하고 불만족스러운 것이다." 이 경우에 이 격언은 이렇게 번역될 수 있다. "만약 당신이 존중하는 증거규칙과 판단기준을 우리에게 말할 수 없다면, 당신의 주장은 근거가 없는 것이다." 인식적 담보를 요구함으로써, 사회학자들은 구분되는 답변의 형식에 적합한 표적이 된다. (p. 34)

맥기니스(McGinnis): 그것[삭스가 막 논의한 바 있는 사람들을 파악하기 위한 대화론자들의 규칙]이 틀렸다는 것을 주장하기 위한 토대로서 당신이 받아들이고 있는 것은 어떤 규칙입니까?

가핑클: 반대한다고 솔직히 말씀하시지요!

가핑클의 대답은 맥기니스의 학술적 질문을 '통속적' 대화 틀 속에 집어넣었다. 맥기니스의 질문은 일상의 현상에 대한 특별한 관찰은 반증의 기준에 준거하여 시험되어야 한다고 제안한다. 그 질문을 에두르는 '반대'로 취급함으로써 가핑클의 대답은 맥기니스의 가설적 목소리를 자르고 있다. 여기에는 맥기니스 질문이 품고 있는 기준 — 이 기준은 그의 신념을 정당화한다 — 에 대한 맹종을 무시하려는 경향성이 포함된다. 그리고 그 질문을 맥기니스가 이미 '기준'을 가지고(또는 없이) 논쟁하려고 준비했던 것에 대한 암시로 받아들인다. 가핑클의 '통속적' 움직임은 대화 상대를 어떤 외생적 기준도 요구하지 않는 대화적 관할 속에 위치시킨다.

'방법'이라는 건축물 전체가 (명시적 논증을 통해서가 아니라 '통속적' 역량 속에 잠기는 방식으로) 도전받고 있다. 이것이 민속방법론의 무관심이다. 사회학의 형식존중의 담론계(界)를 뒤에 남겨 두도록 한 것은 바로 이런 움직임이다. 이 움직임은 '지식'을 뒤에 남겨 두지 않을 뿐 아니라 민속방법론을 의미나 이성이 없는 세계 속에 놓아두지 않는다. 그 움직임은 맥기니스와 가핑클 둘 모두가 대화 속에서 중단 없이 행동하고 있고, 행동해 왔고, 계속해서 행동한다는 논증 가능한 사실을 주축으로 삼는다. 이때 대화는 이미 이해 가능하고, 서로 인지 가능하며, 성격 묘사가 가능하다. 맥기니스가 말한 것이 정확히 무엇인가를 인지할 수 있도록 해주고, 그것을 '선(先) 반대'로서 성격을 규정할 수 있게 해주는 것은 민속방법론자로서의 가핑클의 '전문 역량'이 아니었다. 그의 답변은 기준에 대한 맥기니스의 요구가 기반하는 일상적 토대를 둘러싼 쟁점이 부각되는 동안 내적인 논쟁으로 작용한다. 맥기니스의 기준에 대한 특권 부여는 중단 없이 진행되는 이해 가능한 대화에서 '학술적으로' 젠체하는 태도를 보이며 아이러니한 구원의 외피를 둘렀다. 한 사회학자의 비슷한 요구에 대한 삭스의 반응을 통해서도 비슷한 함의를 엿볼 수 있다.

힐: … 주제에 대한 준거가 없다면〔민속방법론적〕논증의 구조가 어떻게 존재할 수 있는지 저에게 말씀해 주실래요?

삭스: 묻고 있는 게 무엇인지 당신은 아세요? 당신은 묻고 있어요, "나에게 말해 주세요, 우리가 어떤 종류의 세계 속에 있다는 것을 알지 못한다면, 어떻게 이론을 알 수 있을까요?" … 나는 사회학이 무엇과 같아야 만 족스러울 수 있는지 미리 알 수 없어요. 그것은 포착할 수 있는 현상이 아닙니다. 62)

삭스의 대답은 '방법'과 '주제'를 구분하는 힐의 시각을 평가절하고, 사회학을 탐구대상의 주요 분야로 위치시킨다. 그는 귀납법을 옹호하는 것이 아니라 단일한 과학적 탐구방법과 모든 과학에서 탐구된 특수한 주제를 체계적으로 구분하는 힐의 생각에 문제를 제기한다. 이런 상(像)에 대한 삭스의 거부는 과학에 대한 대안적 관점을 함축한다. 그런 관점에서 '방법들'은 활동, 장비, 탐구 현장들, 탐구된 현상들의 뚜렷이 구분되는 집합체의 일부다. 63) 1968년에 민속방법론은 사회학자가 받아들이기에는 급진적인 방법론에 속했다. 지금은 과학지식사회학의 학자들에겐 익숙하지만, 사회학적 방법을 설명하는 교과서에는 아직도 포함되어 있지 않다.●

무관심의 정책기조는 방법에 대한 질문들을 관심에서 밀어낸다. 다만 그 질문들이 민속방법론 연구를 위한 논제를 제공하는 한에서만 예외로

---

62) *Ibid.*, p. 41.

63) 이런 거부는 《방법에의 도전》〔*Against Method*(London: New Left Books, 1975)〕에서 폴 파이어아벤트가 내세웠던 단일한 과학적 방법에 대한 '무정부적' 공격과 같은 것을 떠올리게 한다. 삭스가 과학에 대한 그런 입장을 일관되게 지지했는지는 또 다른 문제이다(제 6장을 볼 것).

● 〔옮긴이주〕기든스가 쓴 사회학 교재(《현대사회학》 5판)에는 가핑클에 대한 소개가 나와 있다.

한다. 스스로를 민속방법론자라고 부르는 사람들에 의해 사용된 방법들은 그들이 다양한 일반적·전문적 실천들에 대해서 말하는 것에 연루된다. 그러나 이런 방법들은 '과학적 방법론'이라는 명확한 제목 아래 놓일 수 없다. '방법들'(과학적이라 인정되든 그렇지 않든) 이 선험적(a priori) 보증들을 제공해 주지 않는다. 민속방법론적 탐구자에게 첫 번째로 요구되는 것은 방법들이 속박된 상관 역량 체계(relevant competence systems) 속에서 방법들을 명료화할 수 있는 길을 찾는 것이다.

논제와 자원

민속방법론적 무관심의 정책기조가 이따금씩 민속방법론의 분석적 관심을 일반 및 전문 사회학 분야의 외부에 위치시킨다는 식으로 요약되곤 한다. 이것은 민속방법론의 이론적 논의 속에서 탐구자들이 실천행위에 대한 연구를 수행할 때 논제와 자원을 혼동해서는 안 된다는 취지의 제안으로 표현된다. 64) 이런 정책기조에 따라, 사회적 행위의 구조를 식별하기

---

64) '혼동'은 말하자면 '검사 안 된' 암묵지의 저장고 ─ 일상 현상들에 대한 일상적 판단에서 유래하는 ─ 가 사회학적 분석에 정보를 제공해 줄 수 있도록 하는 다양한 절차들로 구성되어 있다. 이것은 분석가의 검사를 거치지 않은 개인적 지식에 대한 의존 이상의 문제이다. '혼동'은 인식적일 뿐만 아니라 절차적이기 때문이다. 혼동에는 설문지 응답자들이 사회적 사실의 문제를 범주화하고, 평가하고, 예측하고, 추산하려고 채택하는 '자연적 이론화'(natural theorizing) 를 끌어들이는 방식도 포함된다〔예를 들면, 사회학적 명성의 척도로 직업 범주들의 순위를 정할 때, 설문지에 '아버지의 직업'을 기입할 때, 친족관계를 위해 어휘의 서술자(敍述子)를 제공할 때〕. 또한, 입력의 방법들과 전체적 반응 분석하기 등에도 적용된다. 사회학자들은 그런 문제들에 대해 우려하고 논쟁한다. 그들의 우려와 논증은 시쿠렐이 '문자적 서술'(literal description) 이라 부른 것의 가능성에 준해서만 의미를 갖는다. 그러나 일단 문자적 서술이 불가능하다는 것이 인식되면, 보장된 방법론적 위치 ─ 이로부터 '방법들'(주제에 대한 완전한 연결로 정화된다) 이 전개될 수 있다 ─ 가 존재할 수 없다는 사실이 도출된다.

위한 고전적 방법들은 연구되어야 할 구성원들의 실천으로 (재) 공식화되어야만 한다. 예를 들면, 리처드 힐버트(Richard Hilbert)는 이렇게 주장한다. "구성원들은 그런 〔구조의〕 구성물을 객관적으로 '저 밖에' 있는 것으로 보고, 그것을 설명에 끌어들일 수 있지만, 사회학자들은 '통속화'(going native)•와 사회구조의 물화(物化)가 없는 한 태도를 분명히 할 수 없다."⁶⁵⁾

민속방법론자들은 반대로 '구성원들의 방법들' 또는 '민속방법들'(ethnomethods)을 연구해야 한다고 말한다. 이런 방법들을 통해 구조들이 생산되고 재생산된다. 그러나 그들은 사회구조의 개념을 설명 자원으로 채택할 수 있다고 전제하지 않는다. 후설의 선험적 환원의 회고적 관점에서, 민속방법론자들은 '제도, 계급, 조직(거시적 종점)과 사람들, 개인들, 주관적 내용, 상호작용 과정들과 패턴들(미시적 종점) 등과 같이 구조적 연구들이 통상적으로 관심을 보이는 것들' 속에서 자연주의적 믿음을 '괄호 치거나' 유보하도록 장려된다.⁶⁶⁾ 구조를 '물화하거나' '통속화하는' 대신에, 민속방법론자들은 구조가 구성되는 일반적이고 전문적인 방법들을 탐구하는 데 동참하도록 요구받는다.

분석의 목적과 임무에 대한 이런 이해는 사회문제에 대한 연구의 구성주의적 프로그램에서 두드러진다. 이런 프로그램에서 사회문제 담론을

- 〔옮긴이주〕 식민지 시대에는 유럽의 식민지배자들이 토착민의 문화와 관습에 동화됨으로써 신성을 모독할지 모른다는 두려움을 언급하기 위해 채택되었던 용어이지만, 오늘날에는 경멸적이고 깔보는 용어로 간주된다. 따라서 여기서 'going native'는 전문가와 일반인을 구별하고 전문가 위주의 관점과 해석을 의미한다고 볼 수 있다.

65) Richard Hilbert, "Ethnomethodology and the micro-macro order", *American Sociological Review* 55 (1990) : 794~808. '논제/자원' 구분에 대한 가장 잘 알려진 설명은 Zimmerman and Pollner, "The everyday world as a phenomenon"이다.

66) Hilbert, "Ethnomethodology and the micro-macro order", p. 796.

재구성하는 사회학자들의 분석적 임무는 그런 담론의 참여자들에 의해 만들어진 자연주의적 주장 및 반대 주장과 구분된다. 67) 그에 따라 사회 문제를 해결하려고 또는 사회문제와 관련된 대중논쟁에서 양편 중 어느 한쪽의 대의를 돕기 위해 사회문제를 연구하는 것은 '분석적' 관점에서 벗어나는 것이다.

논제/자원 구분의 개념을 가장 상징적으로 보여 주는 것은 내가 원(原) 민속방법론이라 부르는 것이다. 이 개념은 '자연과학자와 사회과학자 모두의 세계'를 '사유의 세계'로 정의한 슈츠에게로 곧장 거슬러 올라간다. 이때 사유의 세계는 '우리가 그 속에서 행동하고, 태어나고 죽을 그런 세계'와 완전히 다른 것이다. 68) 원민속방법론은 민속방법론의 역사적 선구자 ─ '급진적' 연구 프로그램의 정책기조로 표현되는 선험적 현상학의 잔존물 ─ 일 뿐만 아니라 현재의 민속방법론적 연구에서 여전히 하나의 경향성으로 남아 있다 ─ 즉, 탐구자와 참여자 모두를 위한 탐구의 현황을 인지적 관점에서 독점적으로 정의한다. 원민속방법론은 민속방법론의 문턱에서 멈추어 섰는데, 모든 민속방법론자는 원민속방법론을 피해갈 수 없다고 해야 할 것이다. 이것은 마치 어떤 '해체주의자'(deconstructionist)가 고전철학의 난제들(aporias)들을 완전히 피할 수 없는 이치와 같다. 정리하면, 이 문턱은 사회학에서 연구대상인 실천행위의 장(場) '외부에서' 이해할 수 있는 이론적 위치란 있을 수 없다는 이해를 통해 구성된다. 이것은 기억하고 반복하기에는 쉬운 구절이지만, 핵심에 이르기란 엄청나게 어려운 교훈을 나타낸다. 현실에서는 그 교훈이 초월적 분석을 향한 잇따른 움직임에 따라 계속해서 전복된다. 종종, 그리고 특징

---

67) 예를 들어 다음을 볼 것. Peter Ibarra and John Kitsuse, "Vernacular constituents of moral discourse: an interactional proposal for the study of social problems", in G. Miller and J. Holstein, eds., *Reconsidering Social Constructionism*(Hawthorne, NY: Aldine de Guyter).

68) Schutz, "The problem of rationality in the social world", p. 88.

적일 정도로, 교훈은 그것을 도구화하려는 편리함으로 전복된다.

　교훈은 가핑클과 삭스의 논문 서문에 제시되어 있다. "자연 언어가, 일반인이든 전문가든, 사회학을 하는 사람들에게 탐구의 환경으로, 논제로, 자원으로 기능한다는 사실이 그들의 조사기술과 그들의 실천적인 사회학적 추론에 그것의 환경, 그것의 논제, 그것의 자원을 제공해 준다."[69] 가핑클과 삭스는 선험적 환원 또는 그와 유사한 영웅적인 인지적 책략을 추천하는 것과는 거리가 멀게 이렇게 말하고 있다. 사회학자들과 '구성원들'이 함께 거주하는 공간인 언어의 장(場)과 실천행위로부터 어떤 '방법론적' 초월도 존재할 수 없다.[70] 사회적 행위의 구조(또는 구조들)에 관심을 기울이거나 마찬가지로 구조의 질문을 모두 포기하는 대신 가핑클과 삭스는 데리다가 한때 '구조의 구조성'(the structuality of structure)이라 불렀던 것을 다루었다. 그렇게 함으로써 그들은 구조적 서술 및 설명의 적실성을 인간과학의 관심사에서 '추방했다'.[71] 그런 추방은 연구대상인 행위의 장(場)에서 '뒤로 물러서는' 문제가 아니다(그리고 용어 자체가 성립할 수 없다). 그것은 선험이 아니다.

　구조의 구조성(또는 탐구의 성찰성과 분석 언어의 지표적 특성들)을 논제로 다루는 것은 '탐구자'에게 인간의 행위를 '설명할' 수 있는 가장 기초적 자원들조차 빼앗는 것처럼 보일 수 있다. 그러나 이 문제는 혹자가 구조

---

69) Garfinkel and Sacks, "On formal structures of practical actions", p. 337.
70) 이런 구별의 다른 사용은 분석적 초월의 가능성을 암시할 수도 있다. 다음의 문장에서 '오직 그리고 배타적으로'의 사용에 주목할 것. "상식의 '재발견'은 구성원들처럼 전문 사회학자들이 자신들의 탐구를 위해 논제와 자원 모두로서 사회구조의 상식적 지식들과 관련된 것을 너무도 많이 가지고 있기 때문에 가능하다. 사회학 프로그램의 논제로서 오직 그리고 배타적으로 그것을 사용하는 것으로는 충분치 않다"(Garfinkel, *Studies in Ethnomethodology*, p. 75).
71) Jacques Derrida, "Structure, sign, and play in the discourse of the human sciences", pp. 247~272, in R. Macksey and E. Donato, eds., *The Structuralist Controversy: The Languages of Criticism and the Sciences of Man*(Baltimore: Johns Hopkins University Press, 1970).

의 구조성(또는 구조화)을 구성하는 **토포스**(topos: 상용되는 주제, 개념, 표현)의 외부에 위치하거나 외부에서 입장을 취할 수 있는 가능성을 전제할 때에만 발생할 수 있다. 데리다가 서구의 형이상학을 마치 그 역사의 외부에 있는 것처럼 공격하려는 사람들에게 경고했듯,

> 형이상학이라는 개념이 없어도 형이상학을 공격할 수 있다는 것은 말이 안 된다. 우리는 이 〔형이상학의〕 역사에서 소외된 어떤 언어도 — 구문론과 어휘론도 — 가지고 있지 않다. 따라서 전형, 논리, 이의를 제기하려는 바로 그것의 암묵적 공준들에서 미리 빠져나와 있는 하나의 파괴적 명제를 언급할 수 없다.[72)]

그에 따라서, 우리는 우리가 말할 때마다 논제와 자원을 '혼동한다'. 우리는 우리가 글을 쓸 때마다 구조를 '물화한다'. 우리는 우리가 행동할 때마다 '통속화한다'. 모든 사회학적 방법들이 실질적으로 '민속방법들'이라고 주장하는 것은 가장 강력하고 포괄적인 분석적 위치를 암시하는 것처럼 보인다. 하지만, 그와 동시에 그것은 인간과학의 담론에서 상상할 수 있는 가장 약하고, 가장 주변적이고, 가장 부정적 위치에 놓인 것이다. 지식사회학의 스트롱 프로그램의 강력함이 모든 과학에서 행위에 대한 사회학적 설명을 제공할 수 있다는 의심스런 가정에서 비롯되듯, 민속방법론의 강력함은 모든 종류의 사회학적 '원주민들'이 지니고 있는 객관적 실천을 이해할 수 있다는 가정에 기반하고 있다. 그렇지만 기초적 교훈이 납득되자마자 이 입장의 강력함은 그 정도가 약해진다. 사회학에서 연구대상인 실천행위의 장(場) 외부에 존재하는 이해할 수 있는 이론적 위치란 있을 수 없기 때문이다.

논제/자원 구분의 혼동 및 역설적 함의는 첫째, 민속방법론적 무관심이란 구성원들의 방법들이 정확성, 효과성, 엄격함, 예측 가능성 등을

---

72) *Ibid.*, p. 250.

어김없이 결여하고 있음을 함축하지 않는다는 사실을 떠올림으로써 서로 구분될 수 있다. 그 결과, 사회학은 일상적 과정에서의 상식적 방법들에 의존한다는 민속방법론의 주장이 반드시 비판적 함축을 담고 있을 필요가 없다. 그런 비판적 함축은 우리가 일상생활의 태도와 과학적 이론화의 태도(슈츠가 정의내리듯, 이 이론화의 태도는 후설의 선험적 환원에 의해 암시되는 '태도'를 기묘하게 닮았다) 사이의 슈츠의 대비를 유지하는 한에서만 또는 우리가 사회과학의 실제적 방법들과 문자적 서술의 '허수아비' 위치 사이의 시쿠렐의 수사적(修辭的) 대조를 심각하게 고려하는 한에서만 유의미해질 것이다. 73) 이런 대조들은 레비스트로스의 브리콜뢰르(bricoleur)와 엔지니어의 구분, 74) 실험실 현장 실천의 브리꼴라주를 서술해 왔던 과학사회학자들과 민속방법론자들에 의해 사용되었던(손상당했던) 구분과 비슷하다. 75)

브리콜뢰르는 개방적인 일련의 응용에서 발생하는 우연성을 다루기 위해 시행착오의 방식으로 '손에 잡히는 모든 수단' — 도구 상자, 재료 조각들, 이질적 숙련 등 — 을 동원하는 손재주꾼이다. 슈츠의 용어에서, 브리콜뢰르는 '요리책 지식', 근사적이고 전형적인 관계를 이용하는 일종의 '노하우'(know-how), 가능성의 판단, 비교적 자유로운 구성 성분들과 물질들의 대체품 등을 사용한다. 76) 레비스트로스는 브리콜뢰르와 엔지니어를 대비시키는데, 그들의 도구와 숙련은 수단-목적의 형식에서 특수한 행위의 투사에 정확하게 배정된다. 그러나 데리다가 지적하듯, 엔지니어가 '신화'라는 것이 밝혀지면, 브리콜뢰르와 엔지니어의 대비는 궁극

---

73) Cicourel, *Method and Measurement in Sociology*, p. 2.

74) Claude Lévi-Strauss, *The Savage Mind* (Chicago: University of Chicago Press, 1966).

75) Knorr-Cetina, *The Manufacture of Knowledge*; Garfinkel, Lynch, and Livingston, "The work of a discovering science".

76) Schutz, "The problem of rationality in the social world", p. 73.

적으로 붕괴한다.

브리콜뢰르의 모든 형태를 깨뜨렸다고 가정되었던 엔지니어라는 개념은 신학적 관념이다. 레비스트로스가 우리에게 다른 곳에서 브리콜뢰르가 신화 만들기(mythopoetic)라고 말했기 때문에, 가능성이 높은 것은 엔지니어가 브리콜뢰르에 의해 생산된 신화라는 것이다. 우리가 그런 엔지니어에 대한, 그리고 수용된 역사적 담론과 단절된 담론에 대한 믿음을 중단하는 순간부터, 모든 한정된 담론은 브리콜뢰르에 의해 구속되고, 엔지니어와 과학자도 브리콜뢰르의 종(種)이라는 것을 받아들이는 순간, 브리콜뢰르라는 바로 그 개념이 위협을 받고, 브리콜뢰르가 그 의미를 발생시켰던 차이는 해소된다. 77)

일상적 방법들과 과학적 방법들에 대한 슈츠의 구분, 그리고 객관적이고 지표적인 표현과 성찰적이고 반성찰적인 설명을 둘러싼 크게 남용된 민속방법론의 체계적 대조는 비슷하게 '위협받는다'. 데리다에 따라, 객관성 및 과학적 방법에 대한 이념이란 일상적인 행위들의 기여로 만들어진 신화 만들기의 구성물로 파악할 수 있다. 다시 강조하지만 이것은 필연적으로 방법이 틀렸거나 객관적인 상태를 말하는 것이 무의하다는 사실을 뜻하는 것이 아니다. 영원히 효과성과 확실성을 보장해 줄 수 있는 선험적 토대란 존재하지 않지만, 어떤 것도 과학적 행위가 질서정연하고, 안정적이고, 재생산 가능하고, 신뢰를 얻고, 일상적이 되는 것을 막을

---

77) Derrida, "Structure, sign, and play", p. 256. 실험실 연구에서 땜질하기(tinkering), 협상, 우연성 등에 대한 강조는 데리다의 엔지니어의 (또는 마찬가지로, '순수하게' 이성-목적적 과학방법의) '신화'에 대한 주장을 구체적으로 뒷받침해 준다. 그렇지만 데리다가 주장하는 핵심은 레비스트로스의 엔지니어 상(像)이 이상화되었다는 것뿐 아니라 그 상이 글쓰기의 브리꼴라주적 실천에 의해 생산되었다는 것이다. 가핑클의 용어로 이 글쓰기는 '다큐멘터리 방법'이 사용되는데, 이 방법을 통해 브리콜뢰르/엔지니어 구분에 대한 설명이 구성되고 사용된다.

수 없다.

　사회학이 일상적 방법들을 당연한 것으로 취급한다고 해서 사회학적 연구와 성과물의 질서정연함, 안정성, 재생산성, 신뢰성 등을 비판한다고 볼 필요는 없다. 물론 사회학적 논제와 성과물은 종종 실제적 불확실성, 방법론적 고려에 대한 끝없는 논쟁, 정치적 논쟁을 수반한다. 논쟁의 과정에서, 모든 연구의 색인과 해석적 절차 속에 통합된 다수의 일상적 판단은 꼼꼼한 심사를 받도록 선택적으로 불려나온다. 한편, 가장 신뢰할 수 있는 사회학적 지식은 정의상 거의 '진부하다'(trivial) — 즉, 광범위하게 분산되어 있고, 광범위하게 이해되며, 그들의 연구대상인 사람들은 물론 전문 사회학자들에 의해 당연시된다.

　데리다식의 '위협'은 별일 아니듯 모든 것을 그대로 남겨 두지만, 깊은 내상을 입혔다. 지금까지 나는 원민속방법론과 민속방법론을 서로 대비시키려고 했지만, 독자들은 이 시점에서 충분한 호소력을 지닌 채 물을 수 있을 것이다. "당신이 말하는 민속방법론은 어디에 가서 찾을 수 있단 말입니까?" 나는 사회학에서 연구대상인 실천행위의 장(場) 외부에서 이해를 추구할 수 있는 어떤 이론적 위치도 존재할 수 없다는 전제에서 민속방법론의 위치를 정했다. 그럼에도 여전히 민속방법론 전체 문헌에는 그런 '외부'가 암시되어 있다. 구성원들의 실천행위, 지표적 표현의 사례들, (대체 행위, 표현, 태도의 양식이 존재할 수 있는 것처럼) 자연적 태도의 이상화 등을 서술하지 않은 그런 문헌에서 우리는 어떤 연구를 발견할 수 있을 것인가? 물론, 슈츠는 분명하게 그런 대안으로 '자연적 이론화의 태도'를 내세웠다. 그러나 만약 신뢰할 수 있는 '민속방법론'이 외부세계에 대한 부정과 그에 따르는 언어 사용과 실천행위의 '고칠 수 없는' 지표적이고 성찰적인 속성들에 대한 확신 속에 출발한다면, 그 논리적 귀결은 '연구'(studies)가 행해질 수 있고, 출판될 수 있고, 읽을 수 있고, 비교될 수 있고, 통일성 있는 문헌으로 조직될 수 있는 전문가적 삶의 형식(form of life)의 전멸로 나타날 것이다. 따라서 민속방법론의 기준점

(ground zero) 은 학술의 손길이 닿지 않았던 사회세계의 조직화되고 이해 가능한 성격을 긍정하는 것이 될 것이다.

원민속방법론을 넘어서?

민속방법론의 학술 분야와 가장 자주 연관 지어지는 구분들이 그것의 핵심 교훈에 '위협 당한다'는 생각은 깊은 우려를 낳는다. 그런 불만이 상존하는 가운데 원민속방법론이 분과의 기본적 형태를 제공해 줄 수밖에 없었던 사실은 사실 충분히 이해할 수 있는 일이다. 원민속방법론이 그렇게 할 수 있었던 것은 괜찮은 학술작업이 생산되거나 제시될 수 있는 전문적 '일상성'(everydayness) 지대의 확립을 보장받을 수 있었기 때문이다. '합리적' 민속방법론 ─ 즉, 사회과학 속에 편안하게 안주한 채 인정받는 연구 프로그램 ─ 은 구분의 고전적 집합을 구축함으로써만 생존을 보장받을 수 있었다. 그들은 마치 학술 논평의 장에서 생존 가능한 '입장'을 미리 정해 놓은 것처럼 행동했다.

　민속방법론의 핵심 교훈에 따르면, 이런 구분들 중 가장 중요한 것은 가장 대립적인 것이기도 하다 ─ 즉, '전문적 분석'과 '구성원들의 방법들' 사이의 구분. 이 구분에 따르면, '통속적'이거나 '상식적인' 설명들(전문 과학자, 일반인, 또는 모두에게 귀속되느냐와 무관하게)은 이런 분할의 한 쪽에 할당되고, (민속방법론적) '분석들'은 그 반대편에 놓인다. 때때로, 통속적 설명들은 '실증주의' 또는 '순진한 실재론'의 뒤떨어진 판본을 구성하고 있는 것처럼 그 성격이 규정된다.[78] 그 다음에 박학한 무지(Docta

---

78) 멜빈 포너(Melvin Pollner, *Mundane Reason*(Cambridge University Press, 1987))는 '실증주의적 상식'을 말했고, 제임스 홀스타인과 게일 밀러(James Holstein and Gale Miller, "Rethinking victimization: an interactional approach to victimology", *Symbolic Interaction* 13(1990): 103~122)는 '일상

ignorantia)의 변종이 그 모습을 드러낸다. 즉, '행위자'는 악명 높은 '문화적 얼간이'의 오명을 벗어던지는 대신에 철학적으로 순진한 행위자로 전락한다. 이때, 행위자는 '세속적 세계'를 당연시하고, 분석은 이런 세계를 당연시되는 '사회적' 실천들의 산물로 재정리한다.

이런 구분은 분석가들을 위한 끊임없는 일거리를 만들어 낼 뿐 아니라 편재하는 실재론-구성주의 논쟁에서 정합적 입장을 창출한다. '실재론의' 반대론자들은 이제 사회구조의 객관적 사실성에 대한 미분석된 구성원들의 감각을 당연시했다는 비난에 직면할 수 있다. 따라서 민속방법론적 분석가는 이런 사실성의 감각이 상호작용적으로 구성되었고 지속된다는 것을 보여 준다 — 즉, 그것은 '존재함으로 언급되는'[79] 또는 '세속적 이성'[80]을 통해 구성되는 '실재'이다. 분석은 구성원들(사회학자든 일반인 행위자든 관계없이)이 객관적 실재에 대해 단순히 보고하고 있을 뿐이라는 주장을 약화시킨다. 그 결과, 사회적·수사적·상호작용적 행위능력들 — 구성적 실천 및 민속방법들 — 이 실재론에 대한 관념론적 반박에서 관념의 문법적 역할을 맡게 된다.

내가 원민속방법론이라 부르는 것은 매우 포괄적이다. 만약 민속방법론이 실패작이라면, 그것은 민속방법론 연구에 항상 내재하고 있었다고 할 수 있다. 가핑클과 삭스에 의해 자주 인용되는 일부 저작조차도 원민

생활'의 지향을 "객관적으로 '저 밖에' 있는 실재" — 실재를 알리는 수단인 관찰 및 서술의 행동들과는 떨어진 채 존재하는 — 로 성격 규정한다(p. 104). 이런 정합적 철학관 덧씌우기는 '실증주의적' 또는 '실재론적' 경향을 과학철학자는 물론 '과학자'에게 부과하려는 과학지식사회학의 경향성과 유사하다. 다음을 볼 것. D. Bogen and M. Lynch, "Do we need a general theory of social problems?", pp. 213~237, in G. Miller and J. Holstein, eds., *Reconsidering Social Constructionism* (Hawthorne, NY: Aldine de Gruyter, 1993).

79) John Heritage, *Garfinkel and Ethnomethodology* (Oxford: Polity Press, 1984), p. 290.

80) Pollner, *Mundane Reason*.

속방법론 '너머로' 계속해서 나아가려 하지 않는다. 가핑클과 삭스는 게임의 매우 초기 단계에서 선험적 분석이라는 개념을 공격했음에도 불구하고, 표상의 '대응설'을 거부하고 프로그램의 목적성을 극구 부인함으로써 그 개념을 완전히 폐기처분하지 못했다. 수많은 민속방법론 연구에서, 논제/자원 구분은 사회학이 그 '주제'에 의해 오염되어서는 안 된다고 생각하는 독자들에게 제시되었을 때, 수사적(修辭的) 장치로 효과를 발휘했다.

민속방법론자들은 자신들이 연구하는 '방법들'에 대한 분석을 제거하는 데 어떤 이해관계도 인정하지 않지만, 이런 불인정 자체가 사회학자들이 논제와 자원을 혼동하고 있다고 말하는 중요한 취지를 약화시킬 수 있다. 일단 우리가 통속적 방법들로부터 분석적 방법을 구별하기 위한 모든 행동을 일상적 언어의 내재적 감수성으로부터 늘 빌린다는 사실을 인정한다면 구분은 더 이상 유지될 수 없다. 전문적 분석이 통속적 상대편에 귀속시키는 한계에 대한 대체수단으로 안정적 자원을 더 이상 제공해 주지 못하는 탈(脫) 분석적 민속방법론을 상상하는 것은 자살을 천천히 관찰하는 것과 비슷한 일이다. 왜냐하면, 그것은 민속방법론으로 하여금 사회과학에서 취약한 발판을 얻을 수 있도록 해주는 수사적 비계 (scaffolding)에 의문을 품게 하기 때문이다. 자살 대신에, 아마도 '치료'가 상식에 대한 적대감로부터 분석을 해방시킬 수 있는 길을 발견하는 데 도움을 줄 것이다. 다음 장에서 나는 비트겐슈타인의 후기 철학이 지금 우리가 필요한 종류의 치료를 제공해 줄 수 있는 가능성을 검토한다.

부록: 교통의 선형적 사회

다음의 서술은 활동, 장비, 탐구 현장, 탐구된 현상 등 뚜렷이 구분되는 집단에 일부로 포함된 실제 행위로서 '방법들'을 다루는 설명이 무엇과 같을 수 있는지를 보여 주기 위한 의도를 품고 있다. 과학이나 수학의 예를 선택하는 대신, 나는 우리 모두에게 대단히 친숙하고, 따라서 기술적 장비들, 수립된 환경, 관찰 가능한 사건들, 독자적 행위장(場)을 구성하는 의사소통적 행위 등의 결합에 대한 독자들의 승낙을 얻기 위해 예비적 교육이 별도로 필요 없는 행위의 영역을 서술하고자 한다. 예를 들어, 전자현미경의 장(場)에서 '항해하기'(navigating)와 도로에서 운전하기 사이에는 끝없이 나열할 수 있는 차이가 존재하는 것은 분명하지만, 교통에 대한 서술은 뚜렷이 구분되는 역사적-물질적 맥락에서 국지적 행위들의 범례적 서술이라는 내 목적에는 잘 들어맞는다. 더욱이 이것은 가핑클과 그의 학파에 의해 자주 다루어졌던 행위의 영역이기 때문에 나는 그 논제를 더욱 발전시킬 수 있다. 81)

---

81) 가핑클은 1973~1978년과 1980~1982년에 UCLA 사회학과의 내가 참여한 수업에서 교통의 예를 사용했다. 그는 간혹 이 논제를 두고 학생들에게 관찰실습 과제를 내주기도 했고, 내가 참여한 토론에서 그의 제자들인 크리스 팩(Chris Pack), 스테이시 번스(Stacy Burns), 브리트 로빌라드(Britt Robillard) 등과 함께한 미출판 논문과 사적 의견교환을 언급하기도 했다. 가핑클은 1989년 12월 "The curious seriousness of professional sociology"라는 제목으로 보스턴 대학교에서 행한 세미나를 포함하여 수많은 대중강연에서 그 사례를 설명했다. 그는 또한 자신의 논문 초고("Two incommensurable, asymmetrically alternate technologies of social analysis"(Department of Sociology, UCLA, 1990), 이것은 Garfinkel and Wieder, "Evidence for locally produced, naturally accountable phenomena of order"의 초고이다]에서도 교통에 대한 간략한 설명을 실었다. 이 절에서 교통에 대한 내 논의는 이 논제에 대한 가핑클의 많은 논의에 빚을 지고 있다. 그렇지만 나는 이것이 '가핑클의 관점'에 대한 해설이나 민속방법론적 탐구에 대한 보고서로 읽히기를 원치 않는다. 대체로 이것은 막연히 구축된 예이고, 다른 무엇보다도 가핑클의 취급에서 유래하

교통은 현대의 도시 경관에서 가장 대중적인 공간을 차지한다. 즉, 그렇지 않았다면 각자 격리된 삶을 살았을 사람들이 대중적 공간에서 서로 조우하고, 그런 공간에서 움직일 때 그들은 서로의 역량과 해명 가능성을 신뢰한다 (가끔씩 시험대상이 되기도 하지만). 운전은 상호적 세심함의 붕괴, 엉터리 제스처, 의사소통 질서의 다양한 비대칭성 등으로부터 즉각적이고 폭력적인 죽음을 초래할 수 있는 일종의 게임이다.

대중적이며 고도로 조직화된 성격에도 불구하고 교통의 사회적 시스템에 대한 글은 놀라울 정도로 드물다. 사회학자와 사회심리학자들은 이따금씩 대면적 상호작용 연구에서 도출된 개념을 적용하는 방식으로 이 영역을 다루고, 자동차는 그것의 사용 및 상징적 가치가 기존 공동체의 형태를 바꿔 놓은 기술로 조망 받는 데 그쳤다. 82) 어빙 고프만은 교통에 특수하게 적용한 '교통 단위'(vehicular unit) 의 개념을 정형화했지만, 그 개념에 대한 일반적 표현법은 도로 교통의 보기 드문 질서정연함은 거의 그려내지 못하고 있다. 83) 교통을 단순화된 의사소통적 환경 이상의 어떤 것으로 인식하는 것이 아마도 어려웠던 모양이다. 이런 환경에서, 상호작용적 관계는 부표(浮漂) 와 같고 비인격적인 '접촉'(또는 접촉의 회피가 더 나을 수도 있다) 의 양식으로 환원되고, 신호체계의 고도로 정형화된 형태들은 너무도 분명해서 인간 의사소통을 다루는 학자들에게 본격적인 분석적 관심을 끌 만한 가치가 없었을지 모른다. 교통에 대한 사회학적 관심의 상대적 결여에도 불구하고 교통공학과 사고연구를 다룬 엄청난 문헌들은 교통단위와 구축된 환경들이 어떻게 독특한 사회적 공간을 생

지 않는 '푸코식' 테마를 전개하고 있기 때문이다.
82) 예를 들면 로버트와 헬렌 린드(Robert and Helen Lynd) 의 고전적 '공동체 연구'〔*Middletown*: *A Study in Modern American Culture*(New York: Harcourt Brace, 1929), p. 251 ff.〕를 볼 것, 이 연구에서 그들은 소도시 생활에서의 자동차 도입을 논하고 있다.
83) Erving Goffman, *Relations in Public*(New York: Harper & Row, 1971).

성해 내는지에 대한 설명으로 다시 읽힐 수 있다. 84)

민속방법론의 경우, 교통은 뒤르켐식 '사회적 사실'의 두드러진 예로서 독자적 성격의(sui generis) 사회적 질서를 보여 주는 사례이다. 고속도로 엔지니어들이 인정하듯, 고속도로 교통은 표준화되고, 예측 가능하며, 반복적인 사물의 질서이다. 그리고 그 질서는 특정한 운전자들 ─ 운전자들의 행위가 그런 질서를 형성한다 ─ 의 무리와 무관하다. 교통이 막힌 고속도로 위를 선회하는 헬리콥터의 '전방위적'(panoptic) 관점에서 교통은 물리적 시스템이라고 할 수 있고, 푸코의 관점에서 그 질서는 정합적이고, 중앙집중식으로 설계되고, 물질적으로 수축된 기하학 ─ 이것은 구성물인 운송수단들의 세포적 움직임을 촉진하기도, 제한하기도 한다 ─ 속에 새겨져 있다. 공학의 관점에서 교통은 기호학적으로 조밀한 신호들과 중계들(relays)의 장(場) 내부에서 발생한다. 이런 장이 운송수단의 규율된 '흐름'을 가능하게 하고, 수많은 감시의 망점을 조장한다.

가핑클은 교통이라는 사회적 사실들이 운송수단이라는 유동의 무리들 속에 위치 지워진 운전자들에 의해 어떻게 인지되는가에 대한 질문을 제기함으로써 공학적 설명에 대한 게슈탈트 전환(gestalt switch)과 같은 것을 수행한다. 그 결과, 교통은 '외부로'(또는 '위로')부터 전방위적으로 읽을 수 있는 텍스트가 더 이상 아니다. 그것은 세포적 단위들이 함께 작용하여 이해 가능한 질서를 성취하는 장(場)이다. 85) 가핑클은 위치적으로 조직화된 현상으로써 앞뒤 차의 '간극'의 중요성을 강조한다.

---

84) 공학 문헌의 재독(再讀)의 가능성은 해럴드 가핑클에 의해 제시되었다(사적 교환).

85) 이런 게슈탈트 전환은 감옥과 정신병원에 대한 푸코의 설명을 '총제적 기관' (total institution)에서의 피수용자의 삶에 대한 고프만의 서술과 비교함으로써 이해할 수 있다. 다음을 참조할 것. *Asylums*(Garden City, NY: Double-day, 1961). 고프만의 설명은 정신병원의 역사적 설계를 가정하고 있음에도 불구하고 피수용자가 제도적 감시에 대한 무관심을 회피하고, 저항하고, 전복하고, 유지하는 활동을 지속하는 수단인 일련의 실천과 전략을 서술한다.

거비치의 논증에서 점들의 쌍 사이의 '간격'(〈그림 4-2〉와 〈그림 4-3〉)
과는 대조적으로 차들 사이의 이런 '간극'은 교통에서 표현되고 교통에 의
해 매개된 운전자들의 행위의 복잡한 결합을 통해 시간적으로 구성되고 변
경된다. 인지 가능한 사회적 관계란 차들 사이의 간극을 기준으로 수립되
는데, 각각의 운전자들은 상대속도, 앞지르기와 뒤따르기의 시간적 관계,
국지적 교통의 앞을 향해 움직이는 보편적 방향성 등에 적응한다.

　평행한 차선, 앞뒤 간극, 방향성, 속도 등의 위상학적 질서는 놀라울
정도로 선형적이다. 운전자의 위상학적 관점이 에드윈 애벗(Edwin
Abbott)의 '플랫랜드'(Flatland)와 '라인랜드'(Lineland)의 환상적 거주민
들의 관점과 닮아 있다. 86) 위상학적 장(場)은 위에서 전방위적으로 내려
다볼 수 있는 것이 아니라 납작한 표면 위에서 움직이는 주민들의 입장
〔또는 '동점'(movepoint)〕에 '거주하고' 있다. 그 장의 공간적 제약은 밤에
운전할 때 확실하게 드러난다. 주변에 어둠이 깔리면 운송 세계의 가시
성(可視性)은 빛의 흐름에 따라 전방 혹은 후방의 시선으로 국한된다. 이
때 헤드라이트는 선형의 전경을 밝게 비추고, 거울들은 제한된 후방의
시선을 확보해 주고, 선두에서 후미까지 빛과 신호의 배치는 교통의 선
형적 흐름 속에서 의도적 행위의 가시적 현시(顯示)를 제공한다. 이런 위
상학적 선형성은 말할 필요도 없이 구체적인데, 그것은 교통에서 발생하
는 체화된 행위들의 질서정연함의 경계를 정해 주는 체계적으로 설계된
환경을 제공해 주기 때문이다.

　'운전자'의 사회적 범주는 이렇게 구축된 환경 속의 행위들에 국부적으
로 속박된다. 87) 이런 환경 속에서 공간은 사용에 맞게 변형되고, 그 속

---

86) Edwin Abbott, *Flatland: A Romance of Many Dimensions*(New York:
　　Dover, 1952).
87) 범주-속박적 활동들은 다음에서 논의되었다. Harvey Sacks, "On the analys-
　　ability of stories by children", pp. 216~232, in R. Turner, ed., *Ethnome-*
　　thodology(Harmondsworth: Penguin Books, 1974), p. 225; Jeff Coulter,

에서 언어는 편재적이며 비인격적 방식으로 장(場) '에/그 속에' (on and in) 기입되어 있다. 그리고 그 속에서 기술에 의해 매개된 세계는 또 다른 경험적 생활세계만큼이나 즉각적으로 하나의 양식으로 알려진다. [88] '운전자'는 기계 속의 유령이 아닌데, 그/그녀의 정체성이 국부적으로 선형적 교통사회에 속박되어 있기 때문이다. 우리는 메를로퐁티의 발가벗겨진 채 체화된 행위자를 '교통에서의 운전자'로 대체할 수 있다. 이때의 운전자란 교통수단을 매개로 하여 지각하고 행동하는 행위자이며, 그의 '의도적' 행위는 운전자가 이용할 수 있도록 구축된 개조된 환경에서의 움직임과 위치적 관계에 의해 시간적으로 닫혀 있다. 이런 구체적 환경은 또한 도표적 '텍스트'이기도 한데, 기입된 표시법과 방향지시 신호를 동반한 선과 교점의 격자로 이루어졌기 때문이다. 이 모든 것은 역동적으로 전개 중인 다른 자동차들의 장(場)을 포괄하고 그에 대한 정보를 제공한다. 그것은 기호와 신호가 두텁게 깔린 세계이고, 이때 기호와 신호는 교통에 위치 지워진 판독기들의 선형적 흐름에 대한 표준화된 기준 속에 놓이고 형식에 따라 배열된다. 운전자들은 자동차가 선형 사회의 차선을 따라 움직이는 동안 속도계를 읽을 뿐만 아니라 교통의 국지적 맥락을 관찰함으로써 자신들이 얼마나 빨리 달리는지를 알 수 있다. [89]

Mind in Action (Oxford: Polity Press, 1989), p. 39.

88) 브루노 라투르 (Bruno Latour, Science in Action (1987, Cambridge, MA: Harvard University Press, p. 254))는 지도 읽기 — 그 속에서 지도와 개조된 환경 모두가 텍스트들로 구성되는 — 의 명쾌한 사례를 제공한다. "우리는 지도를 사용할 때 지도 위에 쓰인 것과 풍경을 거의 비교하지 않는다 … 우리는 자주 지도 위의 읽기자료들과 같은 언어로 쓰인 도로의 신호들을 비교한다. 외부 세계는 그와 관련된 모든 특징이 표지, 경계표, 보드(boards), 화살표, 거리 이름 등에 의해 쓰이고 표시되었을 때에 한해서 지도에 대한 적용이 맞아 떨어진다."

89) 하비 삭스 ("On members' measurement systems", edited by G. Jefferson form unpublished transcribed lectures, in Research on Language and Social Interaction 22 (1988/89): 45~60)는 '교통체계'에서의 운전하기가 상대 속도

운전자를 위한 지각 공간은 발가벗겨진 주체의 현상학적 공간의 변종도 연장도 아니다. 한 가지 이유는 그 공간이 표준화된 운송수단 단위들의 결합을 위해 매우 세심하게 개조되었기 때문이다. 운전자의 지각 공간의 특이성(singularity)은 발가벗겨진 변함없는 지각적 능력에 의해서가 아니라 교통에서의 위치에 의해 정의된다. 그것은 '반사적' 후방시각에 의해 보완되는 '전진' 지향성을 수반한 운송수단의 인클로저(enclosure)에 의해 그 경계가 정해진다. 헤드라이트, 신호, 신호를 이용하기 위한 간단한 신호체계 등이 선형적 교통 매트릭스에 배태되어 있다. 기계 속에 있는 운전자의 몸은 여전히 작동하고 있지만 ─ 실제적이고 가정적인 행위자와 의미의 원천 모두로서 ─ 교통의 장(場) 내부에서 운전자의 행위는 운송수단 단위들의 속도감 있고 유목민적인 결합체 내부에서의 인지, 제스처, 의사소통 등의 통상적 양식에 의해 그 범위가 결정된다.

교통에서 운전자들을 위한 지각 및 행위의 세계는 비교적 빈약한 것으로 보일 수 있지만, 그것은 상상하는 것만큼 빈약하지 않다. 교통에서 사건들의 흐름은 시각성의 서로 다른 질서와 변화하는 신체적 표현 양식을 가능하게 만든다. 교통의 흐름에서 다른 차의 벗어남이나 속도와 차간거리에서 다른 차의 모호한 태도를 실제로 보지 않고도, 운전자는 다른 운전자를 두고 '그놈'(또는 상투적으로, '그 여자')에 대해 상당히 정확한 불평을 자아낼 수 있다. *

더욱이 교통에서 단순한 이동, 위치, 의사소통적 제스처 등은 장면적 사건들의 흐름과의 관계 속에서 특정한 의미로 받아들여질 수 있다. 예

를 결정하기 위한 일종의 계량적 토대를 제공한다고 강조한다. 아마도 농담 삼아서, 삭스는 많은 운전자가 빠르거나 느린 운전이 가시화(可視化)되는 배경을 구축하려고 일부러 노력하는 것처럼 운전한다고 지적한다.

• [옮긴이주] 비유적으로, 주체(운전자)의 성격 및 역할에 대해 살펴보고 있다. 운전자는 교통의 장(場)의 행위자로서 그 속에 위치 지워져 있다는 주장이 곧 주체의 능동성을 부정하는 것을 뜻하지는 않는다. 주체의 지각 및 행위 공간의 상대적 독자성은 당연한 것이다.

를 들어, 경적소리는 다른 차나 보행자에 대한 '인사', '성차별주의자의
유혹'(sexist come-on), 모욕, 불평, 경고, (뉴델리에서) 인접한 이웃들과
의 관계에서 차가 도착했다는 음향적 표지 등으로 다양하게 들릴 수 있
다. 각각의 경우에 단순한 경적의 울려 퍼짐은 정교한 의도적 구조("그는
누구에게 경적을 울리고 있나? 나인가? 내가 뭐하고 있었지?")에 배당됨으로
써 복잡한 반응 행위들로 흡수될 수 있다. 경적의 언명은 국지적 환경에
서 발신음, 경적소리, 다른 제스처 등의 '대화적' 관계들에 의해서뿐만 아
니라 상대적 강도, 지속시간, 반복, 속도(pace) 등의 접합에 의해서도 시
적(詩的)이고 억양적으로 조율될 수 있다. 90)

　교통의 정합성은 다른 공간들로 쉽게 이전될 수 없는 사회적 잠재력 및
힘의 다양한 '측정들'을 위한 토대를 제공한다. 예를 들어, 고속도로에서
속도를 떨어뜨리는 차들의 일시적 정체상황에서 드러나는 조율된 관계는
앞지르기, 통과하기, 따라잡기, 이동성 방해하기 등의 구별되는 행동을
위한 계량적 토대를 제공한다. 운전자들에 대한 별칭들은 이런 표현들을
동기의 어휘들, 경쟁적 의미들, 유형화된 자동차 및 운전자의 속성들과
결합시킬 수 있도록 해준다("우측으로 빠져, 굼벵이야!"). 교통에서의 상
호 현시적, 위치적 관계들은 노골적인 경쟁, 질주, 오고가는 감정적 공
격, 여타의 과속이나 상대적으로 넓은 범위의 충돌 방식들로 악화될 수
있다.

　사회적 행위의 일반 어휘들이 교통에 적용될 수 있음은 분명하지만,
독특하게 적용된다. 예를 들면, 교통에서 '권력'의 이기주의적 표현들은
다른 사회기술적(sociotechnical) 화폐로 손쉽게 환전될 수 없다. 따라서
교통의 사회질서를 보편적 권력관계의 투사로 다루려는 시도는 의심스러
운 것일 수밖에 없다. 동시에 교통의 경제에서 감수성의 구조들은 발가

---

90) 경적 울리기의 사례는 스테이시 번스(Stacy Burns)의 미출판 논문에서 정교
　　화되기도 했다(Garfinkel, 사적 대화).

벗은(또는 '자유로운') 주체에서 기원하는 행위의 가능성으로부터 도출되지 않는다. 그리고 그 구조들은 행위의 '일상적' 양식들과 의사소통을 운전자들의 양식으로 번역하기 위한 단순한 공식으로부터 도출되지도 않는다. 결론적으로, 교통에만 특이하게 존재하는 해명 가능한 행위구조가 있으며, 이 구조를 파악하기 위해서는 역사적-유물론적 이해의 국지화된 접합이 필요하다.

제5장

비트겐슈타인, 규칙들, 인식론의 논제들

지식사회학의 최근 연구에서 드러나는 가장 두드러진 특징은 인식론에 대한 전통적 관심을 경험적 탐구의 논제로 전환하려는 노력이라 할 수 있다. 새로운 과학지식사회학의 주창자들이 단일한 연구 프로그램을 추구한 것은 아니지만, 그들 중 다수는 과학철학에 관심을 보였다. 데이비드 블루어는 비트겐슈타인을 부연하며 이렇게 말한다. 과학지식사회학은 "철학이라 불렸던 분야의 상속자다". 그리고 그와 배리 번스는 과학지식의 '내용'을 사회학적 탐구를 위한 적절한 논제로 다룰 것을 제안한다.

일부 지식사회학자는 확립된 철학적 입장을 사회학 연구를 위한 도약의 발판으로 삼았다. 예를 들면, 해리 콜린스는 '경험적 상대주의 프로그램'[1]을 전개했고, 카린 크노르-세티나는 구성주의 과학철학을 뒷받침하는 경험적 사회학을 제안했다.[2] 엘리후 거슨(Elihu Gerson), 수잔 레이

---

[1] H. M. Collins, "An empirical relativist programme in the sociology of scientific knowledge", pp. 83~113, in K. Knorr-Cetina and M. Mulkay, eds., *Science Observed: Perspectives on the Social Study of Science* (London: Sage, 1983).

스타(Susan Leigh Star), 아델 클락(Adele Clark), 호안 후지무라(Joan Fujimura) 등과 같은 안젤름 슈트라우스(Anselm Strauss)의 '사회세계' (social worlds) 접근의 추종자들은 미국의 실용주의자들에 의해 제기된 인식론적 기획을 발전시키기 위해 민속지 및 역사적 연구를 전개했다. 3) 브루노 라투르와 미셸 칼롱은 자신들의 '행위자연결망' 접근과 더불어 한 발 더 나아가서 사회학과 철학에 존재하는 기초 개념적 구분을 해체하고, 단일한 존재론을 내세웠다. 그 속에서, 인간과 비인간(nonhuman) 행위 자들이 원시적 기호학의 늪으로부터 출현했다. 4) 마이클 멀케이(Michael Mulkay)를 비롯한 여타의 학자들은 인식론적이고 존재론적인 입장들을 지식사회학자의 연구대상인 과학장(場)에서 활약하는 담론적 등록자들 로 다뤄야 한다고 주장함으로써 현상학적이고 문학이론적인 기획을 포괄 했다. 5)

---

2) Karin Knorr-Cetina, "The ethnographic study of scientific work: towards a constructivist interpretation of science", pp. 115~140, in K. Knorr-Cetina and M. Mulkay, eds., *Science Observed*.

3) Susan Leigh Star, "Simplification in scientific work", *Social Studies of Science 13*(1983): 205~228; Elihu Gerson and Susan Leigh Star, "Representation and rerepresentation in scientific work", unpublished paper, Tremont Research Institute, San Francisco, 1987; Adele Clark, "Controversy and the development of reproductive science", *Social Problems 36* (1990): 18~37; Joan Fujimura, "Constructing 'do-able' problems in cancer research: articulating alignment", *Social Studies of Science 17*(1987): 257~293.

4) B. Latour, *Science in Action*(Cambridge, MA: Harvard University Press, 1987); M. Callon, "Some elements of a sociology of translation: domestication of the scallops and the fishermen in St. Brieuc bay", p. 196~223, in John Law, ed., *Power, Action, and Belief: A New Sociology of Knowledge?*(London: Routledge & Kegan Paul, 1986).

5) Michael Mulkay, *The Word and the World: Explorations in the Form of Sociological Analysis*(London: Allen & Unwin, 1985).

지식사회학에서의 보다 급진적인 접근들은 철학을 경험 연구를 통해 '살을 붙일 수 있는' 가정과 개념적 테마의 보편적 원천으로 여기지 않는다. 그 대신, 그런 접근들은 실제 사례들의 역사적이고 민속지적인 탐구에 걸맞은 과학철학을 새롭게 쓰려고 한다.[6] 이것은 과학철학의 지속적이면서 이따금씩 적극적인 참여를 이끈다. 블루어, 번스, 콜린스 등이 자신들의 상대주의적 제안을 경험적 사회과학에 대한 확고한 신봉으로 누그러뜨렸지만, 과학철학자들은 그들의 연구를 자연탐구의 자연주의적이고 논리적인 토대에 대한 상대주의의 공격으로 치부한다.

많은 비판자가 관심을 갖는 한, 인식론적 상대주의는 스스로를 대상으로 삼았을 때 엉터리가 된다는 익숙한 주장은 과학지식사회학자들이 주창한 문화적이고 역사적인 상대주의에도 비슷한 강도로 적용된다.[7] 그런 비판은 과학사회학 자체에 내재하는 움직임, 즉 스티브 울가(Steve Woolgar)와 말콤 애쉬모어(Malcolm Ashmore)의 과학사회학의 수사적이고 경험적인 지식주장들에 대한 '성찰적' 검토를 언급함으로써 어느 정도 정당화될 수 있다.[8] 울가와 애쉬모어의 연구는 자연주의적 사회학과

---

6) 사회학자들이 이 같은 과학철학에서의 사회역사적 전회(sociohistorical turn)를 최초로 제안한 것은 아니다. 쿤의 《과학혁명의 구조》가 그 문을 열었고, 다양하게 보편적이고 규범적(근본주의적인 것은 아니었지만) 과학철학을 보호하려는 목적을 지닌 일부 과학철학자도 그와 같은 전회를 옹호했다. 예를 들어 다음을 볼 것. Gerald Doppelt, "Kuhn's epistemological relativism: an interpretation and defense", *Inquiry 21*(1978): 33~86; Larry Laudan, *Progress and Its Problems: Towards a Theory of Scientific Growth*(Berkeley and Los Angeles: University of California Press, 1977); David Stump, "Fallibilism, naturalism and the traditional requirements for knowledge", *Studies in History and Philosophy of Science 22*(1991): 451~469.

7) 예를 들어 다음을 볼 것. Allan Franklin, *Experiment Right or Wrong*(Cambridge University Press, 1990); Laudan, *Progress and Its Problems*, chap. 7, "Rationality and the sociology of knowledge", pp. 196~222.

8) Steve Woolgar, ed., *Knowledge and Reflexivity: New Frontiers in the Sociology of Knowledge*(London: Sage, 1988); Malcolm Ashmore, *A Question*

과학사를 위한 제안이 회의적으로 다뤄지는 것이 아니라 연구대상인 자연과학자들의 객관적 지식주장을 전제하고 있음을 구체적으로 보여 준다. 가장 근본적인 이론적·방법론적 질문에 대한 일치된 사회학적 입장의 결여라는 조건 속에서, 과학지식사회학의 프로그램 기획과 설명적 지식주장은 회의적 비판에 걸맞은 농익은 표적을 제공한다.

회의적 비판은 지식사회학의 초창기부터 귀찮게 했던 잘 알려진 질문을 떠오르게 한다. 즉, 다른 지식체계를 위한 자연주의적 지원과 '내적' 합리성을 훼손하는 설명 프로그램이 어떻게 다른 프로그램들이 그 자신의 주장을 동일한 방법으로 공격하는 것을 막을 수 있단 말인가? 2장에서 살펴봤듯, 만하임은 지식사회학의 고유한 역사적이고 제도적인 상황이 지식사회학에 종교, 정치, 인간과학 등에서의 보다 익숙한 이데올로기적 입장들로부터 체계적 독립성을 부여했다고 주장함으로써 이 질문에서 빠져나갔다.

'스트롱 프로그램'을 위한 제안에서, 블루어와 번스는 특정 과학이론과 실험결과의 진리와 검증가능성에 대한 '내적' 신봉을 필연적으로 저해할

---

of Reflexivity: *Wrighting the Sociology of Scientific Knowledge* (Chicago: University of Chicago Press, 1989). 울가에 대한 비판에서, 콜린스와 이얼린은 과학사회학의 '성찰적' 프로그램은 태생적으로 보수적이라고 주장한다. 그 이유는 이 프로그램이 실증적 과학을 지배하는 신화에 대한 사회구성주의의 해독제로 작용하는 경험적 지원을 저해할 위험이 있기 때문이다. 다음을 볼 것. H. Collins and S. Yearley, "Epistemological chicken", pp. 301~326, in Andrew Pickering, ed., *Science as Practice and Culture* (Chicago: University of Chicago Press, 1992). 울가의 주장을 태생적으로 보수적이라고 비난하는 것은 공정하지 못한 것이지만, 울가의 신념을 공유하지 못한 비판자들에게 그의 주장은 도용되기 좋은 것이다. 예를 들면, Franklin (*Experiment Right or Wrong*, p. 163) 은 "Interests and explanations in the social study of science"[*Social Studies of Science 11* (1981) : 365~394]에서 울가의 주장을 인용하는데, 이는 지식사회학의 스트롱 프로그램의 지식주장에 대응하여 실험적 실천의 합리성[또는 프랭클린의 조금은 약한 정형화를 따르면, 이치에 맞음 (reasonability)]을 방어하기 위한 목적이었다.

필요가 없는 설명적 전략을 가지고 만하임의 논증 방법을 보완하려고 시도함으로써 약간은 다른 노선을 취했다(제 2장과 제 3장을 볼 것). 그들의 주장에 따르면, 산수의 가장 기초적인 명제들에 대해서도 지식사회학의 설명이 주어질 수 있다는 사실은 그런 명제가 틀렸거나 임의적이지 않음을 함축한다. 그 결과, 지식사회학의 성찰적 적용을 필연적으로 자신의 설명 양식이 토대가 없음을 보여 주는 것으로 해석될 필요가 없고, 과학과 수학에서 '강한' 주장의 양식들과 과학사회학 사이의 유추를 암시하는데 활용될 수도 있다.˙ 문제는 '성찰성'이 회의론을 함축하느냐의 여부로 귀결된다. 그리고 좀더 보편적으로, 지식사회학 설명은 설명대상인 '신념'에 대한 회의적 고려를 필연적으로 함축하느냐의 여부로 귀착한다. 9)

비트겐슈타인과 규칙 회의론

제 2장에서 살펴봤듯, 블루어는 만하임의 프로그램을 더욱 밀어붙이기 위하여 수학을 다룬 비트겐슈타인의 저작을 이용한다. 번스, 콜린스, 트레버 핀치(Trevor Pinch), 울가 등 다른 과학지식사회학자들도 특정한 행위의 환경에서의 규칙 적용방식을 둘러싼 공동체의 합의에서 논리적이고 수학적인 규칙들의 강제력을 따로 분리해 낼 수 없음을 보여줌으로써 '사회학적 전회'의 출발점으로 작용했던 철학의 핵심인물로 비트겐슈타

- 〔옮긴이주〕 가령, 상대성이론을 예로 들어 보자. 상대성이론에 대한 사회학적 설명이 곧 상대성이론에 대한 '진리와 검증가능성' 또는 '내적' 합리성을 부정하는 것을 뜻하지 않는 것과 마찬가지로, 스트롱 프로그램에 대한 성찰적 접근(또 다른 사회학적 설명)이 스트롱 프로그램의 불합리성이나 부조리를 필연적으로 함축할 필요는 없다.

9) 다음을 볼 것. Wes Sharrock and Bob Anderson, "Epistemology: professional scepticism", pp. 51~76, in G. Button, ed. *Ethnomethodology and the Human Sciences*(Cambridge University Press, 1991).

인을 꼽는다. 10) 뒤앙-콰인의 과소결정성 테제의 사용과 궤를 같이 하여, 이들 사회학자들은 한결같이 수학에서의 규칙을 다룬 비트겐슈타인의 저작을 철학의 범위를 넘어서서 블루어의 '사회적 지식론'(social theory of knowledge) — 안정한 지식이 어떻게 가능한가에 대한 본질적으로 사회학적 설명 — 으로 확장하는 데 주저함이 없다. 11)

이 장에서 나는 블루어와 지식사회학자들의 비트겐슈타인에 대한 독해법을 검토하고, 사울 크립케(Saul Kripke)와 비슷한 그들의 비트겐슈타인에 대한 해석, 즉 비트겐슈타인이 회의론적 문제를 제기한 것은 규칙이 행위를 결정한다는 사실에 회의적이라고 봤기 때문이라는 식의 해석을 문제 삼고 있다. 12) 크립케의 비트겐슈타인 해석은 비트겐슈타인 학파에서 논란을 불러왔고, 크립케의 일부 해석에 대한 거부는 블루어와 사회학자들의 회의적 주장에도 그대로 적용된다. 많은 과학지식사회학자와는 달리, 나는 규칙을 따르는 행위를 둘러싼 비트겐슈타인의 논의를 인식론적 회의론을 배제하고 있는 것으로 읽을 수 있다고 주장한다.

더 나아가서, 나는 비트겐슈타인의 반(反)회의적 읽기가 규칙과 실천 행위 사이의 성찰적 관계 — 울가와 애쉬모어가 제시한 성찰성 연구 프로그램에 포함된 자기-반영적 테마와는 현저하게 다른 성찰성의 판본 — 를 연구할 수 있도록 해준다는 점에서 대안적 민속방법론 프로그램과 양립할 수 있다고 주장하고자 한다. 과학지식사회학자들처럼, 민속방법론자

---

10) Barry Barnes, *Scientific Knowledge and Sociological Theory*(London: Routledge & Kegan Paul, 1974), pp. 163~164, n. 17; Steve Woolgar, *Science: The Very Idea*(Chichester: Ellis Horwood; London: Tavistock, 1988), p. 45; Harry M. Collins, *Changing Order: Replication and Induction in Scientific Practice*(London: Sage, 1985), p. 12 ff.

11) David Bloor, *Wittgenstein: A Social Theory of Knowledge*(New York: Columbia University Press, 1983).

12) Saul Kripke, *Wittgenstein on Rules and Private Language*(Cambridge, MA: Harvard University Press, 1982).

들은 인식론의 전통적 테마를 경험적 연구의 논제로 변환시키려고 노력한다. 그러나 민속방법론자들은 사회학적 설명에 철학의 문제를 부가하는 '사회학적 전회'를 옹호하는 대신에 '실천학적 전회'(praxiological turn)를 시도한다. 이런 전회를 통해 민속방법론자들은 사회적 사실들을 설명하려는 사회학의 목적을 서술이 요구되는 위치 지위진 현상으로 대체한다. 사회학의 손실은 곧 사회의 성취가 된다. 이런 '실천적 전회'는 내가 제6장과 제7장에서 밝히려고 하는 것처럼 커다란 함의를 지닌다.

민속방법론과 과학지식사회학은 표상, 관찰, 실험, 측정, 논리적 결정성 등과 같은 전통적인 인식론적 논제를 탐구하고, 두 분야의 모든 주창자들은 비트겐슈타인의 철학이 인식론의 논제에 대한 자신들의 독점을 지원한다고 믿는다. 번스가 관찰하고 있듯, "〔민속방법론과 스트롱 프로그램〕 사이에는 흥미로운 평행이 존재하는데, 이 평행은 루드비히 비트겐슈타인의 후기 저작에 그들이 의존하는 데서 기인한다".[13] 민속방법론과 과학사회학의 주창자들은 비트겐슈타인의 텍스트에 대한 '충실한' 읽기에 관심을 덜 기울인다. 그들의 주요 관심사가 모든 제안적 자료와 함께 경험적 연구를 촉진하고 유도하려는 목적에서 비트겐슈타인의 작업성과를 이용하는 데 있었기 때문이다.[14]

---

13) Barry Barnes, *Interests and the Growth of Knowledge*(London: Routledge & Kegan Paul, 1977), p. 24.
14) 가핑클은 민속방법론에 대해 철학적 선구자의 딱지를 붙이려는 모든 시도를 명시적으로 거부한다. 그 자신이 철학자들에 대한 '민속방법론적 오독'이라는 실천을 제시한 바 있지만 말이다. 그는 후설, 메를로퐁티, 하이데거 등에 대한 '오독'을 선호했는데, 섀록, 앤더슨, 쿨터와는 달리 비트겐슈타인과의 가능성 있는 공명에 대해서는 그다지 명시적 입장을 취하지 않았다. 여기서 핵심은 민속방법론이 비트겐슈타인 철학의 분파로 간주될 수 있느냐를 입증하는 것이 아니라 비트겐슈타인 철학에서 자신의 연구 정책기조를 뒷받침할 수 있는 강력한 논증을 취할 수 있다는 사실이다. 이렇게 하는 것이 곧바로 민속방법론 연구의 정책기조가 비트겐슈타인을 '뒤따르기' 위해 노력해야 함을 뜻하는 것은 아니다.

이와 같이 비트겐슈타인에 대한 공통의 관심에도, 과학사회학자와 민속방법론자들은 그의 후기 저작을 완전히 다르게 읽기 시작했는데, 15) 그 차이는 규칙과 행위에 대한 비트겐슈타인의 논의를 둘러싼 철학에서의 낯익은 논쟁을 떠오르게 한다. 비트겐슈타인의 해석자 중 일부는 그가 질서정연한 행위란 규칙이 아니라 — 해석적 회귀(interpretative regress) 가능성을 우회한다 — 사회적 규약과 학습된 기질에 의해 결정된다고 말한 것으로 읽는다. 다른 해설자들은 그가 규칙을 실천행위와 분리될 수 없는 것으로 보고 있으며, 그의 저작은 사회학적, 규약적, 상관적 설명의 형태를 조금도 지지하지 않는다고 주장한다. 이런 철학적 주장의 조명 아래서 과학사회학의 다양한 경험적 프로그램을 읽을 때, 그 프로그램들은 '경험적인' 것이 의미하는 바와 그것을 연구하는 방법에 대한 완전히 다른 관점을 가진 것으로 읽힐 수 있다. 지식사회학자들이 비트겐슈타인에 대한 회의적 읽기를 제공한다면, 민속방법론자들 — 그들의 프로그램에 대해 종종 거론되는 것과는 대조적으로 — 은 비트겐슈타인에 대해 회의적이지 않으면서도, 실재론적이거나 합리론적이지 않은 관점을 확장하는 데 관심을 둔다. 두 진영 모두 자신들의 입장을 뒷받침하고자

---

15) 모든 민속방법론자가 비트겐슈타인에 대해 동일한 노선을 취하는 것은 아니다. 나는 민속방법론적 업무 연구를 대변하는 입장을 취하고 있지만, 가핑클과 리빙스턴의 저작에서 비트겐슈타인에 대한 참고문헌은 드문 편이다. 더욱이, 나는 현재 내 책 *Art and Artifact in Laboratory Science: A Study of Shop Work and Shop Talk in a Research Laboratory*(London: Routledge & Kegan Paul, 1985), p. 179 ff. 에 실려 있는 비트겐슈타인에 대한 내 자신의 논의를 부적절한 것으로 본다. 내가 현재 지지하는 관점은 다음의 글에 가장 선명하게 드러나 있다. W. W. Sharrock and R. J. Anderson, "The Wittgenstein connection", *Human Studies* 7(1984): 375~386; R. J. Anderson, J. A. Hughes, and W. W. Sharrock, "Some initial difficulties with the sociology of knowledge: a preliminary examination of 'the strong programme'", *Manchester Polytechnic Occasional Papers, n. 1*(1987); Coulter, *Mind in Action*(Oxford: Polity Press, 1989), p. 30 ff.

비트겐슈타인의 저작을 인용하는 것은 당연한 일이지만, 과학지식사회학의 문제점은 비트겐슈타인의 저작들이 철학의 범주를 이탈해서 사회학으로 가는 길을 제안하고 있지 않다는 점에서 비롯된 것이다. 피터 윈치(Peter Winch)가 주장하듯, 비트겐슈타인은 인식론 관련 문제들에 대한 보편적인 사회적 설명을 제공하려는 가능성 그 자체를 문제 삼는다. 16)

비트겐슈타인은 과학사회학에서 중요성을 지닌 유일한 철학자는 결코 아니지만, 인식론에서 '사회학적 전회'를 위한 핵심적 인물로서 폭넓게 인정받는다. 블루어의 《비트겐슈타인: 사회적 지식론》(*Wittgenstein: A Social Theory of Knowledge*)은 과학과 수학의 사회연구에서 비트겐슈타인의 후기 저작을 가장 비중 있게 다뤘다. 17) 비트겐슈타인의 영향은 과학사회학에서 너무도 자주 논의되는 'OO의 눈으로 보기'(seeing-as), '공약불가능성'(incommensurability), '패러다임'(paradigms) 등과 같은 다수 '쿤의'(Kuhnian) 테마를 통해 걸러지기도 한다. 비트겐슈타인의 중요성은 '삶의 형식'(forms of life), '언어게임'(language games), '가족 유사성'(family resemblances) 등과 같은 개념들이 과학사회학 문헌에서 통용된다는 사실에서 확인할 수 있지만, 비트겐슈타인이 그 개념들을 어떻게 사용했는지에 대해서는 별다른 주의가 기울여지지 않고 있다.

블루어의 핵심 주장은 비트겐슈타인이 인식론의 논제를 사회과학 연구

---

16) Peter Winch, *The Idea of a Social Science and Its Relation to Philosophy* (London: Routledg & Kegan Paul, 1958; Second Edition, Atlantic Highlands, NJ: Humanities Press, 1990).

17) D. Bloor, *Wittgenstein: A Social Theory of Knowledge* (New York: Columbia University Press, 1983). 확대 해석한 다른 책으로는 다음이 있다. Derek Philips, *Wittgenstein and Scientific Knowledge: A Sociological Perspective* (London: Macmillan, 1977); Couter, *Mind in Action*, chap. 2; Collins, *Changing Order*, chap. 1; H. M. Collins, *Artificial Experts: Social Knowledge and Intelligent Machines* (Cambridge, MA: MIT Press, 1990), chap. 2 and 7; Trevor Pinch, *Confronting Nature: The Sociology of Solar Neutrino Detection* (Dordrecht: Reidel, 1986).

를 위한 경험적 문제로 전환하는 데 있어서 핵심 인물이라는 것이다. 비트겐슈타인은 뒤르켐의 사회학에 대해 언급한 적이 없기 때문에 그의 접근은 행동주의와 확연하게 구분됨에도, 18) 블루어는 일정한 측면에서 비트겐슈타인의 논법이 경험적 사회과학에 속하는 과학사회학 프로그램들과 양립 가능하다고 주장한다. 비트겐슈타인의 저작과 뒤르켐의 저작 사이에 확연한 차이를 마주하게 되었을 때, 블루어는 비트겐슈타인의 중심적 제안들 중 일부를 거부함으로써 문제해결을 시도한다. 19)

블루어는 자신이 비트겐슈타인을 경험적 프로그램으로 보완하려고 노력하며, 그 목적에 맞도록 비트겐슈타인을 창조적으로 오독하려 한다는 점을 분명히 한다. 나는 이것에 반대할 생각이 없다. 특정한 철학적 전통에 대한 충성을 이유로 창조적인 사회학적 연구에 대한 시도를 옆으로 슬쩍 밀어 놓아야 할 필요는 없기 때문이다. 20) 리처드 로티(Richard Rorty)가 말하듯, 비트겐슈타인의 것과 같은 복잡한 저작물에 담긴 '사유'를 정확하게 표상하기 위한 노력에는 끝이 없는 법이다. 21) 창조적 오독은 비트겐슈타인이 제기한 질문들에 대한 대화를 진전시키는 데 더 크게 기여

---

18) Wittgenstein, *Philosophical Investigations*, pp. 307~308; C. G. Luckhardt, "Wittgenstein and behaviorism", *Synthesis 56*(1983): 319~338; J. F. M. Hunter, *Understanding Wittgenstein: Studies of Philosophical Investigations* (Edinburgh: University of Edinburgh Press, 1985).

19) 블루어는 비트겐슈타인이 반(反)과학적 편애(아마도 스펭글러 철학의 영향을 반영하여)로 말미암아 그의 언어 설명과 행동과학의 연구 사이에 존재하는 자연적 친화력을 보지 못하도록 했을 것이라고 주장함으로써 비트겐슈타인이 행동주의 또는 뒤르켐의 사회학을 포용하려는 시도를 좀처럼 하지 않은 이유를 해명하고 있다.

20) 이안 해킹(Ian Hacking)은 블루어의 책에 대한 자신의 서평에서 비슷한 점을 보고 있다. 다음을 볼 것. "Wittgenstein rules", *Social Studies of Science* 14(1984): 469~476.

21) Richard Rorty, *Philosophy and the Mirror of Nature*(Princeton, NJ: Princeton University Press, 1979).

할 수 있다. 불행하게도 블루어는 이것을 훨씬 넘어섰다. 비트겐슈타인의 "허구적 자연의 역사를 실제 자연의 역사로, 상상의 민속지를 실제 민속지"로 바꾸기 위해 사회학적 연구가 필수적이라고 주장했기 때문이다.[22] 이런 실재론적 제안은 비트겐슈타인의 저작을 경험적 토대나 교정이 결여된 추론으로 취급하는 것이고, 비트겐슈타인이 '문법적' 탐구의 관점에서 이론과 경험론을 거부했다는 사실을 전면적으로 부정하는 결과를 낳았다.[23] 비트겐슈타인의 저작은 의심할 바 없이 블루어를 고양하지만, 비트겐슈타인의 저작이 블루어 프로젝트의 권위를 보장하지는 못한다. 그의 저작은 블루어의 많은 프로그램적 지식주장에 반하는 것으로 역전될 수 있다.

제3장에서 살펴봤듯, 지식사회학의 스트롱 프로그램을 위한 블루어의 네 가지 원리를 중심으로 한 제안은 과학의 사회적 역사의 거대한 연구체(體)에 영향을 미쳤고, 수많은 비판의 표적으로 자리 잡았다.[24] 블

---

22) Bloor, *Wittgenstein: A Social Theory of Knowledge*, p. 5.
23) 섀록과 앤더슨(Sharrock and Anderson, "The Wittgenstein connection")은 경험과학을 위한 블루어의 제안이 철학적 논문에 대한 즉자적 형태를 취하고 있다고 주장한다. 블루어가 수많은 역사적 연구를 인용하고 요약하며 경험적 논법이 이룰 수 있는 바를 제안하고 있음에도, 그의 주장은 분명하게 프로그램적이다. 에릭 리빙스턴(Eric Livingston)도 블루어의 저작에 대해 비슷한 점을 지적한다. "블루어가 '과학지식'의 사회학적 탐구는 과학적 절차의 규범을 따라야만 한다고 주장함으로써 의미하고자 한 바는 모든 사람이 현재의, 대중적, 철학 이론에 순응하는 화법을 채택해야만 한다는 것이다." 다음을 볼 것. Eric Livingston, "Answers to field examination questions in the field of sociology, philosophy, and history of science", unpublished transcript, circulated in Department of Sociology, UCLA, 1979, pp. 15~16. 따라서 블루어의 주장은 경험적 토대 위에서 평가돼야 할 실체적 사회이론이 아니라 철학적 실천으로 간주되는 것이 보다 적절하다. 내가 이런 점을 지적하는 것은 블루어의 주장의 품위를 떨어뜨리기 위한 것이 아니라 원래 자신의 영역으로 그 주장을 되돌리기 위한 것이다.
24) 여기에는 다음이 포함된다. Larry Laudan, "The pseudo-science of sci-

루어의 인과적 가정은 과학사회학에서 폭넓게 받아들여지고 있지 않지만, 이 가정에 동의하지 않는 많은 사회학자도 과학자와 수학자의 진리 주장에 관한 그의 회의적 태도는 공유하고 있다. 이것을 '회의적' 태도라고 부르고 있다고 해서, 블루어가 과학자들의 이론과 수학자들의 증명에 대한 불신을 옹호한다고 말하려는 것은 아니다. 만하임의 '비평가적 보편 종합 이데올로기의 개념'과 같은 선상에서, 블루어의 '대칭성'과 '불편부당성' 공준은 모든 이론, 증명, 사실이 사회적 원인에 의해 설명되어야 한다는 믿음이 존재하는 한에서만 필요하다. 블루어의 회의론은 주로 방법론적인 것이다. 그의 목적은 과학과 수학의 사회적 또는 규약적 설명을 확립하고자 그가 '과학적 믿음'이라 부르는 것의 내재적 합리성을 상대화해 내기 위한 것이기 때문이다. 회의적 태도는 사회학적 연구 전략으로서는 확실히 성공적이었다. 하지만, 그런 태도는 비트겐슈타인의 철학자들로부터 엄청난 비판을 불러일으켰다.

규칙, 행위, 회의론

자신의 책 《규칙과 사적 언어에 관한 비트겐슈타인》(*Wittgenstein on Rules and Private Language*)에서, 사울 크립케는 규칙 따르기에 대한 비트

---

ence?", *Philosophy of the Social Sciences 11*(1981): 173~198; Stephen Turner, "Interpretive charity, Durkheim, and the 'strong programme' in the sociology of knowledge", *Philosophy of the Social Sciences 11*(1981): 231~244; Steve Woolgar, "Interests and explanations in the social study of science", *Social Studies of Science 11*(1981): 365~394; Anderson et al., "Some initial difficulties with the sociology of knowledge"; Coulter, *Mind in Action*. 다음의 모음집에는 이 접근에 대한 찬성과 반대를 표하는 여러 논문들이 들어 있다. M. Hollis and S. Lukes, *Rationality and Relativism*(London: Routledge & Kegan Paul, 1982). 이런 비판들에 대한 좀 더 자세한 논의에 대해서는 제3장을 볼 것.

겐슈타인의 논의를 개관한다. 그는 비트겐슈타인이 규칙이 행동을 결정하는 방식을 둘러싼 고전적 회의론 문제에서 새로운 해법을 발전시켰다고 해석한다. 크립케의 관점에서 볼 때, 비트겐슈타인은 행위가 규칙에 의해 과소 결정된다는 회의론 테제를 최초로 받아들였으며, 그런 다음 질서정연한 행위가 어떻게 가능한지에 대한 문제에 대해서는 사회구성주의적 해답을 제공했다. 크립케가 회의론적이고 규약주의적인 관점을 비트겐슈타인으로 귀속시킨 유일한 철학자는 아니지만, 25) 그의 책은 비트겐슈타인 학파로부터 특별히 격렬한 비판에 직면했다. 26) 비트겐슈타인은 여러 가지 원고와 원고 모음집에서 규칙을 다루고 있지만, 27) 크립케

---

25) 다음을 볼 것. Michael Dummett, "Wittgenstein's philosophy of mathematics", pp. 420~447, in G. Pitcher, ed., *Wittgenstein: The Philosophical Investigations*(Notre Dame, IN: University of Notre Dame Press, 1968); 좀더 모호한 입장으로는, Stanley Cavell, *The Claim of Reason: Wittgenstein, Scepticism, Morality, and Tragedy*(Oxford: Oxford University Press, 1979).

26) G. P. Baker and P. M. S. Hacker, *Scepticism, Rules and Language* (Oxford: Blackwell Publisher, 1984); G. P. Baker and P. M. S. Hacker, *Wittgenstein, Rules, Grammar and Necessity. vol. 2 of an Analytical Commentary on the Philosophical Investigations*(Oxford: Blackwell Publisher, 1985); Oswald Hanfling, "Was Wittgenstein a sceptic?", *Philosophical Investigations* 9(1985): 1~16; S. G. Shanker, *Wittgenstein and the Turning-Point in the Philosophy of Mathematics*(Albany, NY: State University of New York Press, 1987).

27) 특별히 다음을 볼 것. Wittgenstein, *Remarks on the Foundation of Mathematics*, G. E. M. Anscombe 편역(Oxford: Blackwell Publisher, 1956), *Zettel*, ed. G. E. M. Anscombe and G. H. von Wright(Oxford: Blackwell Publisher, 1967). 수학에 대한 강의 노트의 모음집도 볼 것. Cora Diamond ed., *Wittgenstein's Lectures on the Foundations of Mathematics*(Ithaca, NY: Cornell University Press, 1976). 노먼 말콤〔Norman Malcolm, "Wittgenstein on language and rules", *Philosophy* 64(1989): 5~28〕은 미출간 원고(Wittgenstein, MS 165, ca. 1941~1944)에 있는 내용을 논하고 있다.

와 그의 비판자들 사이의 논쟁은 주로 연속적인 수열(2, 4, 6, 8 …)이라는 유명한 사례를 담고 있는 《철학적 탐구》(*Philosophical Investigations*, *PI*)의 제143절에서 242절을 둘러싸고 벌어졌다.

비트겐슈타인의 후기 저작에 전형적으로 나타나듯, 수많은 주장의 가닥들이 텍스트를 관통하며 서로 엮여 있는데, 부분적으로 겹치거나 유사한 예들이 함께한다. 질문들은 던져지지만, 해결되지 않은 채 남겨져 있는 것처럼 보이고, 이따금씩 비트겐슈타인이 자신의 관점들을 주장하고 있을 때와 그가 대담자의 목소리로 말하고 있을 때를 가려내서 논리의 궤적을 따라잡기 힘들다. 그런 어려움 때문에 (어쩌면 그로 인해) 그의 주장은 이차적, 삼차적인 수많은 출처 속에서 재구성되어 왔다.

내가 이해한 바에 따르면, 주장은 다음과 같다. 비트겐슈타인(*PI*, 143절)은 '언어게임'을 고안하였는데, 이 게임에서 선생이 학생에게 일정한 정형화 규칙에 따라 기수(基數)의 수열을 받아 적도록 한다. 논의로부터 이런 언어게임과 그 상상적 함정은 셈법에서뿐만 아니라 여타 규칙에 따라 순서가 정해진 활동들(예: 장기 두기나 자연언어 말하기 등)에서도 규칙에 조화로운 행위를 위한 패러다임으로 이해되어야 함은 비교적 분명하다. 그의 주장이 담긴 주요한 절에서, 비트겐슈타인(*PI*, 185절)은 우리에게 학생이 자연수의 수열에 통달했고, 그에게 1,000보다 적은 숫자로 한정해서 수열 'n+2'를 위한 연습과 시험을 제공했다고 가정할 것을 요청한다.

이제 우리는 학생에게 1,000을 넘어서 수열(말하자면 +2)을 계속 쓰도록 해서 그는 1,000, 1,004, 1,008, 1,012를 쓴다.
우리는 그에게 말한다. "네가 해놓은 것을 보렴!" — 그는 이해하지 못한다. 우리가 말한다. "너는 둘을 더해야만 했어. 네가 수열을 어떻게 시작했는지 봐!" 그는 답한다. "알아요, 맞지 않았어요? 나는 그것이 내가 **해야만 하는** 것이라고 생각했어요."

회의론적 읽기에서, 학생의 '실수'는 그가 행한 행위가 상상 가능한 수열과 논리적으로 일치한다는 것을 드러내 준다. 즉, "2를 1,000에 더하고, 4를 2,000에 더하고, 6을 3,000에 더하라." 학생에게는 1,000 이상의 예가 주어진 적이 없었기 때문에 규칙에 대한 그의 이해는 그의 이전 경험에 따른다. 충분한 상상력으로 이와 같은 수의 치환이 생성될 수 있다. 예를 들면, 콜린스는 이렇게 말한다. 그 규칙, "2를 더한 다음 또 다른 2를 더하고, 또 다른 2를 더하고, 또 더하고 … 〔이 규칙은 ‐ 옮긴이〕 우리가 무엇을 해야 하는지 충분히 상술해 주지 않는다 … 왜냐하면, 그런 지침에 따라 '82, 822, 8,222, 82,222'라고 쓰거나 '28, 282, 2,282, 22,822' 또는 '82' 등으로 쓸 수 있기 때문이다. 이들 각각은 어느 정도씩 '2를 더하라'에 해당한다."[28] 학생이 이전에 계산했던 한정된 수열의 사례에 기초한 수식 'n + 2'가 이번에는 한정되지 않은 다양한 이해를 가능하게 만든다고 생각할 수 있다는 점에서, 우리는 급진적인 상대론적 입장에 도달한 것 같다.

이것이 우리의 역설이었다. 즉, 어떤 행위의 과정도 규칙에 의해 결정될 수 없었다. 왜냐하면, 모든 행위 과정은 규칙에 맞도록 만들어질 수 있기 때문이다. 대답은 이렇다. 만약 모든 것이 규칙에 맞도록 구성될 수 있다면 그것과 갈등을 일으키도록 만들 수도 있다는 것이다. 따라서 여기에는 일치도 갈등도 없을 수 있다. (*PI*, 201절)

그러나 비트겐슈타인이 그런 다음 계속해서 말하듯, 이 역설은 규칙에 대한 우리의 장악이 '해석' — 공동체의 모든 규칙적 실천과 분리된 것으로서 규칙의 의미에 대한 사적 판단 — 에 기반을 둔다는 가정에 기초한다. 그는 우리의 공통된 행동에서 규칙성이 (규칙이 일차적으로 표현되고 이해되는) 맥락을 제공한다는 점을 추가함으로써 그런 해석의 가능성에

---

28) Collins, *Changing Order*, p. 13.

의문을 제기한다. 계산에서 상상할 수 있는 변화가 있다고 해도 그것은 드물게 우리의 실천에 침투할 뿐이다. 실천의 규칙을 둘러싸고 수학자들 사이에는 어떤 폭력적 논쟁도 발생하지 않는다(PI, 212절). 그들은 '과정의 문제로서' 규칙을 그냥 따를 뿐이다(238절).

그러나 지금 문제는 왜 문제가 되는가? 또는 질문은 이렇다. 어떻게 해서 우리는 별다른 문제 없이 이전에 적용해 본 적이 없는 사례들을 해결하고자 규칙을 연장할 수 있는가? 그 대답은 사회학이 호소력을 지닌 것처럼 보인다. 비트겐슈타인(PI, 206절 등)은 규칙 따르기를 질서에 순응하는 것에 견주고 있는데, 규칙, 질서, 규칙성 등의 개념은 공통된 행동의 연계 속에서만 그 위치를 정할 수 있다고 말한다. 그런 질서정연한 행위는 어떻게 확립되는가? 범례, 안내, 동의의 표현, 단순반복, 심지어 협박 등을 통해서 ─ 즉, "내가 무서워하는 누군가가 나에게 수열을 계속하라고 명령하면, 나는 완벽한 확실성을 가지고 재빠르게 행동한다. 이성의 결여가 나에게 문제되지 않는다"(PI, 212절).

우리는 실제로 계산을 위한 규칙들에 조화롭게 행동하기 때문에 계산을 위한 이성은 정형화된 수학에 내재된 것이 아니라 우리의 '삶의 형식'이다(PI, 241절). 우리의 실천을 제한하는 것, 그리고 궁극적으로 학생이 그것을 배운다면 그 학생의 실천을 제한하는 것은 규칙 그 자체만이 아니라 일정한 방식으로 규칙을 따르도록 하는 사회적 규약이다. 만약 논리가 우리를 '강제한다'고 말하는 것이 유의미하다면, 블루어의 표현대로, 그것은 우리가 '어떤 행동은 옳은 것으로 어떤 행동은 틀린 것으로 받아들이도록 강제되는' 방식에서만 그렇다. "그것은 우리가 삶의 형식을 당연하게 여기기 때문이다."[29]

따라서 질서정연한 계산은 우리가 반복학습을 통해서 배운 사회적 규약들은 물론 우리의 자연적 기질에도 의존한다. 이때 규약은 우리를 둘

러싼 사회세계에서의 규범적 실천들에 의해 주입되고 강화된다. 30) 만약 우리가 '인류의 공통된 행동'과 '삶의 형식'과 같은 표현들을 특정한 사회 집단의 규범들보다 훨씬 광범위한 영역을 지칭하는 것으로 읽는다면, 우리는 우리의 공통된 생물학적이고 심리학적 역량을 불러올 수 있을 것이다. 만약 우리가 수학(이 경우에는 기초 산수)이 가장 엄격하게 규칙에 지배되는 활동이라고 가정한다면, 비트겐슈타인이 수학에서의 질서를 설명하고자 자신의 관심을 철학에서 사회학을 비롯한 여타의 경험과학으로 돌리려는 목적으로 강력한 주장을 펼친 것으로 비칠 수 있다. 31)

규칙을 지탱해 주는 것은 자연과학에서 이론을 지탱해 준다고 말할 수 있다. 즉, 이론들은 사실들에 의해 과소 결정되는데, 어떤 이론도 한정된 실험결과의 모음에 의해 일말의 여지도 없이 뒷받침될 수 없기 때문이다. 따라서 만약 한 이론에 대해 합의가 이루어진다면 그것은 사실들만으로 설명될 수 없고, 과학자 공동체에서의 사회적 규약 및 공통된 제도를 추가해야만 한다. 공동체 삶의 이런 측면은 사회적인 것과는 거의 관련이 없는 것으로 받아들여진 판본의 이론을 둘러싼 잠재적 설명의 장(場)의 범위를 크게 제한한다. 집합적 습관과, 보다 가열된 시기에는, 격렬한 설득, 그리고 심지어 공격 등이 인식 가능한 이론적 대안들의 범위를 제약한다.

과학사회학의 호소력은 이 지점에서 확실하게 드러나야 한다. 비트겐

---

30) Bloor, *Wittgenstein: A Social Theory of Knowledge*, p. 121.
31) 블루어는 자신이 비트겐슈타인의 철학을 경험적으로 확장할 때 사회학은 물론 실험물리학과 생물학을 불러들였다. 콜린스(*Changing Order*, p. 15)는 그런 탐구로부터 심리학(그리고 아마도 생물학)의 영향을 차단하려고 비트겐슈타인의 사적 언어를 불러들였다. '삶의 형식'에 대한 비트겐슈타인의 참고문헌들에 대한 '유기적 설명'(organic account)에 대한 논의 — 그러나 엄격하게 생물학적 설명은 아닌 — 에 대해서는 다음을 볼 것. J. F. M. Hunter, "'Forms of Life' in Wittgenstein's Philosophical Investigations", *American Philosophical Quarterly* 5(1968) : 233~243.

슈타인에 대한 회의적 읽기는 수학과 자연과학의 내용을 사회학자의 처분하에 두려는 것 같다. 수학의 알고리즘과 이론적 물리법칙이 이제는 순수한 수학적 형식의 관념적 영역에서 초월적 이성 법칙이나 내재적 관계가 아니라 '인류의 공통된 행동'을 표현하는 것으로 비쳐질 수 있기 때문이다.

블루어의 주장은 분과적 공동체의 '외부'에서 제기되는 규범 또는 이데올로기의 영향을 기준으로 하여 과학자나 철학자의 행동을 설명하려는 것이 아니다. 그런 '외생적' 영향이 포함될 수 없는 것은 아니지만, 블루어의 주장은 구성원들의 규약적 실천에 대한 책임을 지는 비교적 소수의 닫힌 분과공동체(콜린스의 용어로는 '핵심집단')를 용인한다.32) 과학장(場)에서의 논쟁은 특별히 중요성을 띠는데, 논쟁이 이론, 사실, 실험 절차 등을 둘러싼 '내적' 관계에 대한 과학자 사회의 균열을 드러내기 때문이다.

제3장에서 살펴봤듯, 과학사회학의 확립된 절차란 과학적 또는 기술적 논쟁이 진행되는 동안 열리는 해석적 가능성들 중 특정한 경쟁적 혁신이 공동체로부터 지지 받아 닫히는 과정과 방식을 기록하려고 역사적 기록(그리고 가능하면 인터뷰와 민속지 관찰)을 사용하는 것이다. 이 주장에 따르면, 실험을 통한 검사에서 드러난 어떤 혁신의 우월성은 오직 그 혁신이 경쟁자들을 정복한 이유를 설명해 주는 것처럼 보이게 할 뿐이다. 그 혁신의 기술적 우월성은 경쟁적 가능성들 — 결코 완전히 압도되지 않는 — 이 옆으로 제쳐지고, 당연시되는 가정들의 암흑상자(black box) 속에 파묻힌 후, 즉 사실이 된 이후에만 분명해진다.33) 그 후로 주장이 계

---

32) '핵심집단'(core sets)의 개념에 대해서는 다음을 볼 것. H. M. Collins, "The seven sexes: a study in the sociology of a phenomenon, or the replication of experiments in physics", *Sociology* 9(1975): 205~224.

33) 기술 혁신에 대한 비슷한 주장은 다음을 참조할 것. Trvor Pinch and Wiebe Bijker, "The social construction of facts and artefacts: or how the soci-

속되듯, 성공한 혁신은 회고적으로 정당화되고, 사안에 따라 정당화는 '자연'에 조응하는 실험적 사실들, '이성'의 명령에 조응하는 이론, 경쟁자들보다 더 '효율적인' 발명 등을 동원할 수 있다. 34) 정상과학과 혁명적 과학의 차이는 발전 중인 과학, 수학, 기술 등을 위한 열린 가능성의 일부가 명시적으로 논쟁되고 있는지, 아니면 그것들이 '기성품 과학'(ready-made science)의 당연시되는 아비투스(habitus) 속에 잠긴 상태로 남아 있는지 여부에 달려 있다. 35)

---

ology of science and the sociology of technology might benefit each other", *Social Studies of Science 14* (1984) : 399~441. 그들의 주장에 따르면, 사회적 혁신역사의 초기 단계에서는 혁신을 위한 대안적 경로들이 매우 생생하게 남아 있다. 궁극적으로 이런 대안은 모두 닫히고, 예를 들면, 자전거, 냉장고, 개인용 컴퓨터 등의 소수 모델만이 널리 보급된다. 핀치와 바이커는 이 과정에서 이해관계집단의 역할을 강조한다. 그들은 자신들의 사회구성주의적 관점을 기술적 합리주의 — 가장 효율적이기 때문에 그 시대에 특정한 모델이 승리할 수 있었다고 가정한다 — 와 대비시킨다. 이 연구와 관련 주장들을 비판하고 있는 사례 연구에 대해서는 다음을 볼 것. Kathleen Jordan and Michael Lynch, "The sociology of a genetic engineering technique: ritual and rationality in the performance of the plasmid prep", pp. 77~114, in A. Clarke and J. Fujimura, eds., *The Right Tools for the Job*: At *Work in 20th Century Life Sciences* (Princeton NJ: Princeton University Press, 1992).

34) 바슐라르(Bachelard)는 합리주의자와 실재론자가 인식적 분열의 서로 다른 측면을 강조하고 있지만, 그들의 주장은 과학의 논의에서 비슷한 정당화 역할을 수행한다고 말했다. 두 측면 모두 동일한 이원성에 동의한다 — 즉, 한쪽 진영에는 자연을, 반대편 진영에는 자연의 비밀을 바르게 식별할 수 있는 합리적 절차를. 두 진영 중 어느 쪽을 우선적으로 강조하느냐에 따라 철학자들 사이에 중요한 차이가 존재하고, 실재론 내부에서도 많은 파벌이 있는데 그중 일부는 스트롱 프로그램과 서로 양립한다. 다음을 볼 것. Gaston Bachelard, *The New Scientific Spirit*, Arthur Goldhammer 역 (Boston: Beacon Press, 1984).

35) 라투어(Latour, *Science in Action*, p. 4 ff.)는 '기성품 과학'과 '만들어지는 과학'(science in the making)을 대비시킨다.

회의론에 대한 비트겐슈타인식 비판

블루어와 다른 사회학자들의 설명 프로그램과 양립될 수 있음에도, 규칙 따르기의 예에 대한 크립케의 회의론적 테제는 비트겐슈타인에 대한 근본적 오독이라 비판 받았다. 예를 들면, 스튜어트 생커(Stuart Shanker)는 크립케가 《철학적 탐구》 제 201절에서 이전에 인용한 핵심구절을 오해하고 있다고 주장한다.

> 회의론자로 움직이는 것과는 거리가 멀게, 초기부터 가장 오래 지속된 비트겐슈타인의 목적은 … 회의론의 이해 불가능성을 논증함으로써 회의적 입장을 훼손하는 것이었다. "의심은 오직 질문이 존재하는 곳에서만 존재할 수 있고, 질문은 오직 대답이 존재하는 곳에서만, 그리고 대답은 뭔가가 말해질 수 있는 곳에서만 존재한다."[36]

생커는 크립케가 비트겐슈타인의 문장이 '지속적인 귀류법(reductio ad absurdum)*의 절정'이라는 것을 고려하지 못했다고 주장한다.[37] 크립케는 비트겐슈타인을 인식론의 실재론-반실재론 논쟁의 익숙한 용어로 해석하는 반면, 생커는 비트겐슈타인이 이 논쟁의 어떤 진영에도 지원의 손길을 내밀지 않고 있으며, 상당한 오해가 발생하는 것은 그의 주장을 어느 한 진영에 위치시키려 하기 때문이라고 주장한다.

만약 전제가 틀렸다면 — 만약 비트겐슈타인이 어떤 학파에도 속하지 않

---

36) Shanker, *Wittgenstein and the Turning-Point*, p. 14.

• 〔옮긴이주〕 귀류법(reductio ad absurdum)이란 라틴어로서, 영어로 번역하면 'reduction to absurdity'〔불합리(어리석음)로의 환원〕이다. 이 말은 어리석음이라는 극단에 도달할 때까지 논리를 끝까지 밀어붙여 본다는, 그래서 그 논리가 지닌 문제점을 새롭게 조망해 본다는 뜻을 함축하고 있다.

37) *Ibid.*

는다면, 바로 그런 이유로 그는 실재론/반실재론 구분의 바로 그 토대를 허물 수 있는 과정에 돌입했던 것이다 — 《수학의 토대에 대한 비평》(*Remarks on the Foundations of Mathematics*)의 '회의적' 해석은 단숨에 훼손된다. 38)

생커가 재구성하듯, 비트겐슈타인의 수열 논증의 핵심은 규칙 따르기의 '유사-인과적'(quasi-causal) 그림 — 즉, 규칙을 '심리적 기제와 연동되는 추상적 대상'으로 해석하는 형이상학적 취급 — 의 불합리성을 드러내 보이는 것이었다. 생커가 읽듯, 비트겐슈타인은 결정론적 그림을 규칙 따르기의 실제적 토대를 강조하는 그림으로 대체한다. 규칙이 우리의 행동을 유도한다는 '인상'은 '그것을 적용하는 데 있어서 우리의 가차없음'을 반영한다. 39)

여기까지, 주장은 블루어, 번스, 콜린스, 여타 과학지식사회학자가 예로부터 도출하는 교훈과 꽤나 일치한다. 그렇지만 주장은 곧 다양해진다. 회의론자는 유사-인과적 그림의 포기가 보장된다는 점에서 비트겐슈타인의 귀류법을 뒤따르지만 규칙이 행위를 충분하게 설명해 줄 수 없다고 결론 내린다. 지식사회학의 영역에서 수용된 이 결론은 어떻게 질서 정연한 행위들이 가능한가를 대안적으로 설명하기 위한 연구에 동기를 부여한다. 사회적 규약과 관심이 합리적 강요를 통해 비워진 빈곳을 채운다.

회의론적 전략에서의 중요한 움직임은 규칙의 정형화를 규칙이 (그 연

---

38) *Ibid.*, p. 4. 비트겐슈타인의 저작은 그 내용이 어려운 것으로 악명이 높고, 방대한 양의 학술 저서들이 그 저작의 뜻을 분명히 하는 데 바쳐지고 있다. 종종 비판 개시의 전주곡으로, 해설자들은 비트겐슈타인의 입장을 실재론/반실재론, 실증주의/관념론, 객관주의/구성주의, 구조 결정론/방법론적 개인주의 등에 대한 익숙한 논쟁의 어느 한 진영과 연관 짓는다. 이것은 현상학 및 민속방법론 저작에도 익숙한 운명이다.

39) *Ibid.*, pp. 17~18.

장을) 정형화하는 실천에서 분리해 내는 것이다. 일단, 어떤 규칙을 새로운 사례로 연장하는 실천에서 규칙 진술을 분리해 낸다면, 둘의 관계는 문제가 된다. 즉, 어떤 규칙도 그 규칙의 타당성을 뒷받침하는 이전의 실천들에 의해 결정될 수 없고, 아무리 규칙을 정교하게 만든다고 해도 그 진술의 문자적 형식과 모순이 없는 오역을 미리 막을 수 없다. 이런 미결정성은 회의론적 해결책으로 치유된다. 그 해결책이란 규칙과 그 해석의 관계에 대한 영향의 외생적 원천을 끌어들이는 것이다. 그런 외생적 원천에는 사회적 규약, 공동체 합의, 심리학적 기질, 사회화 — 대안적 해석의 가능성을 제약하는 사유 및 행위에 대한 습관의 조율 — 등이 포함된다. 따라서 후속 연구를 위해 일련의 질문들이 제기될 수 있다. 그런 규약들은 어떻게 확립되고 유지되는가? 불확실성과 논쟁 속에서 어떻게 합의에 도달하는가? 우리의 생물학적 구성, 인지 구조, 사회적 관계로부터 어떤 상대적 기여들이 나오는가?

회의론적 해결책과는 대조적으로, 생커는, "귀류법의 목적이 규칙 따르기 실천의 명료성이나 확실성을 문제 삼으려는 것은 결코 아니다" (p. 25)는 점을 강조한다. 회의론의 역설에서 빠져나가는 길은 반실재론적 인식론의 입장이 아니라 '문법'의 시험을 통해서이다. 인식론(실재론-반실재론 논쟁)에서 '토대 위기'(foundations crisis)는 답해질 수 없는 질문에서 생겨났고, 비트겐슈타인은 그런 질문들을 해체할 수 있는 방법을 제시했다. 따라서 논증의 핵심은 객관성을 훼손하는 데 있지 않고, '어떤 점에서 수학적 지식이 객관적이라고 말할 수 있는지'를 분명히 하는 데 있었다. 이것은 그런 지식이 객관적이거나 초월적 토대를 지녔다고 말하는 것과 같지 않다. 40) 생커에게 둘씩(twos)에 의한 셈법의 규칙과 그 규칙에 맞게 실행되는 행위의 내적 관계는 규칙을 새로운 사례들로 연장하기 위한 토대로 불충분한 것이 결코 아니다. 더불어 심리학적 기질, 생물학

---

40) *Ibid*, p. 62.

적 기제, 외생적 사회적 규율에서 그런 토대를 찾아야 할 어떤 필요성도 없다.

베이커(G. P. Baker)와 해커(P. M. S. Hacker) 또한 《철학적 탐구》의 주석 판에서 수열의 예에 대한 크립케의 읽기를 문제 삼는다. 41) 그들의 특별한 표적은 그들이 '공동체 관점'(community view)이라 부르는 것이다. 이 관점은 규칙 따르기 행동이 공동체 행동에 의해 승인된 추론의 패턴에 따라 결정된다는 입장이다. 그 당시 공동체 관점에 대한 그들의 도전은 과도할 정도로 열정적인 것이었지만, 42) 그들이 말하고자 했던 핵

---

41) Baker and Hacker, *Scepticism, Rules, and Language, and Wittgenstein, Rules, Grammar and Necessity.*

42) 예를 들면, 베이커와 해커(Baker and Hacker, *Scepticism, Rules, and Language*, p. 74)는 이렇게 말한다. 공동체 테제는 "인간 동의가 무엇이 진실이고 무엇이 거짓인지를 결정함을 함축하는 것처럼 보인다. 그러나 당연히 그것은 말도 안 된다. 진리를 결정하는 것은 세계이다. 인간 동의는 의미를 결정한다". 확실히 이것은 비트겐슈타인을 부연하고 있다. "'따라서 당신은 인간 동의가 무엇이 진실이고 무엇이 거짓인지를 결정한다고 말하고 있는 것입니까?' ―그것은 사람들이 진실이고 거짓이라고 **말하는** 것입니다. 그들은 그들이 사용하는 **언어**에 동의합니다. 그것은 의견에서의 동의가 아니라 삶의 형식에서의 동의입니다."(*PI*, 241절) 비트겐슈타인은 여기에서 세계를 언급하지 않고, 진리를 결정하는 것에 대해서는 언급조차 하지 않았다. 그 대신, 그의 문장은 '무엇이 진실이고 거짓인지'를 사람들이 '말하는' 것과 동일시한다. 나는 이것을 '무엇이 진실이고 거짓인지'('진리'가 아니라)를 말하기(speaking)의 위치 지워진 문법에 배당하는 것으로 읽는다. 아마도 사람들이 말하는 것은 손쉬운 점에서의 '동의'의 문제가 아니라 동의를 '세계'와 같은 것의 탓으로 돌릴 수 있는 어떤 토대도 없어 보인다는 것이다. 비트겐슈타인은 앞의 문장에서는 '동의'를 다른 용어로 사용한다. 언어에서 동의(agreement)에 해당하는 그의 용어는 영어로 'consonance'(협화)나 'attunement'(조율)에 보다 가깝다. 이 용어는 독일어인 적합성(Ubereinstimmung)에서 제시된 음악적 은유에서 연유한 것이다. 다음을 볼 것. D. Bogen and M. Lynch, "Social critique and the logic of description: a response to McHoul", *Journal of Pragmatics 14* (1990) : 131~147. 공동체 관점에 대한 베어커와 해커의 비판 대부분은, 1985년 책 속에 포함된 '규칙과의 조화'(accord with a rule)에서 이루어진 그

심 논증은 되새겨볼 가치가 있다. 그들의 관점에서, 문제의 출발점은 회의론자가 문제를 처음으로 진술하는 방식이다. 그들은 회의론자의 질문—"규칙과 같은 대상이 어떻게 그것을 따르는 무수히 많은 일련의 행동을 결정할 수 있을 것인가?"—은 잘못 던져진 것이라고 주장한다. 비트겐슈타인이 비슷한 질문을 염두에 두고 말하듯(*PI*, 189절), "'그러나 단계들은 대수학의 공식들에 의해 결정되지 않는가?'—이 질문에는 오류가 포함되어 있다". 이 질문은 규칙과 그것의 연장의 독자성을 전제한다. 마치 규칙이 자신을 따라 수행되는 행위들의 외부에 존재하는 것처럼.

회의론적 해석은 규칙 따르기의 유사-인과적 그림을 유지하는데, 규칙 따르기 실천 '너머/아래'(beyond or beneath) 설명적 요소들의 탐색을 결코 포기하지 않았기 때문이다. 회의론자는 공식 'n + 2'가 순종을 강제할 수 없기 때문에 계속해서 다른 곳—즉, 정신, 해석, 사회화된 기질

들의 추후 논의가 보여 주듯, 언급될 가치가 있다. 그러나 말콤("Wittgenstein on language and rules")이 가차 없이 주장하듯, 공동체 관점에 대한 그들의 열띤 공격은 이따금씩 개인주의로 길을 잘못 들어, 규칙에 대한 비트겐슈타인의 저작들에서 조율된 인간 실천에 대한 압도적 강조를 부정하거나 무시하는 꼴이 되고 만다. 말콤은 규칙에 대한 논의에서 '조용한 동의'와 '행동에서의 일치'에 대한 비트겐슈타인의 강조를 부각시킨다. 이것은 의견의 동의와 다르지만, 덜 사회적인 것이 아니다. "나에게 분명해 보인다 … 비트겐슈타인은 규칙 따르기의 개념이 '본질적으로 사회적'—공통의 삶과 공통의 언어를 지닌 사람들이 존재하는 배경하에서만 규칙이 그 뿌리를 내릴 수 있다는 점에서—이라고 말한다."(p. 23) 이것이 크립케의 관점의 승인이나 블루어가 제시했던 비트겐슈타인의 사회학적 읽기와는 거리가 멀다는 점에 주목하기 바란다. 헌터(Hunter)와 캐벌(Cavell)도 비트겐슈타인의 모든 '사회적' 읽기에 그렇게 호전적이지 않은 규칙과 회의론에 대한 관점을 정교화하고 있다. 그러나 그들의 관점은 SSK 접근과 아주 잘 들어맞지 않는다. 다음을 볼 것. J. F. M. Hunter, "Logical compulsion", in Hunter, *Essays After Wittgenstein* (Toronto: University of Toronto Press, 1973), pp. 171~202, and *Understanding Wittgenstein: Studies of Philosophical Investigations* (Edinburgh: University of Edinburgh Press, 1985); and Cavell, *The Claim of Reason*.

— 에서 그 원인을 찾아야 한다고 주장한다. 43) 그러나 규칙과 연장 사이에서 '내적' 관계가 유지된다는 것 — 규칙을 새로운 사례로 연장하는 조직화된 실천을 제쳐둔 채 둘(two)에 의한 셈법의 규칙을 언급하는 것은 그 자체로 무의미하다는 것 — 에 동의한다면, 인식론의 신비는 해소된다. "'규칙은 그 적용인 이것을 **어떻게** 결정하는가?'라는 질문은 '동전의 앞면이 그것의 맞은편으로서 뒷면을 어떻게 결정하는가?'라는 것보다 더 유의미하지 않다."44)

규칙의 정형화가 통상적으로 종이 위에 쓰이고 벽 위에 붙여지며, 그 것을 따르거나 따르지 않는 어떤 행동에서 분리된 채 암송된다는 사실을 고려한다면 이 유비는 혼란스러워 보일 수 있다. 이 점을 보다 명백히 하기 위해서, 비트겐슈타인의 미출판 원고에서 가져온 다음의 문장을 살펴보자.

규칙은 말로 이루어진 모든 지시, 예를 들면, 명령이 나를 이끌 수 있는 것과 똑같은 의미에서 나를 행위로 이끌 수 있다. 그리고 만약 사람들이 규칙에 따른 행위에 동의하지 않는다면, 그리고 서로 타협에 도달할 수 없다면, 그것은 마치 사람들이 명령이나 서술(descriptions)의 의미에 대해 함께 할 수 없는 것처럼 여기게 되는 셈이다. 그것은 '말의 혼동'(confusion of tongues)이 되는 셈인데, 비록 그 모든 것이 그들의 행위에 소리의 발설을 동반함에도, 언어는 없다고 말하는 것이 가능할 것이다. 45)

노먼 말콤(Norman Macolm)이 그렇게 읽듯, "규칙은 조용한 동의의 배경에서 **제외된** 어떤 것도 결정하지 않는다". 그런 조율된 행위의 부재 속에서, 규칙은 마치 '발가벗겨졌고' '규칙을 표현하는 문장은 무게가 없고,

---

43) Baker and Hacker, *Scepticism, Rules, and Language*, p. 95.

44) *Ibid.*, p. 96.

45) Wittgenstein, MS 165, CA. 1941~1944, p. 78; 다음에서 인용함. Malcolm, "Wittgenstein on language and rules", p. 8.

삶이 없는 것처럼' 고립된다. 46) 이것은 그 이상을 뜻한다. 예를 들면, 교통신호의 규칙은 보스턴에서는 거의 힘을 발휘하지 못하는데, 운전자들이 일상적으로 신호를 무시하기 때문이다. 그것은 규칙의 명료성 — 즉, 규칙이 정형화되고, 두드러지게 위반되고, 존중되지 않고, 확실하게 추종될 때 이미 제자리를 잡고 있는 조율된 활동의 질서 — 을 뒷받침하는 실천적 차원의 고수(固守)를 지칭한다. 규칙이나 질서에 대한 진술은 그런 활동의 구성요소적 일부이기 때문에 '발가벗겨진' 진술의 가장 정교한 판본에서조차 그런 활동을 담아내거나 결정할 수 있는 길은 존재하지 않는다.

우리는 규칙을 따를 때 그것을 '해석하지' 않는다. 마치 그것의 의미가 추상적인 정형화 속에 어느 정도 충분히 포함된 것처럼 보인다. 우리는 '맹목적으로' 행동하고, 담론적 해석을 정형화하는 것을 통해서가 아니라 그에 맞게 행동함으로써 우리의 이해를 드러낸다. 물론, 규칙을 오해하는 것은 가능하고, 우리는 가끔씩 규칙이란 무엇이며, 특수한 상황 속에서 우리가 규칙을 어떻게 적용할 수 있는지 감탄한다. 그러나 그런 경우가 규칙 회의론의 보편적 입장을 정당화해 주는 것은 아니다. 또한, 그것이 보통의 경우에서 우리가 규칙을 우리의 행위에 적용하려고 규칙을 해석한다는 것을 암시하는 것도 아니다. 47)

반회의론적 주장이 보다 더 익숙한 '내적' 또는 합리주의적 관점으로 환원되지 않음을 이해하는 것이 중요하다. 베이커와 해커의 논법에서 내적 및 외적 사이의 구분은 과학적 진보의 설명에서 내적-외적 구분과 혼동해서는 안 된다. 베이커와 해커가 '내적' 입장에 가담했다는 것은 나름의 근거가 있는데, 조직화된 실천(예: 계산하기)은 그것의 합리적 조직화(예: 질서정연하게, 관련 규칙에 따르는)를 논증한다는 점에서 그렇다. 그

---

46) Malcolm, "Wittgenstein on language and rules", p. 9.

47) Baker and Hacker, *Scepticism, Rules, and Language*, pp. 93~94.

렇지만 이것은 합리성이 실천을 지배하거나 혹자가 규칙에 호소함으로써 실천을 설명할 수 있다는 것을 의미하지 않는다. 다시, 비트겐슈타인으로부터의 인용이 여기서 해당 규칙과 실천 사이의 일종의 '내적' 연관을 분명히 하는 데 도움을 줄 것이다.

> 곱셈을 엄청나게 많이 하여 지수가 천 개에 달하는 숫자를 만들었다고 가정해 보자. 어떤 점 이후에, 사람들이 얻은 결론이 서로 차이를 보인다고 가정해 보자. 이런 편차를 예방할 수 있는 길은 없다. 즉, 우리가 그 결과를 검산할 때도 결과에는 여전히 편차가 존재한다. 어떤 것이 옳은 결론일까? 누가 그것을 찾을 수 있을까? 옳은 결론은 존재하기나 하는 것일까? — 나는 이렇게 말하리라. "이것은 계산으로 존재하기를 멈췄다."[48]

베이커와 해커가 이따금씩 보이는 실재론적 단언에도 불구하고 그 주장은 인식론적 실재론의 포괄적 승인을 제공하지 않는다. 그 대신, 그것은 외생론의 변종들 — 즉, ① 수학의 초월적 대상들이 수학자들의 실천을 결정한다는 플라톤적 입장, 그리고 ② 뭔가 다른 것(공동체 규범 또는 개인주의적 기질)이 규칙과 행동 사이의 관계를 설명해 준다는 회의론적 입장 — 모두에 대한 거부이다. 나는 이 점을 강조하고 싶은데, 이런 주장의 초기 판본에 대한 블루어의 대답을 통해 이 문제가 얼마나 쉽게 오해될 수 있는지를 너무도 분명하게 알 수 있었기 때문이다. 블루어가 수열의 예에서 도출되는 교훈을 정형화하는 방식을 개관하는 것이 도움을 줄 수 있는데, 이는 내가 강조하고자 하는 문제의 일부를 범례화해 주기 때문이다.[49]

---

48) L. Wittgenstein, in Cora Diamond, ed., *Wittgensteins' Lectures on the Foundations of Mathematics*(Ithaca, NY: Cornell University Press, 1976). 강좌 주석은 네 사람이 달고 있다. 다음에서 인용. Malcolm, "Wittgenstein on language and rules", p. 14.

49) David Bloor, "Left- and right-Wittgenstein", pp. 266~282, in Pickering,

《철학적 탐구》제 185절에서, 비트겐슈타인은 만약 산술의 규칙을 전해 주려는 교사가 그 임무를 체계적으로 오해하는 학생을 대한다면 어떤 일이 일어날지 상상했다. 교정을 위한 모든 노력은 역시나 체계적 오해로 실패에 그치고 만다. 이것은 규칙 따르기에서 규칙의 무한회귀 가능성을 보여 준다. 또한, '해석'의 한계와 지표성을 교정하는 임무의 무한성을 보여 준다. 그러나 이 사례가 보여 주는 또 다른 측면은 내적 관계에 대해 그것이 말하는 바이다. 이 사례는 규칙의 일탈적 적용이 그 일탈이 규칙을 이해하는 바대로 규칙과 내적 관계를 이룸을 보여 준다. 제자가 자신의 고유한 개념의 세계만이 아니라 자신만의 기호와 실천 사이의 내적 연관을 구축함에 따라 교사와 제자는 통상적 성격의 접촉에 실패한다. 따라서 규칙과 그것의 적용 사이의 내적 연관이라는 현상 — 만약 협소하게 인식된다면 — 은, 우리가 공유된 실천의 특성이라고 알고 있는 규칙 따르기의 실제 성격을 정의하는 데 기여할 수 없다. 기껏해야 그 현상은 우리로 하여금 산술의 실행 규칙과 그 규칙의 특이 체질적〔각각의 고유한 - 옮긴이〕대안 사이의 차이를 정의할 것을 요구할 뿐이다. 해석에 대한 앞선 논의에서 보여 준 방식대로 수용된 산술의 제도를 정의하기 위해서는 더 많은 다른 무엇인가가 필요하다는 결론에 도달한다. 확실히 비트겐슈타인의 예에서 요구되는 것은 경쟁하는 내적 연관들 사이의 교착을 깨뜨리는 무엇이다. 그런 요소란 합의(consensus)가 될 터인데, 베이커와 해커에 의해 부정되었던 바로 그것이다. 궁극적으로 합의란 교사의 규칙을 옳은 것으로, 그리고 다른 것〔학생의 규칙 - 옮긴이〕을 일탈적이고 틀린 것으로 만드는 특정한 하나의 내적 연관을 위한 집합적 뒷받침이다.

---

ed., *Science as Practice and Culture*, quotation from pp. 272~274. 블루어 (p. 273)는 비트겐슈타인의 예가 "린치, 베이커, 해커, 생커 등 반사회주의적 논평자들에 의해 옹호된 입장의 귀류법"으로서 읽힐 수 있다고 말함으로써 비트겐슈타인의 예에 대한 자신의 낭송을 시작한다. 내가 앞에서 언급했듯, 생커 (p. 14)는 같은 주장을 규칙 회의론의 '지속적인 귀류법'이라고 말한다.

수열 논증에 대한 블루어의 암송은 규칙 '이해하기'란 중심 문제에서 결정적 혼동을 초래한다. 이 혼동이란 그의 '사회적' 지식론에서 심리학주의의 비(非)비트겐슈타인적 요소를 가리킨다. 인용문에서 블루어는 처음에는 비트겐슈타인의 예에서 제자가 "임무를 체계적으로 오해한다"고 말한다. 곧바로 그는 이것을 "일탈이 규칙을 이해한다"와 같은 규칙의 적용으로 성격을 규정한다. 그 후로, 그는 제자의 '특이 체질적 대안'을 교사의 규칙에 대한 규약적 논법과 대칭적 관계로 위치시키고, 둘 모두 교착을 깨뜨리는 합의를 수반한 규칙과 가능한 실천 사이의 '경쟁하는 내적 연관'을 보여 준다고 인정한다.

블루어의 해석에는 어느 정도의 그럴싸함(plausibility)이 존재한다. 예를 들면, 어른에 의해 주어진 지침에 따라 셈법을 배우는 어린이의 예를 생각해 보자.[50] 아이는 손가락을 센다. "하나, 둘, 셋, 넷, 다섯." 어른이 아이에게 묻는다. "거꾸로 셀 수 있겠니?"(Can you count backwards?) 아이는 뒤로 돌아 등이 질문자에게 보이도록 한 후 센다. "하나, 둘, 셋, 넷, 다섯."[51] 블루어의 권고를 따라, 이 예가 '거꾸로 세라'는 명령의 의미가 그 명령이 사용되는 실천에 속박된 지표적 표현임을 잘 보여 준다고 말할 수 있을 것이다. 아이는 어른의 명령을 '오해하고' 있음에도, 거꾸로(backwards)라는 단어의 적용은 어른의 질문을 그 형태의 다른 종류 — "뒤로 돌아설 수 있니?"(Can you face backwards?) — 와 연결된 것으로 이해하고 있음을 함축한다. 그것의 '올바른' 적용을 표시해 주는 형태의 진술에서 내재적인 것은 아무 것도 없다. 블루어의 용어에서, 아이는 거꾸

---

50) 이 예는 에드 파슨스(Ed Parsons)가 사용했다. 그는 그런 모습을 보고, 〈미국에서 가장 웃긴 홈비디오〉(*America's Funniest Home Videos*)라는 텔레비전 프로그램에서 비슷한 또 다른 경우를 본 다음 나에게 그것을 묘사해 보였다.

51) 같은 텔레비전 프로그램의 다른 예에서, 아이에게 질문이 던져진다. "더 많은 걸 셀 수 있니?"(Can you count higher?) 그러자 그 아이는 자신의 머리 위로 손을 올린 다음 센다. "하나, 둘, 셋, 넷, 다섯."

로 세라(count backwards)는 단어들을 셈법에 적용하려고 '자기 자신의 개념 세계와 내적 연관을 구축한다'. 경쟁하는 내적 연관 사이의 교착은 아이가 웃음거리가 되거나, 교정되거나, 예들이 보여질 때 깨진다. 그리고 아이는 결국 거꾸로 세는 것이 의미하는 바가 규약적 실천에서의 구성 요소적 표현이라는 점을 배우게 된다.

이 서술의 문제는 만약 아이가 거꾸로 셈하라는 명령을 '체계적으로 오해'했다면, 아이는 명령의 적실한 사용을 이해한다는 것을 보여 주지 못했을 것이라는 점이다. 아이가 뒤로 돌아서서 "하나, 둘, 셋, 넷, 다섯"이라고 셀 때, 아이는 거꾸로 셈하라는 말에 대해 부주의하게 딴소리를 하고 있다. 그러나 그가 선보인 것은 우리가 거꾸로 셈하기라고 부르는 기법 ─ "다섯, 넷, 셋, 둘, 하나"라고 말함으로써 입증될 수 있을 것이다 ─ 이 아니었다. 아이는 자신의 행위가 셈법의 무지를 드러내는 방식으로 명령에 대한 '우스꽝스런' 이해를 선보인다. 아이의 행위가 어른의 명령이 전제하고 있는 기법에 대한 생존 가능한 대안을 확립하고 있다고 가정하지 않는 한, '경쟁하는 내적 연관' 사이의 교착상태 혹은 대칭성은 존재하지 않는다. 그러나 만약 실천이나 기법이 전적으로 사적 용무가 아니라면, 아이가 '자신의 고유한' 기법의 관점에서 거꾸로 셈하라는 문장을 이해한다고 말하는 것은 의미를 잃게 될 것이다. 52)

베이커와 해커가 산술에서의 규칙과 실천의 '내적' 연관을 말했을 때, 그들이 묘사한 것은 규칙의 표현과 산술의 셈법 사이의 문법적 연관이었다. 이것은 블루어가 제자의 '기호와 실천 사이의 고유한 내적 연관' 또는 '고유한 정의의 체계'를 말할 때 그가 언급한 '내적 연관'과는 아무런 관련이 없다. 53) 블루어는 여기서 내적이라는 단어를 그것이 마치 규칙의 의

---

52) 다음을 볼 것. Wittgenstein *PI*, 199절.

53) "Left- and right-Wittgensteinians"에서 블루어(p. 271)는 사적 해석의 함축을 피해가는 '내적' 연관에 대해 설명했다. "A와 B가 내적으로 연관되어 있다고 말하는 것은 A의 정의가 B에 대한 언급을, 반대로 B의 정의가 A에 대한 언급

미에 대한 제자의 사적 개념을 지칭하는 것처럼 쓰는 것 같다. 그러나 비트겐슈타인의 예에서 제자의 행위는 자신이 규칙을 따르고 있다는 생각 외에 다른 생각은 하지 않고 있음을 내비친다. 규칙과 실천의 내적 연관을 개인사로 취급함으로써, 블루어는 '수용된 산술의 제도를 정의하기' 위해서는 '더 많은 다른 무엇인가'를 찾아야 할 필요성을 창조해 낸다. 규칙의 '오해'라는 행위의 최초 성격 규정은 '수용된 산술의 제도'에 이미 위치 지워져 (예를 들어, 내적으로) 있다는 입장에 섰을 때만 유의미해진다. 따라서 제자가 '경쟁하는 이해'를 바탕으로 수행하는 행위의 성격 규정에서 비교 가능한 입장이란 존재하지 않는다.

비트겐슈타인의 예에서, 제자의 오해가 수열의 연장에서 올바른 방식을 제공하는 이론적 발판 위에 세워져 있어야 한다는 어떤 암시도 없다. 이 점을 언급하는 이유는 제자가 처한 곤경에 공감할 수 없기 때문이 아니라, 이 세계에서는 최초의 서술 용어들을 교정하지 않는다면 그런 토대 위에 '체계적 오해'를 세울 수 있는 여지란 없음을 강조하기 위한 것이다. 확립된 산술의 실천과 기법은 관련 행위가 이해, 경쟁 중인 이해, 오해 등으로 성격 규정되는 용어로부터 분리될 수 없다. 학생의 실천이 '오해'를 드러내는 경우에조차 그것은 규칙을 '상대화하지' 않는다. '경쟁하는 내적 연관'은 사전에 차단된다. 그 학생의 실천이란 확립된 둘씩(twos)에 의한 셈하기의 확립된 실천을 준거로 하여 부정적으로 정의되기 때문이다.

나는 실천과 기법이 행해지는 통상적 방식에 대한 특이 체질적 옵션들

을 함축함을 뜻한다. 정리하면, 두 대상은 상호 간에 정의되고, 따라서 서로가 없으면 존재할 수 없다고 묘사하는 한에서만 내적으로 연관되어 있다." 나는 이것을 비트겐슈타인의 예에서 제자가 규칙에 대한 자기 자신의 '내적' 이해를 강화시킨다고 말하는 것과는 완전히 다른 것이라고 본다. 관련된 논의에 대해서는 다음을 볼 것. Graham Button and Wes Sharrock, "A disagreement over agreement and consensus in constructionist sociology", *Journal for the Theory of Social Behavior*, *vol. 21*, *n. 1*(1993), pp. 1~25.

과 같은 것이 있을 수 없다고 말하는 것이 아니다. 경쟁은 서로 다른 내적 연관들 속에서 발생할 수 있음이 분명하고, 이따금씩 '일탈적' 사용('비문법적' 일상회화적 표현 또는 공식적 규칙에 의해 처음에는 금지되었던 게임의 변종 규칙 등과 같은) 은 추후에 인정을 받기도 한다. 핵심은 이런 성격 규정의 어떤 것도 '일탈적'(또는 '괴짜적', '잘못된', '혁신적') 행위자의 '기호와 실천 사이의 고유한 내적 연관'에 올라탈 수 없다는 사실이다. 행위자는 자신의 행위를 실수, 합법적 대안들, 실천의 특이 체질적 사례 등으로 규정하는 내적 연관을 보유하지 않는다. 오히려, 이 모든 성격 규정은 행위자의 행위가 이미 조율된 실천과의 관련성 속에서 발생함을 가정한다.

비트겐슈타인의 예에서, 비(非) 규약적 이론이 논쟁 중에 배제되는(제3장에서 다룬 조셉 웨버의 중력파 실험에 대한 콜린스의 사례연구에서처럼) 과학자의 유비에 따라 제자를 다루는 것은 오류에 빠지기 쉽다.[54] 과학사를 '위인들의' 사상의 연대기로 환원하려는 한때의 보편적 경향에도 불구하고, 개인의 '기호와 실천 사이의 고유한 내적 연관'으로 말미암아 어떤 논쟁도 발생하지 않았다. 논쟁적 이론이라는 바로 그 정체성 — 논쟁의 대상인 이론으로서 — 은 내적으로 어떤 장(場) 의 장비, 기법, 문자적 실천, 관찰 언어, 수용된 개념 등과 연관을 이룬다. 역사가들이나 심지어 이론을 처음으로 전파했던 과학자들이 후에 그 이론을 '오해' 또는 '실수'로 성격 규정했을 때에도 마찬가지이다. 그 결과, 한 분과에서 수용된 이론들을 둘러싼 상상 가능한 모든 대안이 논쟁적 이론으로 여겨지지 않을 뿐더러, 외부 분석가가 근본적 중요성을 지닌 문제에 대해서 취하는 모든 비규약적 주장에 대해 대칭성의 정책기조를 적용한다고 가정할 수도 없다. 이 세계에서 그와 같은 비판단적(nonjudgmental) 입장을 취할 수 있는 여지란 없다.

블루어가 자신 있게 비트겐슈타인에 대한 '사회학적' 읽기를 주창했음

---

54) Collins, *Changing Order*, chap. 4.

에도, 수열의 사례에 대한 그의 낭송은 급진적인 개인주의적 방식으로 내적 연관을 그린다. 마치 제자는 자신만의 고유한 산술에 대한 이해를 가질 수 있는 것처럼. 그것은 교사의 그것과 다투지만, 똑같이 확실하다. 따라서 '합의'는 독자적으로 수식에 도입된 요소가 된다. 이때 요소가 제자의 개인적 '이해'와 교사의 그것 사이의 '교착 상태를 깨뜨린다'. 비트겐슈타인은 동의에 대한 논의에서 일종의 합의를 함축하고 있지만, 그의 '조용한 동의'는 별도의 설명 요소로서의 가치는 거의 없는 매우 철저하게 편재된 사회질서의 산물의 일부다.

비트겐슈타인(*PI*, 241절)은 '의견들에서의' 동의와 '삶의 형식에서의' 동의를 구분했다. 삶의 형식에서의 동의는 우리 활동의 정합성 '속에서/통해서'(in and through) 드러난다. 이 동의는 활동과 그 결과에 대한 확고한 동의로서 실수, 훼손, 대칭적 오해 등이 인식 가능하고 해명 가능하도록 해주는 행위와 표현의 조율된 조직화이다. 그런 동의에는 잠시의 휴식도 없다. 오해를 한 학생의 경우는 물론 학생의 오해를 서술하는 사회학자도 마찬가지이다. 활동에서 이런 합의를 서술하는 것과 그 역할을 상술하는 것이 곧 인과적 요소를 고립시키는 것은 아니다.

비슷한 논증이 과학사회학자들이 뒤앙-콰인의 과소결정성 테제를 보편적으로 채택하는 방식에도 적용된다. 과소결정성의 문제는 '이론'에서 '증거'를 분리한 다음, 유한 배열의 자료로서는 한 이론의 수용을 강제할 수 없다고 주장함으로써 발생한다. 대안적 이론들(실현가능성이 낮지만)이 기존의 자료를 설명해 줄 수 있을 것 같다는 상상은 항상 가능하기 때문이다. 이 고전적 논증의 사회학적 사용에서의 문제는 그것이 '논리적 관점에서' 발생했다는 점을 무시한다는 것이다. 이때 논리적 관점은 많은 점에서 과학사회학의 경험적 후원(後援)과 들어맞지 않는다.

실험적 실천에 대한 사회학적 서술은 자료가 이론에서 분리되지 않은 (또는 잘 분리되지 않은), 그리고 이론적 선(先)개념, 일상언어적 개념, 실험실 장비와 스태프에 대한 신뢰 등이 모두 등장하는 초기 상황을 전형적으로 그려내고 있다. 그런 상황에 처한 과학자들이 많은 해석적 문제와 대면함에도 불구하고, 그 문제가 고립된 자료를 비슷하게 고립된 이론적 진술에 맞도록 조정하는 것으로 모이지는 않는다. 물론, 많은 흥미로운 문제가 실험기사, 실험 진행자, 실험실 관리자, 이론가 사이의 노동 분업에서 발생할 수 있고, 그로 인해 장비를 표준화하고, 스태프를 짜고, 기록과 증거의 다양한 질서들을 조정하기 위한 실제적 노력들이 이루어질 수 있다. 55)

그런 해결책은 과소결정성에 대한 철학적 관심을 만족시킬 수 있을 만큼 엄격한 철학적 증명의 기준을 갖도록 설계되지 않았다. 실제로, 비트겐슈타인에 대한 생커의 설명과 베이커와 해커의 설명에 따르면, 철학적 문제가 그 서술 대상으로 보이는 실천과 연관성을 띠고 있다는 그 자체에 놀라움을 금할 수 없을 뿐이다. 56) 비트겐슈타인의 수열 논증의 회의론적 취급과 같이, 과소결정성 테제가 정형화되는 방식은 '채 설명되지 않은' (yet-to-be-explained) 판단을 제시하는 오류를 범하고 있다. 즉, 과학자들이 자료와 이론 사이의 간극에 다리를 놓으려 할 때 어떤 종류의 유사-인과적 결정이 반드시 연루되어 있어야만 한다는 가정의 덫에 빠져든다. 따라서 논리적 판단의 비효율성이 또 다른 양식의 결정을 요청하는 것처럼 보인다. 그러나 만약 원초적으로 그런 '간극'이 존재하지 않는다면, 그런 결정론적 설명은 필요하지 않다.

---

55) 고에너지 물리학자 사회에서의 그런 노동 분업에 대한 철학적 함의를 둘러싼 논의에 대해서는 다음을 볼 것. Peter Galison, *How Experiments End* (Chicago: University of Chicago Press, 1987).

56) 다음을 볼 것. Sharrock and Anderson, "Epistemology: professional scepticism", p. 54 ff.

과학 및 수학의 사회학은 존재할 수 있는가

반(反) 회의론적 주장의 가장 고민스런 함축은 블루어의 비트겐슈타인이 사회학에 전달했던 지식의 '내용'이 이제는 수학자와 과학자의 실천 속으로 되돌려져서 확고하게 자리 잡았다는 사실이다(비록 압도적인 합리성이나 실재와의 연결 속에서 그런 것은 아니지만). 비트겐슈타인의 귀류법에 따라, 둘을 셈하는 규칙은 적절한 **구성원들의** 설명으로 자리 잡았다. 비트겐슈타인의 예에 등장하는 학생은 규칙에 대한 가능한 해석을 선보이지 않는다. 그보다, 학생의 행위는 규칙에 순응하지 못한 것이다. 구성원들의 경우, 학생의 행위는 이해의 실패를 입증하는 것일 뿐 규칙의 의미나 적용을 둘러싼 상대주의적 성격을 보여 주는 것이 아니다.

마찬가지로, 규칙의 무비판적 연장을 위해서는 조직화된 셈하기의 실천 외부에서 독자적 정당화가 없어야 한다. 그것은 둘을 셈하기 '속에서, 의, 으로서'(in, of, and as) 규칙이다. 규칙의 정형화는 그 연장의 원인이 아닐 뿐만 아니라 규칙의 의미 또한 규칙과의 일치 속에서 이루어지는 모든 행위 위로 그 그림자를 드리우지 않는다. 행위의 무한 연쇄 속에서 해석, 숙고, 협상 등을 위해 멈출 필요 없이 규칙의 명료성은 '맹목적으로' 지속된다. 이것이 **사회적** 현상임은 분명하지만, 특정한 사회과학 분과에 적합한 개념을 사용한 설명을 요청하지는 않는다.

사회학의 난제는 둘을 셈하는 규칙이 셈하기의 실천 속에 배태되어 있다는 점에 따른 것이다. 셈하기란 질서정연한 사회적 현상이지만, 이런 사실이 규칙을 보편적, 인과적, 설명적, 과학적 사회학을 위한 대상으로 만들어 주는 것은 아니다. 비슷하게, 수학에서 좀더 복잡한 실천의 경우, 수학의 합의적 문화는 수학적으로 표현되고 서술된다. 그런 문화는 명료한 수학하기라는 행위 속에서 이용 가능하다. 이런 언급을 하는 이유는 수학자의 실천이 수학적 공식을 따르는 완벽하고 결정적인 표상으로 주어지는 것이 아니라 그런 표상이란 구성될 수 없으며 잃어버린 것은 아무

것도 없음을 강조하고자 했기 때문이다. 수학과 과학의 내용을 사회적 현상으로 정의하는 것은 사회학을 위한 매우 공허한 승리에 불과하다.[57]

과학사회학에게 불행한 지점에 도달한 것 같다. 생커, 베이커와 해커에 의해 표현된 신(新)내적 관점은 사회학이 비트겐슈타인의 기획을 확장하는 데 아무런 토대도 제공해 주지 않는 것 같다. 이제, 수학과 과학〔여타 수많은 이론에 의해 유도된(theory-guided) 또는 규칙을 따르는(rule-

---

57) 여기서 '공허한 승리'라는 나의 언급은 지식사회학이 과학적 발견에 대한 '공허한' 주장을 펼친다는 취지의 최근 논쟁과 혼동해서는 곤란하다. 다음을 볼 것. Peter Slezak, "Scientific discovery by computer as empirical refutation of the strong programme", *Social Studies of Science 19*(1989) : 563~600. 슬레작(Slezak)은 문제풀이의 보편원리에 기초하여 작동하는 컴퓨터 프로그램들이 실제로 과학적 발견을 이루었다고 주장한다. 그는 이런 프로그램에서의 인지적 자기발견법(heuristics)은 최초 발견의 구체적인 사회역사적 환경으로부터 추상화되었기 때문에 프로그램의 성공은 과학적 성취가 역사적으로 특수한 사회적 환경 및 사회적 이해관계의 배열에서 헤어날 수 없다는 스트롱 프로그램의 주장에 대한 '결정적 반증'(decisive disproof)이라고 주장한다. 그의 논문에서, 슬레작(p. 586)은 철학 문헌에서 반회의론적 주장의 일부를 인용함으로써 비트겐슈타인에 대한 블루어의 읽기를 문제 삼았다. 그는 인지과학에 우호적인 자신의 주장을 뒷받침해 주는 내용만을 취사선택하는 방식으로 비트겐슈타인을 이용하고 있지만, 유심론(mentalism)에 대한 비트겐슈타인의 지속된 공격에 대해서는 거의 이해하지 못하고 있음을 내비친다. 더욱이, 지식사회학자들이 인지과학의 '중요한 지적 활동과 연구의 본체'를 알지 못한다는 슬레작의 주장(p. 591)은 일고의 가치도 없이 잘못된 것이다. 그가 쿨터(Coulter)의 비트겐슈타인에 기반을 둔 인지주의 비판을 무시하고 있는 까닭이다. 다음을 볼 것. Jeff Coulter, *Rethinking Cognitive Theory*(New York : St. Martin's Press, 1983). 슬레작은 비트겐슈타인을 행동주의와 함께 묶은 다음, 비트겐슈타인의 심리학주의에 대한 비판은 이제 철학과 심리학에서 죽은 쟁점이라고 주장한다. 그는 또한 SSK의 일부 주장과 성과물을 '사소한' 그리고 '공허한' 것으로 규정한다. 슬레작은 발견의 '문법'에 대한 관심은 '사소한' 것이라고 주장함으로써 자신의 데카르트적 신봉을 드러내고 있다. 왜냐하면, 문법은 발견의 지시(명명)에 적용될 뿐 발견의 산물에 적용되지는 않기 때문이다. 나는 슬레작의 주장이 블루어의 비판보다는 비트겐슈타인식 비판에 훨씬 더 취약하다고 생각한다.

following) 활동들은 말할 것도 없고]은 사회학자들에게 그들이 실재론적 선입견 속에서 놓치고 있는 것을 보여줘야 할 필요가 전혀 없다고 느끼는 것 같다. 부르노 라투르(부분적으로 구성주의적 과학사회학에 공감하고 있다)는 이 문제를 가장 선명하게 인식한다.

> 그러나 우리는 어디에서 우리의 설명을 연구대상인 과학과 무관한 것으로 만들어 줄 개념, 문장, 도구를 찾을 수 있을까? 나는 인정할 수밖에 없다. 확립된 그런 개념들은 존재하지 않는다고. 특히 이른바 인간과학, 구체적으로 사회학에는 그렇다. 같은 시기에 그리고 같은 사람에 의해 과학주의로 발명된 사회학은 오랫동안 분리되어 있었던 숙련을 이해하는 데 무기력하다. 따라서 과학사회학에 대해서 나는 이렇게 말할 수 있다. "내 친구들로부터 나를 보호하라, 그러면 내 적들과 협상을 할 것이다." 만약 우리가 과학을 설명하기 시작하면, **사회**과학이 먼저 고통을 당할 것이기 때문이다. 58)

이 문장은 다른 분과적 실천의 '내용'이 사회학적 '요소'들의 독특한 배열에 의해 결정된다는 것을 보여 주기 위한 모든 '사회적' 설명의 딜레마를 간결하게 요약하고 있다. 라투르가 제시하듯, 만약 실천을 설명하는 것이 그런 실천을 구성하는 담론 및 숙련과 무관한 개념을 전개하는 것이라면, 그런 설명적 개념은 독자적인 삶의 형식에 거주해야만 할 것이다. 그러나 사회학의 분석적 언어는 일상적 용어들 — 이런 용어들을 수단으로 삼아 과학자들(그리고 여타의 능력 있는 언어 사용자들)은 자신들이 움직이는 세계에 대한 작용적(operative) 관계를 발전시킨다 — 과 분리될 수 없기 때문에 사회학은 라투르가 염두에 두고 있는 종류의 설명을 고안하기에는 불적절해 보인다.

---

58) Bruno Latour, *The Pasteurization of France*, A Sheridan and J. Law 역 (Cambridge, MA: Harvard University Press, 1988), p. 9.

라투르는 문제를 멋지게 규명하고 인과적 또는 설명적 과학사회학의 모든 가능성을 부정한 채, 3장에서 살펴봤듯, 그레마스(A. J. Greimas)의 기호학에서 개념을 빌려와서 문제해결을 시도했다. 이를 통해, 그는 보편적(예: 학술적) 사회학과 연구대상인 다른 분과들 속에 위치 지워진 사회학 모두가 분석적으로 독자적이라는 입장을 고수한다. 불행하게도, 그는 자신이 비판하는 사회학자들이 수행하고 있는 것보다 훨씬 더 극단적으로 탐구의 장(場)에서 '후퇴하는' 프로그램을 채택한다.

대조적으로, 비트겐슈타인은 언어의 사용을 명료하게 만들고자 노력했지만, '관찰자'〔또는 하버마스의 용어로는 '가상적 참여자'(virtual participant)〕를 서술 대상인 행위장(場)에서 사용되는 개념으로부터 거리를 두는 방식으로 그런 것은 아니었다. 59) 비트겐슈타인은 익숙한 표현들의 사용 중(예: 위치 지워진, 일시적, 지표적)인 성격에, 그리고 표현들의 의미성을 지원하는 '조용한 동의'에 대해 분명한 관심을 보이고 있다. 비트겐슈타인은 가상의 '인류학적' 사례를 통해 인사, 명령과 반응, 명령 주고받기 등과 같이 원시적 언어게임으로부터 명료성을 위한 공통의 토대가 마련될 수 있음을 보여 주었다. 60) 실천행위의 명료성을 위한 이런 사회적 조건들은 학술적 분과의 개념적 속성이 아니라 인류 공통 유산의 일부다.

설령 어떤 사람이 생소한 언어를 사용하는 외국을 방문한다고 해도, 그에게 명령이 떨어졌을 때 그 사실을 알아차리는 데는 그다지 큰 어려움이 없다. 그러나 어떤 사람은 그 자신에게 명령을 내릴 수도 있다. 만약 우리가 로빈슨(Robinson)을 발견했는데, 그가 우리가 잘 모르는 말로 그 자신에

---

59) Jürgen Harbermas, *Theory of Communicative Action*, *vol. 1*: *Reason and the Rationalization of Society* (Boston: Beacon Press, 1984), p. 118.

60) 이 점을 잘 보여 주는 인류학 사례연구에 대해서는 다음을 볼 것. Brigitte Jordan and Nancy Fuller, "On the non-fatal nature of trouble: sense-making and trouble-managing in lingua franca talk", *Semiotica 13* (1975): 11~31.

게 명령을 내렸다면, 우리가 그 사실을 알아내기란 훨씬 더 어려운 일이 될 것이다. 61)

과학 및 여타 전문화된 실천에 대한 민속지 연구에서 명령하기, 질문하기, 지시하기 등과 같은 '익숙한' 활동은 기술적 행위의 명료성을 손에 쥘 수 있는 맹아적(충분한 것과는 거리가 멀지만) 토대를 제공한다. 보다 내밀한 언어게임을 시험해 보기 위해서는 연구대상의 배경에 충실한 분석이 요구된다. 제3장에서 주장했듯, 연구대상인 장(場)으로부터 뒤로 물러서기 위한 노력 — 분석적 사회학 또는 기호학의 관심에서 행해진 — 은 위치 지워진 담론 속에 체화된 장(場)의 인식적 '내용'으로부터 '관찰자'를 유리시킨다. 그 결과, 새로운 지식사회학의 유명세가 그 핵심 주장이 과학의 내용을 직접 겨냥한 것에서 비롯되었음에도 불구하고, 그 주창자들이 실천을 통해 내용을 다룬 까닭에 그 실천은 연구대상의 장(場)에서 국지적 관용구로 인식되지 않은 채 남아 있다(또는 기껏해야 논쟁적으로 인식될 뿐이다). 62)

사회학 분과가 다른 분야의 실천에 대한 특권적 접근권이 없다는 주장이 그런 실천을 비사회적(asocial)이라고 정의하는 것과 같지는 않다. 반(反)회의론적 주장이 우리에게 회귀적 시도를 통해 규칙 따르기를 설명하려는 노력이 성공할 수 없다는 확신을 심어줌에도, 비트겐슈타인의 교육, 반복 학습, 관습, 공통된 실천, 조용한 동의 등에 대한 분명한 언급

---

61) 이 인용문은 비트겐슈타인의 미출간 원고(MS 165, p. 103)에서 가져왔다. Malcolm, "Wittgenstein on language and rules", p. 24에서 재인용.

62) Harbermas, *Theory of Communicative Action*, *vol. 1*, p. 119. "행위자들에게 **동일한** 판단 능력을 부여하자마자 — 우리 스스로 행위자들의 언설에 대한 독자적 해석자라고 주장한다는 점에서 — 우리는 지금까지 방법론적으로 보장된 면역성을 포기해야 한다 … 따라서 원리적으로 우리는 소통적 행위자들이 서로의 비판에 자신들의 해석을 노출시킬 수밖에 없는 것처럼 우리의 해석도 비판에 노출시켜야만 한다. "

이야말로 공적(예: '사회적') 활동영역의 이미지를 구현한다. 이런 활동영역에서는 이런저런 규칙 따르기 방법이 확립되어 있다. 블루어의 설명이 지닌 문제는 논리, 수학, 자연과학 등의 주제를 포괄하고자 비트겐슈타인의 '사회적 지식론'을 사회학의 기존 개념과 방법의 연장을 보장해 주는 것으로 다룬다는 점이다.

　수학과 논리는 규범의 집합체이다. 논리와 수학의 존재론적 지위는 제도의 그것과 동일하다. 그것들은 본성상 사회적이다. 이 아이디어의 즉각적 결론은 계산 및 추론의 활동은 동일한 탐구과정에 순종적이고, 다른 모든 규범체(体)가 그런 것처럼 동일한 이론들에 의해 구체적으로 밝혀질 수 있다. 63)

블루어가 간과하고 있는 것은 비트겐슈타인의 주장이 수학적 실재론 및 논리주의에 못지않게, 실재론적이고 합리주의적인 사회학에도 적확하게 적용된다는 점이다. 윈치(Winch), 섀록, 앤더슨 등은 비트겐슈타인이 사회학에 안전한 과학과 수학을 만든 것과는 거리가 멀게, 분석적 사회과학에 절대적으로 불안전한 물(物)을 만들었다는 점을 강조한다. 64) 만약 사회학이 비트겐슈타인의 인도를 따른다면, 자신의 임무를 근본적으로 다른 개념에 기초하여 세울 필요가 있다. 뒤르켐과 메리 더글라스(Mary Douglas)의 도식을 비트겐슈타인의 주장에 접붙이려는 블루어의

---

63) Bloor, *Wittgenstein: A Social Theory of Knowledge*, p. 189.

64) Sharrock and Anderson, "The Wittgenstein connection"; Winch, *The Idea of a Social Science*. 이것은 과학을 과학적으로 설명하려는 사회학의 시도뿐만 아니라 종교적 신념, 마술적 제례, 일상적 행위 등을 설명하기 위한 시도에도 적용된다. 다음을 볼 것. Peter Winch, "Understanding a primitive society", pp. 78~111, in B. Wilson, ed., *Rationality*(Oxford: Blackwell Publisher, 1970); and W. W. Sharrock and R. J. Anderson, "Magic, witchcraft and the materialist mentality", *Human Studies* 9(1985): 357~375.

시도는 충분히 성공하지 못했다.

바로 이 지점에서 민속방법론이 등장한다. 그러나 비트겐슈타인의 계획에 충실한 프로그램으로 민속방법론을 만들기 위해서는 민속방법론 안의 (그리고, 이에 대한) 어떤 혼동을 깨끗이 씻어 낼 필요가 있다.[65] 민속방법론은 점차 비정합적 분과로 변모하고 있는데, 이론적·방법론적 프로그램을 정립하고자 많은 논평자와 교과서 저자가 계속해서 노력하고 있지만 소용이 없다. 한편, 현재의 대화분석은 가핑클의 중심적 글쓰기 (제6장을 볼 것)에서 공표된 급진적 프로그램에서 급격히 갈라서고 있는 양상이다. 다른 한편, 사회과학의 철학과 지식사회학에서, '낡은' 민속방법론은 여전히 주목의 대상이지만 적지 않은 혼선이 존재한다.

예를 들면, 스티브 울가는 가핑클의 '핵심 개념들'의 일부를 과학의 회의론적 취급에 기여하는 것으로 간주한다. 그는 과학적 표상에서의 모든 시도를 괴롭히는 '방법론적 공포' 중에서 지표성과 성찰성을 해당 목록에 올려놓았다.[66] 그렇게 함으로써, 울가는 블루어가 비트겐슈타인을 실천행위의 모든 영역에서 당연시되는 가정에 질문을 던질 수 있는 이론적 프로그램의 면허증으로 해석하는 것과 거의 동일한 방식으로 가핑클의 저작을 다룬다. 이런 취급은 충분히 예상 가능한 것으로 민속방법론에 보편적이다. 사실, 이 분야를 대표하는 학자들도 시시때때로 이런 식의 취

---

65) 비트겐슈타인의 중요성은 가핑클과 다른 민속방법론자들에 의해 과소평가되고 있는 반면, 슈츠와 현상학은 민속방법론의 철학적 선구자로 지나친 평가를 받고 있다[cf. John Heritage, *Garfinkel and Ethnomethodology* (Oxford: Polity Press, 1984), chap. 3]. 내가 제6장에서 정교화하듯, 대화분석과 실천 및 일상적 규칙의 사용을 설명하기 위한 가핑클 연구의 초기 전개과정은 강력하게 비트겐슈타인을 연상시킨다. 제4장에서, 슈츠의 영향이 SSK와 민속방법론에서 이루어진 과학에 대한 많은 연구 결과에 의해 훼손되고 있다고 주장했지만, 동일한 주장을 비트겐슈타인에게 적용할 수는 없다. 나의 이런 말은 민속방법론자들이 비트겐슈타인의 철학이나 다른 어떤 철학적 전통에 충성을 다하기 위해 노력해 왔음을 뜻하는 것은 결코 아니다.

66) Woolgar, *Science: The Very Idea*, p. 32 ff.

급을 자청한다. 67) 내가 민속방법론은 그런 계통을 따라서 이해될 수 없다고 주장하는 것은 부정확한(젠체하는) 것이 될 것이다. 그러나 내가 주장하는 바란 그런 이해가 가핑클의 '발명'에서 가장 독창적인 내용을 놓치고 있다는 것이다.

비트겐슈타인에 대한 반회의론적 읽기는 내가 언어 및 실천행위를 다루는 민속방법론의 특징이라고 보는 것이 무엇인지에 대한 단서를 제공해 준다 — 즉, 사회학적 과학주의와 인식론적 회의론이라는 두 개의 함정을 모두 피할 수 있는 방법. 이 점을 명확히 하고자, 다음 절에서 나는 '정형화'와 실천행위 사이의 관계에 대한 가핑클과 삭스의 주장을 살펴보려고 한다. 나는 이 주장이 비트겐슈타인의 반회의론적 읽기와 조화를 이룰 수 있다고 믿는다. 그런 다음, 나는 수학에 대한 민속방법론적 연구를 개관함으로써 민속방법론과 스트롱 프로그램의 '경험적' 접근 사이의 몇 가지 차이점을 고찰하고자 한다.

정형화와 실천행위

어렵고 자주 오해를 받는 논문 "실천행위의 정형화된 구조에 대하여"에서, 가핑클과 삭스는 자연언어에서 민속방법론의 관심사를 다루었다. 68) 그들은 이 논문에서 아주 간단하게 비트겐슈타인을 언급하고 있지만, 삭

---

67) 예를 들면, 이 분야로 숨어들어 온 실증주의와 전문가주의를 회피하고 있는 '급진적' 민속방법론의 복구를 꾀하는 자신의 주장을 뒷받침하려고, 멜빈 폴너 [Melvin Pollner, "Left of ethnomethodology", *American Sociological Review* 56(1991) : 374, n. 3]는 성찰성에 대한 울가의 판본을 긍정적으로 인용한다.

68) Harold Garfinkel and Harvey Sacks, "On formal structures of practical actions", pp. 337~366, in J. C. McKinney and E. A. Tiryakian, eds., *Theoretical Sociology: Perspectives and Development* (New York : Appleton-Century-Crofts, 1970).

스는 가핑클과 함께 쓴 논문에서 토론된 테마를 포괄하는 강의 녹취록을 통해 비트겐슈타인과의 관련성을 보다 정교하게 다룬다. 69)

그 강의에서, 삭스는 '지시용어'(indicator terms, 가핑클이 '지표적 표현'이라고 불렀던 것과 관련된 — 제1장을 볼 것)의 지시적 의미가 지닌 문제점을 '폭파시켰다'고 말했다. 이 용어는 전통적으로 논리학자들을 괴롭혔다. 그 지시관계가 각 사용의 시기에 따라 바뀌기 때문이다. 일상언어는 대체로 엄격한 논리적 추론을 촉진하지 않기 때문에 종종 결함이 있다고 여겨졌다. 비트겐슈타인 이전, 언어철학에서의 통상적 해결책은 지표적 표현을 그 지시적 의미를 보다 정교하게 '포착하는' 정형화로 번역함으로써 이런 결함을 '교정하는' 것이었다. 그런 교정식 번역은 실천을 부호화하는 사회과학과 비슷하다. 이런 식으로 그들은 다의(多意)적인 자연적 언어 표현의 배열을 제한된 분석적 작용자로 대체하고자 노력했다.

가핑클과 삭스는 그와 같은 번역 실천의 적절성을 문제 삼는다. 먼저, 그것을 '정형화하기'의 일상적 실천에 위치시키려는 시도에 의문을 제기하고, 두 번째, 지표적 표현을 개선하기 위한 노력은 필연적으로 일상적 사용 속에 내재하는 '합리적 속성'을 놓칠 수밖에 없음을 강조한다. 70) 가

---

69) Harvey Sacks, "Omnirelevant devices: settinged activities; indicator terms", transcribed lecture(February 16, 1967), pp. 515~522 in G, Jefferson, ed., *Lectures on Conversation, vol. 1*(Oxford: Blackwell, 1992). 나는 삭스의 강의가 가핑클과의 공동연구에서 떠오른 주제를 표현하고 있다고 생각한다.

70) 삭스는 "당신은 빠르게 차를 모는 것을 좋아한다" — 한 명의 '고속용 개조 자동차' 열광자가 또 다른 열광자에게 말한 것을 기록한 것 — 는 표현은 특정한 속도계 읽기로 번역되었을 때 그 정확성을 상실하고 만다는 사실에 주목한다. 그 자체로, '빠르게'라는 표현은 서로 다른 환경하에서 '보통의 교통상태'를 기준으로 측정되고, 따라서 도로환경, 속도제한법, 경찰의 감시 등의 변화들에도 '안정적'이다. 즉, "용어의 안정성(그리고 용어가 사용 가능한 조건)은 시간, 장소, 속도제한법 등과 같은 것이 그것의 사용과 전적으로 무관한 속성을 띤다. 속도제한법의 변화, 차 수용량의 변화, 인원의 변화, 새로운 세대, 새

핑클과 삭스에게 정형화란 단순한 전문가의 분석 과정이 아니다. 그 과정에는 광범위한 일상적 언어 행위도 포함된다 — 즉, 이름 붙이기, 신원 확인하기, 정의하기, 서술하기, 설명하기, 물론 규칙을 인용하기. 그들은 일반인과 전문가 담론 모두에서, 그런 표현이 활동의 의미를 명료화하는 데 사용된다는 점을 강조한다. 더욱이 그런 표현은 그 외에는 많은 것을 한다. 71)

정형화는 '지표적 표현'을 '객관적 표현'으로 대체함으로써 언어의 지표적 성격을 개선하려는 의도에서 종종 사용된다(지표적 표현과 객관적 표현의 구분에 대해서는 제 1장을 볼 것). 정형화가 이전의 용법을 분명히 하거나 교정하는 이상의 역할을 수행한다는 점을 살펴보기 위해, 심문 과정에서 가져온 다음 발췌문을 검토해 보자.

닐스 씨: 법무장관에게 자금유용 메모와 자금유용이 존재한다는 사실이 굳이 밝혀질 필요가 없다고 주장하지 않았습니까?

노스 중령: 뭐라고요, 그 구체적인 대화는 기억나지 않아요. 하지만, 그런 일이 일어나지 않았다고 말하는 것은 아닙니다.

닐스 씨: 부정하지는 않는군요?

노스 중령: 예.

닐스 씨: 당신은 미국의 법무장관에게 이 자금유용 문서를 비밀로 묶기 위

로운 장소 — 이런 것은 수용될 수 있다". 다음을 볼 것. Harvey Sacks, "Member's measurement systems", *Research on Language and Social Interaction 22* (1988~1989) ; 45~60, p. 49로부터 인용; 원 수록은 H Sacks, University of California at Irvine, lecture 24, Spring 1966; pp. 435~440 in Harvey Sacks, *Lectures on Conversation*, *vol. 1*, Gail Jefferson, ed. (Oxford: Blackwell Publisher, 1992).

71) 헤리티지와 왓슨〔John Heritige and D. R. Watson, "Aspects of the properties of formulations in natural conversations: some instances analyzed", *Semiotica 30* (1980) : 245~262〕은 대화에서 여러 가지 정형화의 체계적 사용을 논하고 있다.

한 방법을 도출할 것을 주장했음을 부정하지 않는군요?

노스 중령: 나는 내가 그렇게 말한 것을 부정하지 않습니다. 또한, 나는 그 것을 기억한다고 말하고 있지도 않습니다. 72)

이 간략하지만 복잡한 상호교환에서, 작동 중인 수없이 뒤섞인 '정형화'를 볼 수 있다 — 즉, (법무장관과의) 이전 대화의 정형화, 그런 대화가 '생각나지 않는다'는 실용적 함축의 정형화, '내가 말한' 또는 '말 했을' 수 있는 것과 지금 '내가 말하지 않은' 것의 정형화, 부조리 같은 것을 제시하는 정형화 등. 이런 식으로 더 나아가지 않더라도, 이런 정형화가 단순히 뭔가를 지칭하는 데 그치지 않음을 분명히 해야 한다. 정형화는 심문의 게임에서 공격, 둘러대기, 속이기, 발뺌하기 등으로 기능한다.

특히 한 가지 흥미를 끄는 종류의 정형화가 일상적 대화에서 발생하는데, 똑같은 대화에서 '우리가 하고 있는 것'에 대한 성찰적 탐색의 형태를 취하고 있다 — 즉, "그것이 질문입니까?" "당신은 함께 가자고 나를 초대했나요?" "나는 당신의 질문에 이미 답했어요, 그렇지 않나요?" "제발 핵심을 잘 이해하세요!". 여기서 놀라운 사실은 대화에서 이 말들이 '우리가 하고 있는 것'이란 점이 분명함에도 불구하고, 대화적 행위로서 확연하게 식별된다는 점이다. 그것은 그 말들이 대화에서 자리를 차지하는 방식 때문이다. 정형화의 이런 성격은 다소 악마적인 조사에 뒤따르는 반응에서 분명하게 드러난다〔괄호는 정형화가 지식적 표현은 물론 대화에서의 **행하기**(doing)라는 것을 표시하기 위한 표기 장치로서 가핑클과 삭스 (p. 350)에 의해 제공된 것이다〕.

---

72) *Taking the Stand*: *The Testimony of Lieutenant Colonel Oliver L. North* (New York: Pocket Books, 1987), p. 33에서의 대화 발췌록. 또한, 다음을 볼 것. David Bogen and Michael Lynch, "Taking account of the hostile native: plausible deniability and the production of conventional history in the Iran-contra hearings", *Social Problems 36* (1989): 197~224.

HG: 나는 질문을 회피하는 사람들의 몇 가지 사례가 필요해요. 호의를 발휘하여 나를 위해 몇 가지 질문을 회피해 주시겠어요?

NW:〔오, 이런, 나는 질문을 회피하는 데 능란하지 못해요.〕

인지 가능한 '행하기'로서 NW의 대답은 행하기를 거부하는 바로 그 '회피'를 수행한다. 따라서 표현의 지시적이고 수행적인 측면들은 서로에 대해 역설적 관계를 이룬다. 정형화는 대화의 시간성 외부에 세워져 있지 않고, 따라서 관계에 대한 '메타논평'(metacomment)은 만들어질 수 없다. 정형화는 그 대화 속에서 실체적 이동으로서 청취될 수 있는 방식을 통해서 의미를 가진다.

관련된 일련의 예를 설명한 후, 가핑클과 삭스는 정형화에 대한 두 가지 핵심을 제시한다. ① '해명 가능한 합리적 활동'을 행하기라는 '작업'은, 그렇게 인식되듯 '이 사실'을 정형화할 필요 없이, 활동의 참가자들에 의해 달성될 수 있고, ② "이 세계에는 활동, 동일시, 맥락 등의 정형화를 **명확하게** 제안할 수 있는 여지란 없다"(p. 359).

이것을 규칙에 대한 우리의 앞선 논의와 연관 짓기 위해서 규칙을 정형화하는 베이커와 해커의 논의를 살펴보자.

전형적으로, 예를 통한 설명이란 일련의 예를 **규칙의 정형화로서** 이용하는 것과 관련이 있다. 개관된 예들이 설명된 규칙의 적용이듯 '빨강'(토마토를 가리키면서)의 명목적 정의란 '빨강'의 적용(단정)이다… 규칙의 정형화는 그 자체가 올바른 사용의 규범이 그런 것처럼 확실한 방식으로 **사용되어야만** 한다. 73)

일련의 예들이 규칙의 정형화를 위해 작동한다(예: 규칙을 명백하게, 분명하게, 타당하게 만든다). 이때 규칙은 그렇게 노골적으로 언급되지 않는

---

73) Baker and Hacker, *Wittgenstein*: *Rules*, *Grammar and Necessity*, p. 73.

다. 규칙의 전유, 의미, 명료성, 인지가능성 등은 예들 속에서, 예들을 통해 나타난다. 이때 추가적 논평은 필요치 않다. 가핑클과 삭스는 '정형화하기'(우리가 하고 있는 것을 노골적으로 말하기)와 '행하기'(우리가 하고 있는 것)를 구분하지만, 그들의 강조점도 비슷하다. 즉, 정형화는 그들이 정형화하는 활동 너머의 독립적 관할권을 지니지 않을 뿐만 아니라 그렇다고 해서 활동이 혼란스럽거나 무의미하지도 않다. 그와는 거리가 멀게, 어떤 정형화의 의미와 적절성은 그것이 정형화하는 활동의 질서와 분리될 수 없다. 정형화는 대체물, 투명한 서술, 그렇지 않았으면 발생할 수 있는 것에 대한 '메타수준'(metalevel) 설명 등으로 작용하지 않는다.

규칙에 대한 비트겐슈타인의 논의처럼, 가핑클과 삭스의 정형화에 대한 논의는 두 개의 대립적 입장들 중 하나를 함축한다는 오해를 받을 수 있다. 즉, ① 활동을 정형화하려는 모든 노력이 지표성의 '문제'로 곤란에 처할 수 있다는 회의론적 해석, ② 구성원들의 활동에 대한 객관적 이해를 위해서는 정형화를 통한 경험적 연구를 수행해야 한다는 실재론적 해석. 두 주장을 잘 들여다보면 두 시각 모두 적절치 않음을 알 수 있다.

가핑클과 삭스의 주장은 '객관적' 표현과 '지표적' 표현(비슷하게, '정형화'와 '활동')에 대한 그들의 초기적 대비를 훼손한다.[74] 정형화 그 자체는 '지표적' 표현으로 사용되고, 그것의 사용에서 구성원들은 관례적으로 '정형화를 행하기' 그 자체가 '본질적으로 불평, 과실, 곤란, 추천된 수정'의 자원이라는 사실을 발견한다.[75] 마찬가지로, "정형화란 해명이 가능하게 분별력을 갖춘 채 단순 명쾌한 말하기가 행해지는 기계장치가 아니다".[76] "'노골적으로 우리가 하고 있는 것을 말하기'는 인지할 수 있을 정

74) 다음을 볼 것. Paul Filmer, "Garfinkel's gloss: a diachronically dialectical essential reflexivity of accounts", *Writing Sociology 1*(1976) : 69~84. 필머 (Filmer)는 가핑클과 삭스의 주장을 세밀하게 분석하고 있는데, 객관적 표현 과 지표적 표현 사이의 명백한 구분에 대해 특히 그렇다.

75) Garfinkel and Sacks, "On formal structures of practical action", p. 353.

도로 일치하지 않거나 단조로울 수 있고, … 무능력의 증거나 우왕좌왕하는 동기 등을 〔제공한다〕". 76) 대화주의자들(conversationalists)은 논제에 이름을 붙이지 않고도 논제의 정합성을 유지하고, 78) 가핑클의 위반 훈련이 잘 보여 주듯, 모든 텍스트나 지침서의 지표성을 '개선하기' 위한 노력은 텍스트의 지표적 성격을 더욱 복잡하게 연장한다. 가핑클과 삭스 (p. 355)가 이로부터 도출하는 결론은 처음에는 회의론적 읽기를 지지하는 것처럼 보인다(강조와 괄호는 원문 그대로). "**구성원에게 그것은 구성원이 행하고 있는 대화를 위한 정형화하기의 작업 속에 있는 것(우리의 대화활동이 해명 가능하게 합리적이라는 사실)이 아니다. 두 활동은 동일하지**

---

76) *Ibid.*, pp. 353~354.

77) *Ibid.*, p. 354. 정형화가 어떻게 종종 화자를 난처하게 만들어 비참함을 심화시키는지, 그 예에 대해서는 매우 끔찍한 대중강연이 벌어지는 동안 언급되는 정형화를 생각해 볼 수 있다―"제가 농담을 좀 하려 합니다만, 아주 웃긴 이야기는 아닙니다."

78) 삭스는 논지의 일관성이 첫 번째를 마주보고 있는 두 번째 언설의 체계적 배치를 통해 달성된다는 것을 논증한다. 언설의 배치는 "'왜 당신은 그렇게 말하느냐?' '왜 당신은 지금 그렇게 말했느냐?'"와 같이 묻지 않는 질문에 답한다. 이 것은 어떤 공식화에 의해서가 아니라 '자동적으로' 이루어진다. 즉 " … 사람들이 당신의 소견이 논제에 맞다는 것을 즉시 알아본다는 사실은 당신이 지금 그것을 어떻게 말했는가에 대한 해답을 제시해 준다. 즉, 그것은 가능한 질문을 자동적으로 해소한다. 진술을 듣는 것에 대하여, 청취자는 당신이 그것을 어떻게 말하게 되었는지 곧바로 알게 될 것이다"〔Sacks, "Topic: utterance placement; 'activity occupied' phenomena; formulations; euphemisms", transcribed lecture(March 9, 1967), pp. 535~548 in *Lectures on Conversation, vol. 1*, p. 538에서 인용〕. 완전히 다른 역사적 척도로 분해되었음에도, 삭스의 분석적 접근은 비록 외골수에 가깝지만, 푸코의 역사적 담론의 취급과 놀라울 정도로 동일한 선상에 있다. "진술의 의미는 그것이 포함하는― 그것을 동시에 드러내고 감추는―의도의 보배에 의해서가 아니라 다른 실제적이거나 가능한 진술에 대해 그것을 분절하는 차이에 의해 정의될 것이다. 그런 진술은 그것과 동시대에 있거나 일련의 선형적 시간 속에서 그것에 대립된다"〔Michel Foucault, *The Order of Things*(New York: Vintage, 1975), p. 17〕.

도 교환 가능하지도 않다."

그러나 그 뒤를 따르는 다음 문장을 신중하게 주목하기 바란다(p. 355, 괄호는 원문에서). "정리하면, 대화를 위한 정형화하기 그 자체가 대화주의자들에게〔우리의 대화 활동이 해명 가능하게 합리적이라는 사실〕이라는 방향을 제시한다." 이것은 의미가 결정되지 않았다거나 대화의 명료성이 그것에 대한 구성원들의 명백한 의미 너머에 놓여 있는 토대에 기초한 환상이라는 회의론적 결론과는 분명히 다르다. 또한, 실재론과 합리주의 모두 추천되고 있지 않음에 주목하기 바란다. "정형화하는 사람이 하고 있는 일에 대한 질문 — 이 질문은 구성원들의 질문이다 — 은 정형화가 제안하는 바에 대한 상담을 통해서가 아니라, 정형화 행위의 본질적으로 맥락화된 성격을 조성하는 실천에의 참여를 통해서 구성원들에 의해 해소된다."(p. 355)

'둘을 더하라'는 규칙의 경우, 어떤 정형화도 규칙을 새로운 사례로 연장하는 방식에 대한 완벽하거나 결정적인 설명을 제공할 수 없다(마치 규칙이 끝없는 적용 시리즈의 표상을 '포함하는' 것처럼). 규칙을 인용하는 것은 자체적으로 고유한 활동이지만(지시, 경고, 교정, 되새기기 등), 규칙의 정형화가 규칙 따르기로 무엇을 해야 하는지에 대한 많은 단서를 제공해 주지 않는다. 규칙의 의미는 그것이 호소되고, 표현되고, 적용되는 질서정연한 활동에 의해 '본질적으로 맥락화된다'. 그러나 이것은 활동이 합리적 토대가 없다거나 자신들이 하고 있는 일을 참여자들이 불완전하거나 틀리게 이해하고 있음을 뜻하지 않는다.

자신들의 논문 결론부에서 가핑클과 삭스는 어떻게 "구성원들이 행하는지〔우리의 활동이 해명 가능하게 합리적이라는 사실〕는 … 정형화를 행하지 않고도 이루어진다"(p. 358)고 주장한다. 그들은 "그것이〔해명 가능한 합리적 활동〕을 행하는 데 특정하게 이용되는 방식에서, 이 작업이 하나의 기계장치"로 조직화될 수 있다고 덧붙였다(괄호는 원문에서). 그런 다음, 그들은 이것이 사회과학에 던져 주는 중요한 함의를 상세히 밝혔다.

이 세계에서 사회질서의 문제에 대한 진지한 해답으로서의 정형화를 위한 여지가 없다는 사실은 경험적 서술을 행하고, 가설의 정당화 및 검증을 성취하려는 실천적 목적에서 정형화가 이루어질 수 있다는 사회과학의 지배적 권고와 관련이 깊다. 이런 이유로 정형화는 사회과학이 모든 실천적 목적에 적절한 실천행위의 견고한 분석을 성취하기 위한 자원으로 권장된다 ··· 정형화가 '의미심장한 말하기'(meaningful talk)의 서술로서 추천되는 한 뭔가 부적절한데, '의미심장한 말하기'란 그런 의미를 지닐 수 없기 때문이다. (p. 359)

실천행위의 정형화된 구조(예: 활동이 해명 가능하게 합리적이라는 '획득된 사실')가 정형화에 의해 복구되지 않는 한, 이런 구조는 행위를 부호화하고 통계적으로 나타내기 위한 구성적-분석적 시도를 빠져나간다. "정형화된 구조의 이용불가능성은 구성적 분석의 실천에 의해 확인된다. 정형화는 정형화의 실천으로 이루어지기 때문이다."(p. 361) 가핑클과 삭스는 포괄적 방식으로 '구성적 분석'을 말하지만, 그 용어의 보다 정확한 의미는 북아메리카 사회학에서 몇십 년 전에 만들어진 특수한 기능적 분석의 스타일을 검토함으로써 얻어질 수 있다.

　예를 들면, 버나드 바버(Bernard Barber)는 자신의 글 "과학에서의 신뢰"(Trust in Science)[79]에서, 신뢰의 개념이 "작고한 사회사상가, 거리에 있는 사람, 언론인, 현재의 사회과학자 등에 따라 매우 자주 자의적으로 사용된다"는 사실을 지적한다. 그리고 그는 신뢰에 대한 정의를 구성함으로써 이런 '개념적 혼란 상태'를 수정해야 한다고 제안한다 — 즉, "우리를 좀더 단단한 분석적이고 경험적인 토대 위에 놓고자 한다면 사회관계와 사회체계에 대한 우리의 보편적 이해 속에서 신뢰를 검토할 필요가 있다. 물론, 이런 조사의 결과 얻어진 구성은 경험적으로 사용 가능하고 검

---

79) Bernard Barber, *Social Studies of Science* (New Brunswick, NJ: Transaction Publishers, 1990), pp. 133~149 (제9장).

증될 수 있어야 한다. 간략하게 정리하면, 나는 그런 구성을 시도할 뿐이다". 80)

바버는 계속해서 과학에서 신뢰의 '두 가지 본질적 의미'를 정형화한다. 그는 과학에서의 신뢰를 '기술적으로 유능한 역할 수행'과 '수탁자의 의무' 및 책임성에 대한 사회적으로 공유된 기대로 정의한다. 그런 다음, 그는 머튼의 과학 규범(보편주의, 불편부당성, 공유주의, 조직화된 회의주의)을 언급함으로써 후자['수탁자의 의무' 및 책임성 – 옮긴이]를 서술한다. 바버의 분석이 진술된 목적을 달성했느냐의 여부와는 별개로, 민속방법론에서 논쟁의 핵심은 분석을 확립하는 초기적 구성에 놓여 있다. 단 하나의 개념적 표제(標題) 아래 그 용어의 쓰임새 모두를 한꺼번에 고려함으로써 신뢰의 일상적 개념을 다루는 동안, 바버는 정의를 보다 제한적으로 구체화함으로써 자신이 개선하고자 했던 서로 다른 의미들의 '혼돈 상태'를 발견한다. 그의 정의와 그가 분석에서 사용한 이론적 장치 모두는 정합적인 이론적 원천(탤컷 파슨스의 사회체계 모형)에서 유래한다. 신뢰 개념의 다양한 사용을 보편적 개념 아래에 둠으로써, 바버는 그런 이용 — 한꺼번에 모든 것을 고려한다는 것은 산만하고 혼란스럽지만 — 이 그 자체로 고유하게 질서정연하고 탐구될 수 있다는 사실을 전혀 고려하지 않았다.

민속방법론은 해명되지 않은 일상적 활동의 '혼돈 상태'를 이론적 정형화로 대체하기 위한 고전적 시도에서 발생하는 인식론적 문제를 해결하지 못한다. 구성적 분석의 목표와 성취에 대한 무관심을 유지함으로써, 민속방법론자들은 (다양한 일반적 및 전문적 정형화의 사용을 포함하는) 지표적 표현의 조직적 사용을 규명하고자 한다. 어쩔 수 없이 민속방법론자들도 정형화에 돌입하지만 — 정형화하기의 작업을 정형화하는 한에서 — 구성적 분석가들과는 달리, 정형화와 활동 사이의 관계를 진리 조건적

---

80) *Ibid.*, p. 133.

용어 이외의 것으로 '논제화한다'. 즉, 그들은 정형화를 배타적으로 참이 거나 거짓인 문장으로 다루지 않는다. 그 대신, 그들은 행위의 시간적 순서 속에서 정형화가 실제적 움직임으로 작용하는 방식을 탐구한다. 두 가지 중요한 질문이 이 프로그램에서 발생한다. ① 활동이 이루어지는 과정에서, 활동이 모든 정형화에 앞서서 규칙성, 질서, 표준화, 특별한 무리의 독자성(예: '합리성') 등을 드러내는 것은 어떻게 가능한가? ② 구성원들은 활동의 일부로 정형화를 어떻게 사용하는가?

이로부터 우리는 블루어가 과학에 대한 과학적 연구를 제안했을 때 끌어들인 고전적 사회학과 민속방법론이 서로 완전히 대비된다는 사실을 확인할 수 있다. 블루어가 과학으로서 사회학의 토대와 과학학에서 사회학적으로 설명된 내용 사이의 구분을 유지하는 곳에서, 가핑클과 삭스는 사회학의 연구대상인 일상적 사회와 사회학을 동등한 것으로 놓고 있다.

"정형화된 구조" 논문이 작성된 후, 민속방법론의 프로그램은 서로 다른 두 개의 연구 계통으로 갈라졌다. 제1장에서 언급했듯, 하나의 연구 계통인 대화분석은 '자연스럽게 발생하는' 대화에서 연속적 구조들을 탐구함으로써 '지표적 표현의 합리적 성격'을 상세히 밝히고자 한다. 이 연구는 끼어들 기회 잡기, 인접 쌍 조직화, 지시적 배치와 정정, 논제의 조직화, 이야기 구조, 지위 정형화 등과 같은 현상을 다루기 위한 정례적 과정을 서술한다. 비트겐슈타인의 용어에 따르면, 그런 현상은 '언어게임'으로, 그것을 통해서 질서, 의미, 정합성, 동의 등이 상호작용적으로 성취된다. 81) 다른 계통은 가핑클의 민속방법론적 업무 연구다.

---

81) 비트겐슈타인은 언어게임이라는 용어를 다면적으로 사용했다. 대화분석은 비트겐슈타인(*PI*, 23절)이 그 용어가 "말을 한다는 것이 활동 또는 삶의 형식의 일부라는 사실을 두드러지게 함을 의미한다"고 말할 때 강조한 '언어게임'의 의미로부터 발전했다. 그런 다음, 비트겐슈타인은 사례의 목록을 제공하는데, 질서를 제공하고 순종하기, 사물의 외관을 묘사하기, 서술로부터 사물을 구성하기, 이야기하기와 농담하기 등이 포함된다. 비트겐슈타인(*PI*, 25절)은 이런 활동의 일부('명령하기, 묻기, 열거하기, 잡담하기')를 '언어의 원시적 형

가핑클은 이 프로그램을 질서 문제의 고전적 개념을 깨는 사회질서의 생산에 대한 접근으로 보고 있다. 82) 사회질서를 생산해 낼 수 있는 구체적 질서를 분석 가능한 것으로 만들어 주는 개념적 테마들은 모두 구성원들의 국지적 성취일 뿐이다. 그런 우주에서, 정통한 이론가가 '전체적' 사회구조의 주제를 한달음에 말할 수 있는 여지란 존재하지 않는다. 최선의 선택은 참여자들의 행위로 거대 테마(grand themes, 예: 합리성, 행위자, 구조 등)가 일상 작업의 일부에 불과하다는 사실을 분명하게 드러내 주는 실천적 탐구의 특정한 **사이트**(sites)를 밀착 연구하는 것이다. 우리의 논의와 관련해서는 과학자와 수학자의 실천에 대한 민속방법론적 연구가 특히 관심의 대상이다. 대화분석보다 이 연구의 본체에, 정형화가 실천적 활동에서 어떻게 발생하는가에 대한 가핑클과 삭스의 문제제기가 훨씬 더 생생하게 남아 있다(이에 대해서는 제6장에서 더 구체적으로 다루고 있다).

지도, 도표, 그래프, 텍스트의 그림, 수학적 증명, 사진 문서 등과 같은 정형화는 가핑클과 삭스가 논의했던 활동의 정형화와 현저히 다른 것으로 상상할지 모르겠다. 어쨌든, 지도란 객관적 영토와 영역을 표상하고, 수학적 증명은 수학에서의 함수를 표상한다. 정교한 의미에서, 그것들은 '우리가 하고 있는 것'의 정형화로 사용되지 않는다. 지도와 증명을 고립된 그림이나 진술로 취급하는 것은 그것들을 구성하거나 사용하는 활동을 무시하는 셈이다. 문서의 사용을 분석하는 것은 그것의 지시적 기능의 효과를 감소시키는 것이 아니라 '사물'의 정형화와 '우리 활동'의

태'라고 성격 규정하고, 이것들이 "'걷기, 먹기, 마시기, 놀기' 등과 같은 우리의 자연사의 일부와 거의 같음"을 관찰한다.

82) Harold Garfinkel, "Evidence for locally produced, naturally accountable phenomena of order, logic, reason, meaning, method, etd., in and as of the essential quiddity of immortal ordinary society(I of IV): announcement of studies", *Sociological Theory* 6(1988): 103~106.

정형화 사이의 본질적 차이에 대한 추측을 뒤엎는다.

다음의 예는 실험실 미팅에서 책임자(H)와 두 명의 실험실 조교들(J와 B)이 조교들이 준비한 전자현미경 자료를 살펴보면서 나누는 대화를 녹음한 것이다.

> J: … 만약 당신이 이 재료를 **본**다면 그것 — 변질된 것들은 매우 한정되어 있기 때문에 그것에 대한 실제적 **문제**란 없습니다.
> B: 저것이 정말로 나를 **미치게** 만들었던 것입니다. 내가 3일 된 재료를 보고 있을 때, 말단은 있잖아요, 신경 교(膠)에 의해 이미 식균(食菌) 당하고 있었어요.
> J: 오 그래요, 지금도 그런 게 약간 있어요.
> (침묵: 3초)
> H: 그래, 나는 그것에 대해선 걱정하지 않아. 나를 걱정케 하는 것은 오탐(誤探)이야.
> J: 예, 알아요.
> H: 이것처럼 말이야.
> J: 아, 그렇죠. 맞네요 — 표시를 못 했어요, **생각** 못 했네요 — 아시잖아요, 거기에 작게 'X'라고 표시했잖아요. 왜냐하면, 그것은 **사소하고**, 하지만 **이것**은 바로 거기에 밀도를 지니고 있는 것처럼 보이네요.
> H: 그래, 그리고 이것은 매우 좋아 보이는데 … . [83]

대략 정리하면, 이 발췌문은 J가 그와 B가 막 준비를 끝마친 자료의 분석적 명료함을 평가하면서 시작된다. 그런 다음, B는 다른 자료와의 비교를 통해 이 평가를 뒷받침한다. H는 두 조교가 방금 말한 것에 '의구심'을 표한다. 그러자 J는 자동적으로 증거자료와 그 준비과정에서 사용된 자신의 방법을 구체적으로 설명함으로써 의구심을 피해간다. H가 J의 평가

---

83) 이것은 M. Lynch, *Art and Artifact in Laboratory Science*, pp. 252~253에 처음 실려 있던 필기록을 단순화한 판본이다.

에 동의를 표하면서 발췌문은 끝난다(서로의 의견교환은 필사본 발췌문을 넘어서서 꽤 오래 계속 이어진다).

발췌문에 대한 세부적 분석은 접어둔 채, '사물'의 정형화에 대한 현재의 질문과 관련된 몇 가지 핵심을 언급해 보도록 하겠다. 참여자들은 자신들이 함께 조사한 전자현미경 사진들을 보여 주고 '사물'을 말한다. 이런 언급에는 최소한 다음과 같은 내용이 포함되어 있다. 84)

1. '이 재료'와 뇌조직의 세포 소기관의 '변질'에 대한 J의 최초 언급은 아마도 실험적 손상에 기인함.
2. 현재의 재료와 '3일 된 재료'—여기서 '3일'은 손상과 동물의 희생 사이의 날짜 수를 정형화한다—에 대한 B의 비교.
3. 식균작용에 대한 B의 언급. 이 과정을 통해 교(膠) 세포는 뇌 상처에 따르는 변형된 조직을 '청소해 준다'고 언급된다.
4. '오탐'(誤探)에 대한 H의 '의구심', 이 경우에 오탐이란 특정한 현미경 사진에서 변형된 것으로 나타나야만 하지만, 정상처럼 보이는 세포 속 기관의 시각 자료로 이해될 수 있다.
5. '작은 X'에 대한 J의 언급. 그는 '사소한' 실체를 표시하려고 현미경

---

84) 이런 지표적 표현이 '지시하는' 것에 대한 나의 해석은 발췌된 텍스트에서만 생성된 것이 아니라 연구소의 공통된 기법과 현장용법에 대한 내 민속지에도 의존한다. 이런 분석을 위한 내 해석의 명료성은 연구대상인 분과 특화적 실천에 대한 나의 (이 경우에는, 다소 빈약한) 이해력에 크게 좌우된다. 내 꾸미기 실행의 빈약성을 언급하는 것은, 라투르의 비판과는 대조적으로, 기술적 과학(technical science)에 대한 내 자신의 무지를 고백하고자 했기 때문이 아니다. 내가 실행에 대해 말해야만 하는 것이—적절하든, 사소하든—서술 대상의 역량을 연장하고 있을 뿐이라는 것을 각성시키기 위함이다. 다음을 볼 것. B. Latour, "Will the last person to leave the social studies of science please turn on the tape-recorder?", *Social Studies of Science* 16(1986): 541~548. 이 글은 다음의 글에 대한 서평이다. M. Lynch, *Art and Artifact in Laboratory Science*.

사진 표면에 흔적을 남겨 두었다고 말한다.
6. '이것'이 '매우 좋아' 보인다는 H의 평가.

사물에 대한 이 각각의 언급들은 조사 대상인 재료에 초점을 맞추고 있다. 일부 언급은 시각적으로 식별 가능한 자료의 특징을 강조하는 것처럼 보이고 —'변형된' 축색돌기 자료의 경우(1), '사소한' 사례의 경우 (5), '꽤 좋아' 보이는 '이것'의 경우(6) — 이런 지표 용어들에는 특유의 실물지시(ostension)의 제스처가 동반될 수 있다. 다른 언급들은 손에 잡히는 특수한 사례의 시간적 및 개념적 지평에 호소한다 — 예로는 다른 사례와 식균작용에 대한 B의 언급(2, 3), 그리고 가능한 방법론적 문제에 대한 C의 언급(4)을 들 수 있다. '이 재료'에 대한 J의 언급(1)과 같이 아직도 남아 있는 것은 두루뭉술한 손가락으로 가리키거나, 여러 사물 모두를 지시한다. '이 재료'는 전체로서의 현미경 사진자료, 문서자료의 틀 속에서 경계가 없는 형상들, 일련의 비교 가능한 현미경 사진들, 다양한 분석적 지표와 표시들, 어떤 특징적 현상 등을 가리킬 수 있다. 그러나 일행은 그런 언급을 분명히 하려고 휴식시간을 갖지 않는데(그럴 필요가 있다는 문제제기가 이루어질 때를 제외하고), 이것은 숙련된 참여자에게 지표 용어가 '상징하는' 것에 대한 심리적 상(像)을 제공해 주는 신비스런 과정 때문이 아니다. 더욱이 사물에 대한 각각의 연속적 언급은 발화(發話)와 활동의 국지적 맥락을 강조하는 발화 속에 포함된다.

이러한 예로부터, 우리는 사물에 대한 언급이 동시적으로 활동에 대한 (그리고 그 내부의) 언급으로 기능하는 것을 볼 수 있다. 참여자들은 회화적 구체성에 해당하는 명사들을 발설하는 말하는 기계처럼 행동하지 않는다. 그들의 언급은 J와 B의 작업의 적합성, 그리고 프로젝트의 성공을 함축한다(예: 자료의 '한정된' 특징들에 대한 언급은 사물들이 괜찮고, 식별할 수 있는 현상이 그 자료에서 출현하는 것처럼 보인다는 것을 함축한다). 따라서 가핑클과 삭스가 활동의 정형화에 대해 보편적으로 주장했던 것은 실험실 현장대화에서의 사물의 정형화와 무관한 것이 아니다.

만약 우리가 비트겐슈타인의 수열 논증에 대한 두 가지 독해 사이의 대비를 한 번 더 돌아본다면, 이제 우리는 민속방법론 프로그램이 스트롱 프로그램의 그것과는 매우 다른 방식으로 비트겐슈타인을 연장한다는 사실을 알고 안도의 한숨을 내쉴 수 있다. 회의론적 읽기에 따르면, 규칙은 그것에 기초한 행위를 빈틈없이 설명해 낼 수 없는 활동을 **표상**한다. 회의론적 해법은 행위자가 새로운 사례를 포괄하려고 규칙을 자연스럽게 연장할 수 있는 방법을 설명하려고 심리학적 기질 및/또는 외생적인 사회적 요소를 끌어들인다. 비(非)회의론적 읽기에 따르면, 규칙은 그것이 발생하는 질서정연한 활동 '속에서, 의, 으로서'(in, of, and as)의 표현이다. 규칙의 정형화는 질서정연한 활동 탓으로 돌려지는데, 질서가 그런 활동의 조율된 생산 속에 이미 내재되어 있다는 조건이 따라 붙는다.

앞에서 살펴봤듯, 가핑클과 삭스에게 '지표성'은 언어적·사회적 활동을 객관적으로 표상해 내고자 논리학자 및 사회과학자들이 계속해서 노력해 온 만성적 골칫거리다. 이 골칫거리는 민속방법론에서는 사라져 버리는데, 그것이 해결되었거나 초월되었기 때문이 아니라 언어의 총체적 개념화에서의 변환 때문이다. 가핑클과 삭스가 '지표적 표현의 합리적 성질'에 대한 자신들의 논의에서 정교화하듯, 그런 표현들은 분명하고, 알기 쉽고, 명료한 활동들 바로 그 자체다. 그들의 관점에 따르면, 지표성이 문제가 되는 것은 범위가 제한된 환경에서뿐이다. 지표적 표현이 편재하는 '방법론적 공포'로 다가오는 것은 그것이 그 의미로부터 분리된 상징으로 취급될 때뿐이다. 85)

---

85) 울가(*Science: The Very Idea*, p. 32 ff.)의 경우, '방법론적 공포'는 표상을 회의론적으로 취급하기 때문에 발생하는 문제로서 규칙과 적용, 이론과 실험자료 사이의 미결정론적 관계를 포함한다. 울가는 과학자의 표상적 실천에 대한 그의 총체적 회의론을 위한 방법론적 원리를 제시한다. 제한되지 않은 회의론의 정책기조는 사회학적 '관찰자'에게 혼란스럽지 않아 보이는 실천에 방법론

과학자와 수학자가 그런 표현을 실천활동과 연계된 부분으로 사용하는 한, 그들은 몇몇 수사적 또는 해석적 묘책을 통한다고 해도 지표성을 피할 수 없다. 오히려, 보편적 '공포'는 결코 일어나지 않는다. 이것은 과학자들이 방법론적 또는 인식적 문제가 없다거나 지표적 표현이 단순히 유익한 수단이라고 말하는 것이 아니다. 분과적으로 특화된 작업의 과정에서 이런 문제가 발생하고, 계기적(그리고 이따금씩 '악마적') 우연성에 의해 통제된다고 말하는 것이다.

적 공포를 부가할 수 있는 자격을 부여한다. 이런 해석학적 정책기조는 우리에게 회의론적 철학자가 제기할 수 있는 문제를 회피하거나 우회하려고 끝없이 수고하는 과학자의 상(像)을 그릴 것을 요구한다. 만약 이것이 이데올로기 비판 게임에서의 익숙한 움직임과 비슷해 보인다면, 그것은 우연이 아니다. 울가(p. 101)는 "과학이란 표상 이데올로기의 특별한 시각적 발현에 불과하다"고 진술한다. 그는 표상 이데올로기를 "대상(의미, 동기, 사물)이 그것을 발생하는 표면적 기호(문서, 현상)의 근저를 이루거나 앞서서 존재한다는 개념에서 유래하는 일련의 신념과 실천"으로 정의한다(p. 99). 그의 비판은 특수한 형이상학적 과학관은 물론 과학적 실천을 분명하게 겨냥하고 있고, 따라서 그는 전문과학자들이 하고 있는 것과 과학철학자들이 과학자들의 당위로 규정한 것을 뒤섞고 있다는 해킹(*Representing and Intervening*, p. 30)의 비난에 취약해 보인다. 울가의 방어에서, 실제로 실천하는 과학자들은 설명을 부탁했을 때 종종 자신들의 결과에 대해 실재론적(순진하든 그렇지 않든) 설명을 제공한다는 주장이 제기될 수 있다〔많은 예 중에서 다음을 볼 것. G. Nigel Gilbert and Michael Mulkay, *Opening Pandora's Box: A Sociological Analysis of Scientists' Discourse*(Cambridge University Press, 1984)〕. 그리고 과학자들의 저작은 특별한 '실재론적' 문학 장르라고 말하는 것이 큰 잘못은 아닐 것이다. 그러나 '표상 이데올로기'를 비판하는 것이 적절할 수 있음에도, 그런 비판이 과학자들의 관행적 활동의 '통속적 능력'(vulgar competence)을 함축하는지는 결코 분명치 않다(다음을 볼 것. Garfinkel et al. , "The work of a discovering science", p. 139). 그리고 과학이란 이데올로기의 표상에 '불과할 뿐'이라는 울가의 진술은 '표상 이데올로기'가 과학자의 실천에 대한 가늘고 종종 부적절한 설명이라는 점을 고려할 때 받아들이기 매우 어렵다.

수학의 사회학에서 수학의 실천학으로

가핑클과 삭스의 주장으로부터, 활동을 정형화하려는 노력을 훼손하거나 앞서서 방해하려는 것과는 별도로 우리는 '지표적 표현의 합리적 성격'이 모든 정형화의 의미, 적실성, 성공, 실패 등을 이해할 수 있는 필수불가결한 토대를 제공해 준다는 사실을 배운다. 규칙이나 관련된 정형화가 엄격하고, 변함없고, 심지어 초월적인 활동에 대한 서술로 간주되는 그런 사례에서, 그 엄격함의 토대는 그런 정형화를 사용하는 실천에 의해 제공된다. 에릭 리빙스턴(Eric Livingston)의 민속방법론적 수학자의 업무 연구에 대한 블루어의 서평에서 제기된 쟁점을 살펴보면, 이 제안과 SSK 프로그램이 더욱 선명하게 대비됨을 알 수 있다. [86]

리빙스턴은 자신이 수학적 증명의 '짝 구조'(pair structure)라고 부르는 현상을 소개한다. [87] 이것은 '증명 설명'(증명 '시간표'의 텍스트적 진술)과

---

[86] David Bloor, "The living foundations of mathematics", *Social Studies of Science 17*(1987) : 337~358. 이 글은 다음 책의 서평이다. Eric Livingston, *The Ethnomethodological Foundations of Mathematics*(London : Routledge & Kegan Paul, 1986).

[87] 리빙스턴(*The Ethnomethodological Foundations of Mathematics*)은 가핑클의 최근 저작에 소개된 '생활세계 짝'(Lebenswelt pair)의 테마를 발전시켰다 (Harold Garfinkel, Eric Livingstone, Michael Lynch, Douglas Macbeth, and Albert B. Robillard, "Respecifying the natural sciences as discovering sciences of practical action, I & II : doing so ethnographically by administering a schedule of contingencies in discussions with laboratory scientists and by hanging around their laboratories", unpublished manuscript, Department of Sociology, UCLA, 1989, p. 12~34). '짝'은 '첫 번째 부분'(예, 리빙스턴의 예에서 증명 진술)과 정리 증명하기의 '체험된' 작업현장 실천 ─ '그 일' ─ 으로 구성되어 있다. 가핑클과 그의 동료, 그리고 리빙스턴은 '짝 구조'가 단순히 정형화와 활동의 또 다른 예가 아니라는 점을 강조한다. 그들은 생활세계 짝이 수학 및 여타 '실천행위의 발견 과학'에서만 발생할 가능성을 제기한다. 그들은 민속방법론 연구에서 수학과 물리과학을 예외로

'증명하기의 체험된 작업'('증명하는 사람'이 어떤 특정한 조건에서 증명을 행할 때 사용하는 활동의 과정) 사이의 구분과 관련된다.* 괴델의 증명과 더 간단한 유클리드 기하학의 증명에 대한 자신의 논증에서, 리빙스턴은 체험된 증명 작업에 대한 증명 설명의 내적 관계를 강조한다. 이런 강조를 통해 리빙스턴이 의미하고자 한 바는 수학자들은 그림을 그리고, 기수법의 체계를 이용하고, 계산하고, 다음에 무엇을 할 것인지 의논하고 논쟁하는 것 등과 같은 실천을 통해 증명을 '수행한다'는 것이다.

리빙스턴의 논법은 증명 설명은 물론 그와 관련된 체험된 작업도 홀로 존재하지 않는다고 가정한다. 종이 위에 연필로 혼자 또는 칠판에서 동료와 함께 활동하는 역량을 갖춘 수학자의 경우, 증명 설명은 체험된 증명 작업을 구체화한다. 일단 작업이 시작되면, 그것은 증명 작업의 '정확한 서술'과 '초월적 설명'이 된다.

증명의 짝 구조에 대한 혼란스럽고 놀라운 사실은 증명-설명뿐만 아니라 그와 관련된 체험된-작업도 홀로 존재할 수 없으며, 분리된 상태에서는 서로를 이용할 수 없다는 점이다. 생산된 사회물(social object) — 증명 — 과 그것의 관찰되고 논증 가능한 성질의 모든 것 (증명-설명의 물질적 명세와는 무관한 초월적 현존을 포함하는)은 그런 짝짓기 '속에서 그리고 으로서'(in and as) 이용 가능하다. 비록 증명의 성취로서 그런 증명이 그 작업과 분리될 수 있는 것처럼 보일지라도, 증명자(者)의 작업은 그 물질적 세목으로부터 분리될 수 없다. 88)

취급할 것을 제안하고 있지 않지만, 이 정책기조는 그런 분야들은 '특별하다'는 것을 암시하는 것 같다. 나는 이 문제를 제7장에서 다루고자 한다.
● 〔옮긴이주〕'증명 설명'(proof account)과 '증명하기의 체험된 작업'(the lived work of proving) 사이의 짝 구조는 지표적 표현과 객관적 표현, 활동의 정형화와 활동 그 자체, 전문 사회학과 일반 사회학 등의 '생활세계 짝'과 동일한 관점의 맥락에 놓여 있는 것으로서 수학의 증명에 특화된 것이라 할 수 있다.
88) Eric Livingstone, *Making Sense of Ethnomethodology* (London: Routledge

비트겐슈타인의 반회의론적 읽기와의 관계는 분명해졌다. 리빙스턴은 증명 진술의 명료성은 증명의 실천과 분리된 채 존재하지 않는다고 주장함으로써 '실수를 포함〔하는〕질문'을 피한다. 증명을 정형화하는 체험된 작업은 수학자들의 작업임에도 불구하고, 동시에 사회적 현상이다.

발견된 증명의 짝 구조에 따른 한 가지 결론은 수학의 증명이 증언 가능한 사회물(物)로 복구된다는 점이다. 이것은 '사회화' 이론처럼 외생적, 비증명-특화적(non-proof-specific) 요소의 형태 일부가 증명에 추가되어야 할 필요성 때문이 아니라, 증명의 해명 가능성이 증명으로서 그것의 생산 및 전시에 완전히 속박되어 있기 때문이다. 89)

해박하고 어떤 점에서는 날카로운 리빙스턴의 책 서평에서, 블루어는 그의 접근과 민속방법론의 접근 사이의 차이를 분명하게 드러낼 수 있는 점들을 중심으로 반대를 표명했다. 그는 논쟁에서 자신의 진영에 비트겐슈타인을 끌어들였는데, 그로 인해 자신의 입장을 둘러싼 커다란 위험을 동시에 감수해야만 했다. 블루어는 리빙스턴이 비트겐슈타인에 대한 언급을 전혀 하지 않는다고 꾸짖은 다음, 그가 비트겐슈타인의 '사회적 지식론'을 알고 있어야 했다고 가르치려 들었다. 그렇게 하는 동안, 블루어는 리빙스턴의 논법이 얼마나 비트겐슈타인의 반회의론적 읽기와 잘 일치하는가를 포착하는 데 실패했다. 90) 블루어는 리빙스턴의 입장을 다음

& Kegan Paul, 1987), pp. 136~137.

89) *Ibid.*, p. 126.

90) 확실히, 리빙스턴은 자신의 책(*The Ethnomethodological Foundations of Mathematics*)에서 비트겐슈타인을 언급하지 못했다. 그리고 후속 저작〔*Making Sense of Ethnomethodology*(London: Routledge & Kegan Paul, 1987), p. 126 ff.〕에서, 그는 비트겐슈타인을 특별한 예와 관련해서만 언급한다. 그럼에도, 두 텍스트 모두 비트겐슈타인 유의 논증이라고 주장할 수 있을 만한 것을 사용한다. 아마도 리빙스턴은 그런 주장을 가핑클의 가르침에서 가져왔을 것이다.

과 같이 규정한다.

보편적으로 강제적이고, 영원히 변치 않는 수학적 진리를 창조하는 놀라운 업적은, 말하자면, 칠판에서 벌어지는 일에 전적으로 좌우된다. 만약 우리가 엄밀하게 구체성을 조사한다면, 우리는 초월성이 어떻게 그때, 그 곳에서 달성되었는지를 볼 수 있을 것이다. 우리는 에피소드의 주변에서 탐문하거나 업적이 주변에서 기원한 상황 속에 수입된 뭔가에 달려 있을 수 있다는 가능성을 탐색할 필요가 없다. 그것〔초월성이 어떻게 그때, 그 곳에서 달성되었는지를 보는 것 - 옮긴이〕은 '작업현장'(worksite) 너머의 비국지적(non-local) 특색 및 환경에 연루시켜야 할 것이다. 91)

물론, 리빙스턴은 오직 블루어의 판단에서만 실패했을 뿐이다. 블루어는 보편적인 인과적 설명을 요구하지만, 리빙스턴은 개별적 증명의 실제적 명료성을 탐구하고자 하기 때문이다. 블루어의 주장에 따르면, 리빙스턴은 증명의 '친숙한' 측면을 언급함으로써 수학자들 사이에서 수용된 주장과 공통된 경향성이라는 폭넓은 지평선을 함축하고 있다. 그러나 리빙스턴에 반대하고자 이런 주장을 내세우는 것은 증명 진술과 체험된 증명 작업의 내적 관계를 강조하는 리빙스턴의 핵심을 놓치는 꼴이다.

리빙스턴이 논증하고자 애쓰는 것은 체험된 증명 작업(칠판이나 종이 위에 연필로 이루어지는 수학의 공적 생산)이 증명 진술의 동일한 활동에 대한 '엄밀한 서술'을 낳는다는 사실이다. 돌아보건대, 증명 진술 그 자체보다 더 나은 정형화란 존재하지 않는다. 비록 정형화의 정합성은 진술의 지시적 기능에 의해서가 아니라 체험된 증명 활동을 통해서 확립되지만 말이다. 만약 더 나은 정형화가 개발된다면, 그것 또한 수학자들의 활동의 역사성에서 출현할 것이다. 물론, 이것은 '조용한 동의'와 질서정연한 실천의 공동체적 배경을 함축하지만, 블루어에게는 충분치 않다. 리

---

91) Bloor, "The living foundations of mathematics", p. 341.

빙스턴의 논증에는 사회학적 설명이 없기 때문이다. 블루어는 그런 설명의 씨앗이 비트겐슈타인의 후기 철학에서 발견된다고 주장한다.

> 가끔 언급되는 바이지만, 비트겐슈타인은 **이론**을 정교화했다. 그는 수학적 증명을 구성하는 것은 유비에 의한 추론의 과정으로 이해될 수 있다고 주장했다. 그것은 주변 세계에 대한 우리의 경험에 원래 기초하고 있던 추론의 패턴들과 관련되어 있는데, 그것은 패러다임으로 기능하게 되었다. 패러다임은 규약화되었고, 그 결과로써 특별한 아우라(aura)에 올라타기 시작했다. 우리는 수학이 우리에게 사물의 본질을 보여 준다고 생각하지만, 비트겐슈타인의 경우, 이런 본질은 규약에 불과하다(RFM, I-74). 우리는 비트겐슈타인에 이르러 밀의 경험주의가 뒤르켐의 종교론(theory of the sacred)과 결합되었다고 말할 수 있을 것이다. 92)

기본적으로, 블루어의 리빙스턴에 대한 '비트겐슈타인식' 비판은 비트겐슈타인에 대한 비판이기도 하다. 만약 리빙스턴이 사회적 과학이론을 진술하지 못하고, 수학적 실천을 인과적으로 설명하지 못했다면, 마찬가지 원리로 비트겐슈타인은 명시적인 정책기조의 문제 때문에 '실패하고' 있는 셈이다.

> 우리의 고려가 과학적인 것이 될 수 없다고 말하는 것은 옳았다 … 그리고 우리는 어떤 종류의 이론도 발전시키지 않을 것이다. 우리의 고려에 가설적인 어떤 것이 있어야만 하는 것은 아니다. 우리는 모든 **설명**(explanation)을 버려야만 하고, 서술(description)이 온전히 그 자리를 차지해야 한다. 그리고 이 서술은 철학적 문제들로부터 스스로 빛을 내고, 스스로 목적이라고 말해야 한다. 물론, 경험적이지 않은 문제란 없다. 그 문제는 우리 언어의 작용을 들여다봄으로써 해결된다 — 즉, 그것을 오해하려는 충동에도 불구하고. 문제는 새로운 정보를 제공함으로써가 아니라 우리들

---

92) *Ibid.*, pp. 353~354.

이 이미 알고 있는 것을 배열함으로써 해결된다. 철학은 언어를 통해 우리의 지성을 현혹시키는 것에 대항하는 전쟁이다. 93)

고전사회학의 꿈의 연속선상에서 '사회적 지식론'을 제공하려는 시도와는 달리, 비트겐슈타인은 자신의 탐구에 대한 과학, 이론, 설명 등의 관련성을 부정한다. 민속방법론도 과학적 사회학의 가장 기초적 요소들 — 즉, 그것의 설명적 목적, 그것의 분과적 집적물, 그것의 사회에 대한 정의 등 — 을 회피한다. 94) 그런 점에서, 민속방법론은 과학주의와 토대주의에 대한 비트겐슈타인의 문제제기를 거부하지 않은 채 비트겐슈타인을 연장한다.

설명보다는 서술을 권고함으로서 비트겐슈타인은 서술이 '사실의 단어-그림'이 아니고, '특수한 사용을 위한 장비'(PI, 291절)라고 설명했다. 그는 언어 사용의 유일하게 옳은 서술을 전달한다고 주장하지 않는다. 그 대신, 그는 일종의 성찰적 탐구를 옹호했는데, 그런 탐구에서 철학의 문제를 다루는 방식은 '우리 언어의 작동방식을 들여다보는' 것과 일맥상통한다.

---

93) Wittgenstein, *Philosophical Investigations*, 109절.
94) 비트겐슈타인의 '이론'에 대한 블루어의 재구성은 가핑클의 '해석에 기반을 둔 행위이론'(*Garfinkel and Ethnomethodology*, p. 130)에 대한 헤리티지의 판본과 평행선을 이룬다. 블루어처럼, 헤리티지는 비트겐슈타인(그리고 가핑클도 마찬가지로)을 규칙과 실천행위의 관련성에 있어서 '가장 한정적인' 개념을 발전시키는 것으로 읽는다. 여기서 나는 비트겐슈타인을 이런 고전적 문제를 다룬 이론가가 아니라 언어적 표현의 의심스런 논법을 통해서 문제가 어떻게 발생하는가를 논증하려 일상적 언어를 체계적으로 탐구한 반(反)이론주의자〔또는 비(非)이론주의자〕로 읽어야 한다고 주장하는 바이다. 비트겐슈타인처럼, 가핑클도 체계적 이론으로서 그의 연구를 규정하는 것을 피하고 있다.

비트겐슈타인의 경험적 연장을 향하여

비트겐슈타인이 언어에 대한 설명적 접근이 아니라 서술적 접근을 추천했을 때, 그가 의미한 것은 언어의 경험적 사회학은 물론 반영의 자기 관찰적 형태도 아니었다. 후자와 관련하여, 그는 그것의 '비성찰적' 대립물을 '성찰적으로' 파악하려고 이차적 철학을 발전시켜야 할 아무런 필요성도 느끼지 못했다 — 즉, "혹자는 생각할 수 있을 것이다. 만약 철학이 '철학'이라는 단어의 사용을 말한다면, 반드시 이차적 철학이 존재해야만 한다고 말이다. 그러나 그것은 그렇지 않다. 오히려 그것은 철자법의 경우와 같다. 철자법은 이차적이 될 필요 없이 다른 단어들 사이에서 '철자법'이라는 단어를 다룬다."[95]

그렇다면, 우리는 어떻게 언어의 작동방식을 들여다'봐야' 하는가? 비트겐슈타인은 "우리는 문장의 사용에 대한 **선명한 관점을 보유하지 않는다** — 우리의 문법은 그런 종류의 명료함을 결여하고 있다"(*PI*, 122절)고 언급한다. 전통 철학에 대한 성찰적 태도에서, 우리는 알다(know), 표상하다(represent), 추론하다(reason), 진실한(true) 등과 같이 공명을 불러일으키는 용어들을 본질적 또는 핵심적 의미로 규정하기 때문에 지식(Knowledge), 표상(Representation), 이성(Reason), 진리(Truth) 등의 실체화된 개념들을 개발하는 데 쉽게 이끌린다. 일상적 용법에 기원한 직관적으로 인지 가능한 예들을 인용함으로써, 그리고 상상의 '부족'과 우리의 관습적인 용법과 체계적으로 다른 '언어게임'을 구축함으로써, 비트겐슈타인은 일상적인 '인식론적' 표현의 사용에서의 편차, 체계적 애매모호함, 그럼에도 분명한 감수성 등을 보여 주는 방식으로 인식론을 문제 삼을 수 있었다.

블루어가 강조하듯, 비트겐슈타인은 상상의 민속지를 개발했지만, 언

---

95) Wittgenstein, *Philosophical Investigations*, 121절.

어의 경험적 민속지는 아니었다. 그렇지만 이것이 필연적으로 실패일 필요는 없는데, 비트겐슈타인(*PI*, 122절)은 자신의 사례를 '명료한 표상'(perspicuous representation) ─ 우리 문법에서 '연결'을 보여 주기 위해 체계적으로 배열된 범례 ─ 으로 고안하였기 때문이다. 비트겐슈타인의 기획은 경험적 사례를 위한 역할을 창조하고 있지만, 블루어가 제시하듯, 추론적 방법을 설명적 방법으로 전환하고 있지는 않다. 그 대신, 가핑클이 조언하듯, 경험적 탐구는 주로 '게으른 상상에 대한 조력'으로 고안될 수 있다. 96) 가핑클의 잘 알려진 말썽 일으키기 실행〔'위반실험'(breaching experiment) - 옮긴이〕은 명료한 표상의 방법들 ─ 실천 조직을 가시화하기 위해 일상적 장면을 파괴하는 개입들 ─ 로 비춰질 수 있다. 과학 작업에 대한 보다 최근의 연구를 위해, 가핑클은 인식론의 중심 용어(합리성, 규칙, 행위능력 등)를 '명료한 현상'(perspicuous phenomena)으로 바꾸기 위한 체계적 개입들을 고안했다. 97)

명료한 표상이라는 아이디어는 초기 대화-분석적 탐구에도 적용되고 있다. 삭스는 일상언어 철학자와 화행(speech-act) 이론가들이 사용한

---

96) Harold Garfinkel, *Studies in Ethnomethodology*(Englewood Cliffs, NJ: Prentice-Hall, 1967), p. 38.

97) 한 예로 프리드리히 슈레커(Friedrich Schrecker)의 실험 실천에 대한 연구를 들 수 있다. 이 연구에서 슈레커(가핑클의 세미나에 참석한 대학원 학생)는 화학 실험실에서 장애 학생을 도왔다. 슈레커는 사실상 실험실 실천이 이루어지는 동안 현장에서 그 학생의 '몸'으로 움직였다. 둘 사이의 상호작용은 비디오로 촬영되었다. 슈레커에게 내려진 화학과 학생의 구두 지시는 장비를 실험의 현재 상태라는 '식별 가능한' 표시로 이동시키고 배열하는 작업의 선명한 실례이다. 다음을 볼 것. Friedrich Schrecker, "Doing a chemical experiment: the practices of chemistry students in a student laboratory in quantitative analysis", unpublished paper, Department of Sociology, UCLA, 1980. 슈레커의 논문은 다음에서 논의되고 있다. M. Lynch, E. Livingston, and H. Garfinkel, "Temporal order in laboratory work", pp. 205~238, in Knorr-Cetina and Mulkay, eds., *Science Observed*.

문법적 분석의 반영[론]적 방법을 회피하는 공통된 언어 사용의 예를 제공하려고 녹음 처리된 대화의 분석을 최초로 시도했다. 삭스의 많은 초기 강의는 자신의 대화 녹취록 모음집에서 가져온 이런저런 발췌문에서 영감을 받은 것이었다. 한 수업에서, 삭스는 "여기서 내가 하고자 하는 것은 나의 녹취록을 나에게 인식 가능하도록 만드는 것이다"라고 말했다. 98) 제6장에서 강조하듯, 삭스도 자신의 초기 강의에서 과학적 야망을 표현했지만, 녹음 처리된 대화에 대한 그의 논법은 그와 그의 동료가 나중에 개발한 대화 체계의 규칙 지배적 모형과는 대비되고 있었다. 초기 강의에서, 언어의 논리 및 철학의 쟁점들은 겉으로 드러난 것과 크게 다르지 않았다. 99) 삭스는 직관적 범례에 기반을 둔 철학적-문법적 탐구를 비판하고자 특수한 대화의 발췌록을 사용했다.

민속방법론에서 비롯된 비트겐슈타인 후기철학의 연장은 경험 사회학으로의 이동이 아니라 인식론의 핵심 개념 및 테마의 의미를 재발견하기 위한 시도로 귀결된다. 여기서 **재발견하다**(rediscover)는 용어는 특수한 방식으로 사용되고 있다. 자연 언어의 화자로서 우리는 규칙이 무엇이며, 설명하고, 동의하고, 이유를 들고, 지시를 따르는 것이 무엇인지를 이미 알고 있지만, 이것이 곧 우리의 이해가 정의, 논리적 정형화, 심지어 이상적-전형적 사례 등으로 표현될 수 있음을 뜻하는 것은 아니다. '관찰하기', '설명하기', '증명하기' 등의 일상적이고 위치 지워진 활동에 대한 민속방법론의 서술은 이런 중심 용어들이 어떻게 특수한 활동의 맥락에 관련을 맺고 있는지에 대한 일종의 재발견 및 재상술화를 가능하게 해준다. 관찰, 설명, 증명 등의 위치 지워진 생산(situated production)에

---

98) Harvey Sacks, "Omnirelevant devices …", transcribed lecture (March 9, 1967), pp. 515~522 in *Lectures on Conversation*, *vol. 1*.

99) 다음을 볼 것. G. Jefferson, ed., *Harvey Sacks —Lectures 1964~1965*, *Human Studies 12* (1989), 2회 연속 특집호. 같은 제목으로 Kluwer Academic Publishers (Dordrecht, 1989) 에서 재출간되었다.

대한 서술은 인식론에서 총론적 개념 정의 및 친숙한 논쟁에 의해 주어질 수 있는 것보다 훨씬 더 분화되고 예민한 인식적 활동의 그림을 제공해 준다. 이것은 언어 사용의 '현실적' 민속지를 '상상적' 탐구로 대체하는 것 보다, 핵심 개념의 정의에서 그런 개념들로 덧칠해진 활동의 탐구로의 이동과 연루되어 있다.• 이 책의 나머지 부분에서 나는 그 윤곽을 구체화 하기 위해 그러한 접근에 뒤따르는 문제를 다루고자 한다.

• 〔옮긴이주〕 민속방법론의 비트겐슈타인 연장은 첫째, 전통적 실증주의 철학에 대한 비판의 연장선상에서, 둘째, 실천 외적 요소의 필연적 개입을 강조하는 블루어의 과학지식사회학에 대한 비판의 연장선상에서 이루어진다. 전자가 실재론/반실재론 논쟁의 전선이라면, 후자는 회의론 읽기/반회의론 읽기 논쟁의 전선이라고 할 수 있다. 따라서 민속방법론은 규칙이나 정형화를 통한 분석이라는 실증주의적(과학적) 방법론을 고수하는 전문가 위주의 학문분과에 대한 총체적 비판을 시도하고 있다.

제6장

분자사회학

대화분석(CA, conversation analysis)은 민속방법론에 뿌리를 두고 성장한 것 중에서 가장 오랫동안 지속되었고 가장 정합적인 연구 프로그램이다. 1960년대 후반부터 이 분야의 연구자들은 상호 교류를 바탕으로 전문적인 연구 성과를 지속적으로 쌓아올렸다. 그 성과가 수많은 선집(選集)과 사회학, 언어학, 커뮤니케이션 연구, 인류학 등을 망라하는 다양한 학술지에 실렸다. 1) CA는 전통적 분과 어디에서도 지배적 프로그램으로 자리 잡고 있지 못하지만, 꽤나 잘 확립되어 있고, 2) 사회학에서는 드

---

1) 예를 들어 다음을 볼 것. G. Psathas, ed., *Everyday Language: Studies in Ethnomethodology*(New York: Irvington Press, 1979); J. M. Atkinson and J. Heritage, eds., *Structures of Social Action*(Cambridge University Press, 1984); G. Button and J. R. E. Lee, eds., *Talk and Social Organization*(Clevedon: Multilingual Matters, 1987). 수백 개의 다른 연구가 다음에 수록되어 있다. B. J. Fehr, J. Stetson, and Y. Mizukawa, "A bibliography for ethnomethodology", pp. 473~559 in Jeff Coulter, ed., *Ethnomethodological Sociology*(London: Edward Elgar, 1990).

2) 멜빈 폴너(Melvin Pollner, "Left of ethnomethodology", *American Soci-*

물게 '정상과학'(normal science) 연구 프로그램으로 호평 받고 있다. 3)

이 장에서, 나는 과학적 분과로서의 CA의 지위를 옹호하는 몇 가지 프로그램적 주장을 비판적으로 검토하고, 자연과학의 '신화적' 개념이 자료를 제시하고 분석적 보고를 확산하기 위한 CA의 규약과 그것의 관찰 언어 속에 굳건히 자리 잡고 있다고 주장하고자 한다. 다른 많은 사회과학자처럼, 대화분석가들은 과학의 역사, 철학, 사회학에서 지금은 폭넓게 비판되는 통일된 과학적 방법이라는 개념을 종종 신봉한다. 과학지식의 새로운 사회학은 과학에 대한 코프먼-슈츠의 판본을 비판하기 위한 토대를 제공했던 것과 마찬가지로(제 4장에서), 자연관찰적 과학(natural observational science)은 인간과학에서 수행할 수 있는 방법에 대한 CA의 가정 일부를 비판적으로 검토할 수 있는 가능성을 열어 준다. 한편, 이 장에서의 내 목적은 또 다른 과학 연구 프로그램을 비판하는 것에 그치는 것이 아니라 CA의 프로그램적 기획 및 모범적 연구의 일부를 (과학의 현혹과 과학주의의 함정에 무관심한 채로 남아 있는) 민속방법론적 연구의 '탈분석적'(post-analytic) 계통 속에 재결합시킬 방안을 제시하는 것이다.

---

ological Review 56(1991): 370~380]는 대화분석이 사회학의 '교외 주택지구'로 이주했다고 말했는데, 이것은 민속방법론이 사회학의 먼 변두리에 있었던 때와 비교된다.

3) 다음을 볼 것. John Law and Peter Lodge, *Science for Social Scientists* (London: Macmillan, 1984, p. 283, n. 15). 로와 로지는 대화분석가들이 결과물을 축적하려고 서로의 성과를 명확하게 사용할 수 있음을 강조한다. 이것은 사회학에서 드문 일인데, 대부분 하위분야들은 근본적 차원에서 이론 및 방법론 쟁점을 둘러싼 끝없는 논쟁에 사로잡혀 있기 때문이다.

인간 행동의 자연관찰적 과학

대화분석이 확립된 자연과학의 계통을 따라 사회과학을 구축할 수 있음을 보여 주려는 일련의 시도에 불과했다면 별다른 관심을 자아내지 못했을 것이다. 내 목적과 관련하여, 대화분석이 중요한 이유는 자연과학이 인간 행동에 대한 자연관찰적 과학의 지위를 이미 달성했다는, 하비 삭스가 최초로 구체화한 제안에 있다. 삭스는 기존의 자연과학에 (유비적 수준에 그치는 것이 아니라) 실제로 기반하여 신출내기 행동과학을 구성하기 시작했다. 핵심적으로, 그는 자연과학 속에 이미 존재하는 초보적 실천행위 사회학을 사회과학의 독립 분과적 뿌리에 접목시킬 수 있을 것이라고 제안했다. 이때 이 뿌리는 현존하는 과학적 사회학(scientific sociology)에 영양을 공급하여 보다 완벽한 열매를 맺도록 해줄 것이다.

삭스에게 과학적 사회학은 추상적인 '과학적' 방법을 채택함으로써 구성되는 것이 아니라 기존의 자연과학 속에서 '사회학'으로 이미 그 모습을 드러내고 있다. 그는 '실제 사건들의 구체성'에 대한 관찰을 토대로 정형화된 서술을 생산해 낼 수 있는 과학적 사회학을 건설하려는 자신의 목적을 정교하게 가다듬음으로써 자신의 초기 강의와 저작에서 이 점을 명시적으로 강조했다. 4)

원시적 자연과학

삭스는 고대의 천문학과 19세기 생물학과 같은 자연과학은 출현 초기에 해명 가능성의 '원시적' 구조를 지니고 있었음을 관찰했다. 그런 구조를 지닌 비(非) 전문화된 공동체에서는 사실상 '모든 사람'이 원하는 대로 입

---

4) Harvey Sacks, "Notes on methodology", in Atkinson and Heritages, eds., *Structures of Social Action*, p. 26.

장해서 존재하는 것을 있는 그대로 보고, 통속적 용어로 본 것을 서술할 수 있었다. 5) "만약 여러분이 생물학 논문을 읽는다면, 논문에는 이렇게 쓰여 있을 것이다. '나는 조(Joe)의 상점에서 사 온 이런저런 것을 사용했다.' 그리고 그들은 여러분에게 자신들이 벌이고 있는 일에 대해 말한다. 그러면 여러분은 그 논문을 집어 들어서 관련 내용을 곧바로 확인할 수 있다. 여러분은 관찰을 다시-할(re-do) 수 있다."6) 그는 덧붙이길, 그런 관찰자들은 "그것을 눈으로 볼 수 있고, 많은 장비가 필요 없으며, 설명이 어떠해야 할 것인지도 알고 있다". 삭스는 강의에서 자연적 대화에 대한 자신의 연구와 그런 원시적 자연과학의 유비 관계를 지적하면서, 학생들에게 그런 원시적 형태의 대화를 연구할 수 있는 기회란 "아마도 아주 짧은 동안만 가능할 것이고, 따라서 볼 수 있을 때 더 잘 볼 필요가 있다"고 말했다. 7)

삭스의 천진할 정도로 단순한 과학의 판본은 현재의 사회학에서 매우 자주 구성되는 비잔틴(Byzantine) 방법론•과의 신선한 대조를 제공했다. 자신의 탐구를 복잡한 행위이론에서 출발하는 대신, 그는 관찰 가능한 사회적 활동 — 즉, 대화, 속담, 다양하게 반복되는 표현과 제스처의 단순한 연쇄들 — 에 대한 서술로 시작했다. 그는 사회세계의 표면은 이미 꽤 잘 정리되어 있고, 사회세계의 분산되고 이질적인 사실들은 별다른

---

5) Harvey Sacks, "On sampling and subjectivity", transcribed lecture (spring 1966, lecture 33), pp. 983~988 in Harvey Sacks, *Lectures on Conversation*, *vol. 1*, G. Jefferson, ed. (Oxford: Blackwell, 1992). 특히, pp. 487~488을 볼 것.

6) Sacks, "Lecture 4: An imprompu survey of the literature", pp. 26~32 in Harvey Sacks, *Lectures on Conversation*, G. Jefferson, ed. 인용은 p. 27 에서.

7) Sacks, "On sampling and subjectivity", p. 488.

• 〔옮긴이주〕 비잔틴 방법론이란 총체적(holistic) 접근법에 기초한 방법론이다. 가령, 인간사회를 하나의 유기체로 보고 그 전체를 한꺼번에 파악하려는 시도를 함축한다고 볼 수 있다.

준비 없이 관찰, 서술, 분석 등이 가능하다고 가정했다. 더 나아가서 그는 사회질서 연구에서 '큰 쟁점들'(big issues)을 출발점으로 삼을 필요가 없다고 주장했다. 질서는 '어느 장소에서도' 눈에 띄는데, 심지어 가장 흥미 없고 접근이 용이한 곳에서도 그렇다.[8] 따라서 가장 일상적이고 두드러지지 않은 사건들을 집중적으로 분석하면 엄청난 이익을 거둘 수 있는데, 그것은 마치 변변치 않은 장내 세균(E. coli)의 집중 분석이 유전학과 분자생물학에 혁명적 돌파를 가져왔던 것과 마찬가지이다.[9] 선명하게 드러나는 중요한 역사적 에피소드와 거대한 사회제도가 아니라 '단순하고' '관찰 가능한' 사회적 대상에서 출발함으로써, 삭스는 의사소통행위의 사회적 생산을 서술할 수 있는 문법을 개발해 내고자 했다.

사후에 알려진 주장에서, 삭스는 '과학적 사실의 존재'가 어떻게 '자연 관찰적 과학으로서 사회학의 토대'를 제공해 줄 수 있는지 개관한다.[10] 그는 정밀과학(exact sciences)이 사회학이 흉내 낼 수 있는 보편적 방법을 제공한다고 말한 것이 아니라, 자연과학자들은 자신들이 관찰하고, 동료에게 보고하고, 보고로부터 관찰을 재현하고자 할 때 '인간 행위에

---

8) *Ibid*. 또한, 다음을 볼 것. Sacks, "Notes on methodology", p. 22.

9) Sacks, "An impromptu survey of the literature", p. 28. 삭스는 복잡하게 뒤엉킨 현상의 영역이 어떻게 단순히 되풀이되는 구조로부터 구축될 수 있는가를 이해시키려는 목적으로 학생들에게 제임스 왓슨(James Watson)의 *Molecular Biology of the Gene*(New York: Benjamin, 1965) 읽기를 권했다 (Alene Terasaki, 사적 의견교환).

10) 이 주장은 다음의 글에 실려 있다. "Introduction", in G. Jefferson, ed., *Harvey Sacks — Lectures 1964~1965*, 특집호, *Human Studies 12*(1989), pp. 211~215. 같은 책에서, E. A. Schegloff, "An introduction/memoir for Harvey Sacks — lectures 1964~1965", p. 207, n. 5는 삭스가 1965년에 서문을 썼으며, 그 서문은 그가 *The Search for Help*라는 제목으로 준비하려고 했으나 결국 출판하지 못했던 책의 서문을 위해 쓴 것이라고 밝혔다. 쉬글로프(Schegloff, p. 202)는 삭스가 1961~1962년의 작업에서 그 주장을 펼쳤다고 말했다.

대한 과학적 서술'을 '순진하고' 관행적으로 생산한다고 제안한 것이다. 그는 관찰, 보고, 재현 사이의 연계는 본질적이고 환원 불가능한 의사소통에 기반하고 있음을 명확히 했다. 이 점에서 그는 칼 포퍼(Karl Popper)와 일치한다. 포퍼는 재현되는 관찰의 실천적이고 의사소통적인 과정을 지식사회학이 무시했던 '과학적 방법의 사회적 측면'으로 파악했다. [11] 원시적 자연과학에 대한 삭스의 설명과 대체로 유사한 정형화를 통해, 포퍼는 말한다. "경험적인 과학적 진술은 관련된 기법을 배운 누구나가 그것을 시험할 수 있는 방식으로 제출될 수 있다(실험의 전개과정을 서술함으로써 등). "[12] 그렇지만 삭스가 정의하듯, 원시적 자연과학을 서술하는 경우에는 '관련 기법들'이 반드시 일상적이고 비전문화되어 있어야만 한다는 점에 주목해야 한다.

포퍼처럼, 삭스도 자연과학의 방법을 실천행위의 정형화된 분석구조, 즉 행위의 조직화된 복합체로서, 다른 생산집단에 의해 서로 다른 시간과 공간에서 반복해서 재생산될 수 있는 구조로 취급했다. 이런 구조에는 관찰 가능한 현상의 서술을 산출하고, 인증하고, 분배하기 위한 기법이 포함되어 있다. 그렇지만 포퍼보다는 뒤르켐을 떠올리게 하는 움직임 속에서, 삭스는 과학적 실천은 자연적 사실들에 접근하기 위한 수단일 뿐만 아니라 그 스스로 사회적 사실이기도 하다고 주장했다. 그리고 마침내, 뒤르켐보다는 가핑클을 좇아서, 삭스는 그런 실천에 대한 **구성원**들의 서술은 사회학적 서술이 될 것이라고 적고 있다. [13] 그의 사회학적

---

11) Karl Popper, "The sociology of knowledge", pp. 649~660, in J. E. Curtis and J. W. Petras, eds., *The Sociology of Knowledge* (New York: Praeger, 1970). 하버마스(*The Theory of Communicative Action*, *vol. 1*: *Reason and the Rationalization of Society*, Thomas McCarthy 역 (Boston: Beacon Press, 1984), p. 111)도 "과학의 분석이론에서 '잊힌 테마': 의사소통행위에서 자아와 제 2의 자아 사이에 확립된 상호주관성"에 대해 말한다.

12) Karl Popper, *The Logic of Scientific Discovery* (New York: Harper & Row, 1959), p. 99.

프로그램은 성공을 거둔 자연과학의 뒤를 좇아 단순하게 모형을 만드는 작업이 아니라, 그가 과학적 사실의 생산 과정에 내재해 있다고 본 특징을 개발해 내는 것이 될 것이다.

인간 행위의 서술은 신경학적 또는 생물학적 연구 결과에 기초할 때만 진짜 과학적이라고 종종 가정되지만, 삭스는 뛰어나게 단순한 관찰을 통해 형세를 역전시켰다. 즉, "자연과학하기(doing of natural science) ― 실제로는 생물학적 탐구하기 ― 는 첫째, 보고될 수 있는 어떤 것이었고, 둘째, 과학하기의 활동에 대한 보고는 탐구 대상인 현상의 보고가 취했던 형식을 취하지 않는다."14) 신경학자들의 교육 텍스트와 연구 보고에는 관찰과 실험의 재현 방식에 대한 통속어 지침이 포함되어 있지만, 그런 것들을 믿고 사용할 수 있는지 여부는 인간 지각 및 뇌의 활동에 대한 중요한 신경학적 발견에 의해 설명될 수 없다. 15) 다른 자연과학자들처럼, 신경학자들도 자연과학 한 분과의 특정한 결과물에 기초하지 않은 서술, 지침, 논증 등의 안정화된 양식에 의존한다. 삭스는 과학자들의 활동과 그들이 관찰했던 모든 현상에 대한 보고는 필연적으로 과학의 특징이라고 주장했다. 16) '안정한'(예: 재생산이 가능하고, 재현이 가능한) 과학은 이 두 종류의 서술 모두가 없다면 불가능할 것이다. 17)

---

13) 이 경우에 '구성원들'은 관련 과학적 기법의 숙련자들이 될 것이다. 자연과학적 및 사회과학적 서술에 대한 이런 개념은 삭스의 초기 논문 ― "Sociological description", *Berkeley Journal of Sociology 1*(1963) : 1~16 ― 에 개관되어 있다.

14) Sacks, "Introduction", in *Harvey Sacks ―Lectures 1964~1965*, p. 213.

15) 인지과학의 열광자들은 자신들이 과학자들의 행동을 모형화할 수(또는 곧 할 수) 있다고 주장할 것이다. 그런 주장에도 불구하고, 과학자들은 인공지능의 시대 훨씬 이전에 과학적 방법을 해명 가능하고 믿을 만한 것으로 재생산해 냈다.

16) Sacks, "Introduction", in *Harvey Sacks ―Lectures 1964~1965*, p. 213.

17) 삭스의 과학에서 '서술'의 강조와 리오타르의 주장 ― '서사성'(narrativity)을 전(前)과학적인 것으로 거부하는 동시에 '과학'의 지속적 존재를 위해서는

삭스는 계속해서 묻는다. "무엇이 … 과학자들의 활동에 대한 그들의 서술을 적합하게 만드는가?" 그는 분명하게 대답했다. "과학자들의 활동에 대한 그들의 보고는 적절한데, 예를 들어, 과학자들은 방법을 사용하여, 자신은 무릇 다른 사람들에게 자신들의 행위의 재생산가능성을 제공한다."[18] 그리고 과학은 재생산 가능한 유일한 사회활동이 결코 아닌 까닭에, "인간의 활동이 방법적으로 적절하게 서술될 수만 있다면 그것은 과학적으로 적절하게 서술될 수 있다고 말해 주는 셈이다"는 점이 삭스에게 '충분히 명백해' 보였다.[19]

이 주장이 실린 삭스의 강의를 엮은 책의 '서문/회고'에서, 엠마누엘 쉬글로프(Emanuel Shegloff)는 그 핵심을 압축적으로 열거한다.

따라서 삭스는 결론짓길, 자연과학의 존재라는 사실로부터 ① 인간의 행위 과정을 설명하는 것이 가능하다는 증거가 존재한다. 이 과정은 ② 신경생리학이나 생물학적인 것이 아니고, ③ 재생산이 가능하기 때문에 과학적으로 적합한데, ④ 뒤의 두 특징〔②와 ③의 특징 - 옮긴이〕으로 그것들은 안정적일 수 있다는 결론에 도달하고, ⑤ 그와 같은 인간 행동의 안정적 설명을 취할 수 있는 어떤 방식(아마도 그 방식)은 그것을 생산하기 위

'합법화의 메타서사(metanarrative)'(예: 공리주의적 정당화와 전제의 형태로)가 요구된다 — 은 서로 대비된다고 볼 수 있다. 다음을 볼 것. Jean-François Lyotard, *The Postmodern Condition*: *A Report on Knowledge* (Minneapolis: University of Minnesota Press, 1984). 삭스는 그런 '위기'〔'서사성'을 부정하는 동시에 '메타서사'를 요구하는 것에서 비롯된 위기 - 옮긴이〕를 인정하고, 서술적 '서사'를 생산적 기계장치 — 실험실과 텍스트에서 '과학'의 국지적 조직과 분리될 수 없다 — 로 파악한다. 삭스는 메타서사를 향해 '신뢰할 수 없음'을 표현하는 것이 아니라, '분자적' 서사성을 통해 존속되는 실천을 위한 지배적 합법성의 필연성에 대해 무관심할 뿐이다. 물론, 삭스의 논쟁은 과학을 위한 (그리고 내가 이후에 구체화하듯, 대화분석을 위한) 부분적으로 제한된 합법성을 제공해 준다.

18) Sacks, "Introduction", in *Harvey Sacks — Lectures 1964~1965*, p. 214.
19) *Ibid*.

한 방법과 과정에 대한 설명을 생산함으로써 가능해진다. 비(非) 환원론
적 종류의 인간 행동에 대한 안정적인 사회-과학적 설명의 가능성을 위한
토대는 최소한 자연과학의 토대만큼 깊다. 아마도 그것은 충분히 깊다.[20]

삭스는 아직 태어나지 않은 과학을 제안한 것이 아니라, 과학적 사회학이
이미 존재하며, 가핑클이 자연과학 관찰의 '교육 가능한 재생산가능성'이
라 부른 것 속에 체화되어 있다고 주장했다. 삭스는 활동이 방법적으로
적절하게 서술될 수 있다고 덧붙였다 — 실행하는 자들이 그들 자신의 서
술을 방법적으로 생산해 냈느냐에 상관없이. "실제로 많은 위대한 과학
자들은 자신들의 연구 과정에 대해 적절하게 보고하지 못하는 관계로 다
른 사람들이 그 일을 대신한다." 분자사회학에서, 기술적 발전의 핵심은
방법적 활동은 서술-**가능하고**(describe-able), 적절한 서술은 방법적 활
동을 (재) 생산하기 위한 교육으로 이용-**가능하다**(use-able)는 것이었다.
삭스가 비전을 제시했던 것처럼, 장차 사회학의 임무는 질서 있는 인간
행위를 전방위적으로 정형화된 방식으로 서술해 냄으로써 '과학적 활동
에 대한 보고의 본체'를 확장하고 기술적으로 정교화해 내는 것이다.[21]

---

20) Schegloff, "An introduction/memoir", p. 203. 또한 다음을 볼 것. Schegloff,
   "Introduction" to Harvey Sacks, *Lectures on Conversation*, *vol. 1*, p. 4~112,
   특히, pp. 31~32를 볼 것.

21) Sacks, "Introduction", p. 214. 삭스는 기초적 인간 활동으로서의 과학과 관
   련된 논의로 다음을 인용한다. L. S. Vygotsky, *Thought and Language*
   (Cambridge, MA: MIT Press, 1962), 제6장. 삭스의 주장은 레비스트로
   스의 *The Savage Mind*(Chicago: University of Chicago Press, 1966)의 영
   어 번역본에 앞선 것이었지만, 레비스트로스의 '구체적인 것으로의 과학'에
   대한 논의가 또 다른 비교를 위한 적실한 토대를 제공해 준다. 그렇지만 삭
   스와는 달리, 레비스트로스는 궁극적으로 원시인들의 브리콜라주(bricolage)
   와 근대 과학과 엔지니어링의 원리화된 합리성의 판본을 서로 대비시킨다.

과학적 신화로 다시 쓴 원시적 과학

'원시적 자연과학'에 대한 삭스의 제안은 과학지식사회학에서의 후속 발전의 관점에서 재검토될 수 있다. 뒤늦은 지혜의 장점을 사용하여, 삭스가 기묘한, 심지어 신화적인 과학관을 붙잡고 있다는 이유로 그를 문제삼기는 쉽다 — 이런 과학관에서 관찰, 서술, 재현 등은 공개적으로 검증된 지식의 '토대'를 제공한다. 삭스와 그 동료의 업적을 깎아내릴 의도는 전혀 없지만, 나는 과학에 대한 삭스의 가정을 비판적으로 살펴보는 것은 가치 있는 일이라 생각한다.

삭스는 자신의 주장이 '과학이 존재한다'는 것에 전제한다고 분명하게 말했다. [22] 그리고 그가 이런 말을 통해 의미하고자 한 바가 무엇인지 분명치 않지만, 지식을 보증해 주는 현저하게 생산력 높은 프로그램이 수세기 전 유럽에서 출현했다는 역사적 '사실'을 암시하는 것으로 받아들일 수 있을 것 같다. 그는 과학이 존재한다는 이 '사실'을 정교화할 때, 과학적 방법론의 본질적 요소들로서 다음을 강조했다.

1. 과학은 자연주의적 관찰에 기초한다.
2. 그런 관찰은 방법으로 서술이 가능하다.
3. 적절한 방법 서술은 모든 사람에게 서술된 관찰을 재현할 수 있도록 해준다.
4. 적절한 방법 서술에는 분석적으로 구분되는 두 가지 구성요소들이 포함되어 있다.
   가. 화학적·생물학적·천문학적 등과 같은 현상을 둘러싼 전문화된 발견물에 대한 설명
   나. 질서정연한 인간 행동에 대한 통속적 설명

---

22) Sacks, "Introduction", p. 212.

5. 과학적 방법의 적절한 통속적 설명의 존재는 인간 행동의 안정적 과학의 가능성을 위한 토대를 제공해 준다.

이것은 결코 낯선 그림이 아니다. 3세기 전, 로버트 보일(Robert Boyle)은 스티브 셰이핀(Steven Shaping)과 사이먼 샤퍼(Simon Schaffer)가 실험적 **사실**(matters of fact)을 생산하기 위한 '언어게임'으로 서술한 것을 고안해 냈다. 보일의 실험 프로그램에서 사실이란 "스스로 자신을 보증하고, 타인들에게 믿음의 토대가 괜찮다는 것을 확인시켜 주는, 경험적 체험을 느끼는 과정의 산물"이었다. "그 과정에서 증언적 경험의 증가는 필수 불가결했다."[23] 보일은 사실을 "인식론적 범주와 사회적 범주 모두"로 다룬다.[24] 사실은 질서정연한 일련의 의사소통을 통해 전달되어야 하며, 사실로서 그것의 정체성은 그런 의사소통 회로의 산물이다. 보일은 다른 실험가들에게 보낸 자신의 편지에서 '새로운 실험들'을 서술했는데, 오류 없이 그것들을 재현할 수 있는 방법에 대해 그들에게 신중하게 설명하고 있다. 그는 또한 보다 간단한 실험의 일부를 수행할 수 있는 방법을 '젊은 신사들'에게 가르치고 싶다는 바람을 표시했다. 그는 말하길, 그들 중 일부는 "그것을 만드는 데 시간, 수고, 곤란함을 거의 겪지 않을 것이고", 심지어 "여성들"도 시도해 볼 수 있을 것이다.[25]

증언적 경험을 증식하기 위한 이 프로그램은 삭스가 원시적 자연과학에 부여했던 해명가능성의 구조(관찰-보고-재현)를 떠올리게 한다. 더욱

23) Steven Shaping and Simon Schaffer, *Leviathan and Air Pump: Hobbes, Boyle, and the Experimental Life*(Princeton, NJ: Princeton University Press, 1985), p. 25.

24) *Ibid.*

25) Robert Boyle, "The experimental history of colours", pp. 662~778, in Thomas Birch, ed., *The Works of the Honourable Robert Boyle*, 2nd ed., *vol. 1*(London: J. &F. Rivington, 1772). 인용은 다음에서 했음. Shapin and Schaffer, *Leviathan and the Air Pump*, p. 59.

이, 최소한 보일의 서술 중 일부는 '모든 사람'이 실험을 다시 할 수 있는 것이 목적이었다.[26] 그렇지만 셰이핀과 샤퍼는 타인들에게 자신의 실험을 재현해 보이려는 보일의 노력이 종종 성공을 거두지 못했다고 덧붙였다. 유명한 공기펌프 실험을 수행한 지 8년 후, 보일은 "엔진과 실험 과정에 대한 의사소통에 심혈을 기울였음에도, 성공적인 재현은 거의 없었다고 인정했다". 훨씬 후에, "보일은 … 이런 실험들은 재현될 수 없을 것이라는 절망감을 표현했다. 그는 자신이 이제 미세한 환경에서 몇 가지 일에 착수하려고 하는데, 이런 실험들 중 다수가 타인들에 의해서는 결코 재검토되지 않거나 내 스스로에게도 반복되지 않을 것이기 '때문이다'라고 말했다."[27]

이런 어려움에도 불구하고, 보일은 결코 그의 실험 프로그램을 장려하는 데 실패하지 않았다. 그는 모든 사람이 그가 관찰한 것을 직접 증언할 수 있는 방법을 고안하는 방법 대신에 셰이핀과 샤퍼가 "주장되었던 대로 작동된다는 신뢰 및 확신의 기술인 … 가상적 증언의 기술"이라 부른 것을 구축했다. 이 '기술'에는 일련의 물질적·텍스트적·조직적 실천 등이 포함된다. 이 실천은 다음의 조건을 만족해야 한다 ─ ① 실험적 관찰을 위한 드물고 특권화된 '공간'을 부지런하게 생산하는 것, ② 실험 및 장비의 상황적 구체성의 감각을 전달하기 위해서 꼼꼼한 서술과 정밀한 판화를 이용할 것, ③ 왕립학회(Royal Society)의 신뢰할 만한 신사들의 온유한 도덕을 펼쳐 보일 것. 실험적 경험의 반복은 최초 관찰의 재생산으로, '재현'의 규범적 의미에서가 아니라 진실 같은 연출의 치환으로서 그랬

---

26) 셰이핀과 샤퍼가 관찰하듯, '모든 사람'은 '학자 사회'의 모든 구성원이나 모든 사람을 말하는 것이 아니고 '시민'의 고전적 개념과 같은 어떤 것이거나, 어쩌면 오늘날의 '평균적 지능을 보유한 독자'와 같은 의미를 지녔다.

27) Shapin and Schaffer, *Leviathan and Air Pump*, pp. 59~60; 보일의 인용은 다음에서 가져왔다. "Continuation of new experiments. The second part", p. 505, in Birch, ed., *The Works for the Honourable Robert Boyle.*

다.[28] 자신의 실험을 재생산하도록 타인을 설득하지 못한 자신의 무능력에 대한 보일의 진노는 그에 대한 신뢰성을 키워 주었다. 따라서 실용적 목적에서 보자면 그의 실험은 재현되었다고 봐도 무방했다.•

보일의 경우, 셰이핀과 샤퍼가 그의 프로그램을 재구성하듯, 관찰-보고-재현이라는 질서정연한 총체란 실험적 삶의 형식의 개종을 도왔던 실험 작업의 신화적 서술이다.[29] 공기 펌프는 이런 삶의 형식에서 중심을 차지하는데, 공기 펌프의 작동 메커니즘에 대한 관심, 관리, 서술, 재생산, 표준화 등이 보일의 실험적 사실의 전망과 뒤엉켜 있기 때문이다. "사실을 생산하는 이 기계의 역량은 그것의 물리적 진실성(physical integrity), 또는 보다 정확하게 모든 실제적 목적에 부합하는 완벽한 밀폐라는 집합적 동의에 주로 달려 있다."[30] 그 결과, 공기 펌프라는 기계장치를 구축하고 관리하는 것과 연관된 기술적 역량이 '누구나'로부터 검증받을 수 있는, — 오로지 원칙적으로 — 실험적 사실에 대한 주장의 승인 여부를 결정하게 된다.

여기서 꽤나 복잡한 장비의 이용에 주목하여, 보일의 실험 프로그램이

---

28) 이 경우에 '재생산'의 적절한 느낌은 다음에서 도출된다. Walter Benjamin, "The work of art in the age of mechanical reproduction", pp. 217~251, in W. Benjamin, *Illuminations*, Hannah Arendt ed., Harry Zohn 역 (New York: Schocken Books, 1969). 과학 텍스트의 유통에 대한 자세한 설명에 대해서는 다음을 볼 것. Bruno Latour, "Drawing things together", pp. 19~68, in M. Lynch and S. Woolgar, eds., *Representation in Scientific Practice*(Cambridge, MA: MIT Press, 1990).

• 〔옮긴이주〕 원칙적으로 보일의 공기펌프는 재현에 실패했다. 하지만 실용적 차원에서 보자면 재현은 성공되었다고 봐도 무방할 정도로 잘 작동했다. 여기에는 보일에 대한 신뢰가 크게 작용했는데, 그것은 가상적 목격자의 증언이 재현에 성공했음을 말해 주는 중요한 근거였기 때문이다.

29) 이것은 어느 정도 비트겐슈타인의 *Philosophical Investigations*, G. E. M. Anscombe ed. (Oxford: Blackwell Publisher, 1958), 221절의 견강부회 (牽強附會)이다.

30) Shapin and Schaffer, *Leviathan and Air Pump*, p. 29.

삭스의 용어에 따라 완전하게 '원시적' 과학은 아니었다는 반대가 제기될 수 있을 것이다. 아마도 보다 적합한 사례는 조류학처럼 현장 과학에 의해서 제공될지 모른다. 18세기와 19세기의 조류학 연구에서, 폴 파버(Paul Farber)는 관찰과 발언의 민주적 절차가 그 과학〔조류학 - 옮긴이〕의 계보학에서 가끔씩 그 특징을 드러낼 뿐임을 밝혔다. 이야기는 다시 한 번 관찰, 규율된 관찰 공간, 문자적 기술(literary technologies) 등에 대한 통제된 접근을 둘러싸고 돈다. 파버에 따르면, 18세기 자연주의자 피에르-레이몽 드 브리송(Pierre-Raymond de Brisson)은 자신만의 박물관 소장품으로 감춰둔 표본들의 정밀화를 통해 새에 대한 자신의 분류학을 발전시켰다.[31]

브리송에게 박물관은 특권화된 관찰 현장이었다. 그의 것과 다른 박물관 소장품의 견본들은 다양한 장소에서 수집되었는데, 간혹 독자적인 '현장 연구'의 방법을 지닌 시장 사냥꾼들의 도움을 받기도 했다. 동물들의 사체가 박제된 채 (종종 매우 나쁜 상태로) 보존되었고, 박물관 서랍의 분할된 칸막이 속에서 표의 '목록'으로 가지런히 놓여 있었다.[32] 박물관 서랍이라는 생생한 장면의 죽음(tableau mort)은 체계적 열람, 재열람, 비교 등을 위한 문자화 이전의 조직화된 현장을 제공했다. 현장 연구와 아마추어 조류 관찰이 발전하기 시작한 것은 운반용 현장 매뉴얼과 쌍안경의 확산, 그리고 조류학회와 사회적으로 제도화된 적절한 서술 규범의 출현 이후였다.[33] 출현한 자연과학은 수집하기, 보존하기, 유통하기,

---

31) Paul Farber, *The Emergence of Ornithology as a Scientific Discipline: 1760 ~1850*(Dordrecht: Reidel, 1982).

32) Susan Leigh Star and James Griesemer, "'Translations' and boundary objects: amateurs and professional in Berkeley's Museum of Vertebrate Zoology, 1907~39", *Social Studies of Science 19*(1989): 387~420.

33) 아마추어 조류 관찰의 '초보자의 문자적 언어게임'에서의 복잡성에 대한 설명은 다음을 볼 것. John Law and Michael Lynch, "Lists, field guides, and the descriptive organization of seeing: birdwatching as an exemplary

물질 배열하기, 측정, 공동체 활동 등을 위한 조직화된 방법과 분리될 수 없는데, 이것은 그림과 서술을 만들거나 병렬배치하기 위한 문자적 규약을 동반한다. 비슷한 테마들이 미생물학, 지질학, 기상학 등의 기원에 대한 최근의 설명에서도 그 모습을 드러낸다. 34)

원시적 자연과학에 대한 삭스의 설명은 직접 관찰, 적합한 서술, 재현 등에 초점을 맞추고 있다는 점에서 문제가 있어 보인다. 과학지식사회학에서의 수많은 연구(제 2장과 제 3장을 볼 것)는 관찰, 적합한 서술, 재현 등은 사회적으로 조직된 인식적 실천으로서 무엇을 수반하는지에 대한 질문을 열어 놓았다.

1. 이안 해킹이 표현하듯, 관찰은 과학의 역사에서 과대평가되었다. 즉, "종종 실험적 과업, 그리고 천재성이나 위대함의 시금석은 관찰하고 보고하는 것이 아니라 믿을 만한 방식으로 현상을 펼쳐 보여 줄 수 있는 일정한 장비를 갖추는 일이다". 35) 셰이핀과 샤퍼의 연구가 구체화하듯, 전체적으로 분과적 프로그램은 그런 장비의 사용을 발명하고, 표준화하고, 합법화하는 능력에 좌우될 수 있다.
2. 민속지적이고 역사적인 수많은 연구가 강조한 바에 따르면, 관찰의

observational activity", *Human Studies 11* (1988) : 271~304; reprinted in M. Lynch and S. Woolgar, eds., *Representation in Scientific Practice*, pp. 267~299.

34) Bruno Latour, *The Pasteurization of France*, Alan Sheridan and John Law 역 (Cambridge, MA: Harvard University Press, 1988); Martin Rudwick, *The Great Devonian Controversy: The Shaping of Scientific Knowledge Among Gentlemanly Specialists* (Chicago: University of Chicago Press, 1985); Robert Marc Friedman, *Appropriating the Weather: Vilhelm Bjerknes and the Construction of a Modern Meterology* (Ithaca, NY: Cornell University Press, 1989).

35) Ian Hacking, *Representing and Intervening* (Cambridge University Press, 1983), p. 167.

서술은 관찰자가 현장에서 최초로 목격한 것을 재생산하지 못한다. 오히려, 서술은 관찰 경험과 무관한 텍스트적이고 실용적인 조직을 지닌 문자적 질서와 그래프적 연출을 구성해 낸다. 더욱이, 과학자들이 사용하는 방법들에 대한 보고의 적절성은 '과정의 문제로서' 서술된 절차를 생산해 내는 능력과 분리될 수 없다. 36)

3. 재현의 개념은 여러 가지 측면에서 문제가 있다. 해리 콜린스와 다른 많은 학자의 연구가 잘 보여 주듯(제 3 장), 무엇을 실험의 재현으로 볼 것이냐의 문제는 무엇을 '같은' 장비, 그 장비의 '능숙한' 사용, '비교 가능한' 결과로 여길 수 있는지에 대한 국지적 탐구와 주장에 함께 묶여 있다. 37)

---

36) 다음을 볼 것. Bruno Latour and Steve Woolgar, *Laboratory Life: The Social Construction of Scientific Facts* (London: Sage, 1979; *2nd ed.*, Princeton, NJ: Princeton University Press, 1986); Star and Griesemer, "Translations and boundary objects"; K. Amann and K. Knorr-Cetina, "The fixation of (visual) evidence", pp. 85~122, in Lynch and Woolgar, eds., *Representation in Scientific Practice*; M. Lynch, "Discipline and the material form of images: an analysis of scientific visibility", *Social Studies of Science 15* (1985): 37~66.

37) 많은 문헌이 재현의 문제와 그와 관련된 쟁점들을 보고하고 있다. 재현의 문제에 대한 좋은 출발점으로는 다음을 참조할 것. H. M. Collins, *Changing Order: Replication and Induction in Scientific Practice* (London: Sage, 1985). 다음도 함께 볼 것. Gerald Holton, *The Scientific Imagination: Case Studies* (Cambridge University Press, 1978). 민속방법론적 설명에 대해서는 다음을 볼 것. H. Garfinkel, M. Lynch, and E. Livingston, "The work of a discovering science construed with materials from the optically discovered pulsar", *Philosophy of the Social Sciences 11* (1981): 131~158; and Kathleen Jordan and Michael Lynch, "The sociology of genetic engineering technique: ritual and rationality in the performance of the plasmid prep", pp. 77~114 in A. Clarke and F. Fujimura, eds., *The Right Tools for the Job: At Work in 20th Century Life Sciences* (Princeton NJ: Princeton University Press, 1992). 교육과 기술적 행위의 관계에 대한

4. 과학자들이 다른 실천가들(practitioners)과 발견을 둘러싸고 의사
소통하는 방법에 대한 연구들에 따르면, 방법의 서술은 특정 현상의
서술과 뒤섞인다. 가핑클, 린치, 리빙스턴에 의해 서술된 사례를
살펴보자.[38] 1969년 1월 16일 밤, 망원경과 전자 장비를 사용하여
세 명의 천문학자들은 '광학적 펄사'(optical pulsar)를 관찰했다 —
그러나 그들이 무엇을 관찰했으며 그것이 펄사인지 여부는 행위의
'최초 일괄'(first time through) 과정의 부침(浮沈)에 종속된다.[39]
그들은 서로 다른 조건 속에서 여러 번에 걸쳐 관찰을 반복한 후, 전
자기적 '잡음'과 광학적 부정확성의 원천들의 원인을 찾고자 장비를
점검하는 한편, 전 세계의 주요 관측소에 전보를 쳤다. 이 짧은 전
보에서 그들은 자신들의 발견을 날짜와 시간, 맥동의 주기, 천체좌
표, 게성운(Crab Nebula)에서 '원천' 별의 정체 등으로 간단하게 정
형화하여 알리고 있다. 같은 날 밤, 다른 관측소의 천문학자들은 관
찰을 재현했다. 이 경우, 천문학적 대상물의 보고는 그것을 어떻게
검증하느냐에 대한 지침을 포함하지 않았다. 천체좌표와 진동수 읽
기는 지침이지만, 그 지침을 따를 준비가 된 '누군가'에만 그렇다.
이 경우에 '누군가' 속에는 아주 많은 사람이 포함되지 않는다. 물
론, 관찰이 재현될 것이라는 보증은 존재하지 않는다. 그러나 핵심
은 행위의 인간적 과정에 대한 어떤 분리된 설명도 필요치 않다는 것
이다. 적실한 인간 행위란 천체물리학적으로 해명 가능하다.[40]

분명하고 압축적인 논의에 대해서는 다음을 볼 것. Lucy Suchman, *Plans and Situated Actions*(Cambridge University Press, 1987).

38) Garfinkel et al., "The work of a discovering science".

39) *Ibid.*, p. 132 ff.

40) *Ibid.*, p. 140. 천체물리학적 해명가능성에서 쟁점은 우리들로 하여금 쉬글로
프의 비판적 언급을 고려할 수 있도록 해준다(쉬글로프의 글에 대해서는 다
음을 볼 것. Schegloff, "From interview to confrontation: observations of
the Bush/Rather Enconter", *Research on Language and Social Interaction*

5. 과학적 방법에 대한 적절한 통속적 설명의 존재는 안정적인 인간 행동의 안정화된 과학이 가능하다는 것을 말해 주는 '토대'가 아니라 그런 안정성이 국지적으로 성취된 것임을 말해 준다. 가핑클이 표현하듯, 각각의 자연과학은 구분되는 '실천행위의 과학'으로 비칠 수 있다. 41) 이것은 곧 각각의 자연과학이 '인간 행동의 자연과학'을 체화하고 있음을 함축하지만, 특수한 보고와 방법의 처방전이 지닌 서술적 적절성은 그 과학의 두드러진 분석적 문화와 분리될 수 없다.

이것은 과학자들이 실험실 방법을 재생산하지 않거나 못한다고 말하는 것이 아니라, 쉬글로프가 삭스의 주장을 요약하면서 내린 결론에 의문을 품게 한다. 즉, "그와 같이 인간 행동에 대한 안정적 설명을 취할 수 있는 방식(아마도 그 방식)은 그 방식을 생산하기 위한 방법과 절차에 대한 설명을 생산하는 것에 의존한다". 방법과 서술은 확실히 쓸모 있으며, 계단식 교육의 구도를 짜고 이용하는 것을 배우는 것은 과학 훈련의 중요한 일부이지만, 그런 설명이 실천을 재생산할 수 있는 안정적 토대를 제공해

22(1988-89) : 215~240]. 쉬글로프는 가핑클과 그의 동료가 세속적 대화의 '보편영역'을 먼저 설명하지 않은 채 천문학자들의 작업을 연구한 것을 비판했다. 즉 "무엇이 고유한지를 다루기 전에, 분석은 그런 고유함이 위치해 있는 것 내부의 보편영역이 무엇인지를 상술해야만 한다"(p. 218). 해명가능성의 구조(관찰-보고-재현)가 천체물리학적 특징의 단순한 언급을 통해 의사소통되는 방식이 주어지면, 이 경우에는 (세속적 천문학의) 대안적인 '보편영역'은 그 일행이 하는 일에 대한 분석과 관련을 맺고 있는 것처럼 보인다.

41) Harold Garfinkel, Eric Livingston, Michael Lynch, Douglas Macbeth, and Albert B. Robillard, "Respecifying the natural sciences as discovering sciences of practical action, I & II: doing so ethnographically by adminstering a schedule of contingencies in discussions with laboratory scientists and by hanging around their laboratories", unpublished manuscript, Department of Sociology, UCLA, 1989, p. 3 ff.

주는 것은 아니다. 문서화된 서술로부터 관찰을 재생산하는 것은 가능하겠지만, 궁극적으로 무엇을 관찰의 재현으로 설명할 수 있을지에 대해 텍스트는 암시만 해줄 뿐이다. 쉬글로프식 진술은 회귀와 같은 것을 암시하고 있다 — 즉, 만약 재생산 가능한 방법이 그런 방법의 재생산 가능한 설명에 좌우된다면, 무엇이 그런 설명의 재생산 가능성을 설명해 주는가? 방법에 대한 설명이란 그 설명이 서술적이고 교훈적이 될 수 있도록 해주는 조율된 실천의 일부라고 말하는 것이 더 나은 조언일 수 있다. 42)

많은 과학사회학 연구 결과가 보여 주는 것은 관찰, 서술, 재현 등과 같이 익숙한 인식적 테마들이 자연과학이나 사회과학의 탐구를 위한 '토대'를 제공해 주지 않는다는 점이다. 내가 제5장에서 주장했듯, 인식적 활동의 '사회적 설명'을 제공하려는 시도는 스스로 어려움에 빠져들고 있음에도 불구하고, 과학지식사회학은 '과학적 탐구의 논리'를 사회학적 분석을 위한 현상으로 만드는 데 일정한 성공을 거뒀다. 일상적 서술, 범주화 도구, 측정 용어, 추론 행위 등에 대한 삭스의 초기 탐구는 어느 정도 과학적 방법론의 중심 테마에 대한 범례적 연구로 기능했다. 동시에, 자연과학에 대한 그의 간헐적 언급들은 인간 행동의 과학을 세우려는 열망을 표출하고 있었다 — 이때 증언하는 경험을 증식시키고자 하는 인간 행동의 과학적 방법들은 상식의 한계를 초월했다. 한편, 삭스는 일상적 활동 '속에서, 의, 으로서'(in, of, and as) 관찰, 서술, 재현의 통속어적 생산에 대해 탐구를 수행했지만, 다른 한편, 객관적인 인간 행동의 과학을 세울 것을 제안했다.

보일처럼, 삭스도 관찰, 서술, 재현 등의 보편적 프로그램에 대해 주장하는 동시에 가상 증언의 전문화된 기술을 구축하는 데 성공했다. 그

---

42) 수학적 증명 진술의 의미와 적절성이 진술을 '서술하는' 행위 과정에 좌우되는 방식을 둘러싼 일련의 논증에 대해서는 다음을 볼 것. Eric Livingston, *The Ethnomethodological Foundations of Mathematics*(London: Routledge & Kegan Paul, 1986).

는 인식적 기교를 시험하기에 적절한 환경을 조성하고자 실험실을 세우려 했던 보일의 '연금술적' 관심을 어느 정도 공유했다. 그리고 보일처럼 그는 안정적인 객관적 탐구 프로그램을 가동시켰다. 이 프로그램에서 과학적 생산의 수단에 대한 체계적 '오해'는 촉진적·도구적 시도로 구체화된다. CA의 경우, 관찰, 서술, 재현 등의 세속적 실천을 탐구하기 위한 프로그램이 개발되어 전문적 사회과학 분과로 되기까지는 그리 오랜 시간이 걸리지 않았다. •

대화분석의 전문화

전문화된 CA의 발전은 원시적 과학에 대한 삭스의 주장에서 '방법'의 역할은 물론, 그가 '과학적' 방법에 배당하는 특수한 지위로 거슬러 올라갈 수 있다. CA의 '방법'의 운영적 판본은 과학적·일상적 행위에 대한 민속방법론적(실천론적) 이해를 기반으로 개발되었지만, 점차 보다 분과화되면서 과학적 도박에 몸을 맡겼다. 쉬글로프가 최근에 관찰했듯, 자연관찰적 과학으로서 사회학의 가능성에 대한 삭스의 초기 제안은 "의심할 바 없이 가핑클과 함께한 삭스로 인해 일부분 자극을 받았지만", 그런 제안

• 〔옮긴이주〕 삭스는 안정적인 인간 행위의 과학의 원형을 초창기의 자연과학에서 찾고 있는데, 이는 셰이핀과 샤퍼가 서술하고 있는 보일의 과학활동과 유사하다. 그런데 보일은 삭스가 생각하듯, 해명가능성의 구조(관찰-보고-재현) 속에서 과학을 수행한 것이 아니다. 보일의 과학적 사실(matters of fact)은 실험실이라는 잘 설계된 장소에서 일련의 장치적 조합을 통해, 더욱이 신사들의 증언(목격)에 의해 사실로 받아들여진 것이다. 따라서 보일을 따라 원시적 자연과학의 틀로 안정적인 인간 행동의 과학을 구축하려는 삭스의 시도는 의도치 않게 일상적 생활을 초월하는 보편성을 추구하려는 경향성을 띠기 쉽다. 이런 경향성은 가핑클이 주창하고 현재에도 지속되는 민속방법론의 원류와는 확연히 구분되는 것이다.

은 독자적 연구 프로그램을 위한 출발점으로 작용했다. "왜냐하면 가핑 클 주장의 대의는 그 영향에서 최소한도로 반실증주의적이고 '반과학적' 이었던 반면, 삭스는 과학의 존재라는 바로 그 사실에 주목함으로써 사업의 토대를 찾고자 했기 때문이다."[43]

제1장에서 언급했듯, 가핑클은 '전문적'은 물론 '일반적' 배경에서 실천행위와 실천추론을 서술하려고 **민속방법론**이란 용어를 만들어냈다. 자연과학에서 일상적 사회행위와 방법 사이의 연결에 대한 삭스의 이해와 실천행위의 자연적 해명가능성에 대한 그의 개념은 가핑클의 프로그램적 쓰기와 범례적 연구에서 직접 유래했다. 약간의 제한성을 가지고 가핑클 주장의 '대의'가 '반과학적'이라고 주장했을 때, 쉬글로프는 가핑클의 주장을 오해하고 있었지만, 삭스가 가핑클의 민속방법론에 확고하게 결부된 신념들의 일부를 뒤로 빠뜨린 채 연구 프로그램을 운영했다고 올바르게 지적한다. 쉬글로프가 옳게 보듯, 대화분석과 민속방법론의 차이는 과학의 작업에 대해 서로 입장을 달리하기 시작한 지점까지 거슬러 올라갈 수 있지만, 전자의 접근이 과학적인 것이 되려고 갈망했다고 평가하면서 후자는 충동이나 행위에서 반과학적이라고 말하는 것은 사태를 너무 단순하게 보는 것이다.

민속방법론과 과학지식사회학의 많은 사례연구에서 삭스가 가능성을 띤 인간 행동의 과학을 제안했을 때 채택했던 논리-경험주의적 용어를 '문제 삼을' 수 있지만, 만약 CA의 정형화된 서술의 목적이 보일의 실험적 결과의 역사적 중요성을 손에 넣는 것이었다면 CA는 꽤나 잘 수행한 것인 셈이다. 그 결과, CA가 민속방법론과의 초기적 관련성을 상실했다는 내 주장은 CA가 반과학적이 아니라 과학적 의제설정을 뒤따른다는 쉬글로프의 주장을 뒷받침해 주는 것 같다. 그렇지만 문제는 열망을 지닌

---

43) Schegloff, "An introduction/memoir", pp. 203~204, in *Harvey Sacks — Lectures 1964~1965*. 또한, 다음도 볼 것. Schegloff, "Introduction" to Harvey Sacks, *Lectures on Conversation*, *vol. 1*, p. 32.

많은 사회과학자들처럼 많은 대화분석가들이 '과학적 사실의 존재'와 경험적 프로그램을 위한 토대를 혼동했다는 점이다. CA가 자연-철학적 탐구양식에서 전문화된 분과로 발전함에 따라, 바로 그 '분석'이라는 실천이 과학의 논리-경험주의적 개념의 용어와 태도를 끌어들였고, 따라서 경험적 연구는 더-이상-인정받지-못하는 철학적 출발점에 빚을 진 상태에 머물러 있게 된 것이다.

1단계 : 일상적 언어의 자연철학

초기 강의에서, 삭스의 탐구는 인간 행동의 과학을 수립하려고 노력하고 있음을 분명히 하면서도 종종 지나치게 '자연철학적' 형태를 취했다.[44] 그의 자연철학적 탐구의 두드러진 측면은 분석대상인 대화적 대상들의 직관적 인지가능성에 대한 그의 믿음이었다. 그의 탐구는 언어와 사회적 행위의 고전적 판본을 대상으로 한 비판적이고 성찰적인 시험에서 질서정연한 일상적 행위의 구체성을 '우리가' 받아들인다고 전제했기 때문에, 일반 지식과 일상적 행위의 '비재귀적' 구체성을 촉진하기 위한 자기-반영적이고 분석적 성격이 강화된 교육시스템에 삭스가 의문을 제기한 것은 우연이 아니다.

삭스는, 통상적으로 강의에서, 테이프에 녹음된 언설 또는 대화적 연쇄(sequence)를 틀면서 시작할 것이고, 그런 다음 그는 지표적 표현, 대동사, 패러독스, 논증 구조, 서술 등에 대한 전통적인 분석적 관심이라는 초점에서 발췌문의 핵심적 중요성을 설명할 것이다.[45] 그는 테이프에

---

44) 다음을 볼 것. Michael Lynch, "Review of G. Jefferson, ed., *Harvey Sack — Lectures 1964~1965*", *Philosophy of the Social Sciences* 23(1993), 395~402.

45) 어쨌든 삭스는 일상적 언어철학과 유사한 작업 방식에 대해 직관적 정교함을 제공하기 위해 자신의 테이프 녹음기를 사용했다. 여기서, '언어' 또는 '대화'가 탐구의 대상이 아닌 것은 '언어'가 일상적 언어철학을 위한 탐구의 대상이

녹음된 '자료'들이 언어 용법의 '상상된' 사례들을 넘어서는 장점을 제공한다고 주장했다. 이런 자료는 쉽게 접근이 가능하기 때문에 자료의 세부항목을 반복해서 연구할 수 있고, 다른 탐구자들도 특정한 분석적 주장을 평가하기 위한 문서적 토대로 그 자료를 사용할 수 있다.

나는 테이프 녹음된 대화를 가지고 작업을 시작했다. 그런 자료의 장점은 단 하나인데, 그것은 그 자료가 반복 가능하다는 것이다. 나는 그 자료를 일정하게 녹취할 수 있고, 오랫동안 연구할 수 있다 ─ 그 연구가 얼마나 오래 걸리든 상관없이. 테이프 녹음된 자료는 일어났던 일에 대해 '충분히 좋은' 녹음을 제공해 준다. 물론, 다른 일도 일어났지만, 최소한 테이프에 담겨 있는 것은 일어난 일이다. 내가 테이프 녹음된 대화를 출발점으로 삼은 것은 언어에 대한 거창한 관심이나 연구되어야 할 어떤 것에 대한 이론적 공식화에 대한 필요성에서 비롯된 것이 아니라 내가 손에 쥘 수 있었고, 반복해서 연구할 수 있었으며, 그 결과, 다른 사람들도 내가 연구한 결과를 들여다볼 수 있고, 만약 그들이 나에게 반대하고자 한다면 자신들의 것을 가지고 반대할 수 있기 때문이다. 46)

그가 이처럼 핵심적 방식이라고 판단했던 학자적 주장은 탐구, 주장, 분석, 관찰, 서술, 추론 등의 기초적 논리에 대한 '고전적' 설명을 통해 확

아닌 것과 같다는 점을 인식하는 것은 중요하다. 스티브 터너(Stephen Turner)가 강조하듯(*Social Explanation as Translation*(Cambridge University Press, 1980), p. 4], 이름표는 "일상적 언어철학이 일상적 언어에 '대한' 것임을 시사한다는 점에서 잘못된" 것이다. 이것은 마치, "과학의 철학이 과학에 '대한' 것"이라고 말하는 셈이다. "이 철학은 일상적 언어가 관심을 갖는 모든 것에 대한 것이다 ─ 즉, 조율이 되지 않은 음악과 같은 활동에서부터 약속하기와 같은 활동에 이르기까지." 여기에 이런 점을 덧붙일 수 있다. 일상적 서술, 설명, 측정 용어의 사용 등과 같은 주제들에 집중할 때 삭스의 초기 탐구들은 과학의 철학에서 보편적 테마에 '대한' 것이었다.

46) Sacks, "Notes on methodology", p. 26.

립되었다. 달리 말해, 삭스는 과학의 논리와 철학의 확립된 전통에서 익숙한 인식론적 테마들을 성찰적으로 조사하기 위한 출발점으로 테이프 녹음된 자료를 사용했다. 그 결과, 그는 관찰, 서술, 재현 ─ 그 자신이 원시적 자연과학에 결부시켰던 해명가능성이라는 바로 그 양식 ─ 의 재료적 조직화를 드러내고 검토하려는 목적으로 자연철학적 방법을 설계해 냈다.

삭스의 탐구에서 초기 시점만 해도, 관찰-서술-재현의 프로그램은 대화분석의 과학을 위한 토대를 제공하지 못했다. 오히려 이런 프로그램적 테마들은 탐구의 논제들 중에서 그 모습이 갖춰졌다. 삭스에게, 테이프 녹음된 '재료들'은 탐구자에게 '우리의' 언어와 추론에 대한 가장 통찰력 있는 반영과 재수집을 훨씬 능가하는 조사 가능한 세부적 사항들의 질서를 제공해 준다. 비트겐슈타인처럼, 그는 행위와 추론에 대한 기존의 정량적 논법을 둘러싼 일종의 '치료적' 재상술화를 위해 일상언어적 역량을 개관하고자 노력했다. 그리고 비트겐슈타인의 탐구처럼, 그의 성찰적 검사는 '우리의 지식'에 대한 1인칭적 반영의 형태를 취하지 않았다. 그 대신, 그 검사는 3인칭 관점에서 펼쳐지는 공개적 퍼포먼스에 대해 '우리'가 말할 수 있는 것을 서술했다. 그러나 비트겐슈타인, 오스틴(Austin), 라일(Ryle), 셜(Searle) 등의 다른 언어철학자들과는 다르게, 삭스는 특징적 표현이나 대표적 상황을 담은 재수집된 사례들이 아니라 단 한 번 일어난 대화를 녹음한 테이프를 사용했다. 그에게, 녹음된 재료는 상설적(詳說的) 탐구를 위한 강력한 지렛대의 작용점으로 작용했는데, 이는 직관적으로 투명한 재료의 세부사항들이 '언어가 휴식을 취하고 있을' 때 재수집될 수 있는 대표적 표현들, 의견 교환, 대동사 등과 같은 종류의 것을 훨씬 능가하기 때문이다.

삭스가 테이프 녹음을 선호한 것은 자연주의적 탐구의 향기 속에서 '추론'에 대한 베이컨식 거부라는 관점에서 이해될 수도 있다 ─ 너무도 당연해 보인다. 즉, "자연의 미묘함은 의미와 이해의 미묘함을 훨씬 넘어선다. 따라서 사람들이 빠지는 허울 좋은 숙고, 공상, 겉치레 등 이 모든 것은 목적과 꽤 거리가 있다. 그것을 관찰하려는 사람조차 아무도 없다".[47] 대화분석이 연구 프로그램으로 발전한 후, 자연주의적 '자료'('자연적 대화'의 강력한 모사품으로 사용된 기계 녹음된 오디오와 비디오테이프의 형태로 존재한다)의 가치에 대한 경험주의적이고 자연주의적인 이해와 같은 것이 전자 텍스트를 들여다볼 수 있도록 해주는 파악하기 까다로운 '성찰적' 원리를 밀어내기 시작했다.

담론적 활동의 가장 세속적이고 비인격적인 것을 수행하고 이해할 수 있는 능력이 삭스와 그 학파에게 탐구를 위한 일상적 대상과 분석적 보증을 제공해 주었다. 그들의 용어에서, 대화를 열고 닫으며, 대화 주도권의 이전을 협상하고, 다양한 오류와 오해를 수정하고 회피하기 위한 일상적 방법 등은 '누구나' 분석할 수 있는 음성과 제스처의 요소들을 갖추고 있고, 그런 일상적 분석은 활동 그 자체에서 '자연적으로 발생하는' 생산의 부분 또는 조각이다.[48] 구성원들이 일상 행위에서 사용하는 단순하고, 사소하고, 표면적인 이해에 대한 삭스의 축원(祝願)은 특수한 상호작용적 구조에 대한 그의 관심 표명을 넘어선 것이다. 그것이 지배적인 사회질서의 계보학에 심각한 반(反)명제적 문제제기를 위한 출발점을 제공해 주기 때문이다.

질서의 문제에 대한 홉스 유의 개념 보유자들과의 논쟁에서, 삭스는 보일-홉스의 논쟁에서 보일의 편을 들었다.[49] 최소한 파슨스의 《사회행

---

47) Francis Bacon, *The New Organon and Related Writings*, Aphorisms, bk. 1, X, Fulton H. Anderson, ed. (Indianapolis: Bobbs Merrill, 1971).

48) '누구나'란 모든 개인이 아니라 능력 있는 구성원을 뜻한다. '누구나' 알고 있는 것은 통계조사를 통해 확립되지 않는데, 그것은 능력의 위치 지워진 논증에 대해 성찰적이기 때문이다.

49) Shapin and Schaffer, *Leviathan and the Air Pump*는 역사적 파열(rupture)의 핵심을 홉스의 유산에서 찾고 있다. 보일과의 논쟁이 끝난 후, 홉스의 사회질서의 개념은 사회 및 정치 이론에서 후속적 발전을 위한 초석으로 확립

위의 구조》(*The Structure of Social Action*) 이래로, 사회질서의 문제에 대한 논의는 개념틀, 또는 보다 최근의 용어로, '패러다임'(paradigm)을 통해 세계를 관찰하는 '과학자'의 형이상학적 상(像)에 의해 지배되었다.[50] 파슨스는 지각의 이론의존성(theory-ladenness)을 회피할 수 없다는 신칸트적 입장에 유리한 주장을 펼쳤다. 따라서 우선적으로 해야 할 일은 과학적 발견의 범주적 구조를 유도하고 지배하는 암시적 개념틀을 보호하는 것이었다. 명시적으로 구성된 이론이 잔여적 상식의 가정으로부터의 오염을 회피할 수 있을지에 대한 어떤 보증도 제공하고 있지 못함에도, 파슨스는 관찰자의 암시적 지식을 논리적으로 질서정연한 개념적 요소와 경험적 명제의 집합 속에서 재구성하려고 했다.

파슨스는 이론 중심적 과학관(觀)을 보편적인 사회행위의 개념으로 바꿔 놓았는데, 이 개념에서 일반적 행위자는 도덕적 질서의 담지자가 되었다.[51] 행위자의 정향성을 위해서는 복잡한 규범적 틀이 동원되는데,

---

되었다. 그리고 자연철학에 대한 그의 관점은 대부분 잊혔다. 물론, 보일은 자연-철학적 탐구양식을 대체했다고 말해도 좋을 정도로 실험적 삶의 형식을 촉진하는 데 성공을 거두었다. 보일처럼, 삭스도 자신의 탐구를 증언의 자연-철학적 현상에 대한 관심에서 시작했고, 지배적인 이론적 도식보다는 이질적 사실들을 가지고 시작하는 과정의 양식을 주장했다. 다음을 볼 것. Steven Shapin, "Robert Boyle and mathematics: reality, representation, and experimental practice", *Science in Context* 2(1988): 23~58.

50) 다음을 볼 것. Talcott Parsons, *The Structure of Social Action*, *vol. 1*(New York: McGraw Hill, 1937), 특히 제1, 2장을 볼 것. 파슨스의 과학에 대한 설명은 많은 사회학자가 알고 있는 것보다 훨씬 탄력적이다. 파슨스의 사회구조 및 사회행위 '이론'은 종종 현대 사회학 이론에서 여러 이론적 '패러다임들' 중 하나에 불과하다고 여겨진다. 사회학자들이 통상적으로 사용하는 '패러다임'이라는 그 용어는 쿤보다는 파슨스에게 더 많은 빚을 지고 있다. 쿤의 이론 중심적 사회학과의 우호적 관계는 다음에서 잘 드러난다. Jeffrey Alexander, *Positivism, Presupposition, and Current Controversies, vol. 1: Theoretical Logic in Sociology*(Berkeley and Los Angeles: University of California Press, 1982).

여기에는 문화적 규범 및 가치, 제재(상벌)의 기대, 적절한 역할 행위를 수행할 수 있는 학습된 기질 등이 포함된다. 행위자가 품고 있는 사회구조의 내적 모형은 과학적이지 않다. 그 모형은 지배적으로 규범적이며, 그 개념적 요소들은 강력한 비판적 조사로부터 보호되기 때문이다. 그러나 일상적 행위에서 그 모형의 역할은 경험적 설명의 연역적 체계에서 이론의 그것과 유사하다.

두 경우 모두에서, 체계적 개념들은 행위자의 관심을 해당 사실로 향하도록 하는 유도자로 역할하고, 인식적-도덕적 공동체의 구성원들 사이의 긴밀한 제휴를 가능하게 해준다. 그런 행위의 개념에서, '비재귀적' 이해는 액면 그대로 받아들여질 수 없는데, 순진한 관찰자에게 '저 밖에'(out there) 그냥 존재하는 것처럼 보이는 것이 사실은 해석의 구도 — 관찰자의 관심을 일정한 방향으로 쏠리게 하고, 이용할 수 있는 정보를 선택적으로 조직하고, 지각할 수 있는 다중성에 범주적이고 규범적인 판단을 부과하는 — 에서 비롯된 것으로 볼 수 있기 때문이다. 연구 및 교육의 임무는 그런 구도의 가정을 보다 분명히 하고, 비판적으로 재검토하는 것이다.

삭스는 상식에 가치를 부여하는 데 관심을 전혀 두지 않았지만, 명료함과 같은 추상적이고 재귀적인 시험 가능한 토대를 찾는 한편, 명료한

---

51) 역도 성립한다. 파슨스의 과학의 개념은 그의 기능주의적 사회이론의 한 예다. 파슨스(*The Structure of Social Action*, *vol. 1*, p. 6 ff.)는 과학장(場)을 경험적 명제의 기능적 시스템으로 그렸다. 그런 시스템에서 한 명제의 변경은 다른 명제에 다소간의 변화를 초래한다. 그런 시스템에서 명제는 경험적으로 관찰 가능한 사실과 관련이 있고, 그런 사실을 조건으로 하지만, 파슨스의 용어에서 그 시스템은 과학의 발전에서 '독립변수'이기도 하다. 비록 파슨스가 상식적 지식과 실체적 합리성으로부터 과학적 지식과 과학적 합리성을 구분하고 있음에도, 보편적 개요에서, 사회 시스템에 대한 그의 이론도 상호 연관된 진술들(이 경우에는 경험적으로 검증될 수 있는 진술들보다는 규범들)의 시스템을 강조한다. 이 진술들은 행위자가 일상 세계의 관련된 측면에 관심을 갖도록 해준다.

세계의 '단순한 현상'을 평가절하하는 경향성에 문제를 제기했다. 예를 들면, 자신의 강의에 앞서 그는 학생들에게 과제를 내주었다. 그 과제는 공공장소에서 시선을 교환하는 사람들을 관찰하고 묘사하는 일이었다. 학생들의 보고서를 읽은 후, 그는 수업시간에 이렇게 말했다.

'꾸며내는 무지'(feigning ignorance)의 문제에 대해 몇 마디 할게요. 나는 이 글들에서 사람들이 이따금씩 다음과 같이 대상에 대해 말하고 있음을 발견했어요. "나는 무슨 일이 벌어지는지 진짜로 몰라요. 그러나 나는 그가 그녀를 보고 있다는 추론을 해요. 왜냐하면, 그녀는 매력적인 여자니까요." 따라서 혹자는 진짜로 모른다고 주장해요. 그리고 여기서 나는 첫 번째 생각을 해봐요. 나는 여러분이 그것을 어떻게 말하는지를 아주 잘 이해할 수 있어요. 그것은 여기서 교육이라 불리던 것이 여러분의 행위로 취해지는 방식의 일부예요. 이때 여러분은 그 행위를 어떻게 해야 하는지 이미 알고 있어요. 그리고 여러분은 물(物)을 '개념'이라고, 행위를 '추론'이라고 부르기 시작해요. 이때 그런 종류의 어떤 것도 관련이 없어요. 그리고 그런 종류의 어떤 것도 관련이 없다는 것은 만약 여러분이 무슨 일이 벌어지고 있는지 모른다 — 만약 여러분이 화성에서 온 남자처럼 통상적인 관찰자라면 — 는 것이 사실이라면 매우 분명해져요. 그러면 여러분이 무엇을 볼 것인가에 대한 질문은 아마도 그녀가 매력적인 여성이라는 것보다 훨씬 더 불명료한 문제였을 거예요. 먼저 한 사람이 다른 사람을 보고 있는 것을 보고, 그들이 무엇을 보고 있으며, 관련되어 있을 그런 특징들을 위치시키는 데서 출발해 보는 것은 어때요?52)

삭스는 관찰의 타당성을 위해 인식론적 근거를 다질 것을 권하고 있지 않다. 오히려 그는 사회적 대상과 사회적 활동의 전적으로 '근거 없고' 순진한 명료성을 지적하고 있다.53) 그가 "물(物)을 '개념'으로 행동을 '추론'"

---

52) Harvey Sacks, "On exchanging glances", lecture 11, pp. 335~336, in Jefferson, ed., *Harvey Sacks — Letures 1964~1965*.

으로 부른다는 이유로 학생들을 훈계할 때, 그는 교육받은 사전예방에 의문을 제기한다. 이런 예방을 통해 학생들은 **한눈에 보이는 행위와 흘겨 봄 속에 드러나는 행위**의 범주적 명료성을 전복한다.[54] 그는 학생들이 별다른 생각 없이 봤을 수 있었던 것을 방법론적으로 '합리화된' 판본으로 정형화하려는 노력 속에서, 일종의 교육받은 인지불능을 추구하고 있다 고 주장했다. 그 속에서 그들은 분석의 출발점으로 삼았던 평범한 현상 을 잊어버렸다. 이와 같은 '정밀한' 서술의 비극적이지만 생생한 사례는 'Dr. P.'가 제공해 준다. 이 사람은 머리에 손상을 입어 '자신의 아내를 모자로 혼동하는 사람'이다. 이 사람에 대해서는 신경학자 올리버 삭스 (Oliver Sacks)의 임상 이야기에 이렇게 서술되어 있다.

"이게 뭐죠?" 장갑을 들어 올리면서 내가 물었다.
"좀 봐도 될까요?" 그는 묻고, 내게서 그것을 받아서 마치 그 기하학적 형 태를 조사하는 것처럼 검사해 나갔다.
"연속적인 표면", 마침내 그가 전했다. "스스로 둘러싸여 있어요. 그것은

---

53) 다음을 볼 것. Dusan Bjelic, "On the social origin of logic"(Ph. D. diss., Boston University, 1989). 또한, 다음도 볼 것. Eric Livingston, *Making Sense of Ethnomethodology* (London: Routledge & Kegan Paul, 1987), 제 12~13장.

54) '한눈에 보기'(seeing at a glance)의 설명에 대해서는 다음을 볼 것. David Sudnow, "Temporal parameters of interpersonal observation", pp. 259~ 279, in D. Sudnow, ed., *Studies in Social Interaction* (New York: Free Press, 1972). 삭스의 강의에서 가져온 앞선 문장에서 '추론'에 대한 언급은 어빙 고프만의 상호작용 연구의 비판적 언급으로 읽힐 수 있다. 이런 식으로 읽으면, 수업시간에 학생들에게 행한 삭스의 힐책은 고프만에게도 그대로 적 용된다. 왜냐하면, 질서정연한 상호작용적 실천은 한 사람에 의해 주어진 (그리고 표출된) '인상'과 그 사람의 증언에 의해 만들어진 '추론' 사이의 복 잡한 관계를 말함으로써 분석적으로 설명될 수 있다는 가정에 의심을 품을 수 있기 때문이다. 다음을 볼 것. Erving Goffman, *The Presentation of Self in Everyday Life* (Garden City, NY: Doubleday, 1959), pp. 2~3.

가지고 있는 것처럼 보여요" — 그는 망설였다 — "다섯 개의 밖으로 난 주머니들, 만약 이것이 적절한 단어라면."

"그래요", 나는 조심스럽게 말했다. "당신은 나에게 어떤 서술을 해주었어요. 이제 나에게 그것이 무엇인지 말해 주세요."

"어떤 종류의 용기?"

"그래요", 내가 말했다. "그러면 그것은 무엇을 담을까요?"

"그것은 그것의 내용물을 담을 거예요!" Dr. P. 가 웃으면서 말했다. "많은 가능성이 존재해요. 예를 들면, 크기가 서로 다른 다섯 개의 동전을 위한 잔돈 주머니일 수 있어요. 그것은 … 일 수 있어요."[55]

Dr. P. 는 완벽하게 올바른 서술을 통해 잘 알려져 있고 당연시되는 순진한 말(naiveté)로부터 자신을 멀어지게 하는 깊은 정신착란 증세를 보여준다 — 이런 순진한 말을 통해 사람들은 대상을 구성요소로 분해할 필요 없이 한눈에 알아본다. 마치 Dr. P. 의 생활세계가 프레게(Frege)와 러셀(Russel)이 만들어 낸 기초적 감각자료로 환원되는 것 같다. 하비 삭스는 그와는 대조적으로 학생들에게 그들의 관찰적 설명에 자신들의 '선입관적 관념'(preconceived ideas)을 포함시킬 것을 요구했다. 삭스의 관찰관(觀)에서는 고도의 편파적 범주인 '매력적인 여인'이 모든 분석에 앞서서 나타났다. 다른 사람들의 눈에는 그것이 즉각적으로 나타나는데, '실제' 장면의 요소들이 주관적 관점에 내재된 요소들로부터 분리되는 데카르트식 이분법이 작동하기 전에 그렇게 즉각적으로 보인다.

삭스에게 있어서, 한 사람이 대상을 보고 그것이 타자의 눈에 비치는 대상이라는 것을 알 수 있는 순수한 능력은 지각과 인식의 문제가 아니라 구성원에 속하느냐의 문제다. 사람들은 사회세계 속에서 정보를 흡수하는 감각체로서가 아니라 구성원(널리 퍼진 채 지속적으로 분자를 생산하는

---

55) Oliver Sacks, *The Man Who Mistook His Wife for a Hat and Other Clinical Tales* (New York: Harper & Row, 1987), p. 14.

표면 '기관'으로 존재한다는 의미에서) 으로서 존재한다 — 구성원들의 해명 가능한 활동은 자연적으로 조직된 일상적 활동들의 '결합'(assembly) 에 기여한다. 56)

그런 '결합'을 달성하는 데 이용되는 수단인 분자적 기법은 개념적으로 의식적 또는 무의식적 믿음과는 구분된다. 행위를 방향 짓는 단일한 이성적(또는 비이성적) 행위자에 대한 암시란 존재하지 않기 때문이다. 그 대신, 구성적 활동이 실제 결합체에서 생산되고, 이런 결합체에서 활동들은 유기물의 사슬에 있는 분자들처럼 빠른 연쇄작용을 통해 함께 '달라붙는다'(이 장의 부록을 볼 것). '추론'과 '인지'는 활동들의 특수한 결합체들이 어떻게 생산되어야만 했을까에 대한 이차적 산물 또는 분석적 재구성으로만 관련을 맺는다. 57) 결합의 속도는 그것을 추상적으로 추론하기 위한 모든 노력을 앞지른다. 특별히 자신의 색깔을 드러낸 문장에서, 삭스는 인간 행위자의 '뇌'에 대해 말하는 것은 분자의 '뇌'를 분석적으로 말하는 것과 그 의미가 대동소이하다고 말한다.

---

56) '자연적으로 조직된 일상적 활동들'이라는 구절은 가핑클이 애용하는 용법들 중 하나이다. 삭스와 그의 동료는 '자연스럽게 발생하는 활동들'과 같은 구절을 사용하는 경향이 좀더 강하다.

57) 스탠리 피시[Stanley Fish, *Doing What Comes Naturally*: *Change, Rhetoric, and the Practice of Theory in Literary and Legal Studies*(Durham, NC: Duke University Press, 1989), p. 386]는 법률의 실천에서 추론에 대해 말할 때 '사슬'의 유비를 사용한다. 즉 "사슬 활동에 묶여 있는 법률 대리인은 자연스럽게 그 사슬의 역사가 만들어 낸 제약을 상속한다. 사슬의 한 고리로서 대리인은 목적, 가치, 이해된 목표, 추론의 형식, 정당성의 양식 등의 저장소이다". 사슬은 곧바로 이런 것들을 드러내 보이고 법제화한다. 그런 대리인은 행동할 때 완벽하게 분절화된 실천의 모형이나 이론을 상담해 줄 필요를 느끼지 않는다. 왜냐하면, 행위란 사슬에서의 역사적 위치에 따라 그 타당성 여부가 결정되기 때문이다. 대화분석에서, 사슬에서의 분자적 연결들이란 대리인들이 아니라 다중의 대리인들에 의해 수행되는 구성적 행위이다.

어떤 대상을 구성하려고 할 때 필요한 장치의 복잡성 또는 단순성과 그 대상의 액면가적 복잡성 또는 단순성이 반드시 들어맞아야 할 필요는 없다. 대상이 실제로 존재하기만 하면, 반드시 타협 대상인 물(物)이 존재해야만 한다. 그리고 사람들이 평범한 일을 하고 있는 한, 그들은 다음과 같은 개념을 가지고 다각도로 검토한다 — 만약 누군가 뭔가를 조금 단순하게, 조금 빠르게, 조금 습관적으로 했다면, 그들이 했던 것을 설명하는 것은 그렇게 큰 문제가 되지 않는다. 문제가 될 것이라고 가정해야 할 이유는 없다. 유비적 관찰을 제시해 보겠다. 영어로 문장의 생성 — 간략하게, 문법 — 을 서술하려는 책의 서평에서, 서평자는 문법이 나쁘지는 않지만, 아주 성공적이지도 않음을 발견한다. 6살짜리 아이도 일상적으로 만들 수 있는 문장들을 매우 뛰어난 과학자들이 제대로 서술해 내지 못한다는 것은 사실이다. 물론 관행적으로 분자들이 재빠르게 참여할 수 있는 활동들은 매우 뛰어난 과학자들의 서술 대상은 아니었다. 따라서 이런 개인들에게는 없을 수 있지만, 대상들에게는 필요한 것으로 비치는 뇌들을 걱정하지 말라. 이런 점에서, 우리의 임무는 대상들의 뇌들을 구축하는 것이다. 58)

파슨스에게 있어, 복잡한 사회구조는 행위자들이 그런 구조를 재생산하는 수단인 개념적 틀에서 소우주적으로 표상된다. 그러나 삭스의 경우 관행적으로 행해지고, 국지적으로 조직화된 조합 속에 있는 단순한 분자적 행동이 복잡한 산물을 낳는다고 본다. 이런 반(反)명제적 그림은 거대한 고딕식 성당이 어떻게 건설되었는가에 대한 데이비드 턴블(David Turnbull)의 연구를 언급함으로써 구체화할 수 있다. 59) 턴블은 건축사가들이 일반적으로 내구적이고, 매우 복잡하며, 기하학적으로 정확한 대성

---

58) Harvey Sacks, "The inference making machine", pp. 199~200, in Jefferson, ed., *Harvey Sacks — Lectures 1964~1965*.

59) David Turnbull, "The ad hoc collective work of building gothic cathedrals with templates, string, and geometry", *Science, Technology, and Human Values* 18(1993) : 315~340.

당의 구조가 정교한 공학의 원리와 결합된 치밀한 계획을 통해 탄생했다는 가정에 사로잡혀 있음을 알게 되었다. 일부 역사가는 역사적 기록에서 그런 계획을 뒷받침해 주는 증거의 부재(不在)를 두고 그런 계획이 존재했지만 파괴되었다고 해석하거나, 성당이 비과학적 시행착오를 통한 신비스런 성과라는 식의 결론으로 무마하려 했다. 턴블은 공학 지식과 브리콜라주(bricolage)의 대비를 문제 삼기 위한 목적으로 실험실 연구를 언급하면서, 성당의 건축가들은 정교한 설계가 필요치 않았으며, 그들의 비이론적(atheoretical) 방법도 결코 비과학적이 아니었다고 주장한다. 그는 성당 건축이 정교한 계획과 복잡한 수리적 원리를 가지고 출발했다는 가정 대신, 건축가와 석공의 스텐실(stencils)이나 '형판'(templates)의 국지화된 사용의 결과임을 관찰한다 — 이런 형판들로부터 그들은 표준화된 돌의 형태와 단순한 도구 세트, 계산 장치를 개발해 냈다.

구조 법칙에서 도출된 건축용 규칙이 없는 가운데서도, 실용적 기하학 사용, 컴퍼스, 직선 자, 자, 줄 등을 통해 주어진 문제를 해결할 수 있었다. 숙련자에서 도제에게로 전해진 구조 관련 지식은 크기를 비율에 따라 공간과 높이에 연동시켰다. 예를 들어 전장(全長)에서 피트의 절반은 인치로 표현되었고, 1인치는 단단한 목재 들보의 깊이를 나타내게 될 것이다. 이런 어림셈의 규칙은 비율로서 언급되고 학습된다. 전장이 길어질수록 들보의 깊이도 깊어질 것이다. 이런 종류의 기하학은 엄청나게 강력하다. 그것은 구조적 경험의 전송 및 전파를 가능하게 한다. 이를 통해 다른 장소와 다른 환경에서 특화된 배열의 성공적 복제가 가능해진다. 60)

활동의 이런 그림은 비트겐슈타인의 《철학적 탐구》의 더욱 생생한 두 개의 이미지와 겹친다. 첫째, 형판 — 석재를 일정한 형태로 자르도록 하는 새김(inscriptions) — 은 비트겐슈타인의 상상 속의 원시적 언어게임에서

---

60) *Ibid.*, p. 323.

의 '평석'(slab), '블록'(block), '기둥', '대들보' 등의 발화와 거의 같은 역할을 성당 건축에서 맡고 있다(제 2절 등). 이 언어게임에서 건축자는 자신의 조수에게 자신에게 적절한 형태의 돌을 가져오라는 신호를 보내려고 이런 이름들을 연속해서 불러낸다. 비트겐슈타인은 사물을 대표하는 이름의 모음집으로서의 언어에 대한 전통적 판본을 패러디할 무엇인가로서 이 언어게임을 설계했다. 그렇지만, 노먼 말콤(Norman Malcolm)이 지적하듯, 심지어 '평석' 게임조차 그것이 얼핏 보이는 것처럼 제한적이지 않다. 용어들의 제한된 레퍼토리는 건축가의 관행의 일부로 채용될 때 모든 종류의 실용적 기능을 상상을 통해 취할 수 있다. 61) 이런 엄격하게 제한된 언어게임에서, 발화는 사물을 대표하는 이름으로서 규약적 역할을 지니지만, 동시에 우리는 연쇄적 활동에서 구어적 토큰(token)으로 발화를 사용하는 건축가를 상상할 수 있다. 이런 활동에서 건축가는 조수와의 상호작용적 행동을 요구하고, 정정하고, 긍정한다. 비트겐슈타인의 예를 확장함으로써, 우리는 다음과 같은 건축가와 조수의 의견교환을 상상해 볼 수 있을 것이다.

건축가: "평석."
조 수: (블록을 들어 올려서 건축가에게 건넨다.)
건축가: "평석!"(머리를 흔들고, 돌무더기를 가리킨다.)
조 수: "평석이요?"(블록을 던져 버리고 다른 모양의 돌을 집어 든다.)
건축가: "평석."(조수에게 평석을 건네받으면서 고개를 끄덕이면서 미소를 띤다.)

이런 교환의 보다 복잡한 사례로는 두 명의 운반회사 고용인들이 좁고 바람이 부는 계단을 통해 아래층으로 냉장고를 옮길 때의 상황을 기록한 것

---

61) 다음을 볼 것. Norman Malcolm, "Language without conversation", *Philosophical Investigations* 15(1992) : 207~214.

을 들 수 있다. 이상화된 '평석'의 사례처럼, 발화는 감각적으로 가정된 사물의 '확실한' 성질에 묶여 있는데, 이 사물은 계단, 사방을 막고 있는 벽, 전개되는 '방법'(우연적 출현을 두고 다투는)을 따라 들어 올려지고 있다. 대화는 바로 그 임무 수행의 방법을 둘러싼 지시가 '무거운 짐 운반'을 수행하는 '숙련자'(A)와 신참 조수(B)가 서로 주고받는 실행으로서 생산된 것이다.

A: 그래, 지금,
(1.4)
A: 나 <u>올리고</u> 있어.
(0.8)
B: (예)
A: <u>됐어?</u>
〔(쿵 — 냉장고가 소리를 내면서 움직임에 따라)〕
A: 이제 <u>너도</u> 들어야지. 〔(더 쿵쿵거리는 소음)〕
B: (… 어디 있는지 말해 주세요)
A: (<u>위?</u>)
B: 예
A: 그래,
〔(쿵)〕
A: (됐어)
(3.8)〔(간헐적 쿵쿵거림)〕
A: <u>해냈어</u>, 우리는 <u>잘</u>하고 있어.
(0.4)
A: 우린 일을 잘하고 있어.
(B): (음 흠)
(4.0)
A: 좋아, <u>이제</u>,
(0.2)

A: 다시 내려놓을 거야.

〔(큰 소리로 쿵)〕

A: 다시 한 번 같은 일을 반복할 거야, 알겠지?

(0.5)

B: 이걸 들어 올려요?

(0.4)

A: 그래, 이번에는 <u>내릴</u> 거야.

(0.8)

A: (이제)

(0.4)

A: 나만큼 올려(Up teh me),

(0.2)

A: 그거야, 좋았어.

(0.8)

A: <u>지금</u>,

(0.4)

A: <u>같은</u> 일을 다시 해보자.

이 경우에 '발화'는 사물을 들어 올리고 내리는 연속적 과정을 중단시키고 조율하는 순간들로 작용하며, 발화는 어떤 '대화적' 메커니즘의 성격을 띠는 것과 동일하게 계단의 기능인 걷는 속도와 리듬을 취한다.

턴블의 예에서, 성당 건축가들의 형판은 의사소통적이고 규율적 관행에서 특징화되는 텍스트의 장치였다. 이런 장치를 통해 숙련 석공과 건축가의 스태프들은 자신들의 활동을 조율했다. 형판은 교환되는 전통적 숙련과 도구 속에 포섭되어 있기 때문에 제한되고 '지표적'인 의미에서만 계획으로서 기능했다.

비트겐슈타인에서 기원한 또 다른 관련 유비는 망치, 집게, 톱, 나사드라이버, 자, 아교 주전자와 아교, 못, 나사 등을 담은 도구상자의 유비이다. 62) 비트겐슈타인은 그의 독자들에게 건설 활동에서 이질적 도구들의 기능과 같은 '단어들의 기능'을 고려할 것을 권한다. 턴블은 자신이 논의한 구체적 사례에서 성당 건축가의 브리콜라주 실천은 끝이-개방된(open-ended) 실천에서 컴퍼스, 직선 자, 자, 끈 등의 사용을 유연하게 만든다고 강조한다. 이런 도구들은 특정한 임무에 '바쳐지지' 않고, 임무와 우연성의 예상을 벗어난 범위에도 적용이 가능하다. 정교한 계획이나 이론이 관련 활동의 목적을 지배하거나, 설명하거나, 정의하거나, 표상한다고 말해지는 방식으로 도구상자에 있는 형판과 도구의 단순한 디자인이 실용적 목적을 '표상하지' 않지만, 새롭게 출현하는 정교한 건축물을 짓거나 다시 짓기 위해서 형판과 도구를 요령 있게 사용하는 데 어떤 설계나 설명이 필요한 것은 아니다. 그런 계획이나 설명의 부재가 뭔가가 빠졌음을 암시하지도 않는다.

삭스는 사회질서를 단순한 장치들의 이질적 결합을 통해 구축된 거대한 문법적 '성당'으로 보는 관점을 공유하고, 이런 장치의 가장 기본이 되는 원리의 일부를 서술하기 시작했다. 그는 가장 눈에 띄는 논증에서 두 살짜리 아이의 발화, "아이가 웁니다. 엄마가 아이를 안았습니다"의 명료성을 설명했다.

내가 "아이가 웁니다. 엄마가 아이를 안았습니다"를 들었을 때, 내가 들은 한 가지는 '아이'를 안은 '엄마'가 그 아이의 엄마라는 것이다 ⋯ 이제, 나는 엄마가 그 아이의 엄마라는 것을 내가 듣고 있을 뿐만 아니라 최소한 여러분들 중 많은 원주민이 마찬가지로 그 말을 듣고 있음을 확신한다. 63)

---

62) Wittgenstein, *PI*, 11절.

63) Harvey Sacks, "On the analysability of stories by children", p. 216, in Roy Turner, ed., *Ethnomethodology*(Harmondsworth: Penguin Books, 1974); orginally in John J. Gumperz and Dell Hymes, eds., *Directions in Sociolinguistics: The Ethnography of Communication*(New York: Holt, Rinehart and Winston, 1972), pp. 329~345.

삭스는 이야기에 두 문장이 포함된 것, 그리고 서사에서 '사건의 발생들'은 문장이 따르는 순서와 같다는 것을 관찰했다. 그는 첫 번째 발생이 두 번째 발생을 '설명한다'고 덧붙였다(엄마는 아이가 울기 때문에 그 아이를 안았다). 이런 관찰은 '사회과학 성과'로서가 아니라 누구나 인지할 수 있는 이야기의 명료적 특징에 대한 상술(詳述)로 제공되었다.

> 앞서 말한 모든 것은 말해지는 대상이 어떤 아이 또는 어떤 엄마인지 알지 못한 상태에서도 우리 다수 또는 어쩌면 모두에 의해 실행될 수 있는 것이다 … 그것들은 '서술처럼 들리고', 어떤 형식의 문장은 확실하게 서술처럼 들릴 수 있다. 어떤 형식의 문장이 가능한 서술이라고 말하기 위해서 그런 서술의 성격이 규정될 수 있는 환경을 먼저 심사해야만 하는 것은 아니다. 64)

달리 말해, 삭스는 현재의 문학 이론에서 익숙해진 주장을 제시했다 ― 즉, 텍스트는 그 언설이 말해지는 시간이나 화자의 정체성, 화자의 의도 등과 같은 맥락적 중요성을 언급하지 않은 채 '회자될' 수 있다. 그렇지만 문학 이론의 많은 열광자와는 달리, 삭스는 서술에 기초한 사회과학을 구축할 수 있다는 가능성에 자극받았다. 비록 그 목적은 순진하게 실재론적인 것으로 보일 수도 있겠지만, 다음 문장에서 삭스가 '실재론자'가 아니라는 것은 분명하다. 최소한 그 말의 규약적 의미를 고려하면 그렇

---

64) *Ibid.*, p. 217. 마치 삭스가 자신의 분석을 '관점의 상호성'이라는 슈츠식 설명에 토대를 둔 것처럼 보일 수 있다. 다음을 볼 것. Alfred Schutz, "The definitions of the social world", in his *Collected Papers, vol. 2* (The Hague: Nijhoff, 1964), pp. 20~63. 그렇지만 지식의 축적에 기초한 사회적 장면의 해석적 이해에 대한 슈츠의 논의와 선(先)해석적 차원의 즉각적 인지에 대한 삭스의 설명 사이에는 핵심적 차이가 존재한다. 그런 명료성의 비(非)실증주의적 설명에 대해서는 《철학적 탐구》, pp. 193~208의 '으로 보기'(seeing-as)에 대한 비트겐슈타인의 논의를 볼 것.

다. 그는 '실재론적' 서술들이 조직되는 규약적 방식을 탐구하는 쪽으로 좀더 기울어져 있었다.

> 만약 … 구성원들에게 어떤 현상, 즉 그 자체를 인지할 수 있는 '가능한 서술'이 주어진다면, 우리는 구성원들이 생산하고 인정하는 것으로서 가능한 서술의 구성 성분을 살펴보기 위해 아이와 엄마가 행동하는 것이 어떤 것인지를 알 필요는 없다. 사회학과 인류학은 관련된 구성원들의 지식과 활동이 탐구될 수 있는 안전한 위치를 확보하고자 식물학이나 유전학의 발달이나 빛의 스펙트럼 분석을 기다릴 필요는 없다. 우리가 구축해야만 하는 것은 어떤 활동 — 구성원들이 자신들에게 그런 것처럼 인지 가능한 방식으로 행해지는 — 이 행해지며, 인지 가능하게 행해지는 것이 어떤 것인가를 제공해 줄 장치이다 … 우리가 고려하는 문장들은 결국 조금 사소한 것이고, 여러분 모두, 또는 여러분 중 다수는 내가 여러분이 들었다고 말한 것을 그대로 듣는다. 그리고 우리들 중 다수는 서로 잘 알지 못한다. 따라서 나는 실재하는 뭔가와 참으로 강력한 뭔가를 다루고 있다. 65)

---

65) Sacks, "On the analyzability of stories by children", p. 218. 리빙스턴(Livingston, *Making Sense of Ethnomethodology*, p. 76)은 이 경우에 '분석 가능성'은 발화의 이런 또는 저런 학술적 분석이 객관적으로 옳다는 모든 주장과 구별되는 실용적 객관성을 함축한다고 강조한다. 즉, "비판적인 어떤 것도 이 한 경우에 절대적으로 옳은 것으로 존재하는 그의〔삭스의〕 분석에 종속되지 않는다. 그가 설명하려고 했던 현상이란 연쇄의 분석-가능성(analyze-ability), 이야기-가능성(story-ability), 듣기-가능성(hear-ability), 객관성 등이 연쇄 그 자체의 일부라는 것이다. 그 '엄마'는 그 '아이'의 엄마이다. 그리고 그녀는 자신의 아이를 안았다. 그런 분석가능성은 이야기가 말해지고 들려질 수 있는 방식의 일부이다". 리빙스턴(p. 76)은 계속해서 삭스의 공동작업자들 중 일부는 테이프 녹음된 발화의 논증 가능한 분석가능성을 그런 발화의 특정한 분석적 엿듣기를 위한 방법론적 토대와 혼동했다고 말한다. 즉, "그들은 어떤 '구성원'〔예: 대화의 국지적 생산집단에서의 상호대화주의자(*co-conversationalist*)〕이 자신들의 실무를 정당화하기 위한 수단으로 확실하게 듣는 것이라는 개념을 사용했다. '구성원'에 대한 그들의 개념은 협력적인 토론과 연구를 위한 토대로서 강제된 직설적인 분석적 장치가 되었

다시, 삭스는 여기서 분석의 가능성을 암시하고 있고, 이 문장의 끝에서 그는 '참으로 강력한' 기계장치의 존재를 가리키는 정도로 나아갔다. 그는 이제 서술의 인식 가능한 특징을 회복하는 '장치를 … 구축하는' 것이 가능하다고 제안했다. 삭스에게 그런 장치는 구성원들이 말을 듣고 대화에서 '들은' 사건의 질서와 일치하게 행동하는 선(先) 반영적 방식에 의해 암시된다.66) 이런 질서란 논증적으로 비인격적이고 회자 가능한 질서로서, 일상적 상호작용 사건을 조직하는 기계장치이다.

이 문장에서 기계론적 이미지는 대화-분석적 저작들에 널리 퍼져 있는 기계장치, 메커니즘, 장비, 장치, 시스템 등에 대한 언급에서 잘 드러난다. 이런 기계론적 어휘들이 주어진 속에서, 우리는 삭스의 프로그램이 피터 윈치(Peter Winch)의 다음 비판에 취약하다고 판단할 수 있을 것이다.

사회적 행동 형태로서 한 학생의 활동을, 말하자면 기계의 작동방식을 연구하는 엔지니어의 그것과 비교하는 것은 원리적으로 꽤나 큰 오류다 … 사회현상에 대한 그의 이해는 그가 연구하는 기계 시스템에 대한 엔지니어의 이해보다는 그의 동료의 활동에 대한 엔지니어의 이해에 보다 가까운 것이다.67)

다". '분석적 입장과 과정'에서 삭스와 그의 동료의 전환에 관한 다른 관점에 대해서는 다음을 볼 것. E. A. Schegloff, "Introduction" to Sacks, *Lectures on Communication*, p. 43~44.

66) 행위에서 대화의 선(先) 해석적 명료성은 '맹목적으로' 규칙 따르기와 '이유' 없이 지능적으로 행동하기에 대해 비트겐슈타인이 말한 것과 비교될 수 있다 (*PI*, 211, 219절). 그렇지만 삭스와 달리, 비트겐슈타인은 그와 같은 '맹목적' 행위를 지배하는 '장치'의 존재를 둘러싼 어떤 제안에도 신중하게 말을 삼갔다.

67) Peter Winch, *The Idea of a Social Science* (London: Routledge & Kegan Paul, 1958), p. 88.

그녀의 동료의 활동에 대한 엔지니어의 이해라는 기계론적 설명은 길버트 라일(Gilbert Ryle)의 **범주 오류**(a category mistake)를 떠올리게 한다.[68] 그러나 삭스의 셈법에 의해, 문법적 '장치'란 엔지니어들이 서로의 서술들로부터 기계적 구조를 재생산해 내는 방식을 통해 암시된다. 그런 장치는 라일 자신이 시스템적으로 탐구할 것을 제안했던 것을 서술할 것이다 — 즉, 개념의 실용적 이용을 지배하는 '논리적 규율'.[69] 삭스는 능력을 갖춘 구성원들이 자신들의 집합적 활동이 생산되는 방법에 대해 관련된 동료들에게 정보를 제공하고 지시하는 수단인 서술의 체계적 조직화에 주목하는 것이 가능하다고 주장했다. 물론, 삭스는 엔지니어들의 의사소통적 활동에 대한 연구를 개발하려 한 것은 아니었다. 그는 '누구나' 일상적 활동을 수행하기 위한 지침으로서 사용할 수 있는 체계적 서술을 생산할 수 있기를 원했다.

과학에서 방법론적 서술에 대한 삭스의 주장이 엔지니어링에도 적용될 수 있다면, 기계 시스템에 대한 엔지니어들의 설명은 그들의 동료, 학생, 고용된 기술자들로 하여금 그런 설명들이 서술하고 지시하는 것을 이해하고 재생산할 수 있도록 해주어야 한다. 유비적으로, 대화 기계장치의 가능한 서술은 능력을 갖춘 언어의 화자가 관련된 대화 행위를 이해하고 재생산하려고 관련 '동료'와 협력을 통해 성공을 거둘 수 있는 방법을 보여 줄 수 있어야 한다. 전문적 엔지니어들은 종종 그들 자신의 방법들을 텍스트화(化)하지 않는다. 그들은 다른 엔지니어들을 위해 청사진을 그릴 목적으로 기술 스태프를 고용하고, 학생들을 위한 교육과정을 마련하

---

68) Gilbert Ryle, *The Concept of Mind*(Chicago: University of Chicago Press, 1949), p. 16 ff.
69) *Ibid.*, p. 7. 그렇지만 삭스가 탐구의 '개념'을 라일(Ryle)의 의미로 제한하고 있지 않았음을 반드시 언급할 필요가 있다. 삭스는 개념적 분석을 이야기의 연쇄적 조직의 탐구에 포함시켰다. 다음을 볼 것. Jeff Coulter, *Rethinking Cognitive Theory*(New York: St. Martin's Press, 1983).

고, 기계 사용자들을 위한 지침서를 쓴다. 비슷하게, 일상적 대화의 참석자들은 자신들의 방법들에 대한 체계적 특징을 부호화하는 데 거의 아무런 어려움도 느끼지 않는다. 이런 까닭에 전문적 대화분석가들은 그런 활동을 위한 방법들의 텍스트와 사용자의 지침서를 쓰는 임무를 수행할 수 있을 것이다.

과학에서 서술의 역할에 대한 삭스의 주장은 몇 가지 흥미로운 모호성을 낳는다. 비록 그가 방법들의 서술에 대한 '과학자들'과 대화분석가들 사이의 유비를 도출하는 것을 선호했지만, 대화분석가들에 의해 제공된 정형화된 서술들은 다음과 같은 사례들과 비교했을 때 또 다른 함의가 떠오르게 하기 때문이다 — 즉, 기계의 설계 능력을 갖춘 엔지니어들에게 지침을 제공하는 청사진, 조립라인에서 행위와 기계장치의 조율과 속도 조절을 목적으로 한 산업 엔지니어의 설계, 신참에게 개인용 컴퓨터 작동방법을 알려주는 사용자 매뉴얼, 실험에서 선택된 사건들의 수행 및 모니터링 방법에 대한 기술자 스태프를 위한 훈련 지침 등. 이 사례들 각각은 방법들의 텍스트를 쓰는 사람들과 서술된 활동을 실행하는 그들의 '동료' 사이의 서로 다른 노동 분업과 사회적 지식분포를 함축한다. 대화분석의 유비는 서술된 행위란 '주재하는 기술자들'이 이미 능력을 갖추고 하는 행위라는 사실로 인해 더욱 더 복잡해진다. 실제로, 역량을 갖춘 채 하는 그들의 활동은 가장 먼저 분석될 '자료'를 공급해 준다. 일부 혼선이 빚어지는 사회 비판의 시도를 예외로 하고, 숙련을 재조직하고 '합리화하기' 위해 실행자들의 집단에서 기예를 '추출하려는' 명시적 목적을 가지고 정형화된 서술을 사용하는 산업 엔지니어들과는 달리, 대화분석가들은 서술된 활동의 국지적으로 생산된 질서로부터 분리된 기술을 구축하려는 목적을 표명하지 않는다.

삭스는 공학 청사진에서 잘 드러나는 기계 시스템과는 다른 종류의 '기계장치'를 서술하고자 했다. 그는 대화적 작업현장에 있는 '주재하는 기술자들'이 일상적 의사소통 활동을 결합시키는 방법에 대한 설명을 구성해 내고자 노력했다. 70) "원리적으로 우리가 정형화된 서술 가능한 방법을 보유하는 것은 당연한 일인데, 문장의 결합을 정형화된 방식으로 서술할 수 있는 것과 같은 이치이다. 서술은 보편적으로 문장을 다룰 뿐만 아니라, 특수한 문장들도 다루려 할 것이다. 따라서 우리가 하려고 하는 것은 또 다른 문법을 개발하는 것이다. 물론, 문법이란 관례적으로 관찰 가능하고, 닫힌 질서의 사회적 활동의 모형이다."71)

공학의 유비에 따라, 대화의 참여자들은 활동들을 결합하고, 그렇게 하는 동안 누가 다음에 말해야 하고, 언제 말을 시작해야 하며, 무엇을 말해야 하는지를 결정하려고 다른 사람의 발화를 분석한다. 다시, 성당 건축가의 유비에 따라, 이 '분석'은 표준적 건물 블록들의 질서정연한 형태와 결합 배치(conjoint placement)에 연루된다. 그것은 대부분의 경우 사색적 작업 — 심지어 무의적이거나 선(先) 재귀적인 사색적 작업 — 이 아닐뿐더러 생각이 없거나 정신이 없는 작업도 아니다.

대화를 조직하고 설명할 수 있도록 해주는 수단인 분자적 행동을 조직하는 "뇌를 구축하자"는 제안을 통해, 삭스는 서술적 프로그램의 기초 원리를 다졌다. 그렇지만 이것이 순진한 관찰자가 첫눈에 보는 세계를 '진짜로 실재하는' 사물들, 정체성들, 관계들의 미리 인식된 장(preconceived field)으로 환원하는 일종의 행동주의적 또는 유물론적 프로그램이 되고자 한 것은 아니었다. 그 대신, 그것은 관찰 가능한 세목에 고정함으로써 직관적으로 명백하고 자연적으로 해명 가능한 '실존주의적' 빈사(賓辭)의

---

70) 나는 '주재하는 기술자들'(technicians in residence)이란 표현을 데이비드 보건(David Bogen)에게 빚지고 있다(사적 의견교환). 게일 제퍼슨(Gail Jefferson)은 형판(template)을 대화에서의 특수한 분석적 운용을 서술하기 위한 목적으로 사용했지만, 나는 앞에서 이 용어를 좀더 보편적 방식으로, 복잡한 대화의 질서들이 순간마다 구축되는 패턴을 서술하는 데 사용하였다. 다음을 볼 것. Gail Jefferson, "On the sequential organization of troubles talk in ordinary conversation", *Social Problems 35*(1988): 418~442.

71) Sacks, "Notes on methodology", p. 25.

전 범위를 고려에 넣는 서술적 프로그램이 되고자 했다. 72) 원리적으로, 모든 것은 '관찰', '서술', '분석', '증거', '원자료 설명' 등과 같은 프로그램을 위한 관찰 가능하고 서술 가능한 대상들 속에 포함되어 있어야 할 것이다. 73) 다만 이런 통속어 활동을 배타적인 과학적 자원으로 사용하려는 목적에서 교정된 판본을 구성하는 데 필요한 휴식시간, 그리고 특권화된 공간이 존재하지 않을 뿐이다. 74)

관찰과 서술이 사회학자들의 서술활동이 지닌 성찰적 특성이라고 자주

---

72) 기안 카를로 로타(Gian-Carlo Rota)는 자신이 '실존주의적 관찰'(existential observation)이라 부른 것을 과학에서 좀더 익숙한 실재론적 관찰의 형태와 구분한다. 하이데거의 많은 독자와는 대조적으로, 로타는 유물론에 대한 실존주의적 비판을 관념론적 전통의 연장으로서가 아니라, 현상 너머의 '실재'라는 환원주의적 개념에 무관심한 일종의 극사실주의(hyperrealism)에 대한 전례 없는 주장으로 취급한다. 다음을 볼 것. Gian-Carlo Rota, "The end of objectivity", a series of lectures for The Technology and Culture Seminar at MIT, Cambridge, MA, October 1973. 비록 삭스가 실존주의에 대해서는 침묵을 지키고 분석적 철학 전통에 경도된 것처럼 보임에도, 그의 서술주의(descriptivism)는 비(非)환원주의적이고 극사실주의적인 것에 가깝다.

73) 좀더 민속방법론적으로 조율된 CA의 일부 연구는 실증주의적 입장과의 대립을 통해 이런 초객관주의(hyperobjectivism)의 입장을 내보인다. 예를 들면, 아니타 포메란츠(Anita Pomerantz)는 화자가 '단지 사실들'(just the facts)의 서술을 제공하는 경우를 다룬다. 다음을 볼 것. Anita Pomerantz, "Pursuing a response", pp. 152~163, in Atkinson and Heritage, eds., *Structures of Social Action*, p. 163, n. 1. 또한 다음도 볼 것. A. Pomerantz, "Telling my side: 'limited access' as a 'fishing' device", *Sociological Inquiry 50*(1980): 186~198. 포메란츠는 구성원들의 사용과 과학적 사실 및 자료 사이의 모든 불공평한 구분에 무관심한 상태를 유지하면서 '단지 사실들'과 '원자료'를 특수한 상황에서의 구성원들의 사용으로 서술하고 있다.

74) 다음을 볼 것. Don Zimmerman and Melvin Pollner, "The everyday world as a phenomenon", pp. 80~103, in Jack Douglas, ed., *Understanding Everyday Life: Toward the Reconstruction of Sociological Knowledge* (Chicago: Aldine, 1970).

언급되는데, 삭스는 그런 사실이 서술활동을 일상적 조직대상으로 다루는 것을 방해하지 못하도록 했다. 사람들이 다른 누군가가 하고 있는 일을 한눈에 알아볼 수 있고, '타자들'이 그들의 행동방식과 똑같은 방식으로 그런 관찰가능성을 설명할 수 있다는 것은 그의 분석적 기조와 일치하는 자명한 삶의 사실(facts of life)이었다. 실천적으로 관찰 가능하고, 실천적으로 분석 가능한 행위들의 이질적 현상들을 실험실 기반의 서술 및 분석을 위한 '자료'로 전환함으로써, 삭스는 실증과학이 이루어지는 배경으로 작용하는 테마와 명칭 부여가 서술된 세계에서 실용적 자료가 되는 서술적 프로그램을 제공했다.

2단계 : 분석적 분과

삭스는 원시적 과학이 어떻게 전문 분과로 '전문화'되었는지에 대해서는 거의 말하지 않았지만, 그와 그의 동료가 보다 더 정밀해진 관찰적이고 분석적인 기술을 통해 통속어적 직관을 뛰어넘으려는 목적을 띤 연구 양식을 개발하여 원시적 과학의 '단기적 가능성'을 뛰어넘으려 했음은 분명하다. 초기에, 삭스의 서술주의는 후에 인문학과 사회과학에서 '탈구조주의'와 결합을 이루게 될 문헌 및 테제에 대한 정교한 이해와 매우 편안하게 공존했다. '단순하게 서술하는' 동안, 그와 그의 동료는 자신들과 마찬가지로 게임을 알고 있는 사람들의 무관심 속 초연함을 드러내 보여 주었다. '서술하기'는 실증과학의 구성적 구조들 — 관찰, 서술, 검증, 원자료 등 — 의 성찰적 전시(reflexive exhibit)를 위한 필요조건이었다. 해명 가능성의 이론 구조들은 삭스가 1960년대 후반과 1970년대 초반에 캘리포니아대학교(어바인)에서 수립한 대화분석 실험실에서 구체화되었다. 이 실험실은 '실증과학'의 분자적 구성요소들이 스스로 관찰 가능하도록 만들 수 있는 환경을 조성하고 있었다. 75)

대화분석 실험실은 일상적 행위의 '기술적' 생산을 전시하고 시험하기 위한 설비로 기능했다. 실험실은 기록하고, 재생하고, 오디오테이프와 비디오테이프 녹음기록을 편집하기 위한 장비들이 자리를 잡고 있었고, 삭스와 그의 제자들에 의해 축적된 테이프와 녹취록의 수집 자료들로 가득 채워져 있었다. 녹취록은 게일 제퍼슨이 개발한 단일한 표기 체계에 맞춰 작성되었다. 이런 자료들은 색인이 붙여져 파일화되었고, 공동 실행자들의 소규모 공동체에서 유통되었다. 삭스는 테이프에 기록된 발화의 연쇄, 속도, 타이밍(timing), 소리 등의 미묘한 특징을 '듣고' 받아 적을 수 있는 고유한 능력을 배양하고 테이프를 가지고 집중적으로 작업할 수 있는 '기술자들'이 되도록 자신의 학생들을 훈련시키기 위한 프로그램을 고안했다. 실험실에는 다양한 품목의 장비들이 있었지만, 그 중심에는 사실(matters of fact)을 (재)생산할 수 있는 추상적인 '기계장치'가 있었다. 가상적 증인 공동체에 제시된 공기펌프에 대한 보일의 그림과 서술처럼, 삭스의 기계는 모든 현상이 손으로 만져질 수 있고 물성의 검사 및 조작에 종속되는 동시에, 사실이 본질적으로 문학적 표현 양식에 속박되어 있기 때문에 가능했다. 76) 이런 이야기를 한다고 해서 기계장치가

---

75) 가핑클은 보다 최근의 저작과 강연에서 철학과 사회과학의 문헌에서 가져온 '고전적' 테마들이 일상적인 실천적 성취로 특징지어지는 조직된 배경의 존재를 가리키기 위해 **명료한 배경**(perspicuous setting)이라는 용어를 사용한다. 나는 그 용어가 실증적 과학철학의 기초적 테마들 — 관찰, 서술, 재현 등 — 을 시험할 목적으로 설계되었다고 주장하고 있다.

76) 대화분석적 작업의 문학적 및 수사적 특징들은 다음에서 논의되고 있다. R. J. Anderson and W. W. Sharrock, "Analytic work: aspects of the organization of conversational data", *Journal for the Theory of Social Behaviour 14*(1984): 103~124; Erving Goffman, "Replies and responses", pp. 5~77, in E. Goffman, *Forms of Talk*(Philadelphia: University of Pennsylvania Press, 1981); Elliot G. Mishler, "Representing discourse: the rhetoric of transcription", *Journal of Narrative and Life History 1*(1991): 225~280; David Bogen, "The organization of talk", *Qualitative Sociology 15*(1992): 273~296.

분석가 공동체의 실천을 조직했던 혁신적이고 강력한 방식이 관심에서 멀어지는 것은 아니다.

1970년대 초반, 삭스와 그의 동료는 확립된 탐구과정, 분석적 담론, 공동체적 조직 등을 포함하는 자의식이 강한 '전문' 분과를 조립해 냈다. 성과가 축적되기 시작함에 따라, 그들은 그런 성과를 대화의 연쇄적 조직을 위한 정형화된 '시스템'으로 공고화했다. 이 시스템에는 화자들이 대화 주고받기를 구성하는 방법, 대화를 시작하고 끝내는 방법, 대화에서의 오류 및 문제를 고치는 방법, 대화 주제를 제시하고 유지하는 방법, 인사와 답례 인사와 같은 '인접 쌍'의 발화를 조직하는 방법, 질문하고 답하는 방법, 요구하고 응하는 방법, 여타 상호작용적으로 조직화된 담론 구조 등이 포함된다. 경계가 비교적 분명한 대화분석가들의 공동체가 출현했고, 공동체의 보다 적극적인 구성원들이 전문 학술대회에 참석하고 CA 연구 선집(選集)을 출판했다. 그리고 이들은 제자들을 그 분야의 전문가로 교육시켰고, 집중적이고 비교적 배타적인 공동 인용망(co-citation network)을 형성했다.

대화적 '물'(物)과 '기계장치'에 대한 삭스의 초기 논의가 주관적 행위자의 형이상학에 대한 일종의 비트겐슈타인 유의 대위적 기법을 제공했던 반면, CA에서 서술되는 '물'과 '기계장치'는 새로운 사회과학 분과에서 전문적 실천을 협력적으로 강화하기 위한 객관적 토대 쌓기라는 측면이 점차 강조되었다. 77) 요약하면, CA의 실행자들은 테마적 초점을 성찰적 탐구에서 상호작용적 행위의 과학을 위한 프로그램적 토대 쌓기로 이동시켰다. CA에서 생산한 객관화된 성과들은 그 자체로 가치를 인정받았는데, 이것은 관찰, 서술, 재현의 정교화라는 '연금술적' 이해관계에서 관심을 멀어지게 했다. 78) 관찰, 서술, 재현은 점차 대화분석 전문성의

---

77) 참고. Livingston, *Making Sense of Ethnomethodology*, p. 85. 리빙스턴이 인정하듯, 대화분석에 대한 그의 비판적 언급은 정형화된 분석이라는 주제에 대한 가핑클의 강의와 미출판된 저작에서 도출된 것이다.

도구적 특징으로 자리 잡았다. 그 결과, 한때 CA에서 두드러졌던 민속방법론의 기획은 자연적으로 발생하는 대화의 구조에 대한 성과들의 실증주의적 포장에 파묻혀버리고 말았다. 79)

차례-주고받기 기계(turn-taking machine)

대화분석의 연구는 매우 다양하게 이루어졌기 때문에 방법론적 처방들의 정합적 집합에 의해 지배된다고 가정하는 것은 부정확한 것이다. 그럼에도, 이 분야 작업의 핵심 영역은 대화 구조들의 정형화된 모형을 중심으로 합착(合着)되어 있다. 이런 모형은 하비 삭스, 엠마누엘 쉬글로프, 게일 제퍼슨의 1974년 논문 "대화에서 차례-주고받기의 조직화를 위한 가장 단순한 계통학"에서 제시되었다. 80) 논문은 녹음 테이프 처리된 전화

---

78) 연금술에 대한 언급은 트렌트 이글린(Trent Eglin)의 통찰력에서 가져온 것이다. 그의 통찰력에 따르면, 연금술적 질서 — 물질적 '기예'의 구성요소들을 드러내고 분석하기 위한 성찰적 프로그램 — 는 자연과학의 국지적 생산 속에 암묵적으로 배태된 채 남아 있다. 연금술의 이런 의미는 납을 금으로 바꾸려는 잘못 인도된 선(先)과학적 프로그램으로서의 연금술이라는 대중적 이미지와는 크게 다르다. 다음을 볼 것. Trent Eglin, "Introduction to the hermeneutics of the occult: alchemy", pp. 123~159, in H. Garfinkel, ed., *Ethnomethodolgical Studies of Work*(London: Routledge & Kegan Paul, 1986).

79) 비슷한 운명이 앤디 워홀(Andy Warhol)의 공장에도 닥쳤을지 모른다[cf. Carolyn Jones, "Andy Warhol's factory", *Science in Context 4*(1991): 101~131]. 처음에는 생산 설비로 설계된 '공장'은 예술적 테마가 되었고, 표준화된 예술작품은 전체 장면이 나타내는 패러디의 일부였다. 그러나 공장의 예술작품들이 그 자체로 상품으로 가치를 인정받게 되었을 때, 공장은 더 이상 워홀 예술의 주요한 설비가 아니었다. 그 대신, 그것은 대중적으로 귀중한 인공물을 생산해 내는 장소가 되었다.

80) Harvey Sacks, Emanuel Schegloff, and Gail Jefferson, "A simplest systematics for the organization of turn-taking in conversation", *Language 50*(1974): 696~735.

통화, 단체 치료 모임, 서비스 접점(service encounter), 여타 관례화된 상호작용 양식 등에 대한 연구의 전체 구도를 개관하고 있다. 삭스와 그의 동료의 모형은 대화에서 말하는 순서의 질서정연한 관리를 지배하는 기본적 규칙들의 집합을 구체화했다.[81] 그리고 마찬가지로 중요하게, 논문 그 자체가 CA의 협력 공동체를 위한 모형(모범사례)이 되었다.[82]

'상호작용 중인 담화'의 조직화에 대한 주요 주장에서 비켜서서, 옮겨 적은 자료를 제시하기 위한 논문의 장황한 기술적 스타일과 방법은 그 분야의 후속 연구를 위한 표준으로 정립되었다. 논문의 문체 지향적이고 분석적인 조직화는 CA가 한때 가핑클의 민속방법론과 탈(脫) 비트겐슈타인의 일상적 언어철학과 매우 가까운 사이였던 탐구의 자연-철학적 양식 너머로 이동했음을 잘 보여 준다. 또한, 이제는 CA가 대화의 '계통

---

81) '기초 규칙들'이라는 개념은 Felix Kaufmann, *Methodology of the Social Sciences*(New York: Humanities Press, 1944)에서 논의되고 있다. 코프먼은 게임의 기초 규칙들을 자신의 **선호 규칙들**(preference rules)과 대비한다. 체스의 기초 규칙들은 그 게임을 맥락에서 자유로운 방식으로 정의하는 반면, 선호 규칙들은 연출 과정에서 개방되는 옵션들을 포괄한다. 쉬글로프("An introduction/memoir")는 코프먼의 작업에 대한 삭스의 친숙함을 암시하고 있고, 삭스는 코프먼의 '기초' 규칙과 '선호' 규칙 구분에 대한 가핑클의 적용에 의해 명백하게 영향을 받았다. 다음을 볼 것. Harold Garfinkel, "A conception of, and experiments with, 'trust' as a condition of stable concerted actions", p. 187~238, in O. J. Harvey, ed., *Motivation in Social Interaction*(New York: Ronald Press, 1963).

82) '협력 공동체'라는 제안은 가핑클과 그의 동료에 의해 다음의 문장에서 제시되었다. 즉, "자연과학을 실천행위의 과학을 발견하는 것으로 재상술하기", 부록 I: "후기 및 서문", p. 65. "하비 삭스가 죽은 이후부터 후기 CA는 부호화된 순서들의 연쇄적으로 조직화된 담화구조의 발화 방식을 강조하고, 구조의 배후 실력자들로 외부에 알려진다 — 즉, 구조를 지배하기, 계산하는 모든 것의 내부자들, 과학을 꿈꾸기, 현학적인 모든 위엄, 집단적 수정 등. 이런 방식들은 구조를 둘러싼 모든 관심들이 대상으로 삼을 만한 것으로 알려지게 되었다. 그런 언급들의 관점에서 구조에 대한 민속방법론적 관심들을 대상으로 삼을 만한 것으로 알려지기도 했다."

학'(systematics)을 탐구하는 사회과학 분과가 되고자 열망하고 있음도 아울러 잘 보여 준다.

삭스와 그의 동료(p. 699 ff.)는 대화를 말하기에서 차례를 주고받을 수 있는 참여자들의 권리와 의무를 할당하기 위한 '발화교환체계'(speech exchange system)로 정의한다. 그들이 서술하듯, 이 체계는 '하나의 경제제도'로서 조직된다 — 즉, 경제제도의 질서정연한 집행부는 테이프 녹음된 자료의 '비(非)동기적 관찰들'에서 나온 것이 확실한 '총체적으로 명백한 사실들'의 집합을 설명한다. 예를 들면, 이런 사실들에는 다음과 같은 것들이 포함된다 — 화자(話者) 교체가 대화에서 발생하는 것, 지배적인 한쪽 편이 한꺼번에 말하는 것, 화자들 사이의 이행(移行)이 틈이나 중첩 없이 발생하는 것, 차례-주고받기 질서(turn order)와 크기, 대화의 길이, 쌍방이 말하는 것, 차례-주고받기의 상대적 분포, 대화 당사자의 수는 고정되어 있지 않고 변한다는 것. 이런 사실들은 참여자들이 최소한의 틈과 중첩 속에서 자신들의 교환을 행할 수 있는 질서정연한 방식을 검증해 준다. 따라서 삭스와 그의 동료는 이런 사실들의 체계적 생산을 설명해 주는 '맥락에서 자유로운' 기계장치를 서술한다 — 동시에 단일한 대화의 참여자들은 그런 기계장치를 '맥락에 민감하게' 이용할 수 있다. 이런 기계장치는, 모든 대화의 참석자들이 대화에서 차례를 정하고 화자들의 질서정연한 계승을 확립하는 데 이용하는, 위계적으로 질서정연한 옵션을 함께 서술하는, '요소'와 '규칙'의 집합으로 이루어져 있다. 83)

이런 맥락에서 사실(fact)이라는 용어의 사용은 다소 혼선을 일으킨다. 삭스와 그의 동료는 사실들이 모형에 대한 '결정적 시험'의 구성요소가 된다고 말한다. 그런 언어가 과학이론의 '결정적 시험'에 대한 피상적 유비를 제시하고 있음에도, 제프 쿨터가 언급했듯, 차례-주고받기 모형에 의

---

83) 사실들의 목록에는 순서를 배당하기 위한 기법의 세목들, 순서를 구성하기 위한 언어적 '단위들', 순서 바꾸기 오류 및 위반을 해결하기 위한 '교정 메커니즘' 등이 포함된다.

해 서술된 '사실들'의 일부는 대화를 위해 자명한 것이다. 84) 화자 교체가 규칙적으로 발생한다는 것과 같은 관찰 가능한 사실은 대화로(또는 최소한 강의나 독백과는 다른 어떤 것으로) 담화의 발생을 파악할 수 있는 기준으로서 인용될 수 있다. 그런 '사실들'의 경험적 발생 또는 미(未)발생은 대화 모형의 가부(可否)에 대한 조건부 검사를 제공하지 않는다. 그 대신, 그것은 조사 대상인 그 사건이 한눈에 '대화'로 간주될 수 있느냐의 여부를 결정한다.

삭스, 쉬글로프, 제퍼슨의 상품목록에 있는 여러 '사실들'은 대화를 위해 '고정되지 않고' 변화가 '허용된' 변수로서 부정적으로 진술된다. 예를 들면, 정형화된 논쟁의 실체적 특징이란 말하는 차례-주고받기의 크기 (횟수)와 질서가 대체로 사전에 상술되는 까닭에, 인터뷰의 실체적 특징이란 질문-대답의 차례-주고받기가 인터뷰 진행자와 대상자에 각각 '미리 할당된'(preallocated)는 것이다.* 삭스, 쉬글로프, 제퍼슨의 목록에서, 서로 다른 '발화교환체계'의 그런 보편적 특징들은 대화를 위한 실증적 '사실들'이 된다. '사실'의 언어를 사용하고, 대안적 발화체계의 파악을 위한 기준들을 대화에 대한 '사실들'로 변형함으로써(이런 특징들이 미리 상술되지 않을 때), 논문은 사실들을 '설명해 주는' 분석적 모형을 위한 토대를 놓고 있다. 그리고 삭스, 쉬글로프, 제퍼슨이 대화를 가장 보편적인 발화교환체계의 형태로 정의하고 있기 때문에 그들의 대화 모형이 더 제한적인 담화의 형식(forms of talk)을 설명해 줄 수 있는 모형보다 추상성의 수준이 더 높다는 생각은 그럴듯해 보인다. 85)

---

84) Jeff Coulter, "Contingent and a priori structures in sequential anlaysis", *Human Studies* 6(1983) : 361~374.

• 〔옮긴이주〕 정형화된 논쟁의 사례로는 TV나 라디오의 토론 프로그램을 생각할 수 있다.

85) 삭스와 그의 동료는 대화의 '미리 상술되지 않은'(nonprespecified) 변수들이 다른 시스템에서 그 시스템을 구분해 주는 기준이라기보다는 그 시스템에 대한 실증적 '사실들'인 것처럼 그 변수들을 정의한다. 일종의 숙련자 발화-교

삭스와 그 동료의 모형은 맥락에서 자유로우면서 맥락에 민감한 기계 장치를 구체화함으로써 대화에서 '총체적으로 명백한 사실들'의 체계적 생산을 설명할 목적으로 설계되었다. 이런 장치는 담화에서 차례-주고받기를 구성하고, 단일 대화의 과정에서 다음 화자를 선택하기 위한 위계적으로 질서정연한 옵션들을 서술하는 '요소들'과 '규칙들'의 집합으로 이루어져 있다. 이런 기계장치는 두 개의 요소와 화자에게 말하는 차례를 할당하기 위한 규칙들로 이루어져 있다. 두 개의 요소란 '차례-구성적 단위'(turn-constructional units) 와 '차례-할당 기법'(turn-allocation techniques) 을 말한다. 차례-구성적 단위는 구문론적으로 정의되지만, 어떤 단일한 구문론의 단위로 한정되지 않는다. 단위에는 문장, 구, 절, 단어, 심지어 비(非)어휘적 표현도 포함될 수 있다.

이런 '단위형'(型) 의 중요한 특징이란 삭스와 그의 동료가 '투사 가능한' 완결이라 부른 것으로, "〔차례-구성적〕단위가 구성을 위해 무엇을 채용했든, 그리고 이론적 언어가 단위를 서술하려고 무엇을 채용했든, 그것은 단위가 가능한 단위적 완결 점들, 즉 단위의 발현 이전에 투사 가능한 점들을 가진다"는 것을 의미한다(p. 720). 예를 들면, 일정한 형태의 질문이 반복해서 이루어질 때, '예'(yes) 와 같은 한 단어 발화와 '어 어' (uh huh) 와 같은 비어휘적 항목들은 차례-구성적 요소로 작용할 수 있

환체계로서 대화를 개념화하는 이런 방식은 전체 연구 프로그램을 떠받친다 ─ 이 프로그램을 통해 차례대로 이어지는 담화의 형식은 '일상적' 대화의 주요한 형식의 파생물로 보인다. 예를 들면, 존 헤리티지(John Heritage) 는 자신이 교육환경, 법원심리, 정부위원회, 정치적 연설, 뉴스 인터뷰 등에서 '제도화된' 담화의 형식을 주장했을 때 '세속적 대화'에 대한 '우월성'의 존재론적 및 방법론적 중요성을 강조했다 ─ ①"세속적 상호작용에서 활용 가능한 전방위의 대화적 실천"의 선택적 환원을 채택하라, ②"일상적 대화에서 '본거지' 또는 기초환경을 지닌" 특수한 절차를 전문화하라. 다음을 볼 것. J. Heritage, *Garfinkel and Ethnomethodology*(Oxford: Polity Press, 1984), pp. 239~240.

다. 이것은 차례-주고받기의 완결이 표현의 완결이 일어날 수 있도록 투사될 수 있기 때문이다. 반대쪽 극단에서, 차례-구성 단위는 문장의 한계를 꽤나 넘어 연장할 수 있는데, 예를 들면, 화자가 일련의 문장으로 이루어진 이야기나 농담에 공을 들일 때이다.

차례-할당 기법은 다시 두 가지 형(型)으로 나뉜다 ─ ① 현재의 화자가 다음번 화자를 선택하는 형과, ② 다음번 화자가 스스로 선택하는 형이다. 질문, 인사, 기원, 초대 등은 (항상 그렇지는 않지만) 특별한 수용자를 선택하여 다음번에 말을 하도록 할 수 있다. 반면에 대화의 당사자들은 앞선 화자의 이야기나 농담, 대답, 특정한 수용자가 선택되지 않은 모든 형태의 발화 등의 투사 가능한 끝에서 자기 선택권을 취할 수 있다. 요소들은 차례-주고받기를 위한 기초 규칙의 운용을 위한 조건을 제공한다. 달리 말해, 대화론자들이 이행적정지점(transition-relevance place)에 접근할 때마다 차례-주고받기 기계의 작동 순환주기를 규정하는 규칙에 접속하고, 그런 모든 접속에서의 차례 이행을 위한 옵션들은 차례-구성적 기법에 의해 정의된다.

1. 모든 차례-주고받기의 경우, 최초의 차례-구성적 단위의 최초 이행 적정지점에서:
   a. 만약 지금까지 차례-주고받기가 '현재의 화자가 다음번을 선택하는' 기법의 사용을 포함하도록 구성된다면, 그렇게 선택된 당사자는 말할 수 있는 다음 차례를 맡을 권리와 의무를 지닌다. 어떤 타자도 그런 권리나 의무를 지니고 있지 않고, 이전(移轉)은 그 지점에서 발생한다.
   b. 만약 지금까지 차례-주고받기가 '현재의 화자가 다음번을 선택하는' 기법의 사용을 포함하지 않도록 구성된다면, 다음번 화자 권리를 위한 자기 선택이 (그럴 필요는 없지만) 설정될 것이다. 먼저, 개시자는 차례에 대한 권리를 획득하고, 이전은 그 지점

에서 발생한다.

  c. 만약 지금까지 차례-주고받기가 '현재의 화자가 다음을 선택하
     는' 기법의 사용을 포함하지 않도록 구성된다면, 현재의 화자는
     타자의 자기 선택이 없는 한 (그럴 필요는 없지만) 계속할 것이다.
  2. 만약, 최초의 차례-구성적 단위의 최초의 이행적정지점에서, 1a나
     1b가 모두 작동하지 않는다면, 규칙 집합 a-c를 다음 이해적정지점
     에서 재적용하고, 반복해서 그 다음 이해적정지점들에서 재적용하
     는데, 이는 이전이 효과적일 때까지 계속될 것이다. (p. 704)

모형은 위계적이고 닫힌 계다. 규칙들의 질서 매김이 규칙들이 제공하는
각각의 옵션들을 제약하도록 기능하기 때문이다. 또한, 모형은 **규범적**
기계장치다. 규칙 집합(rule set)에서의 옵션들은 말하고 듣는 참여자들
의 '권리'와 '의무'를 규정하기 때문이다. 독특한 방식으로, 이 시스템은
파슨스의 의미에서 '사회체계'다 — 즉, 이 시스템은 사회적 상호작용의
'이중적 우연성'을 내비치는데, 이것이 의미하는 것은 화자 A에 의해 수
행된 행위는 수용자 B에 의한 규범에 따른 반응(또는 승인)의 가능성이라
는 경로를 따르고, 그 결과, B는 A의 행위를 공통의 규범적 토대를 준거
로 이해한다.[86) 오해, 규범적 어긋남은 당연히 발생할 수 있지만, 그것
들 또한 존 헤리티지가 대화적 구조들에 의해 제시된 '해명가능성의 이음
매 없는 연결망'이라 부른 것의 기준 속에서 판결 및 '수선'에 종속된
다.[87) 대화의 '상호작용적 질서'를 구성하는 다양한 규칙 집합들은 파슨
스가 '총체적' 사회체계를 위해 구성했던 '패턴 변수들'의 규범적 질서와
는 구분되지만, 그들 자신의 영역에서 규칙 집합들은 현장에서 수행되는
구체적인 행위와 반응에 통합되는 맥락-중립적인 규범으로서 작동한다.

---

86) Talcott Parsons, *The Social System* (Glencoe, IL: Free Press, 1951).
87) Heritage, *Garfinkel and Ethnomethodology*, p. 239.

차례-주고받기 모형은 대화에서 뒤를 이을 권리를 결정하기 위한 두 가지 메커니즘을 특정한다 — 즉, 현재의 화자에 의한 다음번 화자의 지명(규칙 1a)과 선두 주자(first-come), 선두 기여적(first-served) 토대의 자율적 선택(규칙 1b와 1c). [88] 두 경우 모두, 차례에 대한 배타적 권리는 즉각적인 차례-구성적 단위가 지속되는 기간 동안에만 적용된다. 권리는 이행적정지점에 도달할 때마다(또는 접근할 때마다) 양도되고, 보호되고, 재생된다. 규칙 집합은 화자들 사이의 투사 가능한 이행점들에서만 작용될 수 있음에도 불구하고, 그것의 거버넌스(governance)에서 휴식 시간 따위는 존재하지 않는다. 요약하면, 차례-주고받기 기계(효율적 인간)는 규범적 가능성의 닫힌 계에서 작동하는데, 이는 한 화자에서 다음번 화자에게로 발언권의 '깨끗한' 이동을 보장하고자 끊임없이, 반복적으로, 강제적으로 작동한다.

사실들을 기록한 다음 그것들을 설명하기 위한 모형을 제시한 삭스와 그의 동료는 '시스템이 사실들을 설명하는 방법'을 보여 주는 수많은 분량의 논문에 힘을 쏟았다. 예를 들면, 차례-주고받기 시스템이 어떻게 한 화자가 한꺼번에 말한 사실을 설명하는가에 대한 취급에서, 그들은 이렇게 말한다.

압도적으로 한쪽 편이 한꺼번에 말을 한다. 이 사실은 시스템의 두 가지 특징에 의해 제공된다. 첫째, 시스템은 한 화자에게 한 번의 차례를 배당한다. 모든 화자는, 차례와 함께, 초기의 단위형(unit-type)의 실례에 대한 첫 번째 가능한 완결을 말할 수 있는 배타적 권리 — 즉, 규칙 1c의 작용 하에서 다음번 단위형의 단 한 번의 실례를 위한 재생 가능한 권리 — 를

---

88) 규칙 1c는 규칙 1b의 특수한 경우로 취급될 수 있다. 규칙 1c에 따르면, 만약 현재의 화자가 다음번 화자를 선택하지 않는다면, 그 또는 그녀는 '또 다른 자기-선택이 없는 한' 이행적정지점에서 말하기를 재개할 수 있을 것이다. 달리 말해, 현재의 화자는 다른 참여자들과 똑같이 선도, 선(先) 제공 규칙에 속박되어 있다.

획득한다. 둘째, 모든 차례-이전은 이행적정지점 주변에서 조율되는데, 이 지점은 단위형의 실례를 위한 가능한 완결점들에 의해 스스로 결정된다. (p. 706)

총체적으로 볼 때 서로 확연히 다른 사실들이 종종 녹취된 사례의 분석을 통해 비슷하게 다뤄진다. 이런 구체적 설명 와중에서, 삭스와 그의 동료는 두 개의 하위체계, 즉 '인접 쌍'의 조직적 짜임새와 대화에서 오류 및 훼손의 '수리'를 위한 메커니즘을 서술한다.

인접 쌍에는 다른 화자들이 짝을 이루어 움직이는 가운데 형성되는 다양한 단위들이 포함된다. 간단한 예로는 단순한 인사 교환이 있다.

A: 안녕.
B: 안녕.

이 밖에 기도-응답, 질문-대답, 초대-응낙/거절 등도 모두 인접 쌍이다. 인접 쌍의 중요한 특징은 인접 쌍을 구성하는 두 개의 '쌍-부분들'(pair-parts)의 '조건적 적실성'이다. 대화분석적 관점에서, 최초의 인사는 '쌍의 앞부분'(first-pair part)이고 응답 인사는 '쌍의 뒷부분'이다. 쌍의 앞부분의 사용은 다음 화자를 선택하기 위한 중요한 '장치'이지만(규칙 1a), 그 이상으로 그것은 적절한 반응에서 생산되는 보편적 종류의 행위를 확립한다. 예를 들면, 인사는 친절 속에서 반응을 유도하기 위한 적실성을 확립하고, 질문은 대답을 위한 환경을 제공한다. 쌍의 앞부분에 대한 응답자의 반응은 선두 화자에 대한 상호적 구속을 필연적으로 부과하지 않는다. 두 명 이상의 화자들이 존재할 때, 대답은 다음번에 말할 질문자를 대체로 '선택하지' 않고, 다음번의 화자가 말할 것을 반드시 구속하지도 않는다.

수리(repair)란 단어 선택, 연설 용어 등의 오류는 물론 차례-주고받기의 오류와 위반을 다루기 위한 다양한 '메커니즘'을 일컫는 명칭이다. 삭스와 그의 동료는 수리를 위한 확실한 가능성이 차례-주고받기의 기초 경제 속에 수립되어 있다고 주장한다. 따라서 예를 들면, 만약 현재의 화자가 반응에 실패한 다음번 화자를 선택한다면(규칙 1a), 현재의 화자는 규칙 1c를 채택하여 간격 이후에 계속 말을 하여 최초 응답자의 반응을 촉구할 것이다. 또는 만약 한 화자가 다른 화자에 의해 계속해서 자신의 차례를 얻는 데 방해받는다면, 중첩은 양쪽 화자 누구든 자신의 발화를 중단함으로써 빠르게 해소될 수 있다. 더욱이, 현재의 화자 이외의 화자들로부터 재촉된 수리는 일반적으로 현재의 순서가 완성된 이후에나 시작되기 때문에, 최초의 화자는 자신의 순서를 끝마치기 전에 '자율적 수리'를 수행할 수 있는 '권리'를 지닌다. 따라서 화자는 응답자의 인정 없이도 최초의 오류를 고칠 수 있다. 삭스, 쉬글로프, 제퍼슨은 이것을 행동을 위한 내재적으로 합리화된 조직화로 다루었다. 이 조직화는 "현실세계의 이해관계를 수용하고, 외부의 강제력에 쉽게 무너지지 않으며 … 문제의 수리를 위한 자원과 절차를 기초적 조직 속으로 짜 넣는다"(p. 51). [89]

자유 경제

차례-주고받기 논문의 정형화된 접근은 너무도 영향력이 커서 관찰, 서술, 재현 등의 인식적 테마들의 국지적 성취에 초점을 맞춘, 보다 임기응변적인 다양한 민속방법론적 연구에서 관심이 멀어지도록 많은 민속방법론자를 유혹했다. 점차적으로, 차례-주고받기 기계는 후속 연구를 위한 확립된 토대로 자리 잡았다. 차례-주고받기와 여타 체계적 구조들은 '메

---

89) '자신'과 '타자'의 수리에 대한 보다 정교한 취급에 대해서는 다음을 볼 것. E. A. Schegloff, G. Jefferson, and H. Sacks, "The preference for self-selection in the organization of repair in conversation", *Language 53* (1977): 361~382.

커니즘'으로 파악되었고, 행위자들의 문법적 역할 속에 놓이게 되었다. 예를 들면, 삭스, 쉬글로프, 제퍼슨의 논문에서 가져온 다음 문장을 살펴보자.

우리가 '국지적 관리 시스템'으로 다루고 있는 차례-주고받기 시스템의 성격을 규정하면서, 우리는 규칙 집합과 그 요소들의 분명한 특징을 다음과 같이 적는다.

1. 시스템은 한 번에 하나의 이전(移轉)을 다루고, 따라서 하나의 이전과 연결된 두 개의 순서만을 다룬다. 예를 들면, 그것은 한 번에 한 차례만 할당한다.
2. 시스템이 작동하는 경우마다 할당되는 한 번의 차례란 '다음번 차례'다.
3. 시스템은 한 번에 하나의 이전만을 다룰 뿐이지만, 다음과 같이 이전을 다룬다.
   a. 종합적으로 − 예, 그것은 모든 이전의 가능성을 다룬다. 이전이 그것의 이용을 조직한다.
   b. 배타적으로 − 예, 다른 어떤 시스템도 차례-주고받기 시스템에서 독립적인 이전을 조직할 수 없다.
   c. 연속적으로, 이전이 발생하는 질서 속에서 − '다음번 차례'에 대한 그것의 취급을 통해.

이런 특징은 그 스스로 시스템의 성격을 부여한다. 이런 성격에 따라 특징은 국지적 관리 시스템으로서 시스템의 일부가 된다. 그런 점에서 모든 작용은 '국지적'인데, 예를 들면, 차례의 주고받기에 기초하여 '다음번 차례'와 '다음번 이전'으로 나아간다. (p. 725)

이 문장에서 결정적이고, 관료적이며, 기계론적인 관용어구들이 비인격적 형식주의 — 즉, 연쇄적 담론의 결합을 '할당하고', '다루고', '방식화하는'(methodize) '그것'(it) — 의 국지적 '작용들'을 기술한다. 인간 행위자와 의도성의 전통적 개념에 대한 이와 같은 전도(顚倒)는 처음에는 대화적 실천을 '탈인간화하는'(dehumanize) 것으로 보일 수 있다. 즉, 대화 참여자들을 '방식화된' 얼뜨기로 바꿔 놓을 수 있다. 그러나 이런 결론을 내리기 전에 우리는 관련된 기계장치가 '자연권'의 영역인 도덕 경제(moral economy)에 불과하다는 사실을 떠올려야만 한다. 예를 들면, 돈 짐머만(Don Zimmerman)과 디드리 보뎅(Deirdre Boden)은 그들이 차례-주고받기의 고려에 기초한 대화 '행위자'의 판본을 지원하기 위해 동료인 토마스 윌슨(Thomas Wilson)을 인용했을 때 이런 점에 경각심을 갖게 되었다. 그것은 고전적 인본주의의 계통에 매우 근접해 있다.

윌슨(1989)의 관점에서, 우리가 막 서술했던 것은 **인간 행위자**로, 사회적 상호작용을 조직하는 기계장치에 내재되어 있는 것으로 이해된다. 그는 그들의 공동 참여자들은 물론 그들도 자율적이며 도덕적으로 책임감을 지닌 행위자들 — 그들의 행위는 결정적이지도, 임의적이지도 않다 — 이라는 가정에 따라 행동하는 참여자들 없이 사회적 상호작용은 있을 수 없다고 제안한다. 상호작용의 조직화는 근본 원리와 같은 가정 속에 구축된다. 90)

일단 그런 '근본 원리'의 관점에서 정형화가 이루어지면, 차례-주기받기 기계의 경제학은 자유주의 에토스(ethos)의 토대가 된다. 규칙 집합은 선두주자, 선두기여(규칙 1a)라는 자유시장 메커니즘을 보다 전통적인 재산권과 결합하고, 그에 따라 차례-주고받기의 현재 '소유자'는 소유권을 직접적으로 타자들에게 양도할 수 있다. 비록 시스템은 '대화의 차례'

---

90) Don Zimmerman and Deirdre Boden, "Structure-in action: an introduc-tion", pp. 3~21 in D. Boden and D. Zimmerman, eds. , *Talk and Social Structure* (Oxford: Polity Press, 1991), 인용은 원문 p. 11에서. 인용에서의 참고자료는 다음과 같다. Thomas P. Wilson, "Agency, structure and the explanation of miracles", 1989년 St. Louis, MO에서 열린 미국 중부 사회학회 (Midwest Sociological Society)의 모임에 제출된 논문.

를 보호하는 데 있어서 경쟁적 이해관계를 가정하지만, 그것은 협동적이고 협력적인 방식으로 작동한다. 한 화자에서 다른 화자로 이어지는 차례의 구체적 양도에는 교환에 참여한 모든 당사자들에 의해 정밀하게 조율되고 상호적으로 표출된 '방침'이 요구된다. 훨씬 더 무겁게 규율된 발화교환체계 — 이 체계 속에서 차례-주고받기와 옵션은 미리 할당된다 — 와 비교했을 때, 대화를 위한 차례-주고받기 시스템은 자율 시스템에 의해 규율되는 비교적 '자유로운' 또는 기업가적인 관리 양식에 가깝다.

많은 연구들은 계약적 언어 — 핵심적 규칙 집합은 이 속에서 포현된다 — 를 특수한 발화 경제에서 대화 '권리'의 구조적 제약을 비판하기 위한 토대로 다뤄 왔다. 짐머만과 웨스트(Candace West)는 방해 없이 차례를 주고받을 수 있는 여성의 권리는 양성 간의 대화에서 박탈된다고 주장한다. 91) 웨스트와 가르시아(Angela Garcia)는 논제의 전개를 시작할 수 있는 여성의 권리에 대해 비슷한 주장을 펼쳤다. 92) 웨스트93)와 캐시 데이비스(Kathy Davis) 94)는 환자들의 발언권이 의료 담론에서 어떻게 제한되는가를 구체적으로 밝혔다. 그리고 하비 몰로츠(Harvey Molotch)와 디드리 보덴, 95) 그리고 알렉 맥홀(Alec McHoul) 96)은 심문 과정 동안 담

91) Don Zimmerman and Candace West, "Sex roles, interruptions and silence in conversation", pp. 225~274, in Barrie Thorne and Nancy Henley, eds. , *Language and Sex: Difference and Dominance* (Rowley, MA: Newbury House, 1975).

92) Candace West and Angela Garcia, "Conversational shift work: a study of topical transition between women and men", *Social Problems 35* (1988): 551~575.

93) C. West, *Routine Complications: Troubles with Talk Between Doctors and Patients* (Bloomington: Indiana University Press, 1984).

94) Kathy Davis, *Power Under the Microscope* (Dordrecht: Foris, 1988).

95) Harvey Molotch and Deirdre Boden, "Talking social structure: discourse, domination and the Watergate hearings", *American Sociological Review 39* (1985): 101~112.

론적 권력의 남용과 위반을 다룬다. 삭스, 쉬글로프, 제퍼슨이 그것을 정의하듯, 대화란 차례-주고받기의 크기, 차례-주고받기의 질서, 화자의 권리 등의 '변화가 허용되는' 매우 유연한 시스템이다. 그 결과, 인터뷰, 심문, 의료 검사 등과 같은 발화교환체계가 '일상적 대화'의 규범적 배경막을 바탕으로 분석될 때, 그 시스템은 인공적으로 부과되고, 비대칭적으로 제한된 의사소통체계로 그 모습을 드러낸다.

쉬글로프는 짐머만과 웨스트의 분석과정을 효과적으로 비판했는데, 그들이 대화 자료의 편성에서 '성'(gender)의 관련성을 혼동케 하는 일상적 대화의 구조를 설명하는 데 실패했다는 사실에 그 초점이 맞춰져 있었다. 97) 그리고 그는 매우 유명한 '뉴스 인터뷰'에 대한 분석에서, 인터뷰가 고유한 색채를 띤 정치적 쇼라는 대중적 인상을 과소평가했다. 98) 두 경우 모두에서, 쉬글로프는 유명한 개인들과 중대한 사건들을 둘러싼 매우 '흥미로운' 또는 '놀라운' 대화의 예들을 통해 '세속적' 대화 속에 흔히 존재하는 구조들로부터 그 예들의 분석적 조직화를 도출할 수 있는 방법을 보여 주는 데 놀라운 능력을 발휘한다. 99)

쉬글로프의 논증은 대화 자료에 대한 특수화된 해석을 두고 설득력 있는 경종을 울리지만, 그가 비판하는 규범적 분석들처럼, 그의 주장도 '상

---

96) Alec McHoul, "Why there are no guarantees for interrogators", *Journal of Pragmatics 11*(1987) : 455~471. 맥홀은 대화를 위한 차례-주고받기 시스템을 중앙관료화된 담론 시스템에 대한 '위반적'(transgressive) 대안들을 설계하기 위한 원리화된 토대로 삼고 있지만, '대화' 자체가 질서의 우연적 성취, 즉 다른 담론 질서에 관련된 것으로 허용하는 까닭에 그의 논법은 제도화된 특정 시스템에 대한 차례-주고받기 모형의 단순한 '적용'과는 다르다.

97) E. A. Schgloff, "Between micro and macro: contexts and other connections", pp. 207~234, in J. Alexander, B. Giesen, R. Munch, and N. Smelser, eds., *The Micro-Macro Link*(Berkeley and Los Angeles: University of California Press, 1987).

98) Schegloff, "From interview to conforntation".

99) 다음을 볼 것. Boden, "The organization of talk".

호작용 중인 담화'의 분석적 구조들을 다양한 활동을 위한 결정적인 구조적 토대로 삼을 수 있다는 관념에 완벽하게 사로잡혀 있다. 루시 서치먼(Lucy Suchman)과 브리짓 조던(Brigitte Jordan)의 사회과학 인터뷰를 대화분석적 차원에서 지원해 주려는 목적으로, 100) 쉬글로프는 차례-주고받기 논문에서 다음의 문장을 재인용한다. "모든 종류의 과학 연구와 응용 연구가 대화를 이용하는 까닭에, 그 모든 연구는 효과가 알려지지 않은 도구를 채택하는 셈이다. 이 도구는 불필요할지 모른다." (Sacks, Schegloff, and Jefferson, pp. 701~702)

구성원의 직관과 전문적 분석

쉬글로프와 대조적으로, 혹자는 자연 언어를 사용하는 화자에게 대화란 '효과'가 꽤 잘 알려져 있는 '도구'라는 것을 상상해 볼 수 있을 것이다. 왜냐하면 그러한 효과는 그 도구의 능숙한 사용을 통해 발생하고 통제되기 때문이다. 그렇지만 쉬글로프는 통속적 언어에 숙달한 화자에게 테이프 녹음된 자료 연구를 통해 획득된 분석적 지식을 갖춘 화자라는 칭호를 부여할 수 없다고 반복해서 주장한다. 101) 일상적 대화론자들은 차례를 주고받는 방법을 '알고' 있다고 볼 수 있고 대화분석가들은 '참여자들의 지

100) Lucy Suchman and Brigitte Jordan, "Interactional troubles in face-to-face survey interviews", *Journal of American Statistical Association 85* (1990) : 232~241.

101) Schegloff, "From interview to confrontation", and "Goffman and the analysis of conversation", pp. 28~52, in P. Drew and A. Wooton, eds., *Erving Goffman : Perspectives on the Interaction Order* (Oxford : Polity Press, 1988) ; "On some questions and ambiguities in convertsation", pp. 28~52, in Atkinson and Heritage, eds., *Structures of Social Action*; "Introduction" to Sacks, *Lectures on Conversation*, *vol. 1*, p. 40~44.

향'(orientation)에 대한 증거를 특화된 분석적 특징을 보여 주는 '증명 기준'으로 삼고 있음에도 불구하고, 102) 쉬글로프는 상호작용 중인 담화체계를 서술하는 추상적 구성요소, 규칙, 반복되는 작용 등의 **분석적** 이해와 대화의 **통속적** 이해를 근본적으로 다른 것으로 본다. 103) 이런 구분에 따르면, 사회적 구성원은 과학자들이 형식적으로 서술하는 기법을 초보적 수준에서 달성한 것으로 비칠 뿐이다. 구성원은 대화의 서술 가능한 기법들의 예를 들 수 있을 정도의 역량을 갖출 수 있는 반면, 과학자는 구성원의 국지적 실천을 포괄하는 정형화된 장치를 확립한다.

---

102) 삭스, 쉬글로프, 제퍼슨("A simplest systematics", p. 728~729)이 보여 주듯, 대화 참여자들에 의한 언설의 차후 논증은 언설이 발생하는 언설들의 연쇄 속에서 그 언설의 분석적 특징을 보여 주는 '증명 기준'을 제공한다. 예를 들면, '질문'이나 '초대'로서의 언설의 특징은 정형화된 구문론적 또는 의미론적 기준들에 의해서가 아니라 언설이 그 수용자들에게 어떻게 다뤄지느냐에 따라 결정된다. 만약 언설이 명백하게 '답해지면', 그것은 언설을 '질문'으로 특징지을 수 있는 기준으로 작용한다. 이 점을 더욱 정교화한 논의에 대해서는 다음을 볼 것. Scheglof and Sacks, "Opening up closings", *Semiotica* 7(1973) : 289~327. 그리고 분석적 '증명' 과정에 대한 비판에 대해서는 다음을 볼 것. Coulter, "Contingent and *a priori* structures in sequential analysis".

103) 구성원의 직관과 전문적 통찰력의 구분이 모든 분석적 활동에서 필수적 요소라는 주장은 가능하다. '방법을 아는 것'(knowing how)과 '사실을 아는 것' (knowing that)에 대한 라일(Ryle, *The Concept of Mind*, p. 25 ff.)의 구분은 일상적 개념들의 논리적 문법을 체계적으로 탐구하기 위한 자원을 제공해 준다. 그리고 사회과학에서, 무지의 지[docta ignorantia(직관), Kaufmann, *Methodology of the Social Sciences*]는 구성원들에게 '앎 없이 아는' 것의 분석적 상술화를 가능하도록 해준다. 사회과학에서는 구분이 잘 확립되어 있고, 아마도 피할 수 없는 것이겠지만, 그것은 너무 자주 전문적 활동에 특별한 타당성을 부여해 주는 장치로 기능한다. 이때, 전문적 활동의 주제와 관찰 언어는 실행자들을 '일상적' 개념, 판단, 역사적 이해, 실천적 추론의 양식 등의 지평에 몰두하게 만든다. 슈츠와 가핑클 모두 이것을 사회과학의 기술적 발전을 통해 극복해야 할 방법론적 문제가 아니라 탐구되어야 할 근본적 현상으로 파악한다.

통속적 직관과 과학적 분석 사이의 이런 구분은 대화분석이 얼마나 전문화된 분석적 시도를 하고 있는지 잘 보여 준다. 대화분석가들은 더 이상 자신들의 연구가 능력을 갖춘 구성원이라면 누구나 인지할 수 있어야 하는 언어적 명료성의 특성들을 상설(詳說)하는 것이라 여기지 않는다. 그들은 더 이상 원시적 과학을 하는 데 목적을 두지 않는다 ― 삭스가 초기에 서술했듯, 원시적 과학은 능력을 갖춘 언어 사용자를 위한 서술의 명료성에 근거하고 있다. 그 대신, 두 개로 분리된 기술적 역량의 질서들은 이제 위계적 관계 속에 밀어 넣어진다 ― 즉, 대화에서 특수한 기법을 생산하고 인지할 수 있는 통속적 역량, 그리고 이런 기법을 비슷한 사례들의 모음 속으로 포섭할 수 있는 분석적 역량. 짐머만이 요약하듯, 그런 분석적 역량은 전문화된 사회과학 공동체의 특화된 실천에 근거를 둔다.

확실히, 일부 현상에 대한 최초의 구입은 직관을 토대로 한 것일 수 있지만, 이것은 단지 시작에 불과하다. 그 후, 현상은 많은 대화를 횡단하는 탐색에 의해 '만들어지는데', 그 결과, 경험적 통제와 현상을 낳는 과정에 대한 좀더 보편적인 이해가 증가한다. 경험적으로 기반이 되는 그런 정형화는 새로운 사례들(물론, 정형화를 훼손하고 그것의 개정을 강제할 수 있다)에 적용 범위를 넓힐 때 특정한 대화적 사건의 정체성 파악을 위한 보증을 제공한다. 실제로, 대화분석적 연구의 누적적 결과를 통해 특수하고 단일한 대화에 대한 구체적 이해가 가능해진다. 104)

짐머만의 경우, 적절한 분석에 대한 보증은 적합한 자료를 파악하고 기록하기, 녹취록 작성하기, 동급 사례들의 모음집 구축하기, 문헌에 기여하기 등을 가능케 해주는 전문적 규약집에 대한 언급을 통해 이루어진

104) Don Zimmerman, "On conversation: the conversation analytic perspec-
    tive", pp. 406~432, in J. Anderson, ed., *Communication Yearbook II*
    (London: Sage, 1988).

다.[105] 일상적 대화의 토대를 이루는 초보적 숙련은 사회 구조에 대한 전문적 분석과 상식적 이해 사이의 엄격한 경계설정 뒤편으로 추방당하게 된다. 오직 전문가들에게만 출판된 보고를 비판할 수 있는 자격이 부여된다. 즉, "전통에서 분석적 결과에 대한 모든 비판은 반드시 그 자신의 경험에 근거해야 하며, 즉, 적합한 자료에 대한 대안적 분석에 기초해야만 한다".[106]

영향력 있는 대화분석 연구 선집(選集)의 편집자 서문에 상식적 직관에 대한 기술적 분석의 장점을 더욱 크게 강조한 내용이 실려 있다.

종합하면, 기록된 자료의 사용은 직관 및 재수집의 한계와 오류가능성을 통제해 준다. 그것은 관찰자를 광범위한 상호작용적 자료와 환경에 노출시키고, 분석적 결론이 직관적 특이성, 선택적 관심이나 재수집, 실험 설계 등의 인공물에서 나올 수 없음을 일정하게 보장해 준다. 녹음된 기록의 이용가능성은 상호작용 중인 특정한 사건들을 대상으로 반복적이고 구체

---

105) 짐머만(*Ibid.*)의 주장에 대한 교훈적 비평에 대해서는 다음을 볼 것. D. L. Wieder, "From resource to topic: some aims of conversation analysis", pp. 444~454, in Anderson, ed., *Communication Yearbook II*. 대화분석적 성과의 산출에서 녹취의 역할에 대한 다른 관점에 대해서는 다음을 볼 것. Christopher Pack, "Features of signs encountered in designing a notational system for transcribing lectures", pp. 92~122, in H. Garfinkel, ed., *Ethnomethodological Studies of Work*(London: Routledge & Kegan Paul, 1986); George Psathas and Tim Anderson, "The 'practices' of transcription in conversation analysis", *Semiotica 78*(1990): 75~99; Mishler, "Representing discourse". 게일 제퍼슨도 자신의 분석적 관심을 녹취의 실천으로 돌렸다. 다음을 볼 것. Gail Jefferson, "An exercise in the transcription and analysis of laughter", pp. 25~34, in T. Van Dijk, ed., *Handbook of Discourse Analysis, vol. 3: Discourse and Dialogue*(London: Academic Press, 1985).

106) Zimmerman, "On conversation: the conversation analytic perspective". 다음도 함께 볼 것. Wieder, "From resource to topic", p. 447 ff.

적인 검사를 가능하게 해주고, 따라서 행해질 수 있는 관찰의 범위와 정확성을 획기적으로 향상시켜 준다. 그런 재료들의 사용은 연구 보고의 청취자들과, 조금 덜하지만, 독자들에게 그런 재료에 대한 자료에 **직접** 접근할 수 있도록 하는 추가적 장점을 가진다. 분석적 주장은 그런 재료를 기반으로 하여 만들어지고, 따라서 개인적 선입견의 영향을 최소화하는 방식으로 그런 재료를 공개적으로 조사할 수 있도록 만들 수 있다. 마지막으로, 자료는 원상태로 이용이 가능하기 때문에 다양한 탐구에서 누적적으로 재사용할 수 있고, 새로운 관찰이나 발견의 관점에서 재조사될 수 있다. 107)

인용문에서, '원자료'에 대한 직접적 접근을 강조한 것과 그에 따라 이론적이거나 직관적으로 매개된 관찰, 재현, 추론의 양식들에 대한 불신을 드러낸 것은 꽤나 놀라운 일이다. 대화분석에서, 자연적으로 발생하는 '자료'가 이상화, 직관, 개입, 해석 등에 의한 오염 없이 녹음 기계들을 통해서 직접적으로 수집된다는 사실에 부과되는 중요성에 주목하기 바란다. 통속적 직관에 대한 불신은 실험 연구에서 사용되는 추상, 재수집, 재구성의 전형적 양식에 대한 의심으로 연장된다.

앞의 문장은 원시적 자연과학을 위한 삭스의 프로그램과 일치하는 것으로, 검증 가능한 방식으로 조사되고 서술될 수 있는 세속적 세계에 대한 공평무사한 경향을 표출하고 있다. 하지만, 우리는 이제 관찰 및 관찰 결과의 재현 및 검증이 더 이상 '누구'에게나 열려 있지 않다는 사실을 알 수 있다. 서술의 유통은 이제 기술적으로, 전문적으로 매개되어 있다. 즉, 테이프 녹음은 자료를 '원상태로 이용 가능하게' 만들고, 이런 자료는 과학 공동체의 다른 구성원들에 대한 연구 보고 속에 서술된 성과와 함께 유통된다. 보고는 다른 관찰자들에게 서술된 성과의 유무를 가리기 위해

---

107) John Heritage and J. Maxwell Atkinson, "Introduction", pp. 2~3, in Atkinson and Heritage, eds., *Structures of Social Action*.

'밖으로 나가서 보는' 방법을 교육해 줄 뿐 아니라 성과가 도출되는 원천인 원자료도 보고 (그리고 동반되는 테이프) 그 자체에 포함된다. 그에 따라, 텍스트와 테이프 녹음의 유통은 대화분석 연구 공동체를 통합하고 그 성과를 쌓도록 해준다. 즉, "연구자의 분석적 직관은 개발되고 정교화되며, 현상의 사례들에 대한 자료 및 수집 전체에 대한 참고자료에 의해 뒷받침된다. 이런 과정에서 분석적 문화가 점차 발전해 나가는데, 이 문화는 자연적으로 발생하는 경험적 재료들에 굳건히 서 있다".108) 앞의 인용문에 분명히 드러나듯, '직관'은 여전히 연구 과정과 연루되어 있지만, 그것은 이제 특화된 '분석 문화' 속에서 배양될 뿐이다.

대화분석 공동체가 사실상의 정합적 '분석 문화'라고 가정한다면, 앞의 인용문은 느슨하게 '실증주의적'(또는 어쩌면 더 정확하게 '논리 경험주의적') 분과라는 인상을 강하게 풍긴다.109) 이렇게 말하는 것이 곧 대화분석가들이 틀린 경험적 성과를 산출한다고 주장하는 것은 아닌데, 그런 비판은 옳은 경험적 성과의 축적에 대한 전문적 신봉을 가정하고 있는 셈이기 때문이다.˙ 대화분석이 취해 온 논리경험론적 방향이 더욱 큰 문제

---

108) *Ibid.*, p. 3.

109) 대화분석 저작들은 이안 해킹(Ian Hacking, *Representing and Intervening*: *Introductory Topics in the Philosophy of Science*(Cambridge University Press, 1983), pp. 41~42)이 실증주의와 결부된 '여섯 가지 본능'이라는 제목 아래에 적시한 일부 경향을 포함한다. 즉, 직접적 관찰에 주어진 강조, 이론적 실체를 가정하는 것을 회피하려는 경향, 설명보다는 서술에 대한 선호 등. 그렇지만 이것이 완전한 그림은 아닌데, CA에서 실증주의적 테마는 '사회적 사실'에 대한 민속방법론의 구성적 취급에서 유래한 유산을 공유하기 때문이다. 쉬글로프(Schegloff, "From interview to confrontation", p. 203)는 대화분석가들이 (명백한) '참여자들의 지향'을 언급함으로써 대화 자료에 대한 자신들의 서술을 통제하려 노력한다고 강조한다. 그 결과 실증주의적 사회과학에서 대화분석이 분리된다. 그러나 그는 가핑클의 '반실증주의적' 민속방법론으로부터 자신의 위치를 더 멀리 떨어뜨리고 있다.

• [옮긴이주] 저자가 대화분석(CA)이 실증주의적 경향성을 띤다고 비판하는 것은 그것이 경험적 성과(지식)를 제대로 생산해 내지 못하기 때문이 아니라

가 되는 것은 삭스가 초기에 던진 "어떻게 사회과학이 가능한가?"라는 근본적 질문에 대한 그 자신의 해답과 관련이 크다. 원시적 자연과학의 존재 자체가 방법들이 (타자들이 그 방법들을 재생산해 내는 것과 같은 방식으로) 일상적 언어로 서술될 수 있음을 논증하고 있다는 삭스의 말을 기억해 주기 바란다.

그런 방법-설명(methods accounts)이 갖는 중요한 특성이란 방법이 그것을 만들고 사용하는 실행자들의 공동체에 내재적이라는 것이다. 즉, 구성원의 역량에 대한 서술은 다른 구성원을 위한 명료한 교육으로 그 모습을 드러낸다. 대화분석 공동체 구성원의 분석적 역량을 서술된 일상적 대화주의자의 통속적 역량과 구분함으로써, 대화분석가는 자신의 전문적 보고를 그들이 서술하는 공유주의적 실천으로부터 분리시켰다. 110)

그런 식의 성과 자체가 지닌 의미성을 문제 삼고자 하기 때문이다. 이것은 전체적으로 전문가의 분석적 접근과 일반인(통속적)의 직관적 접근이라는 현대사회학의 전통적 이분법에 대한 비판을 의미한다.

110) 분석 문화의 발전 자체가 곧 그런 분리의 달성이라는 주장이 가능할 것이다. 예를 들면, 19세기 초 영국의 수학자들이 만든 분석학회(Analytical Society)는 대수학의 기호적 조작을 수의 직관적 개념과 분리시키려 애썼다. 데이비드 블루어(David Bloor, "Hamilton and Peacock on the essence of algebra", pp. 202~232, in H. Mehrtens, H. Bos, and I. Schneider, eds., *Social History of Nineteenth Century Mathematics*(Boston: Birkhauser, 1981)]에 따르면, 일반인의 직관에서 전문가의 분석을 분리하려는 이런 시도는 전문 수학자들의 자부심을 강화하려는 이해관계를 반영한다. 그런 이해관계에 대한 책임을 대화분석가들에게 돌릴 수 있는지의 여부와 상관없이, 내 비판의 요점은 전문가의 분석을 일반인의 직관에서 끊어 내는 것 — CA의 분과적 전망을 위해서는 축복일 수 있지만 — 은 실제적으로 CA가 더이상 삭스의 초기 연구가 열어 놓은 종류의 '인식적' 탐구를 지속하고 있지 않음을 잘 보여 준다. 그럼에도, 핵심적 차이가 존재하기도 한다. 수학자들이 자신들의 실천이 본질적으로 셈하기, 측정하기, 실용적 기하학, 관련된 수학적 '응용'의 양식들의 일상적 숙련에 기초한다는 후설식의 개념을 고수하지 않는 한, 그들의 분석 문화가 비교적(秘教的) (그리고 심지어 기괴한) 삶의 형식이 되는 것에 거의 아무런 제약도 가할 수 없다. 다른 한편, 대화분

그런 설명의 적절성은 더 이상 서술된 실천을 재생산하기 위한 교육으로서의 효과적 사용에 달려 있지 않다. 그 대신, 경험적 적절성에 대한 판단은 분석 문화의 다른 구성원에게 맡겨졌다. 따라서 그들에게, 그리고 그들에게만 비직관적(또는 전문화된 직관적) 토대에서 모든 전문적 보고가 그 보고가 서술하는 자료의 수집을 얼마나 잘 대표하는가를 결정할 수 있는 권한이 주어졌다.

탐구의 '자연사적' 단계에서, 기록된 대화의 단일한 실례들은 상식적이고 일상적인 언어에 대한 통념적인 학자적 지혜를 검사하고자 '치료용으로' 사용되었던 반면, '후기 CA'(latter day CA) 111)에서는 모든 실례의 분석적 가치가 '직관'을 넘어서/반대하여 확립되었으며, 분석은 비슷한 사례들의 전문적으로 결합된 수집을 준거로 조직화되었다. 112) 그 결과, 그

석가들은 자신들의 '대상' 영역이 위치 지워진 일반인 분석을 통해 생산된다는 개념을 신봉하기 때문에 완벽하게 자동화된 대화적 '대수학'은 불합리한 것이 되는 셈이다. 보다 적절한 유비로는 보다 추상적인 평가규정 아래서 일상적 수학의 생산을 포섭하려고 노력하는 대수학을 들 수 있을 것이다. 그러나 이것은 분석학회가 수행하려 한 것은 아니었다. 이 논의는 캘리포니아대학교(샌디에이고) 과학학 프로그램(Science Studies Program)의 대학원생 아디티 고우리(Aditi Gowri)의 기말보고서에 빚을 지고 있다. 이 보고서는 나에게 19세기 초반 대수학의 이런 측면에 경각심을 갖도록 해주었다.

111) 이 표현은 다음에서 가져왔다. Garfinkel et al., "Respecifying the natural sciences", p. 65.

112) 대화분석가들은 단일 사례를 분석하지만, 그들이 그렇게 할 때, 사례의 관찰 가능한 성질은 서술된 세목들의 '직관적' 설명을 통해서가 아니라 CA의 본체에서 그 사례와 다른 사례들의 세목 간의 비교를 통해 유의미성을 띠게 된다. 이런 규칙에서 명백한 예외로는 쉬글로프의 글을 들 수 있다. E. A. Schegloff, "On an actual virtual servo-mechanism for guessing bad news: a single case conjecture", *Social Problems* 35(1988) : 442~457. 이 논문에서 사례는 '새로운 뭔가의 발견'이 '다른 곳에서 개발된 분석적 자원'의 수렴에 대한 초기적 의지 없이 가능해지는 '투명한' 실례로 제시된다(p. 442). 그렇지만 쉬글로프는 계속해서 말하길, 자신의 분석은 CA에서 기원한 범례적인 '분석적 도구'에서 도출된 것이라 했다 ― 이 도구는 그가 녹취한 문장

들의 전문성을 연구대상인 활동을 구성하는 '직관적' 역량에서 분리해 냄으로써, 분석 문화의 구성원은 일상적 실천행위에 대한 규율화된 접근을 창출해 내려고 노력했다.

특화된 장비, 관찰기법, 분석언어 등을 사용함으로써, 대화분석가들은 일상적 대화 행위의 재생산에 내재하는 통속적 '분석들'의 정형화된 서술을 구성해 낼 수 있다. [113] 그런 서술의 적절성은 종종 그런 서술이 구성원의 실천적 경향을 회복시키는 정도에 달려 있다고 거론된다. CA에서 **분석**이란 대화 연구를 그것의 주제에 연결하는 핵심어이다. 물론, 분석이란 과학자들과 논리학자들이 사물을 본질적 구성요소로 분해할 때 실행하는 것이기도 하다. 그러나 대화분석가들에게 그것은 자신들의 탐구 대상인 실천 속에 흔히 존재하는 특징이기도 하다. 삭스는 한때 일정 범위의 인식적 논제들 — 서술, 측정, 범주화, 관찰, 재생산 등 — 에 초점을 맞췄던 반면, 분석이란 용어는 궁극적으로 지배 범주, 즉 대화의 명

조각에서 특수한 메커니즘의 작동을 인식할 수 있게 해주었고, 그 결과 비교 가능한 실례들을 찾을 수 있도록 해주었다. 쉬글로프의 분석이 이전 CA 성과들의 회로 속에서 작동되고(어떻게 그렇지 않을 수 있을까?), CA의 분석적 평가규정에 둘러싸여 있음은 분명하다. 쉬글로프의 논문을 읽고, 녹취에 대한 그의 읽기가 강제적이지 않음을 발견한 것을 근거로, 나는 그의 분석에 대한 문장 조각의 '투명성'은 원시적 과학을 위한 삭스의 프로그램에서 서술된 투명성과 동일하지 않다고 주장한다. 삭스의 프로그램에서는 관찰자가 서술한 것이 증거와 함께 제시될 때 '누구나' 직관적으로 그것을 알 수 있다. 이렇게 말하는 것이 곧 쉬글로프의 분석을 평가절하하는 것은 아니다. 오히려, 전문 분석가들의 소규모 공동체 내부에서 엄격하게 해명 가능한 직관적 이해라는 차원에서 그의 공로를 인정하고자 한다.

113) Erving Goffman의 *Frame Analysis: An Essay on the Organization of Experience*(New York: Harper & Row, 1974), p. 5의 언급을 참조할 것. 이 언급에서 고프만은 그런 목적을 가핑클의 민속방법론 프로그램의 탓으로 (잘못) 돌리고 있다. 가핑클이 한때 "우리가 그것을 뒤따를 때 주어진 종(kind)의 '세계'를 만들어나갈 수 있는 규칙을 찾으려" 했다고 고프만이 말했을 때, 그는 확실히 '신뢰'에 대한 가핑클의 초기작업을 언급하였다.

료성과 전문가 탐구의 엄격함 사이의 범관계적* 가교로 자리를 잡았다. CA의 경우, 대화 참여자들은 상대방의 말을 분석하고, 그들의 일상적 (또는 세속적) 분석은 질서정연한 방식으로 이루어진다. 그런 방식으로 화자들은 대화의 생산에 협력하는 셈이다. 이런 분석적 역량은 언어학자들이 묘사하는 문법에 맞는 문장의 능숙한 생산 및 인식과 일정하게 닮아 있다. 다만, CA에서 사용하는 구문론은 둘 이상의 화자들이 말을 주고받을 때 자신들의 기여를 조율해 주는 메커니즘을 포함한다는 점에서 다르다.[114] 분석은 대화 자료의 과학적 분석에는 물론 대화 자료 속에 존재한다고 언급됨에도, 사회과학자의 분석작업과 구성원의 분석작업 사이에서 노동 분업이 출현한다. 즉, 구성원은 과학자가 형식적으로 서술하는 기법의 초보적 숙련자로 비춰진다. 삭스의 용어에서, 과학자들은 구성원들이 보유하지 못한 '뇌를' 뇌로 '구축한다'.

발화행위의 통속적이고 분석적인 범주들

대화분석가들은 대화가 통속적인 성취로서 국지적으로 생산되며, 대화의 '재료들'이 일상적 형태의 표현이라는 것을 인식하였음에도 불구하고, 차례-주고받기 기계를 구성하는 구성요소 및 규칙은 추상적인 기술적 용

- 〔옮긴이주〕 '범관계적'(omnirelevant)이란 가핑클의 용어로서, 사회행위자들의 상호작용적 수행 모두에 들어 있는 일부로 정의될 수 있다. 가령, 대표적인 예로 언급되는 "젠더(gedner)가 범관계적이다"라는 문장은 모든 사회적 행위가 젠더를 예시하는 것으로 해석될 수 있음을 뜻한다. 이 외에도 계급, 민족, 권력, 문화 등도 모두 범관계적이라 할 수 있다. 여기서 '분석'은 지배적 범주로서 모든 일상적 대화에 접근할 수 있는 통로라는 의미를 지닌다는 점에서 범관계적 가교라고 할 수 있다.

114) 다음을 볼 것. E. A. Schegloff, "The relevance of repair to syntax-for-conversation", *Syntax and Semantics* 12 (1979) : 261~286.

어로 서술한다. 예를 들면, **질문**이란 익숙한 언어적 현상을 포착하기 위해 쓰이는 통속적 용어이다. 대화분석에서, 질문은 '현재의 화자가 다음 화자를 선택한다'라고 언급되는 차례-할당 기법의 한 형태에 속한다. 대화에서 질문하려고 할 뿐 아니라 답을 하려고 수용자에게 의무를 지운다는 명백한 사실은 인접 쌍을 위한 기술적 상술화에서 더욱 정교해진다.

쉬글로프는 셜의 발화행위이론(speech-act theory)처럼 언어에 기반을 둔 프로그램들에 대한 뛰어난 비판에서 활동을 둘러싼 기술적 설명과 통속적 설명의 관계를 설명한다. 115) 그는 테이프 녹음된 대화의 대화 분석적 탐구에 기초하여 관련된 두 가지 언설에 주목한다 ― ① 대화에서 질문으로 작동하는 '질문'의 구문론적 형태를 취하지 않는 언설, ② 질문으로 반드시 작동할 필요 없는 '질문'의 구문론적 형태를 취하고 있는 언설. 쉬글로프는 두 가지 점 모두를 다음의 예를 참고로 그 관계를 논증한다. 116)

B₁: Why don't you come and see me some times〔가끔씩 놀러와〕

　　　　　　　　　　　　　　　　　〔

A₁:　　　　　　　　　　　　　　　　I would like to〔그럴게요〕

B₂: I would like you to. Lemme just〔그럴게요. 저는 다만〕

　　　　　　　　　　　　　〔

A₂:　　　　　　　　　　　　I don't know just where the- us- address is.
　　　　　　　　　　　　〔우리 주소, 몰라요.〕

여기서 질문은 어디에 있는가? 여기에 질문이 존재하는가? 참여자의 다음 언설 또는 행위가 현재의 발화가 '질문'인지 여부를 결정하는 경우 ― 왜냐하면, 만약 그렇다면, '대답'이 그가 다음에 해야 할 일과 관련이 되기 때

---

115) Schegloff, "On some questions and ambiguities in conversation", p. 29 ff. ; J. R. Searle, *Speech Acts* (Cambridge University Press, 1969).
116) Schegloff, "On some questions and ambiguities in conversation", p. 31.

문이다 — 구문론(또는 언어적 형태)이 그의 문제를 해결해 주는가? 발췌문에서 어떤 구문론적 질문(그 문제에 관해서, 어떤 질문 억양)이 A의 두 번째 발화에서 발생하지 않았음에도 불구하고, 질문-대답(Q-A) 연쇄 쌍이 발생한다(원한다면, 지침을 위한 요구)는 것을 우리 직관이 제시해 줄 뿐 아니라, 더욱 중요한 것은 B에게 그렇게 들린다는 것이다. B는 계속해서 지침을 제공한다. 그리고 발췌문에서 B의 최초의 발화가 구문론적으로는 질문처럼 보이지만, 그것은 A가 '대답해야' 할 '질문'이 아니라 그녀가 '수용한' '초청'(질문의 형태로 있는)이다. (강조는 인용자 추가)

쉬글로프는 더 나아가 "Why don't you come and see me some times"(가끔씩 놀러와)라는 표현이 내재적으로 모호하지 않다고 주장한다. [117] 현장에서(in situ) 그 말을 들은 응답자는 주저 없이, 그 말을 초대로 확실하게 알아듣고 그 말과 관련된 범주적 정체성의 증거를 제시한다. 모호함은 특정한 말이 연쇄에서 고립된 채 그것의 구문론적, 의미론적, 억양적, 실용적 형태로 검사 대상으로 있을 때에만 발생한다.

지금까지, 쉬글로프의 주장은 내가 CA의 '원시적 단계'라고 앞서 규정했던 비판적 탐구양식을 예시적으로 보여 준다. 그는 비트겐슈타인이 추천했던 일종의 문법적 탐구의 독창적 변종을 수행하려고 테이프 녹음된 자료를 사용한다 — "그런 탐구는 오해를 말끔히 씻어냄으로써 우리의 문제에 빛을 비춘다. 문장의 사용을 둘러싼 오해는 무엇보다도 언어의 서로 다른 영역에서 표현형들의 잘못된 유비에서 비롯된다." [118] 이 경우, 쉬글로프가 동정(同定)하고 있는 오해란 고립된 문장들 사이의 정형화된 유비에 기초한다. 비트겐슈타인처럼, 일상적 예들을 사용하고 있는 쉬글로프는 만약 우리가 유사한 구문론적 형태를 지닌 언설들이 현장에서 사

---

117) 녹취록에서 'time'보다 'times'라는 발음이 조금 이상한데, 아마도 테이프의 소음 때문이었을 것이다. 어쨌든, 그것은 쉬글로프의 분석에 적합한 것은 아니다.

118) Wittgenstein, *PI*, 90절.

용될 때 항상 동일한 역할을 수행할 것이라는 잘못된 가정을 피하고자 한다면 보다 세련된 언어 사용의 이해가 필요하다는 것을 논증하고자 독자들의 직관에 호소한다. 119)

그 결과, 쉬글로프의 주장은 '반형식주의의 길'(antiformalist road) 120)에서 벗어났다. 추상적 언어의 형식은 언설의 연쇄 속에서 표현의 실용적 역할을 설명하기에 불충분하다는 것을 논증해 보이면서, 쉬글로프는 또 다른 추상화의 수준에서 정형화된 결정성을 복권시킨다. 즉, "우리가 질문을 행위의 범주로 이해할 수 있다고 기대하는 실질적 부분은 '인접 쌍'의 범주하에서 가장 잘 그리고 간략하게 포섭된다. 질문에 대하여 그런 것의 대부분은 인접-쌍 포맷에 힘입어 그런 것이다". 121) 포괄적인 차례-주고받기 기계의 운용보다는 '인접-쌍 체제'에 초점을 맞추고 있지만, 그의 주장은 삭스와 그의 동료의 주장과 비슷하다. 즉, "따라서 해당 질문은 상대방에게 대답을 요구하지만, '다음번에' 올 대답을 요구하는 것은 차례-주고받기 체계 때문이지 질문의 구문론적 또는 의미론적 특징 때문은 아니다". 122) 두 경우 모두에서, 질문의 세속적 범주는 보다 추상적인 기술적 서술 아래 ― '인접 쌍 전반부' 또는 '현재-화자가-다음번을-

---

119) 쉬글로프의 예는 한 가지 매우 중요한 측면에서 비트겐슈타인의 예와 다르다 ― 즉, 비트겐슈타인은 익숙한 표현들을 비교하고 일상적 상황에서 그것들의 다양한 사용 중 일부를 회상하고 있는 데 반해, 쉬글로프는 자신의 재료들을 단일한 대화의 테이프 녹음에서 도출하고, 따라서 재수집을 뛰어넘는 인지상의 이점을 얻는다.

120) 스탠리 피시(Stanley Fish)의 표현을 빌리고 있다(*Doing What Comes Naturally*, p. 1 ff.). 피시는 '반형식주의'라는 제목 아래 철학, 문학이론, 비판적 법률연구 등에 있는 여러 프로그램을 위치시키고 있다. 그리고 민속방법론도 그것들 중 하나라고 언급한다. 그는 자신의 비판적 에세이에서 '반형식주의의 길'에 대한 표현된 신봉(expressed commitment)이 그 길에 머물고 있다는 어떤 보장도 제공해 주지 않는다는 사실을 반복해서 보여 준다.

121) Schegloff, "On some questions and ambiguities", p. 34.

122) Sacks, Schegloff, and Jefferson, "A simplest systematics", p. 86, n. 46.

선택하는 기술' ― 포섭되어 있다.

그렇지만 발화행위의 세속적 범주의 기술적 재상술화(예: '인접 쌍, 전반부'로서 재상술화된 '초대')가 특수한 세속적 범주들의 국지적 타당성과 명료성을 평가절하하지 않는다는 점을 주목할 필요가 있다. 123) 실제로, 세속적 이해는 쉬글로프의 비판 대상이 아니다. 그는 세속적으로 생산되고 직관적으로 투명한 실제 대화의 특징들을 무시하는 발화행위 문법주의자들을 비판한다. 그가 서술하듯, "가끔씩 놀러와"라는 표현은 그것이 발생했던 원래의 배경에서는 초대로 다루어졌다. 오해가 발생하는 경우란 고립된 표현의 **기술적** 정의(예: 구문론적 질문으로서)가 표현의 명백한 사용(예: 초대로서)과 무관해질 때, 또는 기술적 정의가 반(反) 사실적 의미에서만 그런 사용에 연관될 때뿐이다. 마치 응답자가 질문처럼 초대에 '대답했다'면 부적절한 반응으로 여겨졌을 것이다. 124) 쉬글로프는 그의 독자들이 "가끔 놀러와"가 원래 모호하지 않은 질문은 아니었다고 인지할 것이라고 믿고 있다. 더욱이, 그는 우리가 그 표현의 사용에 대한 그의 이해가 최초의 응답자가 따랐던 논법과 일치한다는 것을 인지한다고 믿는다. 쉬글로프, 그의 독자, 테이프 녹음된 대화의 참석자들 사이의 이 명백한 일치는 어떤 기술적 전문성이 아니라 통속적 직관 ― 이를 통해 우리는 녹취를 읽고 그것을 일상적 대화의 파편으로 '들을' 수 있다 ― 에 토대를 두고 있다.

---

123) 물론, 초대의 세속적 범주가 보다 추상적 평가규정에 적용되었을 때 '초대'에 대한 대화분석적 작업이 끝나는 것은 아니다. 예를 들어 다음을 볼 것. Judy Davidson, "Subsequent versions of invitations, offers, requests, and proposals dealing with potential or actual rejection", pp. 102~128, in Atkinson and Heritage, ed., *Structures of Social Action*.

124) 이것이 완전히 선명한 것은 아니다. 혹자는 변명으로 "가끔 놀러와"에 대답할 수 있을 것이다 ―"최근에 몹시 바빴어". 그러나 그 대답을 변명(그리고 단순히 '정보를 제공하는 것'이 아닌)으로 동정(同定)하는 것은, 비록 초대는 아니지만, 불평으로서 그 질문을 이해하고 있음을 전제한다.

쉬글로프는 표현의 세속적 이해를 기술적 이해로 치환해야 한다고 주장하지 않는다. 오히려 우리의 세속적 직관에 호소하여 문장 문법에 홀로 기초한 표현의 문법적 정의를 거부할 것을 설득한다. 그가 직관적으로 교정된 세속적 범주('질문'이 아니라 '초대')를 구문론의 대안적 개념화('인접 쌍')에 포함시키는 것은 오직 그 점에서다. 125) 보편적 평가규정에 재(再)예속된 우리의 통속적 직관이 표현의 성격 규정에 적합하다는 것은 쉬글로프의 형식적 분석을 통해 이미 증명되었다는 사실을 우리는 잊지 말아야 한다. 우리의 직관은 우리가 고립된 표현형으로부터 연쇄적 사용을 추론하도록 요구받았을 때만, 또는 우리가 추상적으로 '질문'을 정의하도록 요청받았을 때만 오작동한다.

의문문의 구문론적 형태에 대한 직관은 항상 그 사용과 무관하지 않다. 규칙과 정의에 의해, 심문자는 질문을 던질 것으로 전제된다. 그럼에도, 심문자들은 통상적으로 증인들에게 '옛 토대'를 넘어서고, 확증을 유도하고, 승낙을 권유하는 방식으로 주장을 선보인다. 126)

다음의 연쇄에서, 심문자는 증언의 확증을 위한 문서화된 '사실'을 암송하고 난 다음, 증인의 변호사로부터 문제제기를 받고 질문을 던진다. 약간 주저한 후, 심문자는 자신의 주장을 질문으로 재정형화하고, 동시에 '심문하기'의 추상적인 구문론적 필수조건에 대한 직관을 논증하고 자신이 지속적으로 수행하고 있는 일은 완전히 실용적 목적에서 증인을 '심

---

125) 쉬글로프(Schegloff, "Goffman and the analysis of conversation")는 CA의 영역을 '상호작용 중인 담화'의 '구문론' 중 하나로 명시적으로 성격 규정한다. '증명 과정'이 문장 문법의 언어연구에 사용된 것과 같지 않음을 주목하기 바란다. 다만, 고립된 문장의 문법성에 대한 직관적 판단에 의존하기보다 녹취된 테이프 녹음기록, 따라서 기록된 행위의 직관적 인지를 사용한다는 점에서 다를 뿐이다.

126) 다음을 볼 것. J. Maxwell Atkinson and P. Drew, *Order in Court*: *The Organization of Verbal Interaction in Judicial Settings*(London: Macmillan, 1979).

문하는 것'이라고 주장한다.

    Nields: And it's dated the Seventh of April, Nineteen Eighty-Six.
    (0. 6)
    North: Righ:t.
    (1. 4)
    Nields: And that's::, three days after the date of thee, (0. 5) term-
             terms of reference (.) on Exhibit O:ne.
    (2. 5)
    Nields: You can check if you wish or you can take my word for it, it's
             dated April Four.
    (0. 4)
    North: Will you take my world.
    ((Slight backgroud din; pages turning))
    (11. 0)
    (North): °(Okay, (1. 0) good.)°
    (7. 0)
    (North): °((whispering)) that's wha:::t?
    (0. 6)
    ( ): ( )
    (4. 5)
    Sullivan: °(whu -)° What is your question, uh
    Nields: I haven't asked a question yet, I'm simply: uh:: (0. 8) uh:::
             (0. 4) Well, the question is, isn't this three days after (.) the
             date on the term of reference on Exhibit One?
    North: Apparently it is::.

닐스: 그러니까 그날이 1986년 4월 7일이었죠.
노스: 맞아요.

닐스: 그리고 그것은 이 기간 — 증거서류 1번을 기준으로 했을 때 — 에서 3일이 지난 후입니다.

닐스: 원하면 검토할 수 있고, 아니면 내 말을 받아들이세요, 그날은 4월 4일입니다.

노스: 내 말 들어 보실래요.

(배경이 약간 소란해지면서, 쪽수가 넘어간다)

노스: 좋습니다, 좋아요..

노스: (휘파람) 그게 뭐더라?

셜리번: 저어, 당신의 질문은 무엇입니까.

닐스: 난 아직 질문을 던지지 않았어요. 나는 단지 ... 좋아요, 질문은, 이것은 증거서류 1번을 기준으로 했을 때 그로부터 3일 후가 아니냐고요?

노스: 확실히 그렇군요. 127)

문제는 우리의 세속적 이해가 부적절한 것이 아니라 우리의 직관이 보편적인 언어학 프로그램에서 생략된 예와 고유한 임무로 주어져 있다는 것이다. 더욱이, '인접 쌍의 전반부' 또는 '현재-화자가-다음번을-선택하는 -기법' 등과 같은 성격 규정은 '초대'와 '농담'과 같은 통속적 범주보다 더 정밀하지 않다는 점이다.

쉬글로프가 논증하듯, 질문과 초대는 그가 녹취된 형태로 제시하는 대화의 '표면'에서 분화되기 때문에, 그는 관련 사례들의 조사에서 그 미묘한 차이를 가려내는 방법으로 독자들의 직관적 인지에 의존한다. 이것은

---

127) "Testimony at Joint Hearings Before the House Select Committee to Investigate Covert Arms Transactions with Iran and the Senate Select Committee on Secret Military Assistance to Iran and the Nicaraguan Opposition", July 7, 1987, 아침 세션. 녹취록은 다음에서 가져왔다. M. Lynch and D. Bogen, *The Spectacle of History: Speech, Text, and Memory at the Iran-Contra Hearings* (*Post-Contemporary Interventions*) (Durham, NC: Duke University Press, 1996).

다양한 현상들에 존재하는 공통된 측면에 초점을 맞출 수 있도록 해주는 '인접 쌍'의 기술적 평가규정의 가치를 부정하지 않는다. '인접 쌍'과 같은 범주들은 사회적 활동에 대한 사리에 맞는 설명을 제공해 준다. 그 범주들의 사리에 맞음(reasonableness)은 가핑클이 이따금씩 **구성적 분석**(constructive analysis)이라 불렀던 것의 실천에 내재적이다. 이에 대한 설명은 바커스(M. D. Baccus)의 예리한(비록 크게 인용되고 있지 않지만) 논문에 실려 있다.

> 그런 '사리에 맞음'은 현상의 속성 및 특성의 상상적 이용가능성을 허용하는 본질적으로 모호한 기준장치(referencing device)로서 설명의 지표성에 의존한다. 분석적 설명의 성취란 '사례들'(또는, 어떤 현상의 사건들을 나타내 주는 분석적 실례들)이 설명의 생산에서(또는 사건이나 행위의 동등성을 결정하는 데 있어서) 그런 것처럼 **설명에 반하지만** 서로에게는 반하지 않게 측정되어야 하는 물(物)로 존재하는 방식으로 현상에서 제거되는 것이다. 사례들은 **설명**의 적절성을 찾아내려는 설명과 일치하지 않는다. 설명은 **사례**의 적절성을 찾아내기 위한 것으로, 그리고 **설명**의 실례로 읽힌다. 따라서 사례들은 그 공통 기원적 특성들의 윤곽을 그리기 위한 설명의 적절성과 관련하여 적실성이 있거나 없는 것으로 읽힌다. 그리고 각 사례는 **적절성**에서 서로 **동등하게** 수집된 것 중 하나에 불과하다. 즉, 각 사례는 자연적으로 이용 가능한 속성들을 '사례'로 상징되는 몇 가지 해명 가능한 단위로 모아 냄으로써 그렇게 만들어진 것이다. 128)

이 문장은 CA의 분석 과정을 그 대상으로 삼고 있지는 않지만, 분석의 평가규정이 사례(예: 특수형의 "인접 쌍") 수집의 적절한 서술이 되고, 단일한 모든 '사례'의 내재적 생산 — 따라서 그 범주 아래서 규칙이 적용된다

---

128) M. D. Baccus, "Sociological indication and the visibility criterion of real world social theorizing", pp. 1~19, in Garfinkel ed., *Ethnomethodological Studies of Work*; 인용은 p. 5로부터.

— 에서 점진적으로 제거되는 방식에 적용하기 위한 것으로 볼 수는 있다. 이것은 인사와 맞인사, 질문과 대답, 평가와 이차 평가, 발표의 연쇄 등과 같이 특정한 연쇄적 현상들의 두드러진 특성들에 대한 대화분석적 연구를 평가절하하지 않는다. 통속적 직관의 부적절성을 드러내는 것과는 무관하게, 대화분석적 연구는 친숙한 사회적 현상들에 대한 구체적 설명을 제공한다.

앞에서 살펴봤듯, 쉬글로프의 주장은 우리를 반(反) 형식주의에서 멀리 떨어진 길로 인도하지만, 만약 우리가 그보다 좀더 오래 그 길에 머문다면, 우리는 반(反) 형식주의의 주장을 그의 자체적 분석 브랜드를 안내할 수 있을 것이다. 쉬글로프의 논증은 우리로 하여금 '의문문'의 통속적 정체성이 그것이 사용된 연쇄적 맥락에 성찰적으로 속박되어 있음을 인지할 수 있도록 해준다. 그는 '질문하기'를 '대화에서 차례-주고받기', '차례-구성적 단위', '차례-이행적정지점', '인접 쌍' 등과 같은 기술적 평가 규정 아래에 포함시켰다. 이런 용어들은 '명제', '질문', '요구' 등과 같은 논리적, 구문론적, 실용적 단위들을 위한 기술적 명칭들과는 다르다. 그 이유는 ('차례'를 예외로 하고) 이런 용어들은 일상적 행위의 통속적 범주들과 쉽게 뒤섞이지 않기 때문이다. 그럼에도, 대화-분석적 용어들이 테이프 녹음기록 및 녹취록에 근거하여 시험될 때, 그 용어들이 국지적으로 성취되고 통속적으로 해명 가능한 활동들을 지칭하고 있음은 분명하게 드러난다. 실제로, 팽팽하게 우연적이고 인지적으로 접촉하는 '인접한' 발화, 침묵, 제스처 등의 조직화는 맥락 중립적(context-free) 기계장치의 문맥적으로 민감한 운용을 위한 증거는 물론 기술적 분석을 위한 '증명 기준'을 제공한다.

가핑클과 삭스가 행한 대화에서의 정형화에 대한 비판적 논의(제 5장을 볼 것)에 따라, 구성원들129)은 실천할〔대화에서 차례-주고받기를 할〕

---

129) Garfinkel and Sacks, "On formal structures of practical actions", 구성원

때 무엇을 하고 있는가 라는 질문이 제기될 수 있다. 비록 이 질문은 그 형태에서 구성원들이 수행할[질문을 던지거나 그것에 대답할] 또는 [질문에 답할] 때 무엇을 하고 있는가에 대한 쉬글로프의 탐구와 닮아 있지만, 순서-바꾸기 기계가 구성원들이 서로 대화를 나눌 때 무엇을 하고 있는가라고 묻는 것과 같지 않다. 130) 설에 대한 쉬글로프의 비판은 우리로 하여금 '발화행위'의 직관적 정체성은 의도적인 개인 인식의 구조로부터 도출될 수 없음을 볼 수 있도록 해주지만, 쉬글로프는 통속적 직관의 오류

들이란, 가핑클과 삭스의 용어에 따르면, '자연 언어의 숙련자들'이다. 구성원은 그 정체성이 항상 조직화된 배경에 상대화되기 때문에 사람 또는 개인과 구분된다. 피상적으로 '구성원들'이란 '당파' — 대화분석에서 선호하는 용어 — 와 동의어다. 그렇지만 그 용어는 계약으로 맺어진 당파가 아니라 담론의 영토에 동반하는 신뢰에 수반한 지위를 내포한다는 점에서 본질적으로 다르다. 구성원 지위란 조직적으로 특화된 '선(先) 계약적 연대'의 현상학적 지평을 함축한다.

130) 고프만(Goffman, "Replies and respondes")의 주장은 CA에 대한 심각한 오해를 드러내지만, '인접 쌍'의 정형화된 분석이 대화에서 국지적으로 생산되는 '질문'과 '대답'의 적절성과 타협하는 데 실패하는 정도를 효과적으로 논증하고 있다. 고프만(p. 34)은 쉬글로프가 발화행위이론에 반대하여 사용한 것과 같은 종류의 주장을 쉬글로프의 상호작용적 분석에 적대적으로 적용한다. 즉, "전통적 문법학자들에 의해 언급되는 자족적 예시 문장들과는 달리, 자연적 대화에서 나온 발췌문은 매우 자주 명료하지 않다. 그러나 발췌문이 명료할 때, 이것은 우리가 우리를 위해 상황을 미리 읽은 누군가로부터 도움을 얻었기 때문일 가능성이 매우 높다". 쉬글로프(Schegloff, "Goffman and the analysis of conversation", p. 110)는 고프만에 이렇게 반대한다. "'인접 쌍'의 개념을 도입한 핵심적 이유는, 부분적으로, 특정형의 연쇄 단위를 핵심적 원형으로 다루는 문제를 우회하기 위한 것이다." 그렇지만 내가 이해하기로는, 의도한 바의 핵심은 질문-대답 연쇄의 분석적 정체성으로 말미암아 대화의 참여자들이 인접 쌍을 '성취하는' 방법을 식별해 내려는 목적으로 어쩔 수 없이 '위상학'(topology)을 끌어들인다는 것이다. 정의상, 인접 쌍의 전반부가 형(型)(인사, 불평, 질문 등)에 의해 성격이 규정된 (그리고 가정적으로 현장에서 인식된) 것들 이외에 인접 쌍의 보편적 부류의 구성원들이란 존재하지 않는다. 이런 형을 위한 이름은 통속적 이름이고, 필연적으로 그렇다.

가능성을 드러내는 것과는 거리가 멀게, 보다 효과적으로 경쟁관계의 분석 체계를 공격한다. 131)

분석 제거하기

표면적으로, 내가 묘사했던 바대로 CA가 걸어온 길에서 특별한 잘못이나 비정상은 찾아볼 수 없다. 논리경험주의적 과학 개념에 대한 CA의 암묵적 집착이 삭스와 그의 동료의 과학적 성취의 질(質)에 영향을 미친 바가 거의 없다는 주장은 충분히 가능하다. 삭스가 표현했듯, 프로그램의 실제적 성취는 "연구에, 그리고 그 연구의 성과에" 달려 있을 것이다. 132) CA의 연구 프로그램이 과학적 실천의 '신화'를 체화하고 있음에도, 그것이 과학으로서 CA의 실패를 의미하지 않을 것이다. 실제로, CA는 자신을 매우 좋은 자리에 위치시키고 있다.

셰이핀과 셰퍼의 용어를 빌리면, CA는 현재 '사실 만들기의 역학'133) 이라는 별종(別種)을 고안해 내는 데 성공했다. 여기에는 구체적인 검사를 위해 단일한 대화들을 보존하는 자석 테이프 녹음과 녹음재생 기계장치라는 '재료 기술', 대화-분석 연구에서 서술되는 대화의 어휘적이고 비어휘적인 특징을 입력하기 위한 것으로 게일 제퍼슨이 개발한 구체적 녹취 시스템을 구성하는 '문자적 기술', 분석 문화의 구성원들이 테이프와 녹취를 회람하고 자료의 미묘한 특징에 대한 공통된 민감도를 배양하고

---

131) 민속방법론적/비트겐슈타인 유의 관점에서 셜에 대한 폭넓은 비판에 대해서는 다음을 볼 것. David Bogen, "Linguistic forms and social obligations: a critique of the doctrine of literal expression in Searle", *Journal of the Theory of Social Behaviour 21*(1991) : 31~62.

132) Sacks, "Introduction", p. 212.

133) Shaping and Schaffer, *Leviathan and the Air Pump*, p. 25 ff.

다른 사람들의 출판물을 읽고 인용하며 기술적 관심사라는 공통분모를 다루고 연구 논문을 확연히 다른 기술적 어휘와 스타일로 작성하는 데 사용되는 '사회적 기술' 등이 포함된다. CA는 관련된 논제, 적합한 자료, 적절한 녹취, 적절한 분석으로 간주되는 것이 (공동체의 적극적 참여자들에 의해 개발된) 범례적 현장대화, 문자적 전략, 표상적 실천 등에서/을 통해 규약적으로 확립되었다는 점에서 양식화된 사회과학이 되었다.

그러나 그들이 확립한 분석 문화 — 마치 그들이 자신들의 고유한 과학 문화를 연구하는 인류학자들인 것처럼 — 에 대한 '성찰적' 지향을 유지하는 데 대화분석가들이 실패했다는 이유로 왜 우리가 괴롭힘을 당해야만 하는가?134) 자연과학은 그런 일을 하지 않으며, 아마도 어떤 과학도 그런 일을 하지 않을 것이다. 그렇지만 이 경우에 문제는 CA의 주창자들이 자신들의 '실제' 연구 방법을 설명하는 데 실패한 것이 아니라 그들의 실체적 성과가 (삭스의 가정에 따라) 과학의 실천 속에서 구축된 원리화된 작동으로 가득 채워지게 된다는 것이다. 현재 검사되지 않은 CA의 사회적 상황을 만들어 내고 있는 '분석'의 영역에 대한 원리화된 그리고 특권화된 관계는 연구성과가 해석되고 제시되는 방식에서 지울 수 없는 인상을 남긴다. 135)

---

134) '과학의 인류학'에의 최근의 기여에 대한 비판적 개관에 대해서는 다음을 볼 것. Bruno Latour, "Postmodern? No, simply amodern! Steps toward an anthropology of science", *Studies in the History and Philosophy of Science* 21(1990): 145~171.

135) 민속방법론에 대한 부르디외의 이해가 많은 아쉬움을 남겼지만, 그는 내가 막 제기했던 문제를 구체적으로 다룬다(이 경우에, 그는 구조언어학과 인류학을 비판한다). 즉, "모든 과학적 활동을 낳는 실천적 특권은, 특권으로 인식되지 않은 채 과학이 가능한 사회적 조건에 대한 경시의 종합판인 암묵적인 실천이론으로 될 때, 그런 활동(과학이 인식론적 단절은 물론 **사회적 분리**를 가정하는)은 그 어느 때보다 강력한 지배력을 행사한다". 다음을 볼 것. Pierre Bourdieu, *Outline of a Theory of Practice*, Richard Nice 역 (Cambridge University Press, 1977), p. 1.

내가 보기에, 문제는 삭스가 제시한 과학적 방법의 상호주관성이라는 초기의 개념이 계속해서 대화분석가들이 일상적 방법을 인지하는 방식에 영향을 미친다는 것이다 ─ 즉, 방법이 대화적 문법의 모델로 위력을 계속 유지한다는 것이다. 내가 이를 통해 말하고자 하는 바란 그들이 '과학자'(man the scientist) 모델을 채택하고 있다는 것이 아니라 그들의 연구에서 추상적인 방법의 규칙들이 일상적 행위의 국지적 '관리'에 대한 적절한 설명으로 자리 잡게 되었다는 것이다. 앞에서 언급했듯, 삭스는 과학자들의 "자기 활동에 대한 보고가 적합하다는 것을 '명백한' 것으로 취급한다. 예를 들면, 그들은 방법들의 사용을 통해 그들 자신이나 타인들의 일부에 대한 자신들의 행위를 재생산할 수 있다"는 것이다. 136)

쉬글로프는 삭스의 주장을 정리하고 방법들의 '설명'(방법들의 '사용'과 대조된 것으로)을 강조할 때 과학적 방법의 상호주관성이라는 생각을 좀더 밀어붙였다. 즉, "인간 행동을 안정적으로 설명할 수 있는 길은 그것을 가능하게 하는 방법들과 과정들에 대한 설명을 산출해 냄으로써 비로소 가능하다". 137) 삭스의 시대보다 지금은 과학적 방법의 논리적·실용적·수사적 특성에 더 많은 관심이 쏠린다. 과거를 회고하는 유리한 입장에서, 이제는 삭스가 제시했던 과학의 그림이 '신화적인' 것이었다고 말할 수 있다. 핵심은 그의 그림이 과학활동에 대한 잘못된 관점이었다는 것이 아니라 통속적 활동을 '가능케 하는 방법들과 과정들에 대한 (대화-분석적) 설명'의 과학적 지위를 확립해 주는 보증수표가 되었다는 것이다. 출판된 설명에서, 방법들의 정형화된 서술(예: 삭스와 그의 동료의 차례-주고받기를 위한 규칙의 서술)은 서술 대상인 활동의 규칙성과 재생산가능성을 위한 토대를 제공해 준다고 할 수 있다. 그런 정형화된 진술은 진술이 서술하고, 지시하고, 규제하는 실천에 내재적이고, 그런 진술

---

136) Sacks, "Introduction", p. 214.
137) Schegloff, "An introduction/memoir", p. 203.

은 진술이 사용되는 — 이때, 진술은 오직 바로 그런 실천의 능숙한 수행 속에서/을 통해서 사용된다 — 체계적 실천을 '설명하지' 않는다는 점에서 비트겐슈타인/민속방법론 정책기조(제 5장을 볼 것)와 대조적이다.

삭스가 과학의 존재라는 바로 그 사실을 사회학의 가능한 자연관찰적 과학을 위한 토대로 다루는 반면, 현재 방법에서는 그와 다른 그림이 나타났다 — 즉, 성과에 대한 설명은 그런 성과를 재생산하는 작업이라는 관점에서 적절한 것이 되었지만, 그런 설명과 그런 작업의 적절성은 분과적 모반(disciplinary matrix) 138)에 성찰적이다. 이것이 함축하는 바는 해명가능성의 구조가 분과의 국지적 실천 및 현상과 뒤섞이며, 과학적 실천을 '인간 행동'의 정형화된 설명이라는 관점에서 적절하게 서술할 수 있다고 가정할 이유는 없다는 것이다. 다른 한편, 능력을 갖춘 채 읽을 수 있는 자격이 부여된 구성원들에게 성과에 대한 설명이란 그런 성과를 반복하는 방법에 대한 적절한 설명으로 기여할 수 있다. 139)

사회과학에서는 가치의 측면에서 서로 다른 큰 과녁들이 많이 존재하는데, 내가 CA의 과학주의를 이렇게 길게 비판하는 것은 과도한 편향, 심지어 불공정한 것으로 비칠 수 있을 것이다. 왜 분석적 전문성에 대한 CA의 주장을 문제 삼는가, 그리고 분석 공동체의 구성원들이 비교적 작은 규모의 사회과학 분과를 어떻게 창출했는가에 대해서 왜 그렇게 길게 다루고 있는가? 내가 CA는 사회과학의 전문가적 장신구를 어느 정도 '초월해야'(rise above) 한다고 요구하고, 나의 비판은 많은 독자들에게 우

---

138) 쿤(Thomas Kuhn)의 《과학혁명의 구조》(1970년 판본) "후기"를 참조할 것. 여기서 그는 패러다임을 '분과적 모반'이라 말한다. 우리의 목적에서 모반(母盤)이라는 용어가 가장 알맞게 사용된 경우란 수학적인 사용에서가 아니라 체험적 공동체가 배태된 환경이라는 유기체적 의미로 사용될 때다.

139) 국지적으로 조직적이고, 최초로 완수된(first-time-through), 체험된 작업 증명 '에서/으로서'(in and as) '증명 진술'의 교육 가능한 재생산가능성의 논증에 대해서는 다음을 볼 것. Eric Livingston, *The Ethnomethodological Foundations of Mathematics*.

스운 대안 — 전문가 분석과 일상적 실천추론 사이의 원리화된 어떤 구분
도 필요하지 않다는 탐구의 양식 — 임에 틀림없는 것을 제안한다고 보일
수 있다. 이런 우스운 대안에 대한 구체적인 논의는 다음 장으로 넘기고,
지금은 내 편향이 과거(CA와 민속방법론 사이의 계보학적 연결)에 대한 존
중과 우연적 미래(인식론의 주제에 대한 일종의 자연사적 탐구를 위한 전망)
를 위한 희망 모두와 연관되어 있음을 언급할 필요가 있다.

CA의 전문직업적 성공은 민속방법론이 항상 지녀왔고, 그것이 될 수
있었을 것에 대한 현재적 관점을 변색시켰다. 140) 이것이 그렇게 끔찍한
결말은 아니었는데, CA는 사회질서의 연구에 대한 혁신적 접근으로서
인정받을 만하고, 민속방법론은 CA라는 '실증주의적' 자식의 성공이 없
었다면 생존하지 못했을 것이기 때문이다. 그럼에도 불구하고, CA의 범
례적 연구가 민속방법론의 '고전적' 의제를 거의 무력화시켰다는 사실에
경악을 금할 수 없는 지경이다. 141)

제 4장에서 제시된 것처럼, 나 또한 이런 관심을 공유하고 있지만, 고
전적인 민속방법론의 경전 연구는 스스로 막다른 골목에 다다랐다. 필요
한 것은 《민속방법론 연구》에서 발표된 보다 순수하거나 더욱 정통적인
프로그램의 실천으로의 복귀가 아니다. 가핑클 자신이 알고 있듯, 그 프
로그램은 근본적으로 불완전하고, 내가 이해하고 있듯, 그것을 '완성하
는' 임무에는 사회구조 이론의 명세 내역을 채우기 위한 경험연구의 축적
이상의 뭔가가 요구된다. 경전의 원리화된 해석에 구속되지 않은 민속방
법론적 연구 프로그램은 프로그램의 핵심을 이루는 '인식적' 테마들 — 방
법, 분석, 해명가능성 등 — 에 대한 지속적 심화 및 비판적 재상술화를
필요로 한다. 그런 프로그램은 우리가 '과학'이란 근거를 갖춘 탐구의 원
천으로 취급하는 것에 일시정지(moratorium)를 요청한다. 탐구에 걸맞

---

140) Heritage의 《가핑클과 민속방법론》(*Garfinkel and Ethnomethodology*)은 CA
의 민속방법론적 뿌리의 결정적 판본이 되었다.

141) 다음을 볼 것. Pollner, "Left of ethnomethodology".

은 보다 적절한 (그리고 실제로 피할 수 없는) 출발점으로는 탐구되지 않고 정당화되지 않은 '탐구의 상황'을 만들어 내는, 투명하게 이해할 수 있고 직관적으로 명백한 ─ 그럼에도 파기할 수 있는 ─ 언어와 실천행위의 작동을 꼽을 수 있다.

과학에서 민속방법론적 업무 연구의 총체적 목표는 지성사로부터 많은 고전적 주제를 재상술화하는 것이었다.[142] 간략하게 성격을 규정하면, 이것은 인식론적 테마가 어떻게 실천의 특정한 집합 속에 실용적으로 위치 지워지는가를 논증하는 문제이다. 예를 들면, 수학적 '증명'이나 실험적 '관찰'이 어떻게 활동, 장비, 문자적 잔여물 등의 시간적으로 정교한 결합으로 구성되는지를 논증하는 문제이다. 물론, 이런 테마들이 과학과 수학의 영역에서만 탐구될 필요는 없다. 삭스의 원시적 자연과학의 개념은 실천의 탐구 가능한 영역에 이르는 길을 보여 준다. 이런 길을 통해 구성원들은 다른 사람들이 서술하는 것을 보고, 다른 사람들이 보는 것을 서술하게 된다. 이런 해명가능성의 구조가 가능한 자연관찰적 사회학의 과학을 위한 총체적 토대를 제공한다는 관념을 비판해 왔다고 해서 탐구 논제로서 그 테마들의 흥미가 반감될 일은 없을 것이다. 그리고 민속방법론과 CA의 역사적 친밀성 속에서, CA가 축적한 연구 역량을 폐기할 필요는 전혀 없다. 문제는 이렇다. CA 연구로부터 무엇을 더 할 수 있을까?

---

142) Harold Garfinkel, "Evidence for locally produced, naturally accountable phenomena of order, logic, reason, meaning, method, etc., in and as of the essential quiddity of immortal ordinary society, (I of IV): an announcement of studies", *Sociological Theory* 6 (1988): 103~106.

부록: 분자생물학과 민속방법론

삭스는 초기의 강의와 저작에서 두 개의 지배적인 과학적 은유를 사용했다 — 원시적 자연과학의 은유와 분자생물학의 은유. 그는 또한 '기계' 또는 '기계장치'의 은유를 사용하기도 했고, 이따금씩 그것을 생물학적 은유와 결합시켰다. 여기서 은유에 대해 말하는 것은 약간 잘못된 것인데, 삭스는 가능한 인간 행동의 자연관찰적 과학이 기존의 자연과학처럼 설계될 수 있다는 것을 넘어서는 보다 강력한 주장을 펼쳤기 때문이다. 그는 이 '행동의' 과학이란 과학의 행함 바로 그 자체에 불과하다고 주장했다. 143) 삭스는 분자생물학이 대화분석(또는 뒤에 대화분석이라고 부르게 된 것)을 위한 모델을 제공해 준다고 언급하는 선에서 크게 나아가지 않았지만, 그의 통찰력은 나무랄 데가 없는 것이었다. 향후 분자생물학의 발전은 교육과 질서 사이의 관계에 대한 민속방법론의 프로그램적 관심과 기묘하게 공명하는 계통을 따라 발전함으로써 삭스의 주장이 옳았음을 입증했다.

삭스의 초기 민속방법론적 기획에 따라, 대화분석가들은 사회학의 미시-거시 문제가 개인을 전체 사회에 '연결시키는' 이론적 구도를 통해 해소되어야 한다는 생각을 부정했다. 144) 개인을 (그의 인지와 감성이 전체적으로 사회의 규범적 질서의 소우주적 표상으로 그 형체가 만들어지는) 실체로 바라보는 대신, 대화분석가들은 그 개인과 사회의 모델을 사회라는 본

---

143) 여기서 과학이란 용어가 일상적 현상, 예를 들면, 우리가 생물학과에 있는 동료를 방문하여 그들이 실험실에서 하는 일을 쳐다봄으로써 증언할 수 있는 '과학'의 일반성(ordinariness)과 같은 것을 서술하고 있음에 주목하기 바란다. 이것은 "과학이란 무엇인가?"라는 정의를 묻는 질문과는 다른 것이다.

144) 다음을 볼 것. Emmanuel Schegloff, "Between macro and micro: contexts and other connection"; Richard Hilbert, "Ethnomethodology and the micro-macro order", *American Sociological Review* 55(1990) : 794~808.

체에 만연해 있는 **분자적** 기법의 기층을 가리는 구성물로 간주한다. CA 의 사회 질서의 개념에서, 사람들은 맥락 중립적이고 맥락에 민감한 기계장치의 장신구들이 되고, '전체로서의 사회'에 대한 서술은 그 분자적 조직화가 아직 해독되지 않은 조율된 기법들의 결합을 원거리에서 말하는 방식으로 기각된다. 기능주의 프로그램은 전일적(holistic) 생물학에서 원리적 은유를 도출함으로써 질서의 문제, 그리고 소기관을 거대생물체와 연결하는[또는 다른 차원에서, 생물체를 그것의 생물학적 적소(niche)와 연결하는] 문제를 둘러싼 현대 사회학의 개념 위에 지울 수 없는 도장을 찍었던 반면, 대화분석은 자신의 과학적 상상력의 대부분을 분자생물학에서 끌어왔다. 145)

　미시사회학(개별 행위자들이 가장 기초적 구성요소이다)과 분자사회학(체화된 기법들이 토대를 이룬다) 사이의 근본적 차이는 후자의 단위들이 기본적으로 다원적이고 이질적이라는 점이다. 사회적 행위자의 그것과 평행하는 기초적 사회기법(sociotechnique)이라는 이념화된 개념은 없다. 146) 그 대신, CA의 분자사회학은 사회질서라는 개념에서 출발한다. 그 속에서 서로 다른 이질적 기법들의 결합에 의해 끊임없이 다양한 복잡구조들이 생산된다. 이 개념은 전적으로 사회구조적이라는 점에서 독특하다. 분석의 기초 단위는 이념-형적(ideal-typical) '행위자' 또는 '자아'가 아니라 사회적으로 구조화된 기법의 복수성이다. 이를 통해 질서정연

---

145) '유기적' 은유는 '구조'의 기능주의적 개념에 훨씬 자주 적용된다. 파슨스(Parsons, *The Structure of Social Action, vol. 1*)는 자신의 행위이론에서 경험 연구에서 이론의 역할을 다룰 때, 그리고 '단위행위'(unit act)의 기초개념적 요소들을 정형화할 때 고전역학의 유비를 사용한다.

146) 현재, 나는 라투르와 칼롱이 이질적 행위자(agents), 행위능력(agencies), 안정적 결합 등을 서술하려고 행위자(actor)라는 용어를 사용한 것을 고려하지 않고 있다. 그 대신, 나는 주어진 상황에서 행동하는 행위자의 이론적 모델을 서술하고자 미국 사회학에서 보다 친숙해하는 용어의 사용을 언급하고 있다.

한 사회적 활동이 조립되어 나온다. 연구 의제는 이런 분자적 연쇄를 파헤치는 것이다.

대화분석가들은 구조적 요소들과 그것들을 결합하기 위한 규칙들의 단순한 질서의 성격을 규정하고자 했고, 그 결과 그들은 분자생물학과 별로 다르지 않은 환원론적 프로그램을 실행했다. 왓슨과 크릭이 DNA의 분자구조를 밝혀낸 이후, 생물학의 많은 분야는 환원론적 전회(reductionist turn)를 취했다. 분자생물학자들은 DNA 분자를 구성하는 나선형 가닥과 염기쌍을 전체 유기체와 연동시키고, 그 기능과 형태가 그 관계 속에서 정의되는 미시 기계장치로 보는 대신에 DNA 연쇄를 분리 가능한 구조 — 기관계와 전체 유기체 사이를 가로지르면서 이따금씩 확립된 개념적 분할을 해체하는 — 로 취급한다. 147)

분자구조와 결합규칙은 재생산, 유전, 질병 등과 관련된 중요한 전일론적 문제들을 설명하는 데 도움을 주지만, 이런 구조가 '전체' 유기체적 기능의 '미시적' 반영은 아니다. 거시적 질서의 재생산을 도우면서 그것을 닮은 분자 속에 새겨 넣은 극미인(極微人)은 존재하지 않는다. 그 대신, 연쇄적 '코드'는 유기적 '기계장치'에 의해 번역되고 전사(轉寫)되는 '지침들의 집합'을 제공한다고 말해진다. 유기체적 통일성이 궁극적으로 분자구조와 결합규칙으로 환원될 수 있는지를 둘러싼 어려운 질문이 좀처럼 사라질 기미가 없지만, 모든 실용적 목적에서, 분자생물학자들은 집중 탐구를 실행할 때 그런 질문은 옆으로 제쳐 둔다. 대체로, 분자생물학자들은 널리 퍼져 있는 질서정연한 우주를 가정한다. 그렇기 때문에 특정한 박테리아의 분자 구성요소를 밝히려는 집중적인 노력은 유기 생명체의 방대한 배열을 함축한다.

내가 분자생물학과 CA의 분자사회학 사이에서 도출해 낸 유비는 분자

---

147) Lily Kay, "Life as technology: representing, intervening, and molecularizing", *Rivista di Storia della Scienza*, October 1992.

생물학의 교의보다는 일상화된 분자생물학적 기법의 생산에 기초한
다. 148) CA는 사회활동의 민속방법론적 개념을 도입한다. 이 개념 속에
서 대부분의 기초 행위는 (그런 행위들이 생산을 돕는) 해명가능성의 정합
적 구조들을 기준으로 삼을 때 명료해진다. 실천학적으로, 분자생물학
분야는 분자생물학자들이 서술하는 DNA 연쇄들과 그들이 수행하는 일
상화된 실험실 기법들을 위한 반복 가능한 교육에 의해 정의된다. 실험
실 현장에 있는 기술자들은 난자에서 생명체의 탄생이 가능하도록 해주
는 연쇄적 '지침들'을 서술하기 위해서, 실험실 안내서에 있는 지침들에
조응하는 표준화된 행위의 연쇄를 생산해 내야만 한다. 이 경우에 '사회
적 분자들'은 과학적으로 정밀하게 조사돼야 할 작은 '물'(物) 이 아니라
과학적 탐구를 구성하는 관찰 가능하고 보고 가능한 기법의 연쇄이다.

분자생물학처럼, 분자사회학은 반이론적(atheoretical) 이지 않다. 그
것의 통일성은 실천학에 기초한다. '시스템'의 '거대' 합성이론과는 대조
적으로, 분자적 그림은 기법들의 이질적 배열을 통해 결합된다.

분자생물학은 중심이론에 의해서가 아니라 분자 차원의 구체적 메커니즘
의 총체적 결합(omninum gatherum)*을 사용함으로써, 그리고 그런 결
합을 기준으로 유기체의 기능을 설명하고 변경하려는 접근을 통해서 통일
이 주어진다. 이런 점에서, 분자생물학은 뉴턴 역학보다는 자동기계와 더
닮아 있다 — 즉, 분자생물학이 연구하는 것은 **메커니즘**이며, 그것은 그런
메커니즘을 **사용하여** 자연에 개입한다. 실제로, 분자생물학의 연구대상은

---

148) 다음을 볼 것. K. Jordan and M. Lynch, "The sociology of a genetic
engineering technique"; K. Jordan and M. Lynch, "The mainstreaming
of a molecular biological tool: a case study of a new technique", pp. 160
~180, in G. Button, ed., *Technology in Working Order*(London:
Routledge, 1992).

● 〔옮긴이주〕 총체적 결합(omninum gatherum) 이란 사람과 사물을 가리지 않
고 모두 모으는 이종 혼합적 결합을 말한다.

구체적 메커니즘이다 — 그리고 그것이 연구하는 것은 밑으로 쭉 내려가는 메커니즘이다(또한 … 위로 쭉 올라가는). 149)

여기서 중요한 점은 통일의 개념이 분자 단위에 각인된 전체성의 이론적 표상('생식세포'에 새겨진 극미인처럼)에 기초하지 않는다는 것이다. 그 대신, 결합체 또는 신태그마(syntagma)의 집합은 유기체를 만들기 위한 '지침들의 집합'을 제공한다. 그리고 유전공학자의 임무란 그런 '제조과정'(making)을 밝혀내고 궁극적으로 정복하려고 그런 연쇄를 해독하는 것이다. 이 의제는 공개 콜로키엄에서 저명한 분자생물학자가 던진 다음 질문을 통하여 압축적으로 표현된다. "단일 수정란 속에 포함된 약간의 지침들의 집합으로부터 여러분은 어떻게 거대 규모의 생물체를 만드는가?"150) 대명사 '여러분'은 분자생물학자의 임무를 '수정란'의 임무와 동일시하고, 그 결과 '수정란'은 분자생물학자가 읽을 수 있는 지침들의 안내서가 된다. 인간유전체사업의 경우, 그것은 '사람'의 제조과정에 대한 안내서다.

분자생물학의 통일이라는 개념에 따르면, 실천학의 구조 — 일상화된 연쇄들의 지시 가능한 재생산가능성 — 는 생물학자의 행위를 탐구 대상인 '자연질서'의 행위와 동일시한다. 즉, '시퀀싱'(sequencing)은 DNA 염기쌍의 내생적 배열과 그런 배열을 해독하고 재생산하는 실험실 기법 모두를 서술한다. 이런 식으로 비춰질 때, 분자생물학과 분자사회학은 유비 이상의 관련을 맺는다. 분자생물학의 실천에는 사회적 행위들의 지시 가능한 재생산가능성을 성찰적으로 '지향하고' 사용하는 국지적으로

---

149) Richard M. Burian, "Underappreciated pathways toward molecular genetics", 1991년 4월 15일 보스턴대학교에서 열린 과학철학 콜로키엄에서 발표된 논문.

150) Walter Gilbert, "The scientific origins of the human genome initiative", 1991년 4월 15일 보스턴대학교에서 열린 과학철학 콜로키엄에서 발표된 논문.

조직화된 사회기법들의 집합이 포함된다. '시퀀싱', '전사', '번역'은 이중 등록부 — 즉, 물질적 등록부와 방법론적 등록부 — 에 기재되어 있다. 물질적 등록부상에는 자연적 구조를 생성하기 위한 지침들이 쓰여 있고, 방법론적 등록부상에는 인간이 타자로 하여금 그런 구조를 '인공적으로' 재현할 수 있도록 해주는 지침들이 쓰여 있다.

이런 기록부들이 어떻게 뒤섞이는가를 이해하기 위해 우리는 저명한 분자생물학자 부족의 구성원인 스탠리 코헨(Stanley Cohen)이 1960년대 후반과 1970년대 초반에 시작된 이 분야의 진보를 '개인적 관점'에서 개관한 간략한 논문을 검토해 볼 수 있다. 코헨은 지금은 잘 확립된 것으로, 그리고 *E. coli* 박테리아 계통에 특정 항생제에 대한 내성을 부여함으로써 유전적 DNA의 특정한 연쇄들이 스스로를 '표현할' 수 있도록 하는 것으로 실천을 서술한다. 코헨의 논문은 "유전자 조작의 용이성 및 유연성을 증가시키기 위해"(그래서 DNA 분자들의 단편은 이제 쪼개질 수 있고 다양한 방식으로 결합될 수 있다)(p. 4) 분자적 행위능력의 '이질적 모집단'을 이용하는 일련의 역사적 실험들의 윤곽을 그린다. 논문은 '휘기적'(whiggish) 설명을 제공하지만 우리의 목적에 비춰 볼 때 큰 상관은 없다.

> 1972년, 나의 협력자와 나는 멘델과 히가(Higa)가 만든 과정을 변형함으로써 *E. coli*가 환상 플라스미드 DNA 분자들을 취할 수 있고, 박테리아 모집단에서 항생제 내성 유전자 — 플라스미드에 의해 운반된다 — 를 이용하는 변형체들을 판별하고 선택할 수 있음을 발견했다 … 플라스미드 DNA로 변환된 세포들은 스스로를 정상적으로 재생산하고, 항생제 내성 박테리아의 클론(clone)도 생산해 냈다. 클론에 있는 각 세포는 최초의 변형체가 취했던 플라스미드 DNA 분자와 동일한 유전적 · 분자적 성질을 띤 DNA의 종을 포함하고 있었다. 따라서 이런 과정을 통해, 이질적 모집단 속에 존재하는 개별적 플라스미드 분자들의 클로닝(따라서 생물학적 정화)이 가능해진다. 151)

코헨은 논문 전체를 통해 생산과정의 기여 속에 자연적으로 발생한 실체와 그 구성요소, 그 정상적 삶의 과정 등이 어떻게 재정상화되고 재조직화되는지를 서술한다. 그것은 다소 '쉽게' '조작 가능해졌다'. 그 실체는 분리시켰다 재결합하는 공학적 과정의 연장과 구체화로 작용한다. 그런 조작은 '분석'과 합쳐지고, 그에 따라 분석은 재료들의 문자적 특성 (예: 그것의 표지, 복제 메커니즘, 전사 등)에 의해 촉진된다.

코헨은 DNA의 가닥을 **붙이**거나 **연결시키**고, 수소결합에 의한 DNA '고리'를 공유결합의 닫힌 '고리'로 **전환시키**고, DNA 조각을 변환의 수단을 써서 박테리아의 세포 속으로 **집어넣기** 위한 기법들을 서술한다. 그는 그 과정에서 이루어진 다양한 발견, 즉 연구자들에게 공유결합을 **달성하**거나 결찰(結紮)을 **이루기** 위해 유전자를 **조작**할 수 있도록 해주는 유용한 행위자 또는 기법의 발견에 대해 말하고 있다. 코헨은 DNA의 가닥을 다양한 실제적 성취를 제공하는 속성〔상보성, 무딘 개방성(blunt endedness), 중복지대(duplex regions)〕을 지닌 물질의 조각 또는 블록으로 그린다(내가 강조한 용어들은 코헨의 용어들이다. 그 용어들에 실천학적 의미를 할당하는 데 특별한 사회학적 통찰력이 요구되는 것은 아니다).

이 언어는 작은 건축 블록을 가지고 하는 일종의 체험공학(hands-on engineering)을 암시한다. 이런 블록들은 조립이 가능하기 때문에 끝과 끝을 서로 연결하거나 겹쳐 이어서 고리나 가닥을 형성할 수 있다. 그것들은 분리해 내서 다른 조합으로 재결합할 수도 있다. 물리적으로 이런 대상들을 결합하거나 분리하는 것이 조각을 집어 올려서 패션 목걸이처럼 한데 꿰는 것과 같은 방식으로 성취될 수 없음은 분명하다. 여기에는 다양한 바이러스성 및 박테리아성의 '벡터들', 화학 시약, 촉매 등의 매체가 사용되기 때문이다.

---

151) Stanley N. Cohen, "DNA cloning: a personal perspective", *Focus 10* (1988): 1~4.

코헨은 농업과 관련된 용어를 쓰기도 한다. 즉, '우발적 DNA 조각들'이 '살아 있는' 세포에 주입되어 거기서 '번식한다'. 그가 언급한 많은 실제적 어려움과 해결책은 미생물을 규제하거나 배양하는 것과 관련되어 있다.[152] 자연적으로 생겨난 세포의 구성요소들(유전적 DNA, 플라스미드)과 정상적인 세포적 과정은 생산과정의 기여 속에서 조직화된다. 코헨의 일부 언어는 텍스트 혹은 문자의 장(場)을 암시하기도 한다 — 즉, 박테리아는 플라스미드의 복사본을 포함하고 있고, DNA 연쇄는 전사될 수 있으며, 항생제 내성 유전자는 복제된 DNA의 흔적을 유지하는 지표로 이용된다.

'살아 있는' 미생물을 배양하고, 텍스트를 읽고 전사하고, 대상을 조작하는 것에 대한 코헨의 설명에서 명백한 부조화란 존재하지 않는다. 그는 미생물을 DNA의 배열과 (DNA의 가닥을 분리하고, 연결하고, 표시하는 데 사용할 수 있는) 화학 작용제에 물질적으로 반응하는 조직이 복잡한 '기계장치'로 서술한다. 그것은 부드러운 기계장치다. 그것의 움직이는 부분들은 살아 있는 박테리아와 세균분해바이러스(bacteriophages)로 이루어져 있다. 그리고 그것들의 생활 과정들(재생산과 죽음처럼)은 조작과 분석에 복무한다.

전체 서사는 발명의 역사인데, 이 속에서 발견들을 통해 단계들이 연속적으로 연결되어 있다. 발견과 발명 사이에는 거의 또는 아무런 간극도 없어 보인다. 발견들이 이루어지면 '도구'를 구축하는 데 필요한 단계들로 즉시 전취된다. 기계장치는 코헨의 용어에서 발견된다. 비록 과학, 의학, 산업 등에 즉각적으로 투입될 수 있는 기성품의 미생물 메커니즘을 의미하지는 않지만 말이다. 발견된 것은 실험관 내(in vitro)의 행위들(분리, 표기, 전사, 형질 전환 등)을 위한 연속적인 생체 내(in vivo)의 행위유발성(affordance)•이다. 발견된 기계장치는 점진적으로 생산라인의

152) 다음을 볼 것. Latour, *The Pasteurization of France*.

모양을 갖춰 나가고, 그런 일련의 단계를 거치면서 분자적 구성요소들은 결합하고, 배양되고, 체계적으로 재조직화된다. 생물공학적 생산라인은 박테리아 집단과 그것들을 구성하는 활동들을 조직하고, 배양하며, 제한하고, 통제한다. 박테리아와 플라스미드는 길들여지고, 재설계되며, 가동된다. 구성요소들은 성질이 바뀌지만, 비인간화하는 전통적 실천과는 거리가 멀게, 기계화 과정은 박테리아를 인간화한다.

분자생물학이라는 특수한 대상들의 영역에서 인간 행동의 영역을 구분해 내는 대신, 코헨의 서술은 사회적 실천이라는 새로운 영역에서 조율된 '배양'에 초점을 둔다. 어느 정도 문자적 종(種)인 '분자사회학'이 발생하는데, 그 속에서 해명가능성의 친숙한 구조들 — 담론적이고 배태된 행위들의 결합, 건축물, 공간-과-계급 — 은 이전에는 말로 표현할 수 없고 거주할 수 없었던 영토를 식민지화한다. 그러나 이 분자사회학은 자신이 접근 가능하게 만든 분자적 질서들 — 즉, 명료하고, 서술 가능하고, 반복적으로 관찰 가능하고, 실용적으로 관리 가능한 탐구의 내용물 — 로부터 분리될 수 없다. 인간 행동의 과학이 이 이야기 속에 포함되었다고 해도, 자신을 낳은 배양물(物), 생물공학적 도구, 배양된 실천의 두터운 환경에서 고립된 것으로 서술될 수 있는 것은 보편과학이 아니다. 분자생물학에 자생하는 것은 실천행위의 '토착'(homegrown) 과학이다.

삭스는 과학이 사회학자들이 연구해야 할 흥미로운 제도일 뿐만 아니라 각각의 자연과학에는 그 생산의 필수적 특성으로 과학사회학이 포함된다는 것을 명확하게 인식했다. 그의 이론은 과학적 실천에 대한 '순진한 사회이론'은 아니었다. 153) 과학에 대한 그의 개념과 '과학의 존재 자

- 〔옮긴이주〕 행위유발성(affordance)이란 어떤 조건을 부여함으로써 일정한 행동이 유발되도록 하는 성질을 말한다. 가령, 특정한 모양으로 디자인된 의자나 문은 그것을 이용하는 사람들에게 일정한 행위를 유발하도록 한다고 볼 수 있다.

153) 삭스는 "Sociological Description"(p. 15, n. 13)에서 "순진한 사회이론의 종

체' 위에 가능한 인간 행동의 자연과학의 '토대를 세우려는' 그의 노력이 지닌 문제점은 그가 과정 규칙에 대한 서술이 일상적이고 과학적인 실천의 자족적 설명으로 유지될 수 있다고 가정했다는 점이다. 실제로, 그런 설명은 구성원들이 이미 숙달한 확립된 실천에 맞게 설명을 사용할 수 있는 한 언제든지 적절한 것이 될 수 있다.

분자생물학의 경우, 비록 분자생물학과 CA의 질서 개념 사이에는 흥미로운 유비가 존재함에도 불구하고, 유전적 연쇄에 대한 분자생물학자들의 설명이나 기술적 행위의 연쇄를 서술해 놓은 안내서도 DNA 파편을 '배열하고'(또는 배열하거나) 특정한 목적에 필요한 연쇄적 작용을 만들어 내려는 실행자가 취해야 하는 행위를 완벽하게 설명하지 못한다. 또는 객관적이고 과정적인 설명의 적절성은 실천의 과정에서 '발견되고' 논증되며, 사회적 행위의 구조에 대한 일반적 서술에 어렴풋하게 남아 있을 뿐이다. 지침을 생산과 짝짓는 것(이것들이 '발생의' 또는 '기술적' 기록부에 쓰여 있는지 여부와는 상관없이)은 실천행위의 보편과학을 위한 아무런 '토대'도 제공해 주지 않는다. 그 대신, 그것은 과학 '에서/에 대한'(in and about) 모두에서 마르지 않은 탐구 주제를 제공한다.

분자생물학은 따라서 분자사회학을 위한 모델이라기보다는 그것을 위한 하나의 사례이다. 이 경우에 원시적인 사회적 대상들은 지침에 의해 재생산된 기법들이다 ― 예를 들면, 분자를 복제하고, DNA 가닥을 순서대로 배열하고, 그런 배열을 복제하기 위한 기법들. 따라서 중합효소 연쇄반응(PCR: Polymerase Chain Reaction)은 인원, 물질, 즉자적 실천맥락 등에서의 변화에도 서로 다른 경우에 정형화되고, 제도화되고, 생산

말"을 마르크스(Marx, *Theses on Feuerbach*)에게로 돌리면서, 마르크스의 언명을 인용한다. "인간의 사유가 객관적 진실을 가장할 수 있는지의 여부에 대한 질문은 이론적인 것이 아니라 실천적인 것이다. 사람은 진실(예: 실재와 권력), 즉 실천에서 자신의 사유의 '이-측면성'(this-sideness)을 반드시 증명해야 한다.

된다는 고전적 의미에서 기초적인 사회적 대상이다. 기법의 표준화된 통일성 — 즉, 주어진 모든 수행이 '같은' 기법의 또 다른 실례로 인식될 수 있는 것 — 은 신에 의해서 주어지지 않고, 또는 정의를 통해서 확립되지 않으며, 오직 기법 생산의 일부로서만 성취될 뿐이다. 기법을 사용하려는 시도가 '기법의 표준화된 통일성'의 실례일 수는 없다. 결과적으로, 민속방법론적 분자사회학 연구는 형식적 기법을 회복하려고 한다. 이때 그 기법의 우연적 수행은 일상화된 분자생물학 실천의 구성요소로서 함께 수용된다.

제7장

통성원리에서 개성원리까지:
민속방법론적 업무 연구

민속방법론자들은 안정적이고, 제한적이고, 인식 가능하고, 합리적이며, 질서정연한 '사회적 사실'의 속성이 국지적 성취임을 강조하는 반면, 과학사회학자들은 '자연적 사실'이 사회적 구성물이라 주장한다. 두 분야 모두에서 탐구자들은 당연하게 주어진 사실이 어떻게 조율된 인간의 활동으로부터 탄생하는지를 보여 주고자 노력한다. 그들은 사실이 합리적 탐구 방법을 통해 논증되는 초월적 자연 질서의 표현이라는 관념에서 완전히 뒤돌아섰다. 어쨌든, 민속방법론과 과학지식사회학 모두는 스탠리 피시가 철학적 본질주의에 대한 '좌파 지식인적' 반대라고 부른 것에 속해 있다. 둘 모두는 이렇게 주장한다.

현존하는 물(物)의 배열 — 권력과 영향력의 계통들에 더해, 수반된 세부 목록이나 사실성 또는 진리 등을 동반하는 지식의 범주들을 포함하는 — 은 현재는 '상식'이라는 옷을 입고 있지만, 자연적이거나 주어진 것이 아니라 규약적인 것으로, 역사적이고 정치적인 (이해관계가 연루되었다는 의미에서) 힘의 작용에 의해 제도화된 것이다. [1]

피시는 좌파 지식인의 구성원들로 다음을 들고 있다. "마르크스, 비코, 푸코, 데리다, 바르트, 알튀세, 그람시, 제임슨(Jameson), 베버, 뒤르켐, 슈츠, 쿤, 핸슨, 고프만, 로티, 퍼트남, 비트겐슈타인, 그리고 그들의 공통된 슬로건은 '역사로 돌아가기(또는 나아가기)'가 될 것이다."[2] 그렇지만 그는 계속해서 본질주의, 토대주의, 형식주의, 실증주의 등을 반대하기 위한 프로그램이 그런 '주의들'(isms)을 공인된 구성주의적 및 탈구성주의적 연구에서 취급해서는 안 된다는 식으로 제쳐 둘 필요는 없다고 말한다.

이제 이것[본질주의 등에 대한 반대]은 충분히 전통적인 프로젝트다 — 그 것은 지식사회학의 모든 것이다. 그것은 러시아의 형식주의자들이 이화(異化)를 통해 의미하고자 하는 바이고, 민속방법론자들이 '과잉건설'(overbuilding)이라는 용어를 통해 의도하고자 하는 바이고, 그것은 만약 그런 것이 있다면 해체의 프로그램이다 — 그러나 ⋯ 그것은 자신이 기초하고 있는 것에 대한 통찰력을 최종적으로 위반하는 전회를 [종종] 시도한다. 그런 전환은 '구성된'(consructed)이라는 용어 사용에서의 모호함에서, 부분적으로, 그 자체를 전환시킨다. [3]

이 '모호함'은 **구성**이라는 단어가 어떻게 행위의 계획에 조응하는 대상의 의도적인 제조 혹은 조작을 함축할 수 있는가와 관련 있다. 공통적으로,

---

1) Stanley Fish, *Doing What Comes Naturally* (Durham, NC: Duke University Press, 1989), p. 225. 민속방법론자들은 일상적 활동의 '자연적이고 주어진' 질서를 허용하지만, 그런 질서의 '주어짐'(giveness)을 평범한 성취로 다루고 있음에 주목하기 바란다.

2) *Ibid.* 확실히, 이 영웅들의 목록은 논쟁과 차이라는 수많은 계통을 따라 나뉠 수 있다.

3) *Ibid.*, p. 226. '과잉건설'에 대한 언급은 나에게는 모호한데, 아마도 그것은 가핑클과 삭스가 강조하는 일상적 장면들('모든 지점에서의 질서')에서 사회적 사실의 실제적 **과다결정**(overdetermination)을 언급하고 있는 것 같다.

구성주의 이론가들은 사회적으로 조직된 행위를 묘사한다. 이 과정에서, 그들은 마치 실제로 또는 잠재적으로 감지할 수 있는 목표를 추적하고, 선명한 이해관계에 기초하고, 그런 이해관계와 목표를 촉진할 수 있는 수단의 의도적 선택에 연루된 것처럼 군다. 이것은 발명, 기입(in-scription), 제조, 기계화, 조작, 개입 등과 같은 일상적 용어가 발견, 서술, 관찰, 시험하기, 증명하기 등과 같이 동일하게 친숙한 용어들보다 이론적으로 더 선호되었을 때 암시되었다. 그 결과, 이해관계와 선택이 분명하지 않고 실행자들이 실천의 실존적(객관적인 것은 물론) 환경에 대해 명백히 설명하지 않을 때마다 암묵적, 당연시되는, 무의식적 등과 같은 분석적 용어들은 행위 모델로 빈 공간을 채우는 데 동원될 수 있었다. 한편, 행위 모델에서는 선택이 가능하고(또는 가능할 수 있고), 감지할 수 있는 이해관계와 동기부여가 그런 선택을 지배한다. 4)

대조적으로, 사회적 행위의 현상학적으로 고지된(informed) 관점의 경우, 구성(construction 또는 constitution)이라는 용어는 휴식이 존재하지 않는다는 점에서 성취를 묘사한다. 구성적 행위란 따라서 행위의 계획 및 의도적 판단에서 실행되는(될 수 있는) '정치적' 프로그램에 국한되지 않는다. 이런 점에서, 사실의 구성은 어떤 반의어도 함축하지 않는데, 구성되지 않은 사실의 가능성이란 적실성에서 제외되기 때문이다.

사회분석가가 특정한 사실이 구성되었다고 주장했을 때, 그것은 그 사

---

4) 이성이나 정당화('나는 맹목적으로 규칙을 따른다') 없이, 행위에 대한 비트겐슈타인(*Philosophical Investigations*, G. E. M. Anscomb, e ed. (Oxford: Blackwell Publisher, 1958), 211~19절)의 잘 알려진 논의를 이해할 수 있는 한 가지 방법은, 그것을 행위의 인지 가능한 특성에 대한 중요한 선택, 판단, 의도 등을 위한 증거로 보는 대부분의 철학과 사회과학에서의 분석기조에 대한 비판적 논평으로 읽는 것이다. 비록 비트겐슈타인은 언어적 행위에 대한 선택, 판단 등의 상황적 적실성을 두고 논쟁을 벌이지 않았지만, 행위의 '암묵적' 또는 '무의식적' 원천을 서술하기 위한 숙고 및 논리적 추론의 상(像)의 분석적 연장은 문제 삼았다.

실이 자의적이고, 수상하고, 정치적 동기가 있으며, 그렇지 않으면 의심스럽고, 그래서 진짜 사실이 아니라는 것을 함축할 수 있다(그러나 필연적으로 그럴 필요는 없다). 종종, 사회학자들이 '정신병', '약물 남용'과 같은 현상들 — 특정한 역사적 시기와 제도적 배열에 확실하게, 그리고 논쟁적으로 속박된 사회적 범주들 — 에 대한 구성주의적 설명을 제공할 때, 분석의 용어들은 그런 범주들에 대한 공개적 회의론에 호소한다. 5) 그러나 구성주의가 전면적으로 적용되는 이론으로 발전되었을 때, 그것은 관념론과 대체로 비슷한 '객관주의'에 대한 형이상학적 도전이 된다. 구성주의는 사회학자 또는 사회역사학자가 어떻게 주어진 사실이 '구성되었는가'를 논증하려 하기 전에 채택된다.

'구성'이란 '구성되지 않은' 실재라는 대립물의 가능성을 함축하는 것처럼 보이는 여러 개의 용어들 중 하나일 뿐이다. 브리콜라주는 엔지니어링의 가능성을 대조적으로 함축하며, 이론의존성(theory-ladenness)은 감각자료의 수동적 이해에 대항하여 제출되었고, 표상은 자연과의 직접적 '접촉'과 대비되고, 자기 성찰은 비성찰적 행위와 대비된다. 그러나 사

---

5) 다음을 볼 것. Melvin Pollner, "Sociological and commonsense models of the labeling process", pp. 27~40, in Roy Turner, ed., *Ethnomethodology* (Harmondsworth: Penguin Books, 1974); Steve Woolgar and Dorothy Pawluch, "Ontological gerrymandering: the anatomy of social problems explanations", *Social Problems* 32(1985): 214~227. 마찬가지로, 하러웨이 〔Donna Haraway, *Primate Visions: Gender, Race, and Nature in the World of Modern Science*(New York: Routledge, Chapman & Hall, 1989)〕와 같은 과학자들의 '이야기'에 대한 비판적 분석은 특수한 이야기들의 구체성 — 예를 들면, 잘 소개된 유인원학 텍스트에서 들려오는 이야기들 — 이 현재 논쟁적 주제들과 가깝게 엮여 있음을 드러낸다는 이유로 신뢰를 얻는다. 저작들의 표면 구조는 페미니스트 문예비평의 도움 속에서 다르게 쓰였을 수도 있는 뻔한 조상 이야기로 읽힐 수 있다. 그렇지만 그런 효과적 비평이 모든 과학의 '성적'(gendered) 또는 '구성된' 성격에 대한 포괄적 결론을 정당화하는지는 두고 봐야 할 것이다.

회적 구성, 브리콜라주, 이론의존성, 표상, 성찰성 등이 실제적인 과학적 실천을 묘사하기 위한 모든 것을 포괄하는 용어로 자리 잡자마자, 그런 용어에 함축되어 있던 대립 용어들은 붕괴되고 만다. 데리다가 말하듯, 만약 "엔지니어와 과학자가 항상 브리콜뢰르의 종(種)이라면 브리콜라주라는 개념 그 자체가 위협받고, 브리콜라주가 그 의미를 취할 수 있도록 해준 차이는 해체된다".6) 그 지점에서 '구성주의적' 분석은 항상 다음을 추궁 받을 수 있기 때문에 자신의 비판적 지렛대를 잃어버린다. "그렇다면 모든 것이 '구성되었다'는 것을 우리가 인정한 지금, 구체적인 차원에서 그 사실은 우리에게 과학자들이 만든 '구성들'에 대해 무엇을 말해주는가?" 어떤 인식적이거나 정치적인 비판도 "과학이 사회적 구성이다"는 선언에서 나오는 것처럼 보이지 않을 뿐만 아니라 과학자들이 다른 행동을 선택했을 수 있음을 함축하는 것 같지도 않다.

데리다식의 '위협'을 반박하는 한 가지 방식은 구성과 실재, 브리콜라주와 엔지니어링, 신념과 지식 사이의 다양한 반의어들을 '괄호 묶기'를 통해 보존하는 것이다. 실증주의의 신화 — 과학지식의 생산은 최신의 사회학적 분석대상이 될 수 없다는 신화 — 와의 관련성에도 불구하고, 고전적 반의어들은 연구대상인 과학장(場)의 구성원들이 실체적으로 그리고 수사적으로 계속 이용 가능한 대상으로 남아 있다. 실증주의와 관련된 테마들은 세속적 이성의 '실증주의적 상식', 7) '과학에서 객관주의적 자각', 8) 과학자 담론에서 주창되는 '표상의 이데올로기', 9) 최근의 물리

---

6) Jacques Derrida, "Structure, sign, and play in the discourse of the human sciences", p. 256, in R. Macksey and E. Donato, eds., *The Structuralist Controversy: The Language of Criticism and the Sciences of Man* (Baltimore: Johns Hopkins University Press, 1970). 이 점에 대한 나의 논의에 대해서는 제4장을 볼 것.

7) Melvin Pollner, " 'The very coinage of your brain': the anatomy of reality disjunctures", *Philosophy of the Social Sciences* 4(1975): 411~430, 특히, p. 424.

학사에 대한 '과학자의 해명'10) 등의 일부가 된다. '과학자'가 개똥 철학자 또는 부족 우주학자의 족속이라고 가정하는 것은 매력적이다. 그들의 신념은 보다 탈이해관계적이고(disinterested) 정교화된 사회학적 이해라는 배경막 덕분에 완화된다. 과학의 역사·철학·사회학에 대한 '과학자의' 이해가 한계를 드러내고 당파적으로 보이는 한, 기술과학적(technoscientific) 이성의 한계와 근대적 삶의 주요한 모든 '권역'(spheres)에서 그런 유형의 이성이 헤게모니를 장악한 것에 대한 역사적·철학적·사회학적으로 고지된 비판의 문은 활짝 열려 있다. 11)

과학의 역사·철학·사회학이 실천 중인 과학자들에게 전적인 신뢰를 보내지 말아야 하는 데는 나름의 이유가 있다. 뛰어난 화가가 모호하고, 자기도취적이고, 분명치 않은 말로 '자신이 붓 끝으로 생각하는' 방식을 해명하는 데서 드러나듯, 노벨상 수상자도 실험을 두고 이기적이고 질문을 구하는 듯한 화법을 구사할 수 있다. "사실, 별거 없습니다. 할 일이라고는 가설을 세우고, 가설을 시험하려고 실험을 준비하고, 만약 실험이 제대로 된다면, 뭔가를 얻은 것뿐입니다."12)

---

8) Jürgen Harbermas, *Philosophical-Political Profiles*, F. Lawrence 역 (Cambridge, MA: MIT Press, 1983), p. 16. 비판적 논의에 대해서는 다음을 볼 것. David Bogen, "A reappraisal of Habermas's *Theory of Communicative Action* in the light of detailed investigations of social praxis", *Journal of the Theory of Social Behaviour 19* (1989): 47~77.

9) Steve Woolgar, *Science: The Very Idea* (Chichester: Ellis Horwood; London: Tavistock, 1988), p. 99 ff.

10) Andrew Pickering, *Constructiong Quarks* (Chicago: University of Chicago Press, 1985), p. 3 ff.

11) 예를 들면, 스티브 풀러(Steve Fuller)는 과학적 자율성과 권위에 대한 보편화된 '사회적' 비판을 수용하고, 과학을 '대중적' 통제 아래에 두기 위한 규범적 (그리고 관리적) 프로그램을 회복시키는 문제로 빠르게 이동해 간다. 다음을 볼 것. Steve Fuller, "Social epistemology and the research agenda of science studies", pp. 390~428, in A. Pickering, ed., *Science as Practice and Culture* (Chicago: University of Chicago Press, 1992).

유명한 과학자들은 종종 실험실에서 은퇴한 후, 대중적 소비를 위한 '성찰'과 '회고' 글쓰기에 몰두하지만, 매우 종종 그런 회고는 수학적 모델과 실험장비를 동반한 무용담이 비판적이고 강력한 민속지적이고 역사적인 서술을 만들고자 할 때 필요로 하는 통찰력으로 쉽게 변환될 수 없다는 사실을 검증해 준다. 그렇지만 과학의 역사·철학·사회학이 실천 중인 과학자들을 신뢰할 수밖에 없는 또 다른 이유가 있다. 과학 연구의 혼성어(lingua franca) — 발견, 발명, 이론의존적 발견, 실험 설계, 논쟁과 그 해결, 혁신의 '경로' 등 — 를 만드는 보편적 용어들과 테마들도 실행자들의 연구저작들과 현장대화에서 형상화되기 때문이다.

더욱이, 실행자들은 발견, 논쟁 등과 연관된 주장과 반박을 '먼저 시도해 보고', 이런 문제에 대한 그들의 국지적-역사적 이해는 실천 속에 성찰적으로 배태되어 있거나 그런 실천 뒤에 남겨진 채 기록보관소에 쌓여 있다. 이것은 실행자들이 보편적으로 발견이 어떻게 이루어지며 논쟁이 어떻게 해결되는지에 대한 정합적이고 심오한 방식으로 '성찰할 수 있다'는 것을 뜻하지 않는다. 그렇다고 그들의 실천이 '비성찰적으로' 수행된다는 것을 함축하는 것은 물론 아니다. 다만, 그들의 집합적 실천은 국지적-역사적 이해를 성찰적으로 사용한다는 것을 뜻할 뿐이다. 그런 성찰적 이해는 다음과 같이 모든 실용적 목적에 부합한 해결책을 제시해 준다 — 즉, 어떻게 특수한 결과들이 이전 결과에 대하여 일관되게 지탱되는지, 어떻게 '우리' 실험실의 성과가 해당 분과에 기여하는지, '이' 현상은 문서화된 보고에서 서술된 현상과 '동일한지' 또는 그렇지 않은지, 어떻게 '이' 시료는 실험이 진행되는 과정에서 신참 기술자의 '능숙하지 못한' 수행으로 '오염되었는지' 아니면 그렇지 않은지 등. 그런 지표적 표현들

---

12) 이 내용은 1981년에 뉴욕 주 트로이에서 렌슬러공대(Rensselaer Polytechnic Institute)와 GE 사가 공동개최한 RPI 실험실 생활 심포지엄(RPI Laboratory Life Symposium)에서 있었던 과학사학자와 과학사회학자의 발표에 대한 노벨상 수상자의 논평을 각색한 것이다.

에 의해 함축되고 가정된 국지적인 역사적 · 사회적 연상(聯想)은 대체로 실행자들의 회상 속에 거주하는 이야깃거리인 사건 및 유명한 인물과 커다란 차이가 난다.● 실천적이고 국지적-역사적인 '성찰'의 적실한 양식은 그 또는 그녀 자신의 성취와 관련성에 대한 개인적 통찰력의 문제가 아니다. 그보다 그런 양식은 단일한 해명, 언설, 지식주장, 물질적 생산 등이 해명, 지식주장, 생산물 등의 집합적이고 잠재적인 논쟁적 질서에 놓임으로써 어떻게 그 역사적 중요성을 획득하느냐와 관계가 있다.

실천의 과정에서 생산된 과학의 판본들과 '휴가 중'인 과학자들에 의해 회고적으로 생산된 과학의 판본들 사이에 예리한 선을 긋는 것은 아마도 잘못된 일일 것이다.13) 많은 과학사회학자가 주장하듯, 실험실 현장대화가 노벨상 수상소감, 의회 위원회에 제출된 연구비 지원용 제안서, 대중화된 해명과 교육 등보다 더 신뢰할 수 있는 과학의 부분이라고 주장할 수 있는 선험적(a priori) 토대란 존재하지 않는다. 그렇지만 만약 우리가 말이란 특정한 행위로부터 본디, 불가피하게 유래한다고 주장함으로써 비트겐슈타인을 따르고자 한다면,14) 우리는 다른 분과들의 '내용'을 밝

● 〔옮긴이주〕 여기서 '지표적 표현들'이란 앞 문장의 '우리', '이' 등을 말한다. 이런 지표적 표현에 대한 역사적이고 사회적으로 수용되고 있는 일정한 상(像)이 존재한다고 볼 수 있는데, 이는 과학자들이 그것에 대해 기억하고 있는 내용과 항상 같지 않다. 가령, 왓슨과 클릭의 DNA 이중나선구조 발견 과정을 둘러싼 이야기는 몇 가지 다양한 판본들이 존재한다. 그중에 왓슨이 쓴 《이중나선》(The Double Helix, 궁리출판사, 2006)은 왓슨의 회고를 바탕으로 한 것으로 고전적 판본으로 인정받고 있다. 하지만, 다른 많은 판본은 왓슨의 판본이 지나치게 자신의 입장에 기초한 나머지 편파성을 띠고 있다고 비판한다. 대표적인 예로는 여성 X-선 결정학자 로자린드 프랭클린(Rosalind Franklin)의 업적을 과소평가했다는 것을 들 수 있다. 이에 대해서는 《로자린드 프랭클린과 DNA》(Rosalind Franklin, 양문, 2004)를 참고할 것.
13) 예를 들면, 부르노 라투르의 '실행 중인 과학'(science in action)과 '기성품 과학'(ready-made science)의 변증법적 대조를 볼 것. Science in Action (Cambridge, MA: Harvard University Press, 1987), 1장.
14) 이것은 저자들이나 화자의 '의도'가 텍스트 또는 언설의 이해를 위해서는 필수

혀내려는 목적을 지닌 학술 분과〔과학지식사회학을 필두로 한 '새로운' 과학 사회학 - 옮긴이〕가 다루기 힘든 문제들에 직면했음을 깨달아야 한다. 자연과학과 관련된 다양한 '진술들'(언설, 연설, 방정식, 쓰기, 인용, 그리고 문서보관소에 수집된 다른 문서들) 이 (재) 수집되고 기호론적 도식, 역사적 계보와 의미론적 연결망의 안정적 표상, 사회적인 역사적·민속지적 서사, 인지 지도 등에 위치하자마자, 그 진술들은 생명을 불어넣어 준 다양한 행위들로부터 이탈된다.

저명한 과학자들이 자신들의 실천과 사회적 관계에 대해 쓴 것은 동료와의 뜨거운 논쟁에서 그들이 사용하는 언어를 필연적으로 대표하지는 않는다. 또한, 그것은 실행자들이 현장에서 결과를 조사하고 동료에게 관행화된 절차를 완수하는 법을 가르쳐 줄 때 등장하는 실용 언어를 원상태로 회복시키지도 않는다. 그 결과, 실천 중인 과학자들이 '실증주의적 자각'을 한다고 말할 수 있는 풍부한 문서적 증거들이 존재하지만, 그와 같은 정합적 형이상학적 신봉이 과학 작업의 세목들과 편재적으로 관련되어 있는지는 결코 분명치 않다. 실제로, '실험실 연구'에서 가장 공통된 후렴구는 과학자들이 자신들의 보고, 전기(傳記), 방법론적 저작(과학자들이 한 일을 말해 주는) 등과는 다르게 행동한다는 것이다. 이런 사실은 논리적으로 방어가 가능하고 합의적으로 인정되는 과학의 공식적 판본과 '실제로' 혼란스럽고 논쟁에 휩쓸리는 진짜 과학 사이의 역설적 대비를 뒷받침하는 것으로 비춰진다. 그러나 그런 결론은 그것의 부재 속에서 무질서한 혼란이 만연할 것이라고 가정함으로써 '서구의 과학적 합리성'에 너무 많이 양보하는 셈이다. 덜 주제넘은 (흥미진진함과는 거리가 있지만) 결론은 과학문헌을 통해 과학과 배타적으로 조우하는 철학자들, 역사학자들, 사회학자들은 실험실'에 대한 그들의 방식을 알지' 못할 것이라고

적이라고 말하는 것과는 다르다. '의도'란 문맥의존지시어가 읽기, 쓰기, 말하기, 듣기, 보기 등에 배태된 방식을 이해하기 위한 지나치게 보편화된 (그리고 부적절하게 심리주의적인) 구성이다.

단순히 말하는 것이 된다. 15) 달리 말해, 그들의 과학 이해는 실험, 실연 (實演), 증명 등과 같은 것을 생산하는 언어와 실제적 교육에서 분리된 것이다.

이와 같은 고려는 가핑클이 과학사회학을 포함하여 전문직업의 사회학 문헌에 '간극'이 존재한다고 제안했을 때 쟁점이 되었다. 16) 그가 설명했 듯, 이 간극은 실천 그 자체의 '무엇'(통성원리*)을 구성하는 방법 및 관 심과 비교되는 것으로서 직업에 '대한' 연구의 방법 및 관심에 의해 창출 되었다. 제한된 정도에서, 이런 '잃어버린 무엇'(missing what)을 탐구하 기 위한 가핑클의 제안은 '과학지식의 내용 자체와 성격'을 탐구하기 위한 블루어의 훨씬 잘 알려진 훈령과 닮아 있었다. 앞선 장에서 내가 논의한 두 프로그램들 사이의 평행선의 일부가 뿌리 깊은 차이에도 불구하고 겉 이 가려져 있는 것으로 드러났듯, 과학의 내용과 관련하여 이 경우에도 사정은 마찬가지이다.

---

15) 이렇게 말함으로써, 나는 과학의 철학자들, 역사학자들, 사회학자들이 철학 이나 다른 무엇을 함으로써 과학을 '하는 법을 알지' 못한다고 말하고자 하는 것이 아니다. 그보다 나는 과학의 박식한 토론에서 발생하는 논쟁과 이분법은 현장, 사건, 실험실 프로젝트의 기법, 칠판 증명시범, 컴퓨터 프로그래밍 등 에서 분리되어 있다고 말하고 있다.

16) 내가 알기로, 가핑클이 이 '간극'을 이야기하기 시작한 것은 1970년대 초반의 강의, 공개발표, 비공식적으로 유통된 원고에서였다. 나는 그가 1974년 몬트 리올에서 열린 미국사회학회 모임에서 기조발표를 하는 동안 쟁점을 제기했다 고 믿는다. 출판을 통해 이 쟁점을 초기에 제기한 글은 다음과 같다. H. Garfinkel, "When is phenomenology sociological?", a panel discussion with J. O'Neill, G. Psathas, E. Rose, E. Tiryakian, H. Wagner, and D. L. Wieder, in *Annals of Phenomenological Sociology* 2(1977) : 1~40.

• 〔옮긴이주〕 통성원리(quiddity)와 개성원리(haecceity)는 모두 사물의 본질 (essence)을 의미하는 말이지만, 뜻하는 바는 조금 다르다. 전자가 사물의 보 편적 성질로서 '무엇성'(whatness)을 뜻한다면, 후자는 사물의 개별적 성질 (어떤 사물을 그것답게 하는 성질)로서 '이것성'(thisness)을 뜻한다.

잃어버린 무엇

가핑클은 사회적이고 행정적인 과학문헌에 대한 거의 모든 연구가 연구 대상인 직업(업무)의 상호작용적 '무엇'을 '놓치고' 있다는 점을 하비 삭스가 꿰뚫어보고 있다고 인정함으로써, 조직된 활동의 복잡성에 대한 '잃어버린 무엇'을 연구할 필요성이 있음을 제안한다 — 즉, 관료적 사회복지사 연구는 어떻게 그런 공무원들이 연이은 고객들과의 일련의 상호작용의 과정을 넘어서서 '사회복지'의 상술(詳述)을 구성하는지 '놓치고', 의료사회학 연구는 진료가 이루어지는 동안 진단의 범주들이 어떻게 구성되는지를 '놓치며', 군대 연구는 의사소통의 안정적 순위와 계통이 상호작용'에서/으로서'(in and as) 어떻게 구체화되는지 '놓친다'.

예를 들어, 가핑클에 의하면, 댄스 밴드(dance band) 음악가들과 청중들을 대상으로 한 하워드 베커(Howard Becker)의 연구가 주는 흥미로운 특징은 (그 자신이 능숙한 재즈 음악가인) 베커가 댄스 밴드 음악가들이 전형적인 청중에 해당하는 '고지식한 사람들'(squares)과 자신들을 분리해 내는 데 사용하는 많은 언어적·관습적 실천을 서술하고 있다는 점이다. 17) 베커는 독자들에게 재즈 음악가 문화의 수많은 흥미로운 측면에 대한 정보를 제공하지만, 그들이 어떻게 함께 음악을 연주할 수 있는지에 대해서는 다루고 있지 않다. 함께 연주하기(합주) — 그 자체가 고유한 사회적 현상 — 의 상호작용적이고 즉흥적인 '작업'은 어느 정도 베커를

---

17) 가핑클은 하워드 베커에 대한 이러한 비판을 데이비드 서드노우(David Sudnow)의 공으로 돌린다. 핵심을 파악하려면, 댄스 밴드 음악가들에 대한 베커의 글〔*Outsiders*(New York: Free Press, 1963)〕과 서드노우의 *Ways of the Hand*(Cambridge, MA: Harvard University Press, 1978)를 비교해 보라. 그렇지만 피아노로 재즈를 연주하는 학습에 대한 서드노우의 현상학적 설명은 '상호작용적' 재즈 연주를 묘사하고 있지 않다는 점에 주목하라 — 그는 이 연구를 후속연구가 필요한 더 어려운 프로젝트로 보고 있으며, 아직도 이 연구를 완성하지 못하고 있다.

비롯한 음악사회학자들이 '놓치고' 있는 것이다. [18] 더욱이, 가핑클이 강조하듯, 이런 '잃어버린 상호작용적인 무엇'을 놓치고 있다는 사실은 사회과학에서 잘 알려진 문제가 아닌데, 다른 무엇보다도 합주 '작업'이 사회학에게 걸맞은 논제라는 주장 자체가 사회학은 구분되는 논제, 방법, 성과 등을 본체로 삼고 있는 독자적 분과라는 관념에 도전적이기 때문이다. 전통적인 사회학적 방법들과 성과를 사용한다고 할 때 그것이 뜻하는 바의 핵심은 현존하는 다양한 사회적 실천들을 되돌려서 규칙, 규범, 여타 사회 구조 등의 맥락중립적 '핵'과 연결시킨다는 것이다. [19]

가핑클이 제시하려 한 것은 사회학적 경험론의 창백함 너머에 존재하는 '야생 사회학들'(wild sociologies) [20] 의 끝없는 배열이라는 입장에 서서 사회학적 '핵심'을 포기하는 것이었다. 정합적이고 통일적인 사회학의 인식론적 '제국'에 대한 이런 도전이 주목받지 못했던 것은 아니다. 그것은 확립된 사회과학 분과들을 대표하는 저명한 일부 대변인들의 외침 속에서 탄핵당했다. 민속방법론에 비난을 퍼붓는 많은 불평 속에는 '이론적' 또는 '방법론적' 문제들을 꽤나 넘어서는 반(反) 전문가주의에 대한 비난도 섞여 있었다. 가장 거친 비방들 — 루이스 코저(Lewis Coser)와 에른

---

18) 알프레드 슈츠[Alfred, Schutz, "Making music together: a study in social relationship", pp. 159~178 of *Collected Papers*, *vol. 2*, M. Natanson, ed. (The Hague: Nijhoff, 1964)]는 그런 프로젝트를 위한 대강의 토대를 제공했다. 베커를 제물로 삼는 것은 불공평해 보이는데, 가핑클의 동료 중에서, 베커는 민속방법론에 가장 관대한 사람에 속했기 때문이다. 예를 들면, 민속방법론에 대한 퍼듀 심포지엄(Purdue Symposium)에서, 베커는 주로 가핑클과 다른 민속방법론자들과 당황한 사회학자들의 집단 사이에서 번역자이자 매개자로 활동했다.

19) 이 제안과 '실즈(Shils)의 불평'의 이야기 — 가핑클이 민속방법론의 '발명'을 자세히 말했을 때 언급했던 — 사이에는 테마적 연속성이 존재한다(제1장을 볼 것).

20) 다음을 볼 것. John O'Neill, *Making Sense Together: An Introduction to Wild Sociology*(New York: Harper & Row, 1980).

스트 겔너(Ernst Gellner)의 비방과 같은— 은 민속방법론자들이 업무를 수행하는 방식에 대한 분노에 찬 반대와 신랄한 풍자글에 편승하여 합리적 주장의 모든 가식을 벗어던졌다는 점에서 특별히 교훈적이다. 21)

민속방법론의 '비전문가주의'(unprofessionalism)에 대한 비난에 수반된 근거 없는 중상모략, 총체적 오해, 터무니없는 자만심 등을 옆으로 제쳐 놓는다면, 코저와 겔너를 비롯한 여타의 저명한 비판자들은 가핑클과 그의 동료가 제안하는 바가 그들의 관점에서 사회학의 죽음(그렇게 표현할 수 있다면)이 될 것이라고 인식하고 있었다는 점에서 비현실적인 상황 판단이라 보기는 힘들다. 보다 최근 들어, 대화분석에서 두드러진 경험주의적 경향은 물론 민속방법론을 '이론화하고', '방법화하기'(method-ize) 위한 전문 사회학자들의 끝없는 노력 덕분에 깊은 원한과 서로에 대한 배척은 수면 밑으로 가라앉았다. 22)

---

21) Lewis Coser, "ASA presidential address: two methods in search of a substance", *American Sociological Review* 40(1975): 691~700; Ernst Gellner, "Ethnomethodology: the re-enchantment industry or the California way of subjectivity", *Philosophy of the Social Sciences* 5(1975): 431~450. 이런 비판들은 제1장에서 다룬 바 있다.

22) 예를 들면, 제프리 알렉산더(Jeffrey Alexander)와 베른하르드 기센(Bernhard Giesen)은 '후기' 민속방법론을 두 개의 발전 계통으로 분리했다. 그중 한 계통은 규칙-기반 사회과학 모형들에 대한 가핑클의 초기 공격에 밀접한 관련을 맺은 채로 남아 있으며, 다른 계통은 대화분석이라는 '자식'이 되었다. 알렉산더와 기센은 후자의 연구 계통이 '제한 규칙들'의 관점에서 상호작용적 실천들을 서술하기 때문에 사회체계의 규범적 모형 속에 보다 쉽게 포함될 수 있어야 한다고 주장했다. 다음을 볼 것. Alenxander and Giesen, "From reduction to linkage: the long view of the micro-macro link", pp. 1~42, in J. C. Alexander, B. Giesen, R. Munch, and N. J. Smelser, eds., *The Micro-Macro Link*(Berkeley and Los Angeles: University of California Press, 1987), 특히 p. 28. 이 점에 관한 더 구체적인 논의를 위해서는 다음을 볼 것. David Bogen, "The organization of talk", *Qualitative Sociology* 15(1992): 273~296.

통속적이지만 비교적 자율적인 사회학 — 사회학적 핵심 분과에 의해 식민지화되지 않았고, 궁극적으로 될 수 없는 — 으로 다양한 활동을 연구하려는 가핑클의 제안은 여전히 강력한 반(反) 전문가적 입장으로 성격이 남아 있다. 비트겐슈타인이 전문 철학을 통속어를 사용하는 특이한 방식으로 폐기한 것 — 철학적 탐구에 대한 깊은 신봉에서 나온 행동 — 과 거의 같은 방식으로, 가핑클은 전문 사회학을 그것의 소음과 빈약한 목소리가 문서화되지 않고 탐구되지 않은 '야생 사회학들'의 소음에 빠져 익사한 문자적 활동으로 기각했다.

민속방법론자의 임무가 일상적 사회 전체에 퍼져 있는 전문화된 실천들에 거주하는 수많은 '잃어버린 무엇'을 '발견'하는 것이라는 제안은 그런 프로젝트에 공감을 표현했던 사회학자들 사이에서조차 혼란을 야기했다. 예를 들면, 헤리티지는 민속방법론적 연구에 대한 훌륭한 개관에서 가핑클의 제안에 과학주의적 견해를 덧붙임으로써 '업무 연구' 프로그램을 잘못 해석했다.[23] 많은 부분, 그는 과학에서의 업무에 대한 이용 가능한 연구를 대화분석에 의해 범례화된 인간 행동의 자연관찰적 과학 프로그램의 전문화된 응용으로 취급한다(제6장을 볼 것). 헤리티지가 그렇게 보고 있듯, '잃어버린 무엇'은 '직업 세계의 핵심 실천을 묘사하는 데' 사회학의 실패와 관련되기 때문에 그는 다음을 추가한다. 직업사회학에서, "직업 생활의 체험된 현실은 전문 사회과학의 설명 실천에서 논법에 맞는 적합한 대상으로 변환된다".[24] 추측컨대, 관찰 과학은 사회학 문헌에 있는 간극을 메우기 위한 목적으로 '자연관찰적 토대'를 제공하는 데 요긴할 것이다. 헤리티지는 가핑클의 학생들이 분석적 관찰 및 보고를

---

23) John Heritage, *Garfinkel and Ethnomethodology*(Oxford: Polity Press, 1984), pp. 292~311. 헤리티지는 그가 책을 쓸 당시에 가핑클과 그의 '2세대' 학자들이 구축하려 했던 것을 재구성하려는 목적으로 이용할 수 있는 출판물이 거의 없었다고 말함으로써 자신의 설명을 제한한다.

24) *Ibid.*, p. 300.

수행하기 위한 출발점으로 대화의 구조들에 대한 일상언어적 접근에 의존하고, 그런 보고를 추후 관찰을 위한 토대로서 사용하기보다 그들이 연구하는 특정한 분과들의 전문화된 언어 및 실천 속에서 자신들을 훈련해야만 했을 것이라고 판단했다.

전문 과학저널을 읽어 본 모든 사람에게 분명하게 드러나듯, 분과적 기법의 숙달은 산문, 그래프, 수식적 표현 등의 의미를 적절한 수준에서 파악할 수 있도록 하는 데 필수적이다. 정합적인 각 분과의 핵심에 있는 고유한 '무엇'을 파악하기 위해서는 그것과의 타협점에 도달할 수 있는 상호적으로 고유한 방법이 요구된다. 그런 방법은 구성원들이 실천을 숙달하도록 만들어 주는 내부적 교육과정과 분리될 수 없다. 평범한 민속지 용어에서, 가핑클은 강력한 참여자-관찰의 필수요건을 강조하는데, 이를 통해 그의 학생들은 민속방법론적 관찰과 서술을 실행하기 위한 전제로서 다른 분과들을 대상으로 '적절한' 숙달에 도달하게 될 것이다. 가핑클은 자연과학, 법률적 전문직업, 수학 분과 등을 연구하기로 결심한 학생들은 관련 분야에서 훈련과정을 밟도록 제안했으며, 그의 학생들 중 일부는 박사논문과 박사 후 과정에서 그런 연구 프로그램을 추구했다. 25)

---

25) 에릭 리빙스턴은 수학 분야의 훈련을 받았고, 스테이시 번즈(Stacy Burns)는 법과대학에 등록했고, 멜린다 바커스는 변호사보조원으로 일했고, 데이비드 웨인스타인(David Weinstein)은 사우스 다코타(South Dakota)에서 트럭 운전사 양성프로그램에 등록했고(성적불량으로 낙제했다), 알버트 로빌라드(Albert B. Robillard)와 크리스 팩(Chris Pack)은 소아과에 취직했으며, 조지 거튼(George Girton)은 무술 훈련을 받았다. 쉽게 상상할 수 있듯, 그런 훈련과 채용 과정에는 다른 인센티브들이 존재했는데, 학생들이 항상 민속방법론적 탐구를 추구하기 위한 목적만으로 그런 활동에 뛰어든 것은 아니었다. 우연히도, 실험실 작업에 대한 내 자신의 연구는 그런 숙달에 '근거하지' 않았는데, 이것은 비판의 원천이 되었다. 다음을 볼 것. H. Garfinkel, E. Livingston, M. Lynch, D. Macbeth, and A. B. Robillard, "Respecifying the natural sciences as discovering sciences of practical action, I & II: doing so ethnographically by administering a schedule of contingencies in

내가 지금까지 개관한 것을 고려한다면, 가핑클의 '방법들의 고유한 적절성 요구'는 주로 연구대상인 실천 자체에 숙달하기 위한 그 명령의 엄중함(단순히 그것들에 '대해' 말하는 것을 배우는 것이 아니라)에 의해, 그리고 지도 작성(mapping), 부호화(coding), 번역하기, 구성원들의 실천추론을 확립된 사회과학의 도식(schemata)의 관점에서 표상하기 등을 위한 모든 확립된 방법을 완전히 기각한다는 점에서 그나마 익숙한 편인 민속지의 정책기조와도 다르다. '직업적 세계의 핵심 실천을 묘사하는 데 있어서' 사회학의 실패는 따라서 민속방법론자들이 그런 '핵심 실천'을 보다 정확하게 '묘사함'으로써 바로 세우려고 시도했던 뭔가가 아니었다. 왜냐하면 그렇게 하려는 모든 시도는 서술 대상인 체화된 실천에서 추상화된 또 다른 사회과학의 표상을 구성할 것이기 때문이다. 그 대신, 가핑클은 '현장 경험'에 대한 사회과학적 설명을 전하지 않은 채 현장 속으로 사라지면서, '통속화'를 위한 프로그램을 고안한 것으로 보인다.

후기 저작에서, 가핑클은 민속방법론과 다른 분과들(수학, 자연과학, 법률 연구 등)의 교배를 제안했다. 따라서 연구의 '생산물'은 이국풍의 실천에 대한 보고의 형태를 취하는 것이 아니라, 예를 들어, 법률가들의 업무에 대한 민속방법론적 연구가 법률 연구에 기여할 수 있는 잡종적(hybrid) 분과의 개발을 위한 노력으로 이루어져 있었다. 26) 이 프로그램의 씨앗이 사회학 전체에 뿌려졌다면, 그 효과는 '본거지' 분과에서(민속방법론의 인지 가능한 담론을 특징짓는 친숙한 테마들을 통해 초기에는 함께 결합되어 있었던) 수많은 잡종 분과로 퍼져나갔을 것이다. 민속방법론의 가핑클식 변종은 방법들과 이론적 개념들의 핵심에 대한 상술화를 삼갔기 때문에, 27) 학술적 사회과학에서 토대의 모든 유사성을 해체하는 효과

---

discussions with laboratory scientists and by hanging around their laboratories", unpublished paper, UCLA, 1989, pp. 10~15.

26) *Ibid.*, p. 14.

27) 제1장에서 언급했듯, 지표성과 성찰성은 민속방법론의 논의에서 핵심 테마

를 낳았을지 모른다. [28] 헤리티지의 요약과는 대조적으로, 그런 프로그램은 직업의 과학을 위한 '자연관찰적 토대'를 확립할 수 없었을 것이다. 왜냐하면 그런 '토대'가 연구대상인 다양한 분과들의 업무를 조직하고 배분하는 참다운 국지적 음모들의 생태학 속에서 잠식당하기 때문이다. 민속방법론이 지배 분과 — 모든 분과의 분과 — 로 자신을 정립하지 못하는 한, 가핑클의 고유한 적절성 요구는 사회학을 벗어난 편도 여행에 걸맞은 핑계에 불과할 것이다. [29]

다. 그리고 일반적으로 민속방법론자들은 사회적 행위를 가까이에서 관찰하여 서술하려고 노력하는데, 종종 문서적 토대로서 비디오테이프와 오디오테이프를 이용한 녹음(녹화)을 이용한다. 그렇지만 이 연구의 주제적·방법론적 기획은 사회 질서가 내재적으로 어떻게 생산되는가를 각각의 사례에 따른 상황적 구체성 속에서 살펴보기 위해 토대이론이나 규칙-기반 방법에서 벗어나 있다.

28) 가핑클의 프로젝트가 실패했는지, 아니면 성공했는지 판단하기는 어렵다. 대부분 경우, 1970년대와 1980년대에 가핑클 밑에서 박사과정을 밟은 '제2세대' 학자들은 사회학과에서 자취를 감췄고, 학계 안팎에서 다른 직업을 잡았다. 내가 이런 전직 학생들이 민속방법론을 그들이 정착한 직업과 교배를 시켰는지, 또는 단순히 포기하고 말았는지 말하기란 불가능하다. 일부의 경우, 그들은 사회학(그리고 민속방법론에 대한 학술적 연구 및 교습)이 싫어서가 아니라 취업에 대한 절망 속에서 떠났다. 가핑클은 그의 학생들에게 그들의 연구를 추구하도록 고무하고 격려하는 방식에 서툰 것으로 유명한 반면 사회학에 존재하는 모든 전통적 방식의 경력 쌓기 야망에서 그들을 손 떼게 하는 데는 열심이었다. 이것은 가핑클의 가장 헌신적이고 뛰어난 일부 학생에게는 행복한 결론이 아니었다. 내 경우, 가핑클의 프로그램을 온전히 수행하지 못한 것은 나의 계속된(어느 정도 임시직이었지만) 사회학과의 고용 때문이었다고 증언할 수 있다.

29) 아서 프랭크(Arthur Frank)의 "Out of ethnomethodology"[in H. J. Helle and S. N. Eisenstadt, eds., *Micro-Sociological Theory*: *Perspectives on Sociological Theory*, vol. 2(London: Sage, 1985)]를 사회학적 동료집단'으로의' 귀환을 권고한 것으로 읽을 수 있음에 주목하기 바란다.

본질적 내용으로부터 반복 가능한 인식논제들로

고유한 적절성 요구란 사회학의 사멸을 가속하기 위한 방식에 불과하다
는 결론을 내리기에 앞서, 우리는 그것이 보편적인 실천행위의 과학을
위한 방법론적 기준이 아니라는 점에 주의를 기울여야만 한다. 가핑클은
다음과 같은 말을 통해 이 점을 분명히 했다. "각각의 자연과학은 그것의
정체성 파악의 온전성(즉, 구분되는 실천행위의 과학으로서 기술적인 물질
적 내용)에서 회복되어야만 한다 … 그것은 다른 모든 발견하는 과학
(discovering science)과 상호교환이 가능하지 않다."[30] 회복되어야 할
것이 고고학적 탐구를 통해 땅에서 캐낸 수송 가능한 '내용'에 비유되어서
는 곤란하다. 각 분과의 '내용'은 내재적인 지식의 고고학 그 자체로서 더
잘 이해될 수 있을 것이기 때문이다.

그에 따라, 민속방법론자들은 '그것의 정체성 파악의 온전성, 즉 기술
적인 물질적 내용' 속에서 구분되는 '실천행위의 과학'의 회복을 가능하도
록 만들기 위해서, 연구대상인 각 과학의 세목을 파악하는 데 주력할 수
밖에 없었을 것이다. 따라서 그들의 서술과 분석적 정형화를 위해서는
논제와 자원 모두로서 그런 세목에 대한 의존도를 높일 필요가 있었다.
그렇게 하면 적절한 분석과 구성원들의 언어 및 실천적 숙련 사이에 어떤
간극, 경계, 불연속도 존재할 필요가 없게 된다. 민속방법론자들은 인지
적 지도나 문화의 다른 표상 등을 가지고 '되돌아오기' 위해서 연구대상인
분과로 '들어가지' 않았다. 설령 기호학적 특성들을 능숙하게 읽을 정도
로 숙련이 되어 있다고 해도 지도로부터 장면적 구체성을 되살릴 수 있을
정도로 충분히 완벽한 지도란 없는 법이기 때문이다. 실천적 작업현장을
이루고 있는 세목들의 총체들이 전달될 수 없다면, 전문 사회학자들에게
전해질 수 있는 유일하게 적합한 '뉴스'란 이런 취지의 변명이 될 것이다

---

30) Garfinkel et al., "Respecifying the natural science", p. 2.

—"당신은 거기 있어야만 했을 것이다".•

 '고유한 적절성'에 대한 혼란을 피하기 위해서는, 민속방법론이 '인간
행동의 자연관찰적 과학' — 다른 분과의 '실천의 핵심'을 관통하려 애쓰
는 — 이라는(이라고 판명될 수 있다는) 가정을 피하는 것이 중요하다. 가
핑클이 강조했듯, **통성원리**(quiddity)라는 용어는 민속방법론 연구가 무
엇인가에 대해 오해를 불러일으키도록 한다.31) '잃어버린 무엇'과 '고유
한 적절성'에 대한 언급은 각 분과의 전문성을 실천의 고유한 종(種) — 관
련된 인식적 소집단 '내부에 들어감'으로써만 이해될 수 있는 단일한 본질
로 정의되는 — 으로의 개념화를 촉진한다. 만약 민속방법론을 인식론적
중심으로 삼아 다른 모든 분과에 대한 탐색을 수행할 수 있다고 가정해야
한다면, 우리는 가핑클의 야망이 모든 실천학적 종(種)의 유전적 본질을
그려줄 수 있는 능력을 갖춘 과학을 수립하는 것이라고 결론 내릴 수 있
을 것이다. 민속방법론의 목적이 "우리에게 주어진 종(種)의 '세계'를 창
조해 낼 수 있는 규칙을 찾는"32) 것이라고 가정하면, 이와 같은 암시가
뒤따른다. 이런 식으로 이해한다면, 고유한 적절성 요구는 거대한 '사회
적 게놈 프로젝트'(social genome project)의 일부가 될 수 있을 것이다 —
이 프로젝트의 데이터베이스는 서로 다른 사회세계의 창출에 필요한 지
침들의 집합일 수 있다.•• 그렇지만 그런 프로젝트는 민속방법론에서 기

• 〔옮긴이주〕현장에서 실천행위를 직접 참여관찰하지 않은 채 뉴스와 같은 대
  중매체를 통해 간접 자료를 취득하고 그를 바탕으로 자신의 관심사를 분석하
  고자 하는 사회과학자들의 관행을 비판하고 있다.

31) 가핑클이 통성원리를 포기한 보다 구체적 이유에 대해서는 다음을 볼 것. H.
  Garfinkel and D. L. Wieder, "Evidence for locally produced, naturally
  accountable phenomena of order*, logic, reason, meaning, method etc.,
  in and as of the essentially unavoidable, asymmetrically alternate tech-
  nologies of social analysis", pp. 175~206, in Watson and R. Seiler, eds.,
  Text in Context: Contribution to Ethnomethodology(London: Sage, 1992).

32) Erving Goffman, *Frame Analysis: An Essay on the Organization of Experi-
  ence*(New York: Harper & Row, 1974), p. 5.

원한 중요한 교훈 하나를 까먹고 있다. 그것은 일정한 지침 속에서 능숙한 읽기와 쓰기란 그 자체로 구성원들이 그 지침을 참고할 수 있는 구체적인 계기의 '장면'을 전제한다.•

방법의 고유한 적절성 요구가 개별 과학 분과가 자신을 고유하게 만드는 '고유한 내용'을 '포함하고' 있음을 함축하는 것이라면, 그 정책기조는 과학학 연구에서 제시되었던(비록 일관적이지 않게) 과학 분과들의 비(非) 본질주의적 및 반(反) 토대주의적 그림과 모순에 처할 것이다. 민속방법론도 그런 대안적 그림에 기여해 왔기 때문에 '모순'은 아마도 민속방법론의 슈츠 유산의 지속적 잔여물 탓으로 돌려질 수 있을 것이다(제 4장을 볼 것).

알프레드 슈츠가 펠릭스 코프먼의 방법론적 글쓰기에서 일부를 가져와 개발한 과학의 개념에는 과학적 몸체 — 현장 과학자에게 과학-특화적인 '가처분 누적 지식'을 공급해 주는 분과 역사에서 축적된 명제들의 몸체 — 가 일상적 실천행위로부터 분과-특화적 이론화를 분리해 낼 수 있다는 관념이 포함되어 있다. 이 개념은 개별 과학이 목적론적 통합을 진전시키고, 그 결과, 일련의 안정적인 방법론적·인식적 경계설정이 가능해

- •• 〔옮긴이주〕 인간게놈 프로젝트란 DNA 가닥에 배열된 염기들을 그 순서에 따라 모두 읽는 작업이라 할 수 있다. 이것은 분자 수준에서 유전자를 떼었다 붙였다 하는 작업과 비슷한 성격을 띤다고 볼 수 있다. 분자사회학이 분자생물학과 유비 관계에 놓여 있다면 '사회적 게놈 프로젝트'란 인간게놈 프로젝트와 유비 관계에 있다고 할 수 있다. 고유한 적절성 요구라는 보편적 원리에 따라 파편적인 지침들을 조립하면 전체 사회를 이해할 수 있다는 생각은 이런 유비에서 기원한다고 볼 수 있다. 물론, 이는 민속방법론이 추구하는 원리를 잘못 이해한 것이다.
- • 〔옮긴이주〕 '방법의 고유한 적절성 요구'가 실천학으로 모든 학문을 '통섭'(consilence)하려는 가핑클의 야망을 보여 준다는 식의 결론은 민속방법론의 핵심적 교훈을 고려하지 못한 것이라는 주장이다. 그 교훈은 지침(규칙, 법칙)이 구성원들의 실천을 벗어나서 그 자체로 구성원들의 실천을 결정하는 것으로 존재할 수 없다는 것이다.

진다고 가정한다 — 이때 경계는 그 과학의 몸체와 여타 확립된 분과들의 몸체 사이에 그려진다. 이것은 그렇게 경계나 포함관계가 분명하지 않은 실천적 기법, 이데올로기의 영향, 담론적 정형화 등을 둘러싼 전문화된 과학들의 개방성을 강조하는 보다 최근의 과학학의 경향과 대비된다. 예를 들면, 부르노 라투나와 미셸 칼롱은 '행동 중인 과학'에 대한 영향력 있는 설명에서, 실험실의 실천과 기술은 문자적 기입(inscription)과 번역의 사슬에 무자비하게 연결된다고 주장했다. 이런 사슬들은 과학, 기술, 대중운동, 정부, 산업, 의료, 농업, 일상생활 등의 '경계들'을 넘나들면서 일을 처리한다. 이런 식으로 비친다면, 모든 과학 분과의 '자율성'과 '한계성'(boundness)은 다면적 운동의 부차적 산물이다. 이런 운동을 통해 해당 분과의 실천과 생산물은 '암흑상자'(black boxes) 속에 갇히면서 박제화되고, 그 진실성과 확립된 내용은 당연시된다.33) 만약 가핑클이 그런 암흑상자의 내용물을 드러내기 위한 프로그램을 제안한 것으로 이해된다면, 그가 성배(Holy Grail)를 찾으려 했다는 비난은 공정한 것이라 할 수 있다. 이때 성배의 (비)존재는 과학의 성공적 제도화 '속에서/를 통해'(in and through) 만들어진 신화에 전적으로 달려 있다. 다르게 이해하면, 그리고 내 관점에 보다 정확하게 이해하면, 고유한 적절성 요구는 어떤 분과의 정합성을 위한 토대가 암흑상자 속에서(in) 발견되어서는 안 되고, 암흑상자라는(of) 바로 그 존재를 통해서 확립되어야 함을 함축한다.

비트겐슈타인이 이따금씩 '언어게임'이란 관통할 수 없고 공약 불가능한 단자(單子)이며, 하나의 언어 공동체에서 다른 공동체로의 '번역'은 불가능하다고 말했다는 오해에 시달리는 것처럼, '발견 과학'의 통성원리

---

33) 다음을 볼 것. Bruno Latour, "Give me a laboratory and I will raise the world", pp. 141~170, in K. Knorr-Centina and M. Mulkay, eds., *Science Observed: Perspectives on the Social Study of Science*(London: Sage, 1984).

에 대한 가핑클의 개념은 개별 과학의 상을 '내부'와 '외부'의 잘 정의된 지대를 지닌 한정된 인식론적 용기(容器)로 가정했다고 잘못 이해될 수 있다. 그렇지만 그런 공격은 비트겐슈타인과 가핑클을 제5장에서 추천했던 방식으로 읽음으로써 옆으로 제쳐 놓을 수 있다.

비트겐슈타인의 언어게임의 개념(만약 실제로 그것이 개념이라면)은 수많은 해석에 복속되지만, 그가 언어게임을 잘 정의된 실행자들의 공동체에 의해 '공유된' 정합적인 지식의 축적으로 묘사하지 않고 있음은 분명하다. 그가 명백히 하듯, "'언어게임'이라는 용어는 언어 말하기가 활동, 또는 삶의 형식의 일부라는 사실을 강조하기 위한 것이다". 비트겐슈타인은 다음과 같은 예들을 목록화함으로써 언어게임이 분과적이거나 문화적 경계들에 의해 둘러싸여 있다고 추론하기 어렵게 만든다.

명령을 내리고 복종하기 —
대상의 외관을 묘사하기, 또는 그것의 치수를 제공하기 —
묘사(그림)로부터 대상을 구성하기 —
사건을 보고하기 —
사건에 대해 추론하기 —
가정을 세우고 시험하기 —
표와 도표로 실험결과를 나타내기 —
이야기를 지어내서 읽기 —
연기하기 —
노래를 돌려 부르기 —
수수께끼를 맞히기 —
농담을 만들고 하기 —
실용 산수로 문제를 풀기 —
하나의 언어에서 다른 언어로 번역하기 —
묻기, 감사하기, 저주하기, 인사하기, 기도하기.34)

이런 게임 중 일부는 얼마간 과학과 밀접하게 연관되어 있다(예, 가설을 세우고 시험하기, 표와 도표로 실험결과를 나타내기). 그러나 실제로 거의 모든 것은 과학 '안에서' 그리고 '너머에서' 일어난다고 할 수 있다. 실험실의 일상생활 연구가 보여 주듯, '가설 검증' 작업에 애쓰는 동안 과학자들은 주변에 농담을 던지고, 모욕을 주고받고, 장비를 저주하고, 연기를 하며, 경쾌한 노래를 부른다.[35] 더욱이, 일부 '과학적' 활동은 예술가 및 입안자, 컴퓨터 프로그래머, 동물 조련사 및 사육사, 도구 제작자 및 수리공, 회계사, 비서, 여타 자신을 과학자라고 부를 수 없는 분야들의 전문가와 기술자의 도움을 받아 수행된다.[36] 실험실 연구자들이 대상의 모습을 서술하거나 그 치수를 제공할 때, 그들은 종종 전문화된 장비와 분과-특화적 미터법 단위 및 표준을 채택하지만, 그들의 활동의 민감도는 단일한 분과에 배타적으로 '갇히지' 않는다. 서술과 측정은 일상생활의

---

34) Wittgenstein, *PI*, 23절. 이 목록조차 분야의 복잡성을 암시한다. 대화-분석적 연구가 논증해 왔듯, 이야기, 농담, 명령을 주고받기 등과 같은 현상들은 활동의 총체적 질서이다. 이런 질서는 그것을 구성하는 관행과 그것이 발생하는 환경의 관점에서 한 차례 더 분화될 수 있다.

35) 예로는 다음을 볼 것. M. Lynch, *Art and Artifact in Laboratory Science: A Study of Shop Work and Shop Talk in a Research Laboratory*(London: Routledge & Kegan Paul, 1985), pp. 169~170. 농담을 던지고, '주변에 허풍을 떠는 것'과 같은 활동이 반드시 실험의 틀 외부에서 발생하지 않음에 주목하기 바란다. 왜냐하면 그런 활동은 종종 장비를 사보타주하기, 자료 전시를 장난스럽게 바꾸기, 실험실 동물을 괴롭히기 등을 통해 수행되기 때문이다. 약간의 실행적 농담과 다른 자동적 유머의 생산은 '진지한' 실험실 작업을 인지 가능하게 '초월하는' 것이지만, 그런 인지가능성 자체가 실험실 작업의 산물이다. 다음도 함께 볼 것. G. Nigel Gilbert and Michael Mulkay, *Opening Pandoras' Box: A Sociological Analysis of Scientists' Discourse* (Cambridge University Press, 1984).

36) 가핑클은 이런 숙련을 "브리콜라주 전문성에 대한 의존성"이라는 제목 아래 요약한다. 다음을 볼 것. Garfinkel et al., "Respecifying the work of the natural sciences", p. 24.

일부이다 — 비록 무엇을 의미 있는 서술이나 적절한 측정으로 간주할 것이냐는 환경에 따라 크게 변할 수 있지만 말이다. 37)

비트겐슈타인이 든 언어게임의 예는 부분적으로 대화분석가들에 의해 묘사된 '분자적' 활동 — 명령을 내리고 복종하기, 그리고 묻기, 감사하기, 저주하기, 인사하기, 기도하기 등을 위한 연쇄적 구조 — 에 수렴한다(제6장을 볼 것). CA에서, 그런 활동은 맥락 중립적 규칙에 의해 조직된다. 이때 규칙은 직관적으로 인식된 서로 다른 활동과 상황 사이의 '경계'를 관통하고, 그와 동시에 이런 규칙-지배적 구조는 맥락에 민감한 방식으로 분절화(分節化)한다. 즉, 인접한 환경들에 일치하도록 구성되고, 사용되고, 이해된다. 그렇지만 비트겐슈타인에게서 나온 잘 알려진 또 다른 유비 — '가족유사성'의 유비 — 로부터 우리는 언어게임이 '실행될' 때마다 본질적(맥락 중립적) 형태를 존속시키는 활동의 독특한 '다발'이 존재한다는 모든 관념을 멀리해야 한다는 경각심을 가져야만 한다. 38)

비트겐슈타인이 서로 다른 '게임들' 사이의 관련성을 '가족유사성' — 서로 다른 가족 구성원들 사이의 우연적이고 단면적인 유사성 — 에 견주었을 때, 그는 독자들에게 비슷한 게임들의 '집합'이 단일한 기준에 의해 정의된다는 생각을 멀리할 것을 분명히 했다. 그 연장으로, "명령을 내리고 복종하기"라는 제목 아래에서 묘사될 수 있었던 다양한 실천들은 규칙

---

37) 다음을 볼 것. M. Lynch, "Method: measurement — ordinary and scientific measurement as ethnomethodological phenomena", pp. 77~108, in G. Button, ed., *Ethnomethodology and the Human Sciences*(Cambridge University Press, 1991).

38) 삭스는 대화주의자들이 활동들을 결합할 때 원천으로 끌어다 쓰는 기법들의 '저장소'라는 유비를 사용했다. 이런 유비는 대화-분석적 연구에서 수지에 맞게 채택되었지만, 관련된 기법들이 [모든 대화 기법의 보편적 정의를 능가하는 여기-지금 결합의 내부에서 세목으로 자리 잡고 있는 모든 상술(詳述)을 동반하여] 국지적으로 구성된 활동의 결합에 배정된(종종 회고적으로) 정체성으로서가 아니라 표준적 활동의 고정된 다발로 이용된다고 너무 쉽게 주장된다.

또는 메커니즘의 일반적 집합에 의해 정의되는 구조를 공유할 필요가 없다. 그 대신, "명령을 내리고 복종하기"라는 서술은 수많은 형태로 바뀔 수 있는 끝이-열린 실천을 정렬할 수 있는 방식을 제공해 준다. 의미 있고 설명 가능한 '명령'으로 간주되는 것과 타당하고 수용 가능한 '복종'의 양식으로 간주되는 것은 필연적으로 보편적 규범, 기질, 시스템 등에 의해 해소될 필요가 없으며, '명령'과 '복종'은 그 경우가 완전히 다른 별도의 작업일 수 있다.

과학은 언어게임의 고유한 집합에 의해 정의될 수 없겠지만, 특수한 인식적 테마들은 다양한 분과들에 '대한/의'(about and in) 담론과 반복적으로 관련된다. 이런 '인식논제들'(epistopics)의 일부는 원시적 자연과학에 대한 삭스의 설명에서 요약적으로 다뤄지고(제6장을 볼 것), 인식론과 일반적 방법론에서 기원한 익숙한 테마들을 포함한다 — 즉, 관찰, 서술, 재현, 시험, 측정, 설명, 증명 등.39) 인식논제들은 다양한 전문 분과들을 '초월하는' 것처럼 보이는 링구아 프랑카(lingua franca)라는 공통어로서, 과학의 역사학자, 철학자, 사회학자들 사이에서 간학문적 담론의 제목, 접촉점, 논쟁 주제 등을 제공하며, 사회과학에서 이론 구축을 위한 교환의 '메타이론적'(metatheoretical) 용어들로 이루어져 있다. 그러나 내가 이런 테마들을 **인식논제들**이라 말할 때, 내가 의미하고자 한 바는 '메타이론적' 아우라(aura)로부터 그것들을 분리시키고, 그것들이 말

---

39) '기타 등의 구절'의 사용은 그 자체로 이런 인식논제들의 목록의 중요한 특징이다 — 즉, 인식논제들은 유한 집합이 아니고, 목록을 완전히 채울 수 없으며, 그 사용이 '과학적' 담론에 국한되지 않는다. 동시에, 나는 인식논제들이 방법론과 인식론의 논의 속에서 반복되는 테마들, 주제들, 개념들을 위한 이름(명목)으로 인식될 수 있어야 한다고 가정한다. 그렇지만 비트겐슈타인은 보편적 방법론과 인식론에서 이런 용어들을 분리해 내서 상식적 활동 내부에 보다 유형적으로 위치시키기 위해 그런 용어들을 명사가 아니라 타동사로 — 가령, 측정(measurement)이 아니라 측정하기(measuring) — 사용하는 경향이 있음에 주목하기 바란다.

(words)이라는 명백한 사실에 주목한다는 것이다. 40) 이것은 인식논제들이 '단순히' 말에 불과하다고 말하는 것이 아닐뿐더러 그것들을 물질적 현상과 체화된 실천으로부터 떼어 놓을 수 있기를 희망하는 것과도 거리가 멀다. 나는 그런 경향에 반대한다 — 예를 들어 '관찰하기'가 발생한다고 말할 수 있을 때마다 마치 관찰이라는 말이 활동의 통일성을 보증하기라도 하는 듯 관찰을 취급하거나, 또는 재현이 활동의 정합적 범주를 지정하거나 '측정'의 개념이 목수직, 공학, 실험실 및 현장 연구, 기타 덜 전문화된 영역에서의 다양한 측정 활동의 핵심 의미를 정의한다고 가정하는 것. 41)

제 5장에서 제시되었듯, 비트겐슈타인의 계기적 제안을 언어게임의 경험적 연구로 연장하려는 기획은 언어게임이 실행되었다고 공정하게 말할 수 있는 경우들을 실험해봄으로써 그가 파악한 평가규정(예: "표와 도표로 실험결과를 나타내기")을 취하려는 노력을 포함시킬 수 있다. 그런 탐구의 목적은 과학적 및 일상적 활동의 보편적 모형을 개발하려는 것이 되어서는 안 되고, 어떻게 인식론의 테마가 국지적 활동 복합체의 일부가 되는지를 설명하는 것이 되어야 한다.

---

40) 밀즈도 '동기'에 대한 비슷하게 무딘 제안을 제시했다. 다음을 볼 것. C. Wright Mills, "Situated actions and vocabularies of motive", *American Journal of Sociology 5*(1940): 904~913.

41) 내 인식논제들의 목록에는 인식론적으로 관련된 과학학에서 기원한 친숙한 테마들이 포함된다. 자신의 최근 저작에서, 가핑클은 '명령 논제들'(order topics)이라는 또 다른 끝이-열린 목록을 제공한다. 이 논제들은 거대 사회이론의 토대적 쟁점들을 비판적으로 회고하면서 재상술한다. 그의 테마 목록에는 논리, 의미, 방법, 실천행위, 사회질서의 문제, 실천추론, 상술(詳述), 구조 등이 포함된다. 다음을 볼 것. Garfinkel and Wieder, "Evidence for locally produced, naturally accountable phenomena for order*". 가핑클과 위더는 이런 용어들에 대한 민속방법론의 관심이 학자적 설명을 위한 '논제들'로부터 비롯된 것이 아니라 구체화된 탐구 및 논증을 위한 '현상들'로부터 비롯된 것이라고 경고한다.

비트겐슈타인의 언어게임에 대한 논의가 언어적 의미, 판단기준, 합리성의 구조 등을 둘러싼 확립된 철학적 가정들을 문제 삼고 있는 것처럼 언어게임의 민속방법론적 탐구는 인식론, 과학 공동체, 과학 '담론' 등과 같은 것에 대한 현존하는 제안들 — 모든 제안은 과학을 통일된 이데올로기적 또는 방법론적 분야로 다룬다 — 에 대한 해독제를 제공한다. 따라서 민속방법론 연구는 우리가 서술, 관찰, 발견, 측정, 설명, 표상 등을 말할 때 우리가 말하는 것에 대한 고도로 세련된 깨달음을 제공해 줄 수 있다. 그 기획은 과학 (또는 그 일에 관한 여타 모든 정합적 활동) 이 인식론적 또는 인지적 통일을 유지한다고 가정하는 대신, '관찰하기', '측정하기', 또는 '그리기로부터 대상을 구성하기' 등과 같은 언어게임의 '인식논제적' (epistopical) 정합성을 재(再)상술화하는 것이다. 나는 **관찰 및 표상**과 같은 통속적 용어들에 의해 제공된 논제적 표제어 (제목) 들이 그런 이름들과 관련될 수 있는 다양한 인식적 활동에 대해 거의 아무것도 드러내 주지 않는다는 사실을 강조하고자 신조어인 **인식논제** (epistopic)를 사용한다. 인식논제들은 그 이름에 있어서만 고전적인 인식론적 테마들이다. 일단 관찰하기, 측정하기, 표상하기 등으로 명명되면 — 또는 능숙한 사례로 국지적으로 동일시되면 — 활동 및 그것의 물질적 흔적은 일련의 규칙, 지식의 몸체, 방법, 또는 특정한 테마와 관련된 일련의 규범적 표준 등에 의해 지배되는 것처럼 비칠 수 있다. 그러나 일단 우리가 명목적 정합성이 국지화된 실천에 대해 아무것도 보장해 줄 수 없다고 가정한다면, 우리는 출발부터 그런 활동의 국지적 성취가 규칙이나 정의 아래서 서술될 수 있다고 가정할 필요 없이 어떻게 활동이 스스로를 관찰, 측정 또는 어떤 것과 동일시하게 되었는지 조사를 시작해 볼 수 있다.

인식논제들에 대한 강조가 명목론적 (nominalist) 프로그램과 아무런 관련이 없음을 이해하는 것은 중요하다. 비트겐슈타인이 언급했듯, "명목론자들은 모든 말을 이름으로 해석하는 실수를 저지르고, 따라서 이름의 사용을 실제로 서술하지 않고, 말하자면, 오로지 그런 서술에 대한 원고 초안만을 제공할 뿐이다".[42] 인식논제들의 명목론적 취급은 다음과 같은 단계를 따라 나아간다 ─ ① 자연과학자, 철학자, 사회학자, 산업가 등의 활동이 표상하기, 텍스트를 쓰고 해석하기 등과 같은 공통된 표제 아래에서 서술될 수 있다는 사실에 주목하기, ②'표상' 또는 '텍스트'로 간주될 수 있는 것이 국지적 '구성' 활동에 의해 정의된다는 것을 관찰하기, ③ 국지적으로 조직된 활동의 네트워크 중에서 실천적이고 개념적인 연계들이 어떻게 하나의 활동 영역에서 다른 영역으로 '동일한' 표상의 번역을 통해 협상되는가를 서술하기, ④ 표상의 양식이 어떻게 안정적인 상징적 상품이 되는지를 언급함으로써 네트워크의 정합성을 설명하기. 분과적 활동 사이의 거래는 따라서 '규정상의' 그리고 '해석상의 작업'의 산물이 되고, 그로 인해 **기표**(signifier)의 수준에서 이론적 통일성을 유지한다(표상의 이데올로기, 기호론적 네트워크, 결정적 '효과들'을 지닌 담론, 거대서사) ─ 비록 **기의**(signified)가 생산되고 이해되는 방식에는 편차가 있지만. 따라서 일시적 통합이 실천적 다양성을 뒤덮는다. 그러나 일단 인식논제들을 형이상학적 통일체가 아니라 그것들의 국지적 생산 '작업'의 겉을 가리는 반복되는 테마들로 취급하면, 더 이상 일시적 '동일성'(sameness)이 혼성어의 반복 가능한 용어들로부터 그런 용어들이 명명하는 실체적 실전의 장(場)으로의 분석적 이행을 보증해 줄 수 있는 길은 사라지고 만다.

인식논제들이 '단어들이다'고 말함으로써, 나는 이것들이 흥미를 전혀 끌지 못한다고 말할 생각은 전혀 없다. **관찰, 표상, 측정, 발견** 등과 같은 단어들은 과학의 역사, 철학, 사회학에서 반복되는 논제적 표제 및 고전적 테마로 사용된다. 단어들은 민속방법론 및 과학사회학을 위한 탐구의 피할 수 없는 상황과 동일시된다. 이런 인식논제들은 경험 연구자들에게 관심을 끌지 못하는 '철학적' 편견으로 기각될 때조차, 경험적 사회과학

---

42) Wittgenstein, *PI*, 383절.

탐구의 프로그램적 지식주장, 방법론적 정당화, 분석적 언어 등에 굳건한 진지를 구축하고 있다. 학술적 논의에서 인식논제들을 피할 수 있는 길이란 없는데, 인식논제들이 과학적 활동을 위한 형이상학적 토대를 제공해 주지 못한다는 것이 인정될 때조차 그렇다.

종종 언급되듯, 현실적인 과학적 실천과 관찰 및 시험에 대한 이상화된 해명 사이의 차이로 "실제 과학자들은 자신들의 말처럼 행동하지 않는다"는 지적은 가능해 보인다. 하지만, 과학자들이 해명 가능하게 '관찰하고' '가설을 검증할' 때 그들이 실제로 하는 일이 보편적인 인식론적 논법(비판적 인식론의 논법을 포함하여)과 미지(未知)의 관계를 맺고 있다고 결론을 내리는 것에도 일말의 진실이 있다. 관련 주제의 탐구는 과학적 관찰의 '개념'이 실제로 수사적 구성물 또는 이데올로기적 도구라는 것을 보여 주는 지점에서 멈추지 않을 것이다. 그 대신, 그런 탐구란 **관찰**이라는 용어의 통속적 사용이 어떻게 일부 실천에 고유하게 적절한지를 논증하는 것이 될 것이다. 관찰이란 국지적으로 관찰로 간주되는 것에 다름 아니라고 주장하는 것이 실제적 실천에 대한 역설적 관점을 수반하지 않는다. 다른 무엇이 관찰이 될 수 있을까? 오히려 그 용어의 쓰임새란 **재상술하는** 데 있다.

지금 내가 말한 것은 독창적 통찰력이 결코 아니다. '자연과학을 실천행위의 발견하는 과학으로 재상술하기'를 위한 가핑클의 제안점을 내가 취하고 있는데, 그것을 다시 요약한 것에 불과하다. 발견하는 과학이란 그 '고유한 내용'이 민속지 연구를 통해 밝혀질 수 있는 문화적으로 통일된 분과라고 말하는 대신, 가핑클은 과학사회학을 자연과학적 실천과의 깊은 통합 속으로 밀어 넣는 데서 논의를 시작한다. 가핑클의 저작들 중 하나의 제목 — "자연과학을 실천행위의 발견하는 과학으로 재상술하기"[43] — 으로서, 발견하는 과학이란 자신의 성취와 관련된 법칙과 객관적 현상

---

43) Garfinkel et al., "Respecifying the natural sciences".

을 발견할 뿐만 아니라 과학의 역사, 사회학, 철학 연구의 고전적 테마들이 어떻게 탐구의 현황에 적용할 수 있도록 만들어지느냐를 성찰적으로 발견하고 재발견하는 것이라 할 수 있다. 44) 발견하는 과학은 피할 수 없이 자신의 역사를 벼리고, 자신의 제도적 연계를 분절화하며, 관찰, 적절한 측정, 재생산이 가능한 성과 등으로 간주되는 것을 상술(詳述)하고, 실험을 가능하도록 해주는 것을 탐구한다. 어떤 과학자나 과학자들의 집합성도 진공 속에서 작동하지 않고, 따라서 역사, 발견, 실험적 논증 등의 '성찰적 성취'는 선임자, 동료, 경쟁자 등이 구체적으로 행한 구체적인 '역사적' 사실과의 관계에서 생산된 유일한 행위를 항상 포함한다. 어느 누구도 자유로운 손을 가질 수 없는데, 몇 년 후에 무대에 등장하게 될 역사가라고 해도 예외는 아니다.•

아마도 지금까지 내가 살펴본 혼란스런 함의들로 인해, 결국 가핑클은 뜻이 좀더 모호한 라틴어 사촌인 개성원리(haecceity) — 대상의 '바로 이것성'(just thisness)을 의미한다 — 를 취하고 통성원리는 내버렸다. 45) 두 용어는 '대상을 유일한 것으로 만드는 것'을 뜻하는 동의어로 사용될 수 있지만, 가핑클은 본질주의에 더 이상 빛을 지지 않을 대명사적 또는 지표적 '의미의 제조'를 보다 분명하게 드러내기 위해서 개성원리라는 용어를 사용했다. 개성원리의 이런 의미는 대상의 경험 속에 내재하는 안정적 '핵심 의미'의 그것과는 다르다. 삭스가 **이 장소**와 **여기**와 같은 지시용어의 사례를 준거로 하여 주장하듯, 이런 용어는 단일 이름(예: 건물,

---

44) 이것은 다음 글에서 논증되었듯, '발견'의 테마 그 자체에 적용한다. Augustine Brannigan, *The Social Basis of Scientific Discoveries*(Cambridge University Press, 1981).

• 〔옮긴이주〕 '자유로운 손'은 아담 스미스의 '보이지 않는 손'을 연상시킨다. 특정한 규칙이나 법칙을 토대로 보편적 현상을 서술하듯 과학활동을 그려낼 수 없다는 것이다.

45) 가핑클(1989년, 개인적 소통)은 콰인이 그의 책 제목으로 통성원리를 사용했다는 것을 알고 난 후, 그 용어를 버렸다고 농담했다.

476

모임, 사건의 이름)으로 주어질 수 있는 장소를 명확하게 '나타내지' 않고도 사용될 수 있다. 그 결과, 대상의 '바로 이것성'은 명명되거나 검증된 물(物)을 미리 드러내지 않는 '이것' 또는 '그것'의 해명 가능한 여기-지금의 현존(現存)을 포함시킬 수 있다. 46)

그런 용법을 잘 보여 주는 구체적 실례는 후에 광학적 펄사의 최초의 '발견'으로 인정받게 된 경우를 둘러싼 세 명의 천문학자들의 테이프 녹음에서 발견될 수 있다.

디즈니(Disney): … 나는 우리가 두 번째 것을 얻을 때까지 그것(it)을 믿지 않을 거야.

코크(Cocke): 나는 우리가 두 번째 것을 얻을 때까지 그리고 그-그것(th-the thing)이 다른 곳으로 **이동하기** 전까지 그것을 믿지 않을 거야. 47)

물론, 표현들의 맥락에 대해 정보를 잘 제공받는 도청 분석자는 그들이 사용하는 지표적 표현들의 일부에 의미를 부여함으로써 디즈니와 코크의 용법을 분명히 하고자 노력할 수 있다.

디즈니: … 나[마이클 디즈니]는 우리가 두 번째 것[비교 가능한 환경에서 관찰을 반복하는 동안 오실로그래프 화면상의 또 다른 스파이크]을 얻을 때까지 그것(it)[우리가 중요한 발견을 해냈다는 것]을 믿지 않을 거야.

---

46) Harvey Sacks, "Omnirelevant devices; settingod activities; 'indicator terms'", transcribed lecture(February 16, 1967) in Sack, *Lectures on Conversation*, *vol. 1*, pp. 515~522. 보다 정교한 논의에 대해서는 제 5장을 볼 것.

47) H. Garfinkel, M. Lynch, and E. Livingston, "The work of a discovering science construed with materials from the optically discovered pulsar", *Philosophy of the Social Sciences 11*(1981): 131~158; 인용은 p. 154에서(발췌문은 약간 추려졌다).

코크: 나〔존 코크〕는 우리가 두 번째 것〔비교 가능한 환경에서 우리가 관찰을 반복할 때 오실로그래프 화면상의 비슷한 스파이크〕을 얻을 때까지 그리고 그-그것 (th-the thing)〔화면상의 스파이크〕이 다른 곳으로 **이동하기**〔화면상의 다른 구역에 나타나기〕 전까지 그것을 믿지 않을 거야. 48)

만약 번역이 방어 가능하다는 사실이 입증된다면, 그것은 교환의 논리를 재구성하려는 목적에 기여할 수 있을 것이다(예: "추가 시험이 이루어지기 전까지 현재의 증거에 대한 신뢰를 유보하기"라는 디즈니와 코크의 방법론적 원리). 그렇지만 그와 같은 고전적 연습이 놓치고 있는 것은 화자들은 전적인 '모호성'을 동반하는 지표적 표현을 별다른 번역의 필요도 느끼지 않은 채 명료하게 사용하고 있다는 사실이다. 실제로, 지표적 표현은 보다 정교한 용어로 그 의미를 (재)구성할 때 옮긴이가 사용하는 것과 똑같은 재료를 공급한다. •

　행위의 단일한 계기의 질서성을 탐구함으로써 '지표적 표현의 합리적 속성'을 설명하고자 하는 민속방법론의 국외자 방법론의 정책기조는 이것 (this)과 같은 실례의 견지에서 합리성을 띠기 시작한다. 그런 '합리적 속성'은 코크와 디즈니의 '방법론적 제안'의 합리적 재구성을 통해서라기 보다는 대화의 표면적 특성을 산출해 내는 데서 분명해질 것이다. 예를 들면, 이런 '합리적 속성'에는 코크가 그 의미를 정형화할 필요 없이 그 용

---

48) *Ibid.*, p. 154(발췌문은 약간 추려졌다). 가핑클과 그의 동료(p. 135 ff.)는 일시적으로 이용 가능한 대상의 출현을 논할 때 '분명하게 모호한 그것'(evidently vague it)이라는 용어를 사용한다.

• 〔옮긴이주〕지시적 표현과 정교한 표현은 동일한 언어적 차원(지평)에서 이루어진다는 점에서 수평적 관계에 놓여 있다고 볼 수 있다. 이런 생각은 지시적 표현을 정교한 표현의 간략하고 압축적 형태로 보는 (따라서 실용적 측면이 강조된) 일반적 입장과는 다른 것이다. 이런 일반적 입장은 둘 사이의 메타적 관계(수직적 관계)를 함축한다. 또한, 이런 식의 관점은 서로 다른 층위의 언어와 실천, 자연과 사회, 보편과 특수, 전문과 일반(세속) 등의 사회적 상 (social imagery)을 강화하는 방향으로 연장될 것이다.

어를 이해하고 있음을 보여 주고자 '그것'과 '두 번째 것'이라는 디즈니의 대명사적 표현을 반복하는 방식, 그리고 두 당사자들이 그것이 무엇인지 상술하지 않은 채 같은 것을 말하고 있음을 보여 주는 방식과 같은 것이 포함된다.

그런 합리성을 이해하기 위해서는 화자들의 표현을 떠받쳐 줄 수 있는 안정적인 기준배경을 상술화하는 것 이상이 요구된다. 코크와 디즈니의 표현은 세상에서 검증 가능한 실체를 '지시하는 데 실패할' 수 있다. 49) 실제로, 그들이 '그것'(it), '두 번째 것', '그것'(the thing)을 말하는 방식은 바로 그 가능성을 예기(豫期)한다. 그럼에도 그들의 담화는 분별력을 갖췄고(합리적이고), 따라서 그 담화는 활동, 물(物), 장비, 시야에 들어온 가능성(horizonal possibilities) 등으로 이루어진 즉자적 복합체에 분명하게 연결되어 있다. 그러나 그 담화의 연결성이 어떻게 이루어졌는가를 보기 위해, 우리는 천문학자들에 의해 언급되고 서로에게 말하는 방식에 따라 그 뜻이 분명해지는 '이것들과 저것들'(thises and thats)에 계속 주파수를 맞춰야만 한다. 이것이 개성원리가 의미하는 바다.

평균적 추세, 전형적 패턴, 모형화된 구조, 방법론적으로 '걸러진' 자료 등의 차원에서 질서가 출현하기 전까지 행위의 일회적 사건들은 혼란스럽고, 자의적이며, 어지럽고, 무질서하다고 가정하는 사회과학의 지배적 경향성에 비춰보면 지표적 표현의 합리성에 대한 민속방법론의 접근은 이상해 보인다. 과학적 방법이란 단일 사례들의 우연적 세목들에 의해 흐려지는 근본적 원인과 보편적 경향성만을 식별할 수 있을 뿐이기

---

49) 다음을 볼 것. Philip Kitcher, "Theories, theorists and theoretical change", *Philosophical Review* 87(1978)∶ 519∼547. 키처의 지시관계이론(theory of reference)에 따르면, 분석자는 역사적 표현이 언급하는 바에 대한 독립적 지식을 지녀야 한다. 그 결과, 플로지스톤(phlogiston)과 같은 표현은 지시에 실패한다(p. 531). 그 단어가 18세기에 그 단어를 사용했던 사람들에게만 실제 세계의 지시대상을 지닌 것처럼 보였을 뿐임을 우리는 잘 알기 때문이다.

때문에 과학 연구는 '고유한' 사건들을 이해하는 데 적합하지 않다는 지적이 종종 이루어진다. 50) 비록 민속방법론은 자신을 귀납적 탐구양식으로 간주하지 않았지만, 그것의 분석적 프로그램은 행위의 단일 실례들이 직관적으로 인지 가능하고 통속적으로 서술 가능하다는 '사회적 사실' 위에 세워졌다. 그렇지 않다면, 어떻게 참여자들이 상호적으로 조율된 활동을 자동적으로 생산해 내는지는 전적으로 수수께끼로 남을 것이다. 이 정책기조는 실체적 '자료'가 부착된 이름을 동반하는 것처럼 분석가에게 '주어진다'고 가정하는 분석 프로그램과는 다르고, 그보다 모든 탐구는 자신이 이미 명료한 세계에 '내던져져' 있음을 발견하게 될 것이라는 실존적 '사실'에 의존한다 — 그런 세계의 명료성에 불분명하고, 논쟁이 가능하고, 의심스러운 특성이 포함되어 있을 때조차도. 그 결과, 민속방법론에는 전제가 없는 탐구의 가능성을 상상하려는 어떠한 시도도 존재하지 않는다. 51)

　구성주의의 지배적 판본은 우리에게 과학자들이 원시적 혼돈을 대면하며, 그로부터 사실들을 구성한다는 점을 말해 준다. 이런 활동의 개념은 자주 인용되는 뒤앙-콰인 '과소결정성 테제'를 탄생케 했던 철학의 실증주의 전통에 이상한 빛을 지고 있다. 빈 학파 프로젝트의 후계자들처럼, 사회구성주 주창자들은 세계에 대한 실존적 명료성과 '도구성'(equip-mentality)이 지적 정당화를 위한 모든 시도를 압도한다는 '사실'이야말로

---

50) 예를 들면, 네이글(Ernst Nagel)은 과학적 설명이란 "물(物)의 친숙한 질(質)의 관계(이것에 의해 개별 대상과 사건이 파악되고 분화된다)가 다양한 방식으로 대상과 과정의 연장적 성격을 특징짓는 또 다른 어떤 관계적 또는 구조적 속성의 현존(現存)에 그 발생 여부가 결정된다는 것을 보여 줄 수 있을 때에만 구성될 수 있다"고 주장한다. 다음을 볼 것. E. Nagel, *The Structure of Science*(New York: Harcourt Brace & World, 1961), p. 11.
51) 이것은 하이데거의 후설의 현상학에 대한 실존주의적 비판을 연상시킨다[*Being and Time*, J. Macquarrie and E. Robinson 역(New York: Harper & Row, 1962)].

미해결된 인식론의 문제를 적나라하게 드러낸다는 점에 동의한다.52) 논리실증주의자와 사회구성론자는 모두 동일하게, 정당화란 실천행위와 장면적 특수자(scenic particulars)라는 직관적으로 인지 가능하고 엄청나게 질서정연한 맥락과의 갈등 속에서 간신히 '달성되었다'라는 '사실'을 두고 우리의 이해에 간극이 존재하기 때문에 그런 것이라고 판단한다. 그것은 마치 '완벽한' 정당화의 부재(不在)가 곧 명료성의 부재를 함축하는 것 같다. *

합리주의 과학철학자는 이미 명료한 세계라는 초인적 가정에 닿기 위해 지적 정당화의 섬유상 조직을 연장하고자 한다. 그리고 사회구성주의자는 그런 정당화 기획의 본질적 불가능성이야말로 '실재'에 대한 우리의 감각이 궁극적으로 비정당화된 인공적 구성이라는 것을 뜻한다고 주장한다. 두 경우 모두에서, 편견의 세계(préjuge du monde)는 성찰적 지식의 관점으로 환원된다 — 한 경우에는 공리적 파생의 관점에서, 다른 한편에서는 합리적으로 비정당화된 해명이나 신념의 관점에서.53)

---

52) 심지어, 그리고 특별히, 좀더 급진적('성찰적') 구성주의적 실행은 지표성 및 성찰성의 '문제'에 대한 회의적 사례를 제공한다. 예를 들면, 다음을 볼 것. Woolgar, *Science: The Very Idea*, pp. 32~33. 회의적 입장에 대한 반박에 대해서는 다음을 볼 것. Wes Sharrock and Bob Anderson, "Epistemology: professional skepticism", pp. 51~76, in G. Button ed., *Ethnomethodology and the Human Sciences*(Cambridge University Press, 1991).

• 〔옮긴이주〕정당화(justification)와 명료성(intelligibility)은 마치 합리적 재구성(전문가적 분석)과 상식적 이해(일반인의 직관)를 떠올리게 한다. 뒤앙-콰인의 과소결정성 테제는 정당화에 대한 문제를 제기한다. 따라서 엄밀하게 말하면 명료성에 대한 문제는 아니다. 정당화에 대한 비판을 명료성에 대한 비판으로 연장할 수 있는지는 의문이다. 이런 점에서 사회구성주의자들도 논리경험주의자들과 마찬가지로 분석적 입장(메타적 접근)을 당연시하는 전문가주의에 근거한다고 볼 수 있다. 이런 이유로 울가(S. Woolgar)를 필두로 한 성찰성의 문제가 대두되는 것이다.

53) 이 점의 추가 논의에 대해서는 다음을 볼 것. Jeff Coulter, *Mind in Action* (Oxford: Polity Press, 1989), 제2장; G. Button and W. W. Sharrock,

'원시적 자연과학'에 대한 뛰어난 언급에서(제 6장을 볼 것), 삭스는 초기의 자연 역사적 및 자연 철학적 탐구의 순진한 토대를 제공했던 해명가능성의 구조(관찰-서술-재현)를 밝혀냈다. 삭스의 경우, 생활세계란 타자들이 '밖으로 나가서' 서술의 내용을 '볼' 수 있는 방식으로 서술될 수 있다. 이런 세속적 기적은 자연세계의 실재라기보다는 조율된 서술의 분석 가능한 성취에 이르는 길을 알려 준다. CA의 연구 프로그램으로 발전했듯, 삭스의 상호주관적으로 말하기('타자가 이미 본 것을 말하는') 작업에 대한 초기 탐구는 함께 말하기 작업을 탐구하기 위한 기술적 프로그램이 되었다. 해명가능성의 원시적 구조의 급진적 연구에 대한 가핑클의 지속적 요청은 그 방향이 확고하게 정립되어 있지 않다. 공통적인 것으로 알려진 세계의 기적적 '성취'를 수용하고 그 성취를 인간 행동의 새로운 자연관찰적 과학을 위한 출발점으로 삼기보다, 가핑클은 그런 성취를 명료하게 만들고자 노력했다.

교육받은 행위와 생활세계 쌍

우리는 아직 토대주의의 숲에서 빠져나오지 못했다. 최근에 가핑클과 그의 제자들은 자연과학과 수학의 여러 분과에서 업무 연구를 수행한 바 있다. 그 연구를 교육받은 행위를 탐구하기 위한 좀더 보편적인 프로그램으로 확장할 수 있는 여지가 있음에도 불구하고, 가핑클은 반복해서 '발견하는 과학'과 수학의 특성을 강조한다. 54) 그의 주장은 많은 비판을 받

"A disagreement over agreement and consensus in constructionist soci-ology", *Journal for the Theory of Social Behaviour*(근간). 〔당연히 전자는 합리주의 과학철학자들의 입장이고, 후자는 사회구성주의자들의 입장이다. - 옮긴이〕

54) 다음을 볼 것. Garfinkel et al. , "The work of a discovering science"(p.

은 만하임의 지식사회학에서의 수학과 (일부) 자연과학의 '배제'를 연상시킨다. 그러나 둘 사이에는 길게 다룰 가치가 충분한, 중요한 차이가 존재한다.

가핑클의 주장을 이해하기 위해, 생활세계의 '자연적 해명가능성'과 관료 및 전문학자에 의해 생산된 정형화된 '연출' 사이의 '간극'에 대한 그의 테마적 관심을 떠올리면서 논의를 시작하는 것이 도움을 줄 것이다. 이런 간극은 국지적으로 성취된, 체화된, '체험된' 활동을 유리(遊離)된 텍스트 문서로 전환시킴으로써 발생한다. 일찍부터, 가핑클은 1960년대 초반에 유통되었고 그의 논문의 토대가 되었던 "파슨스 입문서"(Parsons Primer)라는 제목의 미출판 원고에서 그런 전환의 사례를 제시했다.

전쟁 동안, 내 삼촌은 연료 기름의 할당량을 높이고 싶었기 때문에 종종 담당 공무원을 찾아갔다. 그곳에서 그는 자신의 배당량이 불충분하다고 불평을 늘어놓곤 했다. 그는 배당을 늘려야만 하는 타당한 이유를 길게 늘어놓았다. 살고 있는 집의 환경을 묘사했다. 집은 추웠고, 춥기 때문에 그의 아내는 행복하지 않았다. 커다란 식당이 있었는데 배당된 양을 모두 사들인 경우에조차 난방이 쉽지 않았다. 그는 그 도시에서도 특별히 추운 지구에 살고 있었다. 한 집 건너 한 명 꼴로 아이들이 앓고 있었는데, 이웃집에 병을 옮겨서 누구도 편안하게 지낼 수 없었다. 기타 등등.

몇 분 후에 담당 공무원이 이야기를 중단시켰다. "집이 얼마나 큰데요?" 집이 얼마나 큰가에 대한 이야기가 다시 이어졌다. 이어서 그것이 항상 얼

---

121 ff., n. 12); Garfinkel et al., "Respecifying the work of the natural sciences"; Eric Livingston, *The Ethnomethodological Foundations of Mathematics* (London: Routledge & Kegan Paul, 1986). 이런 연구성과를 가핑클에게 귀속시킬 때, 내 뜻은 다른 사람들(나 자신을 포함하여)이 이런 연구의 공동저자로 올라와 있다는 사실을 인정할 수 없다는 것이 아니라, 가핑클이 발견하는 과학과 수학의 고유한 적절성 및 특성을 제안했다는 사실에는 아무런 모호함도 없다는 것이다. 리빙스턴의 연구는 이런 테마들을 실체화했고, 발전시켰다.

마나 부담이 되는지, 그의 아내와 그가 그 집을 원하지 않았다는 이야기로 계속 이어졌다. 다시, 공무원이 이야기를 끊었다. "죄송합니다. 집에는 방이 몇 개 있습니까? 몇 평방피트나 되요?" 삼촌이 그의 질문에 대답했다. 그러자 "어떤 종류의 난방장치를 가지고 있나요?", "지난 해 배당량은 얼마였나요?" 이런 식으로 질문이 계속되었다. 삼촌이 자신이 처한 상황을 묘사할 때 사용한 재료의 흐름 속에서 공무원은 네다섯 가지로 요점을 정리했다.

물론 공무원은 삼촌이 묘사한 상황이 능히 있을 수 있는 곤경이라는 점을 충분히 이해하고 있었다. 그러나 공무원은 사무실의 운영규칙을 알려주고, 그런 규칙에 따라, 서식에 맞게 어떤 정보를 채워 넣어야 하는지를 예를 들어 보여 주었다. 공무원은 선택과 분류의 과정을 수행했다. 그런 끝에 공무원은 행정적 양태이라는 입장에서 마침내 '진상'(the case)에 도달했다.

삼촌이 공무원에게 제공한 사회구조에 대한 하나의 서술이 있었다. 정형화된 것으로 나타나는 삼촌의 환경에 대한 전환된 서술은 불평하는 아내, 크기와 비용에서 후회를 낳는 집은 포함되지 않은 세계를 담고 있었다. 공무원에게 제공되었지만, 그런 특성들은 적합한 것이 아니었다. 그 대신, 공무원은 일정한 평방피트의, 일정한 형태의 난방장치를 지닌(따라서 평균적으로 일정한 단위 시간 동안 일정한 단위 열을 생산할 것이다), (희소 상품에 대한 일정한 예상량이 한 '주택 소유자'에 의해 소비될 수 있을 것이라고) 예상되는 결과를 동반하는 집들의 실례들을 포함한 사회적 상황을 서술했다. 55)

이 이야기는 두 개의 공약 불가능한 사회구조의 서술들 — 즉, 공무원에게 쏟아진 삼촌의 불평, 공무원의 '진상'의 문서화 — 사이의 충돌에 대한 생생한 설명을 보여 준다. 삼촌과 공무원 사이에서 묘사된 조우의 전 과

---

55) H. Garfinkel, "Parson's primer — 'ad hoc uses'", unpublished manu-
    script, Department of Anthropology and Sociology, UCLA, 1960, 제 2장,
    pp. 2~3.

정에서, 삼촌의 서사는 명료하고 방어 가능한 관료의 문서로 번역된다. 공무원은 행정부 관료제에서 '이것과 같은 사례들'의 언급되지 않은 조직화와 관련되고, 일치하는 '진상'의 요소들로 정형화한다. 유리된 문서로서, 진상 보고는 '주택 소유자의 실제 상황'과 (다툼의 여지가 있는) 관련을 맺고 있는 규칙, 기준, 정당화, 정체성 등의 몸체를 미리 예상하는 동시에 삼촌이 공무원에게 인상을 심어 주고자 요란하게 설명했던 일상 가정 상황의 세목들에 대한 언급은 체계적으로 생략된다. 이 이야기에 나중에 개발된 민속방법론의 무관심 기조를 적용함으로써, 우리는 일련의 정체성들 전체를 관계 쌍〔삼촌의 묘사/공무원의 사례 기록〕으로 치환할 수 있다 ― 즉, 〔배심원의 심사숙고/베일즈(Bales)의 심사숙고에 대한 상호작용적 분석〕, 〔게임의 시합 과정/게임 선수의 전략에 대한 합리적 재구성〕, 〔실험의 수행/실험의 보고〕, 〔현장의 대화/대화분석적 녹취록〕.56)

이런 관계 쌍에 의해 구성된 '연출'을 사용하는 분석가와 공무원은 유리된 문서의 객관적이고, 분석 가능하며, 정형화된 속성에 특권을 부여하는 경향이 있다. 반면에 가핑클은 또 다른 비대칭성 질서를 강조한다 ― 즉, 유리된 사례 보고가 사례의 공식 보고가 되자마자 돌이킬 수 없게 사라져 버리는 '사회구조의 서술'의 잉여 적합성, 의미, 시간적 매개변수. 더욱이 ― 이것이 핵심이다 ― 사례의 연출로 성취되는 **변환**은 사례 보고가 관련 분석 자료로 쓰일 때마다 스스로 그 모습을 감춘다. 이런 잉여 상술(詳述)의 삭제는 간헐적인 논쟁이나 방법론적 불확실성의 원천이 될 수 있지만, 그렇다고 필연적으로 보편적인 인식론 문제를 낳는 것은 아

---

56) 괄호〔 〕는 민속방법론적으로 성취된 정체성 ― 즉, 내적으로 생산되고, 사용되고, 겉이 가려진 '해명'과 '체험된 일'의 관련성 ― 을 파악하기 위한 표기법이다. 다음을 볼 것. Harold Garfinkel and Harvey Sacks, "On formal structures of practical actions", pp. 337~366, in J. C. McMinney and E. A. Tiryakian, eds., *Theoretical Sociology: Perspectives and Development* (New York: Appleton-Century-Crofts, 1970).

니다. 그것은 사회구조에 대한 설명을 산출해 내려는 거의 모든 분석 프로그램에 존재하는 인정받지 못한 부분이다.

후기 작업에서, 가핑클은 텍스트를 만드는 작업과 그 문서를 대상으로 한 회고조의 분석 가능한 성격 사이의 '간극'의 원천으로서 '쓰기' 행위에 주목했다. 그것은 그의 제자들 중 한 명인 스테이시 번즈(Stacy Burns)의 비디오테이프를 통한 실연(實演)에서 구체적으로 밝혀졌다. 57) 번즈는 전동타자기의 자판에 있는 타자수의 손을 비디오테이프로 찍었다. 그 테이프는 타자수의 목소리가 텍스트를 작성하면서 '그녀가 하고 있는 일'에 대한 진행형의 해설을 제공하는 동안 자판 위에서 일하고 있는 타자수의 손을 보고한다. 타자수가 일련의 글쇠를 치고, 지우고, 페이지를 새로 출발하고, 글자들 사이에서 쉬면서 다음 할 일을 소리 내면서 생각하는 동안, 타자기로 찍힌 문서가 캐리지에 자리 잡은 종이 위에 그 모습을 드러낸다. 따라서 비디오테이프는 명료한 문서들의 독특한 '쌍'을 틀 짓고 있다 — 즉, ① 유보와 해설로 완벽하게 채워진, 타자치기(typing)의 '실시간' 비디오 연속장면, ② 실시간 영상과는 독립적으로 읽히고, 복사되고, 분석될 수 있는 글자가 찍힌 종이. 비디오테이프에서, 글자가 찍힌 종이는 작업 과정의 산물로 유리된 텍스트로 읽힐 수 있지만, 그 종이가 유리된 텍스트로 읽힐 때 그것의 정합적인 기호론적 또 다른 특징은 '저작권'(authorship)의 질서를 함축한다. 완성된 문장은 '관념', '의도', '문법적 능숙함' 등을 정합적으로 갖춘 문서로 등장한다. 이 문장은 더 이상 비디오테이프에 의해 보고된 국지적 생산의 역사를 드러내지 않는다. 문서화된 텍스트의 분석적 특징은 테이프를 통해서는 명백하게 드러나는 유일한 '망설임', '가로막힘', '이차적 사고'를 보고하지 않는다. 58)

---

57) 1980년, UCLA 사회학과, 가핑클의 세미나에서 실연되었다.

58) 데리다("Signature, event, context", *Glyph 1*(1977): 172~197)가 강조하듯, '고아가 된 텍스트'는 불명료성과 거리가 멀다. 문서화된 텍스트를 이해하려고 쓰기 '행동에서' 작가를 관찰할 필요가 있다고 주장하는 것은 불합리한 것

가펑클의 용어에서, 두 문서들은 '비대칭적 교체'의 관계에 서 있다—
한 문서(비디오테이프 장면)는 다른 문서(종이 위의 텍스트)의 복귀를 가
능하게 하지만 그 반대는 아니다. 문자화된 텍스트의 분석 가능한 장(場)
은 더 이상 타자치기의 잉여적 세부사항들의 궤적을 유지하지 않는다.
이것은 비디오테이프 그 자체가 '체험된 쓰기 작업'의 유리된 문서라는 것
을 부정하지 않는다. 왜냐하면 유사한 비대칭적 교체란 그런 쌍에 내재
적이기 때문이다. 이런 간단한 실행은 사회과학자들이 보고서, 기록보관
소, 녹취록, 복사 자료, 여타 실천의 표상과 같은 문서들을 사용할 때마
다 성취되는 일종의 환원을 확실하게 논증한다. 이런 연출을 통해 사회
과학자들은 정합적이고 방어 가능한 분석들을 만들 수 있는 데이터베이
스를 축적할 수 있는 길을 열 수 있을지 모르지만, 연출을 사용함에 따라
'문헌에서의 간극'이나 '문헌'의 존재와 사실에 의해 재창조되는 '잃어버린
무엇'이 발생한다.

　사회과학자와 자연과학자들 모두는 자신의 국지적 실천을 그런 실천에
서 유리된 '해명'으로 변환시키고, 변환에 의존하고, 변환을 당연시한다
는 사실은 과학사회학에서도 비슷한 테마로 자리 잡았다. 예를 들면, 라
투르는 과학장(場)의 정합성 — 재생산 가능한 기법, 쓰기의 누적적 몸
체, '자연적' 실체와 관련성의 정합적 영역 등의 네트워크로서의 — 은 '문
자적 기입'의 연쇄를 통해 확립되고 유지된다고 주장한 것으로 주목받는
다.[59] 라투르의 경우, 반복 가능한 실험실 작업의 자취와 기록은 현상을

　　이지만, 가펑클의 강조점은 명료성의 독특한 질서 — 그리고 명백하게 '쓰기'의
　　일부인 질서 — 가 체험된 쓰기 작업을 조사함으로써 드러난다는 것이다.

59) Bruno Latour and Steve Woolgar, *Laboratory Life: The Social Construction
　　of Scientific Facts* (London: Sage, 1979; *2nd ed.*, Princeton, NJ: Princeton
　　University Press, 1986); Bruno Latour, "Visualization and congnition:
　　thinking with eyes and hands", *Knowledge and Society: Studies in the
　　Sociology of Culture Past and Present* 6 (1986): 1~40; Latour, *Science in
　　Action*; Latour, *The Pasteurization of France*, Alan Sheridan and John Law

보일 수 있게 만들고, 도구와 눈금을 조정하고, 서술하고 측정하고, 다른 측정과 읽기를 삼각측량하고, 모형과 주장을 전개하고, 보고서를 배포하는 등의 전체 과정을 포괄한다. 그는 더 나아가 텍스트, 눈금, 그래프, 도표, 사진 등에 의해 제공된 안정적 포맷(formats)과 그것을 재생산하고 확산하기 위한 방법은 과학자들로 하여금 선택된 기입들을 권력/지식의 확장된 장(場)으로 통합시키는 한편 단 한 번의 관찰이라는 국지적 환경을 초월하도록 해준다. 라투르는 과학의 성장과 과학지식의 안정화를 설명하려고 역학적으로 재생산된 텍스트들의 '불변의 동체'(immutable mobile)라는 속성을 불러낸다.•

그렇지만 민속방법론적 관점에서, 그런 설명은 여전히 '문헌에서의 간극'으로 남아 있다. 이 간극은 모든 흔적, 기호, 기입, 표상, 도식법, 인용 등이 원래 (그리고 항상) 일부 실천에서 표현, 지표, 아이콘(icon), 접합의 순간 등으로 존재하는 방식과 관련되어 있다. 그런 '문맥의존지시어'의 의미는 이런저런 독자의 주관적 해석에 의존하는 것이 아니라, 실천의 **교육적 재생산가능성**에 의해 공급되는 적정 조건(felicity conditions)에 속박되어 있다. 라투르는 실천의 (푸코의 의미에서, 규율의) 전개와 배분이 '불변의 동체'의 확산과 한통속이 되어 작동한다는 사실을 알고 있다. 그러나 그는 텍스트의 '진술'에 대한 구조적 분석을 통해 '실행 중인 과학'이 안정화된 사회기술적(sociotechnical) 사실로 전환되는 것을 밝힐

역(Cambridge, MA: Harvard University Press, 1988).
• 〔옮긴이주〕근대적 이원론에 따르면 정신과 몸의 분리는 표상(representation)을 낳는다. '불변의 동체'라는 개념은 물질이 정신세계로 한순간에 점프하는 현상을 정면으로 부정한다. 가령, 보일이 공기펌프가 작동한다는 것을 입증할 수 있는 방법은 신사들의 '목격'과 '증언' 외에도 공기펌프 제작안내서의 배포를 들 수 있는데, 이 안내서가 바로 '불변의 동체'의 성격을 띤다고 할 수 있다. 과학자들이 야외에서 채집한 표본이나 실험실에서 얻은 인공물이나 그래프 등도 모두 '불변의 동체'라고 할 수 있다. 이런 '불변의 동체'가 확산됨에 따라 과학지식은 성장하고, 안정화되는 것이다.

수 있다고 가정함으로써 자신의 '기호학적 전회'(semiotic turn)를 유통시킨다. 60)

자신의 기호학적 설명을 질서문제에 대한 이전의 사회학적 해법에서 분리해 내려는 라투르의 노력에도 불구하고, 결국 그도 익숙한 분석적 경로를 뒤따른다. 첫째, 그는 실험실 과학의 현장 작업을 기호를 조작하는 기입, 표상, 흔적, 진술, 텍스트 등을 쓰고 읽는 행위로 정의한다. 그 결과, 실행 중인 과학(또는 '실험실 세계')은 기호체계의 정형화된 속성을 구성하고 해체하는 문제로 변질된다. 그리고 이런 기호체계로부터 기호학적 분석의 정형화된 프로그램은 기입, 흔적, 텍스트의 위치 지워진 구성, 번역, 해석 등에서 적절한 움직임을 회복할 수 있어야만 한다는 결론이 뒤따른다. 생활세계에서 시스템으로의 이행은 따라서 탈국지화된 네트워크에서의 국지적 실천을 포함하는 분석적으로 투명한 기표의 연쇄 (chains of signifiers)를 구성하는 문제로 전락한다.

민속방법론은 이런 기호학적 접근에 대해 최소한 두 가지 전선에서 문제를 제기한다. 첫째는 문자적 표상과 생활세계 활동 사이의 **정형화된 동등성**을 부정함으로써, 둘째는 문자적 표상과 체험된 활동 사이의 **실천적**

---

60) 라투르(Latour, "Will the last person to leave the social studies of science please turn on the tape-recorder", *Social Studies of Science 16* (1986) : 541 ~548)는 '기호학적 전회'를 자신이 민속방법론적 실험실 연구에서 찾아낸 심각한 제약들에 대한 해독제로 추천한다. 물론, 그런 전회를 이룰 수 있는 한 가지 이상의 방법이 존재하고, 라투르가 해체주의적 진영에서가 아니라 기호학에서 형식주의적이고 구조주의적 전통에서 주로 빌려온 기호학적 '우 전회' (right turn)를 추천하고 있다는 주장도 가능할 것이다. 라투르의 경우, 반복가능성과 신태그마(syntagma)는 안정적인 초월 상황적 의미의 생산에 대한 해답을 제공한다. 반면에 데리다는 텍스트의 정체성에 대해 매번 '텍스트의' 자동적 가독성의 반복과 일치를 물음으로써 물(物)과 그 자신의 '동일성'을 묻는 하이데거의 방식을 고쳐 말한다. 흔적의 반복가능성이 텍스트를 특정한 언어행위로 환원하려는 모든 노력에 저항함에도, 그것은 텍스트나 그것의 명료성의 형식적 안정화에 대해 어떤 보증도 주지 못한다.

동등성을 정형화된 분석의 보편적 프로그램으로 회복하려는 모든 시도를 거스르는 국지적이고 성찰적인 성취 그 자체로 취급함으로써. 기호적 요소와 그 요소의 수행적 함축 사이의 실천적 동일성의 달성을 전제하는 모델-구축 기획으로 '미리' 움직이는 대신, 민속방법론자들은 특수한 행위가 어떻게 교훈적으로 재생산되는가를 탐구하려고 지속적으로 노력한다.

가핑클은 민속방법론이 분과적 생활세계의 문자사용 이전의(preliterary) 내용을 서술함으로써 과학사회학 문헌의 '간극'을 메울 수 있다고 주장하지 않는다. 그 대신, 그는 필연적이고, 명료하고, 방어 가능하고, 피할 수 없는 일반 사회학과 전문 사회학의 산물로서 간극이 생겨난다고 주장한다. 간극이 실천행위의 총론적 해명의 부조리를 드러낸다고 해서, 민속방법론자들이 연구대상으로 삼고 있는 특정한 실천에는 그런 간극이 해결될 수 없는 문제로 남아 있다고 볼 필요는 없다. 이런 사실은 다른 무엇보다 가핑클과 에릭 리빙스턴이 수학에서 펼쳐 보이는 생활세계 쌍의 논법에서 확연히 드러난다. 이것에 대한 간단한 논증은 피타고라스 정리 (직각삼각형의 빗변의 제곱은 나머지 두 변의 제곱의 합과 같다)의 시각적 증명을 다루는 〈그림 7-1〉에 나타나 있다. 61)

리빙스턴은 이 사례에 대한 논의에서 독자들을 초대하여 어떻게 기하학 도형을 통해 정리(theorem)를 '증명'할 수 있는지 '발견하도록' 한 후에, 특정한 증명에 익숙하지 않은 사람들은 처음에는 황당한 반응을 보인다는 사실을 관찰한다. 그러나 일단 도형에서 선택된 동등성과 질서정연한 관계를 찾는 법을 가르쳐 주는 다양한 표기장치의 도움 속에서 일련

---

61) 이 '중국식 증명'(*Chinese proof*)은 에릭 리빙스턴의 책, *Making Sense of Ethnomethodology* (London: Routledge & Kegan Paul, 1987), p. 119에 실려 있다. 리빙스턴과 가핑클은 공동 논문에서 그것의 연장된 논법을 제시한다. 다음을 볼 것. Eric Livingston and Harold Garfinkel, "Notation and the work of mathematical discovery", unpublished paper, Department of Sociology, UCLA, 1983.

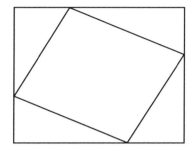 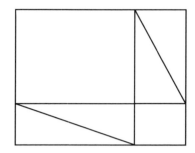

의 지침들이 주어지면, 독자들은 증명-해명(proof-account)의 구성요소
들이 어떻게 증명의 요소로 작용하는지 서서히 이해할 수 있게 된다. 리
빙스턴은 먼저, 왼쪽에 있는 사각형은 네 개의 직각삼각형과 파묻혀 있
는 사각형으로 '분해된다'고 강조한다. 도형을 조사하고, 문제의 여지가
없는 다양한 기하학적 관계(삼각형 내각을 모두 합치면 180도이고, 따라서
직각삼각형의 두 개의 예각의 합은 90도라는 공리와 같은)를 가정함으로써,
우리는 왼쪽 그림에 있는 네 개의 삼각형이 동일한 각과 빗변을 지녔음을
알 수 있다. 따라서 우리는 커다란 사각형에 파묻혀 있는 도형은 네 개의
삼각형 중 하나의 빗변에 의해 각 변이 구성된 사각형이라는 것을 파악할
수 있다. 리빙스턴은 오른쪽 그림을 틀 짓고 있는 사각형은 "똑같은 사각
형으로 간주될 수 있지만, 그림처럼 삼각형들이 자리를 차지하도록 재설
정된 것"으로 보도록 우리를 유도한다(〈그림 7-2〉를 볼 것).[62]

　요령은 이제 〈그림 7-2〉의 오른쪽에 있는 사각형에서 두 개의 음영 처
리되지 않은 사각형들이 왼쪽에 있는 사각형에 파묻혀 있는(음영 처리되
지 않은) 사각형의 표면적과 같다는 것을 보이는 것이다. 두 사각형의 표
면적의 동등성은 그림의 양쪽에 있는 커다란 사각형과 네 개의 같은 삼각
형의 면적 차이에 의해 결정된다. 증명은 오른쪽에 있는 두 개의 음영 처

---

62) Livingston, *Making Sense of Ethnomethodology*, p. 120.

〈그림 7-2〉

리되지 않은 사각형들이 삼각형의 두 변의 제곱이라는 것과 왼쪽에 있는
음영 처리되지 않은 사각형이 빗변의 제곱이라는 것을 깨달음으로써 발
견된다. 그렇지만 중요한 점은 내가 막 적절하게 제공한 특수한 지침들
이 어떻게 그림이 증명으로 작용하는지를 보여 주느냐의 여부가 아니
라, 63) 그림이 증명으로 보이자마자 변, 각도, 면적 사이의 동등하고 분
석적인 관계의 총체가 정리(theorem)와 일치 속에서 서로를 내적으로 지
원한다는 것이다. 이런 일이 발생할 때, 증명·해명은 증명을 수행할 수
있는 지침으로 해석될 수 있는 다양한 모든 방식의 '정밀한 해명'으로 출
현한다. 그리고 그런 점에서, 증명은:

초월적, 객관적, 해명 가능한 모습을 띤다. 증명은 증명-그림 그 자체에
이미 존재하는 것처럼 보인다. 그것은 실체적이고 '강력한' 현존(現存)으
로 나타난다. 그것은 증명에 적합하고 발견 가능한 세부사항들의 끝없는
깊이를 지닌 것으로 비친다. 이런 세부사항은 증명의 다양한 측면의 서로
다른 원근법적 시야에서 이용 가능한 것으로 보인다. 그것은 반복되는 심
문을 견뎌내며, 그것에 관심을 보이는 모든 탐구의 원인이자 원천으로 비
친다. 그것은 피타고라스 정리의 해명 가능하고 분석 가능한 증명이다. 64)

---

63) 예를 들면, 일종의 직접 해보는 증명으로는 가위를 사용하여 그려진 도형들을
　　잘라낸 다음 서로 맞춰 보는 것을 들 수 있다.

내가 이것을 읽듯 — 그리고 내가 독자들에게 교육적 차원의 과정을 통해 증명을 개괄함으로써 그것을 이해하도록 격려하듯[65] — 리빙스턴은 증명·해명의 초월적 '진리'가 증명의 지속적 작업의 '원인'이라고 말하고 있지 않을 뿐더러 증명·해명이 '그것에 관심을 보이는 모든 탐구의 원인이자 원천'으로 비치는 것이 단지 회고적 환상에 불과하다고 말하고 있지도 않다. 그 대신 그는 생활세계 쌍의 두 요소들 — 증명·해명과 증명의 체험된 작업 — 모두가 증명의 적절한 이해를 위해서는 반드시 필요하다고 주장한다. 그렇지 않다면, 증명·해명은 많은 것을 담아낼 수 있는 빈 텍스트 그림이 되겠지만, 그것은 어떻게 증명 '속에 그리고 으로서'(in and as) 지탱되는지 밝히지 않은 채일 것이다.* 증명 진술(〈그림 7-1〉)이 어떻게 정리를 증명하는 작업의 '정밀한 묘사'로서 자리 잡게 되었는지에 대한 독자들의 '발견'은 증명의 체험된 작업(증명 해명에서 공급된 텍스트 요소들을 읽고, 묘사하고, 어리둥절해하고, 조작하고, 재배열하는 실제적 과정)을 통해 달성된다. 그리고 독자가 도형을 지침들의 적절한 집합으로 보고자 한다면 증명을 '이해하고' 또는 '해석해야'만 한다고 말하는 것은 충분하지 않다. 왜냐하면 논증의 핵심은 그런 '이해' 또는 '해석'이 체화된 수학적 작업의 과정으로 포함시킬 수 있는 것을 상술화하는 것이기 때문이다.

---

64) Livingston, *Making Sense of Ethnomethodology*. p. 119.

65) 내 가르침이 혼란스럽거나 불확실하다는 것을 발견한 독자들은 리빙스턴의 텍스트(*Ibid.*)의 상담을 받아 보도록 권유하고 싶다. 이런저런 보기들은 또한 다음에서도 논의되고 있다. Dusan Bjelic, "The praxiological validity of natural scientific practices as the criterion for identifying their unique social-object character: the case of the 'authentication' of Goethe's morphological theorem", *Qualitative Sociology 15*(1992): 221~245.

• 〔옮긴이주〕'증명·해명'(proof account)이란 자연과학의 '법칙'(law)이나 사회과학의 '법칙 같은 일반화'(law-like generation)와 유사하다고 할 수 있다. 이런 것들은 모두 자신을 비우고 많은 다른 것을 채울 수 있는 일종의 '빈 텍스트 그림'처럼 기능하지만, 스스로 왜 그런 것을 증명이나 법칙으로 간주해야

수학에서 생활세계의 쌍은 문서적으로 연출된 다른 '쌍들' — 일부 활동의 체험된 작업을 동반하는 — 과 비슷한 것으로 보일 수 있다. 그러나 가핑클은 "마치 발견된 생활세계 수학의 영역이 존재하는 것처럼 생활세계 화학, 생활세계 물리, 생활세계 분자생물학 등의 영역들이 자연과학을 위해서만, 단지 발견 가능하게만, 존재한다"고, 그리고 더 나아가서 "생활세계 영역은 사회과학을 위해서는 논증될 수 없다"고 추론했다. 또한, 생활세계 영역은 게임의 규칙, 훈련 안내서, 고속도로 표지판, 윤리학의 직업분류코드, 계약 등과 조화롭게 수행되는 다양한 행위들을 위해서도 논증될 수 없다고 추론했다. 66)

그에 따라, 공무원과 가핑클 삼촌의 조우에 대한 '사례 기록'은 추출될 수 있는 행위의 과정에 대한 '정밀한 묘사'로서 풍자적으로만 간주될 수 있다. 기록은 오직 풍자적으로만 반복된 심문을 견딜 수 있고, '그것에 관심을 보이는 모든 탐구의 원인이자 원천'으로 보인다고 언급될 수 있다. 사례 보고가 나중에 연료 기름의 배당을 늘려 달라는 삼촌의 요구를 기각하기(거부를 정당화하기) 위한 문서적 토대로 작용할 수 있다는 사실이 리빙스턴이 문서에 적혀 있는 삼촌의 상황에 대한 정형화의 '서로 다른 원근법적 시야'라고 부른 것의 가능성을 미리 배제하지 않는다. 정리하면, 삼촌의 요구에 대한 문서화된 거부는 그 자체가 관련 공무원들에 의한 권위의 자의적이고, 완고하게 관료적이고, 비(非)동정적인 부과에 대한 불평의 원천이 될 수 있다. 만약 우리가 수학에서 특정한 증명 진술이 수학의 지시를 집행하는 책임을 지고 있는 '공무원들'의 자의적인 권력 부과를 통하여 뒷받침된다고 말해야 한다면, 그것은 수학적 증명을 말하는 전통적 방식에 따르면 매우 놀랍고 불명료한 것이 될 것이다.

그렇지만 민속방법론자들이 화학자가 실험실 안내서에서의 지침들을

하는지에 대해서는 밝혀 주지 못한다.
66) Garfinkel et al., "Respecifying the work of the natural sciences", p. 128.

따르는 방식이나 수학자가 유클리드 기하학의 정리에 대한 증명을 수행하는 방식에 특별한 지위를 부여하기를 원치 않을 것이라는 점은 쉽게 상상할 수 있을 것이다. 왜 그런 행위들은 지형도에 새겨진 육로상의 통로를 따라가거나, 요리책에 있는 재료들의 목록과 요리 순서들로부터 '보스턴의 가지'(aubergines à la Boston)를 준비하는 것과 같은 지침에 따른 '일상적' 행위와는 근본적으로 달라야만 하는가?67) 민속방법론적 무관심 — 블루어의 '대칭성' 원리는 물론 — 은 수학 증명과 실험 실천의 특별한 성격에 대한 단언적 가정을 지닌 사례에 편견을 갖게 하는 것을 금지하는 것처럼 보일 수 있다.

그런 관점에서, 발견하는 과학과 사회과학 사이의 가핑클의 대비는 몇 가지 친숙한 경계설정론자의 테마를 브리콜라주 전문성과 텍스트적 실천 사이의 비정상적 구분과 병치하는 것처럼 보인다.

사회과학은 말하는 과학(talking sciences)이고, 다른 곳이 아니라 텍스트에서 사회적 현상의 관찰가능성과 실천적 객관성을 성취한다. 이것은 승낙 문서를 관리함으로써, '단어들을 혹사함으로써' … 텍스트 읽기 또는 쓰기 기술을 통해 문자적 활동에서 이루어진다. 사회과학은 발견하는 과학이 아니다. '단단한 과학'(hard sciences)과는 달리, 사회과학은 자신들의 현상을 '잃어버릴' 수 없다. 사회과학은 해결해야 될 문제로서 현상에 대한 탐구를 수행할 수 없고, 결과적으로 그렇게 할 수 없고, 따라서 '시간을 낭비해 왔다'. 사회과학은 브리콜라주 전문성의 필수불가결성을 모르고 있다. 이런 것들은 사회과학 탐구 및 이론화의 국지적 조건이 결코 아니다. 68)

---

67) 클레본(Craig Cliborne, *The New York Times Cook Book*(New York: Harper & Row, 1961), p. 377)에 따르면, 이 조리법은 "준비하기 약간 지루하지만, 수지에 맞는 일이다".

68) Garfinkel et al., "The work of a discovering science", p. 133. 가핑클과 달리, 데리다는 쓰기를 과학자, 엔지니어, 문어적 학자 모두가 공유하는 브리콜

다른 곳에서, 가핑클은 실험실 실험의 '가차 없이 엄격한 연쇄', 과학자와 수학자 사이의 '쟁점이 해결될 수 있다'는 사실 등과 같은 확연히 다른 테마들을 언급하고 있다. 69) 물론, 이것은 가핑클의 프로그램을 문자적 서술의 지배성, 논쟁의 사회적 종결, 과학자의 실천과 주장의 유연성 등에 대한 과학지식사회학의 영향력 있는 주장과 충돌한다. 사회과학 탐구의 (단순한?) 텍스트적 성격에 대한 그의 강조는 인문학과 자연과학 사이의 대비를 전제하는 것처럼 보인다. 이런 대비는 과학을 '허구적' 수사용법과 서사적 틀을 통합하는 문자적 장르로 보는 현재의 경향성과 경쟁 관계에 놓인다. 더욱이 그의 '문자적 활동'에 대한 명예훼손은 많은 사회학자와 역사학자가 사용하는 개념과 비교되는 것으로 텍스트성에 대한 협소한 개념을 함축한다 — 사회학자와 역사학자는 시료 소재와 장치 기록의 구성, 박물관 소장품 및 축소 모형(diorama)의 조직, 다양한 종류의 시각 자료의 구성 등과 같은 이질적 양식의 텍스트적 표상을 서술하기 위해 문자적인 이론적 개념을 채택한다. 70)

발견하는 과학에 관한 가핑클의 제안은 과학적 실재론과 자연주의에 대한 역행적 옹호를 표현하는 것처럼 보일 수 있지만, 나는 그런 읽기에 반대한다. 가핑클은 발견하기, 현상 잃기 등의 가능성을 설명하려고 독립적 자연세계의 '실재'에 호소하지 않는다. 그 대신, 그는 과학 쓰기와

뢰르의 실천으로 다룬다. 다음을 볼 것. Jacques Derrida, "Structure, sign, and play in the discourse of the human sciences", pp. 247~272, in R. Macksey and E. Donato, eds., *The Structuralist Controversy: The Languages of Criticism and the Sciences of Man* (Baltimore: Johns Hopkins University Press, 1970).

69) Garfinkel et al., "Respecifying the natural sciences", pp. 4, 33.

70) 예를 들면, 다음을 볼 것. Joseph Gusfield, "The literary rhetoric of science: comedy and pathos in drinking driver research", *American Sociological Review 41* (1976): 16~34; Michael Mulkay, *The World and the World: Explorations in the Form of Sociological Analysis* (London: Allen & Unwin, 1985): Haraway, *Primate Visions*.

수학 텍스트가 물질적으로 체화된 삶의 형식의 일부라고 주장한다. '발견하는 과학의 작업'을 환원 불가능하게 체화된 성취로 취급함으로써, 가핑클은 관념, 공식, 방법의 규칙, 자서전 네트워크, 이론적 및 메타이론적 헌신 등의 몸체로의 과학적 실천의 환원에 반대한다. 규칙, 방정식, 여타 형식주의의 역할을 부정하지 않은 채, 가핑클은 그런 정형화를 체화된 실천 속에 위치 지우는 것이 필요하다고 주장한다.

사회과학이 자기 자신의 체화된 실천을 지닐 수 있다는 관념을 즐기는 것에 대한 가핑클의 엄격한 거부에 반대하고 싶은 생각이 클 수 있지만,[71] 내가 이해하는 바에 따르면, 이 거부의 초점은 투명성, 맥락 비의존성, (규칙, 모형, 텍스트, 기호, 수식 등의) 강제력 등을 가정하는 것을 피하고자 하는 것이다. 이것은 가핑클과 사회과학자들 — 이들은 사회적 행위의 '단순한 국지적' 이해로 '충분'하지 않기 때문에 특정한 행위자들의 생활세계에 내재해 있는 한계를 초월한 사회적 행위체계의 표상을 고안해 내야만 한다고 주장한다 — 을 서로 충돌하게 만든다.[72]

그런 훈령에 대한 민속방법론의 무관심은 사회적 분석가를 생활세계의 '외부에' 그리고 통합된 기호의 장(場)의 중심에 위치시키는 표상적 프로그램의 적절성에 문제를 제기함으로써 사회과학의 토대적 주장을 상대화하는 효력을 지닌다. 기호의 문자적 결합 — 규범적 범주의 도식적 해명,

---

71) 다음을 볼 것. Harold Garfinkel, "Can the contingencies of the day's work in the natural sciences be used to distinguish them as discovering sciences from the social sciences and humanities?" unpublished proposal, Department of Sociology, UCLA, 1989.

72) 하버마스, 기든스, 부르디외 등의 비판에 대한 제1장의 내 논의를 볼 것. Jürgen Habermas, *The Theory of Communicative Action*, *vol. 1: Reason and the Rationalization of Society*, Thomas McCarthy 역 (Boston: Beacon Press, 1984); Anthony Giddens, *The New Rules of Sociological Method: A Positive Critique of Interpretive Sociologies* (London: Hutchinson, 1978); Pierre Bourdieu, *Outline of a Theory of Practice*, Richard Nice 역 (Cambridge University Press, 1977).

하버마스의 유형학(typology), 기호학적 지도, 서사적 구조, 부호화된 인터뷰의 수집, 동족의 또는 동형의 개념 집합, '발화교환체계'(speech-exchange system)를 정의하는 규칙의 몸체 — 은 분석가가 **모델화된** 사회질서의 요소들을 모으기 위해 다양한 역량들의 전경(全景)을 자유롭게 가로질러 돌아다닐 수 있는 매체로 작용한다.

유일한 표현들로부터 탈(脫)국지화된 기호학적 도식으로의 분석적 이동을 중단할 것을 요청함으로써, 가핑클은 (민속방법론의 기치 아래 승선한 많은 것을 포함하여) 사회과학에서 가상적으로 확립된 모든 프로그램의 예비적 필수조건을 유보하고 있다. 그리고 가핑클은 사회과학이 "브리콜라주 전문성의 필요불가결성을 모르고 있다. 이런 것들은 사회과학 탐구와 이론화의 국지적 조건이 결코 아니다"라고 말함으로써, 사회과학이 체화된 생산물과 텍스트적 연출의 상호적 사용을 고려하지 않음으로써 **기호를 물신화**한다고 주장한다. 그렇지만 우리가 이것을 인정하는 경우조차, '자연과학'에서 생활세계의 쌍을 자동차 정비, 요리, 다례식, 범죄변론술 등과 같이 국지적이고, 체화되어 있고, 물질적으로 위치 지워진 실천들에서 '발견 가능한' 역할을 지니는 것으로부터 구분해 낼 수 있다는 사실은 전혀 정당화될 수 없는 것 같다.

앞에서 '언어게임'에 대해 말했던 것으로부터 예를 들자면, 분자생물학의 언어게임은 분과적 숙련 및/또는 지식의 몸체라는 닫힌 집합에 속박된 것이 아니라, 그런 게임이 엄청나게 다양한 담론적이고 체화된 실천 — 이런 실천의 일부는 엄격하고, 독특하고, 정밀하기보다는 엔진을 튜닝하거나 청진기를 준비하는 것과 별 차이 없어 보인다 — 에 의해 관통되고 있다고 가정하는 것이 합리적인 것처럼 보인다. 더욱이, 정확성, 엄격한 순차성(sequentiality), 변이의 허용한계 등의 기준은 여타 다양한 기능, 문예(文藝), 가사활동 등에서와 마찬가지로 실험실 작업에서 '전적으로 실용적인 목적'에 따라 평가된다. 실험실 작업의 연쇄가 항상 '가차 없이 엄격하지' 않을 뿐만 아니라, 많은 과학사회학 연구에서 보고하듯, 자연과학에서 쟁점들이 지루한 논쟁을 거치지 않고 반드시 '해결되는' 것도 아니다(아마도 수학자들도 결국에는 '싸우기 시작할' 것이다).

우리가 수학과 (일부) 자연과학에서 가핑클의 생활세계의 쌍에 대한 설명을 받아들이든 그렇지 않든, 그가 '사회학적' 관심에서 그것을 배제할 목적이 아니었음은 분명히 해야 한다. 그와 반대로, 그는 이런 '엄격한' 실천을 특별히 흥미로운 민속방법론적 현상들로 파악한다. 제5장의 비트겐슈타인의 수열의 사례에 대한 논의를 떠올린다면, 우리는 엄격한 실천이 '사회적 성취'라는 것을 이해하고자 실천을 향해 회의적 입장을 취해야 한다고 가정할 필요가 없음을 알아챌 수 있다. 또한, 그런 사실을 이해하려고 실행자 공동체의 구성원들이 실천에 대한 엄격함과 신뢰성 속에서 어떻게 '신념을 공유하게' 되었는지를 설명할 필요도 없다. 그것은 마치 그런 '신념'이 다소 근거가 없으며 자의적으로 부과된 것처럼 보이게 할 것이기 때문이다. 그 대신, 비트켄슈타인의 논증은 비물질적이고 유리된 심적 상태(mentalities)가 제거된 실천적 우주에서 '엄격함'(rigor)과 '확실성'이 의미할 수 있는 바를 재(再) 상술한다. (일부) 조율된 행위의 엄격함은 '실제적' 엄격함과 대비되는 것으로서의 인공적 엄격함이 아니다. 비트겐슈타인에게 그것은 우리가 지닐 수 있는 유일한 종류의 엄격함이다.

마찬가지로 비트겐슈타인을 따라, '가차 없이 엄격한 연쇄'와 '정밀한 묘사'를 자연과학과 수학에서의 실천에만 연동시킬 필요는 없다. 측정하기, 숫자세기, 묘사하기, 관찰하기, 서술하기 등과 연관된 다양한 언어 게임은 과학 못지않게 일상생활 속에 그 '본거지'를 두고 있다. 물론, 고도로 복잡하고 '드문' 숙련 및 직관은 전문화된 분과에서 배양되지만(예: 분자생물학에서. 이 분야에서 구성요소들은 통상적으로 극도로 작은 양(量)으로 '다뤄진다'), 이것이 자연과학 분과에서의 엄격한 생활세계의 쌍과 사회과학 및 일상생활에서 수행되는 보다 유연하고 임시변통적인(ad hoc) '다큐멘터리 방법들'(documentary methods) 사이의 절대적 구분을 정당화해 주지는 않는다. 우리는 '과학'을 실천적 이성의 가장 효율적이고 고결한 성질과 동의어로 다루려는 공통된 경향성을 피할 수 있기를 바란다.

발견하는 과학과 다른 실천행위 사이의 절대적 구분이 보장될 수 없음에도, 가핑클과 리빙스턴의 연구는 형이상학적 실재론 또는 합리주의에 대한 확실한 인정에 기초하지 않은 구성주의적 과학사회학에 대해 도전장을 던진다. 예를 들면, 리빙스턴은 수학적 증명의 엄격함을 설명하려 하지 않는다. 그의 텍스트적 논증이 성공을 거둘 수 있을 정도의 범위에서, 그들은 독자들을 현상의 장(場)에 위치시킨다. 이 장에서는 일련의 텍스트적 책략들을 통해서 증명이 지닌 행위에 대한 명료하지만 성찰적인 설명에 존재하는 추가적 증언을 확보할 수 있다. 리빙스턴의 수학 판본에 대한 '검사'는 독자들이 읽을 수 있도록 해당 내용을 담아냈다고 그가 말한 바를 독자들이 발견하느냐, 못하느냐에 달려 있다. 즉, 그의 성공 여부는 독자들의 투쟁 — 증명을 '얻기' 위한 투쟁과 증명의 명료한 교훈에 '저항하기' 위한 투쟁 모두 — 이 (증명 해명이 서술하는) 수학적 언어게임의 문법적 '내용'이 되는 정도에 따라 좌우된다. 다양한 경로들은 증명 진술이 증명의 실행에 어떻게 개입하는가를 분명하게 보여 줄 수 있지만, 이런 '선택'의 경로들은 그 자체로 자유롭게 선택된 개인적 전략 또는 정통적 '견해'에 대한 순응이라는 마지못한 행위가 아님을 보여 준다. 민속방법론자들의 경우, 그런 게임은 사회적이라기보다 의례적 예법을 실행하거나 군사적 명령을 따르는 것이지만, 게임의 문법은 그 자체로 독특하며 연구할 가치가 있는 것이다.

원시적 인식논제들의 탐구를 향하여

긴 과정을 거쳐 마침내 나는 일상적 실천행위에 대한 민속방법론의 접근과 과학지식사회학의 과학적 실천의 '내용'에 대한 관심을 결합하는 탐구 '프로그램'의 개요를 그릴 준비를 마쳤다. 내가 염두에 두고 있는 탐구는 사회적 행위의 교육적 재생산가능성을 만들어 내는 해명가능성의 원시적 구조이다. 나는 이것이 단일한 현상이 아니라고 가정한다. 민속방법론과 과학사회학의 기존 연구로부터 판단해 보건대 고도로 분산되고 불연속적인 실천의 장(場)에서 숙련, 목적, 장비, 텍스트, 자료, 일상화, 행위의 양식 등의 서로 다른 배열 구조를 발견하기란 어려운 일이 아닐 수 있다. 그런 탐구의 출발점은 '인식논제들' — 매우 종종 과학적이고 실천적인 추론의 논의에서 제기되는 담론적 테마들(즉, 관찰, 서술, 재현, 측정, 합리화, 표상, 설명 등) — 이다. 인식논제들은 고전적으로 인식론적이고 방법론적인 논의에서 중심으로 자리 잡고 있지만, 그에 못지않게 세속적 탐구에도 관련되어 있다. 가핑클을 부연하자면, 인식논제들은 '대학으로 가서 재교육을 받았던' 세속적 테마들이다.

물론, 인식론의 주제를 (호전적으로) 탈취하자는 제안이 새로울 것은 없다. 과학사회학의 스트롱 프로그램은 철저하게 인식론의 '사회학적' 다시쓰기를 시도했고, 가핑클과 삭스는 사회과학 철학의 고전적 쟁점들을 붙잡고 일상적인 사회적 성취로서 그 쟁점들을 재(再)상술화하려고 했다. 그러나 두 분야에서 이루어진 인식론적 탈취는 과학의 신화론적 개념에 호소함으로써 이런저런 연구 프로그램의 분석적 토대를 지키려는 시도들에 의해 전복되고 말았다. 과학주의의 유혹과 함정은 사회학의 전통적 영역에서와 마찬가지로 민속방법론과 과학지식사회학에서도 굳건히 자리 잡고 있다. 문제는 많은 사회과학자들이 합법적 대안을 전혀 찾을 수 없다는 데 있다.

인간 활동의 '체계들'과 규범에 기반한 평가와 개선 프로그램들을 포괄적으로 해명해야 할 당면한 필요성에 비춰 볼 때, 견고하고 명확한 과학을 결여한 어떤 것도 적절성이 떨어져 보인다. 그렇지만 확립된 과학이라는 환경 속에서 작업하는 것과 그런 환경이 이미 적절하게 갖춰져 있기를 바라는 것은 서로 다른 일이다. 그런 환경의 부재 속에서, 과학이 전 문화를 시도하면서 축적한 세속적 논제들을 평가해 보는 것은 가치 있는 일인 것 같다. 순혈(純血)의 사회과학이 가까운 장래에 그런 탐구를 시도할 것 같지는 않지만, 그런 탐구는 어떻게 그리고 왜 사회과학이 일상적 실천추론을 초월하기 위한 자신의 노력에 '갇히게' 되었는지 조사할 수 있는 길을 열어 준다. 내가 염두에 둔 연구 프로그램은 다음과 같이 개관할 수 있다.

1. 하나 이상의 인식논제를 선택하여 시작하라. 인식논제들은 과학사, 과학철학, 과학사회학의 방대한 문헌에서 두드러지지만, 이 경우 우리의 목적은 가핑클이 '명료한 배경'(perspicuous settings) — 즉, 친숙한 언어게임, 그 속에서 이런저런 인식논제가 두드러지게 통속적 역할을 수행한다 — 이라 불렀던 것을 탐구함으로써 학술 문헌에서 탈주하는 것이 될 것이다. 예를 들면, 과학철학에서 '관찰'에 대한 흥미롭고 해박한 수많은 논의가 존재하는 것과는 별도로, '관찰'은 실천, 문어적·구술적 지시, 여타 수많은 조직 활동(그중 일부는 꽤나 시시하고 일상적인 것) 등에서 두드러진 위치를 차지하고 있다. 학술 문헌은 그런 탐구를 시작하기 위한 적절한 토대를 제공해 주는데, 〔예를 들면, 관찰에 대한 - 옮긴이〕학술적 논쟁이 해당 인식논제의 초기 중요성을 확립해 준다는 조건을 만족하기만 하면 충분하다. 내가 개관하고 있는 프로그램의 경우 문헌은 폐기될 수 없지만 — 무엇보다도, 문헌은 탐구의 현황을 보여 준다 — 학술적 대화는 고전 문헌의 상설(詳說) 이외의 다른 수단에 의해 서로 계속될 수 있다.

2. 원시적 사례들을 찾아라. 이 책에서 나는 과학에 초점을 맞추고 있

고, 인식논제들이 과학에서 역할을 맡고 있음은 의심의 여지가 없다. 그렇지만 과학자들이 관찰, 서술, 측정, 진리 말하기, '가차 없이 엄격한 연쇄'의 실행 등에 배타적 권리를 가지고 있지 않음을 잊어서는 곤란하다. 과학과 수학(우리가 이런 활동들을 뭐라고 정의하든 간에)은 특수한 인식논제들의 탐구를 위한 분명한 사례를 제공하지만, 이것이 곧 입자물리학자들이 관찰하는 방식을 모든 관찰의 패러다임으로 제공해 줄 수 있음을 뜻하는 것은 아니다.[73] 실제로, 입자물리학자들의 실천은 관찰에 대한 연구를 시작하기 위한 최고의 사례가 아닐 수 있다. 물리학 분야에서 훈련받은 사람이 아니라면, 입자물리학에서 '관찰하기'에 돌입하는 데 필요한 통속적 언어, 계산 방법, 기술적 숙련 등은 실천적으로 접근하는 것이 불가능할 것이다. 더욱이, 그런 관찰에 대한 서술은 과학사회학, 과학사, 과학철학의 많은 독자들을 이해시키기 위해 단순화되고 오도된 방식으로 제시될 수밖에 없을 것이다.

가핑클의 방법들의 고유한 적절성 요구는 실천의 철저한 숙련을 달성하고 나서야 민속방법론적으로 분석이 가능한 것처럼 비칠 수 있지만, 비트겐슈타인의 언어게임에 대한 해명은 그와는 다른 그림을 제시한다. 비트겐슈타인에 따르면, 우리는 셈법, 계산법, 추론법, 측정법, 관찰방법, 서술방법, 보고방법, 지시이행 방법 등을 이미 다소간 알고 있다. 이것은 이런 테마들에 대한 우리의 이해를 '성찰하기' 위한 노력이 우리의 역량을 시험대에 올릴 것임을 뜻하지 않는다. 그 대신, 비트겐슈타인은 특수한 단어나 언어적 활동을 두드러지게 만드는 '원시적 언어게임'을 고안함으로써 우리의 활동을 **명료하게**(perspicuous) 만드는 방식을 고안한

---

73) 예를 들면, 쉐피어(Shapere)는 물리학자들이 뭔가를 '발견했다'는 사실을 확립하는 데 사용하는 기법이 관찰에 대한 보편적 진술을 만들기 위한 토대를 제공해 준다고 자연스럽게 가정하는 것 같다. 다음을 볼 것. Dudley Shapere, "The concept of observation in science and philosophy", *Philosophy of Science* 49(1982) : 231~267.

다. 예를 들면, 비트겐슈타인은 일반적으로 수학에 대한 탐구에서 연속된 기수의 셈법과 같은 단순한 보기를 사용한다. 셈법은 말할 수 없이 단순하지만, 그럼에도 그것은 하나의 참된 수학적 운용이다. 더욱이, 그것은 "우리의 생활에서 중요한 부분이고 … 우리의 생활에서 가장 다양한 방식으로 날마다 채택되는 기법이다". 그렇기 때문에, 우리는 "끝없는 실천을 통해, 자비 없는 정확성을 가지고" 셈법을 배운다. 이것이 우리 모두가 '1' 다음에는 '2'가, '2' 다음에는 '3'이, … 이 온다고 무덤덤하게 단언할 수 있는 이유이다. 74) 비트겐슈타인은 다음의 언급을 통해 산수에서 가져온 단순한 사례의 사용을 정당화한다.

나는 철학자로서 수학에 대해 말할 수 있다. 왜냐하면, 나는 우리의 일상어의 말들로부터 발생하는 수수께끼들만을 다룰 것이기 때문이다 — '증명', '수', '수열', '차수' 등. 우리의 일상어를 안다는 것 — 이것은 내가 수학에 대해 말할 수 있는 한 가지 이유이다. 또 다른 이유란 내가 살펴보려는 모든 수수께끼들이 가장 초보적인 수학을 통해서 모범사례가 될 수 있기 때문이다 — 우리가 여섯 살에서 열다섯 살까지 배울 수 있는 계산에서, 또는 우리가, 예를 들어, 칸토르(Cantor)의 증명*을 쉽게 배울 수 있는 것에서. 75)

3. 인식논제들을 뒤좇으며 실제 사례들을 구체적으로 탐구하라. 비트겐슈타인의 접근을 민속방법론으로 전환시킨다는 것은 '자연적으로 발생

---

74) Wittgenstein, *Remarks on the Foundation of Mathematics*, G. E. M. Anscombe 편역(Oxford: Blackwell Publisher, 1956), p. 1, sec. 4.

● 〔옮긴이주〕 칸토르의 증명은 무한집합에 대한 것이다. 무한집합의 경우에는 부분집합이 전체집합에 포함되지 않는 역설이 발생하는데, 칸토르가 이를 증명했다.

75) Wittgenstein, *Lectures on the Foundations of Mathematics*, Cora Diamond ed. (Ithaca, NY: Cornell University Press, 1976), p. 14.

하는' 원시적 언어게임을 조사하고, 그것의 실행을 구체적으로 탐구하는 것을 의미한다. 예를 들면, '셈하기'의 실천적 편제를 조망하기 위해서는, 어린이에게 셈법 가르치기, 블랙잭 게임에서 카드 세기, 세금을 목적으로 '수입' 산출하기, 정부의 관료제로부터 복지혜택을 받는 고객 세기, 감옥에서 수감자 '집계하기' 등과 같이 재현되고, 관행적으로 행해지고, 익숙하고, 관찰 가능하고, 비교 가능한 '게임들'을 찾아내는 것이 가치로울 수 있다. 각각의 실례는 우리가 셈법을 수학적 운용으로 고려할 때 쉽게 생각이 떠오르지 않는 적실성의 편제를 선명하게 드러내 준다. 동시에, 각 사례에 대한 연구는 의심할 여지 없이 센다는 것이 의미하는 바를 연장하고 세분화한다. 단일한 어떤 사례도 다른 모든 것을 대표할 수는 없지만, 인식논제에 의해 공급된 사례들 사이의 '개념적 묶음'(이 경우에는 '셈법')은 탐구에 보편적 중요성을 부여해 준다. 각각의 언어게임에 대한 탐구는 셈법에 대해 '뭔가를 말해 준다'.

4. 고유한 적절성 요구를 뒤따르는 각 사례를 탐구하라. 앞에서 말한 것을 전제로, 가핑클의 '방법들의 고유한 적절성 요구'는 민속지 분석을 시도하기 위한 선행조건으로서 탐구대상인 분과를 배우라는 충고로 이해할 필요는 없다. 그 요구가 거대이론과 추상적 비판의 특권으로부터 멀리 떨어져 있을 것을 경고하고 있지만, 동시에 그 요구는 독자들에게 현상적 실천의 장(場)으로 들어가서 거론된 바를 확인해 볼 수 있는 기회를 제공해 줌으로써 실천에 대해 서술의 적절성을 논증할 수 있는 방법과 관련되어 있다.

수학적 증명에서, 예를 들면, 표기법의 역할에 대해 리빙스턴이 말한 바는 독자에게 증명 진술과 지침을 제공함으로써 논증된다. 리빙스턴의 주장은 독자의 작업에 속박되는데, 증명 뒤따르기의 냉혹함에 대한 그의 주장의 권위는 독자가, 예를 들어, 메모지에서 실행하는 증명의 체험된 작업에서 그의 주장이 '발견되기' 전까지, 그리고 '발견되지' 않는 한 그의 논증으로부터 제공될 수 없기 때문이다. 사태가 이런 관계로, '고유한 적절성'은 텍스트의 서술과 논증에서 드물게 성취된다(그리고 말할 필요도 없이, 그것은 이 책에서 성취되지 않는다). 76)

관찰, 측정, 설명 등과 같은 인식논제들의 경우, 임무란 독자들이 관찰, 측정, 설명 등을 실행하도록 — 또는 최소한 다른 사람들의 성취가 세부적으로 정교해짐에 따라 대신하여 뒤따르도록 — 이끌어 주는 실습을 구축하는 것이다. 그에 따라 독자들은 적절한 실행을 시도해 볼 수 있다. 예를 들어, 가핑클과 일부 동료는 갈릴레오의 경사면 실험을 '재창조했다'. 이는 갈릴레오가 해야만 했던 것을 재구성하는 데 목적이 있었던 것이 아니라, 실험을 실행하는 데 있어서의 구체화된 수행적 특성을 탐구하고자 고전적 사례의 상대적 단순성과 친밀성을 이용하려는 목적에 따른 것이었다. 전적으로 실용적인 목적에서, '갈릴레오의 실험'은 '실험적 관찰하기'를 탐구하기 위한 원시적 언어게임이 되었다.

5. 민속방법론적 무관심을 과학이 존재한다는 사실에 적용하라. 삭스가 '과학이 존재한다'고 제안했을 때(제 6장을 볼 것), 확실히 그는 보편화된 방법이 그런 존재에 속박되어 있다고 가정했다. 그리고 내가 이 장의 앞부분에서 언급했듯, 가핑클과 리빙스턴은 가끔씩 수학과 자연과학에서 생활세계의 쌍에 특별한 **인식론적** 지위를 부여하는 것처럼 보인다. 여기서 내가 추천하는 것은 민속방법론적 무관심이라는 기조를 과학이 존

---

76) 가핑클(개인적 의사소통)은 이런 점에서 '고유하게 적절한' 민속방법론적 통체(統體)에서 네 가지 연구 분야를 가려냈다 — 에릭 리빙스턴의 괴델의 증명에 대한 논증(The Ethnomethodological Foundations of Mathematics), 가핑클과 리빙스턴의 논문("Notation and the work of mathematical discovery"), 두산 브젤릭과 마이클 린치의 논문("The work of a (*scientific*) demon-stration: respecifying Newton's and Goethe's theories of prismatic color", pp. 52~78, in G. Watson and R. Seiler, eds., *Text in Context: Contributions to Ethnomethodology* (London: Sage, 1992)〕, 가핑클, 브리트 로빌라드, 루이스 나렌스(Louis Narens), 존 웨일러(John Weiler)에 의한 갈릴레오의 경사면 실험에 대한 미출간된 연구 등.

재한다는 사실에 적용하라는 것이다. 이를 통해, 내가 뜻하고자 하는 바는 '과학'의 존재가 근대적 생활세계에서 인지 가능한 사실이라는 점에 의문을 던지라는 것이 아니라 과학자와 수학자의 활동이 인식론적으로 '특별한지'의 여부에 대한 판단을 유보하라는 것이다. 자동차를 고치거나 저녁을 준비하는 것과 다름없는 과학적이고 수학적인 실천을 위해서는 일부 평범한 숙련 및 관행의 규율화된 사용과 함께 전문화된 훈련이 요구된다는 점을 부정하지 않은 채, 나는 이렇게 드물고 전문화된 역량이 참된 관찰을 수행하고, 의문의 여지가 없는 증명을 구축하고, 발견을 이뤄 낼 수 있는 고유하게 정합적 방법들을 판별해 줄 것이라고 가정하지 말 것을 권고하고 있다. 어쨌든 이 권유는 블루어의 공평성 원리의 측면들과 가핑클의 무관심 기조를 융합한 것이지만, 결과는 블루어가 상상하는 것과 다르다. 과학의 '성찰적' 민속방법론은 연구대상 분야와의 유비를 통해 그 방법을 보장받을 수 없을 것이다. '과학'이 탐구 대상인 분야와 탐구의 방법 모두를 위한 '토대'를 제공해 준다는 가정은 유보될 것이다.

과학을 향한 무관심은 과학과 수학을 지식사회학을 위한 특별한 논제로 취급하기 위한 추진력(impetus)을 크게 약화시킨다. 아이들이 기초 산수를 어떻게 배우는지에 대한 연구, 또는 심지어 허가받은 기관의 고용인들이 고객들에게 술을 제공할 때 '나이 증명'(proof of age)에 대한 서류상의 증거를 어떻게 평가하는지에 대한 연구가 '증명'이 함축할 수 있는 바를 설명하는 데 도움을 줄 수 있는 것 이상으로, 전문 수학자들이 '증명'을 실행하는 방식이 '증명'의 연구를 예증한다고 선험적으로(a priori) 가정할 어떤 이유도 존재하지 않는다. 그러나 과학과 수학에서의 '다큐멘터리 방법'이라는 특성을 위해 만들어진 사례를 포함하고 있는 고전 문헌의 방대한 몸체라는 배경적 속삭임이 주어진 가운데, '고급' 수학의 연구를 선택하는 것은 의미가 있다.

무관심 기조가 수학의 진리에 대한 주장을 **불신하도록** 우리를 이끌지 않기 때문에, 수학적 증명의 연구를 통해 수학의 '진리'가 의미하는 바를 재(再) 상술하는 것은 얼마든지 가능하다. 77) 과학과 수학은 이따금씩 관찰, 측정, 발견 등의 탐구를 위한 명료한 사례로 적당한데, 이런 '인식논제들'이 실천 과정에서 뚜렷하게 형상화되기 때문이다. 물리학자들이 관찰을 실천하는 방식에 특권을 부여할 아무런 이유가 없음에도, 그들의 실천은 흥미로운 방식으로 관찰이라는 개념 아래에서 동일시되는 이질적 실천의 연구에 대한 정보를 제공해 줄 수 있다. 78) 이것이 과학 내외에 존재하는 관찰의 서로 다른 다양한 양식들에 대한 연구를 미리 차단하지 않을 것이다. 실제로, 우리는 그런 사례를 마찬가지로 원하게 될 것이다.

6. '정상과학'(normal science) 방법론을 사용하라. 이것은 쿤의 '정상과학'이 아니라 놈 촘스키가 한 사회학자와의 논쟁에서 행한 즉석 비평에서 도출된 것이다. 79) 촘스키는 '주류' 미국 언론이 국제 사건과 갈등을 다루는 방식을 비판했다. 그가 발표에서 다수 국가 및 역사 간 비교를 실시하자, 한 사회학자 논평자가 그의 설명이 비교 가능한 사례들을 선택하기에 적절한 '방법론적' 규범을 따르고 있는지 여부를 물었다. 촘스키는 논평에 대한 답변에서 자신의 목적을 추구하기 위해서는 사회학의 어떤 특별한 지식이나 방법론이 필요치 않다고 주장했다. 그러면서, 자신은 자신의 글에서 '정상과학'을 실천했다고 주장했다. 이로부터, 나는 그가 '꾸밈이 전혀 없는 것'(nothing fancy)을 의미했다고, 즉 그의 방법이란 (논쟁이 될 수 있는) 비교 가능한 사례들을 병치하고, 증언과 보고를 인용하고, 공통의 테제를 끌어내고, 관련된 모순 및 경향성에 주목하고, 공

---

77) 나는 이것이야말로 가핑클과 리빙스턴이 수학과 과학에 대한 자신들의 연구를 통해 주장하고자 한 바라고 생각한다. 리빙스턴의 책(*The Ethnomethodologica Foundations of Mathematics*)은 그런 주장에 기초한 주요 문서이다.

78) 예를 들어 다음을 볼 것. Trevor Pinch, "Towards an analysis of scientific observation: the externality and evidential significance of observational reports in physics", *Social Studies of Science 15* (1985): 3~36.

79) 동부사회학협회(The Eastern Sociological Association) 연찬모임, 보스턴, 1990년 4월.

통의 직관 및 판단에 호소하는 그런 것이라고 생각한다. 80)

이런 의미에서, '정상과학'은 관찰하기, 서술하기, 비교하기, 읽기, 질문하기 등의 일상적 양식을 사용하고, 그것의 구성적 활동은 통속적 용어로 표현된다. 이상화된 과학적 관찰자의 관점에서, 이것은 실망스러움을 안겨 주는 방법론일 수 있다. 논쟁적 주제에 대한 토론을 끝내거나 '상식의 편견'을 뛰어넘는 규범적 판단을 위한 권위 있는 토대를 제공하는 데 거의 아무런 기여도 할 수 없기 때문이다. 이런 정상과학은 원주민의 직관, 통속적 범주, 상식적 판단 등에 의해 철저하게 '오염된' 분석을 제공한다. 그리고 촘스키의 경우, 정상과학은 정치적으로 이론(異論)이 있는 주장을 형성하기 위한 일련의 도구들을 제공해 준다. 비록 정상과학이 과학적 사회학을 위한 아무런 토대도 제공해 주지 않음에도 불구하고, 내가 염두에 두고 있는 종류의 탐구에는 기여도가 매우 높다. '전문적' 경향이 큰 접근은 우리를 현혹시켜서, 우선적으로 '자연적' 배경에서 이해되어야만 하는 원시적인 인식적 현상에서 우리의 관심을 흩뜨려 버리기 때문이다.

내가 '정상과학'을 추천하는 것은 상식에 호소하기 위해서가 아니라 사

---

80) 사회학의 비슷한 삼감(eschewal)은 다음 인용문에서 프리먼 다이슨(Freeman Dyson)에 의해 주어진다. "내 사회과학 동료는 방법론에 대해 대단한 열성을 갖고 말한다. 나는 그것을 스타일이라 부르고 싶다. 이 책의 방법론은 분석적이라기보다는 문예적이다. 인간사를 향한 통찰력을 위해, 나는 사회학보다는 이야기와 시로 방향을 돌린다." 다음을 볼 것. Freeman Dyson, *Disturbing the Universe*(New York: Harper & Row, 1979). 인용은 Bernard Barber, *Social Studies of Science*(New Brunswick, NJ: Transaction Publishers, 1990), pp. 254~255. 다이슨은 전문가의 '방법론'이 없다면 자신은 이야기와 시에 의존했을 것이라고 추론한다. 촘스키의 '정상과학'의 매력은 과학을 그런 방법론적 제약과 동일시하지 않는다는 점이다. 나는 학술대회에서 이루어진 촘스키의 논평을 연구 프로그램을 위한 제안과 동일시하기를 원치 않으며, 그의 논평이 그의 언어학 연구를 포괄할 수 있도록 하고 있는지에 대해서도 의구심을 품고 있다.

회과학방법론과 결부된 특별한 인식론적 지위를 향한 무관심을 유지하기 위해서이다. 인식논제들은 테마적 대상이자 분석적 '도구'이기 때문에, 고유한 적절성을 담보하기 위해서는 (앞에서 개관한 의미에서) 모든 분석이 일종의 '이중적 투명성'(double transparency)에 종속되어야만 한다. 예를 들면, '대상의 모습을 서술하거나 측정하는 것'을 조사하는 언어게임은 반드시 독자들에게 투명하게 인식될 수 있어야 하고, 그런 투명성은 연구주제가 되어야만 한다. 이와 같은 해명에 대한 급진적 성찰성은 전적으로 회귀적 함축을 지닌 채 '관찰하는 자신을 관찰하기'에 대한 질문이 아니라 행위의 '적절한' 재생산이 가능하도록 서술함으로써 행위의 투명성을 시험하는 것에 대한 질문이다.*

이런 이중적 투명성에 동참하기 위해, 서술은 반드시 직관적으로 인식할 수 있는 행위의 실천적 재생산을 담보해야만 하며, 그런 행위의 실행에 대한 투명한 상술(詳述)을 위한 표시법의 목록을 제공해야만 한다. 이중적 투명성은 모두 단일한 텍스트적 대상으로 붕괴되지만(〈그림 7-1〉에서와 같이), 읽기 과정에 적용될 때 그것들은 확연히 구분되는 '교육적' 순간이 된다. 이런 원시적 자연과학을 위한 준거점은 보편적 의식이나 특화된 전문가 공동체가 아니고, '우리'가 이미 이용할 수 있지만 추가적 훈련 및 상설(詳說)의 여지가 있는 엄청나게 다양한 역량들의 집합이다. 정상과학을 추천함으로써, 나는 민속방법론에 대한 '가볍고' 또는 '쉬운' 접근을 제안하고자 하는 것이 아니다. 그 대신, 나는 선험적 보편 방법론에서 벗어나서 명료한 배경과 조화를 이루는 '고유하게 적절한' 방식이라는

---

* 〔옮긴이주〕 스트롱 프로그램에서 제시하는 성찰성 명제는 회귀적 함축을 지닌 것으로 순환논리에 갇히는 불행한 결과를 낳는다. 그러나 현실은 그런 논리대로 움직이지 않는다. 그것은 성찰성의 문제도 이중의 투명성에 종속되기 때문이다. 우리는 언어게임을 투명하게 인식함과 동시에 그런 투명한 인식을 가능케 하는 인식논제를 연구주제로 삼음으로써 해당 실천의 장(場)의 작동원리를 투명하게 이해할 수 있다.

단일한 요구들로 그 부담을 이동시키고자 한다. 이것은 결코 가벼운 요구가 아니다.

7. '연구결과'를 되돌려 고전 문헌들과 관련을 맺어라. 81) 인식논제의 연구를 위해서는 주석들의 수집이 요구되는데, 그 논제들의 위치 지워진 작용을 둘러싼 특정한 '연구결과'는 관찰, 측정의 인식론적이고 방법론적인 고전적 판본을 위한 차별화되고 치료적인 함축을 지닐 가능성이 높다. 내가 '차별화된 함축'을 통해 의미하고자 하는 바는 비트겐슈타인이 "증명을 계속 재현하는 것은 색칠하기나 수기(手記)의 정확한 재현과 같은 것이 아니다"라고 주장했을 때 그가 전달하고자 했던 것과 같은 종류의 보고다. 82) 제6장에서 제시했듯, 기초적인 사회적 '분자'로서 교육 가능한 행위의 재현을 말하는 것은 충분히 가능함에도 불구하고, 비트겐슈타인은 우리에게 증명 진술에 기초한 증명의 재현은, 예를 들면, 원고에 기초한 연극 또는 악보에 기초한 교향곡의 재현과 '동일'하지 않음을 경고한다. 이런 생활세계의 쌍들 각각은 '자신의 영토'에서 탄생한다. 이런 사실은 독자적으로 매우 심오한 교훈이 된다기보다, 비트겐슈타인이 그 교훈을 철학의 오래된 난제(難題)에 비판적으로 관련짓는 방식에서 심오해진 것이다.

비슷한 교훈이 인식론 문제에 관심을 보이는 다양한 연구 분야의 사람들을 위해 준비되어 있다. 서로 다른 환경에서 관찰, 표상, 사회구조의

---

81) 이것은 내가 여기서 개관하는 프로그램의 마지막 강조점이다. 그러나 이것이 게임의 마지막이 될 필요는 없다. 내가 제안하는 것은 학술분야의 범위 안에서 출발할 수 있는 방식이다. 민속방법론의 '고급과정'을 위해서는 민속방법론적 연구와 연구대상인 실천 사이의 실천학적 교환에서 출현하는 발전 중인 '하이브리드' 분과들의 가능성에 더 많은 관심을 기울여야 할 것이다. 이 가능성을 좀더 심각하게 고려할 수 있도록 해주기 위해서는 이 책에서 내가 취한 것을 훨씬 능가해야만 할 것이다(cf. Garfinkel et al., "Respecifying the work of the natural sciences").

82) Wittgenstein, *Remarks on the Foundations of Mathematics*, p. 3, sec. 1.

재생산 등을 성취해 내는 많은 방식에 대한 단순한 재고목록은 (예를 들면, 우리가 '표상'이라 부르는 것이 단일한 종류의 과정이라고 가정하거나 '사회구조의 재생산'이 학습이나 내부화의 특정한 도식에 의해 포괄될 수 있다고 가정하는) 모든 보편적 이론, 방법론, 인식론에 엄청난 문제를 불러올 수 있다. 그럴 가능성은 커 보이지 않는다. 그러나 우리가 만약 우리의 사회이론가들이 현대의 뉴턴들이라기보다, 네 가지 원소인 흙, 공기, 불, 물과 유사한 범주적 기관을 사용하는 중세의 우주론자라고 상상한다면 가능성은 더 커 보일 것이다. 그들은 탐구하는 모든 논제에 대해, '그것이 어떤 논제인지'를 파악하는 것을 주요 임무로 삼을 것이다. 이론적 범주들의 세분화를 제안함으로써, 나는 '불'과 동급의 사회적 존재를 더욱 정밀하게 구분해 내려고 노력하는 대신, 더욱 적합한 틀을 찾고자 시도하고 있다.

나는 일종의 인식논제들의 경험적 탐구를 추천하고 있지만, 인식론의 중심 용어들을 향한 보다 정밀한 정의로 이끈다기보다, 인식론의 틀을 **폐기하는** 결과로 귀착되는 것 같다. 경험적 사례들을 비교하고 사례들이 지닌 공통점을 보여줌으로써 '표상' 또는 '측정' 등을 정의하려 애쓰기보다, 앞에서 그 개요를 살펴본 내 연구 프로그램은 보편적 모델을 구축하고 상황들을 가로지르며 유지되는 규범적 기준을 개발하기 위한 모든 노력을 전복하기에 더 적절해 보인다. 그러나 그런 부정주의(negativism)가 일정한 무정부주의적 호소력을 지닐 수 있음에도 불구하고, 그것은 내가 인식논제들을 특징 지워왔던 방식에 함축된 뭔가를 놓치는 꼴이다. 나는 인식논제들이 '단지 공허한 말'뿐이라고 말한 적이 없으며, 그것의 보편적 사용 자체도 부정하지 않았다(비록 그것들의 적절한 보편적 정의를 제공할 수 있는 가능성에 대해서는 의문을 표시했지만).

표상 및 관찰과 같은 용어들은 '유용하게 모호하다'[83]고 말해질 수 있

---

83) 이 용어의 뜻은 가핑클이 보편적 사회학 개념의 '특수하게 모호한'(specifically

다. 혼성 공통어의 구성요소들로서, 이런 용어들은 깊고 상호적인 오해를 가릴 수 있는 대화 방식을 허용한다. 그것들은 간학문적 대화 개시자, 명목적(名目的) 결속, 말의 의무통과점(verbal passage points),• 문자적 탈출구 등을 제공한다. 보편적 이론의 요소들로 사용될 때, 인식논제들은 재앙을 불러들여 그것들의 유용한 모호함은 '전적인' 모호함으로 타락한다. 그러나 과학적 실천의 논의를 시작하고 끝마치기 위한 논제적 장소로 고려될 때, 그것들의 모호함은 필수불가결한 자원이 된다. 민속방법론에서 '지표성'이 인식론의 문제와 거리가 멀다는 것을 떠올린다면, 과학이라는 언어게임에서 인식논제들의 지표적 역할은 모호함과 비결정성의 원천 이상이다. 그것들은 '지표적 표현들의 합리적 속성들'을 탐구할 수 있도록 해주는 논제가 된다.

사회과학자들은 새로운 프로그램을 발표할 때, 모든 독자가 현재 요청되고 있는 것과 같은 경험 연구를 취하기 위해서 그/그녀가 해왔던 것을 버리도록 설득할 수 있으리라는 환상을 품는다. 민속방법론에서는 편견에 찌든 관점이 더 유의미할 수 있다 — 즉, 그것은 '모든 사람을 위한 것이 아니다'. 하비 삭스는 한때 학부수업 첫날, 수업에 들어온 학생들을 대상으로 그 수업이 '그들을 위한' 것인지를 판단해 볼 수 있도록 두 시간 동안 일상적 대화를 담은 비디오테이프를 봐야만 한다(그는 비디오테이프와 관련 장비를 제공했다)는 조건을 붙이곤 했다. 이런 조건은 수강신청을

---

vague) 성격이라 불렸던 것과 비슷하다.

• 〔옮긴이주〕 '말의 의무통과점'(verbal passage points)은 ANT(행위자연결망 이론)의 '의무통과점'(obligatory passage points)을 연상시킨다. ANT의 의무통과점은 행위자연결망을 구축하려면 행위자들이 반드시 통과해야만 하는 지점으로, 라투르는 *Pasteurization of France*에서 파스퇴르의 실험실을, 칼롱은 프랑스 EDF 엔지니어들의 전기자동차 사례에서 연료전지를 그 예로 들고 있다(칼롱, "전기자동차와 만들어지고 있는 사회", 《과학기술은 사회적으로 어떻게 구성되는가》, pp. 213~241). 여기서 표상이나 관찰은 과학 분야에서 일종의 의무통과점으로 작용한다고 이해할 수 있다.

한 많은 학생을 잘라내기 위한 장치였겠지만, 관심 있는 현상들에 초점을 맞추도록 조율된 삶 속에서 미리 '준비'가 끝난 학생에게 삭스의 연구 프로그램이 공명을 불러일으킬 가능성이 높은 것은 너무도 당연했다. 내가 이해하기로, 삭스의 정책기조는 구성원을 모집하는 데 있어서 매우 정직한 것이지만, '보편주의적' 과학(또는 정치)에 몰두했던 사회과학자들에게 그것은 실망스럽거나 악화된 것으로 보일 것이 분명하다. 민속방법론은 사회적 문제를 해결하고, 혁명적 변화를 촉진하고, 상식의 오류를 바로잡고, 전기가 어떻게 역사와 연결되는가에 대한 파노라마적(panoramic) 관점을 확보하는 것 등을 위한 어떤 즉각적인 전망도 제공해 주지 않기 때문이다.

내가 개관한 프로그램이 많은 동료 여행자들에 의해 받아들여질 것이라고 믿고 싶어 미칠 지경이다. 프로그램은 단순히 규범적 사회과학을 진흥하고, 기술과학적(technoscientific) 패권에 대한 정치화된 공격을 조직하고, 대중을 전문지식으로 계몽하는 것 등의 목적을 충족시켜 주지 않는다. 따라서 어떤 장점이 있으며, 도대체 누가 그런 일에 흥미를 느낄 것인가? 나는 이 질문에 시원한 대답을 제공해 줄 수 없다. 그리고 나는 "만약 당신이 지금까지 읽고도 아직도 그 뜻을 파악하지 못했다면, 내가 당신을 위해 더 말해 줄 것이 무엇이란 말이오?" 또는 "민속방법론은 이 분야에 들어올 준비가 된 사람들을 위한 것이오"라고 말함으로써 퉁명스럽고 경박하게 대답의 의무를 회피하고 싶은 유혹에 빠져 있다.[84] 그러나 이런 태도는 질문의 심각성을 눈치채지 못하고 있는 셈이다. 민속방법론에 접근하는 간접적 방식은 인식론의 '고전적' 논제들이 인간과학의 거대 테제와 방법론적 골칫거리 모두로서 생생하게 보존되는 방식을 성찰해 보는 것이 될 것이다. 사태가 그렇기 때문에, 인식론의 고전적 논제

---

84) 후자의 대답은 가핑클이 UCLA(ca. 1976)의 한 세미나에서 말한 적이 있는 것을 변용한 것이다. 그것은 실제로 나쁜 대답이 아니다.

들은 끝없는 논의와 셀 수 없는 기술적 수선에 복속된다. •

　민속방법론의 접근이 주는 매력은 학자(또는 수십 년 동안 학술연구에 매진한 베테랑)가 그/그녀의 탐구에서 막다른 골목에 봉착하게 될 때 가장 분명하게 깨달을 수 있을 것이다 — 즉, 예를 들면, 과학학을 수행하는 학자가 그 분야의 논쟁이 실재론과 구성주의 사이를 주기적으로 왕복하는 방식에 신물이 났을 때, 정량적 사회학자가 기술적 정교함이 아무리 뛰어나도 측정과 사회현상 사이의 대응의 정당성 문제를 만족스럽게 해결할 수 없다는 결론에 도달하게 되었을 때, '담론분석'의 주창자가 텍스트 분석을 시도할 때 '기호'와 '의미'의 고전적 정의가 알맹이 없는 지침을 제공하는 방식에 좌절하게 되었을 때, 대화분석의 주창자가 해당 분과에서 이루어진 최신의 연구성과가 그 분야가 내세웠던 약속에 비해 초라한 것으로 비춰질 때.

　탈(脫) 분석적 과학학은 잘해야 대학원 이후의 인간과학(인문학) 과정으로나 적합한 것으로 여겨질 수 있다. 이전에 배웠던 것보다 더 어렵거나 전문화된 정보의 몸체를 전달하고 있다는 의미에서가 아니라 성격이 다른 종류의 준비가 필요하다는 점에서 그렇다 — 즉, 사회과학과 인문학 커리큘럼에서 가장 근본적이고 흥미로운 논제들에 대한 고전적인 학술적 접근에 동반하는 익숙함과 좌절감. 내가 추천했던 연구가 이런 논제들을 둘러싼 논의에서 발생했던 난국을 돌파하거나 문제를 해결해 준다고 약속할 수는 없지만, 지금까지와는 다른 각도에서 문제점을 '세밀하게 조사할' 수 있는 길을 열어 주는 것만은 분명하다.

• 〔옮긴이주〕 '인식론의 고전적 논제들' 중 대표적인 것으로는 관찰, 표상 등을 꼽을 수 있는데, 이는 인간과학의 '거대 테제'인 데카르트의 '정신-몸 이원론'과 '방법론적 골칫거리'인 과학적 방법론(귀납의 문제, 관찰의 이론적재성의 문제 등) 모두에서 생생하게 보존되고 있다. 이 문제는 끊임없이 논의되고 수를 헤아릴 수 없을 정도로 기술적 수선이 이루어지는 실정이다. 특히, 과학철학(논리경험주의)에서 이루어진 수많은 논의와 수선을 위한 노력을 보라.

결 론

민속방법론과 과학사회학은 과학사, 과학철학, 과학사회학에서 장려되는 과학의 고전적 판본에 대한 급진적 대안을 개발하기 시작했다. 그러나 그 잠재력은 익숙한 인식론적 경향성에 의해 전복되었다. 두 프로그램 모두 내적 모순, 미완의 프로그램, 설익은 사상, 끝이 없는 말싸움 등에 의해 찢어졌다. 책을 쓰는 것만으로 사태를 바로잡을 수 있다고 기대할 수는 없는 노릇이지만, 문제가 어디에 놓여 있으며, 문제를 명확히 하기 위해서 무엇이 필요한지를 파악하는 데는 성공을 거뒀다고 평가할 수 있을 것 같다. 재삼, 이런 연구 프로그램들은 사회학적 분석가들이 연구 대상인 공동체의 통속적 언어와 인식적 신봉의 외부에 머물렀을 때 취할 수 있는 시점을 보장하려고 노력함으로써 급진적 잠재력을 억제해 왔다.[1] 내가 논의하고 비판한 다양한 분석적 입장에는 다음과 같은 것들이

---

1) **급진적**(radical)이란 과학사회학에서 남용되는 용어이다. 그것은 서양과학에 대한 정치적으로 비판적 입장 및/또는 실증주의적, 실재론적, 합리주의적 형이상학에 대한 반대 중 하나 또는 둘 모두를 의미할 수 있다. 민속방법론자들에 의해 공언된 '급진주의'(radicalism)는 이것들 중 어느 것도 아니다. 추정

포함되어 있다.

- 만하임의 이데올로기의 보편적 비(非)평가 종합 개념
- 블루어의 성찰적인 '과학적' 설명 프로그램을 위한 프로그램
- 라투르와 울가의 '종족의 용어들'에 의해 오염되지 않는 분석적 언어를 위한 탐색
- 연구 '논제'와 방법론적 '자원' 사이의 원(原)민속방법론적 구분
- 통속적 직관과 전문적 분석 사이의 대화분석적 구분
- 각각의 과학 분과에서 '핵심활동'을 밝히기 위한 방법으로서 의미를 갖는 가핑클의 고유한 적절성 요구

각각의 경우에 구성원들이 관찰하고, 서술하고, 설명하고, 표상하거나 또는 다른 방식으로 실천행위에 참여하는 방식에 대해 독자적 접근을 확보하기 위한 분석 프로그램을 수립하려는 노력이 이루어지고 있다. 각각의 경우, 사회과학의 모델과 방법은 과학적 활동과 일상적 활동의 '본질적 내용'을 분석하고 설명하는 방식을 제공한다. 그것은 실천행위를 비슷한 사례들의 모음, 맥락의 서술, 환영(simulacra), 지도, 사례, 문서보관소의 기록, 여타 텍스트 등으로 통합될 수 있는 기호의 초월적 통합으로 변환시킴으로써 가능해진다. 그런 분석 프로그램은 내가 민속방법론의 '제1교훈'이라 부른 것을 고려하자마자 문제가 된다 — 즉, 사회학에서

된 근대과학 조건의 '근본적' 원인들 또는 토대들을 문제시하거나 변호하려 애쓰는 대신, 민속방법론자들은 사회질서의 '문제'를 수많은 국지적 행위로 해체하면서 사회학이라는 통일된 이론적이고 방법론적인 건축물을 폐기하려 힘쓴다. 대부분을 위한 민속방법론의 선동적 효과는 사회과학 및 커뮤니케이션 과학 내부의 논쟁들에서 제약을 받아 왔다. 일상적 활동의 '관행적 근거'(routine grounds)라는 테마에 의해 제안되었듯, 가핑클의 작업〔*Studies in Ethnomethodology*(Englewood Cliffs, NJ: Prentice-Hall, 1967), p. 35 ff.〕도 사회질서의 급진적 계보학을 제안하고 있다.

연구되는 실천행위의 장(場) '외부에' 명료한 이론적 위치란 존재할 수 없다. 심지어 지배적 이론에 대한 빛이 없음이 명백한 사회적 분석의 '귀납적' 또는 '경험적' 프로그램들도 국지적 표현을 다양하게 탈(脫) 맥락화된 표상으로 재배치하는 수집물(소장품), 문서보관소, 부호 등을 사용한다.

그렇다면 대안은 무엇인가? 과학을 상식으로 완전히 붕괴시켜 버리고 마는 근거 없는 실천행위의 과학인가? 매개하는 문서의 도움 없이 구성원들의 생활세계의 '직접적' 이해에 기초한 초귀납적(hyperinductive) 사회학인가? 사회적 이론 분야의 포기인가? 아니다. 내가 추천하는 것은 프로그램적 **건망증**이다 — 즉, 보편적 과학사회학을 구축하려는 꿈을 그냥 '잊는 것'이다. 그 대신, 나는 의도적으로 '과소 구축된'(underbuilt) 방법론에 기초하여 익숙한 인식론적 테마를 취하는 일종의 '원시적 자연과학'(어떤 분과적 가식도 없는 '정상과학')을 제안한다. 그런 프로그램을 추천하는 한편, 나는 우리가 과학적 미래에 대한 모든 기대를 잊어야 한다고 조언하고자 한다. 염두에 두고 있는 원시적 자연과학은 자연과학이 되는 운명을 띤 자연철학이 결코 아니다. 그 대신, 우리는 관찰, 서술, 해설 등과 같은 '인식논제들'(인식적 혼용 공통어에서 명목적 테마들)에 대한 검사를 통해 자연관찰적 인간 행위의 과학을 발명해 내는 것이 결코 쉽지 않은 일이었음을 납득하게 될지 모른다.

잊혀야 할 것으로는 사회학이 '산업화되기' 위해서 필요한 것은 오직 시간(또는 자본 및 기술의 투입)뿐이라는 점에서 '저개발된 과학'이라는 관념을 들 수 있다. 이런 경향에 대해, 우리는 사회학이 산업화가 될수록(예: 엄격해지고, 연구비 지원이 잘되며, 표준화되고, 누적적이며, 공공정책과 관련되고, 위계적으로 관리되는), 사회학은 덜 흥미롭고 더 억압적이 될 것이라는 반대의 가능성도 고려해야만 한다. 마찬가지로, 우리는 인식론을 잊어야만 한다. 즉, 우리는 사회과학을 구축하기 위한 전제조건으로서 '메타이론'과 '지식의 이론'을 잊어야만 한다. 그뿐만 아니라, 우리는 과학의 전체 '내용'을 정형화하는 적절한 방식으로서의 '지식'도 잊어야만 한다. 과학학에서 '지식'이라는 표제하에 이루어지는 많은 것은 도구를 다루고, 실험 업무를 수행하고, 텍스트나 실연(實演)에서 논증을 펼치는 체화된 실천으로 분해될 수 있다. '관찰'이 '신뢰성 있는 방식으로 현상을 드러내 주는 장비를' 갖추는 문제로 정형화될 때 독특한, 아마도 더 제약적인, 역할을 획득하는 것과 거의 같은 방법으로,[2] '지식'은 다양한 실천 행위와 텍스트의 생산으로 번역될 때 보다 실체적인 — 그리고 덜 획일적인 — 것이 된다.

이런 제안은 많은 독자에게 현재 사회적·문화적 지식으로 통용되는 것을 대상으로 한 강력하고 진보적인 대안을 고안해 내고자 총력을 기울이는 우리 모두가 합법적으로 거주할 공간을 남겨 두지 않은 채 사회학이라는 집을 불태워 버리는 것처럼 보일 수 있다. 결론이 그렇다면 그야말로 완벽하게 모든 것을 산산조각 내버리는 꼴이다. 내가 이 책에서 끌어들였던 많은 주장은 오랫동안 우리 주변에 있었지만, 전통적 양식의 주장과 학문을 추구하는 분석적 철학자들과 사회과학자들을 단념시키는 데 거의 아무런 역할도 하지 못했다. 내가 많은 사회학자를 대상으로 사회의 과학에 대한 꿈을 포기하도록 설득할 수 있다는 기대는 비현실적이고, 실제로 과도한 것이다. 더욱이, 나는 그들의 연구 실천(예: 인터뷰하기, 통계 사용하기, 문서자료 참고하기, 발췌문 분석하기 등)이 가치가 없다고 설득할 의도가 전혀 없다.

내 말을 정리하면, 안전한 인식론적 '기초공사'의 부재가 곧 명료성 또는 실용적 유용성의 부재를 함축한다고 말할 수 없다는 것이다. 사회과학이 '단지 실천적' 또는 '단지 문자적' 활동에 불과하다고 말하는 것은 다음의 의문을 낳는다. 그 외에 사회과학은 무엇으로 존재할 수 있는가? 동시에, 나는 우리가 보다 성공적인 과학에 대한 유비를 도출해 냄으로써 사

---

2) Ian Hacking, *Representing and Intervening* (Cambridge University Press, 1983), 이상원 역(2005), 《표상하기와 개입하기》, 한울아카데미, p. 167.

회학의 전망을 북돋는 방식을 혐오해야만 한다고 주장한다. 따라서 '과학을 잊으라'는 내 제안은 다음을 의미한다. 몇 가지 보편적인 인식론적 구도에 맞춰 움직이려는 시도 — 또는 다른 사람에게 당신이 움직이고 있음을 확신시키려는 시도 — 를 잊어라. 이 조언은 내가 여기서 다룬 연구 프로그램에 가장 구체적으로 적용되는데, 과학지식사회학과 민속방법론이 인식적 논제들을 검사할 것을 명시적으로 제안하고 있기 때문이다. 관찰, 표상, 재현, 측정 등이 '국지적으로 조직화된다'는 교훈은 사회과학적 탐구의 목적과 방법에 못지않게 그런 탐구를 통해 서술되고 설명되는 일반인과 전문가 활동에도 적용된다. 그러나 인식적 활동이 편재적(遍在的)으로 '문제가 된다'는 주장과는 거리가 멀게, 이 교훈은 우리에게 이런 활동이 현장에서 어떻게 달성되는지를 조사하도록 힘을 실어 준다.

탈분석적 과학학

이 책은 거의 전적으로 논쟁적이고 프로그램적인 내용을 담고 있다. 그래서 독자들은 이렇게 묻고 싶어질 수 있다. 왜 간단하게 경험적 연구나 진척시키지 않는 거야? 민속방법론과 과학지시사회학 모두 성취도가 높은 프로그램을 지닌 논쟁의 장(場)이다.[3] 그래서 '인식론적'이고 '메타이론적'인 쟁점들을 둘러싼 끊임없는 논쟁에 대한 인내가 한계에 도달하기 직전이다. 학술적 이론과 텍스트 비판의 수준은 높아야 하는 법이라고 전제하면서 경험 연구에 대한 갈망은 '순진한' 것에 불과할 뿐이라고 여길 수 있다. 하지만, 나는 일정한 종류의 경험 연구가 뒤따르지 않는 한, 이 책은 불충분하고, 단지 프로그램적인 것에 불과하여 약속어음 이상의 것

---

3) Stephen Turner, *Sociological Explanation as Translation* (Cambridge University Press, 1980), p. 4.

은 아니라는 사실에 동의하는 편이다. 이후의 작업에서 나는 그런 임무를 수행할 계획이지만, 이 책에서 제안된 거의 모든 임무는 이미 이루어져 있다. 대체로 내 제안은 꽤나 거대한 연구의 몸통으로 이미 존재하고 있는 기획들을 연장하는 방식을 취하고 있다.

제 7장에서 언급했듯, 여기서 내가 개요를 밝힌 프로그램은 주로 부정적인 것이다. 이것을 인정하는 동시에, 나는 사회과학의 현 상태에 비춰 볼 때 그런 부정성은 '치료적' 또는 심지어 '해방적'이 될 수 있다고 주장하고자 한다. 만약 우리가 사회과학이 잘못된 궤도로 들어섰다고 가정하면, 부정성은 '옳은 궤도'를 미처 파악하지 못하는 상황에서도 힘을 발휘할 수 있다.

이 책에서, 나는 사회과학자들이 일상적이고 과학적인 실천에 대한 자신들의 판본에 권위를 부여하는 다양한 분석적 움직임을 비판했다. 그리고 나는 '탈(脫) 분석적' 연구 프로그램이 익숙한 인식적 테마를 탐구 주제로 채택할 수 있는 방법을 제시했다. 전치사 탈-(post-) 은 현재 인문학과 사회과학에서 매우 대중적인 탈(脫) 구조주의적이고 탈(脫) 근대적인 접근과의 우호적 관계를 함축한다. 나는 '탈근대적 조건'의 분석가들에 의해 너무 자주 만들어지는 거대한 역사적 '시대'에 대한 전면적 주장을 피하고 싶지만, 내가 탈-에서 호소력을 찾는 것은 나름의 이유가 있다. 탈-은 접두사 이후의 단어에 대한 반대가 아니라 시간적 배치 (치환) 인 '이후'를 암시함으로써 반-(anti-) 과는 다른 의미를 갖는다. 직접적 반대와 도치는 '자유선택활동'(free play) 으로 대체된다. 포스트모던 (post-modern) 건축 양식은 초기의 장르에 대한 역설적 우호관계를 유지하는 동시에 모던 스타일에 반하는 다양한 방식으로 자신을 표출한다.

탈분석적 과학학을 옹호함으로써, 나는 분석을 거부하는 것이 아니라 이미 성취된 분석들에 대한 회고적 관계를 제안하고 있는 것이다. 그런 입장은 민속방법론적 과학학은 물론 과학사회학과 과학사에 고유한 것이다. 과학학은 자신들의 주제를 가정하는데, 4) 그것과 연관된 확립된 논제들을 동반한다 — 즉 이론, 관찰, 서술, 재현, 측정, 실험, 합리성, 표상, 설명 등. 사회학적이고 역사학적인 분석은 그 자체로 이미 확립된 주제와의 관계를 요구하고, 무지의 지(docta ignorantia, 직관)의 정책기조 하에서, 분석된 '지식' 또는 '믿음'은 익숙하지만 어느 정도 알려지지 않거나 상설(詳說)되지 않은 것으로 간주된다. 그렇지 않다면, 분석은 그 주제에 대한 순수하게 직시적인(deictic) 관계를 지니게 될 뿐이다. 즉, "봐! 보라구! 여기에 있잖아!"

베이컨식 프로그램의 경우, 과학적 분석은 부족 공동체와 그 일상적 관계에 고유한 불명확하고, 편견에 사로잡혀 있고, 이해관계가 관여하고, 부분적인 지식과 대비된다. 사회학자들은 이런저런 과학자들의 '부족'이 보유한 내생적 '믿음'을 탐구할 때 어려운 문제에 직면하는데, 구성원들의 통속적 이해관계 및 믿음과 그런 믿음의 원천에 대한 사회학자들의 종합적 설명 사이의 모든 공약불가능성은 누가 '과학'에 대한 발언권을 부여받았는지를 둘러싼 경쟁을 낳기 때문이다. [•] 과학지식사회학자들이 특정한 자연과학의 지식과 사실의 수정을 향한 공평성을 고백함에도, 그런 이론과 사실의 태생적으로 논쟁적이거나 비결정적인 특성들이 '암흑상자'(사회역사적 탐구에 의해 다시 열린 일종의 집합적 무의식)에 봉합되어 버린다는 분석적 주장은 그런 이론과 사실이 모든 '합리적' 대안에 대한 우월성 때문에 수용되었다는 '부족적 믿음'과 직접적으로 갈등을 빚는다. [••]

---

4) 사회학자들이 과학이 문제라고 — '비(非)과학'과 본질적으로 구분되지 않는다는 의미에서 — 주장하는 경우에조차, 그들은 과학의 사회적, 실천적, 수사적 사실성(facticity)에 대해서는 문제 삼지 않는다. 실제로, 과학을 논제로 삼음으로써, 그들은 '그것'의 선험적 존재를 인식한다. '과학'에 대한 단 하나의 적절한 정의를 내리기 힘들다는 것이 곧 '그것'이 구체적으로 인식되고, 수행되고, 논의될 수 없음을 뜻하지는 않는다.

• [옮긴이주] 인류학의 민속지에서 참여관찰자와 관찰대상 사이의 위계성은 원주민 대상의 연구와 과학자 대상의 연구에서는 정반대로 역전된다. 이는 해석의 주도권에 대해서도 마찬가지이다. 원주민의 삶에 대한 발언권은 인류학자

사회학은 약하고 저개발된 분과로(또는 가혹하게 말하면, 전문용어의 외투를 씌운 '단순한 상식'으로) 폭넓게 가정되고(심지어 많은 사회학자에 의해) 있기 때문에, 입자물리학이나 생화학의 '내용'에 대한 실행자들의 해명과 사회학자들의 해명의 모든 경쟁은 관련된 자연과학자들에게 유리하게 '과학적 토대 위에서' 해결될 가능성이 높다. 사회학(또는 사회적 역사)이 전문과학자들의 주장을 이해하고 그 주장을 보다 거대한 설명적 그림 속에 포함할 수 있는 능력을 갖춘 '슈퍼과학'(superscience)이라는 가정이 결여된 속에서, 과학적 권위를 주장하지 않고 과학활동을 탐구하는 것이 가능한지를 검토하는 것은 합리적인 것일 수 있다.

나는 그런 '비과학적'(ascientific) 접근이 비트겐슈타인의 철학적 탐구를 기초로 한 민속방법론의 범례적 '연장'을 통해 개발되었다고 주장했다. 비트겐슈타인은 과학적 방법에서 설명적이지도 그런 방법에 기초하지도 않고, 사용자의 공동체 구성원들에 대한 일상적 언어의 직관적 익숙함에 의존하는 탐구를 수행했다. 그는 언어학이 아니라 '추론'이 어떻게 공동 언어의 대중적 사용에 체화되었는지를 논증하는 방식을 제안했다. 민속방법론자들은 전문화된 환경은 물론 일상적 환경에서 실제적 사용의 명료한 실례들을 우리의 '구성원들의 직관'에 공급해 주기 위한 절차를 고안함으로써 비트겐슈타인의 문법적 탐구를 연장한다.

이런 탐구절차는 대화분석의 주창자들이 경험과학을 굳건하게 다졌다고 상상할 때 대화분석이라는 곁길을 따라 나아갔다. 테이프 녹음된 대화의 수집, 녹취, 체계적 조사 등을 상투적 활동 속에 배태된 대중적 이해의 성찰적 상설(詳說)에 대한 보조로 취급하는 대신, 일부 걸출한 대화분석가는 자신들의 전문가적 분석을 통속적 직관과 대비시킴으로써 쟁점

에게 주어지는 반면, 과학에 대한 발언권은 과학자에게 주어지기 때문이다.
•• [옮긴이주] 여기서, '분석적 주장'은 STS의 해명을 말하고, '부족적 믿음'이란 과학자 사회의 믿음을 말한다. 1990년대 후반에 미국을 중심으로 벌어졌던 이른바 과학전쟁(science wars)은 '직접적 갈등'의 대표적 예라고 할 수 있다.

을 뒤흔들어 버렸다. 그 후, 대화분석가들은 자신들의 운명을 새로운 사회과학 프로그램의 성공 또는 실패에 결박시켰다. 그 프로그램은 여전히 즉각적으로 연구 사례를 제공해 주고 있지만, 민속방법론으로부터 갈라서기 시작했다. 5)

탈분석적 민속방법론은 분석의 주장에 대한, 그리고 과학적 이론화의 태도와 '비성찰적' 구성원의 자연적 태도 사이의 슈츠식 대조에 대한 아이러니한 평가를 시작한다. 6) 아이러니는 선(先) 과학적 생활세계에서 질서의 내재적 생산을 탐구하기 위한 '급진적' 시도가 사회과학의 특권을 주장하는 데서 발생하는 역설적 상황에 대한 이해를 반영하고 있다. 이런 아이러니에 대한 언급은 자연관찰적 인간 행동의 과학을 산출하기 위한 민속방법론의 실패를 '흔쾌히' 인정하는 셈이다. 즉, "하필이면, 왜 민속방법론자들은 자신들이 그것을 할 수 있을 것이라고 생각했던 것일까!" 민속방법론의 거부나 급진적 기획 — 한때, 민속방법론자들이 활기를 띠었던 — 에서 냉소적 이탈로 기울어지는 것과는 거리가 멀게, 아이러니는

---

5) 민속방법론과 대화분석(CA)의 역사적 연계를 고려하는 가운데, CA가 담론에 대한 손쉬운 접근이 결코 아니라는 사실을 첨부하면, CA는 민속방법론적 탐구를 검사하는 데 적실하고 도전적인 사례이다. CA는 (이를테면) 물리학보다 (손) 재주에 가깝기 때문에 민속방법론과의 '잡종화'(hybridization)를 위한 후보가 되기 매우 쉬운 것처럼 보일 수 있다. 그렇지만 '잡종' 민속방법론/CA를 (재) 구축하기 위한 잠재력은 이 잡종(가핑클과 삭스의 1960년대 후반의 협력에 의해 대표되는)을 이미 지나쳤으며, 민속(ethno)/CA 참여자들(다수는 그런 잡종에 대한 자체의 설계를 보유하고 있다)의 흥미진진하고 당파적인 공동체 내부에서의 비판적 참여를 통해 재생될 필요가 있을 것이라는 사실에 의해 복잡해진다.

6) 여기서 '아이러니'(irony)의 양식은 누군가 말하는 것과 그들이 실제로 행하는 것 사이의 차이로부터 도덕적 자본을 만들어 내는 것과 같은 종류의 것이 아니다(예: 과학자들의 연구 보고서가 말하는 것과 그들이 하는 행동이 다르다는 점에서 많은 과학의 사회연구에서 찾을 수 있는 아이러니한 테마). 그 대신, 그것은 회고적 주석에 가까운 것으로, 잘 의도된 투쟁이 한때 전투의 상대였던 것의 변종을 성공적으로 재생산하는 방법을 비난 없이 인정하는 것이다.

이런 고전적 기획을 다시 살리기 위한 신중한 시도를 촉발할 수 있다. 이것은 필연적으로 '고전적'이거나 '근본적인' 텍스트나 프로그램으로 돌아가는 것을 의미하지 않는데, 민속방법론을 위한 정합적 토대란 존재할 수 없기 때문이다. 그 대신 요구되는 것은 의제에 새로운 생명을 불어넣는 일이다.

이 책에서, 나는 민속방법론과 비판적으로 다뤄진 과학지식사회학을 짝짓는 방식으로 생명을 불어넣자고 제안했다. 과학사회학자들이 자신들의 분석을 과학주의(또는 약간의 변종에서, 기호현상 ─ 기호의 형이상학적 인플레이션)라는 약의 다량 복용을 통해 강화시키려는 경향이 있음에도 불구하고, 그들의 역사적 사례연구와 민속지는 과학의 '사람들'과 그들 실천의 명예로운 판본 ─ 한때 사회과학에서 장려된 기생적 방법론에 대한 강력한 추진력을 제공했다 ─ 에 효과적으로 문제를 제기했다. 인식론이라는 건축물에 대한 다양한(종종 잘못 유도된) 탈근대적 공격과 더불어, 과학사회학의 성공은 급진적 민속방법론을 재생시킬 수 있는 역사적 환경을 제공해 주었다. 슈츠와 초기 세대의 민속방법론자들은 한때 '과학적' 용어로 자신들의 연구를 정당화하려고 할 뿐 대안이란 없었던 데 반해, 이제는 더 이상 그럴 필요가 없다. 이제는 먼저 방법론적 토대를 모색하지 않은 채, '비과학적' 추구로 쇠퇴하고 말 것이라는 비난에 고통 받지 않을 정도로 탐구를 제안하는 것이 가능해졌다. 이제는 그런 비난이 잘못된 과학의 개념에 기초하고 있다고 되받아치는 것이(아직 미약하지만) 가능해졌다.

질서정연하고 일상적인 것으로서의 과학

탈분석적 민속방법론 — 사회과학 및 인문학에서 대화의 끝없는 논제로 빠르게 자리 잡은 다양한 다른 탈-계몽주의 프로젝트처럼 — 은 과학과 과학적 합리성의 그늘 아래에서 '일상적 생활'을 끄집어내는 방법에 대한 질문과 마주한다. 앞에서 언급했듯, 접두사 탈-은 격렬한 반대와는 다른 뭔가를 암시함에도 불구하고, 현시대의 '서양과학'에 대한 비판에서는 너무 종종 이런 사실이 무시되고 있다. 예속된 지식, 서사적 지식, 주변화된 담론, 상식적 추론, 조롱받는 '비이성' 등의 이름으로 이루어지는 과학에 대한 반대는 현재 '구식이 된' 통일과학을 위한 프로그램의 윤곽 속에서 문제를 구축하는 경향이 있다.

그런 정치적-인식론적 반대는 '과학'을 정합적 합리성으로 취급하며, 과학자들을 자연과 (실증주의적 인식론의 지배를 받는) 자신의 활동에 대한 개념을 보유하고 있는 형이상학자로 취급한다. 이런 그림은 실천 속에서 그리고 현장에서 엔지니어는 브리콜뢰르(bricoleur)의 종(種)이고, 과학자는 민속방법론자라는 사실이 제시될 때 해체된다. 민속방법론과 새로운 과학사회학의 명령은 다음과 같다. "과학에 대해 말하는 것을 멈춰! 실험실 — 어떤 실험실도 괜찮다 — 로 가서 잠시 어슬렁거리면서 대화를 듣고, 기술자들이 작업하는 것을 지켜보고, 그들이 하는 일에 대해 설명해 달라고 요청하고, 그들의 노트를 읽고, 그들이 자료를 검토할 때 무엇을 말하는지 관찰하고, 그들의 장비가 어떻게 작동하는지 살펴봐!" 그런 경험을 통해 사회과학자가 어떻게 다른 분야의 기술적 일상사의 두터움 속에서 진행되고 있는 일을 설명하는가는 물론, 그 자체를 파악할 수 있는 희망을 품을 수 있을지조차 의심케 하지만, "당신은 브리콜라주, 일상적 담론, 위치 지워진 행위 이외의 다른 뭔가를 보았나요?"라는 질문에 답하기에는 충분한 것이다. 과학과 기술적 이성의 유령들은 무수히 체화된 일상사와 다양한 언어게임으로 쉽게 해체될 수 있는데, 그것들

중 어느 것도 고유하게 '과학적'이지는 않다. 7)

과학과 과학에 대해 제기되었던 모든 고전적 탐구의 민속방법론적 해체가 방법론적 실수의 산물이라는 주장이 종종 제기된다. 최초의 실험실 연구가 개시되자마자 곧바로 반(反)명령이 뒤따랐다. "특정한 실험실 프로젝트의 혼란스럽고 뻔한 구체성에서 뒤로 물러서라. 녹음기를 꺼라. 조직 간 연계, 기업, 군사적 후원, 과학 텍스트의 수사, 조직 간 네트워크, 초(超)인식적 공동체, 역사의 긴 흐름 등을 살펴봐라."8)

낡은 과학사회학의 확립된 논제와 문제 ─ 문헌적 네트워크, 조직 간 연계, 규범, 문화, 제도화 ─ 가 분석적 재구성의 수정주의적 양식을 위해 귀환했다. 추측컨대, 특정한 실험실 프로젝트의 혼란스러워 보이는 세목들을 조사함으로써 과학을 찾는다는 발상은 오류인데, 과학은 보다 포괄적인 분석의 차원에서만 선명해지기 때문이다. 9) 과학학에서, '일하

---

7) 전문적으로 서술될 때, '관류(灌流)를 이용한 치료'와 같은 기법들은 말할 필요도 없이 수많은 방식에서 고유하다 ─ 즉, 이런저런 변종 기법을 채택하는 분과들에 고유하고, 이용 가능한 프로젝트를 준거로 고유하게 구체화된다. 이것이 기법을 원래의 의미대로 '과학에 고유한' 것으로 만들지 않는다. 변형된 기법들은 '산업'의 구성요소로도 사용될 수 있다.

8) 이 명령은 '새로운' 과학의 사회학과 인류학의 많은 주창자에 의해 가장 강력하게 언급되었다. 예를 들면, 다음을 볼 것. Karin Knorr-Cetina, "The ethnographic study of scientific work: towards a constructivist interpretation of science", pp. 115~140, in K. Knorr-Cetina and Michael Mulkay, eds., *Science Observed: Perspectives on the Social Study of Science*(London: Sage, 1984); Latour, "Give me the laboratory and I will raise the world", pp. 141~170, in *Science Observed*; Latour, "Will the last person to leave the social studies of science please turn on the tape-recorder?", *Social Studies of Science 16*(1986): 541~548.

9) 과학사회학에서, 실험실 방문은 라투르, 크노르-세티나 등의 시도로 충분하다는 것이 관행적으로 받아들여지고 있고, 따라서 우리는 이제 실험실 '벽 너머의' 사건들과 사회구조를 언급함으로써 과학자들의 '미시적' 행위들을 설명하는 데 도전장을 던져야만 한다는 지적이 나오고 있다. 예를 들면, 다음을 볼 것. William Lynch and Ellsworth Fuhrman, "Recovering and expanding the

는 사람들'에 대한 근접 관찰이 그 일이 어떻게 '혁신'의 지위로 상승하는지, '실패'의 지위로 격하되는지, 아니면 단순히 무시되는지와 같은 현상을 설명해 주지 않는다는 주장은 이제 상식이 되었다. 우리는 종종 '외부를' 내다보는 것, 또는 실험실 벽 너머의 사건들의 네트워크를 통해 주유(周遊) 하는 것이 필요하다는 말을 듣는다. 그런 외부로-보기 프로젝트의 목적은 실험실의 혼돈이 어떻게 역사적으로, 제도적으로 우연한 '구성'을 거쳐 과학의 질서로 번역되는지를 설명해 내는 데 있다. 10)

역사적·제도적 분석의 확립된 양식에 우호적인 차원에서, 실험실 작업의 '번잡하고' '무질서한' 행위에 대한 직접적인 민속지 참여로부터 후퇴해야 하는 이론적, 실용적, 전문가적 근본 이유를 이해하기란 어렵지 않다. 많은 사회학자들의 목적을 위해서, 라투르가 '기성품 과학'이라 부르는 것에서 방법과 논리의 '순수화된' 해명과 대비되는 것으로, 실험실과 그 실천을 '번잡한' 것으로 정의하는 것으로 충분하기 때문이다.

---

normative: Marx and the new sociology of scientific knowledge", *Science, Technology, and Human Values* 16(1991) : 233~248. 이런 제안은 한때 민속방법론자들과 과학지식사회학자들에 의해 거부되었던 일종의 다변량 분석을 복권시키는 경향이 있다. 그리고 그런 제안은 과학적 실천에 대한 '근접 조우'에 참여를 추동하는 핵심적 동기들 중 하나를 무시한다. 핵심은 실험실 과학자들에 대한 '관찰'을 사회학적 탐구의 보다 종합적 '틀'에 묶는 것이 아니다. 무엇보다도, 핵심은 사회학에서 진지를 구축하고 있는 과학, 방법, 관찰, 설명 등에 대한 어느 정도 속박된 가정을 뒤흔드는 것이다. 이것은 실험실이 주로 연구비 지원, 대중적 지원 등에 의존함을 부정하지 않는다. 예를 들어 다음을 볼 것. Chandra Mukerji, *A Fragile Power*: *Scientists and the State* (Princeton, NJ: Princeton University Press, 1990); Michael Dennis, "Accounting for research: new histories of corporate laboratories and the social history of American science", *Social Studies of Science* 17(1987) : 479~518. 핵심은 종합적 설명이라는 관점에 집중하는 것이 아니라 실천행위에 대한 다른 방향 설정을 주장하고 있다는 것이다.

10) 이런 계통에서 가장 영향력 있는 요약 진술은 라투르의 *Science in Action* (Cambridge, MA: Harvard University Press, 1987) 이다.

이런 번잡함과 과학 연구의 순수화된 생산물 사이의 대비는 과학의 사회적 구성이 실험실 '너머' 조직의 수준에서 작동한다는 관념을 멋지게 뒷받침한다. 그러나 번잡스런 실험실 작업이라는 특징은 그 자체로 수많은 문제를 안고 있다. 번잡함 속에는 질서가 없는가?[11] '사회적 구성'은 자유롭고, 의도적이고, 제약되지 않은 '발명'과 '위조'(fabrication)를 뜻하는가? 다른 모든 조직화된 실천처럼 과학에도 지표적 표현, 브리콜라주 전문성, 임시변통 실천, 즉흥 연기, 설득, 개연성 판단, 장비의 조작 등과 같은 것이 포함된다는 논증 가능한 '사실'은 우리로 하여금 과학적 활동이 안정되고 재생산 가능한 사실과 고도로 신뢰할 수 있는 절차를 생산한다고 말하는 것을 주저하게 만드는가? 일단 절대적 확실성이 과학적 과정과 과학적 사실을 평가하기 위한 유의미한 기준이 아니라는 데 동의하면, 실제 과학적 실천이 그런 기준에 따라 이루어질 수 없다고 말하는 것은 더 이상 아무것도 드러내지 못한다. 추정된 기준들이 과학자들이 하는 일을 '시간과 함께 잊게 만드는' 데 실패했다고 말하는 것이 더 합리적이다. 비판적 대상(만약 존재한다면)은 실제 과학적 실천의 합리성, 효율성, 질서성, 안정성 등이 아니라 과학으로 간주되는 **신학적** 교리의 저무는 지평이다.

실험실 연구와 새로운 과학의 역사서술은 과학적 탐구의 합리적이고 자연주의적인 토대에 대한 논쟁을 종결짓는 것과는 거리가 멀지만, 합리성 논쟁에 동원되는 용어들을 이성, 인식, 논리 등의 영역에서 실천, 쓰

---

11) 라투르와 울가(*Laboratory Life*, p. 33)는 과학적 사실들의 질서가 '혼돈'의 초기 조건에서 구성된다고 주장한다. 그들의 설명은 인지의 실용주의적 판본과 유사하다(초기의 '크게 윙윙거리는 혼란'을 구성된 인지적 질서에 대비시킨다). 다만, 그들은 집합적으로 성취되고, 텍스트적으로 기입된 구성의 양식을 강조한다는 점에서 다르다. 그렇지만 혼돈의 초기 조건에 대한 설명은 완전히 형이상학적인 것으로, 그것은 우리에게 실험실 과학자들이 아직 의미, 명료성, 익숙함 등에 엮이지 않은 세계에서 자신들의 프로젝트를 시작하는 것을 상상하라고 요구한다.

기, 도구화 등의 영역으로 옮기는 데 도움을 줬다. 가장 구체적인 실험실 연구라 해도 그 연구가 자연과학 연구의 '내용'을 (설명하는 것은 말할 것도 없고) 서술해 왔는지는 의심스럽고, 또한 그런 연구가 자신 있게 '실제' 과학적 실천이 스스로를 '내부적으로' 정당화할 수 없다고 주장할 수 있는 지도 의문이다. '새로운' 과학지식사회학에 대한 비판들은, 회의적 논법에서 제기되는 이론의존성과 비결정성의 문제에 대한 실용적 해법의 중요성을 강조하는 것은 물론, 과학적 발견 여부를 판단하는 데 있어서 '자연'과 '인식'에게 일정한 역할을 부여하는 것을 선호한다. 12) 이런 주창자들은 가끔씩 철학적 상대주의에 반대해서 낡은 계통의 논증을 수정하고, 대개 과학사회학 연구의 다양성과 전문성에 대해 대수롭지 않게 여기지만, 실제 실험실 실천의 '혼잡함'에 대해 이루어진 주장에 대해서는 심각한 의문을 표한다.

'실제적' 실천이 의미하는 바가 항상 분명한 것은 아니지만, 실험실 연구에서 그 용어가 사용되는 방식에서, '실제적인' 과학적 실천이란 사실-이후의 해명과 반대되는 것으로 물질적이고, 체화된, 실시간의 성취라는 것은 분명하다. 이런 성격 규정에는 일정한 천진난만함이 존재하는데, 사회학자들은 '실제적인' 과학적 실천을 서술할 때마다 사실-이후의 해명을 구성한다는 사실을 무시하고, 다른 사실-이후의 해명이 그런 실천의 '물질적 현존'의 구체적 특성들이라는 사실도 무시하기 때문이다. 그럼에도 불구하고, 과학학의 참여자들은 '실제적인' 과학적 실천이 수행되는 장소들을 찾는 데 거의 아무런 어려움도 겪지 않았다. 그런 장소들은 체화된 실천들로 북적댄다. 그런 실천 속에서, 도구와 표본은 분명하게 존

---

12) 다음을 볼 것. Stephen Cole, *Making Science: Between Nature and Society* (Cambridge, MA: Harvard University Press, 1992); Allan Franklin, *Experiment Right or Wrong* (Cambridge University Press, 1990); Peter Gallison, *How Experiments End* (Princeton, NJ: Princeton University Press, 1987).

재하고, 그런 장소들은 말하기, 쓰기, 읽기가 과학적 프로젝트의 실시간 구성요소로서 수행되는 현장이다. 질문은 남는다. 과학적 실천의 실제 세계는 태생적으로 혼란스럽고 무질서한가?

과학 현장을 실천적이고 인식론적인 혼란 상태로 특징짓는 것은 실험실 '너머의' 설명적 요소들을 탐구함으로써 과학적 사실과 과학적 서술의 '명백한' 질서를 설명하는 법을 찾는 프로그램에 매우 잘 어울린다. 그러나 만약 실험실 연구의 경험적 결과가 그 자체로 혼란스럽고, 정합적이지 않고, 주로 프로그램적인 것이라는 식으로 도전을 받는다면, 그런 결과를 '거대 기술과학 장(場)'의 보다 야심찬 모형에 포함시키는 것은 시기상조인 것처럼 보일 수 있다. 그런 문제제기가 성공적으로 제거될 때까지, 과학사회학은 (과학적 발견, 서술, 설명 등의 이전 판본을 문제 삼을 수 있음에도) 그 자신의 발견, 서술, 설명을 위한 과학적 권위를 보장받을 수 없다는 결론에 항상 도달할 수 있다.

나는 과학사회학이 탐구의 영역을 제한하고 그 방법에 권위를 빌려주는 과학과 자연의 상(像)에 의존해야 한다고 추천하는 대신, 비트겐슈타인과 민속방법론이 실재론-구성주의적 논쟁의 이율배반을 피하기 위한 새로운 길을 제공한다고 주장했다. 제5장에서 언급했듯, 민속방법론자들은 '지표적 표현과 지표적 행위의 합리적 속성'을 탐구한다. 이것은 혼돈이 존재하고, 그 속에서 질서가 구성되어 나오는 것과는 거리가 멀게, 실험실에서 이루어지는 실제적 행위의 국지적으로 조직화되고 성찰적인 세목들이 질서정연하고 서술 가능하게 존재한다는 것을 함축한다.

국지적 행위를 혼잡스럽고 무질서한 것으로 해명하는 데 있어서 발생하는 껄끄러움은 하비 삭스의 초기 논문에 표현되어 있다. 이 논문에서 삭스는 먼저 관련 변수를 분리해 내고 변이의 외생적 원천을 통제하지 않은 채 '자연적으로 발생하는' 인간 행위를 연구하는 것은 헛된 것이라는 사회과학에 널리 퍼진 통념에 문제를 제기했다. [13] 삭스는 단독적인 대화란 '매우 질서정연하고', 그런 질서는 시간에 따른 상호작용 생산의 '모든 지점에서' 발견된다고 말했다. 덧붙이길, 가장 중요한 것은 단속적 행위의 명료성은 사회적으로 조직된 행위로서 그 생산에 내재적이다. 따라서 기술적 행위에 대한 설명이 원시적 혼돈을 질서로 전환시키는 데 기여한다고 제안함으로써 실험실(또는 또 다른 인식 가능한 배경)에서 그런 작업을 시작하는 것은 의미가 없다. 삭스와 민속방법론의 경우, 인간 행위에 대한 모든 관찰이나 서술은 행위가 일어나는 조밀하게 질서가 유지되는 행위의 집합체에 속박되어 있다. 단일한 '게임에서의 움직임'에 대한 해명 가능성으로부터 탈출구란 없다 — 이런 움직임을 통해 '행위'와 '맥락'은 성찰적으로 특수성을 획득한다.

나는 지식사회학이 직면한 막다른 골목길(culs-de-sac)에서 빠져나올 수 있는 길로 민속방법론을 내세웠지만, 민속방법론을 인식론과 관련된 현상의 특권화된 분석을 낳을 수 있는 능력을 지닌 초기 단계의 과학적 프로그램으로 추천하지 않을 만큼은 신중하다. 사회과학을 구축하려는 압력은 엄청나고, 새로운 연구 프로그램의 열성분자들이 자신들의 작업에 권위를 부여하고 합법화하려고 과학의 추상적 판본을 구축하고자 하는 이유는 이해할 만한 것이다. 과학적 사회학의 관리인들이 항상 이교도적 움직임을 '비과학적인' 것으로 비난할 준비를 갖추고 있다는 사실이 밝혀지고 나면, 그런 비난을 견뎌내기 위해 과학적 방법의 권위에 호소하려는 경향성을 피하기는 어렵다. 그렇지만 이 책에서, 나는 과학과 과학적 방법론의 보편적 정의를 사회과학 연구 프로그램의 가정적 '토대'로 이용하는 것을 중단할 것을 권고했다. 그것은 처음에는 선택하기에 하릴없이 '약한' 입장인 것처럼 보일 수 있지만 — 방법론적 토대가 없고, 과학적 권위에 대한 주장이 없는 탐구 — 나는 그것이 사회과학과 인문학 모

---

13) Harvey Sacks, "Sociological description", *Berkeley Journal of Sociology 8* (1963): 1~16; Sacks, "On sampling and subjectivity"(Lecture 33, spring 1966), pp. 483~488 in Sacks, *Lectures in Conversation*, *vol. 1*, G. Jefferson, ed. (Oxford: Blackwell, 1992).

든 분야에서 일어나고 있는 통일과학의 관념을 문제 삼으려는 관점에서
요청되는 바로 그것이라고 주장하고 싶다.

과학에 대한 이야기로 시작해 보자. 과연 과학은 사회학의 연구대상이 될 수 있을까? 물론 여기서 과학이란 자연과학을 말한다. 다시 과학을 내용(지식)과 제도(조직)로 나눠 보자. 과학의 제도는 그 속성이 사회적이니만큼 사회학의 대상으로 삼을 수 있을 것 같다. 하지만, 과학의 내용은 비사회적인 진리의 영역에 속하는 것이니만큼 인식론을 다루는 철학이라면 모를까 사회학의 대상으로는 부적절해 보인다. 따라서 과학의 내용과 제도를 분리해서 다뤄야 한다는 생각은 매우 자연스럽게 느껴진다. 즉, 과학의 내용은 철학(논리실증주의 중심의 과학철학)이 맡고, 제도적 측면은 사회학(머튼의 제도주의 과학사회학)이 맡아야 하다는 철학과 사회학의 역할 분담은 당연한 것으로 여겨진다. 연장선상에서, 진리로 인정받은 지식은 인식론(과학철학)의 연구대상으로 남겨둔 채 오류가 발생했을 때에만 그 원인을 사회적 차원에서 규명하는 '오류의 사회학'(sociology of errors)이라는 제한도 과학지식과 사회학의 관계를 생각해 볼 때 이상해 보이지 않는다.

이런 지적 환경 속에서, 과학과 사회학에 대한 기존의 통념을 전복시키려는 과감한 시도가 있었다. 그 출발점은 영국 에든버러대학교의 과학학과(Science Studies Unit)였으며, 그 중심에는 데이비드 블루어가 있었다. 그는 자신의 프로그램이 지닌 급진성을 강조하고자, '스트롱' 프로그램이라는 이름을 붙였다. 이 프로그램은 만하임의 지식사회학의 문제의식을 과학지식에까지 과감하게 연장했을 뿐만 아니라 과학제도만을 연구대상으로 삼았던 머튼의 과학사회학을 비판하면서 사회학이 진정으로 다뤄야 할 것은 제도가 아니라 과학의 내용임을 강조했다. 한마디로, 과학의 인식론적 특권을 해체하고 사회학의 연구대상으로 삼을 수 있음을 천명한 것이다.

스트롱 프로그램은 과학의 내용을 사회학적(즉, 경험적)으로 다루기 위한 지침으로 네 가지 명제(인과성, 공평성, 대칭성, 성찰성)[1]를 제시했다. 그 후, 이 프로그램을 적용한 사례연구가 활발하게 이루어졌다 — 셰이핀과 샤퍼(Shapin & Schaffer)의 연구[2]로 대표되는 역사적 사례연구, 콜린스(Collins)의 연구[3]로 대표되는 현재적 사례연구, 라투르와 울가(Latour & Woolgar)의 연구[4]로 대표되는 실험실 연구 등. 이런 일련의

---

1) 본문 146쪽을 참조할 것. 부연하면, 인과성(causality)이란 경험과학에 걸맞게 모든 현상은 인과적으로 설명되어야 한다는 것이고, 공평성(impartiality)이란 과학이론의 성공과 실패를 근거로 설명에서 서로 차등을 두지 말아야 한다는 것이고, 대칭성(symmetry)이란 성공한 과학이론과 실패한 과학이론을 설명함에 있어서 동일한 원인을 사용해서 설명해야 한다는 것이고, 성찰성(reflexivity)이란 스트롱 프로그램 자체도 앞의 명제가 동일하게 적용되어야 한다는 것이다.

2) S. Shapin, & S. Schaffer, *Leviathan and the Air Pump: Hobbes, Boyle, and the Experimental Life*(Princeton, NJ: Princeton University Press, 1989).

3) H. M. Collins, *Changing Order: Replication and Induction in Scientific Practice*(Chicago: University of Chicago Press, 1992).

4) B. Latour, & S. Woolgar, *Laboratory Life: the Construction of Scientific Facts*(Princeton, NJ: Princeton University Press, 1986).

연구는 과학지식에 대한 사회학적 연구를 의미한다는 점에서 과학지식사회학이라 불렸다. 5) 이런 연구성과에 힘입어 과학에 대한 우리의 인식은 크게 바뀌었다. 즉, 과학지식(사실)은 자연의 '실재'를 배타적으로 반영하는 것이 아니라 우리의 '경험'(인식)도 함께 작용하여 만들어진 생산물이다. 이런 의미에서 과학지식(사실)은 '사회적으로 구성된다'(socially constructed)고 할 수 있다. 우리의 경험은 비자연적 산물, 따라서 사회적 산물로 볼 수 있기 때문이다. 이때 '사회적'이란 주로 사회집단 또는 개인의 이해관계를 의미했다.

이런 급진적 주장은 당연히 사회적 반감을 불러일으켰다. 대표적인 예로는 소칼의 지적 사기로 촉발된 과학전쟁을 들 수 있다. 그런데 이런 '사회적' 반감은 '사회학적으로' 충분히 예상 가능한 일이었다. 실제로, 블루어는 뒤르켐의 성/속(聖/俗)의 이분법을 동원하여 반감의 원인을 성(聖)인 과학과 속(俗)인 사회학을 역전시켰다는 사실에서 찾고 있다. 보다 근본적으로는 과학지식사회학이 감행했던 것이 바로 현대사회의 가장 견고한 상식을 문제 삼음으로써 그 토대를 흔들었기 때문이다. 이 반(反)토대주의 문제는 사회질서 자체를 겨냥하고 있다는 점에서 반작용의 정도가 매우 컸고, 과학지식사회학은 방어를 위해 토대주의적 관점을 취할 수밖에 없었다. 그런데, 스트롱 프로그램의 네 번째 명제인 성찰성은 스스로의 발목을 잡았다.

우리가 과학적 사실을 우리의 사고와 행위, 판단의 근거로 삼을 수 있는 이유는 그것이 객관적이고, 보편적이고, 합리적이라고 믿기 때문이다. 만약 그렇지 않다면, 과학의 신뢰는 종교적 신봉과 구분될 수 없을 것이다. 우리가 토대주의에 빠질 수밖에 없는 것은 바로 상대주의 문제가 도사리고 있기 때문이다. 과학지식사회학은 과학의 인식론을 상대화

---

5) 현재는 과학과 기술에 대한 다양한 분과의 관점을 총망라한 초분과적 학문으로의 성격 변화를 담아내기 위해 STS(science & technology studies)로 통칭되고 있다.

함으로써 과학을 사회학의 분석 대상으로 삼았고, 그 결과 과학이 사회적으로 구성된다는 사실을 밝혀냈다. 이런 과학지식사회학의 주장이 진지하다는 것을 보이려면 그 토대의 견고성을 전제해야 한다. 하지만 성찰성은 과학지식사회학의 주장도 사회적으로 구성된 것이라는 고약한 회의주의를 낳는다. 이제 과학지식사회학은 실재론과 회의주의의 딜레마에 빠진다. 회의주의를 피하기 위해서는 실재론으로 회귀를 해야 할 것 같고, 실재론을 극복하기 위해서는 회의주의에 빠질 수밖에 없을 것 같다. 이 책의 저자인 린치는 이를 반(反)토대주의가 가질 수밖에 없는 숙명과 같은 것으로 본다. 이 책의 문제의식은 바로 이 지점에서 출발하며, 숙명의 족쇄를 깨뜨릴 수 있는 가능성을 민속방법론, 특히 민속방법론적 업무 연구에서 찾을 수 있다고 본다.

민속방법론은 인류학자들이 민속과학을 추구했던 문제의식을 공유하면서도, 그들이 당연시했던 민속과학과 전문과학의 구분을 문제 삼는다. 인류학자들은 전문과학을 보편적인 것으로 보고, 민속과학을 전문과학의 특수한 형태로 취급하는 경향이 강했다. 이것은 과학지식사회학이 지녔던 문제의식과 비슷하다. 가령, 원주민의 식물에 대한 지식이 현대 식물학에 비춰봐서 옳으면 그것은 제대로 된 지식에 기초했기 때문이라고 보는 반면, 그렇지 못하면 그 원인을 사회적·문화적 요인으로 분석하는 식이다. 현대 식물학은 전문과학으로서 보편적인 것으로 설정되는 반면, 원주민의 식물에 대한 지식은 민속지식으로서 특수한 것으로 가정된다. 이런 보편과 특수의 구분은 토대주의 문제, 또한 메타적 분석의 문제를 낳는다.

민속방법론은 세속과학의 방법과 전문과학의 방법의 이분법에 문제를 제기한다. 이는 현존하는 사회과학방법론에 심각한 문제를 제기한다. 사회학자의 연구과정을 생각해 보자. 그가 과학적 방법론에 기초한다면, 그는 먼저 가설을 세우고, 실험(관찰)을 설계하고, 자료(양적이든 질적이든)를 생산하고, 분석을 통해 증거를 도출한다. 그리고 이 증거를 가설과 맞춰 봄으로써 자신의 이론을 입증(검증)한다. 그리고 이론의 정교화와 설명이 뒤따른다. 이런 과학적 과정에 기초하기 때문에 전문과학의 방법은 세속과학의 방법보다 우월적인 지위를 차지하고 있다고 인식된다. 민속방법론은 이런 인식을 문제 삼는다.

사회학자들이 사용하는 개념어(가령 계급, 국가, 젠더 등)를 생각해 보자. 이런 개념어는 분석 언어로서 강력한 힘을 발휘하지만 '실제' 현실을 온전히 포착하지는 못한다. 어쩔 수 없이 베버의 이념형과 같은 전제를 받아들일 수밖에 없고, 이는 메타적이다. 사회과학자의 사회적·정치적·경제적 분석이 현실과 동떨어져 있다는 비판은 단지 사회과학이 자연과학적 방법(따라서 정량적 방법)에 기초하고 있기 때문만이 아니라 개념어를 통한 보편적 접근방법에 기초하고 있기 때문이기도 하다. 그렇다면 사회과학의 과학적 방법은 불필요한 것인가?

민속방법론 주장의 핵심은 모든 사회적 실천과 행위가 위치 지워져(situated) 있다는 것이다. 이는 우리가 보편성과 필연성이 아니라 맥락성과 우연성에 주목할 필요가 있음을 말해 준다. 이것은 전문과학의 방법에서 우리가 관심을 기울여야 할 것이 그 방법의 초월성이나 우월성이 아니라 그 방법이 사회과학자들이라는 전문가 집단 사이에서 통용되는 '국지적으로 해명 가능한' 것에 불과하다는 제한성이다. 비트겐슈타인의 언어게임은 이와 관련하여 중요한 함의를 던져 준다. 게임들마다 특정한 규칙이 있지만 그 모두를 관통하는 게임의 보편적 규칙을 상정할 필요는 없다. 게임을 처음 접하는 사람들은 규칙을 배울 필요가 있지만, 게임이 규칙 따르기 시합은 아니다. 게임을 할 줄 안다는 것은 단순히 규칙을 알고 있다는 것과 같지 않다. 마찬가지로, 문법을 아는 것과 언어의 능숙한 사용이 반드시 같지 않다. 우리가 아무 불편 없이 말을 할 수 있는 것은 언어 사용자들이 이미 그 말에 익숙하기 때문이다. 이런 언어 사용자들을 떠나면 능숙한 언어 사용은 의미가 없어진다. 이런 점에서 언어도 일종의 게임과 같은 것으로 볼 수 있다.

민속방법론적 업무 연구는 실재론과 회의주의라는 수렁을 빠져나갈 수 있는 통로를 제공해 준다. 그 핵심은 질문을 달리하는 것이다. 비트겐슈타인의 언어게임이 그것을 잘 보여 준다. 언어게임이 묻는 것은 그 게임의 토대 — 즉, 보편성이나 규칙, 문법 등 — 가 존재하느냐 그렇지 않느냐가 아니라, 그런 토대가 없음에도 불구하고 언어게임이 아무런 문제없이 수행될 수 있는 이유다. 언어 사용자들은 철학자들처럼 문법적 토대의 확고한 입증에 관심이 있는 것이 아니라 언어의 적실한 활용에 관심을 기울인다. 문법적 토대에만 기초하고 있지 않음에도 불구하고 언어 사용자들이 언어를 적실하게 사용할 수 있는 이유는 무엇인가? 민속방법론적 업무 연구는 이런 문제의식을 받아들여 특정 업무의 인식론적 토대가 아니라 구성원들이 해당 업무를 적실하게 수행할 수 있는 이유를 묻고 있다. 이 '잃어버린 무엇'(missing what)을 찾는 일이야말로 사회과학이 그동안 방기했던 중요한 임무다.

이 글은 민속방법론과 새로운 과학사회학을 두 축으로 삼아 사회학의 새로운 진로를 모색하고 있다. 분과적으로 말하면 민속방법론적 과학사회학이고, 프로그램적으로 말하면 원시적 인식논제들(epistopics)의 탐구라 할 수 있는 이 새로운 시도는 반(反)토대주의에 기초한 탈(脫)분석적 — 탈구조주의, 탈근대주의, 탈규약주의 등을 포괄한다 — 관점 또는 접근이라는 큰 틀에 위치 지울 수 있을 것이다.

전통적이고 '과학적'인 사회학에 대한 문제의식은 '초학문적 비판이론'에 대한 관심으로 나아가고 있으며, 그 중심에 민속방법론과 새로운 과학사회학이 자리 잡고 있는 것이다. 각 장의 내용을 간단히 소개하면 다음과 같다.

1장은 민속방법론의 기원과 성장 과정을 간단하게 정리하고, 핵심적 정책기조와 프로그램, 그리고 민속방법론에 대한 비판을 다루고 있다. 민속방법론의 발명자는 미국의 사회학자 해럴드 가핑클이다. 그는 구조

기능주의자로 유명한 파슨스의 제자로서 배심원 숙의(deliberation)를 위한 연구과정에서 민속방법론에 대한 아이디어를 얻었다. 배심원들은 법률 전문가와는 달리 상식적 추론에 근거하면서도 아무런 문제없이 재판을 성공적으로 수행한다. 이는 인류학에서 시도되었던 민속과학이라는 토착민들의 '방법들'(methods)에 대한 연구에 유비되지만, 그런 시도가 현대과학의 표준적 '방법'이라는 기준을 통해 그런 방법들을 비춰 볼 수 있었다는 점에서 결정적으로 차이를 보인다. 민속방법론은 '전문적'인 사회학적 방법과 '민간적' 노하우를 위계적 관계로 취급하는 기존 사회학의 입장과는 달리 두 방법을 동일한 선상에 놓는다. 이런 접근은 기존의 당연시하는 전제나 가정에 의문을 표시하도록 하며, 결과적으로 전문 사회학자들의 불만을 초래하기 쉽다.

민속방법론의 핵심적 정책기조로는 해명가능성(accountability), 성찰성(reflexivity), 지표성(indexicality) 등을 꼽을 수 있다. 먼저, 해명가능성은 민속방법론의 목표 및 연구대상과 관련이 깊다. 즉, "민속방법론 연구는 일상적 활동을 모든-실천적-목적들을-위한-가시적-합리적이며-보고가능한 것으로 만들기 위해 그런 활동을 구성원들이 사용하는 방법들을 통해 분석한다"(50쪽). 이는 우리의 사회적 행위에 대해 일정한 가정이 성립할 수 있음을 전제한다 — 즉, 질서정연한(orderly), 관찰 가능한(observable), 일상적(ordinary), 지향적(oriented), 합리적(rational), 서술 가능한(describable). 그리고 이런 해명가능성은 교육적 재생산가능성(instructable reproducibility)에 수반된다. 둘째, 성찰성은 행위자들이 자신의 행위가 속한 사회적, 문화적 맥락을 성찰적으로 돌아볼 수 있다는 의미를 지닌다. 가령, 사회학자는 자신의 연구가 사회학 행위의 장(場)에서 이루어진다는 사실을 성찰적으로 파악할 수 있다. 이는 "'단순한' 상식을 압살해 버리거나 교정하려는 배타적 선입견"을 부정함으로써 "사회질서의 국지적이고 해명 가능한 생산"을 촉진해 줄 것이다(55쪽). 셋째, 지표성은 언어학과 철학에서 오랫동안 논쟁의 대상이 되어온 일상적 표현(가령, 물은 현재, 충분히 뜨겁다)을 객관적 표현(가령, 동부 표준 시간으로 16시 53분에 H$_2$O의 온도가 섭씨 100도(℃)를 가리키고 있다)으로 대체하는 것이 가능한가 라는 질문과 관련이 깊다. 이와 관련해서 민속방법론에서는 '지표적 표현은 궁극적으로 수정이 불가능하다'는 결론을 도출하는데, 이는 문맥-중립적(context-free) 표현이란 존재할 수 없음을 함축한다. 이런 일련의 문제의식은 다양하게 특수한 대상이나 행위가 존재하고, 학문의 목적은 그 모두를 관통하는 보편적 이론이나 설명을 해내는 것이 아니라 그 모든 것을 고유하고 유일한 대상으로 삼고 연구해야만 한다는 것을 함축한다.

민속방법론의 대표적 프로그램으로는 '민속방법론적 업무 연구'와 '대화분석'을 들 수 있다. 이 두 프로그램에 대해서는 6장과 7장에서 많은 분량을 할애하여 자세하게 소개하였다. 또한 여기서는 민속방법론에 대한 비판을 소개하면서 재반박하고 있다. 스타일과 전문가적 처신의 문제에 대해서는 민속방법론에 대한 공격으로 규정하고, 그 패권적 형태를 재비판하였다. 그리고 척도와 맥락의 문제, 권력과 해방의 문제에 대한 비판에 대해서도 그 문제의식은 인정하면서도 민속방법론에 대한 오해와 역할에 대한 잘못된 판단을 지적하였다. 마지막으로, 의미와 자기성찰의 문제에 대해서는 대화분석의 발전에 따른 민속방법론의 변질이라는 측면에서 비판의 요지를 인정하면서도 '구현적' 성찰성과 '지시적 성찰성'을 구분함으로써 해결될 수 있다고 본다. 전자에서는 굳이 메타언어를 필요로 하지 않기 때문에 무한회귀적 성격의 성찰성(자기성찰)이 개입할 여지가 없다고 보기 때문이다.

2장과 3장은 낡은 과학사회학이 몰락하고, 새로운 과학사회학이 출현하는 과정을 서술하고 있다. 또한, 현재 새로운 과학사회학이 처한 문제점을 분석하고 과학사회학과 민속방법론의 문제의식을 접목시킬 필요성을 강조한다. 새로운 과학사회학의 출발점은 스트롱 프로그램이라 할 수 있는데, 이는 만하임의 지식사회학을 바로잡고, 연장한 것이다. 이것은 단지 만하임의 프로그램을 연장했다는 것만을 뜻하는 것이 아니라 그의 '이데올로기의 비(非)평가적 보편종합 개념'에 따른 딜레마 ─ 만하임의 지식사회학이 그의 초월적 위치를 전제한다는 ─ 도 함께 계승할 수밖에 없음을 뜻한다. 그리고 머튼의 과학사회학은 규범체계의 확립을 통한 자기예시적(self-exemplifying) 성격을 띠고 있었다고 평가할 수 있으며, 새로운 과학사회학은 바로 이런 구조기능주의적 접근을 비판하면서 등장했다.

스트롱 프로그램, 경험적 상대주의 프로그램, 실험실 연구로 이어지는 새로운 과학사회학의 흐름은 그 성과에도 불구하고 상대주의와 구성주의 논쟁에 봉착하면서 위기에 직면하게 되었다. 그 논쟁에는 다음과 같은 주제가 포함된다. "① '사회적' 요소를 '인지적' 또는 '기술적' 요소에서 분리할 수 있는 가능성, ② 사회적 맥락이 과학 발전에 영향을 미치는 방법을 인과적으로 설명할 수 있는 능력, ③ 과학의 적실한 '내용'의 정체 파악, ④ '과학'과 비과학의 구분 짓기, ⑤ ①에서 ④까지의 항목을 사회학자의 분석적 임무보다는 담론의 장(場)에서 구성원들의 성취로 다뤄져야 할 것인지의 여부 등."(206쪽) 그런데 문제는 이런 논쟁의 해결을 위한 노력이 전통적인 과학적 접근으로의 회귀를 부추기고 있다는 점이다. 그래서 실제적 과학 실천에 대한 관찰, 서술, 설명을 산출한다는 것이 무엇을 의미하는지에 대한 점검이 필요하고, 이는 곧 민속방법론의 업무연구의 의제라는 점에 주목할 필요가 있다. 정리하면, 새로운 과학사회학은 과학의 인식론적 특권을 해체하는 데 성공을 거두었지만 지식사회학의 한계를 뛰어넘지 못하고, 보편적이고 분석적인 설명에 기대는 토대주의라는 장애물에 가로막혀 있다. 이 장애물 돌파에 앞장서는 것이 바로 민속방법론(특히, 민속방법론적 업무 연구)이기 때문에 과학사회학의 문제의식은 민속방법론의 그것과 접목될 필요가 있다.

4~5장은 현상학과 비트겐슈타인의 후기 철학이 민속방법론과 과학지식사회학에 미친 영향을 다루고 있다. 그 핵심에는 토대주의에 대한 비

판이 놓여 있다. 현상학이 민속방법론에 미친 영향은 후설의 '자연과학의 현상학적 계보'가 품고 있었던 문제의식에서 직접 비롯되었다기보다 그것의 약화된 판본인 알프레드 슈츠의 현상학적 접근에서 간접적으로 비롯되었다. 그 결과, 원(原)민속방법론이라 부를 수 있는 접근이 형성되었다. 이 접근은 토대주의 접근을 크게 벗어나지 못한 한계를 지니고 있었다.

민속방법론 학자들이 비트겐슈타인의 후기 철학을 직접적으로 언급하는 일은 거의 없음에도 불구하고 이 둘 간의 문제의식은 매우 비슷하다. 비트겐슈타인의 기여는 무엇보다 토대주의 철학을 약화시켰다는 점을 꼽을 수 있는데, 언어게임과 가족유사성, 확실성에 대한 연구가 그를 뒷받침한다. 한편, 비트겐슈타인 철학에는 회의주의 또는 상대주의를 강화한다는 오류가 존재하고, 과학지식사회학은 이런 오류를 강화하는 경향이 있다. 바로 이 지점에서 민속방법론과 비트겐슈타인 철학이 조우하는데, 민속방법론적 업무 연구에서 그 징후를 분명하게 볼 수 있다. 비트겐슈타인 철학은 토대주의를 비판하는 동시에 회의주의에 빠지지 않을 수 있는 한 가지 길을 제시하고 있는데, 민속방법론의 업무 연구가 바로 그 길을 가고 있었던 것이다.

6장은 대화분석(CA)이 추구하는 분자사회학에 대한 비판을 목적으로 하고 있다. 민속방법론에서 갈라져 나왔지만 지금은 더 크게 성공해서 지배적 위치를 점하고 있는 대화분석은 민속방법론과의 관계로 말미암아 민속방법론의 문제의식을 왜곡할 수 있는 여지가 그만큼 크다. 이런 점에서 저자는 많은 분량을 할애하여 대화분석을 비판한다. 그 핵심은 "대화분석의 서술적 프로그램이 민속방법론적 과학학에서 취하고 있는 실천 행위에 대한 지향과는 근본적으로 다른 형식주의적이고 토대주의적인 경로를 밟고 있다"(25쪽)는 것이다.

7장은 탈분석적 민속방법론 또는 민속방법론적 과학사회학이라 칭할 수 있는 연구의 주제와 방법에 대해 이론적 차원의 제안을 담고 있다. 이는 민속방법론적 업무 연구의 문제의식과 성과를 바탕으로 과학사회학의 연구 프로그램을 새롭게 방향 지우려는 것이다. 이를 위해 민속방법론적 업무 연구에서 주목하는 '잃어버린 무엇'에 주목할 필요성과 과학학에서 '반복 가능한 인식논제들' — 관찰, 표상, 측정, 발견 등 — 을 재상술할 필요성이 강조되고 있다.

저자는 우리가 사는 세계와 이를 분석하는 것이 의미하는 바가 어떠한가를 보여 주기 위해서 교통의 선형적 사회를 예로 들고 있다. 나는 이 예로부터, 우리가 세계를 이해하는 방식을 생각해 볼 수 있었다. 만약 내가 운전 중인 운전자라면 나는 교통 환경을 어떻게 파악하고 이해할 것인가? 내 시선이 닿고, 내 감각이 허락하는 선을 벗어날 수는 없을 것이다. 즉, 우리의 실천이란 초월적일 수 없고, 주어진 환경에 위치 지워진 것이다. 이런 환경 속에 있는 운전자가 교통상황 전체를 파악한다는 것은 어떻게 가능한가? 이 문제는 일상적 실천과 전문적 실천의 관계를 생각해 보게 한다. 과연 전문가는 헬리콥터가 상공에서 교통상황을 폭넓게 내려다보듯이 생활세계의 외부에서 생활세계를 조망할 수 있는가? 그렇지 않다면, 전문과학의 방법은 어떤 근거로 세속과학의 방법보다 보편적으로 객관적이라고 할 수 있는가?

결국, 우리가 할 수 있는 일은 일상생활에서 벌어지고 있는 실천행위를 서술하는 것이다. 이런 학문적 실천이 사회적으로 어떤 실천적 의미를 갖는지는 여전히 미지수이지만, 인식론적으로 실재론과 회의주의(상대주의)의 딜레마를 극복할 수 있는 방안으로서는 중요한 함의를 갖는다. 정리하면, 이 책의 저자가 인식론의 근본적 딜레마를 해결할 수 있는 완벽한 해답을 제시했다고 할 수는 없지만 적어도 문제점을 명확히 함으로써 그 해결책을 위한 중요한 일보를 내디뎠다는 점에서 그 의미를 결코 낮게 평가할 수는 없어 보인다.

감 사
· ·
의 글

내가 이 책을 쓴 것은 맞지만 모든 내용에 대한 완전한 권리를 (같은 원리
로, 비난을) 주장할 수는 없다. 이 책은 과학적 실천에 관한 연구에서 탈
분석적(postanalytic) 접근의 발전 가능성을 탐구한다. 이런 경향성은 말
할 필요도 없이 해럴드 가핑클(Harold Garfinkel)의 위치 지워진(situ-
ated) 실천행위와 실천추론에 대한 민속방법론의 접근으로부터 큰 영향
을 받았다(감염되었다). 나는 지난 20년 동안 가핑클의 수많은 미출간 원
고를 읽고 강의와 세미나에 참여할 수 있는 혜택을 누렸다. 강의와 세미
나에서, 그와 그의 제자들은 사회질서의 생성과정을 탐구할 수 있는 새
로운 방식에 대해 함께 토론하고 실험(實驗)했다. 이 책에서 인용하는 출
판되거나 출판되지 않은 저작들은 가핑클과 그의 동료, 그의 제자들—
리빙스턴(Eric Livingston), 로빌러드(Albert Robillard), 거튼(George
Girton), 모리슨(Ken Morrison), 리버만(Ken Liberman), 파우만(Rich-
ard Fauman), 맥베스(Doug Macbeth), 바커스(Melinda Baccus), 번스
(Stacy Burns)—의 저작들 중 아주 작은 일부에 불과하다. 나는 웨인스
타인(David Weinstein), 테라사키(Alene Terasaki), 브라이언트(Bill

547

Bryant), 풀러(Nancy Fuller) 등 수많은 친구와 동료로부터 민속방법론 학습에 큰 도움을 받았다. 그들과는 "해럴드가 **도대체** 무슨 말을 하는 거야?"라고 물어봐야 할 것 같은 선입견을 공유하였다. 가핑클은 이 책의 원고를 읽고 꼼꼼하게 논평해 주었다.

민속방법론과 대화분석(conversation analysis)에 대한 다양한 접근법을 배우는 과정에서 폴너(Melvin Pollner), 제퍼슨(Gail Jefferson), 셰클로프(Emanuel Schegloff), 포머란츠(Anita Pomerantz), 삭스(Harvey Sacks) 등과 함께한 세미나, 정보자료 세션, 토론 등은 매우 큰 힘이 되었다. 이 책에서 나는 그들의 연구 일부를 비판하고 있는데, 그것이 그들의 업적에 대한 내 찬사를 흐리지 않기를 바란다. 최근 들어 민속방법론과 관련 연구들에 대한 나의 이해는 쿨터(Jeff Coulter), 섀록(Wes Sharrock), 앤더슨(Bob Anderson), 프사타스(George Psathas), 보겐(David Bogen), 브젤릭(Dusan Bjelic), 버튼(Graham Button), 서치먼(Lucy Suchman), 오닐(John O'Neill), 크리스트(Eileen Crist), 조던(Kathleen Jordan), 스테슨(Jeff Stetson), 파슨스(Ed Parsons), 배리먼(Edouard Berryman) 등과 함께한 토론과 공동 프로젝트에 힘입은 바가 크다. 힘찬 격려와 지원을 해준 쿨터에게 특별한 고마움을 전하고 싶다. 그는 이 원고를 읽고 논평해 주었고, 비트겐슈타인의 후기 저작에 대해서도 많은 가르침을 주었다. 보겐의 도움은 6장에서 두드러지는데, 이는 같이 작업한 논문과 학술대회 발표문에서 가져온 논증, 사례, 개정한 문구 등을 포함하는 전방위적이면서도 구체적인 것이다. 관련 문구들은 '내 손으로' 쓴 것이지만, 딱히 두 사람의 대화와 공동 연구를 통해 내가 알게 된 것과 분리할 수는 없다.

과학사회학의 쟁점과 핵심 논쟁을 둘러싼 접근에 대해서는 로(John Law), 울가(Steve Woolgar), 에저튼(Sam Edgerton), 브래니건(Gus Brannigan), 피커링(Andy Pickering), 핀치(Trevor Pinch), 셰이핀(Steven Shapin), 후지무라(Joan Fujimura), 라투르(Bruno Latour), 엣

지(David Edge), 스타(Susan Leigh Star), 콜린스(Harry Collins) 등과의 공동작업, 논평, 비판적 논쟁, 즐거운 대화가 큰 도움이 되었다. 여기에서 미처 거론하지 못한 많은 분들이 있다. 또한, 나는 비판적 논쟁을 주고받았던 블루어(David Bloor)에게도 감사의 마음을 전하고 싶다(이 논쟁은 제 5장에서 다루고 있다). 이 원고작업의 막바지에 주어졌지만, 1991~1992년의 기간에 캘리포니아대학교(샌디에이고) 과학학 프로그램에 방문교수로 초청받은 것은 나에게 큰 행운이었다. 나는 그곳에서 프리드먼(Robert Marc Friedman), 도펠트(Jerry Doppelt), 무케지(Chandra Mukerji) 등과 공동으로 진행한 과학의 역사, 철학, 사회학의 핵심 세미나에서 학생들 및 교수들과의 토론과 논쟁을 통해 많은 것을 얻을 수 있었다.

이 책에서 내가 쓴 내용의 대부분은 컴퓨터 하드디스크에 다양한 프로젝트와 논문을 위해 쌓아 두었던 파일, 원고, 노트 등에서 끄집어낸 것이다. 이 책의 내용 일부가 이미 출판된 여러 편의 논문과 겹칠 수도 있을 것이다. 그렇지만 나는 이 책의 목적에 맞는 문구, 사례, 논증을 새로 선택해서 책의 내용을 전체적으로 다시 꾸몄다.

이 책의 출판을 재촉해 준 케임브리지대학교 출판부의 뉴욕 사무소에 계신 편집자와 책임자들에게도 마찬가지로 감사드리며, 특별히 도움이 되는 충고와 건설적 비판을 해준 익명의 논평자 세 분에게도 감사드린다 — 이분들은 케임브리지대학교 출판부에서 따로 섭외한 분들이다. 마지막으로, 사회 텍스트의 비사교적 필자와 수많은 시간을 함께하면서 사랑스러운 지원과 인내, 관용을 보여 준 낸시 리처드(Nancy Richards)에게도 감사의 말을 전하고 싶다.

마이클 린치

마이클 린치 (Michael Lynch, 1948~)

미국 캘리포니아대학교 (UC, Irvine) 에서 사회과학 (Social Sciences) 으로 박사학위를 받았으며, 현재 코넬대학교 (Cornell University) 대학원 과정인 과학기술학과 (Department of Science & Technology Studies) 의 교수이자 학장 대리로 재직 중이다. 관심을 가지는 분야는 실험실, 의료시설, 재판소 등에서의 담론, 시각적 재현, 실천행위 등이다. 이 책 (*Scientific Practice and Ordinary Action*) 으로 1995년 미국사회학회의 과학지식기술분과 (Science, Knowledge and Technology Section) 에서 로버트 머튼상 (Robert K. Merton Award) 을 받았다. 최신작 *Truth Machine: The Contentious History of DNA Fingerprinting* (공저: Simon Cole, Ruth McNally & Kathleen Jordan) 는 2011년 미국사회학회 민속방법론/대화분석분과 (Ethnomethodology/Conversation Analysis section) 에서 우수출판상 (Distinguished Publication Award) 을 받았다. STS 저널인 *Social Studies of Science*의 편집위원으로 있으며, 2007~2009년 동안 과학사회학회 (Society for Social Studies of Science) 회장을 역임했다.

강윤재

고려대학교 과학기술학협동과정에서 과학사회학으로 박사학위를 받았으며, 현재 동국대학교 다르마칼리지 조교수로 있다. 관심을 가지는 분야는 STS의 이론 분야와 위험 연구이다. 특히 현대사회에서 위험문제가 급증한 원인에 대해 궁금증을 품고, 위험문제를 STS의 관점에서 새롭게 이해하고자 노력하고 있다. STS의 기본 개념을 대중적으로 소개하기 위한 노력으로 《세계를 바꾼 과학논쟁》 (궁리출판) 을 출판했으며, 《사이언스》 (해나무) 와 《과학: 사람이 알아야 할 모든 것》 (들녘) 등 다수의 과학책을 번역했다. 과학기술학회 편집위원장을 역임하였다.

지은이 약력

옮긴이 약력